国家级一流本科专业建设成果教材

普通高等教育新工科人才培养系列教材

简明冶金学

李小明　主编

化学工业出版社

·北京·

内容简介

《简明冶金学》融合钢铁冶金和有色金属冶金，在保证知识体系完整的同时，尽量使原理简明、设备直观、工艺简洁，内容力求简明扼要。钢铁冶金部分，以钢铁生产流程为主线，介绍铁冶金、铁水预处理、钢冶金、钢液炉外精炼、钢的连铸等方面的基础理论、设备、工艺及操作等内容。有色金属冶金部分，选择典型金属铜、镍、铅、锌、铝、镁、钛、钼，介绍其金属及化合物性质、矿物来源、冶炼原理、冶炼工艺及设备等方面的内容。

书中配套提供典型设备的三维仿真图、生产工艺流程动画、生产现场照片及现场视频等，可扫码观看。

本书可供高校冶金工程专业学生作为教材使用，也可供材料工程、资源工程专业师生以及从事冶金科研和工程技术的人员参考阅读。

图书在版编目（CIP）数据

简明冶金学 / 李小明主编． -- 北京：化学工业出版社，2025．2． -- （国家级一流本科专业建设成果教材）． -- ISBN 978-7-122-46880-2

Ⅰ. TF

中国国家版本馆 CIP 数据核字第 2024D44S62 号

责任编辑：陶艳玲　　　　　　　　　文字编辑：胡艺艺　张亿鑫
责任校对：张茜越　　　　　　　　　装帧设计：关　飞

出版发行：化学工业出版社
　　　　　（北京市东城区青年湖南街 13 号　邮政编码 100011）
印　　装：大厂回族自治县聚鑫印刷有限责任公司
787mm×1092mm　1/16　印张 28½　字数 730 千字
2025 年 1 月北京第 1 版第 1 次印刷

购书咨询：010-64518888　　　　　　售后服务：010-64518899
网　　址：http://www.cip.com.cn
凡购买本书，如有缺损质量问题，本社销售中心负责调换。

定　　价：85.00 元　　　　　　　　　版权所有　违者必究

本书编写人员名单

崔雅茹　西安建筑科技大学

邢相栋　西安建筑科技大学

吕　明　西安建筑科技大学

王国华　西安建筑科技大学

申莹莹　兰州理工大学

杨　猛　金堆城钼业集团有限公司

吴　军　宝武钢铁集团新疆八一钢铁有限公司

李小明　西安建筑科技大学

前言

冶金工业是国民经济的重要组成部分,是国家的重要工业基础。2023 年,我国粗钢产量10.2 亿吨,占全球总产量的 55%,自 1996 年起已连续 27 年成为世界第一产钢大国。我国十种常用有色金属(铜、铝、铅、锌、镍、锡、锑、汞、镁、钛)产量自 2002 年起已连续 21 年居全球第一,2023 年,超 7000 万吨,占全球总产量的 50%。中国已成为世界最大的冶金工业基地。

由于金属品种繁多,各种专门讲解金属冶炼的冶金学著作相继出现,如炼铁学、炼钢学、钢铁冶金学、轻金属冶金学、重金属冶金学、稀贵金属冶金学等,还有针对单一金属冶金的相关著作,如镍冶金、铅冶金、铜冶金、钼冶金等,这些著作在高校专业细分为钢铁冶金和有色金属冶金时,对学生学习相关冶金理论、冶金设备和冶金工艺起到了积极作用。

随着专业调整,1999 年起,钢铁冶金专业和有色金属冶金专业合并为冶金工程专业。为了适应专业变化,相继出现了一些融合钢铁生产和有色金属生产的概论类教材,如冶金概论、钢铁冶金概论、有色冶金概论、冶金工程概论等,这些教材一定程度上满足了教学的需要。随着专业改革的不断深入,与专业教学目标、培养要求契合的冶金学教材需要及时更新。

据此,本编写团队根据多年冶金学课程的教学经验,结合行业技术进展,优化了设备展示,更新了工艺流程,融合了信息技术等,编写了本书,在保证知识体系完整的同时,尽量使原理简明、设备直观、工艺简洁。钢铁冶金部分(第 2～6 章)以钢铁生产流程为主线,介绍铁冶金、铁水预处理、钢冶金、钢液炉外精炼、钢的连铸等内容;有色冶金部分(第 7～14 章)选择典型金属铜、镍、铅、锌、铝、镁、钛、钼等,介绍其单质及化合物性质、矿物来源、冶炼原理、冶炼工艺及设备等内容。通过本书的学习,使读者掌握冶金过程基本理论、主体设备、工艺流程、控制条件与技术指标等,了解行业发展现状和发展趋势,能针对特定矿物设计相应的生产工艺,可基于绿色创新理念设计研发产品。

本书的编写团队包括高校教师和企业技术人员。其中,第 1、5 章由西安建筑科技大学李小明、吕明编写,第 2 章由西安建筑科技大学邢相栋编写,第 3、4 章由西安建筑科技大学吕明编写,第 6 章由西安建筑科技大学李小明和宝武钢铁集团新疆八一钢铁有限公司吴军编写,第 7～10 章由西安建筑科技大学崔雅茹、王国华编写,第 11～13 章由兰州理工大学申莹莹编写,第 14章由金堆城钼业集团有限公司杨猛编写。全书由李小明统稿。

本书配套提供部分典型设备的三维仿真图片、生产工艺流程动画、生产现场照片及视频等数字资源,读者可扫描二维码观看。此部分内容均由北京金恒博远科技股份有限公司制作提供,特别感谢徐肖伟总经理和彭尊副总经理的大力支持。

由于编者水平有限,书中不妥之处,敬请批评指正。

编者
2024 年 8 月

数字资源

目录

1 绪论

本章要点

1. 冶金及冶金学的概念；
2. 冶金主要方法；
3. 冶金分类。

人类文明离不开金属材料的发展。公元前 5000 年，人类进入铜器时代，出土的古代青铜器展现了技术与艺术的完美结合。公元前 1200 年，人类进入铁器时代，炼铁技术和制造技术的发展，开创了人类文明的新时代。

今天，出现在人们生活中的汽车、高铁、飞机、超级工程等，都离不开金属材料，也就离不开冶金。

冶金就是从矿石（或其他固废等回收料）中提取金属或金属化合物，用各种加工方法将金属制成具有一定性能的金属材料的过程和工艺。

1.1 冶金方法

作为冶金原料的矿石或精矿，其中除含有所要提取的金属矿物外，还含有伴生金属矿物以及大量无用的脉石矿物。冶金的目的就是把所要提取的金属从成分复杂的矿物集合体中分离出来并加以提纯。

根据各种冶金方法的特点，可将其归纳为火法冶金、湿法冶金和电冶金三类。

火法冶金是指在高温下对矿石进行熔炼与精炼反应及熔化作业，使其中的金属和杂质分开，获得较纯金属的过程。整个过程可分为原料准备、冶炼和精炼三个工序。过程所需能源，主要靠燃料燃烧供给，也有依靠过程中的化学反应热来提供的。火法冶金是普遍采用的一种提取冶金方法，钢铁、有色金属中的铅、钛以及 85% 的铜、20% 的锌、大部分的镍均采用火法冶金生产。火法冶金具有生产能力大、能够利用硫化矿中硫的燃烧热、可以经济地回收贵金属和稀有金属、产出的高温炉渣组成稳定等优点。

湿法冶金指在常温或低于 100℃ 的温度下，用溶剂处理矿石或精矿，使所要提取的金属溶解于溶液中，而其他杂质不溶解，然后再从溶液中将金属提取和分离出来的过程。由于绝大部分溶剂为水溶液，故也称水法冶金。该方法包括浸出、分离、富集和提取等工序。

电冶金是利用电能提取金属的方法，分为电热冶金和电化学冶金。

电热冶金是利用电能转变为热能进行冶炼的方法。电热冶金可用于许多冶金过程，主体设备为电炉。根据电热转换方式，可将电炉分为电阻炉、感应炉、电弧炉、等离子体炉和电子束炉等。电热冶金具有加热速度快，调温准确，温度高（可达 2000℃），可以在各种气氛、各种压力或真空中作业，以及金属烧损少等优点，成为冶炼普通钢，铁合金，镍、铜、锌、锡等重有色金属，钨、钼、钽、铌、钛、锆等稀有高熔点金属以及某些其他稀有金属、半导体材料等的主要方法。

电化学冶金是利用电化学反应使金属从含金属盐类的溶液或熔体中析出的过程。前者称为水溶液电解，如铜、铅的电解精炼和铜、锌的电解沉积等，可列入湿法冶金一类；后者称为熔盐电解，利用电能的化学效应和热能，加热金属盐类使之熔化成为熔体，适用于铝、镁等活泼金属的生产，可列入火法冶金一类。用电化学冶金方法生产和精炼的有色金属已达30余种。

火法冶金、湿法冶金和电冶金各有优缺点和适用范围，需要根据金属及其矿石的性质确定合适的工艺流程。例如，铜、镍、铅、锌等金属的冶炼通常包括预处理、熔炼和精炼三个作业过程。铜的生产，对于硫化铜矿的冶炼，首先是采用造锍熔炼、铜锍吹炼、粗铜精炼的火法冶金工艺将硫化铜精矿冶炼成阳极铜，然后用电化学冶金方法将阳极铜电解精炼成阴极铜；而对于氧化铜矿的冶炼，则是采用浸出、萃取、电积的生产工艺，该工艺包括湿法冶金和电冶金方法。锌的生产是采用火法冶金方法将硫化锌精矿焙烧成氧化物焙砂，然后用湿法冶金方法浸出焙砂而得到硫酸锌溶液，最后用电化学冶金方法从硫酸锌溶液中电积出金属锌。而铝、钛等金属的冶炼则首先是从其矿石中制取纯氧化物或卤化物，然后再用熔盐电解法、金属热还原法或其他方法制取金属。

1.2 冶金分类

一般来说，冶金可以分为四类，分别为黑色冶金、有色冶金、稀有金属冶金和粉末冶金。

黑色冶金指钢铁和铁合金的生产，包括对铁矿石的开采与处理、炼铁、炼钢与轧钢成材。黑色金属是工业中应用最广泛的金属材料。铁矿是钢铁工业的基础原料，可制成生铁、铁合金和各种钢材。

有色冶金指通过熔炼、精炼、电解或其他方法从有色金属矿、废杂金属料等有色金属原料中提炼常用金属的生产活动。按其生产性质可分为：重金属的生产，如铜、铅、锌、镍等；轻金属的生产，如铝、镁、钛等；贵金属的生产，如金、银、铂族元素等；以及稀土金属的生产等。

稀有元素是自然界中储量稀少（一般地壳丰度为 100×10^{-6} 以下）且人类应用较少的元素总称。稀有元素常用来制造特种金属材料，如特种钢、合金等，在飞机、火箭、原子能等工业领域属于关键性材料。稀有金属赋存分散，并且常与其他金属伴生，有的物理化学性质特殊，因而往往要采取特殊的生产工艺，如用有机溶剂萃取法及离子交换法分离提取锂、铷、铯、铍、锆、铪、钽、铌、钨、钼、镓、铟、铊、锗、铼以及镧系金属、锕系金属等；用金属热还原法、熔盐电解法制取锂、铍、钛、锆、铪、钒、铌、钽及稀土金属等；用氯化冶金法提取分离或还原制取钛、锆、铪、钽、铌和稀土金属等；用碘化物热分解法制取高纯钛、锆、铪、钒、铀、钍等。真空烧结、电弧熔炼、电子束熔炼、等离子熔炼等一系列冶金技术已经大量应用于提炼稀有金属，特别是稀有难溶金属。区域熔炼技术已是制取高纯度稀散金属和稀有难溶金属的有效手段。

粉末冶金是制取金属粉末，以及采用成型和烧结工艺将金属粉末（或金属粉末与非金属粉末的混合物）制成材料和制品的工艺技术，是冶金和材料科学的一个分支学科。粉末冶金包括制粉和制品，其中制粉主要是冶金过程，而粉末冶金制品是跨多学科（材料和冶金、机械和力学等）的技术。

 思考题

1. 冶金的目的是什么？三种冶金方法有何异同？
2. 黑色冶金、有色冶金、稀有金属冶金和粉末冶金的特点有哪些？

参考文献

[1] 华一新. 有色冶金概论 [M]. 北京：冶金工业出版社，2015.
[2] 石焱，杨广庆. 冶金工程概论 [M]. 北京：清华大学出版社，2020.

2 铁冶金

📖 **本章要点** ━━━━━━━━━

1. 铁矿粉造块的意义；
2. 烧结和球团工艺过程，烧结矿和球团矿的质量对比；
3. 铁矿中主要氧化物的还原理论；
4. 高炉炼铁的工艺过程及主要操作；
5. 典型非高炉炼铁工艺。

由矿山开采出来的铁矿，经选矿后变成铁精矿粉，矿粉需要经过造块，才能满足炼铁（如高炉炼铁）的要求。铁矿精粉大多在高炉中经碳质还原剂还原后变成铁水，也有少部分铁矿精粉采用非高炉（如直接还原或熔融还原）的方式生产铁水。铁冶金主要介绍铁矿精粉造块理论及工艺、炼铁的基本原理、高炉炼铁工艺、非高炉炼铁原理及工艺等。

2.1 铁矿粉造块

2.1.1 造块概述

铁矿石经过采矿、选矿之后呈块状和粉末状存在，此时尚不能完全满足高炉炼铁精料方针的需求。国内外炼铁生产实践表明，高炉炼铁技术水平如何，精料技术的影响占 70%，其他因素占 30%，包括高炉操作、装备水平和现代化管理技术等。

随着生产技术的不断发展，铁矿石一般并不直接加入高炉，而是加工成烧结矿或球团矿。在采用科学的生产工艺和装备之后，高炉炼铁就能够实现优质、高产、低耗、长寿、高效益，进而提高钢铁产品的市场竞争力。

2.1.1.1 造块基础理论

散粒物料聚结现象是颗粒间相互联结力与相互排斥力作用的最后结果，即：

$$颗粒间固结力＝联结力－排斥力$$

经常起作用的排斥力是重力，一般情况下物料的密度稳定，颗粒越大，则重力越大，即相互分离的倾向也越大。

颗粒间相互联结力则有多种，具体为：

① 引力，如分子吸引力（范德华力）、静电接触电位、过剩电荷引力、磁力等。

② 液相作用力，如水桥、表面张力（毛细力）、高黏度液体黏合力等。

③ 固相联结力，如盐类晶桥联结、熔化物固结-液相烧结、黏结剂硬化联结、固相烧结、化学键联结等。

④ 其他，如氢键联结、形状因素（钩联或镶联）。

这些联结力有些可在铁矿粉造块中起重要作用，也有些或因其数值太小，或因其不可能在造块中出现，从而没有实际作用。

对于铁矿粉造块，这几种固相联结力都可能起重要作用，如固相烧结是由固相分子（离子）扩散而形成颗粒联结桥，是球团矿焙烧固结的重要机理；晶桥联结是一种固相反应生成盐类、氧化物结晶而呈现的颗粒联结桥，是球团矿焙烧固结的另一种机理；熔化物固结-液相烧结是高温作用下物质熔化后再凝固而形成的联结桥，主要见于铁矿粉烧结，是一种结合力很强的固结现象；黏结剂硬化联结有时用于冷固球团；而化学反应生成化学键联结则见于铁矿粉锈结等。

2.1.1.2 造块作用

富选得到的精矿粉，天然富矿破碎筛分后的粉矿，以及一切含铁粉尘物料（如高炉、转炉炉尘、轧钢皮、铁屑、硫酸渣等），不能直接加入高炉，必须用烧结或制团的方法将它们重新造块，制成烧结矿、球团矿，或预还原炉料。造块方法有烧结法、球团法、压团法。

造块不仅解决了入炉原料的粒度问题，扩大了原料来源，同时还改善了矿石的冶金性能，提高了高炉冶炼效果。铁矿造块的主要作用：

① 为高炉提供化学成分稳定、粒度均匀、还原性好、冶金性能高的优质炉料，从而强化冶炼过程，为高炉高产、优质、低耗创造良好条件。

② 除去原料中的部分有害杂质，如 S、As、Zn 等。

③ 充分利用矿山开采产生的粉矿和贫矿经过深加工所得的精矿粉。

④ 可利用工业生产过程中产生的废弃物，如高炉瓦斯灰、轧钢产生的氧化铁皮等。

高炉使用烧结矿、球团矿之后，生产率提高、焦比下降。

2.1.2 烧结过程

烧结造块是在烧结机（见图 2-1）上进行的。

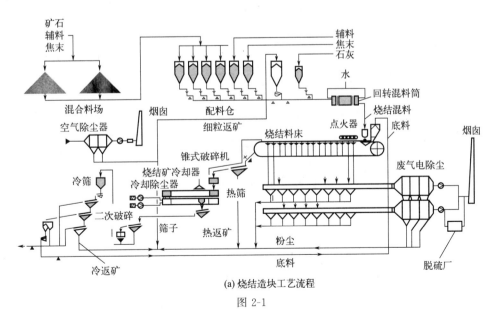

(a) 烧结造块工艺流程

图 2-1

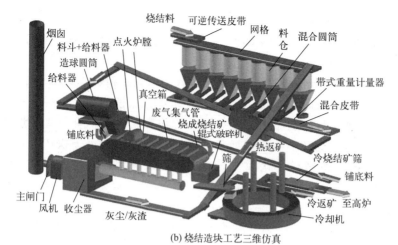

(b) 烧结造块工艺三维仿真

图 2-1　烧结造块工艺

2.1.2.1　烧结总体流程

烧结工艺过程就是将含铁料、燃料和熔剂，按一定比例进行配料，然后再配入一部分烧结机尾筛分的返矿，送到混合机进行加水润湿、混匀和制粒，得到可以烧结的混合料。混合料由布料器铺到烧结台车上进行点火烧结。烧结过程是靠抽风机从上向下抽进空气，燃烧混合料层中的燃料，自上而下，不断进行。烧成的烧结矿，经破碎机破碎后筛分，筛上物进行冷却和整粒，作为成品烧结矿送往高炉；筛下物为返矿，返矿配入混合料重新烧结。烧结过程产生的废气经除尘器除尘后，由风机抽入烟囱，排入大气。现代铁矿烧结生产工艺流程如图 2-2 所示。

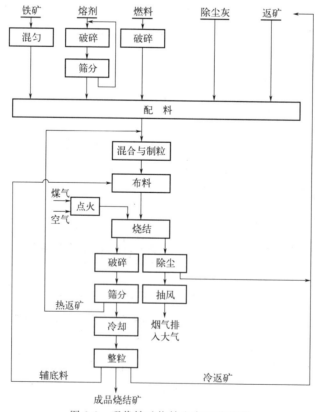

图 2-2　现代铁矿烧结生产工艺流程

2.1.2.2 原料准备

原料（含铁料、熔剂加燃料）是烧结生产的基础，烧结厂所处理的原料来源广、数量大、品种多、物理化学性质差异悬殊，为了获得优质产品并保证生产过程的顺利进行，必须对原料进行准备处理，使烧结用料供应充分，成分均匀稳定，粒度适宜。

烧结原料的准备包括原料的接收、验收、储存、中和混匀、破碎、筛分等作业。

(1) 原料接收

原料的接收方式根据其运输方式可以分为火车运输、船舶运输和汽车运输三种方式。

(2) 原料验收

原料验收要以部标或厂标为准，对各种原料做好进厂记录，如来料的品种、产地、数量、理化性能等。只有验收合格的原料才能入厂和卸料，并按固定位置、按品种分堆分仓存放，严格防止原料混堆，更不许夹带大块杂物。

① 从精矿粉的粒度来判断精矿品位的高低：一般来说，精矿粉的粒度越细，品位越高。可以用拇指和食指捏住一小撮精矿粉反复搓捏，靠手感来判断粒度。

② 从颜色来判断精矿品位的高低：一般来说，颜色越深，品位越高。

③ 目测判断矿粉的水分：矿粉经手握成团有指痕，但不黏手，料球均匀，表面反光，这时水分在 7%～8%；若料握成团抖动不散，黏手，这时矿粉的水分大于 10%；若料握不成团经轻微抖动即散，表面不反光，这时的水分小于 6%。

④ 目测判断熔剂：将熔剂放在手掌上，用另一个手掌将其压平，如被压平的表面暴露的青色颗粒多，说明 CaO 含量高，若很快干燥，形成一个"白圈"，说明 MgO 含量高。也可以用"水洗法"进行判断，其方法是用锹撮一点熔剂，用水冲洗，观察留在锹上粒状熔剂的颜色。

(3) 原料储存

外运来的各种原料通常可存放在原料场或原料仓库。大部分冶金企业烧结厂都设置了原料场，原料场的大小根据其生产规模、原料基地的远近、运输条件及原料种类等因素决定，一般应保证 1～3 个月的原料储备。一方面可以调节来料和用料不均匀的矛盾；另一方面，在原料场或原料仓库通过对各种烧结原料进行必要的中和，可以减少其化学成分的波动，为生产高质量的烧结矿做准备。

(4) 中和混匀

烧结原料进行中和的目的是使其化学成分稳定。实践表明，铁矿粉品位波动 1.0%，则烧结矿品位波动 1.0%～1.4%。国外对原料的管理很严格，日本的烧结厂使用多种矿石，中和后的矿粉化学成分波动范围达到：TFe（全铁）不超过 ±0.05%，SiO_2 不超过 ±0.03%，$SiO_2 + Al_2O_3$ 不超过 ±0.05%，烧结矿产品的碱度波动不超过 0.03。而我国大中型烧结厂，精矿 Fe 在 1.0%～2.0% 之间波动；中小型烧结厂，含铁原料更为复杂，品位波动幅度更大，SiO_2 的波动值有的达 3.0%～6.0%。

中和方法：分堆存放，直铺直取。混匀料场堆料一般采用行走堆料法。

行走堆料，就是根据需要将臂架固定在储料场的某一高度和角度，然后利用大车行走、往复将物料均匀布置在料场，有人字形堆料方式和人-众混合型堆料方式。

2.1.2.3 配料

烧结配料是按烧结矿的质量指标要求、原料成分和原料储备情况，将各种烧结料（含铁料、熔剂、燃料等）按一定比例配合在一起的工序过程。它是整个烧结工艺中的一个重要环节，适宜的原料配比可以产生足够的性能良好的液相，适宜的燃料用量可以获得强度高、还原性良好的烧结矿，从而保证高炉顺行，使高炉生产达到高产、优质、低耗。烧结原料品种多，成分波动较大，必须进行配料计算，以对各种物料进行适当的搭配，保证将烧结矿的品位、碱度、含硫量、FeO含量等主要指标控制在规定的范围内。

配料的作用：将各种原料按照配比进行配料，以使原料结构达到烧结需要的品位、碱度的要求。对生石灰进行消解，使石灰的分散性增强。其他组分（MgO、Al_2O_3）按要求的含量配料。

精确配料是实现稳定烧结的基础，配料应该达到以下目的：①满足高炉冶炼对烧结成分的要求；②保证烧结矿质量稳定；③有计划用料、均衡稳定生产；④优化配料降低成本；⑤合理利用矿产资源。

烧结料主要成分和指标控制目标：TFe波动范围±0.4%；碱度R（CaO/SiO_2）波动范围±0.05%；FeO波动范围±0.5%；S含量≤0.03%，转鼓指数≥78%，筛分指数≤6%，抗磨指数≤6.5%，低温还原粉化指数≥68%，还原度指数≥17%。

目前配料方法主要有：容积配料法、质量配料法、化学成分配料法。容积配料法根据每种物料的一定堆密度来配料，人工操作，准确性差；重量配料法按照原料的重量进行配料，自动化配料，精确度可以达到0.5%。

2.1.2.4 混合制粒

烧结料混合制粒的目的：使各组分均匀分布，减少偏析；使水分均匀润湿物料，物料含水稳定；预热物料，提高料温；制出粒度适宜的颗粒，改善烧结料层透气性。

混合制粒设备有搅拌机、圆锥混合机、圆筒混合机、圆盘混料机等，烧结厂常用的混料设备是圆筒混合制粒机（见图2-3）。

混合作业：加水润湿、混匀和造球。根据原料性质不同，可采用一次混合或二次混合两种流程。

一次混合的目的：润湿与混匀，当加热返矿时还可使物料预热。二次混合的目的：继续混匀，造球，以改善烧结料层透气性。用粒度10mm以下的富矿粉烧结时，因其粒度已经达

图2-3　烧结厂圆筒混合制粒机

到造球需要，采用一次混合，混合时间约50s。使用细磨精矿粉烧结时，因粒度过细，料层透气性差，为改善透气性，必须在混合过程中造球，所以采用二次混合，混合时间一般不少于2.5～3min。

2.1.2.5 混合料烧结

（1）布料

布料作业是指将铺底料及混合料平整地按一定厚度铺在烧结机台车上的操作，主要是通过安装在烧结机机头上的布料器（见图2-4）来完成。混合料在烧结机台车上分布得是否均匀，直接关系到烧结过程料层透气性的好坏、烧结矿的产量多少与质量好坏。

布料的均匀合理性，既受混合料缓冲料槽内料位高度、料的分布状态，混合料水分、粒度组成和各组分堆积密度差异的影响，又与布料方式密切相关。

缓冲料槽内料位高度波动时，因混合料出口压力变化，使布于台车上的料时多时少，影

响布料的均匀性，为此，应保证 1/2～2/3 料槽的料位高度。缓冲料槽料面是否平坦也影响布料，若料面不平，在料槽形成堆尖时，因堆尖处料多且细，四周料少且粗，不仅加重纵向布料的不均匀性，也使台车宽度方向布料不均。在料层高度方向，因混合料中不同组分的粒度和堆积密度有差异以及水分的变化等，会产生粒度、成分偏析，从而使烧结矿内上、中、下各层成分和质量不均匀。

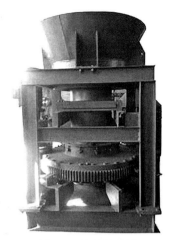

（2）布料方式

布料方式对布料的均匀性也有较大影响。目前普遍采用的布料方式有圆辊布料机-反射板、梭式布料机-圆辊布料机-反射板两种。前者工艺简单，设备运行可靠，但下料量受储料槽中料面波动的影响大，沿台车宽度方向布料的不均匀性难以克服，台车越宽，偏差越大，因此，只适于中小型烧结机的布料。对于大型烧结机和新建烧结机，采用后一种布料方式的越来越多。

图 2-4　旋转布料器

梭式布料机把向缓冲槽的定点给料变为沿宽度方向的往复式直线给料，消除了料槽中料面的不平和粒度偏析现象，从而大大改善台车宽度方向布料的不均匀性。生产实践证明，使用梭式布料机布料后，能大大改善布料质量，使烧结矿成分均匀。

偏析布料制粒后烧结混合料化学成分和含碳量的分布见表 2-1。粗粒级中 CaO 和 C 含量低；细粒级中 CaO 和 C 含量高。

表 2-1　制粒小球水分、CaO、C 含量

项目	＞8mm	5～8mm	3～5mm	1～3mm	0.5～1mm	＜0.5mm
水分/%	6.10	10.76	10.91	4.21	2.88	—
CaO/%	6.94	10.69	12.16	12.64	13.05	10.15
C/%	1.08	1.38	2.90	4.16	6.72	6.72

合理的偏析布料，高度方向自上而下含碳量逐层降低，粒度逐层增大。沿台车宽度方向则要求在同一料层中的混合料含碳量、粒度和水分保持均匀分布，不产生偏析。大颗粒相较于小颗粒在斜面滚动更加容易，为避免同一料层过度偏析，要求料面平整。

在抽风烧结过程中，由于细粒级物料反应性好，透气性差，在上层成为烧结矿，质量较好，成为烧结矿后，透气性提高，改善了料层高度方向温度分布的均匀性。偏析布料可改善料层的气体动力学特性和热制度，提高烧结矿质量。

（3）烧结点火与保温

烧结过程是从台车上混合料表层的燃料点火开始的。点火的目的是供给足够的热量，将表层混合料中的固体燃料点燃，并在抽风的作用下继续往下燃烧产生高温，使烧结过程自上而下进行；同时，向烧结料层表面补充一定热量，使表层产生熔融液相而黏结成具有一定强度的烧结矿。所以，点火的好坏直接影响烧结过程的正常进行和烧结矿质量。

烧结点火应满足如下要求：有足够的点火温度，有一定的高温保持时间，适宜的点火真空度，点火废气的含氧量应充足，并且沿台车宽度点火要均匀。

（4）烧结

烧结的主要工艺参数有风量与负压、料层厚度、返矿平衡。

① 风量与负压　主要有高负压大风量烧结、低负压大风量烧结、低负压小风量烧结。风机可以从设计角度确定其风量与负压，风机的风量与负压在一定范围内是可以选择的。烧结负压与风量间有确定的正比关系。在一定负压条件下，提高烧结风量的途径为：减少漏风；改善透气性。目前倾向：低负压大风量烧结，单位烧结面积每分钟风量为100m³，负压15000Pa。

② 料层厚度　其直接影响烧结矿的产量、质量和固体燃料消耗。一般来说，料层薄，机速快。但薄料层操作时表层强度差的烧结矿数量相对增加，使烧结矿的平均强度降低，返矿和粉末增多，成品率下降，同时还会削弱料层的自动蓄热作用，增加燃料用量，降低烧结矿的还原性。生产中，在烧好、烧透的前提下，应尽量采用厚料层操作。

③ 返矿平衡　返矿来源于烧结筛下产物：未烧透和没有烧结的混合料，运输过程中产生的小块烧结矿。返矿包括热返矿、整粒筛分返矿、高炉槽下返矿。加入返矿的作用：改善烧结料层透气性，作为物料的制粒核心；已烧结的低熔点物质，有助于烧结过程液相的生成；热返矿用于预热混合料，可减轻过湿现象。

返矿的质量和数量直接影响烧结矿的产量和质量，应当严格加以控制，正常的烧结生产是在返矿平衡的条件下进行的。所谓返矿平衡，就是烧结生产中筛分所得的返矿（RA）与加入到烧结混合料中的返矿（RE）的比例为1。如式2-1所示。

$$B = RA/RE = 1 \pm 0.05 \tag{2-1}$$

返矿不参加配料，产生多少，加入多少，返矿量波动会影响料流的稳定性和燃料配比的稳定性。返矿参与配料，则可稳定操作。可以通过调整返矿配比、调整料层厚度或燃料用量来调整返矿率（B）。

2.1.2.6　烧结矿处理

从机尾自然落下的烧结矿靠自重摔碎，粒度很不均匀，部分大块直径甚至超过200mm，不符合高炉冶炼要求，而且给烧结矿的储存、运输带来不少问题。烧结产品的处理就是对已经烧好的烧结矿进行破碎、筛分、冷却和整粒，其目的是保证烧结矿粒度均匀，温度低于150℃，并除去未烧好的部分，避免大块烧结矿在料槽内卡塞和损坏运输皮带，为高炉冶炼创造条件。

烧结矿处理包括烧结矿的破碎与筛分、冷却与整粒（见图2-5）。

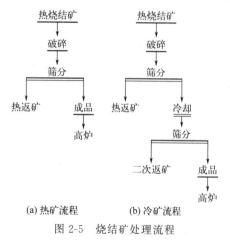

(a) 热矿流程　　(b) 冷矿流程

图 2-5　烧结矿处理流程

（1）烧结矿的破碎与筛分

破碎设备：剪切式单辊破碎机。破碎过程中的粉化程度小，成品率高；结构简单、可靠，使用维修方便；破碎能耗低。

筛分设备：热矿振动筛（热振筛）。可减少冷却工序、冷却除尘；降低整粒系统负荷；改善冷却料层的透气性；可获得热返矿预热混合料。缺点：目前设备事故多，影响烧结作业率；热振筛与热返矿的链板运输机投资大；烧结机机尾扬尘。目前烧结厂设计中以取消热振筛为主流，多采用固定筛，筛孔为18～25mm。

（2）烧结矿的冷却

烧结矿冷却就是将机尾卸下的红热烧结矿冷却至130～150℃。冷却是为了便于整粒，以改善高炉炉料的透气性。冷矿可用胶带机运输和上料，延长转运设备的使用寿命，改善总图运输，使冶金厂运输更加合理，容易实现自动化，适应高炉大型化发展的需要。改善高炉上料系统使用条件，提高炉顶压力。采用鼓风冷却时，有利于冷却废气的余热利用并有利于改善烧结厂和炼铁厂厂区的环境。

根据冷却装置，烧结矿冷却可分为机上冷却和机外冷却；根据冷却方式，烧结矿冷却可分为自然冷却和强制通风冷却（如鼓风冷却、抽风冷却）（见表2-2）。

表 2-2　冷却方式比较

项目	鼓风冷却	抽风冷却
料高/mm	1000～1500	300
冷却时间/min	约60	约30
冷烧比①	冷却面积小，为0.9～1.2	冷却面积大，为1.25～1.50
冷却风量	料层高，烧结矿与冷却风热交换较好，所需风量小（2000～2200m³/t）	料层低，烧结矿与冷却风的有效热交换较差，所需风量较大（3500～4800m³/t）
风机电容量	风机在常温下吸风，电机容量小	风机在高温下吸风，电机容量大
风机压力	高	低
风机维护	风机小，风机转子磨损小，维修量小	风机大，风机转子磨损大，维修量大
风机安装	安装在地面，容易维修	安装在高架上，不易维修

① 冷却面积与烧结面积之比。

（3）烧结矿的整粒

为满足高炉现代化、大型化和节能需要，提高高炉料柱的透气性，降低高炉吹损，往往需要对烧结矿进行整粒，就是对冷却过的烧结矿进行破碎及多次筛分，控制烧结矿的粒度上、下限，并按需要进行粒度分级。目的就是减少高炉入炉粉末（筛出-5mm粒级作为返矿），缩小入炉烧结矿的粒度范围（限制烧结矿粒度上限50mm）。筛分出10～20mm（或15～25mm）粒级粉末作为烧结铺底料。

简单的整粒流程系统包括：一台固定筛，一台齿面对辊破碎机，两台振动筛。系统能达到整粒和筛分辅底料的目的，但是所得辅底料粒度偏细。

2.1.2.7　新型烧结技术

（1）低温烧结法

低温烧结是指控制烧结最高温度不超过1300℃，通常在1250～1280℃范围内即可生成理想的黏结液相。低温烧结法是烧结工艺中的先进技术。与普通熔融型（烧结温度大于1300℃）烧结矿相比，低温烧结矿具有强度高、还原性好、低温还原粉化率低等特点，是一种优质的高炉原料。

低温烧结实质：优化原料化学成分和粒度组成，使之形成理想结构的准颗粒，在较低温度（1250～1300℃）下生产理想结构烧结矿的方法。可减少高温型次生赤铁矿的形成，改善烧结矿的低温还原粉化性能；降低磁铁矿、硅酸盐含量，生产高还原性能的烧结矿。

低温烧结理论：高碱度下生成的铁酸盐-铁酸钙还原性好、强度高。铁酸钙主要由Fe_2O_3和CaO组成。烧结温度超过1300℃后，Fe_2O_3易发生热分解，生成Fe_3O_4和FeO，而Fe_3O_4是不能与CaO结合的，FeO的出现会导致$2FeO \cdot SiO_2$、$CaO \cdot FeO \cdot SiO_2$的生成，从而恶化烧结矿还原性。

低温烧结法与普通烧结法烧结矿特性比较见表2-3。温度为1100～1200℃时，生成针状铁酸钙10%～20%，但晶粒间连接较少，故强度较差；温度为1200～1250℃时，生成针状铁酸钙20%～30%，晶桥连接，且有交织结构出现，强度较好；温度为1250～1280℃时，呈交织结构的铁酸钙生成，强度最好；温度为1280～1300℃时，铁酸钙量下降至10%～

30%，结构由针状变为柱状，强度上升，但还原性变差。

表 2-3　烧结矿特性比较

参数	普通烧结矿（>1300℃）	低温烧结矿（<1300℃）
原生赤铁矿	低	高
次生赤铁矿	高	低
SFCA[①]	低	高
玻璃质	高	低
磁铁矿	高	低
冷强度	低	高
还原粉化率	高	低
软化开始温度	低	高
软化期间压差	高	低
还原度	低	高

　　① SFCA 烧结矿是以针状复合铁酸钙为黏结相的高还原性的高碱度烧结矿的简称，复合铁酸钙中有 SiO_2、Fe_2O_3、CaO、Al_2O_3 四种矿物，用它们符号的第一个字母表示即 SFCA。

　　实现低温烧结生产的主要工艺措施见图 2-6。

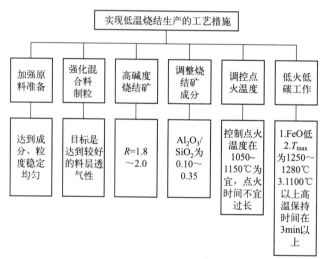

图 2-6　实现低温烧结生产的主要工艺设施

　　燃料要求粒度细，化学成分稳定。要求富矿粉粒度小于 6mm；石灰石小于 3mm 占比大于 90%；焦粉小于 3mm 占比大于 85%，其中小于 0.125mm 的小于 20%。铝硅比（Al_2O_3/SiO_2）一般为 0.1～0.37，Al_2O_3 促使 CF（铁酸钙）生成，SiO_2 有利于针状 CF 生成。

　　强化混合料制粒，烧结温度控制在 1250～1280℃，采用低水低碳厚料层（大于 900mm）操作工艺。

　　生产高碱度烧结矿，碱度以 1.8～2.0 较为适宜，SiO_2 质量分数不小于 4.0%，尽可能降低混合料中 FeO 的含量。

　　此外，应尽量提高优质赤铁富矿粉的配比，适当降低点火温度和垂直烧结速度。

（2）小球烧结法

　　采用圆盘或圆筒造球机将混合料制成适当粒度的小球（3～8mm 或 5～10mm），然后在小球表面再滚上部分固体燃料（焦粉或煤粉），布于台车上点火烧结的方法，称为小球烧结。该方法的燃料添加方式是以小球外滚煤粉为主（70%～80%），小球内部仅添加少量煤粉（20%～30%）。

小球烧结工艺（见图 2-7）具有如下主要特征：能适应粗、细原料粒级，扩大了原料来源；降低 SiO_2 含量，提高品位（增加精矿用量，减少高 Al_2O_3 进口矿用量）；矿相结构主要由扩散型赤铁矿和细粒型铁酸钙组成。采用圆盘造球机制粒，提高了制粒效果，改善了料层透气性，提高了烧结矿产量。

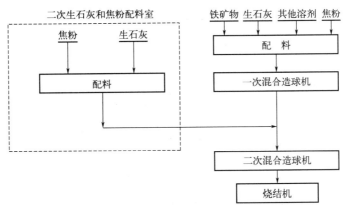

图 2-7　小球烧结工艺流程

小球料粒度均匀，强度好，粉末少，所以烧结料层的原始透气性及烧结过程中透气性都比普通烧结料好，阻力小，可在较低的真空度下实行厚料层烧结，产量高，质量好，能耗和成本降低。加上采用了燃料分加技术，使固体燃料分布更加合理，燃烧条件改善，降低了固体燃料消耗，一般小球烧结产量可提高 10%～50%。此外，小球烧结矿还原性、强度等冶金性能良好，可改善高炉冶炼效果。日本福山 5 号高炉（4617m^3）在配搭了 55% 的小球烧结矿后，渣量下降 20kg/t，燃料比下降了 12kg/t，高炉利用系数由原来的 2.08t/（m^3·d）提高到 2.21t/（m^3·d）。

小球烧结法工艺流程和特点：增设造球设施、增加外滚煤粉工艺环节；采用新型布料系统；烧结点火前设置干燥段；产品外形为不规则小球。

（3）厚料层烧结

厚料层烧结能够改善烧结矿强度，提高成品率，降低固体燃料消耗和总热耗，降低 FeO 含量并提高还原性。

烧结过程有自动蓄热作用，料层高度为 180～220mm 时，自动蓄热率为 35%～45%；料层高度为 400mm 时，自动蓄热率为 65%。烧结自动蓄热作用，为降低固体燃料提供了可能，也为厚料层低温烧结技术提供了有利条件。

厚料层烧结的效果：

① 料层提高后，空气阻力增加，通过料层的风速降低，风量减少，料层的阻力增大，烧结机的抽风负压随之升高，造成漏风率上升，通过料层的有效风量减少，垂直烧结速度下降。

② 节省固体燃耗，降低总热耗（自动蓄热作用所致），生产统计数据表明，烧结料层厚度每提高 10mm，固体燃料消耗可降低 1～3kg/t。

③ 由于强度低的表层烧结矿相对减少，高温保持时间长，矿物结晶充分，晶粒发育良好，使烧结矿的结构得到改善，可以改善烧结矿强度，提高成品率。

④ 由于低配碳的原因，使氧化性气氛加强，料层最高温度下降，抑制过烧现象，可增加低价铁氧化物的氧化反应，又能减少高价铁氧化物的分解热耗，有利于生成低熔点黏结

相，烧结矿结构改善，FeO含量降低，还原性得到改善。

（4）双层布料烧结

双层布料烧结（见图 2-8）主要目的是解决烧结矿上下层质量不均匀的问题和节约燃料，使烧结混合料层含碳量自上而下逐层减少。双层布料烧结采用配碳量不同的两个系统供料，含碳量低的物料布在下部，含碳量较高的物料布在料层上部。日本和印度等国都曾经采用过双层布料。

采用双层布料后，可使料层上下部的温度分布趋于合理，以解决下部烧结矿过熔和FeO含量高的问题。每吨烧结矿焦粉耗量下降10%，点火煤气耗量有所增加，烧结矿中FeO含量降低，成品率提高。

缺点：双层布料从配料开始至烧结机布料均为双系统，基建投资增加，工艺复杂。日本的双层布料烧结的经济效益并不十分明显，故该工艺没有得到推广。

（5）燃料分加技术

燃料分加就是将配入烧结混合料中的燃料分两次加入。一部分燃料在配料室加入，与含铁料、熔剂在一次混合机内混匀，再运送到二次混合机内造球；另一部分燃料则在混合料基本成球后再加入，使之存在于料球表面，这种操作称为外配燃料。这样做既可改善燃料的燃烧条件，又可减少燃料与含铁料接触发生还原反应而造成的燃料损失。同时，由于燃料的密度小，在布料过程中可增加上层的燃料量而形成燃料的合理偏析。在燃料分加时，应根据混合料的性质，选择合适的内、外燃料配比。

燃料分加技术的优点：①固体燃料成球性能较差，制粒时物料中无固体燃料，可提高小球强度，改善物料粒度及粒度组成，提高料层透气性，为厚料层操作创造条件；②改善燃料在料层中分布状态，减少以大颗粒燃料为核心的成球，避免偏析，使沿料层高度自上而下燃料含量逐步减少，使燃料分布小球表面，改善燃料燃烧条件。

（6）涂层（分流）制粒技术

分流制粒烧结工艺：将含铁精矿和粉矿分别制粒，形成低碱度内核、高碱度外壳的准颗粒进行烧结。就是利用选定的高效制粒设备，对添加25%左右的高品位铁精矿粉内配一定量的生石灰粉作黏结剂（同时也发挥熔剂的作用）进行强化分流制粒，制备出理想的准颗粒结构，使局部碱度达到3.0以上（烧结料的总碱度仍维持在1.8左右），以增强亲水性差的铁精矿的黏附性能，改善烧结料层透气性。通过熔剂和固体燃料分加技术，控制烧结温度和气氛，生成局部高碱度且残余赤铁矿比例高、具有高强度和高还原性、以针状铁酸钙为主要黏结相且伴有一定量的钙铁橄榄石的非均质烧结矿。由于高碱度部分CaO含量较高，生成的液相总的表面张力因子增加，故表面张力较大，且黏度较低，易于促使气孔由不规则大孔变为总体分布较为均匀且大小适中的规则球形，改善了烧结矿的还原性和强度，提高了烧结矿的成品率。其工艺流程如图 2-9 所示。

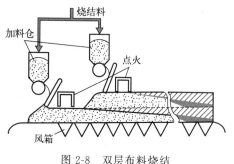

图 2-8 双层布料烧结

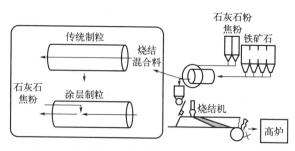

图 2-9 石灰石粉与焦粉涂层制粒技术工艺流程

采用分流制粒工艺后，烧结混合料中细颗粒比常规工艺明显减少（-3mm粒级占比由48%减少至32%），中间粒级明显增多，准颗粒的加权调和平均粒径增大，混合料层气体阻力减小，烧结过程透气性得到改善。分流制粒工艺强化烧结取得如下指标：烧结矿转鼓强度达到65%～70%，利用系数在1.9t/（m²·h）以上，成品率在82%～85%，固体燃耗为51～52kg/t，FeO质量分数在7.2%～8.8%，SiO₂质量分数下降到4.5%。与常规烧结试验相比，烧结矿转鼓强度可提高近10个百分点，利用系数和成品率也有所上升，固体燃耗下降了3.6%～4.8%，而烧结矿中FeO质量分数明显降低，烧结矿产质量得到改善。

（7）烧结强力混合与制粒新技术

传统的烧结原料混匀制粒是将所有铁原料的细粉和粗颗粒料与其他原料混合一起投入到混合和制粒设备中进行混匀制粒的。但是，在传统烧结工艺中由于铁原料细粉的水亲和力比较差，很难使得水分均匀地分布在各种粒径的铁原料中，而水分的均匀分布对于制粒造球效果非常关键。因此，精矿烧结由于其制粒效果差影响了烧结料层的透气性，从而影响了烧结机的生产效率及烧结矿成品率。日本新日铁、住友等公司最早开始采用强力混合机进行混匀制粒，提高精矿烧结中原料的混匀度和制粒效果。通过住友在和歌山第三烧结厂的实践，使用强力混合机代替传统的圆筒混合机进行混匀制粒，使烧结原料的制粒效果增强，烧结料层透气性增加，生产率提高了8%～10%，同时降低焦比0.5%。

与传统圆筒混合机相比，强力混合机（见图2-10）的强力搅拌混匀工作制度可以使焦粉及原料能够被更好地分散，节约焦粉用量；同时由于细粉能更好地包覆在颗粒表面，提高烧结料层的透气性，增加烧结矿强度。因此，在烧结生产中应用强力混合机代替传统混合机，可以节能减排、减少原燃料消耗、提高烧结生产率。但是，目前国内强力混合机的应用存在相对进口设备价格偏高、操作维护成本高、转子桨叶耐磨性差等问题，还有待进一步解决。我国台湾龙钢的烧结厂采用圆筒制粒和强力混合结合的工艺处理了100%的烧结原料（包括钢厂回收的废料）。经过这套系统处理后的烧结混匀料具备极高的混匀度，所以在龙钢不需要对铁原料进行预混合，这就大大减少了铁原料预处理需要的储存空间和作业面积。

图2-10 球团强力混合机

2.1.3 球团过程

球团工艺是将超细矿粉（球团料）和精矿粉（小于1mm）固结成10～15mm的球（见图2-11）。

2.1.3.1 球团原料特征

绝大部分含铁原料是天然铁矿石，或者是富铁矿粉，或者是由贫矿经选矿而得到的精矿。最初，生产铁矿球团所用的原料仅限于磁铁精矿。近年来，赤铁精矿、褐铁精矿、混合精矿以及其他富铁矿粉都已经大量用作球团原料。

2.1.3.2 原料准备

（1）配料

为获得化学成分稳定、机械强度高、冶金性能符合高炉冶炼要求的球团矿，并使混合料具有良好的成球性能和生球焙烧性能，必须对各种铁精矿和黏结剂进行精确的配料。一般球团厂由于使用的原料种类较少，配料工艺较烧结工艺简单。

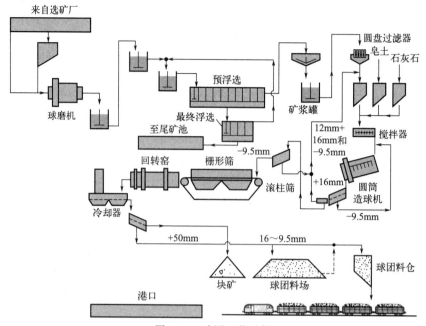

图 2-11 球团工艺示例

配料计算前必须掌握：①各种原料的化学成分和物理性能；②成品球团矿的质量技术要求和考核标准；③原料的堆放、储存和供应等情况；④配料设备的能力。

根据生产规模的大小、使用原料品种的多少、自动化程度的高低及因地制宜等不同因素，其配料形式基本上可以分为两大类，即集中配料和分散配料。集中配料是把各种准备好的球团原料全部集中到配料室，分别储存在各自配料仓内，然后根据不同配比进行配料。分散配料是将各种球团原料分散于几个地方（或工序），然后按比例进行配料。

目前，我国球团厂都采用集中配料。集中配料比较准确，配合料成分稳定，球团矿质量易于控制；操作简便，便于管理，变更配比时，易于调整；作业率高、设备简单、利用率好、运输距离短；有利于实现配料自动化。

配料方法包括容积配料法和重量配料法。容积配料法是根据物料堆密度，借助给料设备控制其容积数量，达到所要求配比的配料方法。优点是设备简单，操作方便。由于物料的堆密度并不是一个固定值，所以尽管料仓闸门开度不变，但不同时间的给料量往往不一样，配料误差较大。为提高容积配料准确率，常常配以质量检测（即跑盘）。除了物料堆密度变化会引起配料量波动外，还有设备、物料偏析等方面的原因。重量配料法是按原料的重量进行配料的一种方法。其优点在于比容积配料法精确，特别是添加数量较少的组分（如膨润土）时，这一点就更明显。此外，重量配料法可实现自动化配料，是借助电子皮带秤（或核子秤）和定量给料自动调节系统来实现的。

（2）混匀

球团生产中将配合料的各种成分经过混匀，从而得到成分均一的混合料。保证造球过程的稳定，是得到密度和粒度均匀的生球及优质球团矿的基础。球团配合料混合均匀已成为造球和焙烧固结的关键。

（3）脱水

造球原料最佳水分与物料的物理性质（粒度、密度、亲水性、颗粒孔隙率等）、造球机生产率、成球条件等有关，磁铁矿、赤铁矿一般适宜水分 7.5%～10.5%，黄铁矿烧渣、焙烧磁选精矿水分 12%～15%（多孔）；褐铁矿适宜水分可达 17.0%。三者亲水性：褐铁矿＞赤铁矿＞磁铁矿。造球前原料适宜水分低于最佳成球水分 2%～3%，脱水一般先过滤，再干燥，脱水设备为圆筒式（见图 2-12）或圆盘式真空过滤机。

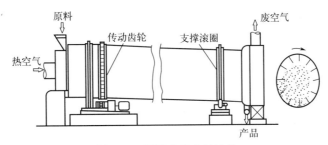

图 2-12　圆筒式真空过滤机

精矿过滤后水分如果大于适宜的造球水分，则需进行干燥。采用仓库储存自然脱水，效果差、占地面积大、投资高；圆筒式真空过滤机干燥效果好，干燥中易成球或结块，需再破碎。

所谓干燥作业，是采用某种方法将热量传递给含水物料，并将此热量作为潜热而使水分蒸发、分离的操作。对于铁精粉的干燥经常是在回转式烘干机（即圆筒真空过滤机）内进行的。干燥机有直接作用式和间接作用式：直接作用式就是使热风直接与物料接触；间接作用式就是被干燥物料不直接与热风相接触。球团生产中混合料干燥几乎全部为直接接触式。

直接接触式按物料流与干燥气流方向又可分为顺流与逆流两种。顺流即物料流向与热介质方向相同；逆流即物料流向与热介质方向相对。一般对于要求最终水分含量低的物料采用逆流干燥比较合适。

（4）润磨与高压辊磨

润磨就是将含一定水分的原料，处于润湿状态下在特殊的周边排料式的球磨机（润磨机）中进行磨矿和混碾。对于造球来说，不仅要求原料有一定的细度，还必须达到合适的粒度组成、适宜的塑性、含水均匀的润湿状态。干磨或湿磨所得的物料，经加水或脱水（用一般方法）后混合所产生的混合料不能获得造球所需的足够的塑性；润磨是物料在一定水分条件下进行的，它对物料不仅有磨细作用，还有混捏、碾磨作用。巴西、美国、日本、印度、澳大利亚部分球团厂，均采用润磨或高压辊磨工艺强化进行造球原料预处理（见图 2-13）。

图 2-13　高压辊磨机

造球要求铁精矿粉颗粒有不规则的表面形态。表面形态的不规则可以增加比表面积，同时微细颗粒填充在颗粒空隙中时，有利于使毛细管变细，增加毛细力，从而改善生球质量。

球团混合料实施润磨的目的：

① 提高混合料的细度，使混合料粒度及粒度组成趋于合理；

② 通过润磨增加矿物的晶格缺陷，增大矿物的表面活性；

③ 物料在润磨过程中，通过被搓揉、挤压，塑性增大；

④ 黏结剂与矿粒紧密接触，以增大黏结剂与矿粒之间的附着力，借助这种附着力，使粗颗粒能被包裹进球团内部。

混合料润磨的要求：

① 混合料润磨不是磨矿，它对降低铁精矿粒度的作用不如干磨或湿磨明显，粒度太大的物料如粉矿或球团返矿一般不宜加入润磨，因为这些物料容易成母球，对造球不利。

② 混合料润磨一般会降低生球的爆裂温度，球团原料不同，降低的幅度不同。一般降低 100℃左右，高的可以降低 150～200℃。

③ 随着润磨时间延长，爆裂温度降低，因此混合料润磨时间不宜长，生产上一般润磨 4～5min 较适宜。

④ 混合料水分不宜过大。水分过大，润磨机出料困难。润磨生球爆裂温度本来就低的原料时，对生球干燥不利。物料进入润磨机时的水分最高应不超过 7.5%。

⑤ 混合料部分润磨不可取。因为润磨前进行分料，润磨后还必须进行再混匀，否则造球机操作不稳定，而且使混合料准备工艺复杂化。润磨部分的比例小于 50%，润磨效果不明显。

⑥ 介质充填率。其对出料粒度影响很大，介质充填量高时（钢球加得多）出料粒度明显变细；反之，出料粒度变粗。

2.1.3.3 成球理论基础

(1) 颗粒成球机理

粉状物料成球黏结力包括：自然力（物理力）和机械力。自然力包括范德华引力、磁力、静电力、摩擦力、毛细力等，影响自然力的因素有颗粒的尺寸、表面电荷、结晶构造、添加剂。机械力主要是指滚动成球、挤压紧密等行为。影响物料成球的因素主要是物料本身的性质、造球设备参数和操作工艺参数。

粉状物料成球行为过程见图 2-14。

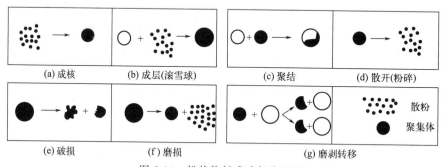

图 2-14　粉状物料成球行为过程

(2) 水在成球过程中的作用

从细磨物料成球的观点来看，影响成球过程的主要是分子结合水（吸附水、薄膜水）和自由水（毛细水、重力水），对成球过程起主导作用的是毛细水。

干燥的细磨物料在造球过程中被水润湿，一般认为可分四个阶段进行，首先吸着吸附水、薄膜水，然后吸着毛细水和重力水。

① 吸附水　在静电引力作用下被吸附在固体颗粒表面的水分子叫作吸附水，它以中性

水分子（H_2O）存在，不参与矿物的晶格构成，只是被机械地吸附于矿物颗粒表面或缝隙中。其含量受环境湿度影响，当温度达到 $100\sim110℃$ 时，吸附水就全部从矿物中溢出而不破坏晶格。

当细磨物料（颗粒直径为 $0.1\sim1.0$mm）呈砂粒状态时，如果仅含有吸附水，仍是散粒状。当细磨物料呈黏土状态时（颗粒直径约为 $1\mu m$），如果只含有吸附水，可以成为坚硬的固体。适宜滚动成型的物料层中，如果仅存在吸附水，则说明成型（球）过程尚未开始。

② 薄膜水　在细磨颗粒达到最大吸附水后，颗粒表面还有未被平衡掉的分子力，当进一步润湿颗粒时，吸附更多的极性分子，在吸附水的外围形成一层水膜，这层水膜称为薄膜水。

薄膜水与颗粒之间是靠范德华力结合的（主要是颗粒表面引力的作用，其次是吸附水内层的分子引力）。因为水的偶极分子能围绕吸附水层呈定向排列，所以在较大的程度上是受扩散层离子的水化作用的影响。

吸附水和薄膜水合称分子结合水（一般称分子水），在力学上可以看作是颗粒的外壳，在外力作用下和颗粒一起变形，并且分子水膜颗粒彼此黏结，这就是细磨物料成球紧密后具有强度的原因之一。

③ 毛细水　当细磨物料达到最大分子结合水时，再继续润湿，在物料层中就会形成毛细水，毛细水是颗粒的电分子引力作用范围以外的水分，毛细水的形成是由于表面张力的作用。因细磨物料层中存在着很多大小不一的连通的微小孔隙，组成错综复杂的通道，当水与这样的颗粒料层接触后，引起毛细现象。概括地说，毛细水就是存在于细磨物料层大小微孔中具有毛细现象的水分。

④ 重力水　当细磨物料完全为水所饱和时，可能出现重力水。重力水是处于物料颗粒本身的吸附力和吸着力的影响以外，能在重力和压力差的作用下发生迁移的自由水，具有向下运行的性能。由于重力水对细磨颗粒有浮力，所以它在成球过程中起着有害的作用。一般在造球过程中不允许出现重力水。由于重力总是向下的，因此重力水总是向下运动。由于重力水对矿粒有浮力作用，故对成球不利。只有当细磨物料水分处于毛细水含量范围以内时，对矿粉成球才有实际意义。

综上所述，不同形态的水分对造球过程有不同的作用（见图 2-15），颗粒表面上的吸附水、薄膜水、毛细水和重力水的总和称为全水量。毛细力能将矿粒拉向水滴而成球，而范德华力能使矿粒黏附在一起。毛细水在形成生球的过程中起主要作用，吸附水在某种程度上增加生球的机械强度，重力水对成球过程是有害的。

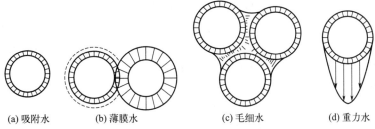

(a) 吸附水　　　(b) 薄膜水　　　(c) 毛细水　　　(d) 重力水

图 2-15　粉状物成球过程中四种形态的水

（3）成球过程

细磨物料的成球过程分为三个阶段，由于加料方法不同，目前对三个阶段的划分略有差别。在间断给料的情况下，根据生球的成长特性，将三个阶段划分为：成核阶段、过渡阶段、生球长大阶段。

1) 成核阶段

加入少量添加剂的细磨造球物料呈松散絮状体，加水后最先是薄膜水围绕粒子，由于颗粒表面这种薄水层的存在，此时颗粒表面的自由能就相当于水的表面张力（标准状态下为 $72 \times 10^{-7} \mathrm{J/cm^2}$）。絮状物料进一步被润湿，进入造球设备中，在机械力的作用下，粒子彼此靠近而形成核，有效地减少了空气和水膜的外表面和系统表面能，如图 2-16 所示。

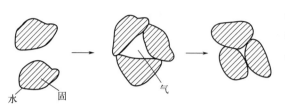

图 2-16 气-液界面降低的成核示意

此时，球核的自由能 ΔG 为：

$$\Delta G = (S_b - S_t)\alpha \qquad (2-2)$$

式中，S_b 为原料的外表面积；S_t 为球核的外表面积；α 为水的表面张力系数。

2) 过渡阶段

间断造球的过渡阶段比较明显，而连续造球则难以观察到。首先是母球碰撞；然后蜂窝状毛细水过渡到饱和毛细水（见图 2-17）；最后母球聚结、紧密、毛细管收缩，水分挤出，母球迅速长大，使密度增加，粒度范围较宽。

(a) 触点状(液体被夹住)　(b) 蜂窝状(气体被夹住)　(c) 毛细管状(空气被排空-充满液体)　(d) 毛细管收缩(水被挤到母球表面)

图 2-17 多孔结构母球气-液-固相对分布

3) 生球长大阶段

间断造球中，以成核和聚结的成球机理占主导地位，即成核之后，球核以聚结方式长大，并有一定的磨剥转移、破损和成层行为发生。在这种无新料加入的造球过程中，母球的长大是靠两个或几个母球的聚结进行的，以及在运动中由于破损而产生的碎片又以聚结方式再分配到留下的球上滚动长大，对有些磨剥下来的粉末或很小的聚集体则是被留下的球以滚雪球的方式（成层）聚集长大。以聚结方式长大的球，初期时长大较快（即过渡期），以后随着表面水分的减少，聚结效率逐步降低，直到球中水分不能再被机械作用力压出为止。此外，机械长大还与当时所产生的力矩有关，当力矩趋向分离两个黏在一起的母球时，以及力矩大得足以使两个母球不能黏在一起时，聚结便停止。原料的湿含量和塑性影响球的尺寸，当球以聚结机理长大时，水分高、塑性大的原料比水分低、塑性小的原料所制出的生球尺寸大。因此，母球主要是依靠水的表面张力、毛细作用力和机械作用力长大。

工业生产中基本上是连续给料，过渡阶段不明显，因此可将造球过程划分为：母球形成；母球长大；生球紧密。不管成球过程的三个阶段如何划分，细磨物料的成球，主要是依靠加水润湿和机械力的作用使其滚动来实现的。

(4) 成球性指数

成球性是利用松散料柱在不运动的情况下，原料自动吸水能力的大小（即最大分子水量和最大毛细水量）来判别成球性的一种方法（见表 2-4）。常用成球性指数 K 来表示，可以用下列经验公式求得。

$$K = W_{最大分子水} / (W_{最大毛细水} - W_{最大分子水}) \qquad (2\text{-}3)$$

式中，$W_{最大分子水}$ 为细磨物料最大分子水量，%；$W_{最大毛细水}$ 为细磨物料最大毛细水量，%。

表 2-4　物料静力学成球性的判断标准

成球性指数 K	成球性类别	成球性指数 K	成球性类别
<0.2	无成球性	0.6～<0.8	良好成球性
0.2～<0.35	弱成球性	≥0.8	优等成球性
0.35～<0.6	中等成球性		

2.1.3.4　影响成球的因素

(1) 原料水分

水在细磨物料中可以处于不同的状态，有些性质与普通水相比大不一样。

按照普通土壤学的分类，在多孔的散料层中，水可以呈现如下的一些状态：①汽化水；②分子结合水——吸附水、薄膜水；③自由水——毛细水、重力水；④固态水；⑤结晶水和化学结合水。

从细磨物料成球的观点来看，影响成球过程的主要是分子结合水和自由水，即吸附水、薄膜水、毛细水和重力水。干燥的细磨物料在造球过程中被水润湿，首先吸着吸附水、薄膜水，然后吸着毛细水和重力水。

对于细粒原料造球而言，在很大程度上取决于原料的含水量。对间断造球，生球的成长率随原料含水量的增加而增加，这主要是聚结效率的增加所致。在间断造球中，球成长率最大的阶段是过渡阶段。生球连续成层长大时，成长率随水分增加而增大；随着水分的变化，生球直径差异不及间断造球差异大，且在一定范围内成长率不受原料水分影响。

(2) 添加剂的影响

1) 膨润土

必须确定合适的造球原料水分和最佳的膨润土添加量。根据矿石种类和粒度的不同，一般在原料水分为 8%～10% 的情况下，膨润土添加量为 0.5%～1.0%。添加膨润土使生球和干球强度明显改善。表 2-5 为磁铁矿添加 0.6% 膨润土和不加膨润土制出的 $\phi 11$～12.5mm 生球强度比较。

表 2-5　膨润土对生球强度的影响

膨润土添加量/%	生球落下强度/(次/个)	湿球抗压强度/(kgf/个[①])	干球抗压强度/(kgf/个)
0	3.6	1.18	0.54
0.6	9.8	1.50	4.7

① kgf 为千克力，1kgf/个=9.80665N/个。

每种铁精矿粉造球都有适宜的膨润土配比范围（根据高炉对球团的质量要求通过试验确定），当配比增加后，生球粒度变小，造球机的产量降低，长大速度下降，加水量增加，且加水困难。生球形状不圆，容易塑性变形，特别是生球的爆裂温度和铁品位同时降低，这是最不可取的。当配比低于适宜值，生球的强度难以保证。

2) 钠基膨润土与钙基膨润土

膨润土的最大作用是提高干球强度，其作用随着蒙脱石含量及所有吸附的阳离子的不同而有差别，蒙脱石含量高的效果好。钠型膨润土的电位较钙型的高，呈细片晶状分散在水中。干燥时分散的钠型蒙脱石片晶和剩下的水分集中在矿粒之间的接触点上。在水分最终蒸发的过程中，集中在这里的胶体得到干燥并形成固态胶泥连接桥，使干燥强度提高。钙型蒙脱石片晶凝集成聚合体，依次与含氧离子的颗粒凝聚。当球干燥时，分散的钙型蒙脱石和剩下的水分集中在颗粒接触点处，在干燥状态下将颗粒黏结，使干燥强度提高，但不如钠型蒙脱石的效果好。

3）消石灰

消石灰也是能提高成球性的一种黏结剂。焙烧后的生石灰经过消化也可以得到分散度较高、吸水能力较强的消石灰。添加石灰石粉时膨润土对生球爆裂温度的影响见表 2-6。加工后的消石灰能增加生球的毛细黏结力和分子黏结力，提高球团强度。有关研究表明，加入 1% 的 $Ca(OH)_2$，即可显著改善生球强度，干球强度也可提高 1.5 倍，爆裂温度从 250℃ 提高到 400℃，加快了干燥预热速度，缩短了焙烧时间，提高了生产能力。

表 2-6　添加石灰石粉时膨润土对生球爆裂温度的影响

石灰石粉/%	膨润土/%	爆裂温度/℃	石灰石粉/%	膨润土/%	爆裂温度/℃
7.5	0	380	7.5	2.0	>750
7.5	1.0	660	7.5	2.5	>750
7.5	1.5	750			

4）其他黏结剂

有机黏结剂是依靠自身的附着力和内聚力以及它们对颗粒的附着力，形成矿物颗粒间的桥连。在造球中使用过淀粉作黏结剂，能够提高生球和干球的强度，但价格昂贵，没能推广使用。其他含硫的有机黏结剂，目前也不用。有机物在低温时发生分解或高温焙烧时挥发，导致球团强度下降。

（3）工艺设备参数对造球的影响

1）圆盘造球机的直径

对产量的影响：圆盘造球机（见图 2-18）的直径大，造球面积增大，造球盘接受料增多，物料在球盘内的碰撞概率增加，物料成核率和母球的成长速度得到提高，生球产量提高。

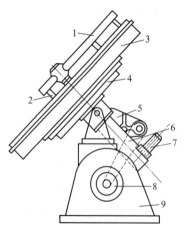

图 2-18　伞齿轮传动的圆盘造球机
1—刮刀架；2—刮刀；3—圆盘；4—伞齿轮；
5—减速机；6—中心轴；7—调倾角螺杆；
8—电动机；9—底座

对生球强度的影响：由于造球盘直径增大，使母球或物料颗粒的碰撞和滚动次数增加，产生的局部压力提高，生球较为紧密，气孔率降低，生球强度提高。

2）圆盘转速

转速过小，离心力也小，物料提升不到圆盘的顶点，造成母球区"空料"，物料和母球向下滑动，盘面的利用率降低，影响产量；由于母球上升的高度不大和积蓄的动能少，当母球向下滚动时得不到必要的紧密，生球强度低。转速过大，离心力过大，盘内的物料就会被甩到盘边，造成盘心"空料"，使物料和母球不能按粒度分开，甚至造成母球的形成过程停止。如果刮板强迫物料下降，则会造成急速而狭窄的料流，严重恶化滚动成型特性。因此，只有适宜的转速才能使物料沿造球盘的工作面滚动，并按粒度分级而有规律地运动。

3）倾角与转速

圆盘造球机的倾角大，为使物料能上升到规定高度，要有较大的转速；转速一定，倾角的适宜值就一定。当小于适宜倾角时，物料的滚动性能变坏，盘内的物料会全甩到盘边，造成盘心"空料"，滚动成型条件恶化；当大于适宜倾角时，盘内的物料带不到母球形成区，造成有效工作面积缩小。

4）边高和填充率

圆盘造球机的边高和圆盘的直径与造球物料的性质有关。物料的粒度粗、黏度小，则要求盘边高；若物料的粒度细、黏度大，盘边可低一些。圆盘造球机的边高可按 $H=(0.1\sim0.12)D$（D 为球盘直径）来选择。边高大小还与圆盘造球机的填充率紧密相关。边高愈大，倾角愈小，填充率愈大。单位时间内给料量一定，填充率愈大，成球时间愈长，生球的尺寸就变大、强度好、气孔率降低。如果边高愈小、倾角愈大，则填充率小，生球在圆盘造球机内的停留时间短，生球气孔率增加和强度降低。根据经验，圆盘造球机填充率一般为8%～18%。

如果边高过高，由于填充率大，使合格粒度的生球不易排出，继续在圆盘内运动，一方面使合格粒度生球变得过大无法排出；另一方面使物料在盘内的运动轨迹受到破坏，生球不能很好地滚动和分级，达不到高生产率。边高过低，生球很快从球盘中排出，不可能获得粒度均匀而强度高的生球。

5）刮刀的位置

为了使圆盘造球机能正常工作，必须在造球盘上设置刮刀，清理黏结在盘底和盘边上的积料。刮刀的作用：解决底料的问题，是提高造球盘的生产率和生球强度的有效措施。

2.1.3.5 造球设备

混合料的造球设备常用的有圆筒造球机和圆盘造球机。

(1) 圆盘造球机

圆盘造球机造球过程中，圆盘中物料能按其本身颗粒大小有规律地运动，都有各自的轨道。粗粒度运动轨迹靠近盘边，路程短。粒度小或未成球的物料，远离盘边。这种按粒度大小沿不同轨迹运动就是圆盘造球机能够自动分级的原因。

(2) 圆筒造球机

随着链算机-回转窑新工艺在我国的迅速推广应用，其大型设备链算机、回转窑和环式冷却机的设计和制造技术日趋成熟，但大型造球机的发展才刚刚起步，只得配置多台圆盘造球机，由于其规格的限制和占地问题，其生产能力已不能适应大型球团生产的需要。因此，应尽量采用单机生产能力大的圆筒造球机（见图 2-19）。

图 2-19　圆筒造球机

2.1.4 烧结矿及球团矿冶金性能

随着炼铁技术的发展，不仅要求烧结矿和球团矿具有好的冷态强度等物理性能，而且要求具备良好的热态冶金性能，因此除了对球团矿的物理性能和化学成分进行常规检验外，还需对热态性能进行检测。主要检测内容：还原性、低温还原粉化性、还原膨胀性、高温软熔特性。

2.1.4.1 还原性

还原性是模拟炉料自高炉上部进入高温区的条件，用还原气体从球团矿中排除与铁结合氧的难易程度的一种度量。它是评价球团矿冶金性能的主要质量标准。测定炼铁原料还原性的方法有许多种，相关参数见表2-7。

表 2-7　各国还原性测定方法的有关参数

项目		国际标准 ISO 4695	国际标准 ISO 7215	中国标准 GB 13241	日本 JISM 8713	西德 V·D·E
设备		双壁反应管 $\phi_{内}$75mm	单壁反应管 $\phi_{内}$75mm	双壁反应管 $\phi_{内}$75mm±1mm	单壁反应管 $\phi_{内}$75mm	双壁反应管 $\phi_{内}$75mm
试样	质量/g	500±1	500±1	500±1	500±1	500±1
	球团矿粒度/mm	10.0～12.5	10.0～12.5	10.0～12.5	12.0±1	10.0～12.5
还原气体	$\phi^{①}$(CO)/% $\phi^{①}$(N$_2$)/% 流量(标态)/(L/min)	40.0±0.5 60.0±0.5 50	30.0±0.5 70.0±0.5 15	30.0±0.5 70.0±0.5 15±0.5	30.0±1.0 70.0±1.0 15	40.0±0.5 60.0±0.5 50
还原温度/℃		950±10	900±10	900±5	900±10	950±10
还原时间/min		直到还原度60% 最大240min	180	180	180	直到还原度60% 最大240min
还原性表示方法		失氧量=时间曲线 R	$R^{②}$	$R_t^{③}$	同 ISO 7215	同 ISO 4695

① ϕ 指体积分数。

② $R = \dfrac{m_1 - m_2}{m_0[0.43w(\text{TFe}) - 0.112w(\text{FeO})]} \times 10^4$

式中，R 为还原度，%（质量分数）；m_1 为还原开始前试验样的质量，g；m_2 为还原180min后试验样的质量，g；$w(\text{TFe})$ 为测定的试验样中全铁的质量分数，%；$w(\text{FeO})$ 试验样中FeO的质量分数，%；m_0 为试样质量。

③ $R_t = \left(\dfrac{0.111w_1}{0.430w_2} - \dfrac{m_1 - m_t}{m_0 \times 0.430w_2} \times 100\right) \times 100$（符号说明见正文）。

还原度的计算是依据还原过程中失去的氧量与试样在试验前氧化铁所含总氧量之比的百分数表示。计算方法：①按还原过程中试样的失重；②按试验后试样中Fe的增量；③按还原后废气中CO$_2$的含量；④按试样在试验前后化学分析成分的变化。

第②、第③种计算方法的误差大，第④种方法所得结果较精确，第①种方法比较简便。工业生产测定中多用第①种。

铁矿石还原装置如图2-20所示，由还原气体制备、还原反应管、加热炉及称量天平四部分组成。还原气体是按试验要求在配气罐中配气，若没有瓶装CO气体，可采用甲酸（HCOOH）法或高温（1100℃）碳转化法制取CO气体。反应管置于加热炉内，加热炉应保证900℃高温恒温区长度（高度）不小于200mm，反应管为耐热不起皮的双壁管，试样在反应管内，还原过程的失氧量通过电子天平称量（1mg）获得。

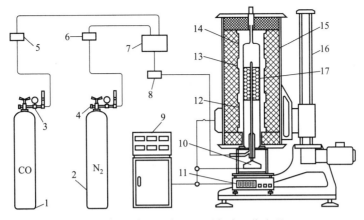

图 2-20　铁矿石中温还原实验工艺流程

1—CO 钢瓶；2—N$_2$ 钢瓶；3—CO 减压阀；4—N$_2$ 减压阀；5—CO 质量流量控制器；6—N$_2$ 质量流量控制器；
7—还原气稳压室；8—流量计；9—系统控制柜；10—三点控温热电偶；11—热重天平；12—下加热段；
13—中加热段；14—上加热段；15—还原炉体；16—电动升降机构；17—反应管

还原管与筛板结构示意图见图 2-21，反应管内径 $\phi75mm\pm1mm$，由耐热不起皮金属制成，能耐 900℃以上的温度。

球团矿还原性标准检验方法《铁矿石　还原性的测定方法》（GB/T 13241—2017）是一种称重测定还原度的方法。将一定粒度范围的试样置于固定床中，用 CO 和 N$_2$ 组成的还原气体，在 900℃下等温还原，以三价铁状态为基准，即假设铁矿石的铁全部以 Fe$_2$O$_3$ 形式存在，并把这些 Fe$_2$O$_3$ 中的氧算作 100%，以还原 180min 的失氧量计算铁矿石还原度（R_t），以及当原子比 O/Fe＝0.9 时的还原速率指数（RVI）来表示。

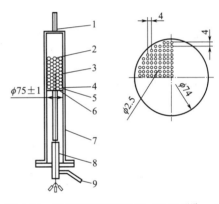

图 2-21　还原管与筛板结构（单位为 mm）

1—气体出口；2—上部控温点；3—中部控温点；
4—下部控温点；5—铁矿石试料；6—筛板；
7—底装反应管；8—气体均配管；9—气体入口

① 还原度计算　用下式计算时间 t 后的还原度 R_t。还原度指数 RI 是以三价铁状态为基准，t 为 180min，用质量分数表示。

$$R_t=\left(\frac{0.111w_1}{0.430w_2}-\frac{m_1-m_t}{m_0\times0.430w_2}\times100\right)\times100 \qquad (2\text{-}4)$$

式中，R_t 为还原时间 t 后的还原度，%；m_0 为试样质量，g；m_1 为还原开始前试样和还原管总质量，g；m_t 为还原时间 t 后试样和还原管总质量，g；w_1 为还原前试样中亚铁的质量分数，%；w_2 为试验前试样的全铁质量分数，%；0.111 为 FeO 氧化到 Fe$_2$O$_3$ 时所必需的相应氧量的换算系数；0.430 为 TFe 全部氧化为 Fe$_2$O$_3$ 时含氧量的换算系数。

作出还原度 R_t（%）对还原时间 t（min）的还原曲线图，可求出不同阶段的还原速率。

② 还原率指数计算　以 1min 为时间单位，以三价铁状态为基准，球团矿在还原过程中单位时间内还原度的变化称为还原速度。而还原速率指数 RVI，是指原子比 O/Fe 为 0.9（相当于还原度 40% 时）的还原速度，用式（2-5）计算：

$$\mathrm{RVI} = \frac{\mathrm{d}R_t}{\mathrm{d}t} = \frac{33.6}{t_{60} - t_{30}} \tag{2-5}$$

式中，t_{30}、t_{60} 为还原度达 30%、60% 时的时间，min；33.6 为一常数。

在某种情况下，试验达不到 60% 的还原度，用下式计算较低的还原度：

$$\mathrm{RVI} = \frac{\mathrm{d}R_t}{\mathrm{d}t} = \frac{k}{t_y - t_{30}} \tag{2-6}$$

式中，t_y 为还原度达到 y% 时的时间，min；k 为取决于 y% 的常数，y=50% 时，k=20.0，y=55% 时，k=26.5。

GB/T 13241 国家标准规定，以 180min 的还原度指数（RI）作为考核指标，还原速率指数（RVI）作为参考指标。还原度指数（RI）允许误差，对同一试样的平行试验结果的绝对值差，球团矿不超过 3%。若平行试验结果的差值不在上述范围内，则应按 GB/T 13241 标准方法中的附录所规定的程序重复试验。

2.1.4.2　低温还原粉化性

低温还原粉化性是指烧结矿或球团矿进入高炉炉身上部，在 500～600℃ 区间，由于受气流冲击 $Fe_2O_3 \rightarrow Fe_3O_4 \rightarrow FeO$ 还原过程发生晶形变化，导致其粉化，直接影响炉内气流分布和炉料顺行。

低温还原粉化性指数（reduction degradation index，RDI）的测定，就是模拟高炉上部条件进行的。低温还原粉化性能测定有静态法和动态法两种。测定还原粉化的方法，根据还原温度可分为低温（500℃）还原粉化性和高温（900～1000℃）还原粉化性两种。

2.1.4.3　还原膨胀性

烧结矿或球团矿在还原过程中，由于 Fe_2O_3 转化为 Fe_3O_4 时发生晶格转变，以及浮氏体还原可能出现的铁晶须，使其体积膨胀。球团若出现异常膨胀将直接影响炉料顺行和还原过程，球团矿的还原膨胀指数（reduction swelling index，RSI）已被作为评价其质量的指标，普通球团还原膨胀率＜20%，优质球团＜12%。

球团矿产生热膨胀与球团含有 Fe_2O_3 有关。球团矿膨胀通常分为两步。第一步发生在赤铁矿还原为磁铁矿阶段，膨胀率在 20% 以下。一般解释为赤铁矿的六面体结构转变为磁铁矿的立方体结构，氧化铁晶体结构破裂，造成体积膨胀。对于焙烧球团，最大膨胀率出现在还原度为 30%～40%，此种膨胀对于高炉操作影响并不大。对于磁铁矿制成的冷黏结球团，则没有这一步膨胀。第二步发生在浮氏体（FeO）转变为铁时，膨胀十分显著，称为异常膨胀，体积可增加 100%，甚至更多，严重时达到 300%～400%。异常膨胀时铁晶粒自浮氏体表面直接向外长出似瘤状物，称为晶须（或称"铁须"）。此晶须的生长造成很大拉力，使铁的结构疏松从而产生膨胀，造成球团的高温还原粉化。

以相对自由膨胀率表示的球团矿膨胀性能的测定方法有多种，但无论哪种测定方法都应满足如下要求：①试样在还原过程中应处于自由膨胀状态；②应在 900～1000℃ 下还原到浮氏体，进而还原成金属铁；③应保证在密封条件下，还原气体与球团矿试样充分反应；④能充分反映还原前后球团矿总体积的变化。

2.1.4.4　高温软熔特性

入炉原料在高温下还原时，若开始软化温度较低，软熔温度区间较宽，增加高炉中软熔带的透气性阻力，恶化块状带分配煤气流的机能，对炉内的还原过程有较大影响。为避免黏稠的熔化带扩大，造成煤气分布的恶化及降低料柱的透气性，尽可能避免使用软化区间特别宽及熔点低的球团矿及其他炉料。高炉内软熔带的形成及其位置，对炉内气流分布和还原过程产生明显影响。许多国家对铁矿石的软熔性能（reduction softening behaviour）进行了广泛深入的研究。各种有关软熔性的测定方法相继出现（见表 2-8）。

表 2-8 几种铁矿石荷重软化及熔滴特性测定方法

项目		国际标准 ISO/DP 7992	中国马鞍山钢铁 集团钢铁研究所	日本 神户制钢所	德国 亚琛工业大学	英国 钢铁协会
试样容器/mm		ϕ125 耐热炉管	ϕ48 带孔 石墨坩埚	ϕ75 带孔 石墨坩埚	ϕ60 带孔 石墨坩埚	ϕ90 带孔 石墨坩埚
试样	预处理 质量/g	不预还原 1200	预还原度 60% 130	不预还原 500	不预还原 400	预还原度 60% 料高 70mm
	粒度/mm	10.0~12.5	10.0~15.0	10.0~12.5	7.0~15.0	10.0~12.5
加热	升温制度	1000℃恒温 30min；>1000℃ 升温速率 3℃/min	1000℃恒温 0min；>1000℃ 升温速率 3℃/min	1000℃恒温 60min；>1000℃ 升温速率 6℃/min	900℃恒温 0min；>900℃ 升温速率 4℃/min	950℃恒温 0min；>950℃ 升温速率 3℃/min
	最高温度/℃	1100	1600	1500	1600	1350
还原 气体	组成(CO/N_2)/%	40/60	30/70	30/70	30/70	40/60
	流量/(L/min)	85	1、4、6	20	30	60
荷重/980×10^2Pa		0.5	0.5~1.0	0.5	0.6~1.1	0.5
测定项目		ΔH、Δp、T	ΔH、Δp、T	ΔH、Δp、T	ΔH、Δp、T	ΔH、Δp、T
评定标准		R=80% 时 Δp R=80% 时 ΔH	$T_{1\%}$、$T_{4\%}$、$T_{10\%}$、$T_{40\%}$ T_s、T_m、ΔT	$T_{10\%}$ T_s、T_m、ΔT	T_s、T_m、ΔT	Δp-T 曲线 T_s、T_m、ΔT

注：R 为还原度；$T_{1\%}$、$T_{4\%}$、$T_{10\%}$、$T_{40\%}$ 为样品收缩率为 1%、4%、10%、40% 时的温度；T_s、T_m 为压差陡升时的温度及开始滴落温度；Δp 为最高压差；ΔT 为软化温度区间。

一般以软化温度及软化区间、软熔带的透气性、滴下温度及软熔滴下物的性状作为评价指标。

（1）荷重软化——透气性测定

模拟炉内的高温熔融带，在一定荷重和还原气氛下，按一定升温制度，以试样在加热过程中的某一收缩值的温度表示起始的软化温度、终了温度和软化区间，以气体通过料层的压差变化表示熔融带对透气性的影响。

表 2-8 列出了各国软熔性的测定装置、试验参数和结果表示方法。这些方法的共同特点是将试样置于底部带孔的石墨堆场中，在规定的荷重条件下，在加热炉内按一定的升温程序加热，同时从下部通入还原气体至软化-熔融滴落状态（见图 2-22）。试验最高温度可达 1600℃，直至滴落终止。试验测定温度与收缩率 ΔH、软熔带的压力损失 Δp、还原度 R 的关系；测定滴落的温度区间以及收集滴落物进行化学成分和金相结构分析。

① 反应管为高纯 Al_2O_3 管，试样容器为石墨坩埚，其底部有小孔，坩埚

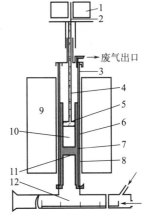

图 2-22 铁矿石熔融特性测定的实验装置
1—荷重块；2—热电偶；3—氧化铝管；4—石墨棒；
5—石墨盘；6—石墨坩埚，ϕ48mm；7—焦炭
（10~15mm）；8—石墨架；9—塔曼炉；
10—试样；11—孔（ϕ8mm×5mm）；
12—试样盒

尺寸取决于试样质量，$\phi48\sim120mm$，推荐尺寸 $\phi70mm$。装料高度 70mm。

② 加热炉使用硅化钼或碳化硅等高温发热元件，最高加热温度可达 1600℃，并采用程序升温自动控制系统。

③ 上部设有荷重器及荷重传感器记录仪。

④ 底部设有集样箱，用于接受熔滴物。

⑤ 设有温度、收缩率及气体通过料层时的压力损失等自动记录仪。

测定条件：试样 1200g，粒度 10.0～12.5mm，还原气体 CO/N_2 为 40/60，流量 85L/min，荷重 $5N/cm^2$，等温还原温度 1050℃（1100℃）。

试验结果表示方法：①以还原度 80%时收缩率（ΔH）和压差（Δp）作软化性评定标准，②以式（2-7）作为还原性的评定标准。

$$RVI=\left(\frac{dR}{dt}\right)_{40} \tag{2-7}$$

（2）荷重软化——熔滴特性测定

当炉料从软化带进入熔融状态时，试验温度仅为 1050℃（或 1100℃），已不能真正反映高炉下部炉料的特性。要求在更高温度（1500～1600℃）下，把测定熔化特性与熔融滴落特性结合起来考虑（见表 2-9 和表 2-10）。

表 2-9 含镁球团冶金性能

MgO/SiO$_2$	抗压强度/(N/个)	RDI(500℃)/%			RI(900℃)/%	还原膨胀率/%
		<0.5mm	>3.15mm	>6.3mm		
0.45	2782.0	11.79	83.96	74.41	71.22	6.14
0.62	2553.0	11.21	87.00	78.50	74.98	8.76
0.73	1743.0	11.21	87.16	80.72	78.09	
0.89	2412.0				81.60	
0.92	2110.0					
0.05	3404.3	11.88	83.04	74.34	71.08	16.08

表 2-10 球团矿的软熔性能

MgO/SiO$_2$	$T_{4\%}$/℃	$T_{10\%}$/℃	$T_{40\%}$/℃	$T_{50\%}$/℃	T_s/℃	T_m/℃	Δp_{max}/Pa	ΔT/℃	ΔT_{m-s}/℃
0.05	1142	1175	1224	1255	1059	1348	13420	82	289
0.05	1134	1149	1219	1300	1065	1356	12020	85	291
0.45	1180	1204	1285	1326	1061	1532	9020	105	471
0.62	1185	1213	1308	1336	1063	1545	8390	123	482

注：$T_{4\%}$、$T_{10\%}$、$T_{40\%}$、$T_{50\%}$ 为样品收缩率为 4%、10%、40%、50%时的温度；T_s、T_m 为压差陡升时的温度及开始滴落温度；Δp_{max} 为最高压差；ΔT、ΔT_{m-s} 为软化和熔化的温度区间。

熔融滴落特性一般用熔融过程中物料形变量、气体压差变化及滴落温度来表示。暂时用下列指标来评价熔滴实验结果：

T_a：试样线收缩率达到 4%时对应的温度，称为矿石软化开始温度，℃；

T_s：试样线收缩率达到 40%时对应的温度，称为矿石软化结束温度，℃；

T_m：试样渣铁开始滴落时的温度，称为矿石滴落温度，℃；

ΔT_{sa}：矿石软化温度区间＝$T_s - T_a$；

ΔT_{ma}：矿石软熔温度区间＝$T_m - T_a$；

Δp_{max}：实验过程中出现的最大压差。

2.2 高炉冶炼过程的物理化学

高炉的炉料由块矿、烧结矿、球团矿、焦炭和其他辅料组成。为了降低焦比，高炉还可以喷吹燃料如煤、油或天然气等。高炉运行中，热风由下而上穿过自上而下运动的料柱，在热风和炉料物理化学反应的共同作用下，炉料被熔化。高炉最常见的化学反应见图2-23。

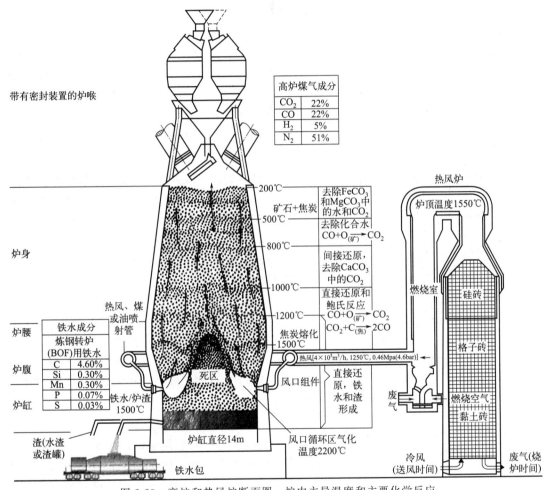

图 2-23　高炉和热风炉断面图、炉内主导温度和主要化学反应

2.2.1 蒸发、分解与气化

2.2.1.1 蒸发

炉料进入高炉后最先发生的反应是其吸附的水分蒸发。

其水分来源主要是原燃料的吸附，一般来说焦炭的含水量在 2%～5%，天然块矿和熔剂由于其外观呈现为致密块状，吸附水量一般不超过 2%，雨季的到来也会增加其带入的水分。炉顶煤气的温度在200℃左右，炉料中的水分在炉顶煤气的作用下会逐渐升温，直至沸腾而蒸发，以水蒸气的形式进入炉顶煤气。该过程消耗炉顶上部多余热量，仅仅使炉顶温度降低，对高炉冶炼过程不产生明显影响。

2.2.1.2 结晶水分解

某些天然矿和熔剂含有化学结晶水，一般的固溶结晶水在120～200℃会分解吸收一部分热量，由于某种原因结晶水析出过晚，在高于800℃的高温区析出时，则会发生以下反应：

$$H_2O + C \rightleftharpoons H_2 + CO \tag{2-8}$$

该反应也称为水煤气反应，反应强烈吸热（1kgH_2O耗热7285kJ或1m³H_2O耗热5860kJ），消耗大量高温区宝贵热量；消耗焦炭的固定碳，破坏焦炭强度。且产生的还原性煤气H_2、CO在上升过程中利用率并不高，造成多余损耗。当高炉下部冷却器漏水时，也会发生类似问题。一般来说，参加这一反应的结晶水量可能占结晶水总量的20%～50%。

2.2.1.3 碳酸盐分解

若高炉料中单独加入熔剂（石灰石或白云石）或炉料中尚有其他类型的碳酸盐，随着温度的升高，当其分解压p_{CO_2}超过炉内气氛的CO_2分压时，碳酸盐开始分解，此时的温度称为开始分解温度$T_开$。p_{CO_2}增大到超过炉内系统的总压时，发生激烈的分解，即化学沸腾，该条件下的温度是沸腾温度$T_沸$。高炉内不同碳酸盐分解的热力学条件见图2-24。

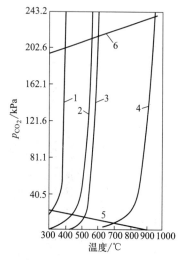

图2-24 高炉内不同碳酸盐分解的热力学条件
1—$FeCO_3$分解压随温度的变化；2—$MnCO_3$分解压随温度的变化；3—$MgCO_3$分解压随温度的变化；4—$CaCO_3$分解压随温度的变化；5—炉内CO_2分压的变化；6—炉内总压的变化

由图2-24可看出，$FeCO_3$、$MnCO_3$和$MgCO_3$的分解比较容易，在炉内较高的部位即可开始。分解消耗的热量分别为：从$MnCO_3$分解出1kgCO_2耗热2180kJ或分解出1kgMnO耗热1350kJ；从$FeCO_3$分解出1kgCO_2耗热1995kJ或分解出1kg FeO耗热1220kJ；从$MgCO_3$分解出1kgCO_2耗热2490kJ或分解出1kg MgO耗热2740kJ。

上述三种碳酸盐的分解反应发生在低温区，对冶炼过程无大影响。但石灰石（$CaCO_3$）开始分解的温度高达700℃，有相当一部分（50%）的$CaCO_3$在1000℃以上的高温区发生分解，此时，反应产物CO_2会在炉内与固体碳发生碳素溶损反应：

$$CO_2 + C \rightleftharpoons 2CO \tag{2-9}$$

此反应吸收大量高温区的热量并消耗碳，对高炉的能量消耗和利用十分不利。消耗的固体碳素越多，用于还原和热量作用的碳素就越少。减弱了焦炭料柱骨架的作用，破坏焦炭强度。一般对策是：使用全熟料，少用或不用石灰石；以生石灰代替石灰石；适当减小石灰石粒度。

从高炉研究中得到石灰石在高炉内分解的行为一般是：料面处未分解，炉身中部分解至6.5%，炉身下部分解至35%，炉腰下部分解至55%，风口区分解至89.5%。

2.2.1.4 析碳反应（碳素沉积反应）

高炉内部进行着一定程度的析碳化学反应：

$$2CO \rightleftharpoons CO_2 + C \tag{2-10}$$

该反应是碳溶解损失的逆反应。从热力学角度分析，煤气中 CO 在上升过程中，当温度降到 400～600℃时此反应即可发生。而从动力学条件分析，由于温度低，反应速度可能过于缓慢。但在高炉中存在催化剂，如低温下还原生成的新相金属铁、催化能力稍差的 FeO 以及在 CO+H$_2$ 混合气中占 20%左右的 H$_2$ 等。随着煤气中压力的升高，析碳反应速度加快，但压力超过 500kPa 后压力的影响变小。若煤气中存在 CO$_2$ 和 N$_2$，析碳反应速度变慢。在以上因素的综合作用下，高炉内总有一定数量的析碳反应发生。

析碳反应对高炉冶炼过程有不利影响，如反应消耗高炉上部的气体还原剂 CO；渗入炉身砖衬中的 CO 若析出碳，则可能因产生膨胀而破坏炉衬；渗入炉料中的 CO 发生反应，则可能使炉料破碎、产生粉末而阻碍煤气流；反应生成的细微碳粉阻塞炉料间空隙，使炉料的透气性降低等。通常，由于其量较少，对高炉冶炼进程影响不大。

2.2.1.5　气化

少量低沸点的物质可能在高炉内气化（蒸发或升华），如可在高炉中还原的元素 P、As、K、Na、Pb、Zn 和 S 等以及还原的中间产物 SiO、Al$_2$O$_3$ 和 PbO，在高炉中生成的化合物 SiS、CS 以及由原料带入的 CaF$_2$ 等。

蒸发或升华发生在下部较高的温度区域，然而这些气态物质在随煤气上升的过程中又会由于温度的降低而凝聚，少部分随煤气逸出炉外，一部分被炉渣吸收而排出炉外，有相当一部分又随炉料再次下降至高温区而重复此气化-凝聚过程。这些易气化物质的"循环富集"，使料流中这些物质的浓度随炉子高度而变化。

气化物质在冷的炉壁和炉料表面上凝聚，轻者阻塞炉料孔隙、增大对煤气流的阻力、降低料块强度，重者造成炉料难行、悬料以及炉墙结瘤等。

解决气化物质"循环富集"的办法是，增大其随煤气逸出或被炉渣吸收的总排出量。在多种措施无效而危害日趋严重时，只能限制这些物质的入炉量，目前 K$_2$O、Na$_2$O 和 Zn 的危害就是这样。因此，一般限制 K$_2$O+Na$_2$O 总量不超过 3kg/t，Zn 量不超过 150g/t。

提高炉顶温度、增加煤气量等措施有助于提高气化物质随煤气排出量，而降低炉渣碱度和大渣量则有助于提高其随炉渣排出量的办法。这些办法都会增加成本或增大燃料消耗量，并会带来其他副作用，如使铁水品质降低（S 含量升高）。故采取某种措施时，应全面权衡利弊得失。

2.2.2　还原过程

还原即指夺取矿石中与金属元素结合的氧，是冶炼过程要完成的基本任务。它是利用一种与氧结合能力更强的物质（还原剂）将矿石中金属离子与氧离子的化学键击破，而将金属元素释放出来。由于 Fe 是需求量很大的普通金属，还原剂必须选择在自然界中储存量丰富、易于开采、价廉又不易造成环境污染的物质。工业生产上选用的是碳（包括 CO）及 H$_2$。

2.2.2.1　铁的氧化物及其特征

已知铁的氧化物有 Fe$_2$O$_3$、Fe$_3$O$_4$ 及 Fe$_x$O。这些氧化物的特性可由 Fe-O 相图（见图 2-25）得到部分了解。

不存在一个理论氧质量分数为 22.28%、Fe 与 O 原子比为 1:1 的化合物 FeO。在不同温度下 Fe$_x$O 的氧质量分数是变化的，最大的变化范围为 23.16%～25.60%。

Fe$_x$O 是立方晶系氯化钠型的 Fe^{2+} 缺位的晶体，学名为方铁矿，常称为"浮氏体"，记

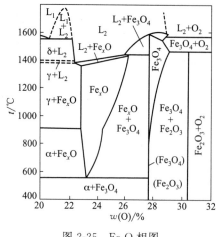

图 2-25 Fe-O 相图

L_1—液态 Fe；L_2—液态氧化物；

Fe_xO—浮氏体

为 Fe_xO 或 $Fe_{1-y}O$。y 代表 Fe^{2+} 缺位的相对数量。对应上述氧含量范围，$y=0.05\sim0.13$ 或 $x=0.87\sim0.95$，故有时也记其为 $Fe_{0.95}O$。

Fe_xO 在低温下不能稳定存在。当温度低于 570℃ 时，Fe_xO 将分解为 $Fe_3O_4+\alpha Fe$。

但在讨论 Fe_xO 参与化学反应时，为方便起见，仍常将其记为 FeO，并认为它是有固定成分的化合物。

由 Fe-O 相图还可知，Fe_3O_4（理论氧质量分数为 27.64%）、Fe_2O_3（理论氧质量分数为 30.06%）是两个组成固定的化合物，并相对比较稳定。只是 Fe_3O_4 在温度高于 800℃ 时也有溶解氧或 Fe^{2+} 缺位的现象。Fe_2O_3 只在高于 1457℃ 时分解为 $Fe_3O_4+O_2$。三种铁氧化物的特征如表 2-11 所示。

表 2-11 三种铁氧化物的特征

名称	赤铁矿	磁铁矿	方铁矿（浮氏体）
分子式	Fe_2O_3	Fe_3O_4	Fe_xO
理论氧质量分数/%	30.06	27.64	23.16~25.60
相对氧质量分数/%	100.0	88.9	70.0
比容/(cm³·g⁻¹)	0.190	0.193	0.176
结晶结构	菱形晶系刚玉型	立方晶系尖晶石型	立方晶系氯化钠型

工业生产中，这两种氧化物在较低温度下早已被还原，故上述高温下发生的种种现象没有很大的实际意义。在自然界中含 Fe 矿物尚有少量的褐铁矿（$mFe_2O_3\cdot nH_2O$）以及菱铁矿（$FeCO_3$）。这些矿石在高炉上部首先受热分解，分别释放出水或 CO_2，然后皆转化为氧化物。

2.2.2.2 铁氧化物还原的热力学

（1）还原的顺序性

铁氧化物无论用何种还原剂还原，都是由高价氧化物向低价氧化物逐级变化的，其变化顺序为：

高于 570℃ 时　　　　$Fe_2O_3 \rightarrow Fe_3O_4 \longrightarrow Fe_xO \rightarrow Fe$

低于 570℃ 时　　　　$Fe_2O_3 \rightarrow Fe_3O_4 \longrightarrow Fe$

　　　　　　　　　　$Fe_xO \longrightarrow Fe_3O_4 + \alpha Fe$

将还原过程中的赤铁矿球急速置于中性或惰性气氛中冷却，然后取其断面观察，可发现鲜明的层状结构。球的核心是未反应的 Fe_2O_3，其外是一层 Fe_3O_4，再外边是一薄层浮氏体，最外层是随反应进行而逐渐增厚的金属铁。高炉解剖时由炉内取得的半还原的矿石样品，也具有同样的壳层结构。

还原中连续失氧的过程，就是不同种类、不同氧含量氧化物的相对数量连续减少的过程。证实这一顺序性规律的意义在于，当研究铁氧化物还原过程的定量规律时，只需分别研究各种典型的氧化物规律即可。

（2）各种铁氧化物还原的热力学

上述各种铁氧化物在被不同还原剂（气体 CO 和 H_2）还原（间接还原）时，有以下几种反应，见表 2-12。

表 2-12　CO、H_2 还原铁氧化物反应的基本热力学数据

反应式	$\Delta H^{\ominus}/(J/mol)$	$\lg K = f(T)$
$3Fe_2O_3 + CO = 2Fe_3O_4 + CO_2$	−67240	$\lg K = \dfrac{2726}{T} + 2.144$
$Fe_3O_4 + CO = 3FeO + CO_2$	+22400	$\lg K = -\dfrac{1713}{T} - 0.341\lg T + 0.41 - 10^{-3}T + 2.303$
$Fe_3O_4 + 4CO = 3Fe + 4CO_2$	−25290	$\lg K = -\dfrac{2462}{T} - 0.99T$
$FeO + CO = Fe + CO_2$	−3190	$\lg K = \dfrac{688}{T} - 0.9$
$3Fe_2O_3 + H_2 = 2Fe_3O_4 + H_2O$	−21810	$\lg K = -\dfrac{131}{T} + 4.42$
$Fe_3O_4 + H_2 = 3FeO + H_2O$	+63600	$\lg K = -\dfrac{3410}{T} + 3.61$
$Fe_3O_4 + 4H_2 = 3Fe + 4H_2O$	+20520	$\lg K = -3110 + 2.72T$
$FeO + H_2 = Fe + H_2O$	+28010	$\lg K = -\dfrac{1225}{T} + 0.845$

表 2-12 中所列各反应有一共同特点，即反应前后都有气相且其分子数（即体积）不变。在其他参加反应的物质为纯固态的条件下，反应的平衡状态不受系统总压力的影响。反应的平衡常数可用 $K = p_{CO_2}/p_{CO}$ 表示。由于与总压无关，其又可表示为 $K = \phi(CO_2)/\phi(CO)$。在不计气相中其他惰性成分（如 N_2）的条件下，$\phi(CO) + \phi(CO_2) = 100\%$，则平衡常数或平衡状态也可简化为用单值的煤气成分表示，如 $\phi(CO_2)$ 或 $\phi(CO)$。表 2-12 中所列反应在不同温度下的平衡气相成分以图 2-26 表示。

从图 2-26 可以看出，曲线的斜率与反应的热效应有关。放热反应随温度升高，平衡的气相成分中 $\phi(CO)$［或 $\phi(H_2)$］也升

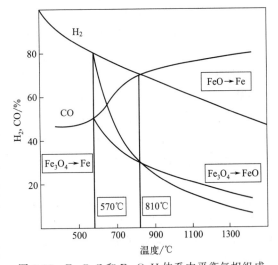

图 2-26　Fe-O-C 和 Fe-O-H 体系中平衡气相组成

高，曲线向右上斜；吸热反应反之。该曲线图可以看出，用 CO 或 H_2 作还原剂还原铁氧化物的区别是很大的。以 CO 还原看，$Fe_3O_4 \rightarrow FeO$ 反应的曲线向下倾斜，该反应为吸热反应，其余反应均向上倾斜，均为放热反应；H_2 还原，全部曲线向下倾斜，均为吸热反应。810℃时 CO 和 H_2 有相同的还原能力；低于 810℃时，CO 的还原能力比 H_2 强；高于 810℃时则相反。在 CO 还原氛围下，随还原反应的推进，氧含量高的高价氧化物转化为氧含量少

的低价氧化物，还原反应越发困难，表现为平衡气相成分中要求 $\phi(CO)$ 的值越来越高。又由于 FeO 相对氧质量分数为 70%（即从 Fe_2O_3 还原到 Fe 夺取的氧量中，从 FeO 中夺取的氧量占 70%），故 FeO→Fe 这一步骤是最为困难的一步，也是决定高炉生产率及耗碳量的关键。由于 H_2 分子量小，黏度低，易扩散，故其还原的动力学条件好。

应该说明，由于 Fe_2O_3 极易还原，无论用 CO 或 H_2 作还原剂，反应的平衡常数都很大。如 $T=1000K$ 时，由表 2-12 所给定的计算式可得出 K 值皆在 $10^3 \sim 10^4$ 数量级内，即平衡气相成分中几乎为 100% 的 CO_2 或 H_2O。故代表 Fe_2O_3 还原平衡气相成分的曲线几乎与纵坐标重合，在图 2-26 上已无法显著地表示出来。

图 2-26 不仅有理论意义，而且有广泛的实用价值。如以 CO 为还原剂，在 1000℃下还原 FeO。由图 2-26 查得，反应平衡时气相成分为 $\phi(CO)=70\%$。这意味着欲使还原反应持续进行，气相中 CO 的体积分数必须始终高于 70%；换句话说，还原 FeO 时 CO 的利用率最高值为 $\eta_{CO}=\phi(CO_2)/[\phi(CO)+\phi(CO_2)]=30\%$。这一事实或这一概念非常重要，它是决定生产单位生铁燃料消耗量的关键，也是衡量高炉工作效率的标准判据之一。

这样，实际的反应方程式应写为：

$$FeO+nCO \Longrightarrow Fe+CO_2+(n-1)CO \tag{2-11}$$

式中，n 称为过剩系数，其数值随温度而变。在 1000℃下反应若达到平衡状态，则：

$$\eta_{CO}=\phi(CO_2)/[\phi(CO)+\phi(CO_2)]=1/n=0.3, n=3.33 \tag{2-12}$$

即欲还原出 56kg 的 Fe，最少需要 C $3.33 \times 12=39.96$kg，或者说 1kgFe 消耗碳 0.7136kg，以制造还原所需的最低限量的 CO。

同理在 685℃时反应达平衡时，依据图 2-26 和式（2-11）可计算得出此时 n 值为 2.52，即欲还原出 56kg 的 Fe，最少需要 C $2.52 \times 12=30.24$（kg），或者说 1kgFe 消耗碳 0.540kg，以制造还原所需的最低限量的 CO。

不同温度下的 n 值既可查图 2-26，也可根据表 2-12 中的经验式经过 K 值计算而得：

$$K=p_{CO_2}/p_{CO}=\phi(CO_2)/\phi(CO) \tag{2-13}$$

根据表 2-12 中 $\lg K=688/T-0.9$，选定某一温度，即可得到相应的 K 值，再按上式得到 n 值。

2.2.2.3 直接还原与间接还原

表 2-12 及图 2-26 实际上讨论的皆为间接还原，即还原剂为气态的 CO 或 H_2，产物为 CO_2 或 H_2O。若还原剂为固态的 C，产物为 CO，则称为"直接还原"，如：

$$FeO+C \Longrightarrow Fe+CO \tag{2-14}$$

直接还原并不意味着只有固态 C 与固态 FeO 直接接触反应才能发生（液态炉渣中 FeO 与固体 C 间的反应除外）。相反，由于两个固相间相互接触的条件极差，不足以维持可以觉察到的反应速度。实际的直接还原反应是借助于碳的溶解损失反应（$C+CO_2 \Longrightarrow 2CO$）以及水煤气反应（$H_2O+C \Longrightarrow CO+H_2$）与间接还原反应叠加而实现的。

"直接还原"主要是指直接消耗固体碳。此反应的另一特点是强烈吸热，热效应高达 2717kJ/kg。由于此反应只涉及一个气相产物，其平衡常数可以 CO 的分压 p_{CO} 表示，而且不因要求特殊的平衡气相成分而消耗过剩碳（即相对于间接还原来说，其过剩系数 $n=1$），此时还原 1kg 铁消耗的还原 C 量恒等于 0.214kg。但反应所需的热量要由 C 的燃烧提供。已知焦炭中 C 与 O_2 在 0℃条件下燃烧 1kg 碳生成 CO 的热效应为 9800kJ，则供应 2717kJ 热量需耗 C 0.277kg/kg，即每直接还原 1kgFe 共耗 C 0.214+0.277=0.491kg。相对于间接还原时的耗 C 量 0.7135kg/kg，似乎 100% 直接还原比 100% 间接还原更有利。事实上，在高炉冶炼的生产条件下，只有直接还原与间接还原比例合适、相互搭配，才能使碳消耗量最低。

高炉生产实际中，为了保证料层有一定的透气性，矿石的粒度不可过小（一般大于 8～10mm）。此外，由于目前工艺发展水平所限，所生产的人造矿物（烧结矿或球团矿）的还原性尚不理想（天然矿石更差），致使矿石在低温区停留的有限时间内不能使间接还原发展到最佳比例值。这是世界上大多数高炉尚未解决的问题。为促进间接还原的比例增大，必须提高气-固相还原反应的速率，为此，应研究气态还原反应的动力学规律。

FeO 的直接还原还有另一种形式，即含 FeO 液态炉渣与焦炭直接接触，或与铁水中饱和的 C 发生反应。

矿石在低温的固体料区未来得及充分还原就已落入高温区，则将发生软化和熔融，造成 FeO 含量很高的初渣，并沿着焦炭的空隙向下流动。由不同高炉或同一高炉不同部位取得的初渣样品可知，FeO 质量分数在 5%～30% 的较大范围内波动。由于液态渣与焦炭表面接触良好，扩散阻力也比气体在曲折的微孔隙中扩散的阻力小，加之又处于高温下，反应速率常数很大，故这类反应的速率很高，致使终渣中 FeO 质量分数小于 0.5%，Fe 的总回收率大于 99.7%。

直接还原与间接还原的比较见表 2-13，其中 r_d 是直接还原度，是 FeO→Fe 中，通过直接还原反应方式还原出的铁量与还原出总铁量之比，$r_i = 1 - r_d$。

表 2-13　直接还原与间接还原的比较

项目	直接还原—r_d	间接还原—r_i
还原反应形式	FeO+C ══ Fe+CO	FeO+CO ══ Fe+CO_2
还原剂碳素消耗	12/56=0.214(kgC/kgFe)	1000℃(n=3.33)0.7136kgC 685℃(n=2.52)0.540kgC
热量消耗及碳素消耗	吸热　2710kJ/kgFe 0.2765kgC	放热 244kJ/kgFe
压力影响	压力升高→直接还原降低	压力升高对间接还原无影响，但 r_d 降低，r_i 升高，故高压有利于间接还原
温度影响	高温区（>800℃）升温有利	800～1000℃以下温度升高不利
总碳素消耗	0.214+0.2765=0.4905(kgC/kgFe)	1000℃，0.7136kgC/kgFe 685℃，0.540kgC/kgFe

2.2.2.4　其他元素的还原

一般生铁中除主要含有 Fe、C 外，还含有少量有益元素（如 Si、Mn）以及有害元素 P、S 等。如冶炼的是特殊的复合矿石，则可能涉及 V、Ti、Zn、Pb、Cu、Ni 和 Cr 等元素的还原过程。了解非 Fe 元素在高炉冶炼条件下氧化还原的行为是十分必要的。

根据化学热力学的基本原理，查看多种氧化物的氧势图（或称氧化物标准生成自由能图），即可获得各有关元素在高炉内被还原程度的基本概念。理查德森（Richardson）氧化物标准生成自由能图示于图 2-27。

由图 2-27 可得出各种铁矿石在高炉中还原由易到难的顺序，分组排列如下：

① 极易被还原的元素有 Cu、Pb、Ni、P 和 Zn。这些元素在高炉条件下被还原为金属态。其中，Cu、P、Ni 可溶入液态 Fe 中形成合金；Pb 的密度大于 Fe，常沉积于炉底；Zn 由于其挥发性参与高炉内循环。

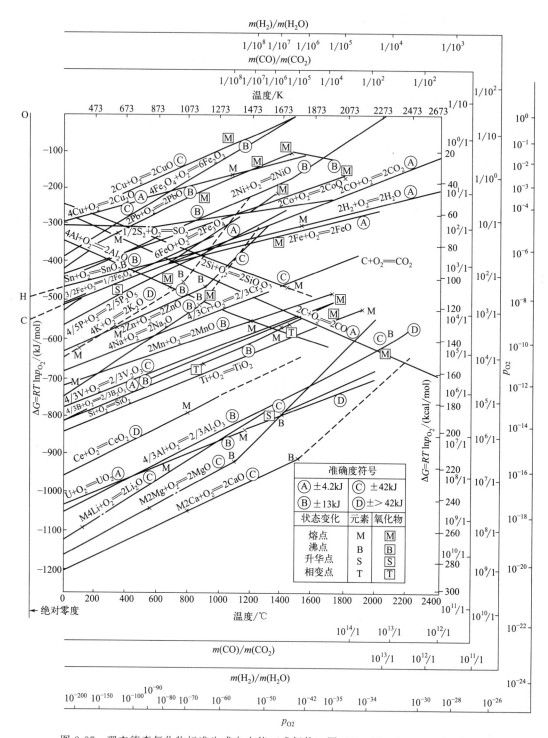

图 2-27　理查德森氧化物标准生成自由能（或氧势）图（1kcal/mol＝4184J/mol）

② 部分被还原的元素有 Mn、V、Ti 和 Si。这些元素依还原难易程度及具体高炉操作条件的差异部分被还原，Mn 为 $50\%\sim85\%$（在合适的碱度及温度下能最大还原），V 为 $75\%\sim85\%$，Si 为 $5\%\sim10\%$（低值为普通生铁，高值为铁合金），Ti 为 $2\%\sim5\%$。这些元素依其氧化物在渣中的活度及成为金属态后的活度（是否与液态 Fe 形成合金或随煤气逸走等）不

同，它们的还原反应开始温度及还原率与标准态相比会有正或负的变化。

③ 在高炉中不能还原的元素。炉渣中含量很高的 MgO、Al_2O_3 和 CaO 等被 C 还原的开始温度接近或超过 2000℃，可以认为在高炉内基本上不能被还原。

2.2.3 炉渣性能

2.2.3.1 造渣概述

为了从铁矿石中得到金属铁，除在化学上应实现 Fe 与 O 的分离（还原过程）之外，还要实现金属与氧化物脉石的机械或物理分离。后者是靠造成性能良好的液态炉渣，并利用渣、铁密度的差异实现的。为此，要求根据入炉原料中造渣组分的特点，即矿石中的脉石与焦炭灰分的成分，配加适当种类和数量的助熔剂，以形成物理及化学性能均符合要求的炉渣。对炉渣性能的要求是：

① 有良好的流动性，不给冶炼操作带来任何困难。

② 有参与所希望的化学反应的充分能力，如 ［Si］、［Mn］或其他有益元素的还原，吸收 S 及碱金属等。

③ 能满足允许煤气顺利通过及渣铁、渣气良好分离的力学条件。

④ 稳定性好，即不会因冶炼条件的改变使炉渣性能急剧恶化。

炉渣是决定金属成品最终成分及温度的关键因素，这是靠渣铁间热量及质量的交换而实现的。

在冶炼特殊成分的复合矿石或生产高碳铁合金时，炉渣对某些宝贵元素的回收率或其在渣铁间的分配比有决定性影响。这是通过控制不同组分在渣中的活度而实现的，既可以促使该元素更多地还原进入成品合金中，又可以利用炉渣的性能变化抑制其参与化学反应的能力，使其保留于炉渣中，达到富集或与其他有害元素分离的目的，以待第二步处理。

如果发现炉墙结厚或结瘤（发生在高炉成渣后的中下部）或炉缸堆积，则可于炉料中配加 MnO、CaF_2（萤石）或 FeO（均热炉渣）等洗炉料，以冲刷掉黏结物或堆积物。

2.2.3.2 炉渣的形成过程

成渣从矿石软熔开始。这时形成的渣称为初渣，主要由矿石的脉石及尚未还原的 FeO、MnO 等组成。初渣在滴落过程中不断与煤气及焦炭接触而发生气-液相、固-液相的反应。在反应过程中逐渐失去 FeO、MnO 等，同时还吸收焦炭灰分及煤气中携带的物质，如 SiO、SiS、碱金属（Na、K）的蒸气等。如果高炉使用的是酸性矿石，则必须外加相当数量的碱性熔剂（如 CaO、MgO 等），这些碱性物也会在初渣滴落的过程中被逐渐吸收。这时能降低熔点和黏度的组分 FeO、MnO 因被还原而逐渐减少，而能提高熔点的组分 CaO、MgO 逐渐增多。如果炉渣在下降过程中，煤气和热焦炭得到的热量不足以补偿因成分变化而造成的熔点升高，则初渣可能再凝固，这具有危险性。目前大多数高炉使用高碱度烧结矿，几乎不再外加碱性熔剂，故造渣过程得到了显著改善。

初渣在滴落带以下的焦炭空隙间向下流动，同时煤气也要穿过这些空隙向上流动，所以炉渣的数量和物理性质（黏度和表面张力）对于煤气流的压头损失以及是否造成液泛现象影响很大。渣量小、黏度低而表面张力大，有利于煤气的顺利通过。

炉渣落入焦炭燃烧带时，焦炭释放的灰分汇入炉渣，使炉渣中酸性组分的比例显著增大。最后炉渣聚集在炉缸中，在铁液上形成逐渐增厚的渣层，在铁滴穿过时及渣、铁层交界面上，诸多反应调整着渣及铁的成分，直至成为终渣，积累到一定数量时周期性排出炉外。

近年来，由于主要使用碱性人造熟料，矿石中酸性脉石与碱性熔剂的最初成渣反应大部分已在烧结过程中完成。这样，造渣过程的均匀性和稳定性得到显著改善。

2.2.3.3 炉渣的主要理化性能

(1) 熔化性能

熔化温度从理论上来讲，就是相图上的液相线温度或炉渣在受热升温过程中固相完全消失的最低温度。

高炉冶炼过程要求炉渣具有适当的熔化温度。在现代高炉工艺条件下，炉内所能达到的温度水平是有限的。如果熔化温度过高，炉渣过分难熔，其在炉内只能呈半熔融、半流动的状态，炉料将黏结成煤气很难穿过的糊状物团，则炉料"难行"将造成渣铁难以分离，使金属产品质量不合格。熔化温度也不可过低，以维持炉缸渣铁有适当高的温度，既可保证顺行，又可得到高质量的产品。

炉料在下降过程中与逆向运动的高温煤气接触而逐渐升温。当炉料尚为固态时，其下降速度慢，受热充分，故维持固态时间越长，炉料温度越高。炉料一旦熔融就将滴落，即快速穿过焦炭料柱的空隙流向炉缸。炉缸中积聚的渣层远低于风口水平线，而由风口产生的高温煤气在高压下只能向压力低的炉顶高速逸走，故渣层由高温煤气获得热量的唯一途径是高温区的辐射。但由于距离较远，中间又有疏松区的焦炭阻隔，故传热效率较低。所以终渣的温度基本上由滴落至燃烧带水平时的温度决定。若炉渣熔化温度过低，必然在固态时受热不足，熔滴时温度过低。实践证明，欲生产 [Si]、[Mn] 含量高且出炉温度高的"热"铁，除保证足够高的燃烧温度外，炉渣有适当高的熔化温度是必要条件之一。

相图上的液相线温度在工艺上并无很大的实际意义。因为有些成分的炉渣在温度高于液相线以上较大的区间内，其流动性变化并不显著。如玻璃，其理论熔点为 1720℃，但此时其黏度高达 2.9×10^5 Pa·s，并在相当大的温度区间内都处于可塑的半流体状态。对高炉冶炼来说，这种状态可能导致灾难性后果。故具有实际意义的是炉渣可自由流动的最低温度，这就是熔化性温度。

由渣样的测定可得到不同温度下炉渣的黏度变化曲线，如图 2-28 所示。图 2-28(a) 中黏度曲线与 45°切线的切点温度即定义为熔化性温度，如图中 A 点所示。

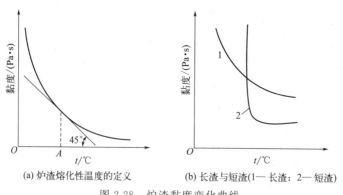

(a) 炉渣熔化性温度的定义　　(b) 长渣与短渣(1—长渣；2—短渣)

图 2-28　炉渣黏度变化曲线

熔化温度的选择和调整常以前人长期实践总结绘制的相图为依据，而不必以实测每种炉渣的温度-黏度曲线为前提。

一般常规炉渣的四个主要成分为 CaO、SiO_2、Al_2O_3 和 MgO，四者含量合计超过炉渣组成的 95%。根据矿石及焦炭灰分成分的不同或操作水平的差异，可能含有较多的其他化合物（如 TiO_2、BaO 和 CaF_2 等）以及少量的 MnO、FeO、CaS 等。

（2）黏度

黏度与熔化温度有一定的联系。熔点以上的温度差值称为"过热度"。过热度越大，炉渣的黏度越小。在炉内温度一定时，炉渣的熔化温度越低，则形成的过热度越大。

黏度是流体流动过程中，内部相邻各层间发生相对运动时内摩擦力大小的量度。如对流体施加一剪切力 τ，则沿此力作用方向流体产生了层状流动。沿此方向相互平行的各相邻流层之间由于摩擦力的作用，在垂直于运动的方向上产生了速度梯度 dv/dz。对牛顿型流体来说，此速度梯度与所施加的力成正比，其比例系数即为黏度 η，即：

$$\tau = \eta dv/dz \tag{2-15}$$

黏度 η 的单位为帕·秒（Pa·s），对均相的液态炉渣来说，决定其黏度的主要因素是温度和成分。在非均相状态下，固态悬浮物的性质和数量对黏度有重大影响。

黏度随温度变化的规律服从下列关系式：

$$\eta = A e^{[E/(RT)]} \tag{2-16}$$

式中，A 为系数；E 为黏滞活化能；R 为摩尔气体常数；T 为热力学温度，K。

黏度随温度的变化规律应由实测决定。η-T 曲线的形式如图 2-28（b）所示。温度降低到一定值后，黏度急剧上升（表现为曲线斜率很大）的称为"短渣"，随温度下降黏度上升缓慢的称为"长渣"。碱性渣多为短渣，酸性渣多为长渣。高炉渣多为短渣。

表示炉渣成分的特性参数之一是炉渣碱度，即渣中碱性物与酸性物的量之比。碱度的具体表达形式很多，可以采用物质的量浓度或质量的比值，有的按不同组分酸碱性的强弱附加以不同系数。如二元碱度：$R = m(CaO)/m(SiO_2)$。渣的碱度在一定程度上决定了其熔化温度、黏度及黏度随温度变化的特征、脱硫能力及各种组分的活度。碱度是非常重要的代表炉渣成分的、实用性很强的参数。

渣成分对黏度影响的一般规律是：酸性渣虽然熔点不高，但在过热度相当大的区间内黏度都很大。随碱性物的加入（CaO、MgO 等），黏度降低，在 $[m(CaO) + m(MgO)]/m(SiO_2) = 0.9 \sim 1.1$ 的范围内黏度最小。但如碱性物过多（上述比值大于 1.10），则由于熔点升高，一定炉温下渣的过热度减小而使黏度增高。加入少量的强碱性氧化物（如 K_2O、Na_2O）或较强的负离子 CaF_2，均可显著降低炉渣黏度。

2.2.3.4 炉渣的表面性质

由于多数火法冶金过程的反应为多相反应，即在相界面上的反应，故参与反应的相界面的大小及各相表面的性质对生产率、多种反应的进行过程以及不同相的分离过程都有很大的影响。高炉过程中参与反应的相包括各种固态物料（矿石、焦炭、熔剂，甚至包括炉衬）、液态的渣和铁以及炉气。其中液态的渣随成分不同，其表面性质差异较大，因此成为研究的重点。炉渣的表面性质主要是指炉渣的表面张力（与气相的界面）以及渣铁间的界面张力。

表面张力的物理意义可理解为，生成单位面积的液相与气相的新交界面所消耗的能量。例如，渣层中生成气泡即是生成了新的渣-气交界面。表面张力常以 σ 表示。炉渣的 σ 值为 $0.2 \sim 0.6$N/m，只有液态金属表面张力的 $1/3 \sim 1/2$。这是因为表面张力值与物质表面层质点作用力的类型有关。金属质点质量大，金属键作用力也强，故金属表面张力值最大，为 $1 \sim 2$N/m。

某些组分，如 SiO_2、TiO_2、FeO、P_2O_5 及 CaF_2 等表面张力值较低。由于表面张力（即表面能）有自动降低的趋势，这些物质在表面层中的浓度大于相内部的浓度，称为"表面活性物质"。炉渣表面张力的降低易生成泡沫渣，其原理及现象与肥皂泡极为相近。而炉渣的 σ/η 值的降低是形成稳定泡沫渣的充分必要条件。因为炉渣的表面张力（σ）小，意味着生成渣中气泡耗能少，即比较容易。而渣的黏度（η）大，一方面说明气泡薄膜比较强韧

（在表面化学中以薄膜的黏弹性表示）；另一方面，气泡在渣层内上浮困难，生成的小气泡不易聚合或逸出渣层之外。

高炉内由于发生了众多气体化学反应，数量相当大的气体要穿过渣层，因此生成气泡是不可避免的，关键在于气泡能否稳定存在于渣层内。一旦形成稳定的气泡即为泡沫渣，将给冶炼操作带来很大的麻烦。例如，在炉内风口区以上的疏松焦炭柱内易发生"液泛现象"，即炉渣在焦块空隙之间产生类似沸腾现象的上下浮动，阻滞了炉渣下流，并堵塞了煤气流通的孔道，引起难行和悬料；而当炉渣流出炉外时，由于大气压力低于炉内压力，溶于渣中的气体体积膨胀，起泡现象更为严重，造成渣沟及渣罐的外溢，引起严重的事故。

界面张力主要指液态渣铁之间的，一般为 $0.9 \sim 1.2 N/m$。界面张力（$\sigma_{\text{界}}$）小，与表面张力的物理意义类似，即容易形成新的渣铁间的相界面。而炉渣的黏度一般比液态金属高100倍以上，故常造成液态铁珠"乳化"为高弥散度的细滴，悬浮于渣中，形成相对稳定的乳状液，结果造成较大的铁损。

2.2.4　碳的气化反应

2.2.4.1　固体碳气化的一般规律

碳与氧反应生成两种化合物（CO_2 及 CO），形成 CO_2 者称为完全燃烧，形成 CO 者称为不完全燃烧。

由热力学角度分析，反应究竟获得哪一种最终产物取决于温度和环境的氧势。高温下 CO 远比 CO_2 稳定，即高温更有利于不完全燃烧。

由实际燃烧反应的过程来看，碳与氧反应时 CO 与 CO_2 是同时产生的，两种反应绝对的相互排斥是不可能的。反应的过程为：首先氧分子吸附于碳的表面，随温度升高，碳原子与氧原子的吸附增强，使物理吸附转化为化学吸附，从而使氧原子之间的键弱化，氧键拉长，最终氧键断裂，与表面碳原子形成络合物。由于周围气流的冲击及高温作用，表面络合物分解为 CO 及 CO_2，这称为燃烧的初级反应或主反应，反应式为：

低于 1300℃ 时

$$4C + 2O_2 =\!=\!= (4C) \cdot (2O_2) \tag{2-17}$$

$$(4C) \cdot (2O_2) + O_2 =\!=\!= 2CO + 2CO_2 \tag{2-18}$$

高于 1600℃ 时

$$3C + 2O_2 =\!=\!= (3C) \cdot (2O_2) \tag{2-19}$$

$$(3C) \cdot (2O_2) =\!=\!= 2CO + CO_2 \tag{2-20}$$

在 1300~1600℃，上述两反应同时进行，且"络合物的分解"为共同的反应控制环节。

初级反应生成的 CO 及 CO_2 将继续与 O_2 或 C 反应，称为燃烧反应的次级反应或副反应。由于温度的差异，会出现如下两种反应机理：

① 单膜。温度较低时发生这种反应。在碳表面因主反应生成了 CO 及 CO_2。环境中的 O_2 扩散至碳表面生成气膜而与 CO 反应，生成 CO_2，导致最终产品中 CO_2 多于 CO。

② 双膜。温度较高时，表面反应生成的 CO_2 也会与碳进一步反应而生成 CO。这些 CO 再向外扩散，与环境中扩散来的 O_2 反应，一部分 CO 转化为 CO_2。最终产品仍以 CO 为主。

2.2.4.2　风口前碳的燃烧

高炉冶炼的燃料主要是焦炭，其次是粉状煤炭。它们都在风口前与鼓风中的氧燃烧。研究表明，煤的燃烧至少由三个次过程组成，即煤的加热脱气、煤的热分解和碳的氧化。这三者可循序进行，也可以重叠甚至同时发生。

热分解反应受析出物的逸散、碳内部的传热及热分解反应本身三者控制，具体情况与煤粉粒在气流中的运动状态和温度有关。一般认为热分解可能是最主要的控制步骤。就第二个次过程分解后产物的氧化来说，氧化反应本身起主导作用。

由于焦炭在炼焦过程中已完成了加热脱气和热分解，只有 C 的氧化一个次过程，此过程由化学反应本身控制。

(1) 燃烧带

风口前碳与氧反应而气化的地区称为燃烧带，燃烧带见图 2-29。

焦炭在风口前的燃烧有两种状态。一种是类似于炉篦上炭的燃烧，炭块是相对静止的，这在容积小及冶炼强度低的高炉上可以观察到。这种典型的层状燃烧的燃烧带的特点是沿风口中心线 O_2 不断消失，而 CO_2 随 O_2 的减少而增多，达到一个峰值后再降，直至完全消失；CO 在氧接近消失时出现，在 CO_2 消失处达最高值。

另一种是焦炭在剧烈的旋转运动中与氧反应而气化，这在强化冶炼的中小高炉和大高炉上出现。当鼓风动能达到一定值时，将风口前焦炭推动，形成一个疏松而近于球形的区域，焦炭块在其中做高速循环运动，速度可达 10m/s 及以上。在此循环区外围是一层厚 100～200mm 的中间区。此区一方面受内部循环的焦炭及高温气流的作用，另一方面受外围焦炭的摩擦阻力，虽然中间层的焦炭已失去了循环运动的力量，但仍较疏松，且因摩擦的后果堆积了小于 1.5mm 的碎焦。高炉解剖中风口区的研究报告证实了这一结构特征的存在。

由上述气体成分变化曲线可得出，碳的气化在燃烧带内有两种情况：

① 有 O_2 存在时，主要发生反应 $2C+O_2 \Longrightarrow 2CO$；

② 氧消失、CO_2 出现峰值后，发生反应 $CO_2+C \Longrightarrow 2CO$。

前者称为燃烧带的氧化区，后者则称为还原区，并以 CO_2 的消失作为燃烧带的界限标志。

在生产中要确定 CO_2 完全消失的边界位置是困难的，故常将 CO_2 质量分数降到 1% 作为燃烧带的边界。燃烧带大小用风口回旋区长度表示，一般为 1000～1500mm。焦炭 75% 以上 C 到达风口前燃烧，其他参与还原、气化、渗 C。风口喷吹补充燃料（煤粉、重油和天然气等）要先热解后再燃烧。风口区为高温、过剩 C，故离开风口燃烧带的碳氧化物全为 CO。燃烧带煤气的主要产物是 CO、少量的 H_2 以及风中的大量 N_2。风口燃烧带的作用是提供热源、提供还原剂 CO、提供炉料下降的空间。距风口不同距离的煤气成分见图 2-30。

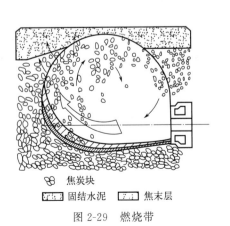

焦炭块
固结水泥　焦末层

图 2-29　燃烧带

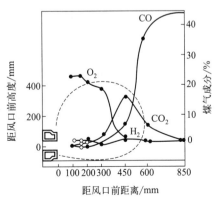

图 2-30　距风口不同距离的煤气成分

（2）燃烧带的大小及其影响因素

燃烧带对冶炼过程起着重要作用。它是上升的高温煤气的发源地，又因焦炭气化后产生了空间，为炉料的连续下降创造了先决条件，故燃烧带的大小及其分布对煤气流沿炉圆周及半径方向的分布、炉料的下降状况及其分布具有极大影响。总的来讲，操作人员希望燃烧带沿炉圆周分布均匀，而在半径方向的大小适当。煤气分布合理，炉缸活跃，下料顺畅、均匀，是高炉正常操作的前提。

决定燃烧带大小的因素很多，主要取决于 O_2、CO_2 或 H_2O 向炉中心穿透的深度。O_2、CO_2 或 H_2O 可到达更接近于炉中心的位置，则燃烧带大些。而决定此三者穿透深度的主要是鼓风动能；其次是燃烧反应的速度，这又主要取决于温度；最后是燃烧带上方料柱的透气性，即燃烧带形成的煤气向上运动遇到的阻力情况。

1）鼓风动能的影响

鼓风动能不仅影响燃烧带的大小，而且是焦炭循环运动的原因。鼓风动能的数学表达式为：

$$E = 1/2mv^2 = 1/2[\rho_0 Q_0/(60gn)][Q_0(273+t)/(60nfp273)] \tag{2-21}$$

式中，E 为鼓风动能；m 为每个风口前鼓风质量，kg；v 为每个风口前鼓风速度，m/s；ρ_0 为标准态下风的密度，kg/m^3；Q_0 为鼓风量，m^3/min；g 为重力加速度，$9.81m/s^2$；n 为风口数目；f 为单个风口截面积；t 为热风温度℃；p 为热风压力，atm[❶]（绝对压力）。

调节鼓风动能值的因素有风量、风温、风口直径等。在生产中可行的调节手段是调整风口直径。

鼓风动能过大对高炉冶炼会产生副作用，一方面中心煤气流过大，导致煤气流失常；另一方面，随鼓风动能的增大，燃烧带并不成比例地向中心扩展，而是在达到某个值后于风口前出现逆时针与顺时针方向旋转的两股气流（图2-31所示），顺时针（向风口下方）回旋的涡流阻碍下部过渡层及碎焦层的移动和更新常引起风口前沿下端的频繁烧损。

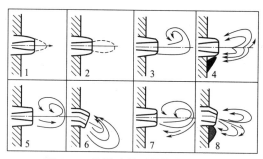

图2-31　鼓风动能对燃烧带的影响

在高炉喷吹燃料后，鼓风动能计算发生了变化，因为在煤枪出口到风口端的距离内，部分煤粉被加热脱气，释放出一定数量的气体，同时煤粉的碳与鼓风中的氧发生燃烧反应，产生 CO 和 CO_2，使风口端处原来的鼓风变为混合气体而体积增大，同时燃烧放出热量，使混合气体的温度升高，结果造成实际鼓风动能增大，其增大程度与煤粉释放出的气体量和碳的燃烧量有关。喷吹燃料技术推广初期，由于未掌握这一规律，过大的鼓风动能造成风口下端大量烧坏，后来采取扩大风口面积（经验数据为喷吹煤粉增加 10%，风口面积扩大 8%）措

---

❶　1atm＝101325Pa。

施后，此现象消失。

2）燃烧速度的影响

焦炭燃烧速度加快时，反应能在较短的时间及短小的空间内完成，因而燃烧带区域可缩小。故凡能加速燃烧反应的因素皆可缩小燃烧带。与一般气-固相反应的动力学相同，影响燃烧反应速率的有如下三个因素：气相中氧化性气体扩散到固体碳表面的速度；燃烧化学反应本身的速度；反应产物脱附与向外扩散的速度。因此，提高气相中氧的浓度（富氧）、提高温度及其他加速扩散的措施都将使燃烧带缩小。

3）燃烧带上方料柱透气性的影响

燃烧带形成的煤气向炉顶方向上升，煤气运动的普遍规律是沿阻力最小的通道运动。燃烧带上方料柱的透气性好坏就决定了煤气通过时的阻力大小。当炉子中心部位因某些原因透气性变差，煤气通过阻力增大，迫使煤气向边缘流动，出现边缘气流过大而中心部位气流不畅，表观上显示为燃烧带缩小。典型事例是：高炉大喷煤以后，未燃煤粉的数量增加，随煤气上升沉积在中心料柱的空隙中，造成煤气通过的阻力增大，煤气流向边缘运动的数量增加，给高炉生产带来不利影响。在这种情况下，上部应适当减少中心负荷（有时需用中心加焦来处理），下部则采取适当缩小风口面积、加大鼓风动能以及加长风口来扩大燃烧带。

2.2.4.3 燃烧带内生成煤气的成分

由于燃烧带处温度最高，鼓风中 O_2 可迅速消失，而碳却是无所不在的，故焦炭及喷吹的辅助燃料中的碳只能生成 CO，其他为鼓风及燃料中带入的 H_2 及 N_2O。

C 与鼓风中 O_2 的反应为：

$$2C + O_2 + 79/21N_2 = 2CO + 79/21N_2 \tag{2-22}$$

喷吹燃料中的碳氢化合物的反应为：

$$2CH_4 + O_2 + 79/21N_2 = 2CO + 4H_2 + 79/21N_2 \tag{2-23}$$

所得煤气成分可分别以燃烧 1kgC、1m³ 鼓风或生产 1t 生铁为计算单位。为此，首先需知鼓风参数。设鼓风中 O_2 质量分数为 ω，H_2O 质量分数为 ϕ，则 O_2 总质量分数为 $(1-\phi)\omega + 0.5\phi$。

① 以燃烧 1kgC 为单位：

$$\phi(CO) = 1.8667$$
$$\phi(H_2) = v_{风}\phi$$
$$\phi(N_2) = v_{风}(1-\omega)(1-\phi) \tag{2-24}$$

② 以 1m³ 鼓风为单位：

$$\phi(CO) = [(1-\phi)\omega + 0.5\phi] \times 2$$
$$\phi(H_2) = \phi$$
$$\phi(N_2) = (1-\omega)(1-\phi) \tag{2-25}$$

③ 以生产 1t 生铁为单位（并喷吹含 H_2 燃料）：

$$\phi(CO) = 1.8667\omega(C)_{风}$$
$$\phi(H_2) = v_{风}\phi + 11.2\omega(H_2)_{喷}$$
$$\phi(N_2) = v_{风}(1-\omega)(1-\phi) + 22.4/28\omega(N_2)_{喷} \tag{2-26}$$

式中，$\omega(C)_{风}$ 为冶炼 1t 生铁风口前燃烧 C 量，kg/t；$v_{风}$ 为冶炼 1t 生铁所需风量，m³/t；$\omega(N_2)_{喷}$、$\omega(H_2)_{喷}$ 为冶炼 1t 生铁喷吹燃料中带入的 N_2 及 H_2 量，kg/t。

2.2.4.4　燃烧带碳燃烧的火焰温度——理论燃烧温度

理论燃烧温度是指碳在燃烧带内的燃烧，是一个绝热过程，燃烧氧化成 CO 所放出的热量全部用以加热所形成的煤气所能达到的温度，已成为高炉操作者判断炉缸热状态的重要参数。根据燃烧带绝热过程的热平衡：

不喷吹燃料时

$$Q_{C焦}+Q_{焦物}+Q_{风}=V_{煤气}c_{煤气}t_{理}+Q_{水解}+Q_{灰} \tag{2-27}$$

喷吹煤粉时

$$Q_{C焦}+Q_{C煤}+Q_{焦物}+Q_{煤物}+Q_{风}+Q_{压}=V_{煤气}c_{煤气}t_{理}+Q_{水解}+Q_{煤解}+Q_{灰}+Q_{未}$$

$$\tag{2-28}$$

解出 $t_{理}$ 即可。

式中，$Q_{C焦}$ 为焦炭中碳燃烧成 CO 时放出的热量，一般选用 9800kJ/kg；$Q_{C煤}$ 为喷吹煤粉中碳燃烧成 CO 时放出的热量，一般选用 11000kJ/kg；$Q_{焦物}$ 为焦炭进入燃烧带时所具有的物理热，kJ/t；$Q_{煤物}$ 为煤粉喷入高炉时带有的热量，kJ/t；$Q_{风}$ 为热风带入高炉的热量，kJ/t；$Q_{压}$ 为喷吹用压缩空气带入的热量，kJ/t；$Q_{水解}$ 为鼓风和喷吹煤粉中水分在燃烧带内分解耗热，一般为 10800kJ/m³；$Q_{煤解}$ 为煤粉分解耗热，kJ/t；$Q_{灰}$ 为燃料灰分离开燃烧带时具有的热量，kJ/t；$Q_{未}$ 为未燃煤粉离开燃烧带时所具有的热量，kJ/t；$t_{理}$ 为燃烧带内的理论燃烧温度，℃，$V_{煤气}$ 为煤气发生量，m³；$c_{煤气}$ 为煤气比热容，J/(kg·℃)。

我国高炉习惯上采用中等煤燃烧温度操作，即 $t_{理}=2050\sim2150℃$，随着喷吹量的提高，$t_{理}$ 有向低限发展的趋势。日本高炉习惯上采用高理论燃烧温度操作，$t_{理}$ 达到 $2300\sim2350℃$，与较高的炉渣碱度配合，使放出的铁水温度达到 1510℃左右。

2.2.4.5　燃烧带以外碳的气化

在风口燃烧带内气化的碳量为高炉内全部气化碳量的 65%～75%，其余部分是在燃烧带以外的高温区内气化的。

（1）炉缸内（燃烧带以外）碳的气化

炉缸内的碳主要是在与渣液中铁及其他少量元素的氧化物接触时和脱硫反应过程中气化的，即：

$$(FeO)+C=\!=\![Fe]+CO$$
$$(MnO)+C=\!=\![Mn]+CO$$
$$(P_2O_5)+5C=\!=\!2[P]+5CO$$
$$(SiO_2)+2C=\!=\![Si]+2CO$$
$$[S]+(CaO)+C=\!=\!(CaS)+CO$$

由于上述各反应的结果（如果矿石成分特殊，还可能有其他元素的直接还原，例如钒钛磁铁矿中的 V、Ti 等），煤气组分中 CO 增加，$m(CO)/m(N_2)$ 值增大。

（2）高炉其他高温区中碳的气化

碳在高温下会与 CO_2 和 H_2O 发生熔损反应而使碳气化：

$$C+CO_2=\!=\!2CO$$
$$C+H_2O=\!=\!CO+H_2$$

由于这两个反应的存在，使间接还原、碳酸盐分解等产生的气态产物 CO_2 和 H_2O 被 C 还原而消耗了燃料及热量，增大了吨铁的燃料消耗。同时，这些在焦炭表面发生的反应还使焦炭产生大量孔隙和裂缝，强度变差，易在下降过程中产生粉末而恶化料柱的透气性和透液性，故应限制这类气化反应。

(3) 煤气上升过程中量及成分的变化

燃烧带内形成的煤气在离开燃烧带后进入炉缸、炉腹以及上升过程中，由于上述其他类型的碳气化反应和焦炭挥发分的释放，其量和成分发生变化，主要是 CO 的量和百分比都增大。在即将进入中温的间接还原区时，CO、H_2 和 N_2 的量分别为：

$$V_{CO} = \phi(CO)_{燃} + 22.4/12 w(C)_d + 2\psi_{CO_2} \times 22.4/44 w(CO_2)_{熔} + K \times 22.4/28 w(CO)_{焦挥}$$

$$\tag{2-29}$$

$$V_{H_2} = \phi(H_2)_{燃} + 22.4/2 K[w(H_2)_{焦有机} + w(H_2)_{焦挥}] \tag{2-30}$$

$$V_{N_2} = \phi(N_2)_{燃} + 22.4/28 K[w(N_2)_{焦有机} + w(N_2)_{焦挥}] \tag{2-31}$$

式中，$\phi(CO)_{燃}$、$\phi(H_2)_{燃}$、$\phi(N_2)_{燃}$ 分别为燃烧带生成的 CO、H_2、N_2 量，m^3/t；$w(C)_d$ 为直接还原耗碳，包括 Fe 和少量元素直接还原及脱硫等的耗碳，kg/t；ψ_{CO_2} 为熔剂分解出来的 CO_2 再与固体碳反应的比率，一般在 50%～75%；$w(CO_2)_{熔}$ 为吨铁消耗的熔剂中 CO_2 总量，kg/t；K 为焦比，kg/t；$w(H_2)_{焦有机}$、$w(N_2)_{焦有机}$ 分别为焦炭中有机 H_2 和有机 N_2 的质量分数，%；$w(CO)_{焦挥}$、$w(H_2)_{焦挥}$、$w(N_2)_{焦挥}$ 分别为焦炭挥发分中 CO、H_2、N_2 的质量分数，%。

在间接还原区内，煤气中的部分 CO 和 H_2 转化为 CO_2 和 H_2O，此外，部分熔剂分解出来的 CO_2 和焦炭挥发分释放出的少量 CO_2 也进入煤气。因此，穿过间接还原区到达炉顶时的煤气各组分的数量 $V_{CO_2(顶)}$、$V_{CO(顶)}$、$V_{H_2(顶)}$、$V_{N_2(顶)}$ 分别为：

$$V_{CO_2(顶)} = V_{CO_2(间)} + 22.4(1 - \psi_{CO_2}) w(CO_2)_{熔}/44 + K w(CO_2)_{焦挥} \times 22.4/44 \tag{2-32}$$

$$V_{CO(顶)} = V_{CO} - V_{CO_2(间)} \tag{2-33}$$

$$V_{H_2(顶)} = V_{H_2} - V_{H_2(间)} \tag{2-34}$$

$$V_{N_2(顶)} = V_{N_2} \tag{2-35}$$

式中，$V_{CO_2(间)}$ 为间接还原产生的 CO_2 量，m^3/t；$w(CO_2)_{焦挥}$ 为焦炭挥发中 CO_2 的质量分数，%；$V_{H_2(间)}$ 为间接还原消耗 H_2 量，m^3/t；V_{N_2} 为间接还原区中 N_2 总量，m^3/t。

高炉内煤气体积、成分和温度沿高炉高度的变化示于图 2-32。

由图 2-32 可见，炉缸燃烧带形成的煤气量大于鼓风量。这是由于风中 1mol 氧燃烧碳后形成 2mol CO 以及风中 1mol 水蒸气与碳反应形成 2mol CO＋H_2 而造成的。煤气量比鼓风量大的程度与风中氧含量和湿度有关。一般在无富氧条件下，$V_{煤气} = (1.25～1.35)V_{风}$。另外，炉顶煤气比炉缸燃烧带形成的煤气量大，这是因为直接还原产生的 CO 和熔剂分解出的 CO_2 以及碳的熔损反应使 1mol CO_2 或 H_2O 反应生成 2mol CO 或 CO＋H_2。因此，炉顶煤气量与鼓风量的比值进一步增大，一般情况下

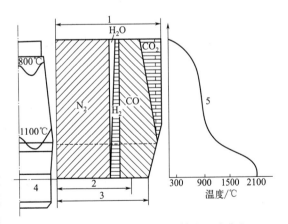

图 2-32　煤气上升过程中的体积、成分和温度沿高炉高度的变化

1—炉顶煤气量 $V_{顶}$；2—风量 $V_{风}$；3—炉缸煤气量 $V_{缸}$；4—风口水平；5—煤气温度

这一比值为 1.40~1.45。

炉顶煤气中各组分含量的变化具有以下规律：一般情况下，煤气中 $CO+CO_2$ 的质量分数为 40%~42%。当冶炼条件变化时：

① 吨铁热量消耗增大，焦比升高，由于风口前燃烧碳批占总气化碳批的比例增加，吨铁的风量消耗随之增加，造成煤气中 ϕN_2 增大，$\phi(CO)+\phi(CO_2)$ 总和减少，且 $\phi(CO)$ 量多、$\phi(CO_2)$ 量少。

② 直接还原度 r_d 升高时，风口前燃烧碳比例下降，风量减少，ϕN_2 减少，$\phi(CO)+\phi(CO_2)$ 总和增大，且 $\phi(CO)$ 增大、$\phi(CO_2)$ 减少。

③ 富氧鼓风时，$\phi(N_2)$ 减少，$\phi(CO)+\phi(CO_2)$ 总和增大。

④ 喷吹含 H_2 燃料（天然气、重油、高挥发分烟煤）或加湿鼓风时，煤气中 $\phi(H_2)$ 增大，其他 $\phi(N_2)$、$\phi(CO)$ 和 $\phi(CO_2)$ 相对减少。

⑤ 熔剂量增加时，$\phi(CO)+\phi(CO_2)$ 总和增大，$\phi(N_2)$ 下降。

⑥ 矿石氧化程度增加，即矿石中 Fe_2O_3 增加，$\phi(CO_2)$ 增大。

2.2.5 生铁的形成

2.2.5.1 渗碳反应

在高炉上部已有部分铁矿石逐渐还原成金属铁。随着温度的不断升高，逐渐有更多的铁被还原出来，刚还原出来的铁呈多孔海绵状，称为海绵铁，早期出现的海绵铁成分较纯，几乎不含碳。而高炉内生铁形成的主要特点是经过渗碳过程。炉内渗碳大致可分三个阶段。

第一阶段：海绵铁的渗碳。当温度超过 727℃，一般在高炉炉身中上部时，固体海绵铁开始发生如下的渗碳过程（渗碳量占全部渗碳量的 1.5% 左右）：

$$\begin{cases} 2CO \!=\!\!=\! [C]+CO_2 \\ 3Fe_{固}+2CO \!=\!\!=\! Fe_3C_{固}+CO_2 \end{cases} \tag{2-36}$$

第二阶段：液态铁的渗碳。经初步渗碳的金属铁，在 1400℃ 左右时与炽热的焦炭继续进行固相渗碳，开始熔化为铁水，穿过焦炭滴入炉缸（到达炉腹处，生铁的最终含碳已达 4% 左右）。熔化后的铁水与焦炭直接接触的渗碳反应：

$$3Fe_{液}+C_{焦} \!=\!\!=\! Fe_3C \tag{2-37}$$

第三阶段：炉缸内的渗碳过程。炉缸部分只进行少量的渗碳，一般只有 0.1%~0.5%。

经过以上阶段铁水在向炉缸滴落的过程中，除了渗碳反应外，还有硅、锰、磷进入生铁，脱除硫等有害杂质，形成最终成分的生铁。

通过计算得出，第一阶段固态海绵铁在平衡状态下的最高渗碳量理论值为 1.5%，而实际上由于这一反应的动力学条件的限制，远达不到如此高的碳含量水平。但海绵铁渗碳后熔点降低，液体铁水与固体碳接触时可进一步渗碳，直至达到饱和状态。渗碳反应的平衡见图 2-33。

铁液溶入其他元素而形成多元合金后，饱和碳量也受溶入元素含量的影响，饱和碳量有以下经验式：

$$w[C]\% = 1.34+2.54\times10^{-3}t-0.35w[P]\%+0.17w[Ti]\%-0.54w[S]\%+$$
$$0.04w[Mn]\%-0.30w[Si]\% \tag{2-38}$$

式中其他元素含量对饱和碳量影响可由图 2-34 得出。

高炉中铁水 [C] 量沿高炉高度变化的测定值示于图 2-35，总的来讲，铁水中 [C] 总是达到该条件下的饱和状态，几乎无法人为调节。现代高炉条件下，炼钢生铁的铁水碳质量分数在 4.5%～5.4% 之间波动。

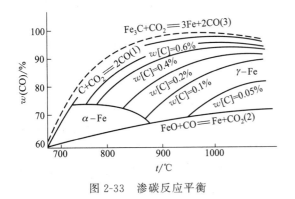

图 2-33　渗碳反应平衡

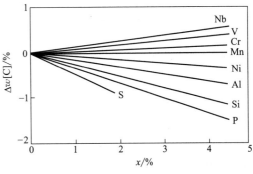

图 2-34　铁液中其他元素含量对饱和碳溶解度的影响

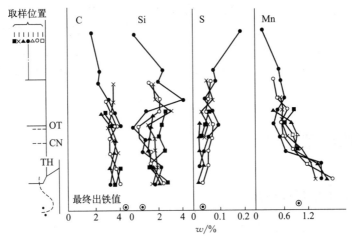

图 2-35　高炉实测铁水中各元素含量沿高炉高度的变化
OT—风口中心线；CN—渣口中心线；TH—铁口中心线

2.2.5.2　碳饱和度对铁水的影响

炉缸铁水与浸入其中的焦炭具有良好的渗碳条件。碳在液态生铁中的含量与温度有关，由 Fe-C 相图可知，1153℃ 共晶点的含碳量为 4.3%，温度每升高 100℃，含碳量增加 0.3%。

由 Fe-C 相图可见，不同温度下石墨在铁液中的溶解度如表 2-14 所示。

表 2-14　不同温度下石墨在铁液中的溶解度

温度/℃	1200	1300	1400	1500	1600
溶解度/%	4.3	4.6	4.9	5.2	5.5

高炉铁水中的碳绝大部分来源于焦炭，渗碳反应分为块状带金属铁渗碳、滴落带铁滴渗碳和炉缸内铁液渗碳。虽然过去的解剖研究发现前两个阶段已经完成了大部分渗碳，但炉缸内渗碳对铁水含碳量是否饱和起关键作用。一旦焦炭中的碳不能满足铁水碳饱和，不饱和铁

水就会与炉缸炭砖反应，从而吃掉部分炭砖导致炭砖结构受到破坏，炉缸寿命降低。

2.2.5.3　其他少量元素的溶入

铁矿石中含有的其他非铁元素氧化物在高炉条件下可部分或全部还原为元素，大部分可溶入铁水。其溶入的量与各元素还原出的数量及还原后形成化合物的形态有关。生产者根据生铁品种规格的要求，有意地促进或抑制某些元素的还原过程。对某些特殊的稀有元素，如Cr、V、Nb等，则尽可能地促进其还原入铁，以提高它们在炼铁工序中的回收率（达到80%），为下道工序的提取创造条件。

生铁中的常规元素是[Mn]、[Si]、[S]、[P]等。Mn与Fe在周期表中为同一周期，性质与晶格形式相近，所以Mn与Fe可形成近似理想溶液，即只要高炉内能还原得到的Mn皆可溶入Fe液中，因此铁水中的Mn量基本上是由原料配入的Mn含量决定的。现除冶炼锰铁外，一般炉料中不配加锰矿，所以一般炼钢生铁和铸造生铁的锰含量都不高。Si与Fe有较强的亲和力，能形成多种化合物，高炉中能还原得到的Si也皆可溶入铁液。生产者用控制炉渣碱度、炉缸热状态等方法来调节生铁[Si]量，一般高炉可经济地冶炼[Si]质量分数达12%的低硅铁和[Si]质量分数为1.25%～3.25%的铸造生铁，而炼钢生铁[Si]质量分数在0.2%～1.0%的较宽范围内波动。有害元素P、As、S都与Fe有较强的亲和力，炉料带入炉内的P、As均可100%还原而溶入铁中，因此这两者均只能通过配矿来控制。S虽然在γ-Fe中溶解度不高（在1365℃时为0.05%），但是未溶入的S及FeS可稳定地存在于铁液中，在凝固过程中或形成共晶体，或以低熔点混合物积聚在晶格间，给钢铁造成危害。

2.3　高炉炼铁工艺

2.3.1　高炉冶炼过程概述

2.3.1.1　高炉炼铁的工艺流程

图2-36为典型的高炉炼铁生产工艺流程及其主要设备框图。从中看出高炉炼铁具有庞大的主体和辅助系统。各个系统互相联系在一起，但又相互制约，只有相互配合才能形成巨大的生产能力。

高炉冶炼过程的主要任务是用铁矿石经济而高效率地得到温度和成分合乎要求的液态生铁。为此一方面要实现矿石中金属元素（主要为Fe）与氧元素的化学分离，即还原过程；另一方面还要实现已被还原的金属与脉石的机械分离，即熔化与造渣过程。最后控制温度和液态渣铁之间的交互作用，得到温度和化学成分合格的铁液。全过程是在炉料自上而下、煤气自下而上的相互紧密接触过程中完成的。低温的矿石在下降过程中被煤气由外向内逐渐夺去氧而还原，同时又自高温煤气得到热量。矿石升到一定的温度界限时先软化，后熔融滴落，实现渣铁分离。已熔化的渣、铁之间及其与固态焦炭接触过程中发生诸多反应，最后调整铁液的成分和温度达到终点。故保证炉料均匀稳定下降、控制煤气流均匀合理分布是高质量完成冶炼过程的关键。

高炉冶炼过程的特点是：在炉料与煤气逆流运动的过程中完成了多种错综复杂交织在一起的化学反应和物理变化，冶炼过程在一个密闭竖炉内进行。高炉内型剖面如图2-37所示，高炉本体如图2-38所示。

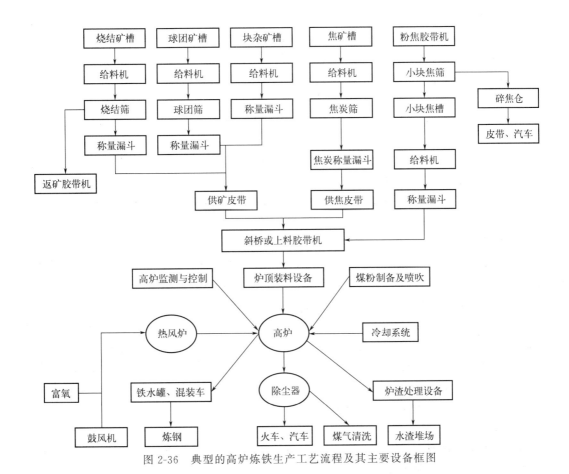

图 2-36 典型的高炉炼铁生产工艺流程及其主要设备框图

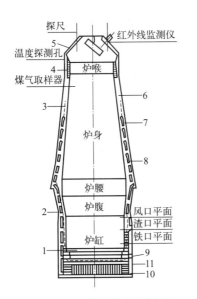

图 2-37 现代高炉内型剖面

1—炉底耐火材料；2—炉壳；3—炉内砖衬生产后的侵蚀线；4—炉喉
钢砖；5—炉顶封盖；6—炉体砖衬；7—带凸台镶砖冷却壁；8—镶砖
冷却壁；9—炉底炭砖；10—炉底水冷管；11—光面冷却壁

图 2-38 高炉本体

高炉冶炼的全过程可以概括为：在尽量低能量消耗的条件下，通过受控的炉料及煤气流的逆向运动，高效率地完成还原、造渣、传热及渣铁反应等过程，得到化学成分与温度较为理想的液态金属产品，供下步工序炼钢或机械制造使用。

2.3.1.2 高炉炼铁主要产物及其用途

高炉的主要产品是铁水。在个别地方，炉渣成为主要产品，如二步法炼锰铁时，用高磷、高铁锰矿作为原料，第一步冶炼所得高锰渣即为主要产品；此外，高炉直接冶炼含稀土元素的铁矿石，得到富稀土氧化物的渣是主要产品。

高炉副产品有炉渣、煤气以及煤气带出来的炉尘。煤气是钢铁厂，特别是大型钢铁联合企业内部重要的二次能源，在企业内部能量平衡中占有重要地位。普通的高炉渣也具有相当高的价值，是高炉重要的副产品。可根据需要将高炉渣制备成不同的形态，如干渣、水渣、陶粒及矿渣棉等。

(1) 生铁

生铁是 Fe 与 C 及其他少量元素（Si、Mn、P 及 S 等）组成的合金。其 C 的质量分数随其他元素含量的变化而改变，但处于化学饱和状态。通常，$w(C)$ 的范围为 $2.5\% \sim 5.5\%$。C 含量低的是高牌号铸造生铁，C 含量高的是低硅炼钢生铁。

生铁质硬而脆，有较高的耐压强度，但抗张强度低。生铁基本无延展性、无可焊性，但当 $w(C)$ 降至 2.0% 以下时，上述性能均有极大的改善。

生铁按化学成分和用途可分为三种，分别是炼钢生铁、铸造生铁和铁合金。炼钢生铁供转炉和电炉冶炼成钢，铸造生铁则供应机械行业等生产耐压的机械部件或民用产品生铁，铁合金用于炼钢脱氧、合金化或其他特殊用途。

1）炼钢生铁

炼钢生铁是炼钢的主要原料，表 2-15 列出了炼钢用生铁牌号及化学成分。一般情况下，生产炼钢生铁主要需控制其硅、硫含量。

表 2-15 炼钢用生铁牌号及化学成分（YB/T 5296—2011）

牌号			L03	L07	L10
化学成分(质量分数)/%	C			≥3.50	
	Si		≤0.35	>0.35～0.70	>0.70～1.25
	Mn	一组		≤0.40	
		二组		>0.40～1.00	
		三组		>1.00～2.00	
	P	特级		≤0.100	
		一级		>0.100～0.150	
		二级		>0.150～0.250	
		三级		>0.250～0.400	
	S	一类		≤0.030	
		二类		>0.030～0.050	
		三类		>0.050～0.070	

2）铸造生铁

铸造生铁用于铸造生铁铸件，主要用于机械行业。其要求含硅高含硫低，以便降低工件硬度易于加工。又要含一定量的锰，以利于铸造，使固态有一定韧性。表 2-16 是铸造用生铁牌号及化学成分。

表 2-16　铸造用生铁牌号及化学成分（GB/T 718—2005）

铁种		铸造用生铁					
铁号	牌号	铸 34	铸 30	铸 26	铸 22	铸 18	铸 14
	代号	Z34	Z30	Z26	Z22	Z18	Z14
化学成分（质量分数）/%	C	≥3.30					
	Si	>3.20～3.60	>2.80～3.20	>2.40～2.80	>2.00～2.40	>1.60～2.00	>1.25～1.60
	Mn 一组	≤0.50					
	二组	>0.50～0.90					
	三组	>0.90～1.30					
	P 一级	≤0.060					
	二级	>0.060～0.100					
	三级	>0.100～0.200					
	四级	>0.200～0.400					
	五级	>0.400～0.900					
	S 一类	≤0.030					
	二类	≤0.040					
	三类	≤0.050					

3）铁合金

高炉可生产品位较低的硅铁、锰铁等铁合金。铁合金用于炼钢脱氧、合金化或其他特殊用途。

（2）高炉炉渣

炉渣是由多种金属氧化物构成的复杂硅酸盐系（CaO、SiO_2、MgO、Al_2O_3 等），外加少量硫化物、碳化物等。一般将其冲制成水渣，用作水泥原料，也可制成渣棉作隔音、保温材料。

（3）高炉煤气

高炉煤气中可燃成分（以 CO 为主）为 $22\%～30\%$，是良好的气体燃料，经除尘后可用作热风炉燃料等。不同铁种时的煤气成分及发热量见表 2-17。

表 2-17　不同铁种时的煤气成分及发热量

项目		炼钢生铁	铸造生铁	锰铁
体积分数/%	CO	21～26	26～30	33～36
	H_2	1.0～2.0	1.0～2.0	2.0～3.0
	CO_2	14～22	12～16	4～6
	N_2	55～57	58～60	57～60
低位发热量/(kJ/m³)		3000～3800	3600～4200	4600～5000

图 2-39　高炉主体系统

2.3.1.3　高炉炼铁主体系统

高炉炼铁具有庞大的主体和辅助系统，主体系统（见图 2-39）主要包括高炉本体、原料系统、上料系统、炉顶系统、炉体系统、送风系统、煤气除尘系统、煤粉制备及喷吹系统以及渣铁处理系统等。

（1）原料系统

原料系统的主要任务是负责高炉冶炼所需的各种矿石及焦炭的贮存、配料、筛分、称量，并把矿石和焦炭送至料车和主皮带。原料系统主要分贮矿槽、贮焦槽两大部分。贮矿槽的作用是贮存各种矿石，主要包括烧结矿、块矿、球团矿、熔剂等。贮焦槽的作用是贮存焦炭，一般焦炭贮存时间在 8～12h。贮矿槽、贮焦槽容积与高炉容积的关系见表 2-18。

高炉的贮矿槽和贮焦槽用于接纳从烧结厂、球团厂、焦化厂或原料场通过皮带机或火车运来的原燃料。在料车上料时，贮矿槽和贮焦槽布置在高炉的斜桥一侧，轮流向料车供料，贮矿槽有多个以适应炉料品种的多样性。不论哪种方式上料，槽下（见图 2-40）都有给料器和振动筛以筛除粉末，并有称量斗称量焦炭和矿石。

表 2-18　贮矿槽、贮焦槽容积与高炉容积的关系

项目	高炉有效容积/m³					
	255	600	1000	1500	2000	2500
贮矿槽容积与高炉容积之比	>3.0	2.5	2.5	1.8	1.6	1.6
贮焦槽容积与高炉容积之比	>1.1	0.8	0.7	0.5～0.7	0.5～0.7	0.5～0.7

（2）上料系统

将炉料直接送到高炉炉顶的设备称为上料机。对上料机的要求是要有足够的上料能力，不仅能满足正常生产的需要，还能在低料线的情况下很快赶上料线。为满足这一要求，在正常情况下上料机的作业率一般不应超过 70%，最大程度的机械化和自动化。

上料机主要有料车式和皮带机上料。随着高炉大型化的发展，料车式上料机已不能满足大高炉要求，只有中小型高炉仍然采用。新建的大型高炉多采用皮带机上料方式，其任务是把贮存在贮矿槽和贮焦槽中的各种原料、燃料运至高炉炉顶装料设备中。高炉的上料方式主要有用斜桥料车和胶带运输机两种。皮带上料机的工艺流程见图 2-41。

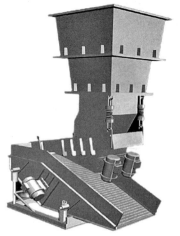

图 2-40　高炉槽下系统

（3）炉顶系统

高炉炉顶装料设备的作用是，根据高炉的炉况把炉料合理地分布在高炉内恰当的位置。炉顶装料设备的类型有钟式炉顶装料设备和无料钟炉顶装

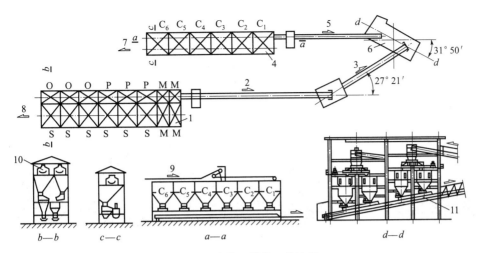

图 2-41　皮带上料机工艺流程

1—贮矿槽（S 为烧结矿、O 为球团矿、P 为块矿、M 为杂矿）；2—输出皮带；3—输出皮带机；
4—贮焦槽；5—焦炭输出皮带机；6—中央称量室；7—粉焦输出皮带机；8—粉矿输出皮带机；
9—焦炭输入皮带机；10—矿石输入皮带机；11—上料皮带机

料设备两大类。小型高炉使用钟式炉顶装料设备，大中型高炉使用无料钟炉顶装料设备。

1）钟式炉顶装料设备

马基式布料器双钟炉顶是钟式炉顶装料设备的典型代表，如图 2-42 所示，由布料器、装料器、装料设备的操纵装置等组成。

这种布料设备的特点是：小料斗装料后旋转一定角度，再开启小钟，一般是每批料旋转 60°，即 0°、60°、120°、180°、240°、360°，俗称六点布料，要求每次转角误差不超过 2°，这样小料斗中产生的偏析现象就依次沿炉喉圆周按上述角度分布。落在炉喉某一部位的大块料与粉末，或者每批料的堆尖，沿高度综合起来是均匀的，这种布料方式称为马基式布料。为了操作方便，当转角超过 180°时布料器可以逆转。

2）无料钟炉顶装料设备

无料钟炉顶装料设备（图 2-43）取消了高炉料钟，以装料漏斗和密封阀来完成向高炉的装料任务。

（4）炉体系统

炉体系统是整个高炉炼铁系统的心脏部位，高炉炼铁几乎所有的化学反应都在炉体完成，炉体系统的好坏直接决定了整个高炉炼铁系统的运行，高炉一代炉役寿命实际上就是炉体系统的一代寿命。

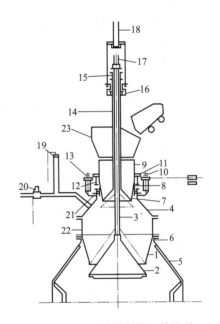

图 2-42　马基式布料器双钟炉顶

1—大料斗；2—大钟；3—大钟杆；4—煤气封罩；
5—炉顶封板；6—炉顶法兰；7—小料斗下部内层；
8—小料斗下部外层；9—小料斗上部；10—小齿轮；
11—大齿轮；12—支撑轮；13—定位轮；14—小钟杆；15—钟杆密封；16—轴承；17—大钟杆吊挂件；
18—小钟杆吊挂件；19—放散阀；20—均压阀；
21—小钟密封；22—大料斗上节；23—受料漏斗

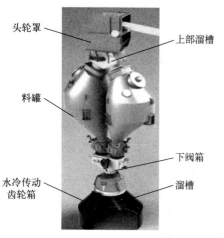

头轮罩

上部溜槽

料罐

下阀箱

水冷传动
齿轮箱

溜槽

图 2-43　无料钟炉顶装料设备

炉体系统除了最为重要的炉型外，还包括炉基、炉壳、炉衬、炉底、冷却设备、冷却介质、外部管网、风口、送风支管等附属设备。

1）高炉炉型

高炉炉型指的是高炉工作空间的形状。现代高炉的炉型为五段式炉型，自上而下由以下五部分组成：炉喉、炉身、炉腰、炉腹和炉缸。在炉喉上部还有炉顶锥台和炉顶钢圈。现代高炉内型见图 2-37。

五段式的炉型既满足了炉料下降时受热膨胀、还原熔化以及造渣过程的需要，也适应了煤气上升过程中冷却收缩的情况。

① 炉喉　高炉本体的最上部分，呈圆筒形。炉喉既是炉料的加入口，也是煤气的导出口。它对炉料和煤气的上部分布起控制和调节作用。炉喉直径应和炉缸直径、炉腰直径及大钟直径比例适当。炉喉高度要允许装一批以上的料，以能起到控制炉料和煤气流分布为限。

② 炉身　高炉铁矿石间接还原的主要区域，呈圆锥台，简称圆台形，由上向下逐渐扩大，用以使炉料在遇热发生体积膨胀后不致形成料拱，并减小炉料下降阻力。炉身角的大小对炉料下降和煤气流分布有很大影响。

③ 炉腰　高炉直径最大的部位，使炉身和炉腹得以合理过渡。由于在炉腰部位有炉渣形成，并且黏稠的初成渣会使炉料透气性恶化，为减小煤气流的阻力，在渣量大时可适当扩大炉腰直径，但仍要使它和其他部位尺寸保持合适的比例关系，比值以取上限为宜。炉腰高度对高炉冶炼过程影响不很显著，一般只在很小范围内变动。

④ 炉腹　高炉熔化和造渣的主要区段，呈倒锥台形。为适应炉料熔化后体积收缩的特点，其直径自上而下逐渐缩小，形成一定的炉腹角。炉腹的存在，使燃烧带处于合适位置，有利于气流均匀分布。炉腹高度随高炉容积大小而定，但不能过高或过低，过高不利于煤气流分布，过小则不利于炉料顺行，一般为 3.0～3.6m。炉腹角一般为 79°～82°。

⑤ 炉缸　高炉燃料燃烧、渣铁反应和贮存及排放区域，呈圆筒形。出铁口和风口都设在炉缸部位，因此它也是承受高温煤气及渣铁物理和化学侵蚀最剧烈的部位，对高炉煤气的初始分布、热制度、生铁质量和品种都有极重要的影响。

2）炉基

高炉基础由上下两部分组成。上面部分用耐热混凝土制成，称为基墩；下面部分用钢筋混凝土制成，称为基座。炉基应有足够的强度和耐热能力，使其在各种应力作用下不致产生裂缝，因而炉基常做成圆形或多边形，以减少热应力的不均匀分布。

3）炉壳

炉壳是用钢板焊接而成的，它起着承受负荷、强固炉体、密封炉墙等作用。炉壳除承受巨大的重力外，还要承受热应力和内部的煤气压力，有时要抵抗崩料甚至可能发生的煤气爆炸的突然冲击，因此要有足够的强度。炉壳外形尺寸应与高炉内形、炉体各部分厚度、冷却设备结构形式相适应。

4）炉底

高炉炉底砌体不仅要承受炉料、渣液及铁水的静压力，而且受到1400～4600℃的高温、机械和化学侵蚀，其侵蚀程度决定着高炉的一代寿命。只有砌体表面温度降低到它所接触的渣铁凝固温度，并且表面生成渣皮（或铁壳），才能阻止其进一步受到侵蚀，所以必须对炉底进行冷却，通常采用风冷或水冷。目前我国大中型高炉大都采用全碳砖炉底或碳砖和高铝砖综合炉底，大大提高了炉底的散热能力。

5）炉衬

是用耐火砖砌筑而成，在高温下工作，主要作用是维持高炉合理的内形，为高炉的冶炼创造条件。炉衬的损坏受多种因素的影响，各部位工作条件不同，受损坏的机理也不同，因此必须根据部位、冷却和高炉操作等因素，选用不同的耐火材料。

6）冷却设备

高炉炉衬内部温度高达1400℃，一般耐火砖都要软化和变形。高炉冷却装置是为延长砖衬寿命而设置的，用以使炉衬内的热量传递出去，并在高炉下部使炉渣在炉衬上冷凝成一层保护性渣皮。按结构不同，高炉冷却设备大致可分为：外部喷水冷却、风口渣口冷却、冷却壁和冷却水箱以及风冷（水冷）炉底等装置。

（5）送风系统（见图2-44）

包括鼓风机、热风炉及一系列管道和阀门等，其任务是连续可靠地供给高炉冶炼所需的热风。把鼓风机送出的冷风，加热成高风温的热风后送入高炉，可节省大量焦炭，因此，热风炉是炼铁工序中的一个重要的节能降耗并降低成本的有效设施。热风炉可分为换热式和蓄热式两种形式，现代高炉已完全淘汰了换热式热风炉，仅使用蓄热式热风炉。传统内燃式热风炉如图2-45所示，它由炉衬、燃烧室、蓄热室、炉壳、炉算子、支柱、管道及阀门等组成。其基本原理是煤气和空气由管道经阀门送入燃烧器并在燃烧室内燃烧，燃烧的热烟气向上运动经过拱顶时改变方向，再向下穿过蓄热室，然后进入烟道，经烟囱排入大气。

图 2-44 高炉送风系统

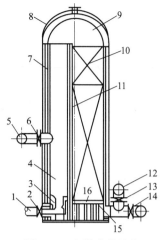

图 2-45　内燃式热风炉

1—煤气管道；2—煤气阀；3—燃烧器；4—燃烧室；
5—热风管道；6—热风阀；7—大墙；8—炉壳；
9—拱顶；10—蓄热室；11—隔墙；12—冷风
管道；13—冷风阀；14—烟道阀；15—支柱；
16—炉箅子

准确选择送风系统鼓风机，合理布置管路系统，阀门工作可靠，热风炉工作效率高，是保证高炉优质、高产、低耗的重要因素之一。

（6）煤气除尘系统

高炉冶炼过程中，从炉顶排出大量煤气，其中含有 CO、H_2、CH_4 等可燃气体，可以作为热风炉、焦炉、加热炉等的燃料。但是由高炉炉顶排出的煤气温度为 $150 \sim 300℃$，标态含有粉尘 $40 \sim 100 g/m^3$，如果直接使用，会堵塞管道，并且会引起热风炉和燃烧器等耐火砖衬的侵蚀破坏。因此，高炉煤气必须除尘，将含尘量降低到 $5 \sim 10 mg/m^3$ 以下，温度低于 $40℃$，才能作为燃料使用。

煤气除尘设备分为湿法除尘和干法除尘两种。常见的煤气除尘系统装置见图 2-46，包括煤气管道、重力除尘器、洗涤塔、文氏管、脱水器等装置。工业现场常用的布袋除尘系统（见图 2-47）就属于干法除尘。

（7）渣铁处理系统（见图 2-48）

包括出铁场、开铁口机、堵渣口机、炉前吊车、铁水罐车及水冲渣设备等，其任务是及时处理高炉排放出的渣铁，保证高炉生产正常进行。

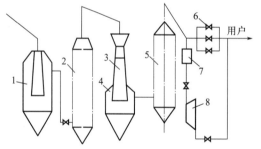

图 2-46　塔文和电除尘器系统

1—重力除尘器；2—洗涤塔；3—文式管；4—灰泥捕集器；
5—电除尘器；6—调压阀组；7—预热器；8—余压透平机组

图 2-47　布袋除尘系统

（8）煤粉制备及喷吹系统

由煤粉制备系统和喷吹系统组成。包括原煤的储存和运输、煤粉的制备和收集及煤粉喷吹等，其任务是均匀稳定地向高炉喷吹大量煤粉，以煤代焦，降低焦炭消耗。高炉喷煤系统主要由原煤贮运、热烟气、煤粉制备、煤粉喷吹和供气等几部分组成，其工艺流程及实物图如图 2-49 所示。

图 2-48　渣铁处理系统

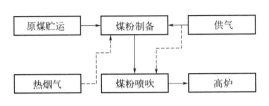

(a) 工艺流程　　　　　　　　　　　　　　　　　(b) 实物图

图 2-49　高炉喷煤系统工艺流程及实物图

2.3.1.4　高炉炼铁辅助系统

高炉炼铁辅助系统主要包括铁水罐车、铸铁机室以及碾泥机室等。

（1）铁水罐车

铁水罐车是用普通机车牵引的特殊的铁路车辆，由车架和铁水罐组成。铁水罐通过本身的两对枢轴支撑在车架上。另外还设有被吊车吊起的枢轴，供铸铁时翻罐用的双耳和小轴。铁水罐由钢板焊成，罐内砌有耐火砖衬，并在砖衬与罐壳之间填以石棉绝热板。

铁水罐车有两种类型，上部敞开式和混铁炉式。图 2-50(a)、(b) 为上部敞开式铁水罐车，罐散热量大，但修理铁水罐比较容易。图 2-50(c)、(d) 为混铁炉式，又称鱼雷罐车，它的上部开口小，散热量也小，有的上部可以加盖，但修理较困难。由于鱼雷罐车容量较大，可达到 200～600t，大型高炉上多使用鱼雷罐车。

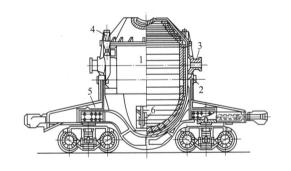

(a) 上部敞开式铁水罐车结构　　　　　　　　　(b) 上部敞开式铁水罐车实物图

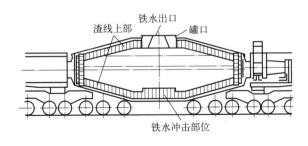

(c) 鱼雷罐车结构　　　　　　　　　　　　　(d) 鱼雷罐车实物图

图 2-50　铁水罐车

1—锥形铁水罐；2—枢轴；3—耳轴；4—支承凸爪；5—底盘；6—小轴

（2）铸铁机室

为处理高炉点火开炉初期生产的不适宜炼钢的铁水及炼钢工序定期检修时生产的铁水，采用铸铁与用铁水罐作为临时贮存工具的工艺。根据所需铸铁量，在铸铁机室内设置若干条铸铁机。此外，还要设置倾翻卷扬机和吊车等设备。铸铁机是一台倾斜向上的装有许多铁模和链板的循环链带，如图 2-51 所示。它环绕着上下两端的星形大齿轮运转，上端的星形大齿轮为传动轮，由电动机带动，下端的星形大齿轮为导向轮，其轴承位置可以移动，以便调节链带的松紧度。装满铁水的铁模在向上运行一段距离后，铁水表面冷凝，开始喷水冷却，当链带绕过上端的星形大齿轮时，已经完全凝固的铁块便脱离铁模，沿着铁槽落到车皮上。

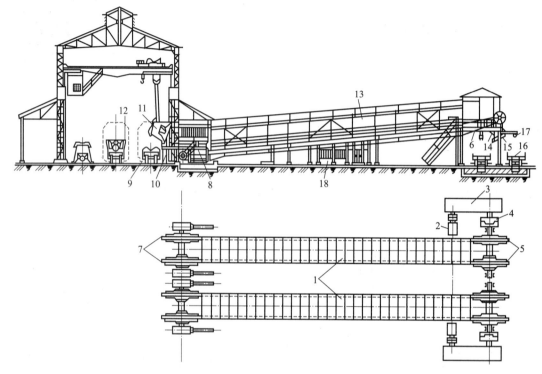

图 2-51　铸铁机及厂房设备

1—链带；2—电动机；3—减速器；4—联轴器；5—传动轮；6—机架；7—导向轮；8—铸台；9—铁水罐车；
10—倾倒铁水罐用的支架；11—铁水罐；12—倾倒耳；13—长廊；14—铸铁槽；15—将铸铁块
装入车皮用的槽；16—车皮；17—喷水用的喷嘴；18—喷石灰浆的小室

（3）碾泥机室

现代大型高炉炉顶压力高，高炉出铁后需用高质量无水炮泥来堵铁口。此外，高炉休风时堵风口用的堵口泥、修补渣铁沟用的泥料和铁口套泥等，均需由碾泥机室生产出来。碾泥机室内设有贮料、称量、配料设备，并设置若干台碾泥机和一台成型机，各种泥料碾制出后，由成型机成型并打包，送往高炉出铁场。

2.3.1.5　高炉内部各区域的分布

一般按还原反应温度将高炉内划分为三个区间：不高于 800℃ 为间接还原区，不低于 1100℃ 为直接还原区，800~1100℃ 为直接还原和间接还原共存区间。

研究人员曾经多次使正在运行中的高炉突然停炉，并对其解剖分析，历次高炉解剖的实践研究验证了高炉冶炼过程主要分为 5 个主要区域。在下降炉料与上升煤气的相向运动中，

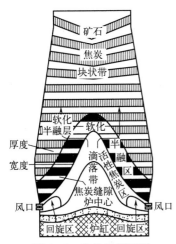

图2-52 高炉纵剖面图

热量传输、铁氧化物还原、软化、熔化与碳的燃烧等反应均发生在这5个区间内，高炉过程及不同区域的特征可用高炉纵剖面图（图2-52所示）表示。

由图2-52可知，高炉冶炼过程的5个区域可区分如下。

（1）块状带

块状带是炉料软熔前的区域，位于高炉料柱的上部，矿石和焦炭层逐渐变薄并趋于水平，在此区域内主要进行的是氧化物的热分解和气体还原剂的间接还原反应，炉料的预热、水分的蒸发、碳酸盐的分解也在此区间完成。

（2）软熔带

软熔带是炉料由软化到熔融的区域（见图2-53），位于高炉中部区域，由许多固态焦炭层和黏结在一起的半熔融的矿石层组成，矿石与焦炭层次分明，仍呈分层状态。由于矿石呈软熔状态，透气性变差，而焦炭层始终呈固态，因此上升煤气在穿透软熔带时，主要是从阻力低、透气性良好的焦炭层中通过，像窗口一样，因此软熔带中的焦炭层又被称为"焦窗"。软熔带的上沿是软化线，下沿是熔化线，与矿石的软化温度和熔化温度有关，温度区间基本一致，软熔带的形状又与上升煤气的分布状态有关，是下降炉料与上升煤气热量传输的结果。因此，软熔带的纵剖面结构有V形、W形和倒V形（见图2-54），目前倒V型软熔带被公认为是最佳的软熔带。软熔带最高的部分称为软熔带顶部，最低的部分与炉壁相接，称为软熔带根部。矿石软熔过程中，由于矿石之间的间隙和矿石的气孔急剧减小，还原过程几乎停滞，上升煤气阻力骤然增加，是高炉冶炼过程阻力损失最大的区域。软熔带在料柱中形成的位置、形状以及径向分布的相对高度、厚度对高炉冶炼过程具有重大影响，直接关系到料柱透气性和高炉顺行状况。

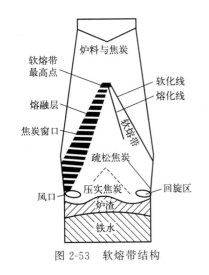

图2-53 软熔带结构

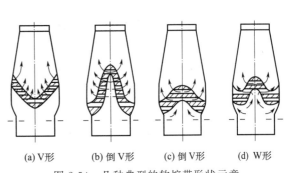

(a) V形　　(b) 倒V形　　(c) 倒V形　　(d) W形

图2-54 几种典型的软熔带形状示意

（3）滴落带

滴落带位于软熔带之下，完全熔化后的液态渣铁呈液滴状穿过固态焦炭层进入炉缸之前的区域。在此区域内，渣铁在高炉煤气加热的作用下已经完全熔化，而焦炭由于熔点很高（约3000℃）且尚未燃烧，仍呈固态存在。该区域料柱的结构特征是由焦炭构成的塔状结构，其边缘为下降较快的疏松区和更新较慢的中心区——死料柱，这是高炉料柱的又一重要特征。渣铁液滴在穿透焦炭空隙下降的同时，继续进行还原、渗碳等高温物理化学反应和非铁元素的还原反应。

（4）风口燃烧带（也称风口回旋区）

风口燃烧带是焦炭在风口前与高温鼓风进行燃烧反应的区域。由滴落带下降的焦炭在风口前燃烧，在鼓风动能的作用下，焦炭在剧烈的回旋运动中燃烧，形成一个"鸟巢"状的回旋区，回旋区内焦炭在高速鼓风的作用下呈回旋运动并燃烧，该区域是高炉内唯一存在的氧化性区域。回旋区在高炉径向达不到高炉中心，高炉中心仍存在焦炭堆积而形成的圆丘形焦炭死料柱，构成滴落带的一部分，在死料柱内仍有一定数量的液态渣铁与焦炭进行直接还原反应。风口回旋区内发生焦炭的燃烧反应和炉缸煤气的合成反应，图 2-55 是风口回旋区的结构示意图。

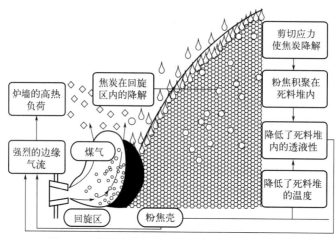

图 2-55　高炉喷煤操作时的风口回旋区结构示意

（5）渣铁带

在炉缸下部，主要是液态渣铁以及浸入其中的焦炭。在铁滴穿过渣层以及在渣铁界面时最终完成必要的渣铁反应，得到合格的生铁，并间断地或连续地排出炉外。

高炉内各区进行的主要反应和特征见表 2-19。

表 2-19　高炉各区内进行的主要反应和特征

区号	名称	主要反应	主要特征
1	固体炉料区（块状带）	间接还原,炉料中水分蒸发及受热分解,少量直接还原,炉料与煤气之间热交换	焦与矿呈层状交替分布,皆呈固体状态,以气-固反应为主
2	软熔区（软熔带）	炉料在软熔区上部边界开始软化,而在下部边界熔融滴落,主要进行直接还原反应及造渣	为固-液-气间的多相反应,软熔的矿石层对煤气阻力很大,决定煤气流动及分布的是焦窗总面积及其分布
3	疏松焦炭区（滴落带）	向下滴落的液态渣铁与煤气及固体炭之间进行多种复杂的质量传递及传热过程	松动的焦炭流不断地落向焦炭循环区,而其间又夹杂着向下流动的渣铁液滴
4	压实焦炭区（滴落带）	在堆积层表面,焦炭与渣铁间反应	此层相对呆滞,又称"死料柱"
5	渣铁储存区（渣铁带）	在铁滴穿过渣层瞬间及渣铁层间的交界面上发生液-液反应;由风口得到辐射热,并在渣铁层中发生热传递	渣铁层相对静止,只有在周期性渣铁放出时才有较大扰动

区号	名称	主要反应	主要特征
6	风口焦炭循环区 （燃烧带）	焦炭及喷入的辅助燃料与热风发生燃烧反应，产生高热煤气，并主要向上快速逸出	焦块急速循环运动，既是煤气产生的中心，又是上部焦块得以连续下降的"漏斗"，是炉内高温的焦点

2.3.1.6 高炉炼铁原料及其质量要求

高炉生产所用的原料有铁矿石、燃料、熔剂和一些辅助原材料。铁矿石是高炉炼铁的主要原料，铁矿石一般分为天然矿（富矿）和人造富矿（主要有烧结矿和球团矿）。前者开采后只作物理处理，后者需人工造块（烧结和球团）。

（1）铁矿石

地壳中铁的储量比较丰富，仅次于氧、硅及铝，居第 4 位，但在自然界中铁不能以纯金属状态存在，绝大多数形成氧化物、硫化物或碳酸盐等化合物。不同的岩石含 Fe 品位差别很大，凡在当前技术条件下可以从中经济地提取出金属铁的岩石，均称为铁矿石。

炼铁生产使用的铁矿石中铁元素多以氧化物形态赋存，根据铁矿石中铁氧化物的主要矿物形态，把铁矿石分为赤铁矿、磁铁矿、褐铁矿和菱铁矿等。不同种类铁矿石的主要特征列于表 2-20。

表 2-20　不同种类铁矿石的主要特征

矿石名称	矿物名称	理论铁质量分数/%	密度/(t/m³)	颜色	有害杂质	实际富矿铁质量分数/%	强度及还原性
磁铁矿	磁铁矿 (Fe_3O_4)	72.4	5.2	黑色	S、P 含量高	45～70	坚硬、致密、难还原
赤铁矿	赤铁矿 (Fe_2O_3)	70.0	4.9～5.3	红色	S、P 含量低	55～60	软，易破碎，易还原
褐铁矿	水赤铁矿 ($2Fe_2O_3 \cdot H_2O$)	66.1	4.0～5.0	黄褐色、暗褐色或绒黑色	S 含量低	37～55	疏松，易还原
	针赤铁矿 ($Fe_2O_3 \cdot H_2O$)	62.9	4.0～4.5				
	水针铁矿 ($3Fe_2O_3 \cdot 4H_2O$)	60.9	3.0～4.4				
	褐铁矿 ($2Fe_2O_3 \cdot 3H_2O$)	60.0	3.0～4.2				
	黄针铁矿 ($Fe_2O_3 \cdot 2H_2O$)	57.2	3.0～4.0				
	黄赭石 ($Fe_2O_3 \cdot 3H_2O$)	55.2	2.5～4.0				
菱铁矿	菱铁矿 ($FeCO_3$)	48.2	3.8	灰色带黄褐色	S 含量低、P 含量高	30～40	易破碎，焙烧后易还原

铁矿石质量的优劣直接影响着高炉冶炼过程的进行和技术经济指标的好坏，优质铁矿石是使高炉生产达到优质、高产、低耗和长寿的重要条件。

高炉冶炼对铁矿石的质量要求主要有以下几个方面：

① 铁矿石品位　矿石品位基本上决定了矿石的价格以及冶炼的经济性。市场上往往以 Fe 含量单位数计价。Fe 含量越高的矿石，脉石含量越低，则冶炼时所需的熔剂量和形成的渣量也越少，用于分离渣与铁所耗的能量相应降低。Fe 含量高并可直接送入高炉冶炼的铁矿石称为富矿，含 Fe 品位低、需经富选才能入炉的铁矿石为贫矿。一般将矿石中 Fe 的质量分数高于 65%，而 S、P 等杂质少的矿石，供直接还原法和熔融还原法使用，而矿石中 Fe 的质量分数高于 50% 而低于 65% 的矿石可供高炉使用。

② 脉石的成分及分布　铁矿石中的脉石包括 SiO_2、Al_2O_3、CaO 及 MgO 等金属氧化物，在高炉条件下，这些氧化物不能或很难被还原为金属，最终以炉渣的形式与金属分离。铁矿石中除铁矿物外的物质统称为脉石，铁矿石中的脉石成分绝大多数为酸性，以 SiO_2 为主。在现代高炉冶炼条件下，为了得到一定碱度的炉渣，就必须在炉料中配加一定数量的碱性熔剂（石灰石）与 SiO_2 作用造渣。铁矿石中 SiO_2 含量愈高，需加入的石灰石也愈多，生成的渣量也愈多，将使焦比升高，产量下降。所以要求铁矿石中含 SiO_2 不宜过高。

③ 有害元素的含量　矿石中除了不能还原而造渣的氧化物外，常含有其他化合物，它们可以被还原为元素形态。其中有的可与 Fe 形成合金，有的则不能，还有些则是有害的。常见的有害元素是 S、P，较少见的有碱金属（K、Na 等）以及 Cu、Pb、Zn、F 及 As 等。S、P、As 和 Cu 易还原为元素并进入生铁，对铁有害。碱金属及 Zn、Pb 和 F 等虽不能进入生铁，但易于破坏炉衬，且易于挥发并在炉内循环累积造成结瘤事故，或污染环境、有害健康。事先用选矿法除去这些有害杂质或困难很大，或代价太高，迫使高炉炉料中不得不限制这些矿石用量的百分比，从而极大地降低了这些矿石的使用价值。

④ 有益元素　有些与 Fe 伴生的元素可被还原并进入生铁，能改善钢铁材料的性能，这些有益元素有 Cr、Ni、V 及 Nb 等。还有的矿石中伴生元素有极高的单独分离提取价值，如 Ti 及稀土元素等。某些情况下，这些元素的品位已达到可单独分离利用的程度，虽然其绝对含量相对于 Fe 仍是少量的，但其价值已远超过铁矿石本身，则这类矿石应作为宝贵的综合利用资源。

⑤ 矿石的还原性　矿石在炉内被煤气还原的难易程度称为"还原性"。冶炼易还原的矿石，可降低碳的消耗量。矿石的还原性与其结构，特别是开口的微气孔率及气孔的分布状态有关。一般赤铁矿不如磁铁矿致密，故还原性好。褐铁矿及菱铁矿在炉内受热后，其所含碳酸盐及结晶水或分解，或挥发，留下孔隙，形成疏松多孔的结构，便于煤气的渗透，故此类矿石的还原性好。

⑥ 矿石的高温性能　矿石是在炉内逐渐受热、升温的过程中被还原的。矿石在受热和被还原的过程中以及还原后都不会因强度下降而破碎，以免矿粉堵塞煤气流通孔道而造成冶炼过程的障碍。

为了在熔化造渣之前使矿石更多地被煤气所还原，矿石的软化熔融温度不可过低，软化与熔融的温度区间不可过宽。这样一方面可保证炉内有良好的透气性，另一方面可使矿石在软熔前达到较高的还原度，以减少高温直接还原度，降低能源消耗。

（2）高炉炼铁燃料

1）焦炭

焦炭的应用是高炉冶炼发展史上一个重要的里程碑。古老的高炉使用木炭，1709 年焦炭的发明，不仅使人们找到了用地球上储量极为丰富的煤炭资源代替木炭的办法，而且焦炭的强度比木炭高，这给高炉不断扩大容积、扩大生产规模奠定了基础。目前，大型高炉容积已达 5800m³ 或更大，炉缸直径达 16m 以上，日产铁量达 15000t 以上。

焦炭在高炉内的作用有：

① 在风口前燃烧，提供冶炼所需热量。

② 固体 C 及其氧化产物 CO 是铁氧化物等的还原剂。

③ 在高温区，矿石软化熔融后，焦炭是炉内唯一以固态存在的物料，是支撑高达数十米料柱的骨架，同时又是风口前产生的煤气得以自下而上畅通流动的高透气性通路。

④ 铁水渗碳，焦炭还是生铁的渗碳剂。焦炭燃烧还为炉料下降提供自由空间。

传统的高炉生产，其燃料为焦炭。现代发展高炉喷吹燃料技术后，焦炭已不再是高炉唯一的燃料。但是任何一种喷吹燃料只能代替焦炭的铁水渗碳、作为热源和还原剂的作用，而代替不了焦炭在高炉内的料柱骨架作用。焦炭对高炉来说是必不可少的。而且随着冶炼技术的进步，焦比不断下降，焦炭作为骨架保证炉内透气、透液性的作用更为突出。焦炭质量对高炉冶炼过程有极大的影响，成为限制高炉生产发展的因素之一。

2）煤粉

钢铁厂中除炼焦用煤外，还使用大量的煤以提供多种形式的动力，如电力、蒸汽等；或将煤直接用于冶金其他过程，如烧结、炼钢及高炉冶炼工艺等。

我国的高炉都采用喷吹煤粉工艺，并且开始逐步扩大到喷吹其他挥发分含量较高的煤种。

对高炉喷吹用煤粉的质量有如下要求：

① 灰分含量低（应低于焦炭灰分，至少与焦炭灰分相同），固定碳含量高。

② 硫质量分数低，要求低于 0.7%，高煤比（180～210kg/t）时宜低于 0.5%。

③ 可磨性好（即将原煤制成适合喷吹工艺要求的细粒煤粉时所耗能量少，同时对喷枪等输送设备的磨损也轻）。

④ 粒度细。根据不同条件，煤粉应磨细至一定程度，以保证煤粉在风口前有较高的燃烧率，烟煤为 70%，无烟煤在 80% 以上。一般要求无烟煤小于 0.074mm 的粒级占 80% 以上，而烟煤占 50% 以上。此外，细粒煤粉也便于输送。目前西欧有少量高炉采用喷粒煤工艺，为了节约磨煤能耗，煤粉粒度维持在 0.8～1.0mm，但并没有得到推广。为了保证煤尽量多地（例如 80% 以上）在风口带内气化，应喷吹挥发分含量较高的烟煤。国外钢铁企业大多采用混合煤喷吹工艺，煤中挥发分的质量分数一般控制在 22%～25%。

⑤ 爆炸性弱，以确保在制备及输送过程中人身及设备安全。

⑥ 燃烧性和反应性好。煤粉的燃烧性表征煤粉与 O_2 反应的快慢程度。煤粉从插在直吹管上的喷枪喷出后，要在极短暂的时间内（一般为 0.01～0.04s）燃烧而转变为气体。如果在风口带不能大部分气化，剩余部分就随炉腹煤气一起上升。这一方面影响喷煤效果；另一方面，大量的未燃煤粉会使料柱透气性变差，甚至影响炉况顺行。在反应性上，与上述焦炭的情况相反，希望煤粉的反应性好，以使未能与 O_2 反应的煤粉能很快与高炉煤气中的 CO_2 反应而气化。高炉生产的实践表明，约占喷吹量 15% 的煤粉是与煤气中的 CO_2 反应而气化的。这种气化反应对高炉顺行和提高煤粉置换比都是有利的。

⑦ 煤的灰分熔点高。煤的灰分熔点应高于 1500℃，灰分熔点低易造成煤枪口和风口挂渣堵塞。

⑧ 煤的结焦性小，烟煤的胶质层指数 Y 值应小于 10mm，以避免喷煤过程中结焦和结渣。应尽量采用弱黏结和不黏结煤，例如贫煤、贫瘦煤、长焰煤和无烟煤或由它们组成的混合煤。

（3）熔剂

由于高炉造渣的需要，入炉料中常需配加一定数量的熔剂。

1）熔剂的作用

熔剂在冶炼过程中的主要作用有两个：实现渣、铁的良好分离，并使其顺利从炉缸流出；具有一定碱度的炉渣，可以去除有害杂质硫，确保生铁质量。

2）熔剂的种类

根据矿石中脉石成分的不同，高炉冶炼使用的熔剂，按其性质可分为碱性、酸性和中性三类：

① 碱性熔剂。矿石中的脉石主要为酸性氧化物时，则使用碱性熔剂。由于燃料灰分的成分和绝大多数矿石的脉石成分都是酸性的，因此，普遍使用碱性熔剂。常用的碱性熔剂有石灰石（$CaCO_3$）、白云石（$CaCO_3 \cdot MgCO_3$）、菱镁石（$MgCO_3$）、镁橄榄石（Mg_2SiO_4）等。

② 酸性熔剂。高炉使用主要含碱性脉石的矿石冶炼时，可加入酸性熔剂。酸性熔剂主要有硅石（SiO_2）、蛇纹石（$3MgO \cdot 2SiO_2 \cdot 2H_2O$）、均热炉渣（主要成分为 $2FeO \cdot SiO_2$）及含酸性脉石的贫铁矿等。生产中用酸性熔剂的很少，只有在某些特殊情况下才考虑加入酸性熔剂。

③ 中性熔剂。中性熔剂亦称高铝质熔剂。当矿石和焦炭灰分中 Al_2O_3 很少，渣中 Al_2O_3 含量很低，炉渣流动性很差时，在炉料中加入高铝原料作熔剂，如铁矾土和黏土页岩。生产上极少遇到这种情况。

（4）气体燃料

气体燃料在钢铁企业中有重要作用。除天然气、石油气等外购气外，还有冶金各工序产生的二次能源气，如焦炉、高炉和转炉煤气以及由固体燃料专门加工转化成的发生炉煤气等。

（5）其他辅助原料

① 碎铁　碎铁包括废弃铁制品，机械加工的残屑、余料，钢渣加工回收的小块铁，铁水罐中的残铁，以及不合格的硅铁、镜铁等，铁分在 $50\% \sim 90\%$。所有碎铁必须进行加工处理，防止大块造成装料和布料设备故障。

② 轧钢皮与均热炉渣　轧钢皮是钢材轧制过程中所产生的氧化铁鳞片，其大部分小于 10mm，在料场筛分后，大于 10mm 的部分可作为炼铁原料。

均热炉渣是钢锭、钢坯在均热（或加热）炉中的熔融产物。这类产物致密且氧化亚铁含量很高，在高炉上部很难还原。集中使用时，可起洗炉剂的作用。

③ 钛渣及含钛原料　钛渣及含钛原料叫作含钛物料，可作为高炉的护炉料。在高炉中加入适量的含钛物料，可使侵蚀严重的炉缸、炉底转危为安。含钛物料主要有钒钛磁铁块矿、钒钛球团矿、钛精矿、钛渣、钒钛铁精矿粉等。

④ 天然锰矿石　天然锰矿石用以满足冶炼铸造生铁或其他铁种的含锰量的要求，也可用作洗炉剂。

2.3.1.7　高炉生产主要技术经济指标

衡量高炉炼铁生产技术水平和经济效果的技术经济指标主要如下。

① 高炉有效容积利用系数（η_v）　高炉有效容积是指炉喉上限平面至出铁口中心线之间的炉内容积。利用系数是指每昼夜每立方米高炉有效容积的生铁产量，即高炉每昼夜的生铁产量 P 与高炉有效容积 $V_和$ 之比。

$$\eta_v = \frac{P}{V_{和}} \tag{2-39}$$

η_v 是高炉冶炼的一个重要指标，η_v 愈大，高炉生产率愈高。目前，一般大型高炉的 η_v 超过 $2.5t/(m^3 \cdot d)$，一些中型高炉可达到 $4.2t/(m^3 \cdot d)$。

② 焦比（K）　指冶炼每吨生铁消耗的干焦炭量，即每昼夜的焦炭消耗量 Q_K 与每昼夜生铁产量 P 之比。焦炭消耗量约占生铁成本的 $30\% \sim 40\%$，欲降低生铁成本必须力求降低焦比。焦比大小与冶炼条件密切相关，一般情况下焦比为 $400kg/t$ 左右，喷吹煤粉可以有效地降低焦比。

$$K = \frac{Q_K}{P} \tag{2-40}$$

③ 煤比（Y）　冶炼每吨生铁消耗的煤粉量称为煤比。当每昼夜煤粉的消耗量为 Q_Y 时，煤比为：

$$Y = \frac{Q_Y}{P} \tag{2-41}$$

单位质量的煤粉所代替的焦炭量称为煤焦置换比，它表示煤粉利用率的高低。一般煤粉的置换比为 $0.7 \sim 0.9$。

④ 冶炼强度（I）　指每昼夜每立方米高炉有效容积燃烧的焦炭量，即高炉一昼夜的焦炭消耗量 Q_K 与有效容积 $V_{和}$ 的比值：

$$I = \frac{Q_K}{V_{和}} \tag{2-42}$$

冶炼强度表示高炉的作业强度，它与鼓入高炉的风量成正比，反映了炉料的下降速度。当前国内外大型高炉（$>2000m^3$）为 $1.10t/(m^3 \cdot d)$ 左右，中型高炉（$800 \sim 2000m^3$）为 $1.25t/(m^3 \cdot d)$ 左右，小型高炉（$300 \sim <800m^3$）为 $1.6t/(m^3 \cdot d)$ 左右。

⑤ 生铁合格率　化学成分符合国家标准的生铁称为合格生铁，合格生铁占总产生铁量的百分数为生铁合格率。它是衡量产品质量的指标。

⑥ 生铁成本　生产 $1t$ 合格生铁所消耗的所有原料、燃料、材料、水电、人工等一切费用的总和。

⑦ 休风率　指高炉休风时间占高炉规定作业时间的比例。休风率反映高炉设备维护和操作水平，先进高炉休风率小于 1%。实践证明，休风率降低 1%，产量可提高 2%。

⑧ 高炉一代寿命　指从点火开炉到停炉大修之间的冶炼时间，或是指高炉相邻两次大修之间的冶炼时间。大型高炉一代寿命为 $10 \sim 15$ 年或更长。

2.3.2　高炉操作制度

高炉冶炼是逆流式连续过程。炉料一进入炉子上部即逐渐受热并参与诸多化学反应。在上部预热及反应的程度对下部工作状况有极大影响。为使高炉生产达到高效、优质、低耗、长寿的目的，须根据高炉使用的原料、燃料条件、设备状况以及冶炼的铁种，制定基本操作制度。高炉操作制度包括热制度、造渣制度、送风制度和装料制度。各项基本操作制度之间彼此有内在联系，制定基本操作制度时要综合全面考虑。

2.3.2.1　装料制度

装料制度是对炉料装入炉内方式的有关规定，包括料线高低、批重大小、装入次序等因素。合理的装料制度应能兼顾炉况顺行和煤气流的充分利用，选择和确定各因素时要与送风制度、高炉炉型及装料设备的特点相结合来考虑。

从煤气利用角度出发，炉料和煤气在炉子横断面上分布均匀，煤气对炉料的加热和还原就充分。但是从炉料下降、炉况顺行角度分析，则要求炉子边缘和中心气流适当发展。边缘气流适当发展有利于降低固体料柱与炉墙间的摩擦力，使炉子顺行；适当发展中心气流是使炉缸中心活跃的重要手段，也是炉况顺行的重要措施。同时，为有效利用煤气的化学能和热能，利用装料制度将合适的矿焦比分布在与煤气流大小相对应的径向上。在生产中由于原燃料条件的差异和操作技术水平的不同，存在四种高炉煤气分布类型（见表 2-21）。

表 2-21　高炉煤气分布类型

类型名称	炉顶煤气CO曲线	炉顶十字测温温度曲线	煤气上升阻力	煤气流利用程度	相应的软熔带形状	形成的原因和条件	采用的装料制度	高炉寿命
边缘发展型（馒头型）			小	差，$\eta_{co}<0.3$	V 形	原燃料条件差、强度低、粉末多，渣量大，渣量在 500kg/t 以上	小料批，低负荷	短
两条通路型（双峰型）			较小	较差，$\eta_{co}<0.4$	W 形	原燃料粒度组成差，渣量大，渣量为 400～500kg/t	料批不大，负荷不高	短
中心发展型（喇叭花型）			较大	较好，$\eta_{co}\approx0.45$	倒 V 形	原燃料质量好，粉末筛除，渣量在 350kg/t 左右，高炉较强化	较大料批，负荷较高	较长
平坦型			大	好，$\eta_{co}>0.5$	平坦倒 V 形	原燃料质量很好，渣量为 250kg/t 左右，合适的冶炼强度（在 0.95～1.05）	大料批，重负荷	长

生产者应根据各自的生产条件，选定适合于生产的煤气分布类型，然后应用炉料在炉喉的分布规律，采用不同的装料制度来达到具体条件下的炉况顺行、煤气利用好的状态。可供生产者选择的装料制度内容有批重、装料顺序、料线等，还有装料设备的布料功能变动（例如无钟炉顶布料，溜槽工作制度）等，炉料的性质也对布料产生明显影响。

（1）批重

炉料是按一定重量分批装入高炉的，炉料装入炉内呈漏斗形分布。因矿、焦堆角不同，所以在炉内的分布也不一样。由于在炉内焦炭堆角小于矿石（球团矿例外），所以当矿石入炉后，首先在焦炭堆角基础上堆到矿石本身的堆角后，才以平行的层次向高炉中心布料，这样堆在焦炭层上的矿石分布是边缘厚、中心薄；而堆在矿石层上的焦炭则相反，边缘薄而中心厚，图 2-56 显示出这一特点。批重越大，边缘与中心部分比例减小，炉料分布趋向均匀。批重越小，其结果则相反。

批重的大小影响软熔带内煤气流的分布，软熔带内煤气流通过的焦窗的大小是由焦批大小决定的。生产实践和研究表明，煤气流二次分布时焦窗必须有足够的高度（小高炉 200～250mm，中大高炉 250～300mm）。在生产中装入炉内的炉料自上而下活塞式层状移动的过程中，料层逐步变薄，达到软熔带时焦炭层厚度减薄 1.2～2.9 倍，平均在 2.0

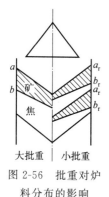

图 2-56　批重对炉料分布的影响

倍左右。因此焦炭层在炉喉处的厚度应是软熔带焦窗厚度的 2 倍左右，也就是小高炉焦层在炉喉处的厚度为 500mm 左右，中大高炉炉喉部位焦层厚度要在 550～650mm。

（2）装料顺序

装料顺序是指一批料中矿石和焦炭进入高炉时的顺序。一般将先矿石、后焦炭的顺序称为正装；反过来，将先焦炭、后矿石的顺序称为倒装。

装料顺序对布料的影响，通过矿石和焦炭的堆角不同以及装入炉内时原料面（上一批料下降后形成的旧料面）的不同而起作用。如果原料面相同、矿石和焦炭两者的堆角相同，则装料顺序对布料将不产生影响。实际生产中，不同料速时形成的原料面不同，焦炭和矿石在炉喉形成的堆角也有差别。一般是焦炭的堆角略小于大块矿石的堆角，接近于小块矿石的堆角。从这个基本情况就可以知道装料顺序对布料有着明显的影响，这在原来双钟炉顶的装料上尤为明显，而且矿石粒度在这种影响上起着相当重要的作用。因此，操作者在生产中要密切注意入炉料粒度组成的变化。

（3）料线

钟式炉顶大钟完全开启位置的下缘至料面的垂直距离称为料线。无钟炉顶是以溜槽在最小夹角时其出口至料面的垂直距离为料线。

料线的深度是用两个料尺（或称探尺）来测定的。每次装料完毕无钟炉顶的溜槽停止工作后，料尺下放到料面并随料面下降，当降到规定的位置时提起料尺装料。

钟式炉顶上料线对炉料分布影响的一般规律是（如图 2-57 所示）：料线越深，堆尖越靠近边缘，边缘分布的炉料越多。因此，采用变动料线的方法来调整堆尖位置。无钟炉顶是用布料挡位来调整堆尖，因此，生产上料线一般是相对稳定的。

为避免布料混乱，料线一般选在碰撞点以上某一高度。一般正常生产时料线深度为 1.5～2.0m，而且两个料尺相差不要超过 0.5m。料线一般不宜选得太深，因为过深的料线不仅使炉喉部分容积得不到利用，而且碰撞点以下因炉料与炉墙打击后反弹而使料面混乱，不利于煤气流运动和炉况顺行。

图 2-57　料线高低对布料的影响

（4）炉料的性质对布料的影响

各种物料在一定的筛分组成和湿度下，都有一定的自然堆角。同一种料的粒度较小时堆角较大；而且同一料堆中，大块容易滚到堆脚，粉末和小块容易集中于堆尖。不同堆角的炉料，在径向上分布是不相同的，堆角愈小，愈易分布在中心。

高炉常用原料的自然堆角为：天然矿石（块度 12～120mm）$40°30'～43°$；烧结矿（块度 12～120mm）$40°30'～42°$；石灰石 $42°～45°$；焦炭 $43°$。

炉料在高炉内的实际堆角不同于自然堆角。根据测定，矿石在高炉内的堆角为 $36°～43°$，焦炭为 $26°～29°$。实验指出，炉料在炉内的堆角受炉料下降高度、炉喉大小以及自身物理性质影响，并符合如下关系：

$$\tan\alpha = \tan\alpha_0 - k\frac{h}{r} \tag{2-43}$$

式中，α 为炉料在炉内的实际堆角，（°）；α_0 为炉料自然堆角，（°）；h 为炉料落下高度，m；r 为炉喉半径，m；k 为系数，与料块落下碰到炉墙或料堆后，剩余的使料块继续滚动的能量有关。

当料批一定时，炉喉直径越大，或装料时料面越高，则炉料的堆角越大，越接近自然堆角；反之，则堆角愈小。

堆角也与 k 值有关，而 k 值大小又与炉料性质有关：焦炭比矿石粒度大，堆积密度小，且富有弹性，k 值较矿石大，以致焦炭在炉内的堆角比矿石小。由于焦炭和矿石的堆角不同，故在炉内形成不平行的料层，焦炭在中心的分布较边缘厚；而矿石却相反。对矿石而言，大块易滚向中心，粉矿以及潮湿和含黏土较多时容易集中在边缘。

松散性大、堆积密度小的原料易滚向中心；而松散性小、堆积密度大的原料则易集中到边缘。这一特点造成径向负荷的差异。如在同等条件下，用烧结矿比用天然富矿的边缘负荷有减轻作用。球团矿易滚动，炉内堆角更小，更易滚向中心。经过整粒后的烧结矿，炉内堆角比焦炭稍大；但如粒度较小、块度大小不均匀、松散性大时，则烧结矿堆角将与焦炭接近，甚至小于焦炭。

根据以上论述，炉料性质不同，在炉内的分布也不一样，从而影响气流分布。一般在边缘和中心分布的焦炭和大块矿石较多，透气性好，气流通过阻损小，煤气流量多；在堆尖附近，由于富集了大量碎块和粉末，以致透气性差，阻损大，煤气流量少。炉喉煤气 CO_2 含量最高点和温度最低点正处在堆尖下面。

2.3.2.2 送风制度

送风制度是通过风口向高炉内鼓送具有一定能量的风的各种控制参数的总称。它包括风量、风温、风压、风中氧含量、湿度、喷吹燃料以及风口直径、风口中心线与水平的倾角、风口端伸入炉内的长度等。由此确定两个重要的参数，即风速和鼓风动能。

调节上述各参数以及喷吹量常被称为"下部调节"。下部调节是通过上述各参数的变动来控制风口燃烧带的状况和煤气流的初始分布，其与上部调节相配合是控制炉况顺行、煤气流合理分布和提高煤气利用效率的关键。一般来讲，下部调节的效果比上部调节快，因此它是生产者常用的调节手段。采用下部调节可以达到合理的初始煤气流分布。

初始煤气流分布受两个方面的因素影响，即风口燃烧带的大小和燃烧带周边，特别是燃烧带上方焦炭床的透气性。影响燃烧带大小的因素较多，但起决定性作用的是鼓风动能。而影响焦炭床透气性的因素主要有焦炭高温性能［反应性指数（CRI）、反应后强度（CSR）］、未燃煤粉沉积数量和滴落的渣量。

生产实践表明，不同的燃料条件、不同的炉缸直径应达到相应的鼓风动能值，过小的鼓风动能使炉缸不活跃，初始煤气分布偏向边缘；而过大的鼓风动能则易形成顺时针方向的涡流，造成风口下方堆积而使风口下端烧坏。不同炉容高炉的合适鼓风动能列于表 2-22。

表 2-22 不同炉容高炉的鼓风动能范围［冶炼强度为 $0.9 \sim 1.2 t/(m^3 \cdot d)$］

高炉容积/m³	100	300	600	1000	1500	2000	2500	3000	4000
炉缸直径/m	2.9	4.7	6.0	7.2	8.6	9.8	11.0	11.8	13.5
鼓风动能/［(kN·m)/s］	14.5~30.0	24.5~39.5	34.5~49.0	39.5~59.0	49.0~68.5	59.0~78.5	68.5~98.0	88.0~108.0	108.0~137.5

鼓风动能不仅与炉子容积和炉缸直径有关，而且还与原燃料条件和高炉冶炼强度等有关。原燃料条件差的应保持较低的鼓风动能，取表 2-22 中的低值；而原燃料条件好的则需要较大的鼓风动能以维持合理的燃烧带，应取表 2-22 中的高值。在合理的鼓风动能范围内，随着鼓风动能的增大，燃烧带扩大，边缘气流减少，中心气流增强。适宜的燃烧带深度用系数 n 来衡量：

$$n = \frac{d^2 - (d-2L)^2}{d^2}$$ (2-44)

式中，d 为炉缸直径，m；L 为循环区的深度，m。

它的实质是将炉缸各风口的循环区看作一个连接在一起而形成的环圈，分子实际上是代表这个循环区环圈的面积，分母是代表炉缸截面积，n 值就是这两个面积之比 $A_{循环}/A_{缸}$。n 与炉缸直径的关系示于图 2-58，n 与燃料比的关系示于图 2-59。从图看出，大型高炉的 n 值应选在 0.5 左右。但是中小型高炉炉缸面积相对小些，因此 n 值宜选大些，例如，400m³ 级高炉的 n 值应以 0.6 左右为宜。

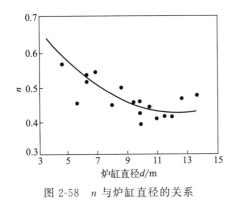

图 2-58　n 与炉缸直径的关系

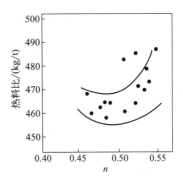

图 2-59　n 与燃料比的关系

喷吹燃料以后，风口端的鼓风动能变得复杂，主要是喷吹的燃料在离开喷枪后于直吹管至风口端的距离内已部分燃烧，结果使原来的鼓风变成由部分燃料燃烧形成的煤气和余下的鼓风组成的混合气体，它的体积和温度都比原鼓风增加较多，而到底有多少煤粉或其他喷吹燃料在这区间内燃烧是很难测得的，所以精确计算喷吹燃料后的鼓风动能是困难的。在生产中有的厂家根据经验，选定喷吹煤粉在直吹管内燃烧气化的分数，然后算出混合气体的数量、密度和温度，再代入鼓风动能的计算式中算出实际鼓风动能。喷吹燃料后的鼓风动能由于上述原因高于全焦冶炼时的鼓风动能，因此喷吹燃料后应相应地扩大风口，以维持合适的鼓风动能。根据我国的喷煤实践，每增加 10% 喷煤量，风口面积应扩大 8% 左右。

高炉实现大喷煤量（例如 200kg/t 或更多）后，由于未燃煤粉的绝对量增加，它们随煤气流上升进入料柱，大部分未燃煤粉在未气化前沉积在炉料空隙中，降低了料柱（特别是燃烧带上方炉子中心部位）的空隙度，煤气流通过的阻力增加，恶化煤气流分布，使边缘气流相对发展而中心则不易打开。这时就需要适当缩小风口直径和用较长风口来扩大燃烧带，使煤气流初始分布适应这种变化。

生产中会遇到调风口直径、鼓风动能但仍然得不到煤气流合理分布，边缘气流过大，而中心打不开的情况，这是以下原因造成的。

① 燃烧带周边焦炭空隙度过小，煤气遇到阻力过大。

② 炉腹角过大，边缘效应大，这时需要通过提高焦炭质量和改进装料制度。同时可以利用延长风口，克服设计炉腹角缺失，达到有利于煤气流的初始分布。生产实践证明，生产中等效炉腹角在 74° 就能有效克服边缘气流过大的缺陷。风口长度调整中，在炉腹与炉腰连接处，作与水平线成 72°～74° 直线与风口中心线相交，交点即为延长风口后的端点。如果在设计炉型上的炉腹角已达到 75° 或 76°，则没有必要使用长风口。

2.3.2.3 造渣制度

(1) 造渣制度基本要求

造渣制度包括造渣过程和终渣性能的控制。造渣制度应根据冶炼条件、生铁品种确定。

为控制造渣过程，应对所使用的原料的冶金性能做全面了解，特别是它们的软化开始温度、熔化开始温度、软熔区间温度差、熔化终了温度以及软熔过程中的压降等。目前推广的合理炉料结构就是将这些性能合理搭配，使软熔带的宽度和位置合理，料柱透气性良好，煤气流分布合理。

终渣性能控制是使炉渣具有良好的热稳定性和化学稳定性，以保证良好的炉缸热状态和合理的渣铁温度；控制好生铁成分，主要是生铁中的 [Si] 和 [S]。

造渣制度应相对稳定，只有在改换冶炼产品品种或原料成分大变动造成有害杂质增加或出现不合格产品、炉衬结厚需要洗炉、炉衬严重侵蚀需要护炉、排碱以及处理炉况失常等特殊情况下才调整造渣制度。一经调整则应尽量维持其稳定。

(2) MgO/Al_2O_3 对高炉冶炼的影响

选择 $w(MgO)$ 与 $w(Al_2O_3)$ 比值要遵从以下原则。

① 保持炉渣的稳定性，即在冶炼条件等波动造成的炉渣碱度波动和炉缸热状态波动时，炉渣仍能保持较好的性能，不造成炉况失常。

② 发挥 MgO 在炉渣中的作用，即 MgO 在脱硫和排碱中的有效作用。低 $w(MgO)/w(Al_2O_3)$ 渣处于稳定性的边缘，炉况和碱度波动易造成炉况失常。因此选择低 $w(MgO)/w(Al_2O_3)$ 需要有较优的冶炼条件，特别是精料要到位，尤其是成分波动、粒度组成等，要有较高的冶炼操作水平，精心作业。而过高的 $w(MgO)/w(Al_2O_3)$ 也会潜入不稳定的区域，也是不可取的，MgO 含量达到 12% 时造成的波动影响远比 MgO 含量低于 4% 时造成的影响大。再从脱硫角度来看，MgO 含量对 S 分配系数的影响如表 2-23 所示。

表 2-23 炉渣中 MgO 含量对 S 分配系数的影响

MgO/%	0	5	10	15	20
L_S(S 分配系数)	14	23	84	110	55

2.3.2.4 热制度

根据冶炼铁种、原料、燃料条件和炉容大小而确定的炉缸应具有的温度水平称为高炉热制度。一般以铁水和炉渣的温度为代表。由于原料质量、炉容大小、冶炼铁种和操作制度不同，各个高炉的铁水和渣水的温度水平是不同的。铁水温度多在 1400~1530℃，炉渣温度比铁水温度高 50~100℃。

热制度是在工艺操作上控制高炉内热状态的方法的总称。高炉热状态是指炉子各部位具有足够的相应温度以满足冶炼过程中加热炉料和各种物理化学反应需要的热量需求，以及具有使过热液态产品达到要求温度的能力。通常用热量是否充沛、炉温是否稳定来衡量热状态。人们特别重视炉缸热状态，因为决定高炉热量需求和吨铁燃料消耗的是高炉下部，所以用炉缸热状态的一些参数来作为稳定热制度的调节依据。判断炉缸热状态的方法有直观地从窥视孔观察、出渣出铁时观察和观察渣铁样等，但是后两种观察到的是热状态的结果，而不是实际热状态的瞬时反应。现代高炉采用风口前的、燃烧带的炉热指数，以及保证炉缸正常工作的最低（临界）热储量来判断，它们能及时反映炉缸热状态。

炉缸热状态是由强度因素-高温和容量因素-热量两个因素合在一起来描绘的，它们合起来就是高温热量。单有高温而无足够的热量，高温是维持不住的；单有热量而无足够高的温度，就无法保证高温反应的进行和液态产品的过热。高温是由风口前焦炭和喷吹燃料燃烧所能达到的温度来衡量的，现在一般用理论燃烧温度来说明。热量是由燃料燃烧放出足够的热来保证的。燃烧带的炉热指数 t_c 在某种程度上表征了这个热量，因为持续保证 t_c 稳定在所要求的温度说明热量是充沛的，否则 t_c 将下降。

临界热储量是用来保证炉缸能承受一定冶炼条件的临时变化，使炉温在允许的范围内波动：

$$\Delta Q_{临} = \overline{Q}/G_{当} \geqslant 630 \tag{2-45}$$

式中，$\overline{Q}$ 为离开燃烧带的炉缸煤气所含有的热量，也就是能够用来加热焦炭、过热渣铁的煤气含热量，因此它可以按 t_c 算出 $\overline{Q} = V_{煤气} (i_{t_{理}} - i_{t_c})$，如果没有 t_c，则可以用通常假定的 $t_c = 0.75 t_{理}$ 来计算，这里 $i_{t_{理}}$ 为理论燃烧温度下炉缸煤气的焓，单位为 kJ/m^3，i_{t_c} 为 t_c 温度下炉缸煤气的焓，单位也为 kJ/m^3；$G_{当}$ 为高温区内单位生铁被加热物料（铁水、炉渣和焦炭）按比热容全部折算成铁水质量的和；630 为 1kg $G_{当}$ 要求的最低热储量，kJ/kg。

$G_{当}$ 可按下式计算：

$$G_{当} = 1 + \frac{c_{渣}}{c_{铁}} u + \frac{c_{焦}}{c_{铁}} K_{风} \tag{2-46}$$

式中，u 为渣量，kg/kg；$c_{铁}$、$c_{渣}$、$c_{焦}$ 为 t_c 时铁水、炉渣和焦炭的比热容，也可以采用 $0.75t_{理}$ 下的比热容，$kJ/(kg \cdot ℃)$；$K_{风}$ 为风口前燃烧的焦炭量，$K_{风} = $ 焦比 × 风口前的燃烧率，燃烧率可根据计算或经验确定，一般为 $0.65 \sim 0.75$。

通过计算机可将瞬时的 $t_{理}$、t_c、$\Delta Q_{临}$ 算出并显示出来，供生产者判断炉缸热状态。

热状态是多种操作制度的综合结果，生产中通过选择合适的焦炭负荷，辅以相应的装料制度、送风制度、造渣制度来维持最佳热状态。生产中常因某些操作参数变化而影响热状态，可采用改变风温、风量、湿度、喷吹量来微调，必要时则采用负荷调节，严重炉凉时还要投入空焦。

2.3.2.5 炉况判断及制度调控

高炉冶炼是在密闭的竖炉内进行的极为复杂的物理化学反应和热交换过程，与此同时还是一个依靠各辅助系统工作，以及生产组织等支撑的过程。由于高炉炼铁的复杂性和"黑箱"效应，更因为冶炼条件的变化，特别是原燃料质量的变化、设备事故的出现、后续工序事故造成铁水供应失衡、操作者本身的失误等造成炉况波动继而失常，处理不及时或不当又转为事故。因此正常和失常是高炉炼铁操作者日常处理炉况的重要工作，正确识别"正常"与"失常"十分重要。

高炉炉况主要通过直接观察（主要是看风口，看出渣出铁、渣样、铁样，下料速度等）结合仪表监测显示（主要是热风压力、冷风流量、压差、炉身静压力、透气性指数、料线、料尺走动、炉顶温度和煤气曲线或十字测温温度曲线等）来综合判断，主要关注以下两个方面。

1）煤气流分布

煤气流从炉缸燃烧带产生，向上运动到达炉顶经历三次分配，如果三次分配合理，总的煤气流分布就合理。

初始分配：与炉缸内燃烧带大小和燃烧带周边，特别是燃烧带与死料柱之间的焦粉层的透气性和透液性有关，保证有足够的煤气流向中心。

二次分配：软熔带有足够的焦窗使煤气顺利分配和通过，因为在软熔带内煤气通过的阻力是矿石软熔层最大，软熔层与焦炭的透气性比例是1：52，要保证软熔带煤气稳定地分配，就要保证获得倒V形软熔带，因为W形对中心气流干扰大且不稳定。

三次分配：为块状带，它的决定性因素是炉喉布料、炉喉径向和圆周上O/C的布置情况，O/C大的区域，煤气流阻力大，O/C小的区域相反，煤气流阻力小，阻力大小决定了煤气流的分配。

2）炉缸热状态

炉缸的热状态是正常炉况的重要内容，是高炉冶炼过程进行到最后的集中表现，也是上下部操作制度和造渣制度最终形成的结果。因此上、下部操作制度和造渣制度的任何一方面失常都将导致炉缸热状态的波动，发展为失常，严重时出现炉缸堆积，处理不当将发展为炉缸冻结。

在上升煤气流与炉料分布（O/C分布）相适应的合理分布情况下，煤气与炉料在逆流运动中相互接触良好，传热与传质都达到优化，也就是上升煤气的热能、化学能利用良好，从而矿石及焦炭以及形成的渣铁加热良好，矿石被间接还原达到或接近热力学上平衡的状态，这时炉身工作效率达96％以上。

由于进入炉缸的物料还原及加热很好，在炉缸内直接还原量少，FeO只有极少量，Si、Mn、P还原和脱S过程中Mn元素的耦合反应减少了C和还原热量消耗。炉缸具有与冶炼生铁品种相对应的良好热状态。

另一方面，鼓入炉缸的鼓风参数稳定。在风口前形成大小合适的燃烧带，形成的高温煤气的温度满足冶炼的要求而且稳定，其在炉缸的初始分布合理，为良好的炉缸热状态打下基础。

高炉炉况正常的标志示于表2-24。

表2-24　高炉炉况正常的标志

项目	标志
煤气流分布	1. 炉喉、炉身各层径向的温度（流量）分布均匀稳定； 2. 炉喉、炉身各层周向的温度（流量）分布均匀稳定； 3. 煤气利用好，炉顶温度随装料而规律性波动； 4. CO_2 曲线及温度曲线与基本操作制度的经验值相符
风压、风量	1. 风压与风量的数值互相适应； 2. 稳定，仅有微小波动
静压力、压差、透气性指数	稳定，仅有微小波动
料尺	1. 各料尺料位相同，无停滞、滑料或陷落，时间间隔均匀； 2. 单位时间内装料批数与冶炼强度相适应
风口	1. 各风口工作均匀、活跃，无升降、挂渣和涌渣现象； 2. 喷吹物无结焦现象； 3. 风口破损少
渣	1. 渣的温度适宜、流动性好，上、下渣及各渣口渣温相同； 2. 渣样断口与冶炼铁种及造渣制度相适应； 3. 上渣带铁少，渣口破损少
铁	1. Si、S含量符合要求，铁温适宜，出铁始末铁温相近，相邻铁次的铁温及成分相近； 2. 铁流稳定，出铁量与预计量相近

项目	标志
炉顶压力	均匀,向上或向下的尖峰很小
炉顶温度	各点温度记录成一适当宽度的曲线,随装料前后而均匀摆动

2.3.2.6 上下部调剂的综合运用

强化高炉冶炼,必须正确处理上升煤气流和下降炉料之间的矛盾,使煤气流始终保持合理分布。为此,必须做到上下部调剂有机结合。

下部调剂,是指对风量、风速、风温、喷吹量以及鼓风湿分等因素的调剂。其目的在于维持合适的回旋区大小,使炉缸工作均匀、活跃、稳定,气流初始分布合理。

上部调剂,则是借助于装料顺序、料批大小和料线高低、溜槽倾角的调剂,使炉料分布和上升的煤气流相适应,既保证炉料具有足够的透气性,使下料顺畅,又不形成管道。这样,才能使炉料和煤气流相对运动的矛盾得以统一,进而获得良好的技术经济指标。

要使煤气流保持合理分布,必须坚持上下部调剂密切结合的原则。炉缸是煤气流分布的起始部位,炉缸工作情况既决定了煤气流的初始运动状态,又通过热交换决定了整个炉缸截面的气流和温度分布。同时,炉缸又是最终完成冶炼过程的部位,对炉料及渣、铁在高炉内进行的物理化学反应有着决定性影响。因此,如何搞好下部调剂,是保证高炉顺行的重要环节。

生产实践表明,只靠下部调剂而没有上部调剂的紧密配合,也难以达到很好的效果。特别是大量使用熟料和喷吹燃料以后,焦炭负荷高达4.0,甚至更高,矿焦容积比接近相等,炉料透气性相对恶化,影响初始气流均匀分布,这就要求通过上部调剂改善矿石分布,从而达到高炉稳定顺行的目的。

综上所述,上下部调剂的目的在于寻求合理的煤气分布,以保证冶炼过程的正常进行。实践证明,两者调剂方式虽然不同,但起的作用是相辅相成的。对长期不顺行的高炉,首先要抓好下部调剂,然后再进行上部调剂,相互配合。

2.3.3 高炉炼铁的强化技术

由于现代炼铁技术的进步,高炉生产有了巨大发展,单位容积的产量大幅度提高,单位生铁的消耗,尤其是燃料的消耗大量减少,高炉生产的强化达到了一个新的水平。高炉冶炼强化的主要途径是,提高冶炼强度和降低燃料比。而强化生产的主要措施是精料、高风温、高压、富氧鼓风、加湿或脱湿鼓风、喷吹燃料,以及高炉过程的自动化等。

2.3.3.1 高强度冶炼的操作特点和技术措施

冶炼强度的提高,即风量的增大,必然使风速和鼓风动能增大(不改变风口直径),煤气穿透中心的能力增强,炉缸中心易于活跃,同时因燃烧带向中心延伸,炉料下降最快区域也向中心稍有转移,这些变化必将导致上升煤气流的改变。此外,也增加了出现管道的可能性。因此在高炉操作上要做相应调整,以保证合理的煤气流分布。

(1) 操作特点

① 扩大料批 大料批是抑制管道进程和中心过吹的有效措施。料批增大,矿层加厚,有更多的矿石布到中心,从而适应增大风量受气流分布的影响,减少或避免煤气分布失常。高炉的生产实践表明,批重随风量增加而增加。

② 溜槽倾角 无料钟炉顶采用单环布料时,溜槽倾角 α 应合理选择,一般溜槽倾角 α

越大越布向边缘。当 $\alpha_{焦} > \alpha_{矿}$ 时，边缘焦炭增多，发展边缘，既可抑制中心过吹，也可调整边缘气流的不足。如采用多环布料时，可增加高倾角位置焦炭份数，或减少高倾角位置矿石份数，可发展边缘气流，抑制中心过吹。

③ 扩大风口直径或缩短风口伸入炉内的长度　目的是缩短燃烧带长度，消除中心过吹和扩大回旋区的横向尺寸，使沿炉缸截面下料均匀，保证煤气的正常分布。

无论是改变上部或下部调剂，都应视冶炼强度增加后煤气的分布和利用状况，以及炉料是否顺行，炉况是否稳定而定，从实际需要出发，有的放矢，不盲目乱动。

(2) 技术措施

为了保证在高冶炼强度条件下，高炉焦比也能同时降低或基本不变，除了加强上下部调剂外，需要有其他相应的技术措施：

① 改善原料　这是提高冶炼强度的基本要求。提高矿石和焦炭冶金强度，保持合适粒度，筛除粉末，是减少块状带阻力损失的重要手段。与此同时提高矿石品位，减少渣量，使软熔层填充物表面积减小，可以减少甚至防止"液泛"的发生，而且也使软熔层透气性得到改善。此外，由于焦炭热强度改善，也能使滴落带至炉缸中心的焦炭柱保持良好的透气性能，大大改善下部料柱透气性，降低高温区压力损失和高炉全压差。

② 采用新技术　采用高压操作、富氧鼓风、高风温等技术对高炉冶炼强化无疑是有好处的。

③ 及时放好渣铁　生产强化后渣铁量增多，要及时排放好渣铁，使炉缸处于"干净"状态，以减少渣铁对料柱的支撑作用，促进炉料顺行。

④ 设计合理炉型　矮胖炉型，相对降低了料柱高度，有利于降低压差，此外，炉缸截面大，风口多，即使维持较高冶炼强度和喷吹量，燃烧强度也并不高，易于加风强化。大炉缸、多风口也利于煤气初始分布和炉缸截面温度趋于均匀，促进顺行。

2.3.3.2 精料

精料就是全面改进原燃料的质量，为降低焦比和提高冶炼强度打下物质基础，保证高炉能在大风量、高压、高风温、高负荷的生产条件下仍能稳定，顺行。高炉炼铁的操作方针是以精料为基础。精料技术水平对高炉炼铁生产的影响率在 70% 左右，设备的影响率在 10% 左右，高炉操作技术的影响率在 10% 左右，综合管理水平影响率约 5%，外界因素影响率约 5%。

(1) 高炉精料技术的内涵

高炉精料技术包括"高、熟、净、匀、小、稳、少、好"八个字。

"高"是入炉矿石含铁品位要高；焦炭的固定碳含量要高；烧结、球团、焦炭的转鼓强度要高；烧结矿的碱度要高（一般为 1.8～2.0）。入炉矿石品位要高是精料技术的核心。入炉矿石品位每提高 1%，焦比降低约 2%，产量增加约 3%，吨铁渣量减少 30kg，允许高炉吨铁增加喷吹煤粉 15kg。

"熟"是高炉入炉原料中熟料比要高。熟料是指烧结矿、球团矿。烧结矿和球团矿由于还原性和造渣过程改善，高炉热制度稳定，炉况顺行，减少或取消熔剂直接入炉，生产指标明显改善，尤其是高碱度烧结矿的使用，效果更为明显。据统计，每提高 1% 的熟料率可降低焦比 1.2kg/t，增产 0.3% 左右。随着高炉炼铁生产技术的不断进步，现在已不特别强调熟料比要很高，有些企业已有 20% 左右的高品位天然矿入炉。

"净"是指入炉原料中小于 5mm 粒度要低于总量的 5%。

"小"是指入炉原料的粒度应偏小。高炉炼铁的生产实践表明，最佳强度的粒度是：烧结矿 25~40mm，焦炭 20~40mm。对于中小高炉原燃料的粒度还允许再小一点。

"匀"是指高炉炉料的粒度要均匀。不同粒度的炉料分级入炉，可以减少炉料的填充性和提高炉料的透气性，会有节焦提高产量的效果。

"稳"是指入炉原燃料的化学成分和物理性能要稳定，波动范围要小。目前，我国高炉炼铁入炉原料的性能不稳定是影响高炉正常生产的主要因素。保证原料场的合理储存量（保证配矿比不大变动）和建立中和混匀料场是提高炉料成分稳定的有效手段。

"少"是指铁矿石、焦炭中含有的有害杂质要少。特别是对 S、P 的含量要严格控制，同时还应关注控制好 Zn、Pb、Cu、As、K、Na、F、Ti 等元素的含量。

"好"是指铁矿石的冶金性能要好。冶金性能是指铁矿石的还原度应大于 60%；铁矿石的还原粉化率应低；矿石的荷重软化温度要高，软熔温度区间要窄。

(2) 焦炭质量对高炉炼铁的影响

焦炭质量变化对高炉炼铁生产指标的影响率在 3%~5%，也就是说，占精料技术水平影响率的一半。焦炭在高炉内起着炉料骨架的作用，同时又是冶炼过程的还原剂，高炉炼铁热量的主要来源，以及生铁含碳的供应者。特别是在高喷煤比条件下，焦比的显著降低，使焦炭对炉料的骨架作用就更加明显。焦炭质量好，对提高炉料的透气性、渣铁的渗透性都起到十分关键的作用。大型高炉采用大矿批装料制度，使焦炭层在炉内加厚，形成好的焦窗透气性，对高炉顺行起到良好的作用。由于大型高炉的料柱高，炉料的压缩率高，对焦炭质量的评价已不能只满足 M_{40}、M_{10}、灰分、硫等指标的要求，应当增加对焦炭的热反应性能指标的要求，如反应后强度（CSR）、反应性指数（CRI）等指标的要求。宝钢提出焦炭的 CSR≥66%，CRI≤26%。

2.3.3.3 高压操作

人为地将高炉内煤气压力提高，超过正常高炉的压力水平，以求强化高炉冶炼，这就是高压操作。高压操作的程度常以高炉炉顶压力的数值为标志，一般认为使高炉处于 0.03MPa 以上的高压下工作是高压操作。提高炉顶压力的方法是调节设在净煤气管道上的高压调节阀组。当前高压水平一般在 0.1~0.15MPa，宝钢可达 0.25MPa。

实践证明，高压操作能增加鼓风量，提高冶炼强度，促进高炉顺行，从而增加产量，降低焦比。据国内资料，炉顶压力每提高 0.01MPa，可增产 2%~3%。武钢 2 号高炉（1436m^3），顶压由 0.03MPa 提高到 0.135MPa，产量提高了 30%。

(1) 高压操作的条件

实行高压操作，必须具备以下条件：

① 鼓风机要有满足高压操作的压力，保证向高炉供应足够的风量。

② 高炉及整个炉顶煤气系统和送风系统要有满足高压操作的可靠的密封性及足够的强度。

(2) 高压操作的设备系统

高压操作由高压调节阀组实现。我国高炉高压操作工艺流程见图 2-60，此系统可采用高压操作，也可转为常压操作。在常压操作时，为了改善净化煤气的质量，应启用静电除尘器。高压操作时，在高压阀组前喷水，使高压阀组也具有相当于文氏管一样的除尘作用。高压操作后，一般都可以省去静电除尘。

如 1500m^3 高炉的高压阀组由 4 个 ϕ750mm 电动蝶阀、一个 ϕ400mm 自动调节蝶阀和一个 ϕ250mm 的常通管道组成，利用蝶阀的开闭度来控制炉顶压力。

为了充分利用煤气的压力能，使用高压煤气余压发电技术，把煤气压力能通过涡轮机转

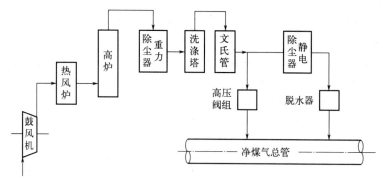

图 2-60　高炉高压操作工艺流程

换成电能（相当于鼓风机用电量的 1/5～1/4），煤气仍可继续使用。

（3）高压操作的效果

1）有利于提高冶炼强度

高压操作使炉内的平均煤气压力提高，煤气体积缩小，煤气流速降低，压差下降。压差 Δp 与压力 p 的关系可用一般压头公式推出：

$$\Delta p = K p_0 w_0^2 \gamma_0 / p \tag{2-47}$$

式中，K 为在具体冶炼条件下，与压力无关的常数；p_0、w_0、γ_0 为标准状态下气体的压力、流速和密度。

可见，当气体流速不变，压差 Δp 与炉内压力 p 成反比，即 p 提高，Δp 降低，这为增加风量和提高产量创造了条件。高压操作后，冶炼强度还随原料条件和操作水平的改进而提高。

2）有利于炉况顺行，减少管道行程，降低炉尘吹出量

高压操作后，由于 Δp 降低，煤气对料柱的上浮力减小，高炉顺行，不易产生管道现象。同时炉顶煤气流速降低，炉尘吹出量减少，炉况变得稳定，从而减少了每吨铁的原料消耗量。原料含粉相对增加时，高压操作降低炉尘量的作用越显著。例如煤气流速在 2.5～3.0m/s，每降低煤气流速 0.1m/s 时，可降低焦比 2.5～3kg/t，增产 0.5%。鞍钢某高炉顶压在 150～170kPa 时，每吨生铁炉尘吹出量是 12～22kg，比常压操作时减少 19%～35%。武钢高炉顶压 200～240kPa 时，炉尘吹出量在 10kg/t 以下。

3）有利于降低焦比

高压操作可以降低焦比，其主要原因是改善了高炉内的间接还原。高压操作时降低了煤气流速，延长了煤气在炉内与矿石的接触时间，也减少或消除了管道行程，炉况稳定，煤气分布得以改善，从而使块状带内的间接还原得到充分发展，煤气能量利用好。

高压操作还是一个有效的调剂炉况的手段，高压改常压操作的瞬间，由于炉内压力降低，煤气体积膨胀，上升气流突然增大，可处理上部悬料。高压操作还可以使边缘气流发展，疏松边缘。

（4）高压高炉的操作特点

① 转入高压操作的条件　高压操作作为强化高炉冶炼的手段，有时也作为调剂手段，顺行是保证高炉不断强化的前提。因此，只有在炉况基本顺行，风量已达全风量的 70% 以上时，才可从常压转为高压操作。

② 高压操作时需适当加重边缘　由于高压操作会使风压升高，鼓风受到压缩，风速降

低，鼓风动能和燃烧带缩小，促使边缘气流得到更大的发展。如不采取加重边缘的装料制度会造成煤气流失，煤气利用变差，甚至不顺。为此，在常压改高压之前应适当加重边缘。

（5）高压操作的注意事项

高压操作时，除应严格遵守操作程序外，还需注意的事项如下。

① 提高炉顶压力，要防止边缘气流发展，注意保持足够的风速或鼓风动能，要相应缩小风口面积，控制压差略低于或接近常压操作压差水平。

② 常压转高压操作必须在顺行基础上进行。炉况不顺时不得提高炉顶压力。

③ 高炉发生崩料或悬料时，必须转常压处理。待风量和风压适应后，再逐渐转高压操作。

④ 高压操作，悬料往往发生在炉子下部。因此，要特别注意改善软熔带透气性，如改善原燃料质量、减少粉末、提高焦炭强度等。操作上采用正分装，以扩大软熔带焦窗面积。

⑤ 设备出现故障，需要大量减风甚至休风，首先必须转常压操作，严禁不改常压减风至零或休风。

⑥ 高压操作出铁速度加快，必须保持足够的铁口深度，适当缩小开口机钻头直径，提高炮泥质量，以保证铁口正常工作。

⑦ 高压操作设备漏风率和磨损率加大，特别是炉顶大小钟、料斗和托圈、大小钟拉杆、煤气切断阀拉杆及热风阀法兰和风渣口大套法兰等部位磨损加重，必须采取强有力的密封措施，并注意提高备品质量和加强设备的检查、维护工作。

⑧ 新建高压高炉，高炉本体、送风、煤气和煤气清洗系统结构强度要加大，鼓风机、供料、泥炮和开口机能力要匹配和提高，以保证高压效果充分发挥。

2.3.3.4　高风温

提高热风温度是降低焦比和强化高炉冶炼的重要措施。采用喷吹技术之后，使用高风温更为迫切，高风温能为提高喷吹量和喷吹效率创造条件。据统计，风温在 $950\sim1350\,^\circ\mathrm{C}$，每提高 $100\,^\circ\mathrm{C}$ 可降低焦比 $8\sim20\mathrm{kg/t}$，增加产量 $2\%\sim3\%$。

目前采用高风温已经不再是高炉能否接受的问题，而是如何能提供更高的风温。

（1）提高风温对高炉冶炼的作用

① 热风带入的物理热，减少了作为发热剂所消耗的焦炭。高炉内热量来源于两个方面，一是风口前炭素燃烧放出的化学热，二是热风带入的物理热。后者增加，前者减少，焦比即可降低，但是炭素燃烧放出的化学热不能在炉内全部利用（随着炭素燃烧必然产生大量的煤气，这些煤气将携带部分热量从炉顶逸出炉外，即热损失），而热风带入的热量在高炉内是 100% 被有效利用。可以说，热风带入的热量比炭素燃烧放出的热量要有用得多。

② 风温提高后焦比降低，使单位生铁煤气量减少，煤气水当量减少，炉顶煤气温度降低，煤气带走的热量减少。

从高炉对热量的需求看，高炉下部由于熔融及各种化学反应的吸热，可以说是热量供不应求。如果在炉凉时，采用增加焦比的办法来满足热量的需求，此时必然增加煤气体积，使炉顶温度提高，上部的热量供应进一步过剩，而且煤气带走的热损失更多。同时由于焦比提高，产量降低，热损失也会增加。如果采用提高风温的办法满足热量需求则是有利的，特别是高炉使用难熔矿冶炼高硅铸造铁时更需提高风温以满足炉缸温度的需要。

③ 风温提高，风口前理论燃烧温度升高，炉缸热量收入增加，可以加大喷吹燃料数量，更有利于降低焦比。

采用喷吹燃料（或加湿鼓风）之后，为了补偿炉缸由于喷吹物（或水分）分解造成的温度降低，必须提高风温，这样有利于增加喷吹量和提高喷吹效果。

④ 提高风温还可加快风口前焦炭的燃烧速度，热量更容易集中于炉缸，使高温区域下移，中温区域扩大，有利于间接还原发展，直接还原度降低。

⑤ 由于风温提高、焦比降低，产量相应提高，单位生铁热损失减少。

（2）高风温对高炉冶炼的影响

风温提高引起冶炼过程发生以下几个方面的变化：

① 在热收入不变的情况下，提高风温带入的热量替代了部分风口前焦炭燃烧放出的热量，使单位生铁风口前燃烧碳量减少，但是风温每提高 100℃ 所减少的单位生铁风口前燃烧碳量是随风温的提高而减少的。

② 高炉高度上温度分布发生变化，炉缸温度上升，炉身和炉顶温度降低，中温区略有扩大。

③ 铁的直接还原增加，这是由于单位生铁风口前燃烧碳量减少，而使单位生铁的 CO 还原剂减少和炉身温度降低等原因造成的。

④ 炉内料柱阻损增加，特别是炉子下部的阻损急剧上升，这将使炉内炉料下降的条件明显变坏。在冶炼条件不变时，风温每提高 100℃，炉内压差升高 5kPa。

（3）高风温与喷吹燃料的关系

喷吹燃料需要有高风温相配合。高风温依赖于喷吹，因为喷吹能降低因使用高风温而引起的风口前理论燃烧温度的提高，从而减少煤气量，利于顺行，喷吹量越大，越利于更高风温的使用。喷吹燃料需要高风温，因为高风温能为喷吹燃料后风口前理论燃烧温度的降低提供热补偿，风温越高，补偿热越多，越有利于喷吹量的增大和喷吹效果的发挥，从而有利于焦比的降低。高风温和喷吹燃料的合力所产生的节焦、顺行作用更显著。

（4）高风温与炉况顺行的关系

在一定冶炼条件下，当风温超过某一限度后，高炉顺行将被破坏，其原因如下：

① 风温过度提高后，炉缸煤气体积因风口前理论燃烧温度的提高，炉缸温度得以提高而膨胀，煤气流速增大，从而导致炉内下部压差升高，不利顺行。

② 炉缸 SiO 挥发使料柱透气性恶化。理论研究表明，当风口前燃烧温度超过 1970℃ 时，焦炭灰分中的 SiO_2 将大量还原为 SiO，它随煤气上升，在炉腹以上温度较低部位重新凝结为细小颗粒的 SiO_2 和 SiO，并沉积于炉料的空隙之间，致使料柱透气性严重恶化，高炉不顺，易发生崩料或悬料。

为避免以上不良影响，一方面，应改善料柱透气性，如加强整粒，筛除粉料，改善炉料的高温冶金性能以及改善造渣制度减少渣量等。另一方面，在提高风温的同时增加喷吹量或加湿鼓风等，防止炉缸温度过高，保持炉况顺行。

2.3.3.5 喷吹燃料

高炉喷吹燃料是指从风口向高炉喷吹煤粉、重油、天然气、裂化气等各种燃料。目前世界上有 90% 以上的生铁是由喷吹燃料的高炉冶炼的。

（1）喷吹燃料对高炉冶炼的影响

1）炉缸煤气量和鼓风动能增加，中心气流发展

煤粉含碳氢化合物远高于焦炭。无烟煤挥发分 8%～10%，烟煤 30% 左右，而焦炭一般 1.5%。碳氢化合物在风口前气化产生大量氢气，使煤气体积增大。表 2-25 为风口前每千克燃料产生的煤气体积，燃料中 H/C 越高，增加的煤气量越多，其中天然气 H/C 最高，煤气量增加由多到少依次为重油、烟煤，无烟煤最低。

表 2-25　风口前每千克燃料产生的煤气体积

| 燃料 | H/C | V(CO)/m³ | V(H₂)/m³ | 还原气体总和 | | V(N₂)/m³ | 煤气量/m³ | φ(CO)+φ(H₂)/% |
				V/m³	φ/%			
焦炭	0.002~0.005	1.553	0.055	1.608	100	2.92	4.528	35.50
无烟煤	0.02~0.03	1.408	0.41	1.818	113	2.64	4.458	40.80
鞍钢用烟煤	0.08~0.10	1.399	0.66	2.056	128	2.66	4.716	43.65
重油	0.11~0.13	1.608	1.29	2.898	180	3.02	5.918	49.00
天然气	0.30~0.33	1.370	2.78	4.150	258	2.58	6.730	61.90

从煤枪喷出的煤粉在风口前和风口内就开始了脱气分解和燃烧，在入炉之前燃烧产物与高温的热风形成混合气流，它的流速和动能远大于全焦冶炼时风速或鼓风动能，促使燃烧带移向中心。又由于氢的黏度和密度小，扩散能力远大于CO，无疑也使燃烧带向中心扩展。随着喷煤量提高，应适当扩大风口面积，降低鼓风动能。

2）间接还原反应改善，直接还原反应降低

高炉喷吹燃料时，煤气还原性成分（CO、H₂）含量增加，N₂含量降低。特别是氢浓度增加，煤气黏度减小，扩散速度和反应速度加快，将会促进间接还原反应发展。喷吹燃料后单位生铁炉料容积减小，炉料在炉内停留时间增长，也改善了间接还原反应。又由于焦比降低，减小了焦炭与CO₂的反应面积，也降低了直接还原反应速度。

3）理论燃烧温度降低，中心温度升高

高炉喷吹燃料后，由于煤气量增多，用于加热燃烧产物的热量相应增加。又由于喷吹物加热、水分解及碳氢化合裂化耗热，使理论燃烧温度降低。各种喷吹物分解热相差很大，喷吹天然气理论燃烧温度降低最多，依次为重油、烟煤，无烟煤降低最少。

根据实践经验，随着喷煤量增加，发展中心气流，这样中心温度必然升高，又由于还原性气体浓度增加，上部间接还原性改善，下部约1/3氢代替碳参加直接还原反应，减轻了炉缸热耗。这些都有利于提高炉缸中心温度。

高炉喷吹燃料后，$t_{理}$降低，为保持正常的炉缸热状态，这就要求进行热补偿，将$t_{理}$控制在适宜的水平。高炉的$t_{理}$合适范围，下限应保证渣铁熔化，燃烧完全；上限应不引起高炉失常，一般认为合适值为2200~2300℃。补偿方法可采用提高风温、降低鼓风湿分和富氧鼓风等措施。

4）料柱阻损增加，压差升高

高炉喷煤使单位生铁的焦炭消耗量大幅度降低，料柱中矿焦比增大，使料柱透气性变差；喷吹量较大时，炉内未燃煤粉增加，恶化炉料和软熔带透气性；又由于煤气量增加，流速加快，阻力也要加大。综合上述因素，高炉喷煤后压差总是升高的。但同时由于焦炭量减少，炉料重量增加，有利于炉料下降，允许适当提高压差操作。

5）顶温升高

炉顶温度与单位生铁的煤气量有关，而煤气量变化又与置换比有关。置换比高时产生的煤气量相对较少，炉顶温度上升则少，反之，置换比低时，炉顶温度上升则多。喷吹之初，喷吹量少时，效果明显，置换比较高，炉顶温度有下降的可能。

6）热滞后现象

增加喷煤量调节炉温时，初期煤粉在炉缸分解吸热，使炉缸温度降低，直至新增加煤粉量燃烧所产生的热量的蓄积和它带来的煤气量和还原性气体浓度的改变，改善了矿石的加热和还原的炉料下到炉缸后，才开始提高炉缸温度，此过程所经过的时间称为热滞后时间。喷煤量减少时与增加喷煤量时相反。所以用改变喷煤量调节炉温，不如改变风温直接迅速。

热滞后时间与喷吹燃料种类和冶炼周期有关。喷吹物含 H_2 越多，在风口前分解耗热越多，则热滞后时间越长。重油比烟煤时间长，烟煤比无烟煤时间长，一般为 2.5～3.5h。

（2）喷吹高炉的操作特点

喷吹燃料后，高炉上部气流不稳定，下部炉缸中心气流发展，容易形成边缘堆积。为此要相应进行上下部调剂。

① 上部调剂 主要方向是适当地发展边缘，保持煤气流稳定，合理分布。常用的措施是扩大矿石批重和调剂矿、焦的布料参数，即 $\alpha_{焦} > \alpha_{矿}$。

② 下部调剂 主要是全面活跃炉缸，保证炉缸工作均匀，抑制中心气流发展。为此，喷吹燃料后以扩大风口直径为主，适当缩短风口长度。一般认为大高炉每增加喷吹量 10kg/t，风口面积相应扩大 2%～3%。

③ 调剂喷吹量以控制炉温 喷吹燃料后，很多厂已停止加湿并固定风温，而采用调剂喷吹量以控制炉温。在焦炭负荷不变的条件下，增加喷吹燃料数量，也就是改变燃料的全负荷，必然会影响炉温；同时，由于喷吹燃料中碳氢化合物的燃烧，消耗风中氧量，使单位时间内燃烧焦炭数量减少，下料速度随之减慢，起着减风的作用。相反，减少喷吹物时，既减少了热源，又增快了料速，因而影响是双重的。

但是，由于热滞后现象，以及喷吹物分解吸热和煤气量增加等原因，在增加喷吹物的初期，炉缸先"凉"后热。所以在调剂时要分清炉温是向凉还是已凉，向热还是已热，如果炉缸已凉而增加喷吹物，或者炉缸已热而减少喷吹物，则达不到调剂的目的，甚至还造成严重后果。此外在开喷和停喷变料时，要考虑先凉后热的特点，即在开始喷吹燃料前，减负荷 2～3h，之后分几次恢复正常负荷，当轻负荷料下达风口后，炉温上升便开始喷吹。停喷时则与此相反。

④ 提高煤粉利用率 煤粉通过喷吹进入高炉后一部分在风口前燃烧，另一部分未燃煤粉参加碳的气化反应和生铁渗碳时被有效利用，而混在渣中的和随煤气逸出炉外这些未被利用。总的来说，采用高风温、低湿分和一定的富氧等常规操作，可以满足大喷煤时煤粉燃烧和热补偿的需要。高的富氧率对促进风口前煤粉燃烧和减少炉尘吹出量是有利的。采用高风速和高鼓风动能，在布料上采用疏松中心、适当抑制边缘气流的措施，形成合理的煤气流分布，能够减少未燃煤粉吹出的数量。

2.3.3.6 富氧与综合鼓风

（1）富氧鼓风

空气中的氮对燃烧反应和还原反应都不起作用，它降低煤气中 CO 的浓度，使还原反应速度降低，同时也降低燃烧速度。因为氮气存在，煤气体积很大，对料柱的浮力增大。降低鼓风中的氮量，提高含氧量就是富氧鼓风。

根据资料，每富氧 1%，可减少煤气量 4%～5%，增产 4%～5%，并能提高风口前理论燃烧温度 46℃，每吨铁可相应增加 9kg 重油或 8m³ 天然气或增加煤粉喷吹量 15kg。这是当前强化高炉的重要手段。

将工业用氧气通过管道从冷风管的流量孔板与放风阀之间加入，与冷风一起进入热风炉，再进入高炉，富氧鼓风工艺流程见图 2-61。

（2）富氧鼓风对高炉冶炼的影响

① 提高冶炼强度，增加产量　由于鼓风中含氧量增加，每吨生铁所需风量减少。若保持入炉风量（包括富氧）不变，相当于增加了风量，从而提高冶炼强度，增加了产量。若焦比有所降低，则增产更多。

② 影响煤气量　富氧后风量维持不变时，即保持富氧前的风量，相当于增加了风量，因而也增加了煤气量。煤气量的增加与焦比和富氧率等因素有关。在焦比和直接还原度不变的情况下，富氧后煤气量略有增加，煤气压差也略有上升。但是实际上富氧后一般焦比略有降低，影响煤气量的因素有增有减，最终结果可认为变化不大。但是，就单位生铁而言，由于风中氮量减少，故煤气量是减少的。因此，富氧鼓风在产量不变时，压差是降低的。富氧鼓风并没有为高炉开辟新的热源，但可以节省热量支出。

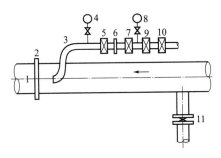

图 2-61　富氧鼓风工艺流程

1—冷风管；2—流量孔板；3—氧气插入管；

4，8—压力表；5—P₂₅Dg150 截止阀；6—氧

化流量孔板；7—电磁快速切断阀；9—P₄₀Dg125

电动流量调节阀；10—P₁₆Dg100 截止阀；

11—放风阀

③ 理论燃烧温度 $t_{理}$ 升高　因为单位生铁的燃烧产物体积减小，$t_{理}$ 升高，计算表明，富氧率 1% 时，$t_{理}$ 约提高 30℃。$t_{理}$ 的升高是限制高炉富氧率提高的原因之一，因为 $t_{理}$ 过高会引起 SiO 的大量挥发不利于顺行。通常富氧率只到 3%～4%。富氧送风后能使热量集中在炉缸，有利于提高渣铁的温度和冶炼高温生铁。富氧和喷吹燃料结合，能克服喷吹燃料时炉缸冷化问题，为大喷吹创造了条件。

④ 增加煤气中 CO 量，促进间接还原　富氧鼓风后改变了煤气中 CO 和 N₂ 的比例，N₂ 量减少，CO 量升高，有利于发展间接还原。当富氧和喷吹燃料结合时，炉缸煤气中 CO 和 N₂ 量增加，对间接还原更为有利。

⑤ 炉顶煤气温度降低　富氧后单位生铁煤气量减少，高温区下移，上部热交换区显著扩大，使炉顶煤气温度降低。这个影响与喷吹燃料所产生的影响恰恰相反。故富氧与喷吹结合，可以互补。

应当注意的是鼓风含氧量增加，单位生铁所需风量减少，鼓风带入的热量也减少，将使热量收入降低。所以说富氧鼓风并没有给高炉开辟新的热源。这点是与提高风温有本质区别的。因此认为采用富氧后可以忽视高风温的作用是不正确的。

（3）综合鼓风

在鼓风中实行喷吹燃料与富氧和高风温相结合的方法，统称为综合鼓风。喷吹燃料煤气量增大，炉缸温度可能降低，因而增加喷吹量受到限制，而富氧鼓风和高风温既可提高理论燃烧温度，又能减少炉缸煤气生成量。若单纯提高风温或富氧又会使炉缸温度梯度增大，炉缸（燃烧焦点）温度超过一定界限，将有大量 SiO 挥发，导致难行，悬料。若配合喷吹就可避免，它们是相辅相成的。实践证明，采用综合鼓风，可有效地强化高炉冶炼，明显改善喷吹效果，大幅度降低焦比和燃料比，是获得高产、稳产的有效途径。高炉富氧喷煤冶炼特征见表 2-26。

表 2-26　高炉富氧喷煤冶炼特征

喷吹方式	富氧鼓风	喷吹煤粉	富氧喷煤
炭素燃烧	加快	—	加快

喷吹方式	富氧鼓风	喷吹煤粉	富氧喷煤
理论燃烧温度	升高	降低	互补
燃烧 1kgC 的煤气量	减少	增加	互补
未燃煤粉	—	较多	减少
炉内高温区	下移	—	基本不变
炉顶温度	降低	升高	互补
间接还原	基本不变	发展	发展
焦比	基本不变	降低	降低
产量	增加	基本不变	增加

2.3.3.7 加湿与脱湿鼓风

在冷风总管加入一定量的水蒸气经热风炉送入高炉即为加湿鼓风。加湿鼓风也是强化高炉冶炼的措施之一。加入的水蒸气（H_2O）在风口前有以下反应：

$$H_2O \longrightarrow H_2 + 1/2O_2$$
$$H_2O + C \longrightarrow CO + H_2$$

加湿鼓风能提高鼓风中的含氧量，同时富化了煤气，增加了还原性气体 CO 和 H_2。但因水分分解时吸热会引起理论燃烧温度降低，常用提高热风温度来补偿。随着喷吹燃料技术发展起来后，加湿鼓风逐渐被淘汰。只是在不喷吹的高炉上，为有效提高热风温度，稳定炉况，增加产量，加湿鼓风仍不失为方便而有用的调剂手段，即固定最高风温，调节湿度。使用的湿度范围应是大气湿度加调剂量。

对喷吹燃料的高炉则应固定高风温调剂煤粉喷吹量，而不需加入蒸汽。

尽管不加湿鼓风，鼓风中的自然湿度仍然存在，仍然会因其波动使炉况不稳定，还要抵消风温的作用，有碍喷吹效果。近年来提出脱去鼓风中的湿分，使其绝对含水量稳定在很低的水平。脱湿鼓风可减少风口前水分的分解，提高理论燃烧温度。据计算，每脱除鼓风湿度 $10g/m^3$，相当于提高风温 $60 \sim 70℃$，降低焦比 $8 \sim 10kg$。脱湿鼓风能使高炉产量提高 $4\% \sim 5\%$，生铁成本降低。增加脱湿设备的投资可在一年至一年半时间全部回收。

2.4 非高炉炼铁

高炉炼铁法是目前生产钢铁的主要方法，其主导地位预计在相当长时期之内不会改变。经过长时期的发展，高炉炼铁技术已经非常成熟，高炉炼铁法的缺点是对冶金焦的强烈依赖。煤资源日渐贫乏，冶金焦的价格越来越高，而储量丰富的廉价非焦煤资源却不能在炼铁生产中充分利用。为了改变炼铁依赖于焦炭资源的状况，炼铁工作者经过长期的研究和实践，提出了不同形式的非高炉炼铁法，已形成了以直接还原和熔融还原为主体的现代化非高炉炼铁工业体系。

2.4.1 直接还原

2.4.1.1 直接还原概况

直接还原法是指不用高炉从铁矿石中炼制海绵铁的工业生产过程。海绵铁是一种在低温固态下还原的金属铁，这种产品未经熔化仍保持矿石外形，但由于还原失氧形成大量气孔，在显微镜下观察形似海绵而得名。海绵铁的特点是含碳量低（＜1%），不含硅锰等元素，并保存了矿石中的脉石。这些特性使其不宜大规模用于转炉炼钢，而只适于代替废钢作为电炉炼钢的原料。

由于直接还原法的重大进展，从而出现了一个有别于典型生产过程的初钢生产流程，被称为短流程，即直接还原 $\xrightarrow{\text{海绵铁}}$ 电炉，而典型的生产流程则是高炉 $\xrightarrow{\text{生铁}}$ 氧气转炉。

从冶炼原理上分析，新流程具有生产环节少、能耗低的优点，显然比典型流程合理，见图 2-62。当然，新流程的发展仍有一些经济和工业的障碍需要克服。

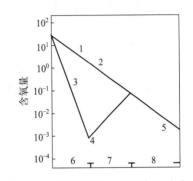

图 2-62　直接还原-电炉与高炉-氧气转炉冶炼过程比较

1—直接还原-电炉；2—海绵铁；3—高炉-氧气转炉；4—生铁；5—钢锭；6—还原；7—炼钢；8—铸锭

（1）直接还原法的发展

在钢铁冶炼技术的发展过程中，最先出现的是直接还原法，高炉取代原始的直接还原法（块炼铁）是钢铁冶金技术上的重大进步。但是随着钢铁工业的巨大发展，供应高炉合格焦炭的问题日益紧张。

目前最成熟的直接还原法（竖炉）都是使用天然气作一次能源的，应用煤炭为能源的各种方法仍有若干技术有待完善。直接还原法需要使用高品位块矿或用精矿制成的球团，对于某些嵌布细微的难选铁矿，直接还原法难以处理。目前直接还原法只在某些特殊地区，作为典型钢铁生产方式的一种补充形式而存在。对于直接还原的应用首先要考虑资源条件，即有可适用的能源及高品位铁矿。其次要考虑产品海绵铁的出路，海绵铁宜大量供应电炉炼钢使用，少量可用于氧气转炉及铸造化铁炉。

（2）直接还原法的分类

直接还原法可分为两大类：

① 使用气体还原剂的直接还原法。在这种方法中煤气兼作还原剂与热载体，但需要另外补加能源加热煤气。

② 使用固体还原剂的直接还原法。碳用作还原剂，同时产生的 CO 燃烧可提供反应过程需要的部分热量，过程需要的热量不足部分则另外补充。

气体还原剂法常称气基法，其产量约占总产量的 72%，气基法中占重要地位的是竖炉法和流化床法。固体还原剂法常称煤基法，其产量不到总产量的 28%，煤基法的代表是回转窑法和转底炉法。

（3）直接还原法的要求

在直接还原反应过程中，能源消耗于两个方面，一是夺取矿石氧量的还原剂，二是提供热量的燃料。在气体还原法中，煤气兼有两者的作用。用天然气、石油及煤炭都可以制造这种冶金还原煤气，但以天然气转化法最方便最容易，因此天然气就成为直接还原法最重要的一次能源。但由于石油及天然气资源匮乏，用煤炭制造还原煤气供竖炉使用则成为当前国内外研究的重要课题。

对于铁矿原料，最重要的品质是含铁品位。因为矿石中的脉石在直接还原法中不能脱除而全部保留在海绵铁中。这样当海绵铁用于电炉炼钢时，脉石就造成严重危害，如电耗剧增、生产率降低及炉衬寿命缩短。一般要求铁矿石酸性脉石的质量分数＜3%，最高不超过

5%。而对于铁矿石中 S、P 等杂质的要求并不十分严格，因为各种直接还原法都有一定的脱硫能力。对于那些在高炉冶炼中能造成麻烦的元素，如 K、Na、Zn、Pb、As 等有些元素通过直接还原法可以部分或大部分脱除，或能适应其有害作用。具体要求视各种方法而定，但总的说来不比高炉严格。

对于矿石强度要求，一般低于高炉，但良好的强度仍是保证竖炉及回转窑顺利操作的重要因素。对于矿石粒度要求不一，图 2-63 示出各类直接还原法使用的矿石粒度。

（4）直接还原法的技术指标

直接还原法常用的技术指标有下列几种。

1）利用系数

评价生产率的指标最常用利用系数（η_v），其定义与高炉有效容积利用系数相同，即 η_v 等于单位反应器容积每 24h 的产量，$t/(m^3 \cdot d)$。各类直接还原法的 η_v 在 0.5～10。

2）单位热耗

由于各类方法使用的能源种类很多，故用直接还原法消耗的一次能源的总热值来表示燃料消耗，称之为单位热耗 $Q_R(kJ/t)$。理论最低热耗按 Fe_2O_3 生成热计算为：

$$823460/(2 \times 56) \times 1000 = 7.36(GJ/t) \tag{2-48}$$

各种直接还原法的热耗则在 9.2～25.1GJ/t 的范围内。

3）产品还原度和金属化率

评价产品质量的指标有两个，一个是产品还原度 R（%）：

$$R = 1 - \frac{1.5w(Fe^{3+}) + w(Fe^{2+})}{1.5w(TFe)} \tag{2-49}$$

另一个是金属化率 M（%）：

$$M = \frac{w(Fe^0) + w(Fe_{Fe_3C})}{w(TFe)} \tag{2-50}$$

式中，$w(Fe^{3+})$ 为三价铁的质量分数；$w(Fe^{2+})$ 为二价铁的质量分数；$w(Fe_{Fe_3C})$ 为 Fe_3C 中铁的质量分数；$w(Fe^0)$ 为铁素体中铁的质量分数；$w(TFe)$ 为矿石中铁的总质量分数。

失氧率与还原度及金属化率的关系见图 2-64。

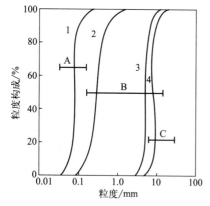

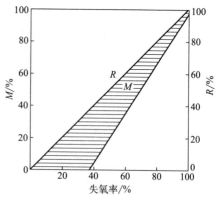

图 2-63　各种直接还原法使用的矿石粒度
A—流化床法；B—回转窑法；C—竖炉法；1—磁铁矿；
2—细粒赤铁矿；3—分级矿；4—球团

图 2-64　矿石失氧率与还原度及
金属化率的关系

4）煤气氧化度

氧化度 η_0 表示煤气质量：

$$\eta_0 = \frac{\varphi(H_2O) + \varphi(CO_2)}{\varphi(H_2O) + \varphi(CO_2) + \varphi(H_2) + \varphi(CO)} \tag{2-51}$$

η_0 愈大，煤气质量愈差，但也可用此指标表示直接还原炉中煤气被利用的程度，则此时 η_0 愈大表示煤气利用率愈高。

2.4.1.2 气基直接还原法

（1）竖炉法

世界上的第一座竖炉于 1952 年在瑞典桑德维克（Sandvik）投入工业生产，其年产量仅为 2.4 万吨。随着天然气的大量开采，推动了竖炉直接还原法的发展，出现了 MIDREX 法、HYL/ENERGIRON 法等一系列以竖炉为还原反应器的直接还原工艺。到 2010 年为止，竖炉直接还原工艺占直接还原铁（DRI）产量的 74％以上，是主要的直接还原工艺。

（2）MIDREX 法

MIDREX 属于气基直接还原，流程原理如图 2-65 所示。还原气使用天然气经催化裂化制取，裂化剂采用炉顶煤气。炉顶煤气含 CO 与 H_2 约 70％。经洗涤后，60％～70％加压送入混合室与当量天然气混合均匀。混合气先进入一个换热器进行预热，换热器热源是转化炉尾气。预热后的混合气送入转化炉中的镍质催化反应管组，进行催化裂化反应，转化成还原气。还原气含 CO 及 H_2 共 95％左右，温度为 850～900℃。转化的反应式为：

$$CH_4 + H_2O \Longrightarrow CO + 3H_2 \qquad \Delta H = 2.06 \times 10^5 J$$
$$CH_4 + CO_2 \Longrightarrow 2CO + 2H_2 \qquad \Delta H = 2.46 \times 10^5 J$$

剩余的炉顶煤气作为燃料与适量的天然气在混合室混合后送入转化炉反应管外的燃烧空间。助燃用的空气也要在换热器中预热，以提高燃烧温度。

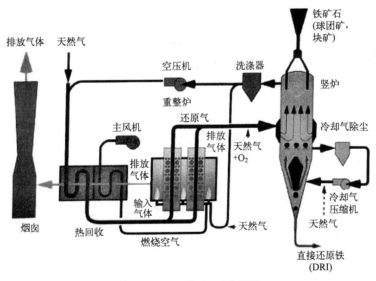

图 2-65　MIDREX 工艺流程

转化炉燃烧尾气含 O_2 小于 1％。高温尾气首先排入一个换热器，依次对助燃空气和混合原料气进行预热。烟气经换热器后，一部分经洗涤加压作为密封气送入炉顶和炉底的气封装置，其余部分通过一个排烟机送入烟囱，排入大气。

MIDREX竖炉属于对流移动床反应器，分为预热段、还原段、冷却段三个部分。预热段和还原段之间没有明确的界限，一般统称还原段。

矿石装入竖炉后在下降运动中首先进入还原段，还原段温度主要由还原气温度决定。大部分区域在800℃以上，接近炉顶的小段区域内，床层温度才迅速降低。在还原段内，矿石与上升的还原气作用，迅速升温，完成预热过程。随着温度的升高，矿石的还原反应逐渐加速，形成海绵铁后进入冷却段。冷却段内，由一个煤气洗涤器和一个煤气加压机造成一股自下而上的冷却气流。海绵铁进入冷却段后在冷却气流中冷却至接近环境温度排出炉外。

(3) HYL工艺

1) 流程概述

HYL-Ⅲ流程是在墨西哥的蒙特利尔开发成功的，年生产能力两百万吨。HYL-Ⅲ工艺的标准流程图见图2-66。

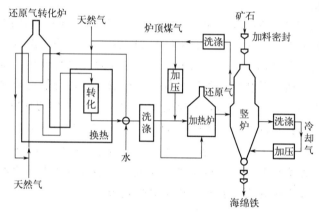

图2-66　HYL-Ⅲ工艺的标准流程

还原气以水蒸气为裂化剂，以天然气为原料通过催化裂化反应制取，还原气转化炉以天然气和部分炉顶煤气为燃料。燃气余热在烟道换热器中回收，用以预热原料气和水蒸气。从转化炉排出的粗还原气首先通过一个热量回收装置，用于水蒸气的生产。然后通过一个还原气洗涤器清洗冷却，冷凝出过剩水蒸气，使氧化度降低。净还原气与一部分经过清洗加压的炉顶煤气混合，通入一个以炉顶煤气为燃料的加热炉，预热至900~960℃。

从加热炉排出的高温还原气从竖炉的中间部位进入还原段，在与矿石的对流运动中，还原气完成对矿石的还原和预热，然后作为炉顶煤气从炉顶排出竖炉。炉顶煤气首先经过清洗，将还原过程产生的水蒸气冷凝脱除，提高还原势，并除去灰尘，以便加压。清洗后的炉顶煤气分为两路，一路作为燃料气供应还原气加热炉和转化炉，另一路加压后与净还原气混合，预热后作为还原气使用。

可使用球团矿和天然块矿为原料，加料和卸料都有密封装置，料速通过卸料装置中的蜂窝轮排料机进行控制。在还原段完成还原过程的海绵铁继续下降进入冷却段。冷却段的工作原理与MIDREX类似，可将冷还原气或天然气等作为冷却气补充进循环系统。海绵铁在冷却段中温度降低到50℃左右，然后排出竖炉。

2) HYL-Ⅲ工艺特点

① 煤气重整与还原互为独立操作，重整炉不会因为还原部分压力、料流的突变或其他任何故障而受到影响。

② 采用高压操作。在 $49N/cm^2$ 的高压下进行操作，确保在某一给定体积流量的情况下能给入较大的物料量，从而获得较高的产率，同时降低通过竖炉截面的气流速度。

③ 高温富氢还原。增加还原气中的氢含量，提高反应速度和生产效率。

④ 原料选择范围广。可以使用氧化球团、块矿，对铁矿石的化学成分没有严格的限定。特别是由于该反应的还原气不再循环于煤气转化炉，所以允许使用高硫矿。

⑤ 产品的金属化率和含碳量可单独控制。由于还原和冷却操作条件能分别受到控制，所以能单独对产品的金属化率和碳含量进行调节。直接还原铁的金属化率能达到 95%，而含碳量可控制在 1.5%～3.0%。

⑥ 脱除竖炉炉顶煤气中的 H_2O 和 CO_2，减轻了转化中催化剂的负担，降低了还原气的氧化度，提高了还原气的循环利用率。

⑦ 能够利用天然气重整装置所产生的高压蒸汽进行发电。

3）其他竖炉直接还原流程

除 MIDREX、HYL 工艺外，尚有几种竖炉直接还原流程，其工艺特点如表 2-27 所示。

表 2-27　其他竖炉直接还原流程工艺特点

工艺流程	工艺特点
Purofer	由德国提出，以天然气、焦炉煤气或重油作为一次能源，采用蓄热式转化法制备还原气。竖炉不设冷却段，排出竖炉的海绵铁采用电炉热装或热压制成铁块
Armco	由 Armco 钢铁公司开发，以竖炉为还原反应器，利用水蒸气和天然气反应进行催化制气，供竖炉使用
Wiberg-Soderfors	由瑞典开发，使用焦炭或木炭为一次能源，利用碳损反应制备还原气
Plasmared	在 Wiberg-Soderfors 基础上发展起来的，以等离子气化炉替代电弧气化炉实现制气，且流程中不设脱硫炉
BL	由上海宝钢和鲁南化学公司联合开发，使用煤作为一次能源，利用德士古煤气化技术与还原竖炉相连，生产海绵铁

（4）流化床法

固体颗粒在流体作用下，呈现流体一样的流动状态，具有流体的某些性质，该现象称为流态化。流态化技术最早用于矿石的净化，后被广泛地应用在冶金、化工、食品加工等行业。流化床矿石还原工艺的优点如下：

① 流化床内颗粒料混合迅速，整个床层几乎是恒定温度分布，无局部过热、过冷现象；

② 气固充分接触，传热传质快，化学反应顺利，充分显示出颗粒小、比表面积大的优越性；

③ 流化作业使用细颗粒料，加工处理步骤减少，在流态下进行各种过程便于实现过程连续化和自动化；

④ 流化床设备简单、生产强度大、装置可小型化。

该工艺的缺点：反应器内固体料与流体介质顺流，特别是呈气泡通过床层或发生沟流时，会降低固-气接触效率，能量利用差，因此需采用多段组合床。另外固体料在床内迅速混合，易造成物料返混和短路，产品质量不均，降低固体料转化率。

（5）Finmet 工艺

Finmet 工艺以铁矿粉为原料，用天然气制造还原气生产热压金属团块，其流程见图 2-67。

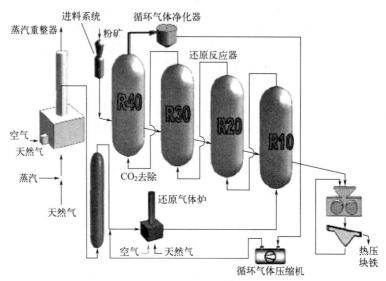

图 2-67 Finmet 工艺流程

Finmet 是应用较成功的工业装置，该工艺可直接用粒度小于 12mm 的粉铁矿，其生产装置由四级流化床顺次串联，逐级预热和还原粉铁矿。第一级流化床反应器内温度约为 550℃，最后一级流化床反应器内温度约为 800℃，析碳反应主要发生在此流化床反应器内。反应器内的压力保持在 1.1～1.3MPa。产品的金属化率为 91％～92％，碳质量分数为 0.5％～3.0％，产品热压块后外销或替代优质废钢。流化床反应器顶部煤气与天然气蒸汽重整炉的新鲜煤气的混合煤气作为还原煤气，混合煤气经过一个 CO_2 脱除系统，在还原煤气炉内加热到 830～850℃，之后被送入流化床还原反应器。新鲜煤气是为了补偿还原过程中消耗的 CO 和 H_2。

（6）其他流化床直接还原流程

其他流化床直接还原流程工艺特点如表 2-28 所示。

表 2-28　其他流化床直接还原流程工艺特点

工艺流程	工艺特点
H-iron	以氢气为还原气,采用高压低温技术(2.75MPa,540℃)在竖式多级流化床中实现矿粉还原
HIB	以天然气为原料,以 H_2O 蒸汽为裂化剂,通过催化制造 H_2 和 CO 作为还原剂,在双层流化床中生产海绵铁
Novalfer	制气系统与 H-iron 工艺类似,对进入二级流化床的含铁料进行磁选,以除去其中的脉石成分,提高二级流化床内还原气的利用率及热利用率

2.4.1.3　煤基直接还原法——回转窑法

（1）回转窑法工作原理

回转窑是最重要的固体还原剂直接还原工艺，其工作原理如图 2-68 所示。用回转窑还原铁矿石可按不同作业温度生产海绵铁、粒铁及液态生铁，但以低温作业的回转窑海绵铁法最有意义。

（2）回转窑法炼铁过程

由细粒煤（0～3mm）作还原剂，0～3mm 的石灰石或白云石作脱硫剂及块状铁矿（5～

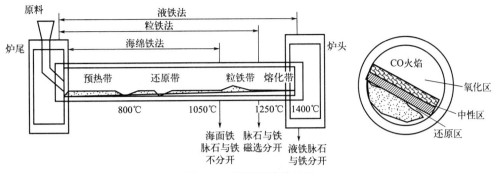

图 2-68　回转窑炼铁过程

20mm）组成的炉料由窑尾加入，因窑体稍有倾斜（4％斜度），在窑体以 4r/min 左右速度转动时，炉料被推向窑头运行。

窑头外侧有烧嘴燃烧燃料（使用煤粉、煤气或燃油），燃烧废气则向炉尾排出。炉气与炉料逆向运动，炉料在预热阶段加热，蒸发水分及分解石灰石。达到 800℃ 的温度后，在料层进行固体碳还原，如图 2-69 所示。

放出的 CO 在空间氧化区被氧化，并提供还原反应需要的热量。

$$CO + \frac{1}{2}O_2 = CO_2 + 283362.624J$$

在还原区与氧化区中间有一个由火焰组成的中性区，使炉料表面仅有不强的氧化层，炉料翻转后再被还原。有的回转窑设有沿炉体布置并随炉体转动的烧嘴，但仅通入空气以加强燃烧还原放出的 CO。

根据前面固体碳还原分析，在回转窑中，炉料必须被加热到一定温度才能进行还原反应，因此炉料的加热速度（预热段长度）对回转窑的生产效率有重要影响。为了加速炉料预热，减少甚至取消回转窑的预热段，在有些回转窑的前面配置了链箅机。链箅机不仅把炉料预热，也可使生球硬化到一定强度，允许回转窑直接使用未经焙烧的生球。链箅机使用的能源是回收的回转窑窑尾废气。

链箅机回转窑海绵铁法试验装置的参数变化如图 2-70 所示。只有当炉料加热到 800℃ 以上时才开始还原出金属铁。

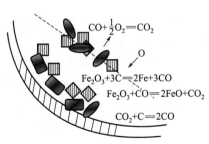

图 2-69　回转窑内铁矿石还原过程

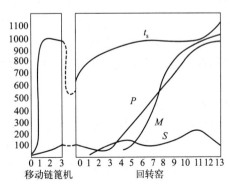

图 2-70　链箅机回转窑海绵铁法试验装置的参数变化

t_s—炉料温度；P—抗压强度（1kgf＝9.806N）；

M—金属化率；S—含硫量

回转窑内进行的反应过程可按炉料运动、传热、还原反应及杂质气化等加以分析。

(3) 回转窑法工艺

① SL-RN 流程　图 2-71 示出了南非 SL-RN 回转窑的工艺流程。该厂使用非焦煤生产高金属化率海绵铁。回转窑长度为 80m，直径 4.8m。窑头（卸料端）较窑尾（加料端）稍低，坡度为 2.5%，作业时，窑体以每分钟 0.5 周左右的速度转动。

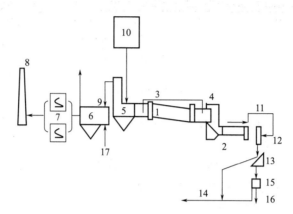

图 2-71　南非 SL-RN 回转窑流程

1—回转窑；2—回转冷却筒；3—二次风；4—排料；5—沉降室；6—废热锅炉；7—静电除尘；

8—烟囱；9—蒸汽；10—装料仓；11—间接喷水冷却；12—直接冷却；13—热筛；

14—直接还原铁（+3mm）；15—磁选机；16—非磁性灰渣；17—供水

回转窑既可以处理块矿，又可以处理粉矿。南非 SL-RN 回转窑使用粒度为 5～15mm的天然块矿。还原煤为烟煤，粒度小于 12.5mm。其中 80% 与矿石一起自窑尾加入，其余20% 自窑头喷入。此外还要使用粒度为 1～3mm 的白云石作脱硫剂。

铁矿石、脱硫剂和还原煤（包括返煤）自窑尾加入回转窑。以窑体的转动为动力，炉料缓慢向窑头运动，温度逐渐升高。炉料温度达到一定的水平时，矿石中铁的还原反应开始发生，并随着温度的提高越来越剧烈。完成还原反应的产品自窑头排出回转窑，这一过程需要10～20h。

回转窑窑头装有主燃烧器，以煤为燃料为窑内提供热量。窑身备有 8 个二次风机和二次风管。二次风管开口在回转窑轴线位置，吹入的助燃空气可烧掉气相中的 CO、H_2 和还原煤放出的挥发分。通过调节不同部位的二次风量可方便地控制窑内的温度分布。在接近窑尾的部位还设有一组埋入式送风嘴，以提高炉料升温速度。窑内温度分布通过装设在窑壁，按窑身长度分布的热电偶组监测。

炉料自回转窑排出后，进入一个用钢板制作的冷却筒。冷却筒直径 3.6m，长 50m，坡度 2.5%。冷却水喷淋在旋转的筒壁上，对海绵铁间接进行冷却。冷却后炉料排出，首先进行筛分，将炉料分成小于 1mm、1～3mm 和大于 3mm 三个粒级。三个级别的炉料分别进行磁选。海绵铁产品由三部分组成，大于 3mm 的磁性物、1～3mm 的磁性物冷压块和小于1mm 的磁性物冷压块，压块以石灰和糖浆作黏结剂。三种产品的比例和矿石性质，特别是低温还原粉化率有关。使用南非 Sishen 矿时，大于 3mm 部分的比例接近 90%，金属化率在 95% 左右。

回转窑废气中剩余化学热和物理热通过余热锅炉进行回收。废气首先通过一个沉降室进行除尘，然后通过空气烧掉残余可燃性气体。高温燃气通过一个余热锅炉回收物理热生产蒸汽。最后，再经过进一步净化排入大气。

每吨海绵铁约消耗还原煤 800kg，回收蒸汽 2.3t，净能耗为 13.4GJ/t。

② Krupp-Codir 工艺　该法由 Krupp 公司提出，并于 1973 年在南非邓斯沃特钢铁公司建成了年产 15 万吨的装置，其工艺流程见图 2-72。

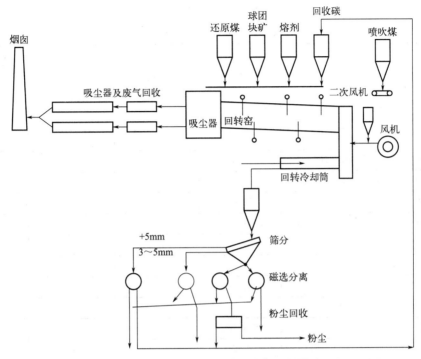

图 2-72　Krupp-Codir 工艺流程

此法的特点是，总煤耗量的 65%（包括一部分用于还原的煤）是从窑头喷入的，喷入的煤是粒度 0～25mm 的高挥发性原煤（挥发分 V≈35%；固定碳 FC≈60%）。煤中挥发分在高温区较晚析出，并有更多的机会与炉体烧嘴吹入的空气燃烧，有助于提高回转窑后半部分温度，也提高了煤利用率，降低煤耗。

③ 其他回转窑直接还原流程　其他回转窑直接还原流程工艺特点如表 2-29 所示。

表 2-29　其他回转窑直接还原流程工艺特点

工艺流程	工艺特点
Accar	由美国 Allis Chalmers 公司开发，在印度建有工业装置。通过控制回转窑窑体的转动，实现燃料和空气的交替喷吹，为窑内的还原提供良好的条件
DRC	以块矿、煤和石灰为原燃料，按一定的比例混合后从窑尾加入。窑内炉料随窑体转动过程中被混匀、加热和还原。窑内设有耐火挡墙以增加炉料在窑内的停留时间，提高煤气利用率。天津钢管公司曾引进一套 DRC 工艺用于生产海绵铁
SDR	由日本住友重工株式会社所开发，主要用于冶金粉尘中有价元素的回收。混合料中添加了 1% 的皂土造球，采用低温（250℃）链箅机干燥硬化后加入回转窑，回转窑内温度较高足以使锌挥发
SPM	由日本住友金属开发，主要用于钢铁厂粉尘（如高炉尘泥、转炉尘泥和轧钢铁鳞）的处理和回收。无须进行预造球，可在还原过程中进行造球
川崎法	采用链箅机-回转窑工艺处理钢铁厂的粉尘。生球在链箅机上 950℃ 下进行干燥、预热，在 1200℃ 的回转窑内进行还原，并回收粉尘的其他有价元素

2.4.1.4 转底炉流程

转底炉煤基直接还原是最近三十年间发展起来的炼铁新工艺，主体设备源于轧钢用的环形加热炉，其最初用于处理含铁废料，后转而应用于铁矿石的直接还原。由于这一工艺无须对原燃料进行深加工、制备，对自然资源的合理利用、环境保护有积极的作用，因而受到了冶金界的普遍关注。国内外已有的转底炉装置见表2-30。

表2-30 国内外转底炉装置

厂名	外径/m	宽/m	产量/(10⁴t/a)	金属化率/%	投资/(美元/t)	投产日期/年
INMETCO(美)	16.7	4.3	9.0	92	170	1978
Dynamics(美)	50.0	7.0	52.0	85	110	1997
加古川(日)	8.5	1.25	1.1	85	—	2000
君津(日)	24.0	4.0	13.0	80	—	2000
广畑(日)	21.5	3.75	10.0	90	—	2000
舞阳(中)	3.4	0.8	0.35	—	—	1992
鞍山(中)	7.3	1.8	2.0	85	37.5	1996
山西瑞拓(中)	13.5	3.0	7.0	—	—	—
马鞍山(中)	21.0	5.0	20.0	—	—	2010
莱钢(中)	21.0	5.0	20.0	90	—	2007
攀钢(中)	—	—	10.0	—	—	—
日照(中)	21.0	5.0	20.0	—	—	2009
沙钢(中)	—	—	40.0	—	—	2010
龙蟒(中)	—	—	—	—	—	2010
天津荣程(中)	—	—	100.0	—	—	—

(1) INMETCO流程

INMETCO技术是国际金属再生公司集团在美国开发成功的。第一个INMETCO装置在美国Ellwood于1978年投产，用于从合金钢冶炼废料中回收镍、铬和铁。已经证明，用该方法生产海绵铁也是可行的。

INMETCO的主体设备是一个转底炉。图2-73示出了流程概况和转底炉基本结构。转底炉呈密封的圆盘状，炉体在运行中以垂线为轴做旋转运动。

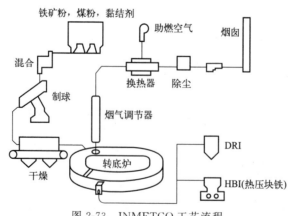

图2-73 INMETCO工艺流程

流程的最突出特点是使用冷固结含碳球团。可使用矿粉或冶金废料作为含铁原料，焦粉或煤作为内配还原剂。将原燃料混匀磨细，制作成冷固结球团。然后将冷固结球团连续加入转底炉，在炉盘上均匀布上一层厚度约为球团矿直径 3 倍的炉料。

在炉盘周围设有烧嘴，以煤、煤气或油为燃料。高温燃气吹入炉内，以与炉盘转向相反的方向流动，将热量传给炉料。由于料层薄，球团矿升温极为迅速，很快达到还原温度 1250℃ 左右。

含碳球团内，矿粉与还原剂具有良好的接触条件。在高温下，还原反应以高速进行。经过 15～20min 的还原，球团矿金属化率即可达到 88%～92%，还原好的球团经一个螺旋排料机卸出转底炉。

使用铁精矿时，转底炉的利用系数为每小时 60～80kg/m²，使用冶金废料时则为 100～120kg/m²。

(2) FASTMET 流程

FASTMET 是神户钢铁公司和它的子公司 Midrex 直接还原公司联合开发成功的。第一座商业化 FASTMET 直接还原厂于 2000 年在新日铁广畑厂投产，设计能力为每年处理 19 万吨原料。图 2-74 展示出了 FASTMET 的工艺流程。

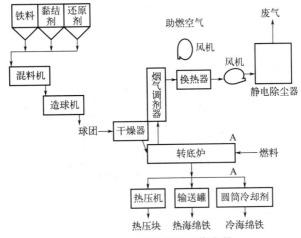

图 2-74 FASTMET 工艺流程

FASTMET 使用含碳球团作为原料。粉状还原剂和黏结剂首先与铁精矿混合均匀并制成（含碳）球团。生球被送入一个干燥器，加热至约 120℃，除去其中的水分。干燥球团送入转底炉，均匀地铺放于旋转的炉盘上，铺料厚度为 1～2 个球团的直径。随着炉膛的旋转，球团矿被加热至 1250～1350℃，并还原成海绵铁。

原料在炉内的停留时间视原料性质、还原温度及其他一些因素而定，一般为 6～12min。海绵铁通过一个出料螺旋连续排出炉外，出炉海绵铁温度约为 1000℃。根据需要，可以将出炉后的海绵铁热压成块、热装入熔铁炉或使用圆筒冷却机冷却。

FASTMET 对原料没有特殊要求，铁精矿、矿粉、含铁海沙和粉尘均可使用，不过粒度应适宜造球。对配入球团矿的还原剂要求固定碳高于 50%，灰分小于 10%，硫低于 1%（干基）。两侧炉壁上安装的燃烧器可提供炉内需要的热量。燃料可使用天然气、燃料油或煤粉。煤粉燃烧器的造价较高，但火焰质量较天然气更为适用，且运行成本较低。燃烧用煤的挥发分质量分数不应低于 30%，灰分应在 20% 以下。表 2-31 和表 2-32 分别给出了典型的

FASTMET 原料和还原剂成分。

表 2-31　典型磁铁精矿和赤铁精矿化学组成　　　　　　单位:%

矿种	TFe	FeO	SiO$_2$	Al$_2$O$_3$	CaO	MgO	MnO	TiO$_2$	P	S
磁铁矿	69.25	29.85	1.69	0.44	0.49	0.45	0.08	0.11	0.022	0.023
赤铁矿	67.61	0.14	1.06	0.51	0.14	0.06	0.31	0.07	0.034	0.022

表 2-32　典型还原煤化学组成　　　　　　单位:%

C	H	N	O	M[①]	A[②]	V	St[③]	FC
80.90	4.20	0.90	4.50	8.30	9.30	18.80	0.23	71.90

① M 指水分;
② A 指灰分;
③ St 指全硫。

(3) ITmk3 工艺

ITmk3 工艺是日本神户钢铁公司和美国 Midrex 公司联合开发的第三代煤基炼铁技术,其流程如图 2-75 所示。以复合含碳球团为原料,利用转底炉为反应器,在 1350～1450℃范围内生产出合格的铁粒。

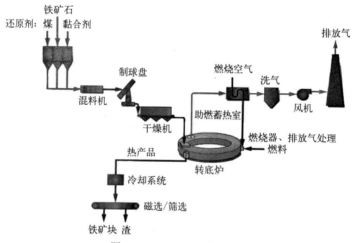

图 2-75　ITmk3 工艺流程

研究发现,ITmk3 工艺中的反应与传统高炉炼铁工艺不同,含碳铁球团矿可以在较低的温度如 1350℃下熔化,实现渣铁分离。从对铁碳相图的分析来看,ITmk3 反应区间介于固液两相间。其特点是先还原后熔化,这样就使得残留在渣中的 FeO 质量分数低于 2%,因此对耐火材料的侵蚀极小。

2.4.2　熔融还原

2.4.2.1　熔融还原概况

熔融还原法 (smelting reduction) 是在高温下,使渣铁熔融,再用碳把铁氧化物还原成金属铁的非高炉炼铁方法,其产品是液态生铁。早期的技术思想是期望开发一种无须铁矿造块过程,不使用昂贵的冶金焦炭,没有环境污染,并能生产出符合质量要求的产品的理想炼铁工艺过程。但是经过多年实践,当前认为采用球团并且使用少量焦炭作辅助能源的非高炉炼铁方法也属于熔融还原的范畴，并更有实现的可能。

国内外的众多冶金专家对熔融还原工艺已研究多年。目前，实现工业化生产的只有 COREX 工艺和 Fastmelt 工艺两种方法。除此之外，FINEX 工艺、HIsmelt 工艺以及 Tecnored 工艺，也取得了长足进步。

2.4.2.2 一步法熔融还原

一步法熔融还原是在 20 世纪初提出的。1924 年赫施（Hoesch）钢铁公司提出在转炉中使用碳和氧还原铁矿石的方法，真正开始从事这方面研究的是丹麦的 W.Engel 和 N.Engel。从 20 世纪 50 年代后期，各国基于先前的研究开发了一系列方法。

（1）HIsmelt

HIsmelt 工艺是澳大利亚 CRA 公司和美国 Midrex 公司在德国 Maxhutte 钢厂 OBM（Oxygen Boden Maxhutte Process）转炉的基础上开发的一种使用煤作为能源的熔融还原炼铁法。该工艺是直接使用粉矿或其他含铁粉料和非焦煤生产铁水的一项新技术。把铁矿粉、煤粉和熔剂吹到铁水熔池中，经过一系列的物理、化学反应，含铁料中的脉石、煤中灰分和熔剂熔化成炉渣，氧化铁在液态中最终还原，所有的反应都是在一个立式熔融炉中进行。HIsmelt 工业示范厂于 2005 年 4 月在澳大利亚奎纳纳建成，目前已进入正常生产阶段。

HIsmelt 流程的主要设备由原料研磨设备、循环流化床、球式热风炉和底喷煤粉的卧式终还原炉组成。其工艺流程图如图 2-76 所示。

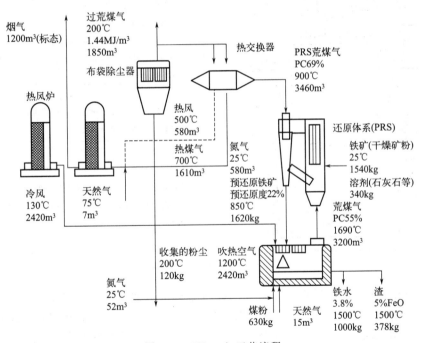

图 2-76　HIsmelt 工艺流程

终还原炉喷吹的煤粉以天然气和氮气为载体，通过熔池底部喷嘴向熔池喷煤，煤中的碳很快溶解于铁水中，并还原熔渣中的铁氧化物，产生的 CO 和终还原炉顶吹入的热风（1200℃）中的氧进行二次燃烧产生大量的热，用于熔化顶部进入的预还原后的矿粉。由终还原炉形成的煤气自炉顶左上方逸出终还原炉。

来自终还原炉的高温煤气（1600～1700℃），经水冷器冷却后，通向循环流化床进行铁精矿的加热还原。循环流化床的还原度在 30％左右。煤气冷却过程中散失掉的热量以高压蒸汽的形式回收。从循环流化床得到的预热和预还原的矿粉与尾气一同排出流化床,通过热旋风除尘器实现气固分离。分离出的预还原矿自终还原炉的左上方喷入熔池,其温度为850℃左右。分离出的气体一部分作为煤气进入煤气循环系统,另一部分则用于预热终还原炉的煤气。

(2) Tecnored

Tecnored 工艺是一项新兴的炼铁工艺,这一技术是 20 世纪 80 年代初期由巴西 Fundic-aoTupy 公司的 MarcosContrucci 领导的一个团队开发的。该工艺使用自还原块料作为主要原料,这些块料由铁矿粉(高品位铁矿、低品位铁矿和尾矿等)含碳粉料、熔剂以及黏结剂组成,可以完全自熔和自还原。其他燃料直接加到炉内,以提供驱动化学反应所需热能。

Tecnored 熔炼炉技术可将铁矿石和含铁原料熔化成为液态生铁(铁水),用于炼钢和铸造生产。它使用一种低成本固体还原剂和燃料,通过化学反应,将含铁原料冶炼成为几乎与高炉铁水完全一样的、达到标准化学成分要求的铁水。

一个典型的 Tecnored 熔炼炉由 3 个主要设备和运行区域组成——原料准备;炼铁;公辅设施,Tecnored 炉剖面图见图 2-77。

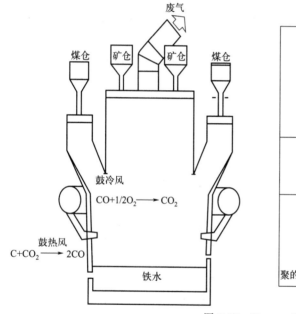

图 2-77　Tecnored 炉剖面图

在 Tecnored 生产工艺过程中,将利用各种不同的含铁粉料(铁精矿、轧制氧化铁皮、炼钢厂废氧化物等)、含碳粉料(焦炭、煤、碎焦、木炭等)、黏结剂和熔剂制成的具有自还原性的冷黏结烧结块,装入一个专门设计的、可利用低成本固体燃料作为能源的 Tecnored 炉内。在可控条件下,以团块形态存在的氧化铁和碳粉发生快速反应,产生金属铁,并在炉内高温环境下熔化。

与传统式直接还原技术相比,Tecnored 熔炼炉使用的是低成本铁矿粉,而不是高成本直接还原球团,并不要求使用价格昂贵的冶金焦炭,可以使用低成本固体燃料,因此,生产成本具有很强的竞争力。生产的产品既可以液态形式直接送到后续炼钢车间(电炉或转炉),也可直接铸成生铁,供高炉(以提高铁水产量)或铸造厂使用。

由于反应装置呈矩形,因此 Tecnored 熔炼炉可采用模块结构。每个典型模块的小时生产能力为 40t（日产 1000t）。可预留形成采用矩形布置方式的一组 4 个模块，共用一个煤气净化系统和原料输送系统的可能性。这样，一套设备即可达到日产 4000t 生产能力；而且由于该设备易于启动和停机，因此具有极大的生产操作灵活性，铁水产量可随时控制。

（3）Romelt

Romelt 工艺由莫斯科钢铁学院现莫斯科国立钢铁合金学院开发，是将废弃的氧化物、矿粉、轧钢铁鳞、熔剂和煤粉，不经特殊混合的情况下，直接装入储料仓，然后以适当的比例通过普通皮带运输机将储料仓中的料连续地送到炉顶的装料槽中，以半致密流股状落进熔渣反应器内，在反应器内完成铁氧化物的还原以及实现渣铁分离。

Romelt 流程由以下系统组成：原料处理和储存系统；炉体；废气冷却和清洗系统；铁渣处理系统以及一些辅助设备（制氧机、空压机和冷却水系统）。Romelt 的工艺流程图如图 2-78 所示。

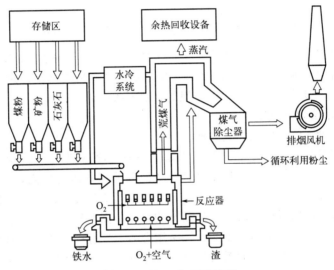

图 2-78　Romelt 工艺流程

Romelt 炉形状简单，固体炉料（煤、矿石、熔剂）靠自身重量装入炉内，炉壁每侧各设一排上下风口，下排风口吹入富氧空气搅拌熔池和气化煤，上排风口吹入纯氧进行二次燃烧。

在 Romelt 炉内分为 4 个区域：气体燃烧层；搅动渣层；静态渣层；静态铁层。进入 Romelt 炉内的炉料被 1500～1600℃强烈翻泡的渣池吞没，并将其熔化。煤被卷入到翻泡渣区中发生高温分解，同时去除挥发分。该工艺中采用富氧空气从下风口对渣层进行搅动，搅动的炉渣能捕捉上部装入的固体炉料，同时将渣中的碳燃烧成 CO，该层炉渣称为搅动渣层。还原反应主要是在搅动渣层中进行。其反应如下。

氧化铁的还原反应：

$$C_{(s)} + FeO_{(s)} \longrightarrow CO_{(g)} + Fe_{(l)} \tag{2-52}$$

过剩碳的气化反应：

$$C_{(s)} + \frac{1}{2} O_{2(g)} \longrightarrow CO_{(g)} \tag{2-53}$$

煤中挥发分裂解反应：

$$C_X H_{Y(g)} \longrightarrow X C_{(s)} + \frac{Y}{2} H_{2(g)} \tag{2-54}$$

水煤气的还原反应：

$$H_2O_{(g)} + C_{(s)} \longrightarrow CO_{(g)} + H_{2(g)} \tag{2-55}$$

铁滴形成过程：铁氧化物在搅动渣层发生直接还原反应，形成铁滴。随着反应的不断进行，铁滴不断聚集长大。当铁滴变得足够大后被带入下风口以下的静态渣层时，在重力作用下渣铁开始分离，从而在炉缸的上部形成了一层基本不含铁的渣层，铁水则沉积在炉子底部。当渣铁到达一定量时，就开始出渣铁。排出炉渣中氧化铁的质量分数在 1.5% 左右，最高不超过 3%。

熔池中产生的煤气，其成分为 CO、H_2 及少量 N_2，进入二次燃烧区后，与上排风口吹入的氧气发生燃烧反应，放出大量的热。煤挥发分中的碳氢化合物也与氧发生燃烧反应。

二次燃烧反应：

$$2CO_{(g)} + O_{2(g)} \longrightarrow 2CO_{2(g)} \qquad 2H_{2(g)} + O_{2(g)} \longrightarrow 2H_2O_{(g)} \tag{2-56}$$

煤的挥发分燃烧反应：

$$C_X H_{Y(g)} + \left(X + \frac{Y}{4}\right)O_{2(g)} \longrightarrow XCO_{2(g)} + \frac{Y}{2}H_2O_{(g)} \tag{2-57}$$

熔池剧烈的鼓泡和液态渣的飞溅产生了巨大的反应界面，同时飞溅起来的渣滴返回渣池时将二次燃烧热带回熔池。Romelt 炉中，只有部分煤气在炉内燃烧，剩余部分煤气的完全燃烧和化学反应热、显热的回收只能在常规的余热回收锅炉中进行。

2.4.2.3　二步法熔融还原

二步法是用两种方法串联操作的方法。

第一步的作用是加热矿石并把矿石预还原，一般还原达到 30%~80%，最常用的第一步是流化床法及竖炉法；第二步的作用是补充还原和渣铁的熔化分离，第二步一般用竖炉、转炉、电弧炉或等离子电炉。由于第一步预还原是在较低温度下进行，并且高价氧化铁还原容易完成。因此可以使用低级的能源，从而节约第二步高级能源（电）的消耗，最理想的配合应当是利用第二步还原产生的高温 CO 气体作为第一步过程的能源。但由于随着预还原度的提高，第二步生产过程中产生的煤气量已大大减少，不能有效地进行还原及预热。因此，通常第一步及第二步过程中的能量消耗都是分别提供的，或者只由第二步的气流在第一步过程中起部分作用。

在两步法中第一步操作指标对第二步过程的能量节约，以电能为例，可由式（2-58）计算：

$$\Delta W = Q \times R_d (1 - R_1)/(860n) \tag{2-58}$$

式中，Q 为每吨氧化铁用固体碳还原的耗热，4.187kJ/t；R_d 为电炉中原来的直接还原度；R_1 为第一步还原达到的还原度；n 为电炉效率。

可节约还原剂（kg/t）：

$$w(\Delta C) = \frac{3 \times 12}{2 \times 56} \times R_1 \times 1000 \tag{2-59}$$

除预还原外，炉料被预热还原有下列效果：①炉料每升高 100℃可直接降低电耗 30kW·h/t，而且预热后的炉料能提高第二步的间接还原度，又可进一步降低电耗。②炉料水分降低，每减少 1% 水分可节约电耗 1kW·h。③石灰石被分解，每公斤石灰石分解将多耗电 0.67kW·h。

常见的二步法有下列几种。

(1) Corex

Corex 工艺是 20 世纪 70 年代后期由奥地利、奥钢联（VAI）和原西德科夫（Korf）工程公司联合开发的，是以铁矿石和非焦煤为原料生产铁水的炼铁工艺。1985 年在南非的伊斯科尔公司（ISCOR）建设了一座 30 万吨的 Corex 设备（C1000 型），此后又分别在韩国 POSCO、印度 JINDAL、南非 SALDANHA 等公司建成了 4 座 C2000 型 Corex 设备，并于 1998 年 12 月 31 日投产运行，年生产能力 70 万～90 万吨。Corex C2000 生产的铁水年均指标见表 2-33，能耗见表 2-34。目前，最新的 Corex 设备是在中国宝钢建成的 Corex C3000，其设计年生产能力 150 万吨，已于 2007 年 11 月正式投产，表 2-35 列出了其主要设计技术经济指标。

表 2-33　2004—2005 年南非 SALDANHA 钢厂 Corex C2000 铁水年均指标

渣比/(kg/t)	铁水温度/℃	$w[C]/\%$	$w[Si]/\%$	$w[S]/\%$	$w[P]/\%$
394	1554	4.66	0.60	0.065	0.016

表 2-34　2004—2005 年南非 SALDANHA 钢厂 Corex C2000 年均工序能耗

项目	单耗（铁水）	折算系数	吨铁水消耗标煤/kg
块矿	1.16t/t	0	0
球团	0.315t/t	60	18.9
白云石	233kg/t	0	0
石灰石	159kg/t	0	0
煤比	944kg/t	0.86	811.84
焦比	148kg/t	0.98	145.04
氧气单耗	601m³/t	0.13	78.13
氮气单耗	75m³/t	0.04	3.00
液化石油气(LPG)单耗	0.5kg/t	1.58	0.79
新水耗	14m³/t	0.24	0.336
电力	97kW·h/t	0.32	31.04
Corex 输出煤气	1796m³/t	−0.30	−538.8
合计			550.276

表 2-35　Corex C3000 主要设计技术经济指标

项目	指标	项目	指标
铁水产量/(10⁴t/a)	150	石灰石/(kg/t 铁)	163
铁水产量/(t/h)	180	白云石/(kg/t 铁)	144
作业率/(h/a)	8400	石英/(kg/t 铁)	37
铁水温度/℃	1480	标准状态下氧气/(m³/h)	528
渣量/(kg/t 铁)	350	电力/[(kW·h)/t 铁]	90
标准状态下煤气输出/(10⁴m³/h)	29	新水/(m³/t 铁)	1.33
标准状态下煤气热值/(kJ/m³)	8200	天然气/(m³/t 铁)	1.5
煤耗/(kg/t 铁)	931	回收能源/(MJ/t 铁)	13393
小块焦炭量/(kg/t 铁)	49	工序能源/(MJ/t 铁)	12808
块矿、球团/(kg/t 铁)	1464	劳动定员/人	360

　　Corex 的工艺流程见图 2-79。Corex 装置由上部还原竖炉、还原煤气系统和下部熔融气化炉组成。上部的还原炉类似 Midrex 竖炉，采用顶装块矿（天然矿、球团矿或烧结矿）还

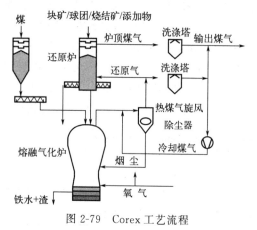

图 2-79 Corex 工艺流程

原成金属化率 90%～93% 的海绵铁，然后通过螺旋给料机送入下部熔融气化炉。

还原煤气系统。熔融气化炉出来的煤气成分为 CO 占 70%，H_2 占 25%，$CO_2 + CH_4$ 占 5%。煤气温度为 1000～1150℃，在此温度下保证所有的 $C_m H_n$ 化合物全部裂解为单分子化合物，从而防止焦油堵塞煤气系统管道。从熔融气化炉出来的高温热煤气和一定比例冷煤气混合降温后进入热旋风除尘器，粗颗粒粉尘沉降，经粉尘喷嘴后回到熔融气化炉。除尘后的煤气约 90% 进入还原竖炉，剩余煤气进入煤气水冷洗涤器。冷煤气一部分用于调整热煤气温度，一部分用于外供。此外，煤气可以带走一部分钾钠化合物，具有排碱作用。还原竖炉炉顶煤气成分为 CO 占 45%，H_2 占 18%，$CO_2 + CH_4$ 占 37%，含尘量小，排出的煤气温度约 215℃，经洗涤后输出供它用，煤气发热值为 $7.5 MJ/m^3$。

Corex 下部熔融气化炉。熔融气化炉承担生产铁水和造气功能。煤炭和海绵铁从顶部加入，氧气由下部吹入，煤炭燃烧生成 CO，并释放热能，使尚未还原的氧化铁还原，并进行渗碳、熔化以及渣铁分离。同时熔池中不断上升的煤气与煤相遇，使煤放出挥发分，并最终气化，形成煤气，输出熔融气化炉。

(2) Finex

Finex 工艺是韩国浦项公司（POSCO）和奥钢联（VAI）联合开发的非高炉炼铁工艺。于 2003 年建成一座 60 万 t/a 的 Finex 示范厂，随后又建设了 150 万 t/a 的工厂，并于 2007 年开始生产出铁。Finex 是在 Corex 基础上，采用多级流化床装置直接使用烧结铁矿粉（＜8mm）进行预还原生产海绵铁，避免了烧结、球团等造块工序，降低了生产成本。同时，利用煤粉的冷压块技术扩大了煤粉的选择范围，而不像 Corex 工艺仅能使用块煤。

Finex 流程主要由 3 个系统组成：流化床预还原系统、热压块系统和熔融气化系统。流程图如图 2-80 所示。

① 流化床预还原系统。矿粉和添加剂（石灰石和白云石）经干燥后，由垂直传送带及锁斗仓添加到四级流化床反应系统。第四级流化床仅起预热原料的作用，矿粉在后续连接的三级流化床反应器中被逆流还原煤气还原成粉状 DRI。

② 热压块系统。热态粉状 DRI 和部分煅烧的添加剂从流化床反应器排出，通过气力输送到 DRI 热压块设备。热态粉状 DRI 在双辊压块机中被压成条状 HBI，成条的 HBI 被进一步打碎成块状，在热态下送到熔融气化炉顶部的 HBI 料仓中。

③ 熔融气化系统与 Corex 系统相近。

(3) Fastmelt

Fastmelt 工艺是在 FASTMET 工艺基础上由美国 Midrex 公司开发的，是以转底炉与电炉双联生产液态铁水的工艺，其目的是分离渣和铁，使铁水可用于热装炼钢，炉渣用来制成水泥或其他建材。通过在 Takasago 和日本神户钢厂 EAF 的熔炼实践，Fastmelt 炼铁法得到了认证，同时美国 Midrex 技术中心建立一套被称为模拟试验机的小型装置正在试运行。一台标准的 Fastmelt 商业装置年产约 50 万吨的铁水。表 2-36 列出了 Fastmelt 炼铁法铁水的典型的化学组成。

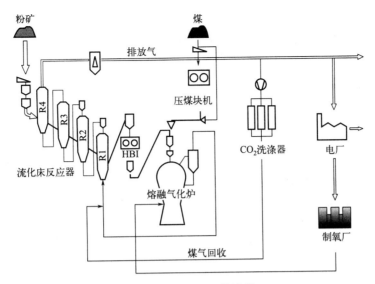

图 2-80　Finex 工艺流程

表 2-36　Fastmelt 炼铁法铁水的典型的化学组成

温度/℃	Fe	C	Si	S	P
1450~1500	96%~98%	2.0%~4.0%	0.1%~0.6%	<0.05%	<0.04%

Fastmelt 工艺如图 2-81 所示。一般采用埋弧电炉（矿热炉，EIF）作为熔分手段，即使转底炉与电炉（熔分炉）双联，形成一种二步法熔融还原过程。转底炉作为预还原，而电炉实现终还原，从而实现热 DRI 装入电炉熔分，获得铁水，热装入电炉炼钢或铁水铸块。

熔炼的能量来源可以是电或煤。能量来源的选择取决于厂址。将煤作为能源增加了排出气体的总量且可以减少外接燃气的需求，如天然气。

Fastmelt 炼铁法的设计理念是获得大于 90% 的高金属还原铁。由转底炉（RHF）生产的还原铁装入熔炼炉以生产熔融铁。为防止 DRI 熔炼炉内的耐材受损害，减少 DRI 中的 FeO 的含量，在 DRI 熔炼炉内熔炼过程显得非常重要。DRI 熔炉还原和熔炼所需的热能见图 2-82。最大限度还原的熔融铁可以降低 DRI 炉内的热负荷，与冷装铁矿石相比，可以保护耐火材料。

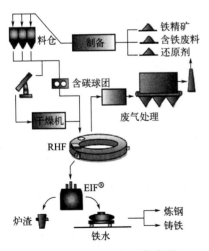

图 2-81　Fastmelt 工艺流程

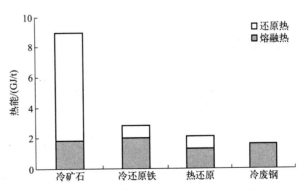

图 2-82　DRI 熔炉还原和熔炼所需的热能

二步法熔融还原炼铁技术是目前备受关注的炼铁新工艺，除以上介绍的几种工艺外，其他工艺如 Elkem 法、Elred 法、Inred 法、Plasmasmelt 法等也获得了一定的发展，但目前无法与上述介绍的三种工艺相竞争。

思考题

1. 高炉冶炼对矿石（天然矿、烧结矿、球团矿）有何要求？如何达到这些要求？

2. 试述造块技术（烧结工艺、球团工艺）方法及原理，并比较各自的优缺点。

3. 试述烧结矿与球团矿的性能评价指标。

4. 简述碳酸盐在高炉内的反应过程。从提高高炉效率和降低燃料消耗出发，熔剂应如何处理？

5. 何为间接还原与直接还原？各平衡态、还原剂消耗量以及各反应热效应的特点都是什么？

6. 何为高炉四大操作制度？上部调节和下部调节是什么？

7. 装料制度的调整主要影响高炉行程中的哪些现象？

8. 试述提高球团矿强度的几种方式及每种方式的特点。

9. 试述铁氧化物逐级还原原理。铁氧化物逐级还原过程中哪一阶段最关键，为什么？

10. 什么是鼓风动能？它对高炉冶炼有什么影响？

11. 提高风温可采取什么措施？风温的进一步提高受何限制？

12. 富氧鼓风与辅助燃料喷吹之间有何关系？

13. 已知 $130m^2$ 的烧结机利用系数为 $1.60t$，其返矿量为成品矿的 15%，当日停机 $2h$，求该日的返矿总量是多少？

14. 炉渣碱度为 $CaO/SiO_2 = 2$，在 $1600℃$ 下，当渣中含 $58\%FeO$ 时，炉渣是否全部处于液态；如果炉渣碱度不变，因脱碳反应使渣中 FeO 质量分数降至 20% 时，在此温度下炉渣是否有固相析出？固相组成和含量是多少？

15. 已知：某高炉喷煤前焦比为 $520kg/t$，实施喷煤 $100kg/t$ 后，高炉的综合冶炼强度为 $1.2t/(m^3 \cdot d)$，高炉燃料比为 $540kg/t$。求解：高炉的有效容积利用系数；喷煤置换比。

16. 比较高炉炼铁和非高炉炼铁的差异及各自优缺点。

17. 试述气基直接还原各种工艺的工作原理、联系与区别。

18. 熔融还原工艺的主要特征是什么？

19. 试比较 Midrex 和 HYL 流程的异同点。

参考文献

[1] 周传典. 高炉炼铁生产技术手册 [M]. 北京：冶金工业出版社，2002.

[2] 傅菊英，姜涛，朱德庆. 烧结球团学 [M]. 长沙：中南工业大学出版社，1996.

[3] 黄希祜. 钢铁冶金原理 [M]. 3 版. 北京：冶金工业出版社，2002.

[4] 比斯瓦斯. 高炉炼铁原理：理论与实践 [M]. 王筱留，齐宝铭，等译. 北京：冶金工业出版社，1989.

[5] 陈新民. 火法冶金过程物理化学 [M]. 北京：冶金工业出版社，1984.

[6] Turkdogan E T. Physical chemistry of high temperature technology [M]. Pittsburgh：Academic Press，1980.

[7] 拉姆. 现代高炉过程的计算分析 [M]. 王筱留，徐建伦，译. 北京：冶金工业出版社，1987.

[8] 刘云彩. 高炉布料规律 [M]. 北京：冶金工业出版社，2012.

[9]　汤清华，王筱留，祁成林．高炉喷吹煤粉知识问答［M］. 2 版．北京：冶金工业出版社，2016.

[10]　王筱留．高炉生产知识问答［M］．北京：冶金工业出版社，2013.

[11]　成兰伯．高炉炼铁工艺及计算［M］．北京：冶金工业出版社，1991.

[12]　项钟庸，王筱留．高炉设计-炼铁工艺设计理论与实践［M］．北京：冶金工业出版社，2007.

[13]　张寿荣，于仲洁．高炉失常与事故处理［M］．北京：冶金工业出版社，2012.

[14]　朱仁良．宝钢大型高炉操作与管理［M］．北京：冶金工业出版社，2015.

[15]　张福明，程树森．现代高炉长寿技术［M］．北京：冶金工业出版社，2012.

[16]　秦民生．非高炉炼铁［M］．北京：冶金工业出版社，1988.

[17]　杨天钧，刘述临．熔融还原技术［M］．北京：冶金工业出版社，1991.

[18]　杨天钧，黄典兵，孔令坛．熔融还原［M］．北京：冶金工业出版社，1998.

[19]　方觉，等．非高炉炼铁工艺与理论［M］．北京：冶金工业出版社，2010.

[20]　张建良，刘征建，杨天钧．非高炉炼铁［M］．北京：冶金工业出版社，2015.

[21]　朱云，沈庆峰．冶金设备基础［M］．北京：冶金工业出版社，2022.

[22]　朱苗勇．现代冶金工艺学：钢铁冶金卷［M］．北京：冶金工业出版社，2016.

[23]　翟玉春．冶金热力学［M］．北京：冶金工业出版社，2018.

[24]　程树森，等．现代大型高炉布料理论与操作［M］．北京：冶金工业出版社，2023.

[25]　储满生，柳政根，唐珏．低碳炼铁技术［M］．北京：冶金工业出版社，2021.

[26]　孙丽达，范兴祥．冶金概论［M］．北京：冶金工业出版社，2022.

[27]　石焱，杨广庆．冶金工程概论［M］．北京：清华大学出版社，2020.

[28]　吴胜利，王筱留．钢铁冶金学［M］．北京：冶金工业出版社，2019.

[29]　郑金星．冶金技术概论［M］. 2 版．北京：冶金工业出版社，2019.

[30]　翟玉春．冶金动力学［M］．北京：冶金工业出版社，2018.

3 铁水预处理

📖 **本章要点**

1. 铁水预处理的必要性；
2. 铁水预处理原理及常见工艺；
3. 铁水预处理三脱（脱硫、脱硅、脱磷）。

铁水预处理是现代化炼钢厂的重要工序之一，其主要目的是降低铁水中硅、硫和磷等有害元素含量，减轻后续炼钢负担，提高钢水质量。铁水预处理是指将铁水加入转炉或电弧炉之前所进行的一系列处理，可分为特殊铁水预处理和普通铁水预处理。特殊铁水预处理包括提钒、提钨等操作；普通铁水预处理包括单一脱硫、脱硅、脱磷和同时脱硫、脱硅、脱磷等处理方式。

3.1 铁水预处理脱硫

铁水预处理脱硫是在铁水进入转炉前的脱硫处理方法，能够优化工艺、提高钢质量、生产优质钢种，同时也能够提高钢铁冶金的综合效益。通过铁水预处理，可以减轻高炉脱硫负担，显著降低焦比并提高产量。另外，采用低硫铁水炼钢可以降低渣量，提高金属收得率。结合铁水预处理脱硫和转炉二次精炼脱硫，可以实现深度脱硫，满足高品质钢材对超低硫含量的要求，有效提升钢铁企业的经济效益，如表3-1所示。

表 3-1 铁水脱硫情况

指标	西欧	加拿大	美国	日本	中国
铁水初始硫/%	0.03～0.05	0.04～0.06	0.04～0.06	0.02～0.04	0.025～0.03
终点硫/%	全量脱硫 ≤0.015 ≤0.003 （部分）	全量脱硫 ≤0.015 ≤0.003 （部分）	<0.003(20%) <0.005(20%) <0.015(60%)	全量脱硫 ≤0.015 ≤0.003 （部分）	<0.007 （目前） <0.003 （目标20%）
鱼雷罐/铁水包/%	50/50	75/25↑	0/100	75/25↑	100/0↑
脱硫剂趋势	$CaC_2 + Mg↑ + CaO$	$Mg + CaO + CaC_2↑$	$CaO + (Mg + CaC_2)↑$	$CaO + CaC_2 + Mg↑$

注：↑、↓箭头分别表示上升和下降。

3.1.1 脱硫剂种类及脱硫原理

铁水预处理脱硫剂种类繁多，但成分并不复杂，多为单一或多种脱硫剂复合而成。单一脱硫剂一般分为四大类：苏打（Na_2CO_3）、石灰（CaO）、电石（CaC_2）和镁（Mg）。而复合脱硫剂多为一种或两种以上脱硫剂配加助熔剂并按一定比例混合而成。复合脱硫剂具有脱硫效率高、成本低、污染小等优点，因而工业生产多使用复合脱硫剂。如电石系（西欧、日本、北美）、苏打系（日本、西欧）、石灰系（日本、法国、美国）、金属镁系（北美、西欧、日本）等。

选择合适的脱硫剂是决定脱硫率和脱硫成本的关键因素，需要考虑脱硫效率、成本、资源、环境保护、对罐体耐火材料的侵蚀、脱硫产物形态和安全等综合因素。在我国钢铁工业中，主要以金属镁系和石灰系脱硫剂为主。不同钢铁企业的生产条件不同，脱硫工艺和脱硫剂的选择也有所不同。目前，国内外大中型钢铁厂普遍采用铁水罐、混铁车内喷吹石灰系、电石系和镁系脱硫工艺。

3.1.1.1 苏打（Na_2CO_3）系

用苏打粉作为脱硫剂进行脱硫时，Na_2CO_3 的熔点仅为 852℃，在铁水温度条件下熔化为液体。液体苏打的脱硫反应如式(3-1) 所示：

$$(Na_2CO_3)(l) = (Na_2O)(l) + CO_2(g) \tag{3-1}$$

生成的 Na_2O 再与硫反应，当铁水含硅高时，脱硫反应如式(3-2) 所示：

$$\frac{3}{2}(Na_2O)(l) + [S] + \frac{1}{2}[Si] = (Na_2S)(l) + \frac{1}{2}(Na_2SiO_3)(l) \tag{3-2}$$

式中，（ ）中的为炉渣中的物质；［ ］中的为金属液（如铁水）中的元素。当铁水含硅较低时，脱硫反应式如式(3-3) 所示：

$$(Na_2O)(l) + [S] + [C] = (Na_2S)(l) + CO(g) \tag{3-3}$$

尽管 Na_2CO_3 具有强脱硫能力，但其价格较高，并且在处理过程中会大量挥发出氧化钠，造成环境污染，对人体有害。此外，它还会侵蚀包衬，由于脱硫渣流动性好，机械扒渣也变得困难。因此，在当前的铁水预处理脱硫过程中，几乎不再采用苏打系脱硫剂。

3.1.1.2 电石（CaC_2）系

电石进入铁水后会分解出钙蒸气及石墨，而铁水硫元素和钙具有很强的亲和力，它们会发生脱硫反应并生成稳定的硫化钙产物。反应如式(3-4) 所示：

$$(CaC2)(s) + [S] = (CaS)(s) + 2[C] \tag{3-4}$$

脱硫反应是一种固液反应，分为三个步骤：首先是硫元素从铁液中扩散到 CaC_2 颗粒上，与颗粒表面的钙蒸气相互作用；然后硫元素和钙蒸气发生脱硫反应，形成稳定的硫化钙层；最后当硫化钙层达到一定厚度时，钙蒸气和硫元素在硫化钙层中进行扩散。由于 CaC_2 脱硫反应受到动力学条件的限制，尤其是硫元素扩散到反应界面的速度的限制，炉渣中可能仍存在未完全反应的 CaC_2 颗粒。为了提高电石脱硫剂的利用率，可以采取提高炉温、增强搅拌、增加添加剂或减小 CaC_2 颗粒的粒径等措施。

电石粉脱硫具有以下特点：在高硫铁水中，电石分解出的钙离子与硫的结合力强，因此具有很强的脱硫能力。电石脱硫反应为放热反应，可降低脱硫过程铁水温度。脱硫产物 CaS 熔点高达 2450℃，在铁水表面形成疏松的固体渣，可防止回硫，易于扒渣，且对铁水罐等容器内衬侵蚀较轻。由于电石的强脱硫能力，因此其消耗量少，渣量也少。但电石粉极易吸潮，在大气中与水接触时，迅速产生如下反应：

$$CaC_2(s) + 2H_2O(g) = Ca(OH)_2(s) + C_2H_2(g) \tag{3-5}$$
$$CaC_2(s) + H_2O(g) = CaO(s) + C_2H_2(g) \tag{3-6}$$

反应式(3-5) 与式(3-6) 降低了电石粉的纯度和反应强度，而且反应生成可燃气体

C_2H_2，极易产生爆炸，在空气中 C_2H_2 气体浓度达到 2.7% 会发生爆炸，给工艺设备增加了复杂性和不安全性。因此，应增加检测、防爆、防燃设施，并在运输和保存电石粉时采用氮气密封。另外，电石粉和其他脱硫剂混合使用时，也会吸收其他脱硫剂的水分而发生上述反应，故电石粉应单独储存在料仓内。电石在脱硫过程中会产生大量黑烟，严重影响生产环境，因此，钢厂对电石脱硫剂的使用越来越少，逐渐被 CaO 和金属镁脱硫剂所取代。

3.1.1.3　石灰（CaO）系

石灰脱硫剂成本低廉，资源丰富，以其组成的脱硫剂能满足铁水脱硫要求，是脱硫剂中使用最广泛且用量最大的一种。石灰系脱硫剂及脱硫效果如表 3-2 所示。

表 3-2　工业规模的石灰系脱硫剂及脱硫效果

厂名	脱硫剂配方(质量分数)/%				铁水脱硫效果(质量分数)/%			铁量/t	单耗/(kg/t)	喷吹时间/min	送粉速度/(kg/min)	温降/℃
	CaO	CaF_2	$CaCO_3$	其他	$[S]_i$	$[S]_f$	η_S					
中国太钢二钢	95	5	—	—	0.034	0.007	78.75	52.5	8.65	11	41.0	34
中国酒钢	90	5	—	C:5	0.048	0.024	50.0	91.2	7.2	5～12	60～100	—
中国宣钢	97	3	—	—	0.058	0.023	60.0	55.0	10.0	9～11	50～60	20～25
芬兰 Koverhar	75	10	15	—	0.053	0.017	67.9	50.3	6.76	12	28.3	36.8
					0.050	0.014	72.0	50.8	7.56	12	32.0	39.6
					0.054	0.011	79.6	50.8	9.15	12	38.7	39.8
美国 Aliquippa	100	—	—	Al:0.68 kg/t Mg:0.63 kg/t	0.060	0.015	75.0	155	8.2	30	42.4	27.8
									5.4	20	41.9	18.9
									6.3	22	44.4	16.1
意大利 Taranto	75	—	20	—	<0.01占% 80.4	<0.006占% 36.4	—	240	4.7			
	65	5	30	—	87.0	48.8	—	240	4.9			
	65	—	27	Na_2CO_3:3	87.5	62.5	—	240	5.3			

石灰脱硫是利用铁水碳和硅创造的还原性气氛，使 CaO 吸收铁水硫元素，生成 CaS，而氧与硅、碳元素反应生成 SiO_2 或 CO。

铁水硅质量分数低时，反应式如式（3-7）所示：

$$(CaO)(s) + [S] + [C] =\!\!= (CaS)(s) + CO(g) \qquad (3-7)$$

铁水硅质量分数高（>0.05%）时，反应式如式（3-8）所示：

$$2(CaO)(s) + [S] + \frac{1}{2}[Si] =\!\!= (CaS)(s) + \frac{1}{2}(Ca_2SiO_4)(s) \qquad (3-8)$$

在石灰脱硫过程中，铁水硅元素会被氧化生成 SiO_2，并与 CaO 反应形成致密的硅酸二钙。随着脱硫反应的进行，硅酸二钙逐渐覆盖在 CaO 颗粒表面形成保护层。然而，这种保护层阻碍了硫元素向 CaO 表面扩散，严重影响了脱硫反应的进行，导致石灰脱硫效率只有电石脱硫的 1/4～1/3。为改善石灰脱硫效果，可以向石灰粉中添加适量的 CaF_2、Al 或 Na_2CO_3 等成分，破坏硅酸二钙的形成。例如加入 Al 可以形成低熔点钙铝酸盐，提高脱硫效率约 20%；添加 Na_2CO_3 可以增加 CaO 的反应速度，较大提高脱硫效率；而添加 CaF_2 可以更大程度地提高反应速度。

石灰粉具有资源丰富、价格低廉、易于加工和安全使用的特点。其脱硫产物为固体渣，对铁水罐耐火材料侵蚀较轻，方便扒渣处理。然而，由于其脱硫能力较电石差，因此需要消耗更多的石灰粉，产生渣量更大，并且固体渣中包裹了大量铁珠，导致铁损较大。此外，石灰粉流动性较差，容易在料罐中形成堵料，而且在接触水后生成 $Ca(OH)_2$，影响脱硫效果并造成环境污染。因此，石灰粉需要在干燥氮气密封的单独料仓中存储。

3.1.1.4　金属镁（Mg）系

金属镁是一种具有强大脱硫能力的脱硫剂，反应速度快，脱硫效率高，可以将铁水硫质量分数降至≤0.005%，适用于大规模处理铁水。然而，一旦金属镁进入铁水，就会迅速气化，反应非常激烈，并有较大的挥发损失，如果控制不当，可能引发严重的喷溅或爆炸事故。复合喷吹工艺通过添加钝化剂来降低金属镁的消耗量，抑制其激烈反应。由于复合喷吹工艺生成的渣量较少，扒渣时损失的铁量较小，脱硫是放热反应，温度降低较少，因此受到更多关注并得到广泛应用。

采用金属镁-非镁质脱硫剂的复合喷吹工艺既安全又能提高脱硫率。该工艺通过从喷粉罐中同时喷出钙质粉剂（如石灰粉或碳化钙粉）和金属镁粉，以达到最佳脱硫效果。鞍钢率先使用喷吹 Mg/CaO 粉脱硫剂，成功将铁水硫质量分数降至 0.005% 以下，生产出超低硫钢，开发了镁系脱硫剂在铁水的炉外脱硫技术。复合喷吹工艺的特点是可以根据铁水初始硫含量和脱硫要求，在喷粉过程中及时调整金属镁和石灰粉剂配比。当铁水硫含量较高或脱硫要求不太严格时，喷入成本较低的石灰粉，只需要添加少量的金属镁粉；当铁水硫含量较低或脱硫要求较高时，可以逐步增加金属镁粉喷入量，从而实现铁水深度脱硫。Mg-CaO 复合脱硫剂一般使用 20%Mg 和 80%CaO 配比。

使用金属镁-非镁质复合脱硫剂的喷吹工艺步骤如下：①喷入 CaO 粉剂以产生强烈的紊流，达到对铁水和渣的脱氧效果，同时激起铁水包内的环流；②喷入 MgO 粉剂，在硫含量较高时尽可能提高金属镁粉的喷吹速率，待硫含量降至临界值以下，降低金属镁粉的喷吹速率，以减少铁水镁含量，从而完成脱硫过程；③在金属镁粉喷吹结束后，喷入高气体含量的 CaO 粉剂，以进一步降低铁水镁含量，从而完成整个脱硫过程。

（1）金属镁和硫的溶度积

镁通过喷枪喷入铁水后，在高温下发生液化、气化并溶于铁水：

$$Mg(s) \rightarrow Mg(l) \rightarrow Mg(g) \rightarrow [Mg]$$

高温下，金属镁和硫具有很强的亲和力，溶入铁水的镁元素能与铁水硫迅速反应生成固态的 MgS，上浮进入渣中。镁与硫的相互反应存在以下两种情况。

第一种情况：

$$Mg(g) + [S] =\!=\!= MgS(s) \tag{3-9}$$

第二种情况：

$$Mg(g) =\!=\!= [Mg] \tag{3-10}$$

$$[Mg] + [S] =\!=\!= MgS(s) \tag{3-11}$$

镁进入铁水后，在高温下熔化后气化，并溶解于铁水中。但镁的沸点为 1107℃，在铁水温度下会产生大量镁气泡。这些气泡以及溶解在铁水中的镁都能与硫元素发生反应，第一种反应是镁气泡在上浮过程中与铁水界面发生多相反应；第二种反应是铁水中溶解的镁与硫元素发生均相反应。金属镁脱硫的主要反应是第二种反应，仅有 3%～8% 的脱硫反应发生在镁气泡表面。因此，加快镁气泡向铁液的溶解速度和提高铁液中镁的溶解度是影响脱硫效果的关键。

在镁系脱硫剂进入铁水时，除进行上述脱硫反应外，还会发生反应式(3-12)：

$$MgS(s) + CaO(s) =\!=\!= MgO(s) + CaS(s) \tag{3-12}$$

石灰在脱硫反应中主要有三个作用：一是起到了转移脱硫产物的作用，有利于镁脱硫的进行；二是充当分散剂的作用，避免大量镁瞬间气化造成喷溅，同时，降低了镁与铁水的反应速度；三是作为镁脱硫反应的形核剂，分散镁气泡，减少镁气泡的成长直径，降低镁气泡的上浮速率，增加镁的有效表面积，从而强化镁向铁水中的溶解度，提高镁的利用率。

（2）镁蒸气压和金属镁在铁水中的溶解度

高炉铁水转运到转炉前的温度一般为 1573～1723K，镁蒸气压值 P_{Mg} 可由式（3-13）表示：

$$\lg \frac{P_{Mg}}{0.101} = -\frac{6802}{T} + 4.99 \tag{3-13}$$

由式（3-13）可知，镁的蒸气压随着温度 T 的增加而逐步增大，且增大速度逐步加快，在铁水温度范围内，镁的蒸气压在 0.5MPa 至 1.2MPa 之间。

冶金研究工作者得出当碳饱和时，镁的溶解度和蒸气压在铁水中的关系如式（3-14）与式（3-15）所示。

$$[ppmMg]/P_{Mg}(atm) = 5600 \tag{3-14}$$

$$\lg \frac{[Mg\%]}{P_{Mg}} = \frac{7000}{T} - 5.1 \tag{3-15}$$

式中，ppm 指 10^{-6}，[ppmMg] 指 Mg 的质量分数的具体值，如 Mg 的质量分数为 100ppm，[ppmMg] 的值则是 100；[Mg%] 也指 Mg 的质量分数的具体值，如 20%，代入的值是 20。

在饱和铁水中，随着温度的升高，镁的溶解度减小，但随着压力增加，镁的溶解度会增大。在 1473K、1573K 和 1673K 的温度下，镁的溶解度分别为 0.45%、0.22% 和 0.12%。当温度保持不变，将压力增加 1 倍时，镁的溶解度分别为 0.90%、0.44% 和 0.24%，即比大气压下的溶解度增加了 1 倍。因此，适当降低温度和增加压力是增加镁在铁水中溶解度的主要方法。

（3）镁脱硫动力学

金属镁在铁水中脱硫主要有溶解的镁和镁气泡两种形式。当金属镁蒸气与铁水中的硫元素发生脱硫反应时，在气液相交界处发生多相反应，这种多相反应是镁气体与硫离子之间的反应。当金属镁以溶解态存在于铁水中时，熔融状态的镁与铁水中的硫元素发生均相反应，这种均相反应是铁水中镁离子与硫离子之间的反应。关于哪种形式在脱硫中起主要作用，目前持有不同的观点。通常认为这两种脱硫方式在研究铁水中的镁脱硫时都是不可或缺的因素，但脱硫的主要形式与铁水中的硫含量及镁供应量密切相关。

从动力学观点看，镁的脱硫反应有以下步骤：

① 镁粒在铁水中熔化、气化、生成镁蒸气泡上浮；
② 镁蒸气泡中的镁蒸气溶于铁水；
③ 在金属-镁蒸气泡界面，镁蒸气与铁水中的硫反应生成固态硫化镁；
④ 溶解于铁水的镁与硫反应生成固态硫化镁；
⑤ 固态硫化镁上浮进入渣中。

动力学研究结果表明，在脱硫过程中，步骤③只能去除铁水中少量的硫含量，而步骤④是主要的脱硫反应。这是因为镁的气化和硫化镁在铁水中的上浮速度很快，脱硫反应的速度取决于镁的消耗速度和镁蒸气在铁水中的溶解速度。为了获得更高的脱硫效率，必须确保镁气泡能够完全溶解在铁水中，以避免未溶解的镁蒸气逸出到大气中造成损失。

要提高钝化镁的脱硫利用率，可以从两个方面入手：一是要确保镁粒能够尽可能多地穿过气液界面进入铁液，避免被包裹在气泡中，上浮到渣层并发生损失；二是要防止镁粒在铁液中完全吸收溶解时间大于其在铁液中的停留时间，避免镁气泡浮入渣层造成损失。

（4）镁脱硫特点

镁具有较强的铁水脱硫能力，沸点较低，加入铁水后会转变为镁蒸气形成气泡，在气液相界面上发生脱硫反应。镁进入铁水后能提供流体搅拌，增强脱硫效果，镁在铁水中具有一定的溶解度，使得铁水在镁饱和后防止回硫的发生，且这部分饱和镁在铁水处理过程中仍能起到脱硫作用。由于镁在进入铁水后会气化并产生强烈反应，因此通常不使用纯镁，而是与其他物质混合喷入铁水中。目前常见的是与镁混合后制成复合脱硫剂，尽管镁价格昂贵，但通过合适的配比，可以减少使用量，并且铁水温降小，渣量少，综合成本并不一定高。此外，由于使用量较少且处理周期短，镁脱硫剂对于高节奏的转炉操作也是有利的，因此其应用越来越广泛。

3.1.2 KR 脱硫法

KR（Kambara reactor）脱硫法是将经过烘烤的十字搅拌头插入铁水罐中的一定深度，然后通过搅动铁水产生旋涡，并向铁水中加入脱硫剂进行化学反应，实现脱硫目的，如图 3-1 所示。由于搅拌头的转矩可控且较大，在该生产工况下，铁水处于良好的动力学条件，有效利用脱硫剂。这种方法不仅具有高脱硫效率，还能减少脱硫剂消耗和设备损耗率。

搅拌脱硫工艺具有良好的动力学条件，因此具有很高的脱硫率（脱硫率＞90％），而且脱硫效果稳定，常用于深度脱硫。经过不断的技术改进和创新，改善了搅拌桨的结构和材质，使其寿命大大延长，从最初的 80 次提升到 500 次以上，有效降低了维护成本。同时，不断提高搅拌转速，

图 3-1　KR 喷粉搅拌

从原来的 80r/min 提高到 150r/min，脱硫效果和经济效益不断提升。

KR 搅拌法脱硫装置如图 3-2 所示。主要包括：升降装置、机械搅拌装置、搅拌桨更换车、熔剂输送装置、扒渣系统。对于 KR 搅拌法，机械搅拌装置是核心设备。搅拌器采用四个十字叶片的设计，使得搅拌器旋转时铁水面不易产生波浪和飞溅，降低了叶片磨损，同时减少了搅拌器的更换次数，降低了耐火材料消耗，如图 3-3 所示。搅拌头的插入深度必须适中，过深或过浅都会影响脱硫效果。对比常规垂直式叶片搅拌桨和螺旋式叶片搅拌桨在铁水脱硫过程中的效果，发现螺旋式搅拌桨可以形成较强的向心力，以及在 110r/min 转速下，螺旋式搅拌桨产生的旋涡深度略大，可改善流体动力学条件。

由于脱硫渣中硫含量较高，因此在生产低硫和超低硫钢种时，即使少量未扒除的脱硫渣进入转炉，也会导致回硫问题，给转炉操作带来困难。铁水预处理脱硫后，在扒渣时应尽量使铁水液面裸露 2/3～3/4，并尽可能将渣物扒除干净，见图 3-4。同时，经过 KR 脱硫处理的铁水在搅拌后需要静置一段时间，使脱硫渣能够充分上浮，避免在转炉冶炼过程中发生回硫。

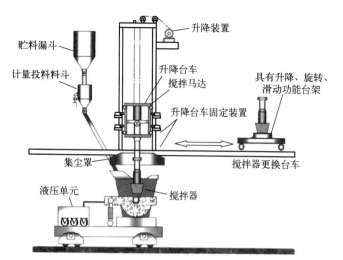

图 3-2 KR 搅拌法的脱硫装置

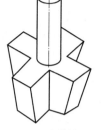

图 3-3 KR 法搅拌器形状

KR 脱硫过程配加一定量的石灰石，可以提高铁水脱硫效率，降低脱硫剂使用量。某企业采用 KR 法脱硫时，随着石灰石用量逐渐增加，单耗硫量从 54.5kg/s 降低至 31.3kg/s 以下，脱硫率也从 36.7% 增加至 78.8%。目前，许多钢铁企业已在现有的铁水预处理生产线上增设了 KR 法脱硫装置。

图 3-4 铁水预处理扒渣

3.1.3 喷吹脱硫法

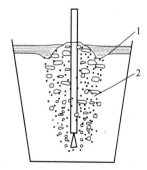

图 3-5 铁水包喷粉反应区
1—持久反应区；2—瞬时反应区

喷吹脱硫法喷粉实施过程如图 3-5 所示，使用外部包覆耐火材料的喷枪插入铁水中，通过载气输送脱硫剂，将载气和脱硫剂从喷嘴喷入铁水中，脱硫剂在上浮过程中与硫发生反应，达到脱硫目的。携带脱硫剂一同上浮的载气能够搅拌铁水，使其微弱地流动，促进脱硫剂与铁水的混合。在喷吹法中，吹气搅拌法（DO）最早在德国蒂森公司的脱硫实践中应用，而后新日铁引入了喷吹法（TDS），如图 3-6 所示。目前，这种方法已广泛应用于钢铁企业中。喷吹法不仅在铁水处理过程中应用，还被广泛用于转炉炼钢的顶部和底部复合喷吹技术、真空精炼的多功能顶吹、钢包精炼的底吹、合金微调喷吹等工艺。

根据喷吹罐的数量与脱硫过程使用的脱硫剂种类，可以分为单一喷吹法与复合喷吹法。

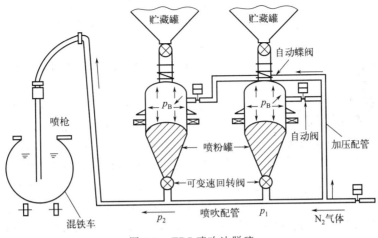

图 3-6　TDS 喷吹法脱硫

1）单一喷吹法

单一喷吹法是指在脱硫过程中只使用一种脱硫剂的方法。常用的脱硫剂包括石灰粉、碳化钙粉和颗粒镁。目前，乌克兰的单吹颗粒镁脱硫技术得到了广泛推广，而单一喷吹石灰粉脱硫的方法已基本淘汰。单吹颗粒镁脱硫法的主要特点是设备简单，适用于老旧设备的就地改造；能够实现自动化控制，脱硫效率高、成本低、处理时间短，同时铁水温降小；同时适用于各种吨位的脱硫容器，脱硫效果稳定。缺点是生成的渣量较少且稀，不易清除，而且脱硫喷枪的设计独特，维护起来较为困难。

2）复合喷吹法

复合喷吹法是指使用两种或两种以上的脱硫剂，并将脱硫剂分别储存在带压喷吹罐中，在脱硫过程中脱硫剂在输送管线混合喷吹的脱硫方法。欧洲和美国的钢铁企业广泛采用复合喷镁脱硫技术。根据所使用的脱硫剂种类的不同，复合喷吹法可分为二元复合喷吹法和多元复合喷吹法。二元复合喷吹法主要使用钝化金属镁粉和石灰粉作为脱硫剂；多元复合喷吹法则使用钝化金属镁粉、石灰粉和碳化钙粉作为脱硫剂。通过喷吹石灰粉，可以使钝化金属镁粉均匀分散进入铁水中，从而减少脱硫过程中铁水喷溅的情况。同时，通过喷吹石灰粉，可以提高顶渣的碱度，增强顶渣对脱硫产物的吸附能力。此外，通过喷吹石灰粉，还可以使脱硫渣变得更黏稠，避免单一喷吹颗粒钝化镁粉所产生的稀薄渣情况，便于清除高硫铁渣。复合喷吹法的优点主要包括铁水温降小、脱硫效果稳定、处理周期短、脱硫成本低。由于喷吹过程中喷溅现象减少，所以降低了铁水的损耗，同时易于实现自动化，设备运行稳定。

KR 法和喷吹法为主要的脱硫工艺，喷吹法设备简便、温降较少且具有浅脱的成本优势，KR 法动力学条件良好、脱硫稳定、原料低廉。从脱硫时间、脱硫周期、脱硫率、铁损、温降等多方面综合比较，大中型钢铁企业（铁水包＞100t）普遍采用 KR 法脱硫，小型企业采用喷吹法脱硫更具效益。

3.2　铁水预处理脱硅

脱硅工艺是为满足铁水脱磷和转炉炼钢的需求而开发的一种新工艺。如图 3-7 所示，为了达到更好的脱磷效果，必须先将硅含量降低到一定范围内，因此脱硅技术变得尤为重要。

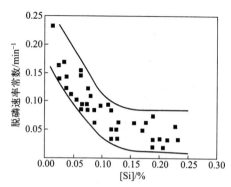

图 3-7　硅质量分数与脱磷速率常数的关系

意大利冶金公司塔兰托厂应用了铁水预处理工艺——连续生铁精炼法（CIR），该工艺是为了满足脱磷的需要，在铁水沟中喷入氧化铁进行脱硅，从而使铁水硅质量分数降低至 0.2% 以下，满足脱磷要求。在欧洲的大部分钢铁企业中，由于使用的铁矿石含磷量较低，因此预处理脱硅技术没有被广泛采用。同时，北美的钢铁企业也主要使用低磷铁矿石冶炼，因此很少需要进行脱硅预处理。加拿大的多米尼翁钢铁厂进行了脱硅预处理，并取得了良好的效果。实践表明，如果将铁水硅质量分数降低 0.1%，转炉炼钢的金属回收率将提高 0.2%，同时转炉炉衬寿命将延长 110 炉次，从而节约了石灰和白云石的使用量。

3.2.1　脱硅原理

由于铁水中的硅与氧有很强的亲和力，硅很容易被氧化去除。铁水脱硅常使用的脱硅剂主要分为两种类型：固体氧化剂和气体氧化剂。

固体氧化剂包括高碱度烧结矿、氧化铁皮、铁矿石、铁锰矿和烧结粉尘等。这些固体氧化剂能够提供氧，并与铁水中的硅元素发生反应，使硅氧化并去除。

气体氧化剂主要是指氧气或空气。通过喷吹氧气或空气来氧化铁水中的硅元素，实现脱硅的目的。

加入不同氧化剂条件下，脱硅反应可分别如式(3-16)～式(3-19) 所示。

① 使用气体氧（O_2）的脱硅反应：

$$[Si]+O_2(g)=\!=\!=SiO_2(s) \tag{3-16}$$

② 使用 Fe_2O_3 的脱硅反应：

$$[Si]+\frac{2}{3}(Fe_2O_3)=\!=\!=SiO_2(s)+\frac{4}{3}[Fe] \tag{3-17}$$

③ 使用 Fe_3O_4 的脱硅反应：

$$[Si]+\frac{1}{2}(Fe_3O_4)=\!=\!=SiO_2(s)+\frac{3}{2}[Fe] \tag{3-18}$$

④ 脱硅剂的有效成分是 FeO，其反应式为：

$$[Si]+2(FeO)=\!=\!=SiO_2(s)+2[Fe] \tag{3-19}$$

尽管脱硅反应均为放热反应，但在生产实践中，用气体脱硅剂时，反应是放热过程，会使铁水温度升高；而用固体脱硅剂时，会产生熔解热和熔化热，使脱硅过程变成吸热过程，如图 3-8 所示，固体脱硅剂加入熔池后使熔池温度下降。

3.2.2　脱硅反应的影响因素

硅氧化脱除可用式(3-20) 来表示：

$$[Si]+2[O]=\!=\!=SiO_2(s) \tag{3-20}$$

反应达到平衡时：

$$\Delta G^{\ominus}=-RT\ln K_{Si} \tag{3-21}$$

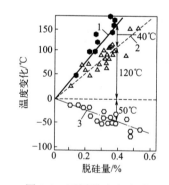

图 3-8　不同脱硅方法对铁水温度的影响

1—Fe_2O_3 随氧气一起喷入鱼雷罐车；
2—Fe_2O_3 随氧气一起由顶部加入；
3—顶部加入 Fe_2O_3

$$K_{Si} = \frac{a_{SiO_2} a_{Fe}^2}{a_{FeO}^2 a_{Si}} = \frac{\gamma_{SiO_2}(\%SiO_2) a_{Fe}^2}{[\%Si] f_{Si} a_{FeO}^2} \tag{3-22}$$

$$L_{Si} = \frac{(\%Si)}{[\%Si]} = K_{Si} \frac{f_{Si}}{\gamma_{SiO_2}} a_{FeO}^2 \tag{3-23}$$

式中，$\Delta G^\ominus$ 为标准吉布斯自由能变化，kJ/mol；R 为气体常数，值为 8.314J/(mol·K)；K_{Si} 为反应的平衡常数，无单位；a_{SiO_2} 为 SiO_2 活度，无单位；a_{Fe} 为 Fe 活度，无单位；a_{FeO} 为 FeO 活度，无单位；a_{Si} 为 Si 活度，无单位；γ_{SiO_2} 为 SiO_2 活度系数，无单位；$(\%SiO_2)$ 为 SiO_2 质量分数，%；$[\%Si]$ 为 Si 质量分数，%；f_{Si} 为 Si 活度系数，无单位。

① f_{Si}：在冶炼过程中发现，铁水中初始硅含量越高，脱硅效率也越高。这是由于当初始硅含量高时，铁水中 f_{Si} 大，有利于脱硅反应进行。但当铁水初始硅含量过高时，相应加入的脱硅剂量也较高。

② 碱度：渣碱度对铁水脱硅效果影响较大，随着硅氧化反应的进行，产生的 SiO_2 进入渣中，造成渣碱度降低，恶化了脱硅所需的热力学条件。同时，随着渣中 SiO_2 含量的增加，渣黏度增大，碳氧化产生的 CO 排出条件变差，容易产生大量泡沫渣。所以脱硅剂应当保持适当的渣碱度，为脱硅创造合适的热力学反应条件，提高脱硅率。

③ 温度：脱硅过程是放热反应，所以低温更有利于脱硅。

3.2.3 脱硅剂种类

脱硅过程是氧化反应，脱硅剂的主要组成包括以下三部分。

① 氧化剂：主要提供硅氧化反应的氧来源，氧化剂使用的原材料一般有轧钢、铁皮、铁矿石、转炉尘、烧结尘、锰矿石和氧气等。当只使用氧化剂脱硅时，容易造成渣黏度大，流动性差，因而影响脱硅效果。

② 熔剂：脱硅剂中除氧化剂外还加入少量的熔剂，熔剂的主要作用是调节渣的碱度，并改善炉渣流动性，熔剂使用的原材料主要是石灰和萤石。脱硅剂中加入熔剂后，改善了脱硅过程渣的动力学条件，提高了脱硅效率，一般将渣碱度调整为 0.9~1.2。

③ 活化剂：为了强化脱硅，在脱硅剂中还常常添加活化剂，如 $CaCl_2$、CaF_2、NaCl 等。

对比烧结矿、集尘粉、铁鳞、富矿粉等几种脱硅剂，发现集尘粉、烧结矿粉具有较好的脱硅效果，而且都优于铁鳞及富矿粉。铁鳞、富矿粉脱硅效果较差，虽然等量的铁鳞、富矿粉的有效含氧量较烧结矿粉、集尘粉高，但其脱硅效果反而不如烧结矿粉、集尘粉。

3.2.4 预处理脱硅方法

铁水预处理脱硅按处理场所主要可分为高炉炉前连续脱硅法、铁水预处理站脱硅法以及"两段式"脱硅法。

3.2.4.1 高炉炉前连续脱硅法

高炉炉前连续脱硅法是在高炉炉前将脱硅剂直接加入铁水罐中进行脱硅，如图 3-9 所示。根据脱硅方式分为上置法和铁水沟喷吹法。

1）上置法

利用铁水沟的自然落差来搅拌渣铁进行脱硅，在落差较高的位置加入脱硅剂，利用铁水的流动将其搅拌均匀，然后在落差位置之后设立撇渣器，用于分离脱硅渣，如图 3-10 所示。

最早的脱硅剂添加方法是投撒给料法，例如，新日铁公司君津厂采用该方法，在倾动溜槽处连续投入粒度约为3mm的脱硅剂，但脱硅效率不高。这种方法的优点是脱硅设备简单，脱硅剂的加入量易于调节，处理能力较大，不需要额外反应时间，温降小。缺点是脱硅率较低，炉前工作条件较恶劣，终点硅含量可控性较差。

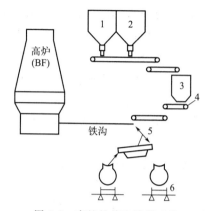 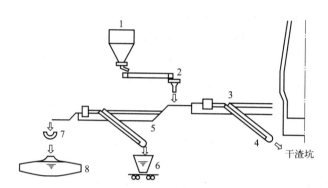

图3-9　高炉炉前连续脱硅法　　　　　　图3-10　脱硅剂自然落入铁沟
1—主料仓；2—辅料仓；3—混料仓；4—定量　　　1—料仓；2—脱硅剂；3—主铁沟；4—高炉渣；
给料仓；5—摆动溜嘴；6—鱼雷罐车　　　　　　5—脱硅渣；6—渣罐；7—铁水；8—鱼雷罐车

2）铁水罐喷吹法

如图3-11所示，利用压缩空气或氮气将脱硅剂喷洒到铁水表面或将喷枪埋入铁水内部，使脱硅剂混入铁水中，通过喷吹动能和脱硅剂的上浮，达到脱硅目的。这种方法具有较高的脱硅率（将脱硅剂喷洒到铁水表面比将其喷入内部脱硫率更高）。缺点是喷吹设备较为复杂，喷枪寿命较短，成本较高，终点硅含量稳定性较差，温降较大。

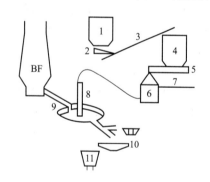

图3-11　铁水罐喷吹脱硅
1—料仓；2—给料机；3—皮带机；4—料仓；
5—定量给料器；6—输送装置；7—载气；
8—喷枪；9—主沟；10—摆动溜嘴；
11—铁水罐

3.2.4.2　铁水预处理站脱硅法

鱼雷罐车、铁水包或混铁车作为反应容器，在铁水中插入喷枪将粉末喷入铁水中进行脱硅，粉末与铁水发生氧化反应，将铁水硅中的元素氧化，如图3-12所示。该方法处理铁水能力大，工作环境较优，但设备复杂、成本高，操作不太稳定，具备如下特点。

① 控制脱硅终点相对容易，工作环境较好，处理铁水的能力较强。与高炉炉前连续脱硅法不同的是，该方法在相对固定的空间中进行脱硅，避免了高炉炉前铁水硅含量波动，处理后的铁水硅含量比较稳定。同时，该方法具有良好的动力学条件，脱硅率较高，能够处理较大量铁水。

② 在预处理站使用气体进行喷吹脱硅，会导致铁水温降较大。另外，脱硅反应发生在铁水容器（通常是铁水罐或鱼雷罐）内部。由于铁水在高炉-转炉过渡期间停留时间长，炉衬暴露在高温环境中的时间延长，因此炉衬侵蚀较为严重。在处理站用N$_2$作为载气喷吹脱硅时，由于气体以高温形式排出炉外，温降通常为30～40℃，而在铁水运输过程中，温降率通常为1℃/min，例如日本鹿岛钢铁厂使用鱼雷罐进行喷吹脱硅时，温降为40℃。

③ 容器维护费用增加。铁水罐或鱼雷罐以及内衬的修葺成本较高，同时维修工作条件较差，所需时间较长，增加了人力和物力成本。

④ 起泡现象影响操作。铁水罐或鱼雷罐的容积和保留空间较小，在脱硅过程中会产生泡沫渣，严重时泡沫渣会溢出炉外，给现场操作带来不便。同时，泡沫渣会减少装载在铁水罐中的铁水量。

3.2.4.3 "两段式"脱硅法

在铁水沟内首先加入脱硅剂进行脱硅处理，然后在鱼雷罐车或铁水包中进行喷吹脱硅，即前两种方法进行结合。实践表明，使用这种两步脱硅操作可以将硅质量分数降低到0.15%以下，并且脱磷和脱硫程度也显著提高。日本新日铁在高炉出铁沟和300t的鱼雷罐车上采用这种两段法进行脱硅处理，处理后的铁水硅质量分数可以达到0.12%。

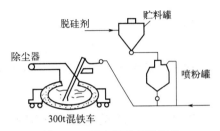

图3-12　铁水预处理站脱硅

正确选择脱硅方法，应该考虑以下因素：

① 铁水含硅量　当铁水含硅量＞0.45%时，以炉前铁水沟脱硅为宜；含硅量＜0.45%时，以铁水罐喷吹脱硅为好。喷吹脱硅过程中，需顶吹部分 O_2 作为气体氧化剂，防止铁水降温太大。

② 出铁速度　随着高炉出铁速度增大，脱硅剂喷吹强度提高，但为了避免喷溅和脱碳，喷吹强度一般不允许很高。

③ 扒渣能力　若炼钢厂扒渣能力不足，应采用两段脱硅法，利用挡渣器分离渣铁。研究表明，脱硅后的渣子若不及时排出，会对脱磷和脱硫产生不利影响。

3.3　铁水预处理脱磷

在炼铁生产过程中，矿石、熔剂和燃料中都含有一定量的磷，这些磷会进入高炉中。高炉生产过程磷很难被去除，几乎全部被还原进入金属中。因此，炼铁操作无法有效控制铁水磷含量。生铁中的磷含量取决于所使用原料的磷含量，主要通过炼钢过程中氧化反应去除。磷在钢中会引起严重的偏析现象，增加合金结构钢的冷脆性和回火性，且局部磷偏析可能导致沿晶断裂。此外，钢中磷和硫含量的增加会加剧碳对晶间腐蚀的影响。因此，耐腐蚀钢通常要求磷质量分数 $w[P]<0.015\%$。

铁水预处理脱磷方法可分为三种：铁水包脱磷、鱼雷罐车脱磷、专用转炉铁水预处理脱磷。这三种方法均得到了广泛应用。

3.3.1　脱磷反应

1）苏打（Na_2CO_3）系脱磷剂

苏打系脱磷剂以 Na_2CO_3 为主，氧化铁水中的磷使之生成磷酸钠进入炉渣将磷脱除。在不另加氧化剂时，苏打可直接供氧和造渣。脱磷反应如式（3-24）与式（3-25）所示：

$$5Na_2CO_3 + 4[P] = 5(Na_2O) + 2(P_2O_5) + 5C \tag{3-24}$$

$$3(Na_2O) + (P_2O_5) = (3Na_2O \cdot P_2O_5) \tag{3-25}$$

Na_2CO_3 的使用特点是它可以有效地减少铁水中锰的氧化，减少脱碳以及铁损，并能同时实现脱磷和脱硫。缺点是 Na_2CO_3 的使用成本较高，温降较大，腐蚀耐火材料较为严重。在高温下，Na_2CO_3 会产生大量的钠蒸气，对设备造成腐蚀，并对环境造成污染。因此，单纯采用苏打脱硫和脱磷的工艺并没有得到广泛应用。反应见式(3-26)与式(3-27)。

$$Na_2CO_3 + 2[C] = 2Na(g) + 3CO \tag{3-26}$$

$$(Na_2O) + [C] = 2Na(g) + CO \tag{3-27}$$

2）石灰（CaO）系脱磷剂

利用氧化剂使铁液中 [P] 氧化成 P_2O_5，加入降低其活度系数的固定剂，结合成稳定的复合化合物，一般以磷酸盐的形式存在于熔渣中。

铁水在氧化性渣下的脱磷反应式见式(3-28)：

$$2[P] + 5(FeO) + 4(CaO) = (4CaO \cdot P_2O_5) + 5Fe \tag{3-28}$$

3.3.2 脱磷反应的影响因素

在脱磷过程中，炉渣中磷的存在形式取决于氧分压。当氧分压小于 $1 \times 10^{-13}Pa$ 时，磷以 P^{3-} 的形式存在于渣中，例如 Ca_3P_2、Na_3P，这被称为还原脱磷。当氧分压大于 $1 \times 10^{-13}Pa$ 时，磷主要以 PO_4^{3-} 的形式存在于渣中，例如 $3CaO \cdot P_2O_5$，这被称为氧化脱磷。由于还原脱磷存在问题且炉渣处理复杂，因此在工业生产中并没有广泛应用还原脱磷技术，只有在冶炼特殊钢种时才会采用。目前广泛应用的脱磷技术是氧化脱磷，即将铁水中的磷氧化为 PO_4^{3-} 后进入渣中去除。

氧化脱磷是利用氧化剂（如 O_2）使铁水中磷氧化成 P_2O_5，然而 P_2O_5 在炼钢温度下不能稳定存在，必须加入能降低其活度系数的固定剂，形成稳定的复合化合物进入炉渣中。其反应式为式(3-29)～式(3-31)。

$$2[P] + 5[O] = (P_2O_5) \tag{3-29}$$

$$5[Fe] + 5[O] = 5(FeO) \tag{3-30}$$

$$2[P] + 5[O] + 4(CaO) = (4CaO \cdot P_2O_5) \tag{3-31}$$

$$\lg K_P = \lg \frac{a_{4CaO \cdot P_2O_5}}{(w[P])^2 a_{FeO}^5 a_{CaO}^4} = \frac{40067}{T} - 15.06 \tag{3-32}$$

磷的分配比常数 L_P 是评估脱磷效果的重要参数之一，表示在反应达到平衡时，磷元素在渣和铁水之间的分配比例。不论采用何种表达式，磷的分配比 L_P 都可以用来评估熔渣的脱磷能力。较高的 L_P 值表示熔渣的脱磷能力较强，脱磷更加彻底，脱磷效率也更高，因此铁水中的磷含量就会较低。按式(3-31)得出磷的分配比计算式为式(3-33)。

$$L_P = \frac{(\%P_2O_5)}{[\%P]^2} = K_P (\%FeO)^5 (\%CaO)^4 f_{[P]}^2 \frac{\gamma_{FeO}^5 \gamma_{CaO}^4}{\gamma_{P_2O_5}} \tag{3-33}$$

脱磷的热力学条件为：

① 为实现铁水脱磷，需提供足够氧气，通常加入铁氧化物或进行辅助吹氧来实现。铁氧化物是主要的脱磷剂组成，如铁矿、烧结矿、氧化铁皮、转炉烟尘和转炉炉渣等。

② 为固定脱磷产物，渣中碱性氧化物含量高（碱性系数 R 为 2～4）。脱磷的初始产物 $3FeO \cdot P_2O_5$ 不稳定，通过加入碱性氧化物，可以在高碱度的炉渣中形成稳定的 $4CaO \cdot P_2O_5$ 或 $3Na_2O \cdot P_2O_5$。

③ 铁水氧化脱磷是一个放热反应，较低的铁水温度有利于脱磷。在较低的温度下，K_P、L_P 会增加，从而有利于铁水脱磷。通常适宜的温度范围为 1250～1400℃。

④ 降低铁水中的硅含量是必要的。在高炉铁水中，硅质量分数通常为 $0.4\%\sim0.6\%$，而硅对氧的亲和力大于磷。硅酸钠和硅酸钙的稳定性较磷酸钠和磷酸钙更好，为了有效脱磷，需要预先降低铁水硅质量分数至 $0.1\%\sim0.15\%$ 以下，再使用石灰或苏打系脱磷剂进行脱磷操作。

3.3.3 脱磷剂种类

脱磷剂通常由氧化剂、助熔剂和固定剂组成。

① 氧化剂 铁水脱磷为氧化反应，因此脱磷剂的主要有效组成是氧化剂。常用的氧化剂包括工业氧气和压缩空气，以及固体形式的各种冶金辅料，如铁矿石、轧钢铁皮、烧结返矿、烧结尘、转炉尘和锰矿石等，还有一些金属的碳酸盐和硫酸盐，如 Na_2CO_3、$Fe_2(SO_4)_3$ 等。

② 助熔剂 如果只加入氧化剂进行脱磷，熔渣的黏度会很高，流动性不好，影响脱磷效果。为在铁水温度下有效去磷，促进脱磷剂的熔化是非常重要的。通常除了氧化剂外，还会加入助熔剂，提高熔渣熔化速度，降低炉渣黏度和熔化温度，以改善反应的动力学条件。CaF_2 和 $CaCl_2$ 是常用的助熔剂，都能与 CaO 形成低熔点的共晶体，增加炉渣中 FeO 的活度系数，降低 P_2O_5 的活度系数，并参与脱磷反应，进一步提高脱磷能力。

$$3(3CaO \cdot P_2O_5) + CaF_2 = 3Ca_3(PO_4)_2 \cdot CaF_2 \tag{3-34}$$

$$3(3CaO \cdot P_2O_5) + CaCl_2 = 3Ca_3(PO_4)_2 \cdot CaCl_2 \tag{3-35}$$

$CaCl_2$ 熔点 $775℃$，比 CaF_2 熔点 $1418℃$ 低，因此 $CaCl_2$ 是更有效的助熔剂。试验发现采用 $CaCl_2$ 替代 CaF_2 作为助熔剂，脱磷率可提高 10%。然而，炉气中含有氯气，对人体和环境都是有害的，因此需要对排放的炉气进行处理。

③ 固定剂 用于将磷的氧化产物 P_2O_5 固定在高温炉渣中，因为 P_2O_5 在炉渣中是不稳定的。除了上述提及的氧化剂和助熔剂，脱磷剂中还包括固定剂，用于与磷的氧化物形成稳定的化合物。常用的固定剂有 CaO、Na_2CO_3 等。固定剂的作用反应如式(3-36)、式(3-37)。

$$2[P] + 5[O] + 4CaO = 4CaO \cdot P_2O_5 \tag{3-36}$$

$$2[P] + 5[O] + 3Na_2CO_3 = 3Na_2O \cdot P_2O_5 + 3CO_2 \tag{3-37}$$

3.3.4 铁水同时脱硫与脱磷

如果能够在铁水预处理过程同时实现脱磷和脱硫，对于降低生产成本和提高生产效率都是有益的。然而，铁水脱硫和脱磷所需的热力学条件是相互矛盾的，因此要同时实现脱硫和脱磷，需要创造一定的条件。

3.3.4.1 电化学原理

冶金炉渣是离子性熔体，炉渣-金属间的反应实质是电化学反应。在强的还原条件下（$P_{O_2} < 10^{-17} MPa$），$Ca-CaF_2$ 渣系的金属中硫和磷都以阴离子形式同时进行转移，即阴极反应：

$$[S] + 2e^- \longrightarrow S^{2-} \tag{3-38}$$

$$[P] + 3e^- \longrightarrow P^{3-} \tag{3-39}$$

而此时的阳极反应为：

$$Ca - 2e^- \longrightarrow Ca^{2+} \tag{3-40}$$

因此，总的脱硫和脱磷反应式为：

$$Ca_{(l)} + [S] = CaS_{(s)} \tag{3-41}$$

$$\Delta G^\ominus = -416606 + 80.98T \qquad J/mol \tag{3-42}$$

$$3Ca_{(l)} + 2[P] = Ca_3P_{2(s)} \tag{3-43}$$

$$\Delta G^{\ominus} = -305990 + 107.60T \qquad \text{J/mol} \tag{3-44}$$

在氧化条件下，脱硫和脱磷的分配比分别可用式(3-45) 与式(3-47) 表示：

$$[S] + (O^{2-}) === (S^{2-}) + [O] \tag{3-45}$$

$$\lg L_S = \lg \frac{(\%S)}{[\%S]} = \lg C_S + \lg f_S - \lg a_O \tag{3-46}$$

$$[P] + \frac{5}{2}[O] + \frac{3}{2}O^{2-} === PO_4^{3-} \tag{3-47}$$

$$\lg L_P = \lg \frac{(\%P)}{[\%P]} = \lg C_P + \lg f_P + \frac{5}{2}\lg a_O \tag{3-48}$$

式中，$(\%S)$ 为熔渣中 S 质量分数，%；$[\%S]$ 为铁水 S 质量分数，%；$(\%P)$ 为熔渣中 P 质量分数，%；$[\%P]$ 为铁水 P 质量分数，%；f_S 为硫的活度系数；f_P 为磷的活度系数；a_O 为氧的活度。

磷容量 C_P 和硫容量 C_S 分别由式(3-49) 与式(3-50) 定义：

$$C_P = (\%P)/a_P a_O^{5/2} \tag{3-49}$$

$$C_S = (\%S)a_O/a_S \tag{3-50}$$

在一定的温度和金属成分下，选择具有较大磷容量（C_P）和硫容量（C_S）的炉渣，可以实现铁水同时脱磷和脱硫。当渣系确定后，可以通过控制炉渣与金属的界面氧位（PO_2）调节脱磷和脱硫效果。增大 PO_2 可以提高磷的脱除率（L_P）并降低硫的脱除率（L_S），而降低 PO_2 则降低 L_P 并增加 L_S。

因此，可根据对铁水脱磷和脱硫的程度要求，控制合适的氧位，有效地实现铁水同时脱磷和脱硫。

3.3.4.2 脱磷脱硫的喷吹冶金工艺

在使用喷吹冶金技术时，通过实验测定发现，喷枪出口处的氧位较高时有利于脱磷反应的进行；而当喷粉流向包壁回流处时，氧位逐渐降低，有利于实现脱硫反应。图 3-13 展示了在铁水包中使用喷粉处理时不同位置的氧位。在同一反应器内，高氧位区域发生脱磷反应，而低氧位区域发生脱硫反应，从而使铁水中的磷和硫同时被去除。

目前铁水同时脱磷脱硫工艺已在工业上应用。如日本的 SARP 法（Sumitomo alkali refining process，住友碱性精炼工艺），它是将高炉铁水首先脱 Si，当 $[Si] < 0.1\%$ 以后，扒出高炉渣，然后喷吹苏打粉 19kg/t，其结果使铁水脱硫 96%，脱磷 95%。

喷吹苏打粉工艺具有以下特点：苏打粉具有较低的熔点和良好的流动性；它的界面张力小，易于与渣铁分离，从而减少渣中的铁损失；能够实现同时去除硫和磷的效果。然而，喷吹苏打粉对耐火材料具有严重的侵蚀作用，并且会产生气体污染。

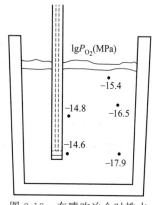

图 3-13　在喷吹冶金时铁水
中 P_{O_2} 的变化

另一类的喷吹工艺以喷吹石灰粉为主要粉料，也能够同时实现脱磷和脱硫的效果。如日本新日铁公司的 ORP 法（optimising the refining process，最佳精炼工艺），它是把铁水脱硅，当 $[Si] < 0.15\%$ 后，扒出炉渣，然后喷吹石灰基粉料 52kg/t，其铁水脱硫率为 80%，

脱磷率为88%。

喷吹石灰基粉料的工艺特点如下：渣量大，导致渣中铁损失较多（TFe可达20%～30%）；石灰熔点较高，通常需要添加助熔剂以提高石灰的熔化性能；铁水中氧位较低，需要提供氧气来促进反应的进行。

3.3.5 铁水预脱磷方法

3.3.5.1 铁水包喷吹法

图3-14是铁水包喷吹脱磷法的示意图，脱磷处理具有以下优点：首先，铁水罐混合容易，排渣性良好；其次，可以通过给铁水提供氧源来促进脱磷反应，上部加入轧钢皮、生石灰、萤石等熔剂，在强搅拌下加速反应进行。此外，气体氧可以用来调节和控制铁水温度；脱磷处理的处理量可以与转炉进行匹配，使得转炉能够冶炼低磷（<0.010%）的钢种。同时，这种处理方式可以减少使用造渣熔剂，并用锰矿石替代锰铁来进行高锰钢的冶炼，从而获得经济效益。

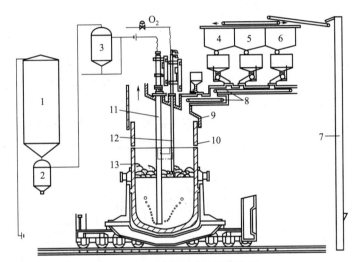

图3-14　铁水包喷吹脱磷装置

1—贮料仓；2—提升端；3—喷吹；4—CaO；5—CaF$_2$；6—轧钢皮；7—斗式提升机；
8—运输机；9—集尘罩；10—衬；11—N$_2$枪；12—O$_2$枪；13—铁水罐

3.3.5.2 鱼雷罐车喷吹法

日本新日铁君津厂开发和采用了石灰系熔剂精炼的最佳精炼工艺（ORP），如图3-15所示。工艺步骤如下：首先，在高炉出铁沟中加入铁磷进行脱硅处理；铁水流入鱼雷车内并与其中的脱磷渣混合，之后渣与铁分离并进行扒渣；向鱼雷车中喷入石灰系熔剂进行脱磷和脱硫处理；最后，经过处理的铁水加入转炉进行脱碳和升温。在该工艺中，处理前铁水温度为1350℃，处理时间为25min。

日本川崎千叶厂、水岛厂以及日本钢管京滨厂等其他厂家也采用了类似的方法。这种方法在脱磷过程中会带来较大温降，因此通常需要通过吹氧来补偿温降。经过研究，川崎水岛厂采用了氧气喷吹脱磷剂的工艺来处理铁水。

3.3.5.3 专用转炉脱磷

由于在鱼雷车和铁水包中进行脱磷存在一些问题，钢铁企业开始采用在转炉内进行脱磷的预处理方法。住友金属鹿岛厂采用的SRP精炼工艺如图3-16所示。在这种工艺中，两台

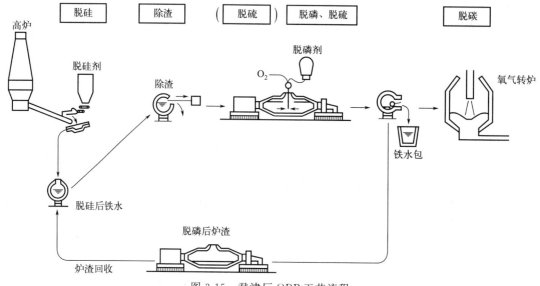

图 3-15　君津厂 ORP 工艺流程

复吹转炉中的一台作为脱磷炉，另一台作为脱碳炉。脱碳炉产生的炉渣可以用作脱磷炉的脱磷剂，从而降低石灰消耗，达到稳定而快速的精炼效果。国内许多钢厂也采用了类似方法，例如首钢京唐公司建成了 300t 全自动脱磷转炉，并配套开发研制了滑板挡渣技术，通过有效控制下渣量，避免了回磷现象的危害，实现了高效脱磷。目前，这种工艺已经成熟，运行良好，并能稳定生产出 $[P] \leqslant 50 \times 10^{-6}$（质量分数）的钢种。

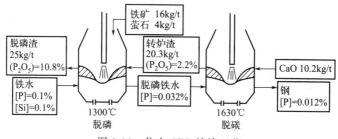

图 3-16　住友 SRP 精炼工艺

① 通过复吹的脱磷炉，可以使用廉价的脱磷剂进行快速处理，在 10min 内可以获得低磷铁水。

② 在底吹气体流量为 $0.11 \sim 0.114 m^3/(min \cdot t)$（标准状态）的条件下，可以将废钢熔化 7％。在 160t 脱磷炉上，将底吹气体流量从标准状态时 $0.114 m^3/(min \cdot t)$ 增加到 $0.135 m^3/(min \cdot t)$，随着底吹气体流量的增加，磷分配比、石灰溶解度和铁收得率均有所提高，同时渣中（FeO）含量降低，进一步提高了脱磷速度并减少了渣量。

③ 在脱碳炉中采用脱磷铁水吹炼时，由于供氧速度和脱碳速度达到平衡，在少渣吹炼的条件下，提高了锰的收得率。

目前，国内钢铁企业已相继建成了双联转炉炼钢工艺，并建立了高效低成本冶炼低磷及超低磷品种钢的生产实践平台。其中，鞍钢采用顶吹转炉双联法，前半钢主要目标是控制出钢的碳质量分数在 2％以上，磷质量分数在 0.02％以下，出钢温度在 1400℃以上。生产实践证明，实现上述目标，双联工艺生产超低磷钢的前半钢终渣的 FeO 质量分数应在 25％以上，并且炉渣碱度需要控制在 2.0～2.5 的范围内，在良好的炉渣熔化条件下，可以达到 60% 以上的脱磷率，满足前半钢的去磷需求。后半钢的主要工作是脱碳，并进一步降低磷质量分数（小于 0.004%）。如图 3-17 所示，当出钢温度降低时，后半钢脱磷效率会增加，因此需要将出钢温度控制在 1640℃ 以下。脱磷率会随着终点渣中 FeO 质量分数的增加而降低，但变化幅度不大。为此，应保证终点渣中 $w(FeO) \geqslant 30\%$。

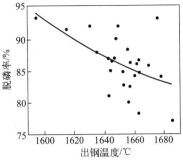

图 3-17　半钢脱磷率与
出钢温度的关系

 思考题

1. 什么是铁水预处理？铁水预处理的作用是什么？
2. 在炼钢生产中采用铁水预脱硫技术的必要性是什么？
3. 预处理脱硫常用脱硫剂是什么？石灰粉和电石粉作为脱硫剂各有什么特点？
4. 金属镁铁水预脱硫的机理是什么？
5. 采用金属镁脱硫为什么要对镁颗粒进行表面钝化处理？
6. 什么是 KR 法脱硫？主要生产流程是什么？
7. 铁水脱磷的原理是什么？为什么铁水脱磷必须先脱硅？
8. 铁水脱硅有哪些方法？采用何种脱硅剂？
9. 铁水预脱磷方法有哪些？请对比分析不同脱磷方法的特点。
10. 如何实现铁水同时脱磷和脱硫？

参考文献

[1]　吴引淳. 铁水脱硫的热力学与动力学浅析 [J]. 炼钢，1996（01）：44-52.
[2]　陈新民，陈启元. 冶金热力学导论 [M]. 北京：冶金工业出版社，1986.
[3]　张海涛. 菱镁矿基脱硫剂在铁水预处理条件下原位脱硫的实验研究 [D]. 鞍山：辽宁科技大学，2016.
[4]　倪培亮，王玉春，时振明. 莱钢低硫钢冶炼过程硫含量控制实践 [J]. 钢铁，2010，45（03）：49-51.
[5]　禹鹏程. KR 法铁水脱硫自动控制系统设计及应用 [D]. 镇江：江苏大学，2021.
[6]　李德强. 不同 KR 搅拌方式的动力学条件研究 [J]. 鞍钢技术，2020（01）：23-25，30.
[7]　刘群. KR 石灰石脱硫技术研究及应用 [J]. 低碳世界，2019，9（06）：47-48.
[8]　柳晓玲. KR 铁水预处理脱硫装置的工艺仿真分析与优化设计 [D]. 镇江：江苏大学，2020.
[9]　万雪峰. 铁水脱硫技术的发展及现状 [J]. 鞍钢技术，2018（05）：8-15.
[10]　孙亮，朱良，赵晓东. 3 种铁水脱硫工艺的应用实践 [J]. 中国冶金，2018，28（03）：50-53.
[11]　李文超. 冶金热力学 [M]. 北京：冶金工业出版社，1985.
[12]　程常桂，马国军. 铁水预处理 [M]. 北京：化学工业出版社，2009.
[13]　宁国山. 赤泥资源化利用新工艺的研究与开发 [D]. 沈阳：东北大学，2018.
[14]　李俊. 转炉脱磷冶炼工艺研究 [D]. 鞍山：辽宁科技大学，2017.
[15]　栾花冰，王爽，孙振宇，等. 鞍钢 100t 顶吹转炉双联法脱磷工艺的研究 [J]. 鞍钢技术，2018（01）：26-29.

4 钢冶金

📖 **本章要点**

1. 炼钢过程基本任务；
2. 钢中有害杂质元素的脱除原理；
3. 炼钢原辅材料及要求；
4. 转炉炼钢基本工艺及主要设备；
5. 电弧炉炼钢基本工艺及主要设备。

钢与铁都以 Fe 元素为基本成分，两者的区别主要是含碳量不同，导致其组织结构有所区别，使之在性能等方面产生了较大差别。一般钢为 [C]＜2.11％的铁碳合金，且在日常生活中，大多钢种含碳量均小于 1.2％。高炉生产出的铁水中除了含有较高量的碳含量，还有 Si、Mn、P 和 S 等其他元素，且 P、S 对于大多数钢来说都是有害元素。

为了得到较高性能或特殊性能的钢种，需要通过冶炼降低生铁中的含碳量，并且去除有害元素等，脱除冶炼过程中残留在钢中的氧、氮、氢等，并加入适量的合金元素和脱除夹杂物。炼钢过程的基本任务可以概括为：脱碳、脱磷、脱硫、脱氧、去气、去除非金属夹杂物、合金化、升温和凝固成型。

4.1 钢冶金原理

4.1.1 硅、锰的氧化

炼钢的铁水中均含有一定量的硅和锰元素，且通常炼钢过程中加入的废钢也会含有。

4.1.1.1 化学性质

硅的熔点是 1412℃，与铁无限互溶，可形成金属间化合物。炼钢过程中的硅氧反应进行得十分完全，生成 SiO_2。硅溶解时放热，且与铁之间有较强的作用力，对拉乌尔定律产生负偏差，在低浓度时可大体上认为服从亨利定律。1872K 时铁液中硅的标准溶解自由能见式(4-1)。

$$Si \rightleftharpoons [Si] \tag{4-1}$$
$$\Delta G^{\ominus} = -131500 + 15.23T \tag{4-2}$$

锰的熔点是 1244℃，也与铁无限互溶，但溶解时与铁之间无化学作用，形成的溶液近似为理想溶液。锰与氧、硫生成 MnO、MnS 等化合物，升温后锰可被还原。

4.1.1.2 硅的氧化

硅与氧的亲和能力很强，氧化时大量放热，在转炉炼钢过程的前期就会被氧化，反应如式(4-3)：

$$[Si] + 2[O] \Longrightarrow SiO_2(s) \tag{4-3}$$

$$\Delta G^{\ominus} = -576400 + 21.82T \tag{4-4}$$

$$K = a_{SiO_2(s)} / (a_{[Si]} a_{[O]}^2) \tag{4-5}$$

$$\lg K = 30110/T - 11.40 \tag{4-6}$$

式(4-3)中[Si]和[O]用质量分数表示，活度以亨利定律为基准，a_{SiO_2}的活度基准是纯固体SiO_2。有关Si的渣-金属间反应由式(4-7)给出：

$$[Si] + 2FeO(l) \Longrightarrow SiO_2(s) + 2Fe(l) \tag{4-7}$$

$$K = a_{(SiO_2)} / (a_{[Si]} a_{[FeO]}^2) \tag{4-8}$$

$$\lg K = 17810/T - 6.192 \tag{4-9}$$

由式(4-9)计算出的平衡常数很大，如$K_{(1873K)} = 2.1 \times 10^3$，$K_{(1573K)} = 1.3 \times 10^5$。由于炼钢初期的温度较低，生成的渣中FeO含量高，故此时硅较容易被氧化去除。

SiO_2在渣中会与FeO、MnO结合生成$(Fe、Mn)_2SiO_4$。随着渣中CaO的含量增加，又会向Ca_2SiO_4转化，反应见式(4-10)：

$$[(Fe、Mn)_2SiO_4] + 2(CaO) \Longrightarrow (Ca_2SiO_4) + 2(FeO、MnO) \tag{4-10}$$

$$2(CaO) + (SiO_2) \Longrightarrow (Ca_2SiO_4) \tag{4-11}$$

$$K_{Si} = \frac{a_{Ca_2SiO_4}}{a_{Si}^2 a_{FeO}^2 a_{CaO}^2} \tag{4-12}$$

可得

$$[\%Si] = \frac{a_{Ca_2SiO_4}}{K_{Si} f_{Si}^2 a_{FeO}^2 a_{CaO}^2} \tag{4-13}$$

式中，[%Si]为钢液中Si的质量分数，不带%，只指百分号前的数值。

在炼钢初期时，熔池中[C]会使f_{Si}增大，在碱性渣中，a_{FeO}和a_{CaO}高，CaO、FeO和SiO_2有较强的结合能力，使得$\gamma_{SiO_4^{4-}}$降低，硅被迅速氧化至微量，且不会再发生还原反应。

4.1.1.3 锰的氧化与还原

铁液中锰的氧化反应如下：

$$[Mn] + [O] \Longrightarrow MnO(l) \tag{4-14}$$

$$\Delta G_{(MnO,l)}^{\ominus} = -244300 + 107.6T \tag{4-15}$$

$$\lg K_{(MnO,l)} = 12760/T - 5.62 \tag{4-16}$$

$$[Mn] + [O] \Longrightarrow MnO(s) \tag{4-17}$$

$$\Delta G_{(MnO,s)}^{\ominus} = -288200 + 129.3T \tag{4-18}$$

$$\lg K_{(MnO,s)} = 15050/T - 6.75 \tag{4-19}$$

Mn的渣-金属间反应由式(4-20)给出：

$$[Mn] + FeO(l) \Longrightarrow Fe(l) + MnO(l) \tag{4-20}$$

$$K = a_{(MnO)} / (a_{[Mn]} a_{[FeO]}) \tag{4-21}$$

$$\lg K = 6440/T - 2.93 \tag{4-22}$$

此时的$a_{Mn} \approx [\%Mn]$，氧化锰、氧化亚铁的活度以熔融态的纯MnO和FeO为基准，$K_{(1873K)} \approx 3.22$。

式(4-20)的平衡常数为：

$$K_{Mn} = \frac{a_{MnO}}{a_{Mn} a_{FeO}} \qquad (4-23)$$

展开后得

$$[\%Mn] = \frac{a_{MnO}}{K_{Mn} f_{Mn} a_{FeO}} = \frac{(\%MnO) \gamma_{MnO}}{K_{Mn} f_{Mn} (\%FeO) \gamma_{FeO}} \qquad (4-24)$$

故可得出

$$L_{Mn} = \frac{(\%Mn)}{[\%Mn]} = \frac{55}{71} K_{Mn} (\%FeO) \frac{f_{Mn} \gamma_{FeO}}{\gamma_{MnO}} \qquad (4-25)$$

式中，$[\%Mn]$ 为钢液中 Mn 的质量分数；$(\%MnO)$ 为炉渣中 MnO 的质量分数；均不带％，只用百分号前面的数值。

根据式(4-24) 可知，L_{Mn} 会根据炼钢条件的改变发生变化。冶炼初期，由于温度较低，渣中 FeO 含量高，渣碱度低，Mn 会迅速氧化进入渣中；冶炼中后期，熔池温度升高，渣中 FeO 含量降低，碱度升高，锰会重新还原入铁水中；冶炼末期，锰会由于渣氧化性提高而再次被氧化。

4.1.2　钢液脱碳

脱碳是炼钢过程的主要任务之一，一般生铁中的碳质量分数为 4％ 左右。脱碳主要采用氧化反应，生成 CO 或 CO_2 气体，并从金属液中上浮去除。

4.1.2.1　脱碳反应

在吹氧过程中，铁水中的碳氧反应如式(4-26)：

$$[C] + [O] = CO(g) \qquad (4-26)$$
$$\Delta G^{\ominus} = -22200 - 38.34T (J/mol) \qquad (4-27)$$
$$\lg[p_{CO}/(p_{[C]} p_{[O]})] = 1160/T + 2.003 \qquad (4-28)$$

碳氧反应平衡还与式(4-29) 与式(4-32) 有关：

$$[O] + CO(g) = CO_2(g) \qquad (4-29)$$
$$\Delta G^{\ominus} = -166900 + 91.13T (J/mol) \qquad (4-30)$$
$$\lg[p_{CO_2}/(p_{CO} p_{[O]})] = 8718/T - 4.762 \qquad (4-31)$$
$$[C] + CO_2(g) = 2CO(g) \qquad (4-32)$$
$$\Delta G^{\ominus} = 144700 - 129.5T (J/mol) \qquad (4-33)$$
$$\lg[p_{CO}^2/(p_{CO_2} p_{[C]})] = -7558/T + 6.765 \qquad (4-34)$$

碳氧的活度系数 f_C 和 f_O 为：

$$\lg f_C = f_C^C + f_C^O \approx f_C^C \qquad (4-35)$$
$$= 0.243 [\%C]$$
$$\lg f_O = f_O^O + f_O^C \approx f_O^C \qquad (4-36)$$
$$= -0.421 [\%O]$$

当温度和压力一定时，金属中碳氧含量首先取决于 CO/CO_2 的混合比。式(4-26) 是脱碳反应中的主要反应，故熔池中碳的氧化产物以 CO 为主，而不是 CO_2。

4.1.2.2　铁水中碳氧关系

式(4-26) 的平衡常数可以写成

$$K_C = \frac{p_{CO}}{a_{[C]} a_{[O]}} = \frac{p_{CO}}{f_C[\%C] f_O[\%O]} \qquad (4-37)$$

将 p_{CO} 取 0.1MPa($\approx$1atm)，p_{CO}/p_{CO}（Boudouard 平衡）$=1$，且 [%C] 低时 f_C 和 f_O 均接近 1，故式（4-37）变为

$$K_C = \frac{1}{[\%C][\%O]} \tag{4-38}$$

因此，当 $p_{CO} \approx 1$ 时，铁水中碳氧浓度积 [%C][%O] 只随温度变化，故

$$\lg([\%C][\%O]) = -1160/T - 2.003 \tag{4-39}$$

令 [%C][%O] $= m$，在 1873K 下可得 $m = 0.0024$。所以，在一定的温度压力下 m 为一个常数，在炼钢过程中 [C]+[O]=CO 的平衡常数随温度的变化不大。

基于企业的生产实际，发现 m 会随着 [%C] 的变化而改变，并不再是一个常数。m 的取值如表 4-1 所示。

表 4-1 不同温度和含碳量条件下的碳氧浓度积

[%C]	[%C][%O]×10³					备注
	1500℃	1600℃	1700℃	1800℃	1900℃	
0.02~0.20	1.86	2.00	2.18	2.32	2.45	有 CO_2 反应，$f_c = f_o \approx 1$
0.5	1.77	1.90	2.08	2.20	2.35	基本无 CO_2 反应，$f_c > 1$，$f_o > 1$
1	1.68	1.81	1.96	2.08	2.25	
2	1.55	1.70	1.84	1.95	2.10	

在高碳浓度下，铁水中碳氧关系如式（4-40）所示

$$\lg \frac{[\%C][\%O]}{p_{CO}} = \lg \frac{a_{[C]} a_{[O]}}{p_{CO}} + 0.178[\%C] \tag{4-40}$$

此时 m 值随碳浓度增加而增加。这是由于在碳含量低时，式（4-26）与式（4-29）会同时发生，生成 CO_2，而碳含量高时的活度系数并不能忽略。

在实际生产中，熔池的 [O] 含量大多都会高于理论含量。此时实际熔池的 [%O] 与理论计算的 [%O] 之差 Δ[%O] 的大小与脱碳反应动力学有关。脱碳速度越大反应越接近于平衡，该值越小，反之该值越大。另外，当含碳量越低时，该值越小。因此，在熔池中若 [%C] 较高时，需要通过增大供氧量来提高脱碳速度。

综上所述，从脱碳反应热力学方面来说，提高 f_C、提高 f_O 和 [%O]、降低 CO 分压都有利于脱碳，而温度对反应的影响不大。

4.1.2.3 脱碳反应控制环节

熔池中碳氧反应包括以下 3 个环节：

① 反应物 C、O 扩散至反应区；

② [C] 与 [O] 反应；

③ 产物 CO 或混合产物 CO 与 CO_2 向上排出。

在冶炼过程中，上述反应进行十分迅速，可以认为是瞬时反应。一般认为环节①是整个反应的限制性环节，且在熔池中 [C] 和 [O] 含量较低时更加显著。在某些特殊情况下，气泡的形成也会成为脱碳的控制环节。

4.1.2.4 脱碳反应 CO 气泡的产生

CO 虽然在铁液中的溶解度很小，但由于钢液的静压力非常大，所以 CO 气泡难以形成。而氧气流在与金属液直接接触时，会有大量气泡弥散在熔池内部，便于形成 CO 气泡，

成为脱碳反应速度较快的主要原因。

对于钢液中的气体来说，CO 气泡相当于一个真空室，这使得气体可以通过扩散进入气泡被带出熔池，这是炼钢过程中去除气体的有效手段之一。

4.1.2.5 脱碳反应速率

对于转炉冶炼过程来说，整个脱碳过程可以分为 3 个阶段：吹炼初期，熔池温度较低，硅、锰含量较高，以硅的氧化为主，脱碳速率较低；吹炼中期，脱碳较为激烈，此时脱碳速率受氧的扩散控制；吹炼后期，碳含量降低，碳的扩散成为了反应控制环节，脱碳速度与碳含量成正比。

各阶段脱碳速度关系式见式(4-41) ~式(4-43)：

$$第一阶段：-\frac{\mathrm{d}[\%\mathrm{C}]}{\mathrm{d}t}=k_1 t \tag{4-41}$$

$$第二阶段：-\frac{\mathrm{d}[\%\mathrm{C}]}{\mathrm{d}t}=k_2 \tag{4-42}$$

$$第三阶段：-\frac{\mathrm{d}[\%\mathrm{C}]}{\mathrm{d}t}=k_3[\%\mathrm{C}] \tag{4-43}$$

式中，k_1 为取决于 [Si] 及熔池温度等因素的常数；t 为吹炼时间；k_2 为高速脱碳阶段由氧气流量所确定的常数，氧流量 q_{O_2} 变化时，变为 $k_2 q_{O_2}$；k_3 为碳含量降低后，脱碳反应受碳的传质控制时，由供氧强度、氧枪枪位等确定的常数。

对于第二阶段向第三阶段转换的碳含量，有多种不同的研究和观点，且差别较大。通常来说，实验室中为 $0.1\sim0.2$ 或 $0.07\sim0.1$，而实际生产过程中可为 $0.1\sim0.2$ 或 $0.2\sim0.3$，有的可达 $1.0\sim1.2$，主要和供氧速度、供氧方式、熔池搅拌强度与传质系数大小有关。

4.1.3 钢液脱磷

炼铁原料中磷的氧化物在高炉冶炼时几乎全部被还原进入生铁中，而对于绝大多数钢种来说，磷是有害元素，会使钢产生冷脆现象，所以出钢时一般要求钢水的磷质量分数不大于 0.03%，低磷钢种通常要求磷质量分数小于 0.01% 甚至更低。

炼钢过程中，磷既可以被氧化也可以被还原，并且在出钢时会发生回磷现象，所以脱磷反应是炼钢过程的重要任务之一。

4.1.3.1 脱磷反应热力学条件

炼钢过程中脱磷通常在氧化条件下完成，铁液中磷的氧化反应如式(4-44) 所示：

$$2[\mathrm{P}]+5[\mathrm{O}]=(\mathrm{P}_2\mathrm{O}_5) \tag{4-44}$$

$$K_\mathrm{P}=a_{(\mathrm{P}_2\mathrm{O}_5)}/(a_{[\mathrm{P}]}^2 a_{[\mathrm{O}]}^5) \tag{4-45}$$

但渣中的 $\mathrm{P}_2\mathrm{O}_5$ 并不稳定，需要与碱性氧化物结合才能被脱除，反应如式(4-46) 所示：

$$(\mathrm{P}_2\mathrm{O}_5)+4(\mathrm{CaO})=(4\mathrm{CaO}\cdot\mathrm{P}_2\mathrm{O}_5) \tag{4-46}$$

渣中的 $\mathrm{P}_2\mathrm{O}_5$ 以离子 PO_4^{3-} 形式存在。脱磷反应如式(4-47) 所示：

$$2[\mathrm{P}]+5[\mathrm{O}]+3(\mathrm{O}^{2-})=2(\mathrm{PO}_4^{3-}) \tag{4-47}$$

从气-渣反应和渣-金属反应出发，渣的磷容量分别定义为

$$C_\mathrm{P}=\frac{(\%\mathrm{PO}_4^{3-})}{p_{\mathrm{P}_2}^{1/2}p_{\mathrm{O}_2}^{5/4}}=K_{\mathrm{s\text{-}g}}\frac{a_{(\mathrm{O}^{2-})}^{3/2}}{\gamma_{\mathrm{PO}_4^{3-}}} \tag{4-48}$$

$$C_P = \frac{(\%P)}{[\%P]} \frac{1}{f_{[P]} a_{[O]}^{5/2}} = K_{s\text{-}M} \frac{a_{(O^{2-})}^{3/2}}{\gamma_{PO_4^{3-}}} \tag{4-49}$$

磷容量可以通过气-渣反应和渣-金属反应平衡测出，而一定的渣，在恒温下磷容量是定值。磷容量的大小表示渣的脱磷能力强弱。若渣中 P_2O_5 和 SiO_2 含量较高时，有的 PO_4^{3-} 会结合成阴离子团 $P_2O_7^{4-}$，而高碱度低磷渣，按 PO_4^{3-} 计算是正确的。

由于炼钢过程中的 [P] 和 [O] 含量都很低，故认为 $a_{[P]} = [\%P]$，$a_{[O]} = [\%O]$。取过冷的纯的熔融 P_2O_5 活度 $a_{P_2O_5}$ 为基准，此时可得

$$K_P = a_{(P_2O_5)} / ([\%P]^2 [\%O]^5) = 36850/T - 29.07 \tag{4-50}$$

$$a_{(P_2O_5)} = \gamma_{(P_2O_5)} x_{P_2O_5}$$

其中 $\gamma_{(P_2O_5)}$ 总结为以下经验公式

$$\lg \gamma_{(P_2O_5)} = -1.12 \sum A_i x_i - 42000/T + 23.58 \tag{4-51}$$

式中

$$\sum A_i x_i = 22 x_{CaO} + 15 x_{MgO} + 13 x_{MnO} + 12 x_{FeO} - 2 x_{SiO_2} \tag{4-52}$$

炉渣的脱磷能力以磷的分配比 $L_P = (\%P_2O_5)/[\%P]^2$ 来表示，可得出

$$L_P = \frac{(\%P_2O_5)}{[\%P]^2} = K_P (\%FeO)^5 (\%CaO)^4 \frac{\gamma_{FeO}^5 \gamma_{CaO}^4}{\gamma_{Ca_4P_2O_9}} \tag{4-53}$$

若要提高炉渣脱磷能力，需要增大 K_P、a_{FeO}、a_{CaO}、f_P 和降低 $\gamma_{P_2O_5}$。所以对于影响以上值的实际生产工艺参数就是脱磷反应的热力学条件。

(1) 温度

脱磷反应是强放热反应，降低温度会使 K_P 增大，故熔池温度低时有利于脱磷反应。但温度过低不利于脱磷炉渣熔化，通常认为脱磷过程熔池温度控制在 1300～1450℃ 较好。

(2) 碱度

碱度 CaO/SiO_2 越高，磷的分配比越大。增加渣中的 CaO 或石灰会提高 P_2O_5 的含量。但 CaO 含量过高会使炉渣变黏，不利于脱磷。通常认为炉渣碱度在 2.0～5.0 较好。

(3) FeO

当其他条件一定时，在一定限度内 FeO 的增大会使 L_P 增大。FeO 可以当作金属中磷的氧化剂，并且还可与 P_2O_5 结合成化合物 $3FeO \cdot P_2O_5$。该化合物高温时并不稳定，所以靠 $3FeO \cdot P_2O_5$ 无法做到较好的脱磷。

FeO 对脱磷的综合影响是：碱度<2.5 时，增加碱度有利于脱磷；碱度在 2.5～4.0 时，增加 FeO 有利于脱磷，但过高的 FeO 会使脱磷能力下降。渣中氧化物对 L_P 的影响大小顺序如下：$CaO \gg MgO > Fe_tO \gg SiO_2$。

(4) 金属成分

金属中的杂质元素对 f_P 有一定的影响。在含磷铁液中，增加 C、O、N、Si 和 S 等会促使 f_P 增加，而增加 Cr 会使 f_P 减小，Mn 和 Ni 对 f_P 影响较小。金属成分对炼钢的影响主要在初期，另外的作用是其氧化产物对炉渣性质的影响。

(5) 渣量

增加渣量可以在 L_P 一定时降低 [%P]，因为增加渣量意味着降低 (P_2O_5) 浓度，使得 $Ca_3P_2O_5$ 也相应减少，所以多次换渣操作有利于脱磷，但炉渣量大不利于降低原辅料消耗。

综上所述，对脱磷反应热力学方面来说，较高的炉渣碱度、较高的（FeO）含量、合适的熔池温度、一定的渣量即是有利于脱磷反应进行的必要热力学条件。

4.1.3.2 脱磷反应动力学条件

脱磷反应在渣-金界面进行，且反应速率较大，过程受渣-金两侧的传质速率影响。根据双膜理论可得以下速率方程：

$$-\frac{\mathrm{d}[\%P]}{\mathrm{d}t}=\frac{A}{V_m}\frac{1}{\rho_m}\frac{L_P[\%P]-(\%P)}{\dfrac{L_P}{\rho_m k_m}+\dfrac{1}{\rho_s k_s}} \tag{4-54}$$

式中，A 为渣、钢界面积；V_m 为钢液体积；ρ_m、ρ_s 为钢与熔渣的密度；k_m、k_s 为钢液与熔渣的传质系数；L_P 为磷的分配系数。

由式(4-54)可知，脱磷反应中，$L_P[\%P]-(\%P)$ 为推动力，$\dfrac{L_P}{\rho_m k_m}+\dfrac{1}{\rho_s k_s}$ 为阻力。另外，当 L_P 很小时，$\dfrac{L_P}{\rho_m k_m}$ 可忽略不计；当 L_P 很大时，$\dfrac{1}{\rho_s k_s}$ 可忽略不计。

由此可得，若要促进脱磷反应，改善脱磷条件，需要提高 L_P，即良好的熔渣性能和适量的渣量，还要提高渣-金界面传质的因素等条件。

4.1.4 钢液脱硫

4.1.4.1 脱硫反应热力学条件

在实际生产中，脱硫反应是在渣-钢界面进行的，反应式如式(4-55)所示：

$$[S]+(O^{2-})=\!\!=\!\!=(S^{2-})+[O] \tag{4-55}$$

$$K_S=\frac{a_{(S^{2-})}a_{[O]}}{a_{[S]}a_{(O^{2-})}} \tag{4-56}$$

硫的分配系数 $L_S=(\%S)/[\%S]$ 为：

$$L_S=K_S\frac{N_{O^{2-}}\gamma_{O^{2-}}f_S}{[\%O]f_O\gamma_{S^{2-}}} \tag{4-57}$$

根据式(4-57)可知，影响脱硫能力的条件有：K_S、渣中的 $a_{O^{2-}}$ 和 $\gamma_{S^{2-}}$、钢液中的 a_O 和硫的活度系数 f_S。所以脱磷反应的热力学条件如下：

(1) 温度

平衡时，K_S 与温度成正比，升温有利于脱硫反应的进行。由于 $[S]\rightarrow(S)$ 的热效应较小，所以温度在热力学方面对脱硫反应的影响不大，而主要作用于动力学方面。

(2) 碱度

在炼钢过程中，CaO 对脱硫起主要作用。渣中 $N_{O^{2-}}$ 增加，碱度升高，有利于脱硫反应的进行。

(3) [O] 与 (FeO)

因为 $L_O=a_{FeO}/a_{[O]}$，降低 $a_{[O]}$ 有利于脱硫，且 a_{FeO} 与 $a_{[O]}$ 有一定关系，增加（%FeO）可增加 $[\%O]$ 与 $n_{O^{2-}}$。

(4) 金属成分与炉渣

增大钢液中的 f_S 与降低渣中的 $\gamma_{S^{2-}}$ 均可促进脱硫反应。降低 $\gamma_{S^{2-}}$ 可提高渣碱度。C 与 Si 可增大 f_S，Mn 会使 f_S 降低。在冶炼过程中，炉渣起主要作用，而在预处理过程中，C、

Si 起主要作用。

4.1.4.2 脱硫反应动力学条件

脱硫反应与其他元素的氧化反应不同，其主要是硫在渣-金之间的交换。硫从金属中流向渣中，此过程渣中硫的增加速度为：

$$\frac{W_S}{100A} \times \frac{d(\%S)}{dt} = k_m[\%S] - k_S(\%S) \tag{4-58}$$

式中，W_S 为熔渣的质量。在冶炼开始时，渣中的（%S）可忽略不计，此时

$$\frac{W_S}{100A} \times \frac{d(\%S)}{dt} = k_m[\%S] = \frac{W_m}{100A}\left(-\frac{d[\%S]}{dt}\right) \tag{4-59}$$

式中，W_m 为钢液的质量。随着碱度 CaO/SiO_2 增大，钢液的传质系数增大，由于脱硫速度受熔渣成分的影响，所以熔渣侧中硫的扩散为主要限制环节。

$$-\frac{d[\%S]}{dt} = \frac{W_S}{W_m} \times \frac{d[\%S]}{dt} = \frac{\rho_S}{\rho_m} \times \frac{AD_S^S}{V_m \delta_S} L_S(\%S) \tag{4-60}$$

在钢渣界面上反应平衡时：

$$(\%S) = L_S[\%S] \tag{4-61}$$

故可得

$$-\frac{d[\%S]}{dt} = \frac{\rho_S}{\rho_m} \times \frac{AD_S^S}{V_m \delta_S} L_S(\%S) = k_m'(\%S) \tag{4-62}$$

式中，D_S^S 为 S 在熔渣中的扩散系数；δ_S 为熔渣中 S 的边界层厚度。式(4-60)与式(4-62)均可说明脱硫反应速率与 $[\%S]$ 呈线性关系。实验证明，碱度越大，脱硫速度越高。碱度增大，k_m 显著增大，但 k_S 由于渣变黏而稍降。且根据实验可知，温度对硫的传质系数的影响比 k_m 与 k_S 的影响程度要大。

综上所述，若要促进脱硫反应，改善脱硫条件，可通过以下措施：提高熔渣碱度使得 L_S 增大，硫的传质系数提高；升温可提高渣中硫的扩散系数；加大渣量或换渣使渣中硫反应成气体排出；降低钢中氧含量。

4.1.5 钢液脱氧

炼钢过程是通过向熔池吹氧以氧化去除钢液中的 C、Si、Mn、P 等元素获得合适成分的钢种。为提高反应速率，需要向熔池提供充足的氧气。在冶炼过程中，随着碳含量的降低，钢中氧含量逐渐升高，这些氧不仅会影响合金化效果，而且还是钢在凝固过程中影响最严重的元素之一，所以在吹炼结束后必须要进行脱氧。

钢液脱氧的基本方法是使氧生成氧化物后分离去除。脱氧的主要方法包括沉淀脱氧、扩散脱氧与真空脱氧。

4.1.5.1 沉淀脱氧

沉淀脱氧，也叫直接脱氧，是通过向钢液中加入脱氧剂 M 使之与钢液中的 [O] 反应生成脱氧产物（MO），并根据其与钢液的密度差而悬浮进入渣中而去除。通常发生在吹炼结束后的出钢阶段，脱氧反应如式(4-63)所示：

$$[M] + [O] \Longrightarrow (MO) \tag{4-63}$$

当脱氧产物为纯（MO）时，$a_{MO}=1$，这时有：

$$a_M a_O = \frac{1}{k} = k_M \tag{4-64}$$

式中，k_M 为元素 M 的脱氧常数。其意义是：该值越大，脱氧元素的能力越差。

对于脱氧元素，温度一定时，k_M 为常数。

对于钢液中的夹杂物，上浮的速度服从斯托克斯公式：

$$v = \frac{2}{9} \frac{g}{\eta} (\rho_1 - \rho_2) r^2 \qquad (4\text{-}65)$$

式中，v 为夹杂物上浮速度；g 为重力加速度；η 为钢液黏度；ρ_1、ρ_2 为夹杂物相与钢液密度；r 为夹杂物小颗粒半径。

脱氧产物若不能上浮而去除，便会存在于钢液中成为夹杂物，根据上式可知，在一定温度下的钢液中，对某一确定的夹杂物，其上浮速度 v 只与其半径大小 r 有关。

常见的脱氧剂有铝、硅、锰等。目前，为了提高脱氧效果，改变脱氧产物形态，钢铁企业多采用复合脱氧，常见的复合脱氧剂有 Si-Mn、Al-Mn-Si、Ca-Si-Ba-Al 等。使用复合脱氧剂可生成熔化温度较低的复合化合物，其特点为易于长大与上浮。另外，使用复合脱氧剂可以解决单一某脱氧剂使用时产生的问题，如，使用 Mn 作脱氧剂时，形成的 MnS 很软，会在轧钢时呈条状分布，导致横向与纵向力学性能不均匀，而使用 Ca-Mn-Si 复合脱氧剂时可克服该缺点。

4.1.5.2　扩散脱氧

炉渣存在时，钢液中的含氧量 [%O] 取决于渣中的 a_{FeO} 或（%FeO）的大小，扩散脱氧即是通过降低渣中的 a_{FeO} 或（%FeO）值达到降低钢液中含氧量 [%O]。通常发生在钢包炉（LF）外精炼阶段，反应如式(4-66)所示：

$$[O] + Fe(l) = (FeO) \qquad (4\text{-}66)$$

根据氧的分配系数 $L_O = a_{FeO} / [\%O]$ 可知：当温度一定时，L_O 为常数，所以若 a_{FeO} 下降，[%O] 也会降低，以此达到脱氧的目的。

扩散脱氧的脱氧剂是加入渣中而不是直接加入钢液，并不会污染钢液。但需要氧从钢液中扩散到渣内，动力学条件较差，脱氧反应时间较长。

4.1.5.3　真空脱氧

真空脱氧是指将钢液置于真空条件下，通过降低 CO 气体的分压促进钢液中的碳氧反应进行，达到脱氧的目的。通常发生在真空循环脱气（RH）法或真空脱气（VD）法等具备真空精炼的环境下，碳氧反应如式(4-67)所示。

$$[C] + [O] = CO \qquad (4\text{-}67)$$

$$K^{\ominus} = \frac{P_{CO}}{a_C a_O} = \frac{P_{CO}}{f_C w_{[C]\%} f_O w_{[O]\%}} \qquad (4\text{-}68)$$

式中，$w_{[C]\%}$ 为熔池中 [C] 的质量分数；$w_{[O]\%}$ 为熔池中 [O] 的质量分数。真空脱氧法是通过创设真空环境，使钢液在真空环境下打破碳氧平衡，将氧与碳之间的反应剧烈程度予以提升，从而形成 CO 向钢液外逸出，从而达到提高脱氧作用的目的。使用真空脱氧方法做钢液脱氧处理时，建议在过程中加入适量的惰性氩气配合真空过程实现钢液脱氧目标。从实际操作的角度看，氩气与钢液在充分搅拌后，钢液中的碳氧反应水平将最大限度地提升，过程中所产生的 CO 也不会对钢液造成污染，反而会在所生成的 CO 气泡帮助下强化钢液搅拌效果，强化脱氧过程，并降低石灰与脱氧剂的消耗量。

4.1.6　钢液脱气

氢、氮含量通常会对钢产生不利影响，需要在冶金过程中去除。

4.1.6.1 钢液去氢、氮

对于钢液中的气体，有公式(4-69)：

$$[\%i] = k\sqrt{\frac{p_i}{p^\ominus}} \tag{4-69}$$

该公式称为西华特（Sieverts）定律，也叫作平方根定律。在一定温度下，双原子气在金属中的溶解度 $[\%i]$ 与其气体分压 p_i 的平方根成正比。

由于钢液中元素对氢、氮的亲和力不同，这些元素会对氢、氮的溶解度有影响，如 V、Nb、Cr、Mn、Mo 会增大氮的溶解度，Sn、W、Cu、Co、Ni、Si、C 会降低氮的溶解度；Nb、Cr、Mn 增大氢的溶解度，Cu、Co、Sn、Al、B 降低氢的溶解度。

由式(4-69) 可知，降低气相中氢、氮的分压可以降低钢液中氢、氮的溶解量，从而除去钢液中的氢、氮。炼钢过程中主要通过真空处理或通入惰性气体来达到去氢、氮的目的。

4.1.6.2 气泡冶金

气泡冶金是指向金属液中通入惰性气体来达到去气的目的。通入的气体不参与反应且不溶或极难溶于金属液。

当气泡通入钢液中时，其内部的 p_{N_2} 与 p_{H_2} 几乎为零，使得钢液中的氮与氢向气泡内扩散，随着气泡的上浮排出钢液。而在生产过程中，可以吹入少量惰性气体而达到最佳的去气效果，这个量称为临界供气量。

以去氢为例，假定惰性气体体积为 $dV(cm^3)$，气泡中被去除的气体分压为 $p_i(p_{H_2})$，该分压与铁液中被去除气体的平衡浓度平衡时，该气泡带走的被去除气体质量为：

$$\frac{2dV\dfrac{p_{H_2}}{p^\ominus}}{22.4\times10^3} \tag{4-70}$$

相应的，铁液中被去除气体的减少质量为：

$$W\frac{d[\%H]}{100}\times10^6 \tag{4-71}$$

式中，W 为铁液的质量，t；$\dfrac{d[\%H]}{100}$ 为铁液中氢含量的降低值。

且式(4-70) 与式(4-71) 应相等，即：

$$\frac{2dV\dfrac{p_{H_2}}{p^\ominus}}{22.4\times10^3} = W\frac{d[\%H]}{100}\times10^6 \tag{4-72}$$

将 $p_{H_2}=[\%H]\times p^\ominus/(K_1^H)^2$ 代入式(4-72) 并在惰性气体体积有 $0\sim V$ 及被去除气体 H_2 浓度在 $[\%H]_0\sim[\%H]_\tau$ 范围内积分，得：

$$\int_0^V dV = \frac{112\times10^9 W(K_1^H)^2}{100}\int_{[\%H]_0}^{[\%H]_\tau}\frac{d[\%H]}{[\%H]^2} \tag{4-73}$$

计算可得：

$$V = 112W(K_1^H)^2\left(\frac{1}{[\%H]_\tau}-\frac{1}{[\%H]_0}\right) \tag{4-74}$$

该式对于各种金属液吹气去气均适用，但对于不同合金和温度时，其平衡常数 K_1 有所不同。

使用该式时需要注意：

① 该公式所求为标准状态下消耗的气体体积；

② 求出的 V 是吹入气体和被去除气体体积之和，由于被去除气体与吹入气体相比可忽略，故将 V 看作吹入气体体积；

③ 所求的 V 为吹入气体体积的最小值。由于实际状态并不能达到平衡，而计算时是按平衡状态进行，故实际消耗量要比计算值大。

4.2 炼钢原料

原辅材料是炼钢过程的物质基础，且会直接影响钢种质量。一般认为，炼钢原料包括金属材料、造渣材料和耐火材料。

4.2.1 金属材料

金属材料包括铁水（或生铁）、废钢、铁合金、氧化铁皮、烧结矿、污泥球等。

4.2.1.1 铁水（或生铁）

转炉冶炼主要使用通过高炉冶炼后输送来的铁水，铁水占装入金属料的 $70\% \sim 100\%$，且是冶炼过程中的主要热源，保证整个冶炼过程的顺行；电弧炉冶炼可将铁水比控制在 $0 \sim 100\%$。因此，转炉和电弧炉炼钢均对铁水的成分以及温度有一定的要求。

（1）温度

铁水入炉温度是转炉冶炼过程中主要的物理热，是冶炼过程中的主要热源，因此，铁水温度不能过低，进而影响元素氧化和熔池的升温，甚至导致喷溅。一般情况下，需要保证铁水温度高于 1250℃。现代炼钢过程通常铁水温度为 1300～1400℃。

（2）铁水成分

若要保证转炉冶炼的稳定顺行和获得良好指标的钢种，需要合适且稳定的铁水成分。表 4-2 是炼钢用生铁化学成分的一般范围。

表 4-2　炼钢用生铁主要化学成分

成分	[%C]	[%Si]	[%Mn]	[%S]	[%P]
含量	4.0～4.5	0.2～1.0	0.1～0.6	0.01～0.05	0.01～0.30

硅是炼钢过程中主要的热源之一，其生成的 SiO_2 是渣内主要的酸性成分，是决定炉渣碱度的主要因素。对于中、大型转炉偏向下限，而小型转炉热量不足，硅含量可以偏向上限。

锰是钢中的有益元素。高锰含量有利于冶炼初期早化渣，促进、改善渣的流动性，进而利于脱硫，减少炉衬侵蚀，提高炉衬寿命，提高金属收得率等。

磷是钢中的有害元素，需要尽可能降低出钢时的磷含量。铁水中的磷主要来源于矿石，对于转炉而言，需要保持磷含量尽可能低和稳定。

硫对于绝大多数钢种来说都是有害元素（含硫易切钢等除外）。在氧化性气氛的转炉内，脱硫反应十分有限，脱硫率只有 $20\% \sim 40\%$。若要生产低硫钢，必须要进行铁水预处理脱硫。

4.2.1.2 废钢

废钢是冶炼过程除铁水外最主要的金属料之一，是冷却效果最稳定的冷却剂。在冶炼中，适当地提高废钢比可以降低冶炼成本、能耗以及辅助材料消耗。

废钢来源十分复杂，质量差异也比较大，需要对其进行加工及分类储存。一般是根据成分按质量分级，冶炼时需要从冶炼工艺角度进行配比，保证冶炼的顺利进行。钢厂对废钢的要求有以下几点：

① 废钢需要按照性质进行分类储存，防止混合导致的元素浪费或冶炼出不合格钢。

② 废钢装入转炉前需要仔细检查，保证入炉的废钢没有封闭的中空器皿、爆炸物等。

③ 入炉废钢要求干燥、清洁且无油污，尽量不混入泥沙、耐火材料搪瓷或有色金属等。

④ 废钢需要有合适的外形尺寸和单重，对于轻薄料应打包或压块使用，重废钢需要加工、切割处理，保证可以正常装入和入炉后尽快熔化。

4.2.1.3 铁合金

炼钢过程需要吹入氧气，导致冶炼末期钢中含有过多的氧，为了除去多余的氧，需要通过加入铁合金调整钢液成分，使之达到钢种要求。

铁合金的形式有多种：①以铁合金形式，如锰铁、硅铁、铬铁等；②以合金形式，如硅锰、硅钙、硅铝钡等；③以化合物形式，如稀土化合物，但由于其生产成本较高，所以需要选用适当的铁合金来控制成本。一般常用的铁合金有铁锰合金、铁硅合金、锰硅合金、钙硅合金、铁铝合金、硅铝钡合金。

4.2.2 造渣材料

造渣料包括石灰、萤石、白云石、菱镁矿和合成造渣剂等。

4.2.2.1 石灰

石灰是转炉冶炼的主要造渣材料，主要成分为 CaO，在不损害炉衬的情况下具有强脱磷、脱硫能力。

石灰的渣化速度是成渣速度的关键，其活性度是石灰反应能力的标志，也是衡量石灰质量的重要参数。活性度大的石灰反应能力强，成渣速率快。使用时尽量使用新焙烧的石灰，防止其水化潮解生成 $Ca(OH)_2$。对转炉用石灰的要求见表 4-3。

表 4-3　转炉用石灰标准

项目	化学成分/%			活性度/mL	块度/mm	烧碱量/%	生(过)烧率/%
	CaO	SiO$_2$	S				
标准	≥90	≤3	≤0.1	>300	5～40	<4	≤14

石灰的性质包括以下几点：

① 煅烧度　石灰按煅烧度可以分为轻烧石灰、中烧石灰和硬石灰。其中轻烧石灰比表面积大，总气孔体积大，体积密度小，使得其溶解速度快，反应能力强，又被称为活性石灰。中烧石灰气孔直径稍大。硬石灰晶体和气孔直径最大。

② 体积密度　因为水合作用的存在，CaO 的密度难以测定，石灰的体积密度随着煅烧度的增加而升高，一般情况下，轻烧石灰的体积密度是 $1.57g/cm^3$，气孔率为 52.5%。

③ 气孔率　包括总气孔率和开口气孔率。前者通过相对密度和体积密度即可算出，它包含开口气孔和全封闭气孔两种情况。

④ 烧减　是指在 1000℃ 所失去的质量，是因为在大气中吸收了水分和 CO_2，此时石灰并未烧透。

⑤ 水化性　是指 CaO 在消化时水或水蒸气的反应性能，它的测定方法是：将定量石灰放入定量水中，通过滴定法或测定放热来评定反应速率，以此来表示石灰的活性。

4.2.2.2　萤石

萤石的主要成分是 CaF_2，其能使 CaO 和 $2CaO \cdot SiO_2$ 外壳的熔点显著降低，使得炉渣的流动性可以在很短时间内得到较大改善，但过多的使用会产生大量泡沫渣并导致喷溅，加剧炉衬的损耗。并且，由于萤石含氟，对环境污染较大，钢铁企业的使用有严格的控制，并且在转炉和电弧炉炼钢过程已禁止使用，已通过 $CaO\text{-}SiO_2\text{-}FeO$ 渣系的控制实现了炉渣的快速融化及良好的流动性。在 LF 精炼过程中，目前也通过 $CaO\text{-}SiO_2\text{-}Al_2O_3$ 渣系的调整尽量减少或者不用萤石。

4.2.2.3　白云石

生白云石即为天然白云石，主要成分为 $CaMg(CO_3)_2$。其焙烧后为熟白云石，主要成分变为 CaO 和 MgO。白云石可以代替部分石灰来造渣，使渣中保持含有一定的 MgO，减轻冶炼初期时炉衬的侵蚀。另外，生白云石也是溅渣护炉的调渣剂。

目前，钢厂大多使用的是轻烧白云石，防止生白云石在炉内分解吸热。

4.2.2.4　菱镁矿

菱镁矿是天然矿物，主要成分是 $MgCO_3$，焙烧后可作为耐火材料，目前也是溅渣护炉的调渣剂。钢铁企业也可通过加入白镁球等含有 MgO 的造渣剂，使得炉渣中含有一定量的 MgO，达到调整炉渣黏度，保护炉衬的目的。通常炉渣中 MgO 质量分数为 4%～10%。

4.2.2.5　合成造渣剂

合成造渣剂是将石灰和熔剂制成低熔点造渣材料，在炉内使用造渣，有利于提高造渣速度、改善冶金效果。

4.2.3　耐火材料

转炉与电弧炉等冶炼炉作为冶金的高温设备，需要用到耐火材料堆砌，尤其是其内衬，既要能承受高温钢水和熔渣的侵蚀，又要保证熔池、氧气流、废钢等冲刷。

4.2.3.1　炼钢耐火材料

目前，炼钢使用的耐火材料主要有焦油白云石砖、白云石砖、镁白云石碳砖和镁碳砖。

焦油白云石砖生产成本低，但由于其堆砌的炉衬寿命较短，现在钢厂较少使用。白云石砖杂质含量较低，烧结程度好，抗水性能高，且堆砌的炉衬寿命较长。镁白云石碳砖是以优质白云石砂、镁白云石砂为基本原料，添加优质石墨，加入焦油沥青或树脂作为结合剂，后机压成型。由于加入了石墨，其抗侵蚀性能大大提高。

目前炼钢过程的炉体均采用镁碳砖，其是以优质烧结镁砂、电熔镁砂为基本原料，添加优质石墨，加入焦油沥青或树脂作为结合剂，通过高吨位压砖机机压成型。该砖型结合了镁砖与碳砖的优点，克服了传统材料的缺点，其抗渣性强、导热性好，极大地提高了炉衬寿命。

为了提高镁碳砖的抗氧化性，常加入少量的添加剂。常见的添加剂有 Si、Al、Mg、Al-Si、Al-Mg、Al-Mg-Ca、Si-Mg-Ca、SiC、B_4C、BN 和 Al-B-C 和 Al-SiC-C 系等。添加剂的作用原理大致可分为两个方面：一方面是从热力学观点出发，即在工作温度下，添加物和碳反应生成其他物质，它们与氧的亲和力比碳与氧的亲和力大，优先于碳被氧化，从而起到保护碳的作用；另一方面，即从动力学的角度来考虑，添加剂与 O_2、CO 或者碳反应生成的化合物改变碳复合耐火材料的显微结构，如增加致密度、堵塞气孔、阻碍氧及反应产物的扩散等。

随着冶炼技术的进步对耐火材料的新要求，传统镁碳砖在长期的应用实践过程中发现有以下几方面的问题：①由于高热导率增加热损耗，使出钢温度提高，带来能耗增加，同时加大了耐火材料的侵蚀等一系列问题；②作为特殊精炼炉的炉衬材料，如在真空吹氧脱碳（VOD）精炼钢包中冶炼高质量洁净钢及超低碳钢时，会引起增碳问题；③消耗大量宝贵的石墨资源。鉴于以上情况，近年来，对精炼钢包用低碳量、性能优异的低碳镁碳砖的开发受到国内外业界的重视。

4.2.3.2 转炉炉衬

转炉炉衬寿命是一个重要的技术经济指标，合理选择材质是提高炉衬寿命的基础。

通常炉衬由永久层、填充层和工作层组成。有的转炉会在永久层和炉壳钢板间加一层石棉板绝热层。

永久层紧贴炉壳，修炉时一般不拆除，其作用是保护炉壳。

填充层位于永久层和工作层之间，一般用焦油镁砂捣打制成，主要是减轻炉衬受热膨胀时对炉壳产生挤压，修炉时便于拆除工作层。

工作层是直接与熔池、氧气流、炉渣接触的内层炉衬。

转炉各部分的炉衬厚度参考值如表 4-4 所示。

表 4-4　转炉炉衬厚度设计参考值

炉衬各部位		转炉容量/t		
		<100	100~200	>200
炉帽	永久层厚度	60~115	115~150	115~150
	工作层厚度	400~600	500~600	550~650
炉身(加料侧)	永久层厚度	115~150	115~200	15~200
	工作层厚度	550~700	700~800	750~850
炉身(出钢侧)	永久层厚度	115~150	115~200	115~200
	工作层厚度	500~650	600~700	650~750
炉底	永久层厚度	300~450	350~450	350~450
	工作层厚度	550~600	600~650	600~750

为了节约材料，目前均采用综合砌炉，均衡炉衬。考虑到冶炼过程中转炉各部分的侵蚀程度不同，在砌筑时应采用不同的耐火砖进行砌筑，保证整个炉体的侵蚀情况较均匀。

炉衬结构可分成炉底、熔池、炉壁、炉帽、渣线、耳轴、炉口、出钢口、底吹供气砖等部分。转炉内衬由绝热层、永久层和工作层组成。填充层一般用石棉板或多晶耐火纤维砌筑，现在有些采用镁砂填充层代替，炉帽绝热层用树脂镁砂制成；永久层各部位不一样，多用低档镁碳砖或焦油白云石砖或烧结镁砖砌筑；工作层全部用镁碳砖砌筑。

转炉不同部位使用的镁碳砖对其性能有不同的要求，为此耐火公司开发出满足不同部位要求的系列镁碳砖产品，见表 4-5。

表 4-5　系列镁碳砖的性能

项目		HS	MR	CB	A	B	C	D	E
化学成分/%	MgO	77	79	79	78	78	76	67	84
	C	15	13	14	17	17	16	30	10

项目	HS	MR	CB	A	B	C	D	E
显气孔率/%	3.0	3.8	1.0					
体积密度/(g/cm³)	2.99	2.97	2.92	2.95	3.06	2.98	2.71	3.08
常温抗折强度/MPa				3.6	31	49	38	53

针对炉衬不同部位的侵蚀状况不同，选择3～6个不同档次的镁碳砖，分别砌筑在渣线、耳轴、炉壁、熔池等部位。一般炉体内衬都采用镁碳砖干法砌筑，或者泥砌一些含碳的镁白云石砖，这些砖在高温下有不同程度的膨胀性，不需过分紧密。

各部位的工况如下：

① 炉口温度变化剧烈、熔渣和高温炉气冲刷厉害、加料和清理残钢残渣时炉口受到冲击，因此，要求镁碳砖有较高的抗热震性和抗渣性，且不易黏渣；

② 炉帽受熔渣侵蚀最严重，同时受温度急变和废气冲刷的影响，要用热震稳定性和抗渣性好的镁碳砖；

③ 装料侧炉衬在吹炼过程中除受钢水、熔渣的冲刷和化学侵蚀外，还受废钢装入和铁水兑入的撞击与冲蚀，要求砌筑高抗渣性、高强度、高抗热震性的镁碳砖；

④ 出钢侧炉衬主要是出钢时受钢水的热冲击和冲刷作用，损坏速度低于装料侧，如两侧用同样的镁碳砖，可以稍薄些；

⑤ 渣线在吹炼过程中炉衬与熔渣长期接触，特别是排渣侧受到熔渣的强烈侵蚀，炉衬损毁较严重，要用抗渣性良好的镁碳砖；

⑥ 耳轴部位炉衬表面无保护渣覆盖层，镁碳砖中的碳素极易被氧化，并难以修补，所以要砌筑抗渣性良好、抗氧化性强的高级镁碳砖；

⑦ 熔池和炉底虽然受钢水的冲蚀，但与其他部位相比损毁较轻，可砌筑含碳量较低的镁碳砖。若是顶底复吹转炉，炉底中心部位容易损毁，可砌筑与装料侧相同质量的镁碳砖。

为了提高转炉使用寿命，新型不定形耐火材料的开发及修补技术的应用得到极大发展，可在不影响正常生产的情况下，大幅提高炉衬寿命，当前炉衬寿命普遍在6000炉次以上，有的甚至达到20000炉次以上。当然，转炉需要结合冶炼钢种、转炉工况和操作水平采用合理的经济炉龄，而并非炉龄越高越好。目前，普遍采用大面热修补料对转炉的加料侧、炉底和出钢侧进行维护，对熔池圆角和耳轴用喷补料，在转炉出钢口更换时采用灌浆料填缝及出钢口区域的维护。

其中大面料主要有 $MgO-SiO_2$ 质（也称水基大面料）、$MgO-C$ 质、$MgO-CaO$ 质等，喷补料主要有 MgO 质、$MgO-CaO$ 质和 $MgO-Cr_2O_3$ 质等。这些不定形耐火材料按照结合剂的不同分为无水修补料（主要是沥青、煤焦油及沥青粉、酚醛树脂结合）和水系修补料（$MgO-SiO_2-H_2O$ 结合和磷酸盐结合）。

4.3 转炉炼钢

4.3.1 转炉炼钢概述

转炉炼钢是以铁水、废钢、铁合金为主要原料，不借助外加能源，靠铁水物理热和铁水组分间化学反应产生热量而在转炉中完成炼钢过程。

早在 1856 年英国人亨利·贝塞麦就发明了酸性空气底吹转炉炼钢法，但由于此法不能去除硫和磷，其发展受到了限制。1878 年托马斯发明了碱性炉衬的底吹转炉炼钢法，它使用带有碱性炉衬的转炉来处理高磷生铁。

1952 年奥地利出现了纯氧顶吹转炉，它解决了钢中氮和其他有害杂质的含量问题，减少了随废气（当用普通空气吹炼时，空气含 79% 无用的氮）损失的热量，节省了高炉焦炭耗量，且能使用更多废钢。

1970 年后，发明了用碳氢化合物保护的双层套管式底吹氧枪，因此出现了底吹法，各种类型的底吹法转炉（如 OBM、Q-BOP、LSW 等）在实际生产中显示出许多优于顶吹转炉之处，使一直居于首位的顶吹法受到挑战和冲击。

顶吹法的特点决定了它具有渣中含铁高，钢水含氧高，废气铁尘损失大和冶炼超低碳钢困难等缺点，而底吹法则在很大程度上能克服这些缺点。但由于底吹法用碳氢化合物冷却喷嘴，钢水含氢量偏高，需在停吹后喷吹惰性气体进行清洗。基于以上两种方法在冶金学上的明显差别，奥地利人 Dr. Eduard 等于 1973 年研究了转炉顶底复吹炼钢。之后，世界各国普遍开展了转炉复吹的研究工作，出现了各种类型的复吹转炉，到 20 世纪 80 年代初开始正式用于生产。图 4-1 为转炉吨位和生产能力的发展情况。

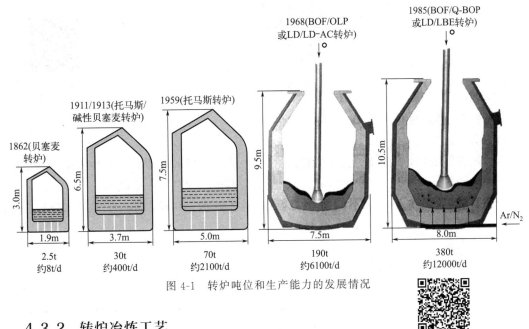

图 4-1 转炉吨位和生产能力的发展情况

4.3.2 转炉冶炼工艺

氧气转炉炼钢工艺的特点是该过程完全依靠铁水氧化带来的化学热及物理热进行；冶炼周期约为 30min，生产效率高；CO 反应的强烈搅拌作用可将氮、氢含量降低到很低水平；对原材料的适应性强，高磷、低磷条件下均可进行冶炼。

顶底复吹转炉炼钢工艺示意图如图 4-2 所示，其冶炼一炉钢的操作过程主要由以下六步组成。

① 上炉出钢、倒渣，检查炉衬和倾动设备等并进行必要的修补和修理；

② 倾炉，加废钢、兑铁水，摇正炉体至垂直位置；

③ 降枪开吹，调整底吹强度至设定值，同时加入第一批渣料（起初炉内噪声较大，从

炉口冒出赤色烟雾，随后喷出暗红的火焰；3～5min后硅锰氧接近结束，碳氧反应逐渐激烈，炉口的火焰变大，亮度随之提高；同时渣料熔化，噪声减弱）；

④ 3～5min后加入第二批渣料继续吹炼，吹炼中期降低底吹强度，吹炼后期强化熔池搅拌，增大底吹强度（随吹炼进行钢中碳逐渐降低，约12min后火焰微弱，停吹）；

⑤ 倒炉，测温、取样，并确定补吹时间或出钢；

⑥ 出钢，同时进行脱氧合金化。

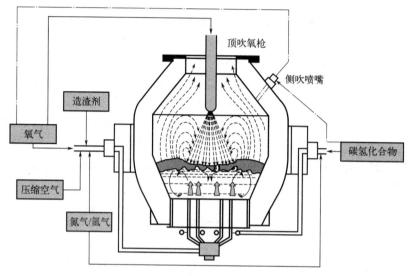

图 4-2 顶底复吹转炉炼钢工艺

4.3.2.1 装入制度

（1）装料次序

对使用废钢的转炉，一般先装废钢后装铁水。先加洁净的轻废钢，再加入中型和重型废钢，以保护炉衬不被大块废钢撞伤，而且过重的废钢最好在兑铁水后装入。

为防止炉衬过分急冷，装完废钢后，应立即兑入铁水。炉役末期及废钢装入量较多的转炉也可以先兑铁水，后加废钢。

（2）装入量

装入量指冶炼一炉钢时铁水和废钢的装入数量，它是决定转炉产量、炉龄及其他技术经济指标的主要因素之一。装入量中铁水和废钢配比是根据热平衡计算确定的。通常，铁水配比为 70%～90%，其值取决于铁水温度和成分、炉容比、冶炼钢种、原材料质量和操作水平等。国内一些企业转炉的炉容比如表 4-6 所示。

表 4-6 国内一些企业转炉炉容比

厂名(简称)	吨位/t	炉熔比/(m³/t)
宝钢	300	1.05
首钢	210	0.97
	80	0.84
鞍钢	180	0.86
本钢	120	0.91

厂名（简称）	吨位/t	炉熔比/（m³/t）
龙钢	120	0.81
太钢	50	0.97

定装入量时，考虑的因素：

① 炉容比　指转炉内自由空间的容积与金属装入量之比（m³/t），通常在 0.7～1.0 波动。

② 熔池深度　合适的熔池深度应大于顶枪氧气射流对熔池的最大穿透深度，以保证生产安全、炉底寿命和冶炼效果。

③ 炉子附属设备　应与钢包容量、浇注吊车起重能力、转炉倾动力矩大小、连铸机的操作等相适应。

目前国内采用三种方法控制装入量，即定量装入量、定深装入量和分阶段定量装入法。

定量装入量指整个炉役期间，保证金属料装入量不变；定深装入量指整个炉役期间，随着炉子容积的增大依次逐渐增大装入量，保证每炉的金属熔池深度不变；分阶段定量装入法指将整个炉按炉膛的扩大程度划分为若干阶段，每个阶段实行定量装入法。分阶段定量装入法兼有两者的优点，是生产中最常见的装入制度。

（3）装料操作

目前，国内的大中型转炉均采用铁水包供应铁水，即高炉来的铁水储存在铁水包中，用时利用天车兑入；废钢则是事先按计算值装入料斗，用时天车加入。

为减轻废钢对炉衬的冲击，装料顺序一般是先兑铁水后加废钢，炉役后期尤其如此。兑铁水时，应炉内无渣（否则加石灰）且先慢后快，以防引起剧烈的碳氧反应，将铁水溅出炉外而酿成事故。目前国内各厂普遍采用溅渣护炉技术，因此多为先加废钢后兑铁水，以避免兑铁喷溅。

4.3.2.2　供氧制度

供氧制度主要包括确定合理的喷头结构、供氧强度、氧压和枪位。供氧是保证杂质去除速度、熔池升温速度、造渣制度、控制喷溅和去除钢中气体与夹杂物的关键操作，关系到终点控制和炉衬寿命，对一炉钢冶炼的经济技术指标具有重要影响。

（1）氧枪喷头

氧枪是转炉供氧的主要设备，它由喷头、枪身和尾部结构组成。喷头是用导热性良好的紫铜经锻造和切割加工而成，也可以利用压力浇铸而成。喷头的形状有拉瓦尔型、直筒型和螺旋型等。目前应用最多的是多孔拉瓦尔型喷头。拉瓦尔型喷头是收缩-扩张型喷孔，当出口氧压与进口氧压之比 $P_出/P_0 < 0.528$ 时形成超声速射流，如图 4-3 所示。

（2）供氧压力

供氧压力指转炉车间内氧压测定点的表压值，又叫使用压力。由喷嘴结构及氧气流量可以确定氧压。氧压的大小应该合适，过高或过低的氧压都不利于吹炼，均会造成能量损失。

（3）氧气流量

氧气流量指在单位时间内向熔池供氧的数量，常用标准状态下体积量度，其单位为 m³/min 或 m³/h。氧气流量是根据吹炼每吨

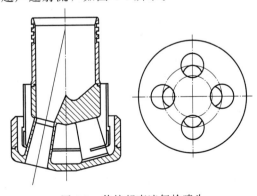

图 4-3　传统超声速氧枪喷头

金属料所需要的氧气量、金属装入量、供氧时间等因素决定。

（4）供氧强度

供氧强度指单位时间内每吨钢的耗氧量，其单位为 $m^3/(t\cdot min)$。供氧强度的大小根据转炉的公称吨位、炉容比来确定。小型转炉的供氧强度为 $2.5\sim4.5m^3/(t\cdot min)$，120t 以上的转炉一般为 $2.8\sim3.6m^3/(t\cdot min)$。

（5）枪位及其控制

枪位是指氧枪喷头端面距静止液面的距离，常用 H 表示，单位是 m。目前，一炉钢吹炼中的氧枪操作有三种类型，分为恒压变枪操作、恒枪变压操作和变枪变压操作。比较而言，恒压变枪操作更为方便、准确、安全，因而国内钢厂采用较多。

关于枪位的确定，目前的做法是经验公式计算，实践中修正。一炉钢冶炼中枪位的变化范围可据经验公式确定：

$$H=(37-46)P\times D$$

式中，P 为供氧压力，MPa；D 为喷头的出口直径，mm；H 为枪位，mm。

具体操作中，枪位控制通常遵循"高—低—高—低"的原则：

① 前期高枪位化渣但应防喷溅　吹炼前期，铁水中硅元素迅速氧化，渣中的（SiO_2）较高而熔池温度尚低，为加速头批渣料的熔化（尽早去 P 并减轻炉衬侵蚀），除加适量萤石或氧化铁皮助熔外应采用较高的枪位，保证渣中的（FeO）达到并维持在 $25\%\sim30\%$ 的水平；否则，石灰表面会生成 $2CaO\cdot SiO_2$ 外壳，阻碍石灰溶解。当然，枪位不可过高，以防发生喷溅，合适的枪位是使液面到达炉口而又不溢出。

② 中期低枪位脱碳　吹炼中期，主要是脱碳，枪位应低些。但此时吹入的氧几乎全部用于碳的氧化，且渣中的（FeO）也被大量消耗，易出现"返干"现象而影响 S、P 的去除，故枪位不应太低，使渣中的（FeO）保持在 $10\%\sim15\%$ 以上。

③ 后期提枪调渣控终点　吹炼后期，C-O 反应逐渐减弱，产生喷溅的可能性不大，此时的基本任务是调整炉渣氧化性和流动性，进一步去除硫磷，并准确控制终点碳含量，因此枪位应适当高些。

④ 终点前点吹破坏泡沫渣　接近终点时，降低枪位均匀钢液成分和温度，同时降低炉渣氧化铁含量并破坏泡沫渣，以提高金属和合金的收得率。

4.3.2.3　造渣制度

造渣是转炉炼钢的一项重要操作。造渣是指通过控制入炉渣料的种类和数量，使炉渣具有某些性质，以满足熔池内有关炼钢反应需要的工艺操作。造渣制度是确定合适的造渣方法、渣料的种类、渣料的加入数量和时间以及加速成渣的措施。由于转炉冶炼时间短，必须快速成渣，才能满足冶炼进程和强化冶炼的要求，同时造渣对避免喷溅、减少金属损失和提高炉衬寿命都有直接影响。

（1）成渣过程及造渣途径

吹炼初期，炉渣主要来自铁水中 Si、Mn、Fe 的氧化产物，要保持炉渣具有较高的氧化性，$\sum$（FeO）稳定在 $25\%\sim30\%$，以促进石灰熔化，迅速提高炉渣碱度。加入炉内的石灰块由于温度低，表面形成冷凝外壳，造成熔化滞止期，对于块度为 40mm 左右的石灰，渣壳熔化需数十秒。由于发生 Si、Mn、Fe 的氧化反应，炉内温度升高，促进了石灰熔化，这样炉渣的碱度逐渐得到提高。

吹炼中期，炉渣的氧化性不得过低［$\sum$（FeO）保持在 $10\%\sim16\%$］，以避免炉渣返干。随着炉温的升高和石灰的进一步熔化，同时脱碳反应速度加快导致渣中（FeO）逐渐降低，使石灰熔化速度有所减缓，但炉渣泡沫化程度会迅速提高。由于脱碳反应消耗了渣中大量的（FeO），再加上没有达到渣系液相线正常的过热度，使化渣条件恶化，引起炉渣异相化，并出现返干现象。

吹炼末期，要保证去除 P、S 所需的炉渣高碱度，同时控制好终渣氧化性。脱碳速度下降，渣中（FeO）再次升高，石灰继续熔化并加快了熔化速度。同时，熔池中乳化和泡沫现象趋于减弱和消失。

成渣途径包括钙质成渣和铁质成渣，分别如图 4-4 和图 4-5 所示。钙质成渣采取低枪位操作，渣中 FeO 含量下降很快，当含碳量接近终点时，渣中的含铁量才回升。此途径适用于低磷铁水，有利于延长炉衬寿命。铁质成渣过程采取高枪位操作，渣中的 FeO 含量保持较高的水平，当含碳量接近终点时，渣中含铁量下降。此途径适用于高磷铁水的情况，它对炉衬的侵蚀严重，且 FeO 含量高时，炉渣泡沫化严重，易产生喷溅。

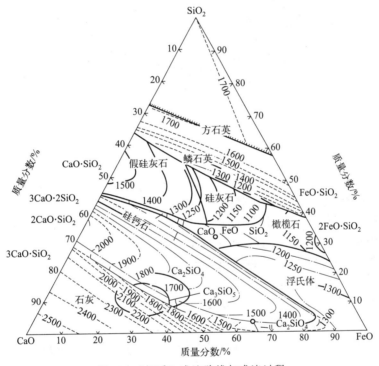

图 4-4　"钙质"成渣路线与成渣过程

初期渣主要矿物为钙镁橄榄石和玻璃体（SiO_2）。钙镁橄榄石是锰橄榄石（$2MnO \cdot SiO_2$）、铁橄榄石（$2FeO \cdot SiO_2$）和硅酸二钙（$2CaO \cdot SiO_2$）的混合晶体。当（MnO）高时，它是以 $2FeO \cdot SiO_2$ 和 $2MnO \cdot SiO_2$ 为主，通常玻璃体不超过 7%～8%，渣中自由氧化物相（RO）很少。

中期渣是石灰与钙镁橄榄石和玻璃体作用，生成 $CaO \cdot SiO_2$、$3CaO \cdot 2SiO_2$、$2CaO \cdot SiO_2$ 和 $3CaO \cdot SiO_2$ 等产物，其中最可能和最稳定的是 $2CaO \cdot SiO_2$，其熔点为 2103℃。

末期渣中 RO 相急剧增加，生成的 $3CaO \cdot SiO_2$ 分解为 $2CaO \cdot SiO_2$ 和 CaO，并有 $2CaO \cdot Fe_2O_3$ 生成。

（2）造渣方法

根据铁水成分和所炼钢种来确定造渣方法。常用的造渣方法有单渣法、双渣法和双渣留

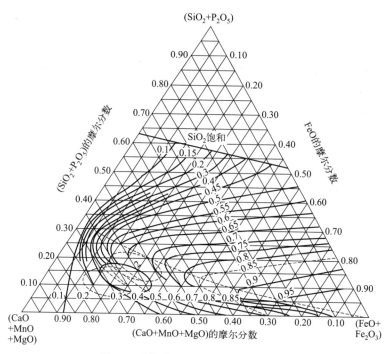

图 4-5 "铁质"成渣路线与成渣过程

渣法。

单渣法：整个吹炼过程中只造一次渣，中途不倒渣、不扒渣，直到吹炼终点出钢。入炉铁水 Si、P、S 含量较低，或者钢种对 P、S 要求不太严格，以及冶炼低碳钢，均可以采用单渣操作。采用单渣操作，工艺比较简单，吹炼时间短，劳动条件好，易于实现自动控制。单渣操作一般脱磷效率在 90% 左右，脱硫效率为 30%～40%。

双渣法：整个吹炼过程中需要倒出或扒出 1/2～2/3 炉渣，然后加入渣料重新造渣。根据铁水成分和所炼钢种的要求，也可以多次倒渣造新渣。在铁水含磷高且冶炼高碳钢时，铁水硅含量高，为防止喷溅，或者在吹炼低锰钢种时，为防止回锰等均可采用双渣操作。双渣操作脱磷效率可达 95% 以上，脱硫效率在 60% 左右。双渣操作会延长吹炼时间，增加热量损失，降低金属收得率，也不利于过程自动控制。其操作的关键是选择合适的放渣时间。

双渣留渣法：将转炉终点的高碱度、高氧化铁、高温、流动性好的炉渣留一部分在炉内，然后在吹炼第一期结束时倒出，重新造渣。此法可加速下炉吹炼前期初期渣的形成，提高前期去磷、去硫率和炉子热效率，有利于保护炉衬，节省石灰用量。采用留渣操作时，在兑铁水前首先要加废钢稠化冷凝熔渣，当炉内无液体渣时才可兑入铁水，避免引发喷溅。

4.3.2.4　终点温度及成分控制

（1）温度控制

在吹炼一炉钢的过程中，需要正确控制温度。温度制度主要是指炼钢过程温度控制和终点温度控制。转炉吹炼过程的温度控制相对比较复杂，如何通过加冷却剂和调控枪位，使钢水的升温和成分变化协调起来，同时达到吹炼终点要求，是温度控制的关键。

热量来源：铁水的物理热和化学热约各占热量来源的一半。

热量消耗：转炉的热量消耗可分为两部分，一部分直接用于炼钢的热量，即用于加热钢水和炉渣的热量；一部分未直接用于炼钢的热量，即废气、烟尘带走的热量，炉口炉壳的散热损失和冷却剂吸热等。

转炉热效率：是指加热钢水的物理热和炉渣的物理热占总热量的百分比。氧气顶吹转炉（LD 转炉）热效率比较高，一般在 75% 以上。原因是 LD 转炉上的热量利用集中，吹炼时间短，冷却水、炉气热损失低。

转炉获得的热量除用于各项必要的支出外，通常有大量富余热量，需加入一定数量的冷却剂。冷却剂的冶金特点包括他自身的冷却效应以及对化渣、喷溅、氧耗、钢铁料消耗和冷却剂加入方法的影响。要准确控制熔池温度，用废钢作冷却剂效果最好，但为了促进化渣，也可以搭配一部分铁矿石或氧化铁皮。

比较而言，废钢的冷却效应稳定，而且硅磷含量也低，渣料消耗少，可降低生产成本；但是，矿石可在不停吹的条件下加入，而且具有化渣和氧化能力。因此，目前一般是矿石、废钢配合冷却，而且是以废钢为主，在装料时加入；矿石在冶炼中视炉温的高低随石灰适量加入。

冷却剂冷却效应是指每千克冷却剂加入转炉后所消耗的热量，常用 q 表示，单位是 kJ/kg。

① 矿石的冷却效应　矿石冷却主要靠 Fe_2O_3 的分解吸热，因此其冷却效应随铁矿的成分不同而变化，含 Fe_2O_3 70%、FeO10% 时铁矿石的冷却效应为：

$$q_{矿} = 1 \times c_{矿} \times \Delta t + \lambda_{矿} + 1 \times (Fe_2O_3\% \times 112/160 \times 6456 + FeO\% \times 56/72 \times 4247)$$
$$= 1 \times 1.02 \times (1650 - 25) + 209 + 1 \times (0.7 \times 112/160 \times 6456 + 0.1 \times 56/72 \times 4247)$$
$$= 5360 (kJ/kg)$$

式中，$c_{矿}$ 为矿石的比热容，$kJ/(kg \cdot K)$；Δt 为矿石温度的变化值，℃；$\lambda_{矿}$ 为矿石的熔化潜热，kJ/kg；$Fe_2O_3\%$ 为矿石中 Fe_2O_3 的质量分数；$FeO\%$ 为矿石中 FeO 的质量分数。

② 废钢的冷却效应　废钢主要依靠升温吸热来冷却熔池，由于成分波动较大，熔点通常按 1500℃ 左右考虑，入炉温度按 25℃ 计算，废钢的冷却效应为：

$$q_{废} = 1 \times [c_{固}(t_{熔} - 25) + \lambda_{废} + c_{液}(t_{出} - t_{熔})]$$
$$= 1 \times [0.7 \times (1500 - 25) + 272 + 0.837(1650 - 1500)]$$
$$= 1430 (kJ/kg)$$

式中，$c_{固}$ 为废钢在固体状态下的比热容，$kJ/(kg \cdot K)$；$t_{熔}$ 为废钢的熔化温度，℃；$\lambda_{废}$ 为废钢的熔化潜热，kJ/kg；$c_{液}$ 为废钢在液体状态下的比热容，$kJ/(kg \cdot K)$；$t_{出}$ 为熔池出钢温度，℃。

同理，其他冷却剂冷却效应见表 4-7。

表 4-7　不同冷却剂冷却效应

项目	冷却剂冷却效应/(kJ/kg)				
冷却剂	生铁块	废钒渣	球团矿	氧化铁皮	高炉返矿
物理热	1200	984	1770	1631	1822
化学热	291	1523	4017	4434	3414
冷却效应	909	2507	5788	6065	5235

（2）成分控制

终点成分控制实际是指对终点碳含量的控制，终点碳的控制方法有以下两种。

1）拉碳法

终点碳：钢种规格-合金增碳量。

控制方式：在实际生产中拉碳法又分为一次拉碳和高拉补吹两种控制方式。转炉吹炼中将钢液的含碳量脱至出钢要求时停止吹氧的控制方式称为一次拉碳法。冶炼中高碳钢时，将钢液的含碳量脱至高于出钢要求 0.2%～0.4% 时停吹，取样、测温后，再按分析结果进行适当补吹的控制方式称为高拉补吹法。

主要优点：终渣（$\sum$FeO）含量较低，金属收得率高，且有利于延长炉衬寿命；终点钢液氧含量低，脱氧剂用量少，而且钢中非金属夹杂物少；冶炼时间短，氧气消耗少。

2）增碳法

吹炼平均含碳量大于 0.08% 的钢种时，一律将钢液的碳脱至 0.05%～0.06% 时停吹，出钢时包内增碳至钢种规格要求的操作方法叫作增碳法。

主要优点：终点容易命中，省去了拉碳法终点前倒炉取样及校正成分和温度的补吹时间，因而生产率较高；终渣（$\sum$FeO）含量高，化渣效果较好，去磷率高，而且有利于减少喷溅和提高供氧强度；热量收入多，可以增加废钢的用量；操作稳定，易于实现自动控制。

采用拉碳法的关键在于吹炼过程中及时、准确地判断或测定熔池的温度和含碳量，努力提高一次命中率。而采用增碳法时，则应寻求含硫低、灰分少和干燥的增碳剂。

4.3.3 转炉炼钢关键设备

转炉炼钢的主要设备配置：转炉炉体及倾动系统、原材料供应系统、供氧系统、转炉底吹系统。

4.3.3.1 转炉炉体及倾动系统

图 4-6 是转炉炉体系统的设备，由转炉炉体、支撑系统和倾动系统组成。

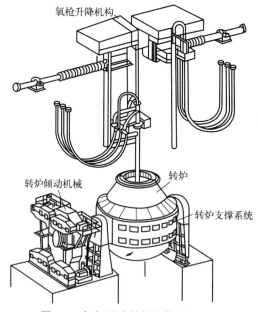

图 4-6　氧气顶吹转炉炉体系统总图

（1）转炉炉体结构

转炉炉形指用耐火材料砌成的炉衬内形。转炉炉型是否合理直接影响工艺操作、炉衬寿命、钢的产量与质量以及转炉生产率。按金属熔池形状的不同，转炉炉型可分为筒球形、锥球形和截锥形三种。图 4-7 为顶吹转炉常用炉型。

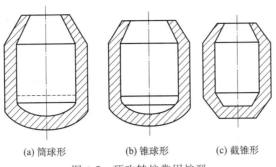

(a) 筒球形　　　　(b) 锥球形　　　　(c) 截锥形

图 4-7　顶吹转炉常用炉型

转炉炉体包括炉壳和炉衬。炉壳为钢板焊接结构，炉衬包括工作层、永久层和填充层三部分。为适应转炉高温作业频繁的特点，要求转炉炉壳必须具有足够的强度和刚度，在高温下不变形，在热应力作用下不破裂。图 4-8 为转炉炉壳。

炉体由截锥形炉帽、圆柱形炉身及炉底三部分组成。炉帽顶部为圆形炉口，工作时用以加料、插入氧枪、排出炉气和倒渣。

炉帽部分的形状有截头圆锥体形和半球形两种。半球形的刚度好但加工困难。截头圆锥体型制造简单但刚度稍差，一般用于 30t 以下的转炉。炉帽上设有出钢口。因出钢口最易烧坏，为了便于修理更换，最好设计成可拆卸式的，但小转炉的出钢口还是直接焊接在炉帽上为好。

在炉帽的顶部，现在普遍装有水冷炉口，它的作用是：防止炉口钢板在高温下变形，延长炉帽的

图 4-8　转炉炉壳

寿命；此外，还可以减少炉口结渣，而且即使结渣也较易清理。水冷炉口有水箱式和埋管式两种结构，如图 4-9 所示。

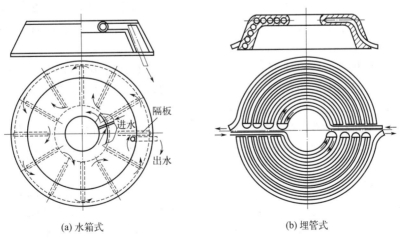

(a) 水箱式　　　　　　　　　　(b) 埋管式

图 4-9　水冷炉口

水箱式水冷炉口用钢板焊成,在水箱内焊有若干块隔水板,使进入的冷却水在水箱中形成一个回路。同时隔水板也起撑筋作用以加强炉口水箱的强度。这种水冷炉口在高温下,钢板易产生热变形而使焊缝开裂漏水。在向火焰的炉口内环用厚壁无缝钢管,使焊缝减少,可以有效防止漏水。

埋管式水冷炉口是把通冷却水用的蛇形钢管埋铸于灰口铸铁、球墨铸铁或耐热铸铁的炉口中,这种结构不易烧穿漏水,使用寿命长,但存在漏水后不易修补,且制作过程复杂的缺点。

在锥形炉帽的下半段还焊有环形伞状挡渣护板(裙板),以防止喷溅出的渣、铁烧损炉帽、托圈及支撑装置等。

(2)转炉支撑系统和倾动机构

转炉炉体及其附件的全部重量皆通过支撑系统传递到基础上去。此外,支撑系统的一部分构件,还承担着传递从倾动机械到炉体之间的倾动力矩,使炉体实现倾转。因此,支撑系统直接关系转炉能否正常工作。

炉体支撑系统包括支撑炉体的托圈、托圈与炉体连接用的连接装置球绞支撑以及支撑托圈的耳轴、耳轴轴承及其底座。

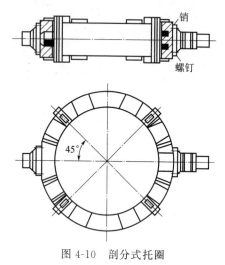

图 4-10 剖分式托圈

托圈是转炉重要承载和传动部分,剖分式托圈示意图如图 4-10 所示。在工作中,托圈除承受炉体、钢液及炉体附件的静载荷和传递倾动力矩外,还要承受频繁启、制动产生的动负荷,以及各种热辐射、热传导产生的热负荷。因此,它的强度和刚度要求较高,托圈采用焊接式整体结构,工作时托圈内通水强制冷却。

耳轴与托圈一样是转炉的重要承载和传动件,它支撑着炉体和托圈的全部重量,并传递倾动力矩。在工作中承受弯、扭力矩,以及托圈传来的高温和周围热辐射产生的热负荷和启动、制动、打渣、兑铁水等的冲击载荷等。

倾动机构一般由电动机、制动器、一级减速器和末级减速器组成。就其传动设备安装位置或驱动方式的不同,可分为落地式倾动机构、半悬挂式倾动机构、全悬挂式倾动机构和液压传动的倾动机构。

落地式倾动机构是指转炉耳轴上装有大齿轮,而所有其他传动件都装在另外的基础上,或所有的传动件(包括大齿轮在内)都安装在另外的基础上。这种倾动机械结构简单,便于加工制造和装配维修。

半悬挂式倾动机构是在转炉耳轴上装有一个悬挂减速器,而其余的电动机、减速器等都安装在另外的基础上,悬挂减速器的小齿轮通过万向联轴器或齿形联轴器与落地减速器相连接。

全悬挂式倾动机构是把转炉传动的二次减速器的大齿轮悬挂在转炉耳轴上,而电动机、制动器一级减速器都装在悬挂大齿轮的箱体上,如图 4-11 所示。这种机构一般都采用多电动机、多初级减速器的多点啮合传动,消除了以往倾动设备中齿轮位移啮合不良的现象。此外它还装有防止箱体旋转并起缓振作用的抗扭装置,可使转炉平稳地启动、制动和变速。而且这种抗扭装置能够快速装卸以适应检修的需要。

目前先进的转炉已采用液压传动的倾动机构。液压传动的突出特点是：适于低速、重载的场合；可以无级调速，结构简单、重量轻、体积小。因此液压传动对转炉的倾动机构有很强的适用性。但液压传动也存在加工精度要求高、加工不精确时容易引起漏油的缺陷。

图 4-12 是一种液压倾动转炉的工作原理图。变量油泵 1 经滤油器 2 将油液从油箱 3 中泵出，经单向阀 4、电液换向阀 5、油管 6 送入工作油缸 8，使活塞杆 9 上升，推动齿条 10、耳轴上的齿轮 11，使转炉炉体 12 倾动。工作油缸 8 与回程油缸 13 固定在横梁 14 上，当换向阀 5 换向后油液经油管 7 进入回程油缸 13（此时，工作缸中的油液经换向阀流回油箱），通过活塞杆 15，活动横梁 16 将齿条 10 下拉，使转炉恢复原位。除了上述具有齿条传动的液压倾动机构外，也可用液压马达完成转炉的倾动。

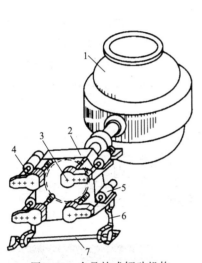

图 4-11　全悬挂式倾动机构

1—转炉；2—齿轮箱；3—三级减速器；
4—联轴器；5—电动机；6—连杆；
7—缓振抗扭轴

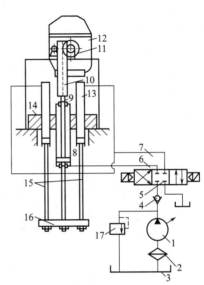

图 4-12　液压倾动转炉工作原理

1—变量油泵；2—滤油器；3—油箱；4—单向阀；5—电液
换向阀；6,7—油管；8—工作油缸；9,15—活塞杆；
10—齿条；11—齿轮；12—转炉；13—回程油缸；
14—横梁；16—活动横梁；17—溢油阀

4.3.3.2　原材料供应系统

转炉原材料的供应包括铁水、废钢、散状料及铁合金等材料的供应。

(1) 混铁炉供应铁水

混铁炉供应铁水的优点是铁水成分和温度较均匀，有利于炼钢操作，其构造图如图 4-13 所示。此外，有利于冶金工厂调节和均衡高炉与转炉间的铁水供求，一般容量为300t，600t 和 1300t，相当于转炉容量的 15～20 倍。但对于炼钢车间，设置混铁炉或混铁炉车的基本目的却是贮存和混匀铁水。目前大型转炉已不再采用这种铁水供应方式。

(2) 混铁车供应铁水

混铁车又称鱼雷罐车（见图 4-14），由罐体、罐体支撑机构、倾翻机构和车体组成，既能用于从高炉向转炉车间运送铁水，又能用于贮存铁水。容量一般为转炉容量的整数倍。

(3) 铁水包供应铁水

铁水包供应铁水是目前钢铁生产流程中最节省能源的铁水供应方式，它不需要经过中间

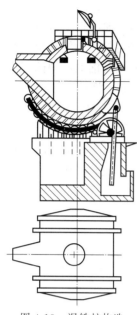

图 4-13　混铁炉构造

环节，大型转炉采用较多。为防止铁水包表面（罐口）的辐射热损失，可以对铁水包加盖处理，大大降低了铁水包空包状态下的散热，大幅提高出铁时铁水包的温度，防止粘包。铁水包加盖在相同工艺条件下，可减少铁水温降 30℃以上。

"一罐到底"是近年来钢铁行业铁钢界面开发的一种全新的铁水供应技术。其核心技术是铁水从高炉产出、运输，到最后兑入转炉，均使用同一个铁水罐，图 4-15 为转炉兑铁水情况。由于中途不使用鱼雷罐车和混铁炉，铁水不需要再进行二次折兑，避免了折兑造成的铁水温降、铁水飞溅损失和环境污染，同时节约了铁水包和混铁炉等相关设备的运行费用，取得了显著的直接和间接效益。

（4）废钢的供应

废钢作为转炉炼钢中的冷却剂，其装入方式有以下几种。

① 用普通吊车的主钩和副钩吊起废钢料槽，靠主、副钩的联合动作把废钢加入转炉。这种方式的平台结构和设备都比较简单，废钢吊车与兑铁水吊车可以共用，但废钢吊车与兑铁水吊车之间的干扰较大。

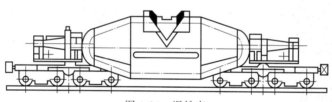

图 4-14　混铁车

废钢料槽：废钢料槽是钢板焊接的一端开口、底部呈平面的长簸箕状槽。在料槽前部和后部的两侧有两对吊挂轴，供吊车的主、副钩吊挂料槽，如图 4-16 所示。

② 在炉前平台上专设一条加料线，使加料车可以在炉前平台上来回运动。废钢料槽用吊车事先吊放到废钢加料车上，然后将废钢加料车开到转炉前并倾动转炉，废钢加料车将废钢料槽举起把废钢加入转炉内。这种方式废钢的装入速度较快，可以避免装废钢与兑铁水吊车之间的干扰，但平台结构复杂。

废钢加料车在国内曾出现两种类型。一种是单斗废钢料槽地上加料机，废钢料槽的托架被支承在两对平行的铰链机构的轴上，用千斤顶的机械运动，使料槽倾翻并退至原位，另一种是双斗废钢料槽加料车，是用液压操纵倾翻机构动作的。

图 4-15　转炉兑铁水

（5）散状料的供应

散状料是指炼钢过程中使用的造渣材料、补炉材料、冷却剂等，包括石灰、萤石、白云石、铁矿石、氧化铁皮、焦炭等。散状料供应方式有：全胶带上料系统、固定胶带和管式振动输送机上料系统、斗式提升机配合胶带或管式输送机上料系统。散状料

图 4-16　废钢料槽加废钢

供应系统设备有：地下料仓、高位料仓、给料、称量和加料设备、运输机械设备。

（6）铁合金的供应

铁合金的供应系统一般由炼钢厂铁合金料间、铁合金料仓、称量和输送设备及向钢包加料设备等部分组成。

铁合金加料系统有两种形式：

① 铁合金与散状料共用一套上料系统，然后从炉顶料仓下料，经旋转溜槽加入钢包。这种方式不另增设铁合金上料设备，而且操作可靠，但增加了散状材料上料胶带运输机的运输量。

② 铁合金自成系统。用胶带运输机上料，有较大的运输能力，使铁合金上料不受散状原料的干扰，还可使车间内铁合金料仓的贮量适当减少。对于规模大的转炉车间这种流程可确保铁合金的供应。但增加了一套胶带运输机上料系统，设备重量与投资有所增加。

4.3.3.3　供氧系统

吹氧装置是氧气转炉车间的关键工艺设备之一，由氧枪、氧枪升降装置和换枪装置三部分组成。

为减少氧枪烧坏或其他故障影响正常吹炼，通常的吹氧装置都带有两支氧枪，一支工作，另一支备用，通常为 A 枪和 B 枪。两支氧枪都借助金属软管与供氧、供水和排水固定管路相连。当工作氧枪需要更换时，由换枪装置的横移机构迅速将其移开，同时将备用氧枪移至转炉上方的工作位置投入使用。

（1）氧枪

氧枪结构示意图如图 4-17 所示。氧枪在炉内高温下工作，采用循环水冷却。它由枪头、枪体和枪尾所组成。水冷氧枪的基本结构是由三根同心圆管将带有供氧、供水和排水通路的枪尾与决定喷出氧流特征的枪头连接而成的一个管状空心体。带有供氧、供水和排水通路的枪尾是焊接的。它有使氧和水的通路分离的结构，及与外部氧、水管路连接的接头，同时还用

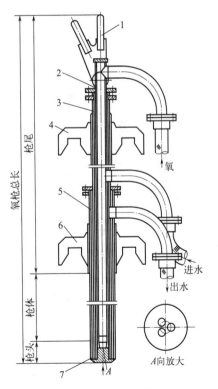

图 4-17　氧枪结构

1—吊环；2—内层管；3—中层管；4—上卡板；
5—外层管；6—下卡板；7—喷头

以固定着三个同心圆管。

三个同心圆管中的内管是氧气通路，氧气流经内管由枪头吹入金属熔池，其上端被压紧密封装置牢固地装在枪尾，下端被焊固在枪头上。外管牢固地固定在枪尾和枪头之间。中间管是分离流过氧枪的进、出水之间的隔板。冷却水由内管和中间管之间的环状通路进入，下降至枪头后转180°经中间管与外管形成的环状通路上升至枪尾流出。枪头工作时处于炉内最高温度区，要求具有良好的导热性并有充分的冷却。枪头决定着冲向金属熔池的氧流特征，直接影响吹炼效果。枪头与管体的内管通常采用密封圈连接，也可螺纹连接，与外管采用焊接方法连接。

（2）氧枪升降装置

单卷扬型氧枪升降机构如图4-18所示。氧枪固定在升降小车上，由升降机械带动升降；工作时，十几米到二十几米长的氧枪穿过烟罩插入炉内供氧吹炼。

氧枪的升降通常采用卷筒-钢绳拖动升降小车。升降小车由车轮、车架、制动装置及管位调整装置组成。车架是钢板焊接件，在前后和左右各有两对车轮实现车架升降的支撑导向作用。由于氧枪及其软管偏心安装于车架上，故升降小车车轮除起导向作用外，还承受偏心重量产生的倾翻力矩。

升降导轨是保证氧枪做垂直升降运动的重要构件，通常由三段导轨垂直组装而成，升降导轨为整体式，它们固装在车间厂房承载构件上。导轨下端装有弹簧缓冲器用以吸收小车到达下极限位置时的冲击动能，导轨的段数应尽可能少，在各段连接处应注意连接好，以免在使用过程中由于某些螺栓松动产生导轨偏斜现象。

（3）换枪装置

转炉单卷扬型换枪装置如图4-19所示。换枪装置由横移换枪小车、小车座架和小车驱动

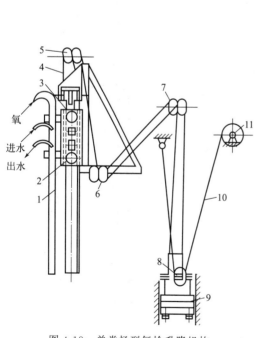

图4-18　单卷扬型氧枪升降机构

1—氧枪；2—升降小车；3—导轨；4,10—钢绳；

5～8—滑轮；9—平衡锤；11—卷筒

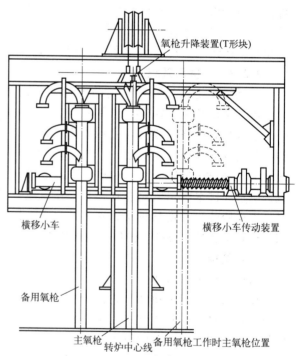

图4-19　转炉单卷扬型换枪装置

机构三部分组成。但由于采用的升降装置形式不同，小车座架的结构和功能也明显不同，氧枪升降装置相对横移小车的位置也截然不同。单升降装置的提升卷扬与换枪装置的横移小车是分离配置的。而双升降装置的提升卷扬则装设在横移小车上，随横移小车同时移动。横移小车的驱动采用一套电机直联型摆线针轮减速器传动，再经链轮带动主动轮实现驱动。横移台车轨道内侧设有弹性缓冲器，其主要由斜形碰头、缓冲弹簧及固定套组成，主要作用是缓冲氧枪冲顶的冲击力，并在冲顶后钢绳被拉断的情况下，卡住升降小车而不致发生坠枪事故。

（4）副枪系统

采用副枪设备的转炉，可以在不中断冶炼、不倒炉的状态下，使用副枪设备进行测温、定氧、定碳、取样等操作，从而获取钢水成分、温度、熔池液位等信息，再通过计算机模型计算调整吹炼各项参数，最终达到炼钢终点控制要求。副枪设备能够实现全自动取样和检测，在每炉钢水冶炼过程中，有两次取样和检测：第一次在吹炼75%～90%氧步时，第二次在吹炼终点。吹炼过程中的检测使用 TSC（测温、取样、定碳）探头，用于更新所需要的吹氧量和冷却剂的添加剂用量，以满足钢水终点碳含量和温度要求。在经过调整吹氧量的吹炼结束时，利用 TSO（测温、取样、定氧）探头检测熔池温度和自由氧含量，以确定终点碳含量，并计算熔池液位。在两次检测过程中，该系统可通过探头自动拆卸装置经收集溜槽自动将试样回收，并通过风动送样系统将试样输送到快速分析室，利用试样分析结果预测钢水的终点化学成分。

副枪的机械部分主要由五大结构构成：旋转装置、升降装置、机械手设备、副枪本体、冷却设备。

旋转装置：副枪进行数据检测的位置位于转炉炉口正上方，而拆卸旧探头的位置位于转炉侧面，副枪旋转结构就是将副枪在这两个位置之间移动。旋转装置由旋转传动设备及旋转框架部分共同组成。旋转框架是三棱体框架，立于转炉平台之间，主要作为副枪升降轨道的载体；旋转平台带动旋转框架旋转，同时带动升降及旋转设备同步转动。

升降装置：升降装置与转炉氧枪及吊车起重原理类似，都是利用卷扬装置带动升降小车在固定轨道上垂直升降运动。副枪升降小车可分为主小车及副小车。主小车作为副枪的承载体，带动副枪在升降滑道上移动，副小车在运行滑道的最下端，其主要作用是固定副枪，防止其脱离运动轨迹。

机械手设备：机械手设备也称 APC 设备，是连接探头的主要装置。由探头储存位、探头输送装置、探头夹紧装置、翻转臂、拆卸装置五大构件组成。探头储存位共分五个位置，用于存放不同类型的探头；输送装置由气动马达、输送轨道、输送链组成，其主要作用是将探头输送至翻转臂上；夹紧装置由夹紧气缸及夹持器组成，其主要作用是将落到翻转臂上的探头夹紧，使其不能滑动；翻转臂由翻转电机驱动，用于将探头带至垂直位；拆卸装置同样是由气缸驱动，将取样后的探头从副枪上拔出，并将其落入溜管中，输送至转炉平台。

副枪本体：副枪本体由内外三层管道组成。最内层自上至下通入数据线，用于将探头检测到的数据传至系统中，并通入氮气对数据线进行冷却，防止数据线在高温下熔化；外部两层管道为来回水通道，用于对副枪本体进行冷却。副枪本体的最下部连接插接件，插接件插入探头内部，对探头检测到的数据进行输送。

冷却设备：冷却设备由副枪冷却水管及密封帽冷却水管两大部分组成。副枪冷却水管由硬管、软管及旋转接头共同组成，主要对副枪本体进行冷却。密封帽冷却水管主要用于对密封帽设备进行冷却，密封帽设备位于副枪口上方，只有当副枪插入转炉内部时，密封帽才处于开启状态，否则均为关闭状态，其主要用于对转炉内部烟气进行封闭，防止外溢污染环境。

4.3.3.4 转炉底吹系统

顶底复合吹炼转炉炼钢法是当下主流的炼钢方法，底部供气元件的种类、支数、布置方式和底吹供气强度直接影响着转炉熔池的混匀效果，合理的流场不仅可以降低生产成本，更能缩短冶炼周期，增加企业效益。

（1）底吹元件

底吹喷射元件是顶底复吹技术的核心之一，主要包括喷嘴型元件和砖型元件两大类，底吹过程要求气流分散、均匀稳定及较大气量调节范围等。

喷嘴型元件可分为单管型、套管型和环缝型，其中环缝型又分为单环缝型和双环缝型，不同类型喷嘴元件端面如图 4-20 所示。早期使用的底吹喷射元件主要为单管型，在供气过程中，当气流速度小于声速时，出现气流脉动导致连续性气流中断，造成灌钢堵塞；同时由于气体的冷却作用，使钢水与耐火材料接触，发生局部冷却形成伞状物导致管口黏结。

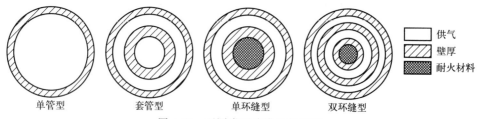

图 4-20　不同类型喷嘴元件端面

砖型元件主要可分为缝隙式组合砖、直孔型透气砖、多孔塞砖（MHP），不同砖型元件结构如图 4-21 所示。缝隙式组合砖由多块耐火砖以不同形式拼凑成各种砖缝同时外包不锈钢钢板而成，底吹气体由砖缝进入熔池，致密度较高，耐冲刷，但存在开裂现象，同时由于砖缝不均易造成供气不稳定等问题。直孔型透气砖主要是在制砖时向砖内埋入许多细的易熔金属丝，然后在焙烧过程中金属丝熔化形成直孔道，气流由直孔道进入熔池。多孔塞砖（MHP）是将内径一般为 0.1～3.0mm 的细金属管埋设在母体耐火材料中，金属管数量在 10～150 根，此砖不仅调节气量幅度较大，同时供气均匀稳定，被广泛应用于转炉生产过程。MHP-D 型多孔塞砖是在砖体外层金属管处增加了一个供气箱，可通入两路气体。

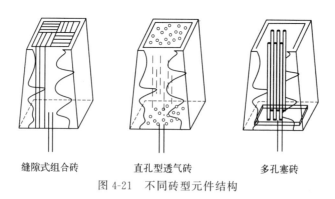

图 4-21　不同砖型元件结构

（2）底吹工艺的操作

底吹工艺的操作对转炉复吹工艺有着重要影响。目前转炉采用的底吹气体主要是氩气和氮气，标准状态下流量控制在 0.01～0.15m³/(min·t)，考虑到还要克服喷吹阻力，供气压力需达到 1.0～1.5MPa。

不同钢种的冶炼终点不一致时，其对应的底吹工艺也会略有变化，如表 4-8 所示。

表 4-8　不同钢种的底吹工艺

钢水终点[C]/%	前期供氮气强度/[m³/(min·t)]	后期供氩气强度/[m³/(min·t)]	适用钢种
<0.06	0.02～0.04	0.07～0.10	低碳镇静钢
0.06～<0.10	0.02～0.04	0.05～0.08	中碳镇静钢
≥0.10	0.02～0.04	0.03～0.06	高、中碳钢

转炉停止炼钢及溅渣过程时，不能关闭底吹气体，而需将底吹总流量调到一定的流量范围，使单个吹气单元不致因渣等因素而堵塞。

在底吹工艺条件下需要对顶枪吹炼工艺的参数进行调整。由于底吹的影响，熔池物化反应强度发生了改变，冶炼操作方式也应随之而变。在有底吹的条件下，顶枪枪位比仅有顶吹时高出 100～200mm，供氧流量在冶炼前期为仅有顶吹时的 90%，在后期可调整到 100%。这样不仅避免了前期的喷溅，也缓解了后期的返干。

4.3.4　转炉炼钢自动化

转炉炼钢的自动控制包括终点控制和过程控制两个方面。

终点控制：冶炼前根据生产条件和所炼钢种确定各种炉料的入炉量（称装料计算）和吹氧参数（吹炼方案），使得吹炼结束时钢液成分和温度均满足出钢要求。

过程控制：吹炼过程中依据炉况修正操作参数使冶炼过程顺利进行，并准确命中终点。

转炉炼钢的自动控制系统包括计算机系统、称量系统、检测系统、仪表显示系统等部分。

① 主机系统：控制台及处理器、自动输入及输出装置等；

② 键盘输入装置：各操作台输入板、炉前输入板；

③ 操作室指示盘：氧气量、喷枪高度、冷却剂重量等；

④ 炉前显示盘：各种炉料的重量及铁水温度等；

⑤ 炉后显示盘：钢、渣、气的重量和温度；

⑥ 副枪及各种测量仪表。

4.3.4.1　静态控制及其装料模型

（1）静态控制

根据原材料条件和吹炼钢种的终点成分及温度，计算机利用其装料模型进行装料计算和设计吹炼方案，并按计算结果装料和吹炼，吹炼过程中不作任何修正，这种控制方法称为计算机静态控制。静态控制的实质是人-机结合控制，命中率比传统的经验手动控制略有提高，为 60%～70%。

（2）装料模型

由于转炉吹炼过程的复杂性和影响因素的多元性，尚无一个科学合理的装料模型。目前，常用的装料模型有以下三种：

① 理论模型　根据炼钢过程中的化学反应及物料平衡和热平衡关系，并结合生产实际情况对冶炼过程作一系列假设推导出装料的数学关系式。

② 统计模型　运用数理统计和多元回归的方法对大量实际生产数据进行处理，整理出装料的数学关系式。

③ 增量模型 在统计模型的基础上，把转炉的整个炉役看成是一个连续过程，利用相邻炉次的原料条件、炉衬变化、操作情况等因素比较接近的特点，以上一炉的数据为基础，根据冶炼条件的变化对其加以修正后作为本炉的数据。

即
$$y_1 = y_0 + \sum f(x_1 - x_0) + A$$

式中，x_0 代表上炉某变量的值；x_1 代表本炉该变量的数值；A 为修正常数。

4.3.4.2 动态控制

冶炼前计算机进行装料计算和吹炼方案设计，并按计算结果装料和吹炼，冶炼中计算机根据其检测系统测出的信息（如钢液温度和含碳量、炉口噪声等），修正吹炼参数（如枪位、矿石用量等），使冶炼过程顺利到达终点的控制方法叫动态控制。其控制内容不仅包括静态控制的终点控制，而且还进行冶炼过程中自动检测、判断和修正操作等过程控制，命中率可达 $85\% \sim 95\%$，不仅缩短了冶炼时间，使生产率提高、炉龄延长，而且材料消耗少、省人力，生产成本大为降低。

根据控制的目标不同，动态控制可分为吹炼条件控制和吹炼终点控制两类。

(1) 吹炼条件控制

① 控制目标 吹炼条件。

② 基本原理 事先（对本厂以往的生产数据进行统计分析）绘制出（常炼钢种）某工艺参数（如渣层厚度、金属含碳量等）的标准变化曲线存入计算机；吹炼中检测系统定时检测该参数，计算机随时将实际值与标准进行比较，并调整相关的吹炼条件，如枪位、助熔剂或冷却剂用量等，使冶炼过程按照目标状态进行。

③ 典型代表 CRM 模型（比利时中央冶金研究院开发，鞍钢第三炼钢厂已引进采用，检测钢液含碳量）。

程序组成：CRM 模型由以下六个可独立调用的子程序组成。

① 主原料计算子程序 计算铁水及废钢用量；

② 辅原料计算子程序 计算各种渣料、冷却剂及氧气用量，以及检测前用氧量；

③ 主吹校正计算子程序 计算检测后至主吹结束前各种渣料、冷却剂及氧气用量；

④ 主吹校正阶段碳-温度曲线计算子程序 计算检测后至主吹结束前各时刻的含碳量和温度即时值；

⑤ 补吹校正计算子程序 计算补吹过程中各种渣料、冷却剂及氧气用量；

⑥ 模型参数修正子程序 计算模型参数的修正，以实现模型的自学习。

(2) 吹炼终点控制

控制目标：终点温度和终点碳。

控制方法：根据实现的手段不同，有两种控制方法。

1) 轨道跟踪法

基本原理：根据转炉吹炼末期的脱碳速度和升温速度具有一定规律的特点，事先绘出标准曲线存入计算机；冶炼末期计算机根据其检测系统测得的钢液的温度和含碳量等信息，利用脱碳速度和温升速度与氧消耗量的数学模型计算出预计曲线并进行相应的修正操作；如此反复，步步逼近，使冶炼过程顺利到达终点。

具体做法：计算机设计出预计的脱碳速度曲线和温度曲线后，立即（积分）算出达到终点碳所需的氧 Q_C 和终点温度所需的氧 Q_T，若

$Q_C = Q_T$，不必调整操作，继续吹之即可；

$Q_C > Q_T$，按 Q_C 吹之，同时由计算机求出所需冷却剂的数量并立即加入炉内，以同时

命中；

$Q_C < Q_T$，当供氧量即将达到 Q_C 时，提枪吹至 Q_C（降低脱碳速度并提温），以便同时命中。

2）动态停吹法

基本原理：吹炼接近终点时，计算机针对检测系统测得的信息，根据通过回归分析建立的脱碳速度、温升速度与氧气消耗、含碳量相关的数学模型，选择最佳停吹点，并吹至该点停吹。

最佳停吹点的条件：含碳量和温度同时命中；或命中两项中的一项，而另一项不需补吹，稍做调整即可达到目标要求。

4.3.4.3 全自动冶炼控制

转炉炼钢生产过程中产生的误差大体上可分为三类：由各种检测仪表带来的系统误差；由生产中各种不确定影响因素（如炉龄、枪龄和空炉时间等）的波动和变化对操作结果引起的随机误差；由操作者引起的操作误差。

为了消除以上三种误差，确保控制精度和系统的稳定性，需要采用全自动冶炼控制技术，它可以很好地校正上述误差。

全自动冶炼控制技术可分为如下几个部分。

① 理论计算模型　根据炼钢过程中涉及的传热、传质和化学反应的基本原理，研究炼钢过程的基本数量关系及其内在规律，它是计算机过程控制的基础。

② 增量模型　通过本炉与参考炉冶炼系统的比较，计算由于各种工艺条件变化所引起的误差并给予校正。它适用于校正和减小转炉生产中的系统误差。

③ 人工神经网络模型　依据大量的生产数据，对炼钢生产过程中产生的大量随机误差和操作误差进行校正，从而提高控制模型的自适应性能和自学习能力。

④ 动态校正模型　依据炼钢生产过程中实施在线检测的各种信息，对模型计算结果进行动态校正，修正计算结果，减小计算误差，以达到提高控制精度和命中率的目的。

从过程上讲，全自动冶炼控制技术又可以分为：

① 静态模型　首先利用静态模型确定吹炼方案，以保证能基本命中终点。

② 吹炼控制模型　在吹炼过程中利用炉气成分信息，校正吹炼误差，全程预报熔池成分（C、Si、Mn、P、S）和炉渣成分的变化。

③ 造渣控制模型　吹炼时利用炉渣检测信息，动态调整顶枪枪位和造渣工艺，避免吹炼过程中发生"喷溅"和"返干"。

④ 终点控制模型　通过终点副枪校正或炉气分析校正，精确控制终点，保证命中率。

⑤ 人工智能技术　提高模型的自学习和自适应能力。

4.3.4.4 实际应用情况

某企业 120t 转炉采用了智能化自动化冶炼技术，实现了对转炉的加料、吹氧、氧枪枪位、终点温度、成分的智能化控制和冶炼过程的实时监控和动态调节。

通过声呐化渣系统、烟气分析系统、火焰分析系统的综合利用，使智能化炼钢终点直出命中率达到 80% 以上，较经验炼钢终点命中率提高 10%；氧气消耗由 $51.13\text{m}^3/\text{t}$ 降低至 $48.8\text{m}^3/\text{t}$，降低 $2.33\text{m}^3/\text{t}$。

智能化辅助投用率达到 85% 以上，建立了智能型动态控制模型，代替人员操作；转炉补吹率降低，实现高效冶炼，直出炉次炼钢冶炼周期缩短 1.5min/炉，冶炼周期达到 25.2～25.8min，产效率提高 5.7%。

终点炉渣 TFe 质量分数由 17% 降低至 14% 以下，至少降低了 3%，同时降低了渣料用量，熔剂消耗由 49kg/t 降低至 41.5kg/t，降低 7.5kg/t。

4.3.5 转炉节能环保及资源利用

钢铁工业在生产过程中会消耗大量资源和能源，并给环境带来严重污染。为保护生态平衡，需要减少炼钢过程对资源和能源的消耗，改善炼钢生产环境，同时还要对转炉生产过程产生的新的资源和能源进行有效利用，实现钢铁生产材料的再循环使用。

4.3.5.1 转炉节能降耗措施

转炉炼钢属于一种高能耗工序，想要实现节能降耗的目标，最主要的是对工序能耗进行严格控制。

（1）充分回收烟气显热

转炉烟气中可供利用的高温显热一般采用余热锅炉对转炉烟气冷却进行蒸汽回收。主要采用蓄热器高低压相结合的方式实现蒸汽有效回收。主要技术要点：蒸汽在蓄热器压力调节阀后将压力设定在 1MPa 的状态稳定运行，出现故障后可立即实现调节阀关闭，降低故障损失；根据实际情况将蓄热器对应的放散压力设定为 1.5MPa，对应的气泡压力平稳不变。通过以上两方面，可提高蒸汽品质，实现对转炉蒸汽的有效回收。回收的蒸汽所携带的余热再次用于钢材生产，有效减少能源消耗，降低生产成本，对实现企业可持续发展具有现实意义。

（2）减少出钢等待时间和倒炉次数

转炉出钢等待时间是影响温度变化的主要因素，需协调好上下工序，调整好节奏对炼钢过程的影响。同时，要减少等样时间，送样要及时，化验要快要准，对于某些钢种的情况，尽量做到不等样出钢。转炉炼钢中，出钢前倒炉倒渣是最常见的操作，主要是由于吹炼过程氧枪枪位偏高造成炉渣严重发泡，不容易直接出钢，倒炉倒渣不仅会造成温度的极大损失，而且还延时了出钢时间，对后面工序产生不利影响，建议在炉渣发泡出钢时，尽量用压渣材料进行压渣操作，避免温度流失。

（3）增加转炉废钢用量，不同性质的废钢分类存放

废钢是转炉冷却效果比较稳定的冷却剂，可以通过增加转炉废钢用量降低转炉炼钢成本、能耗和炼钢辅助材料的消耗。另外，废钢还需要分类存放，对应使用，合金钢与非合金钢要单独存放，例如，在冶炼含铬钢时使用对应含铬废钢可以降低铬铁的使用量。相反，如果废钢使用不当，就可能造成冶炼困难，成分不合格，产生废品。

（4）选择合适的装入量

装入量是指转炉冶炼中每炉次装入的金属料的总重量，主要包括铁水和废钢量。每座转炉都有其合适的装入量，如果装入量过多，会使熔池搅拌不良，化渣困难，可能会导致喷溅，造成金属损失。此外，由于炉渣较稀很难溅渣护炉，对炉衬不好，容易粘枪。如果装入量过少，不仅产量会降低，炉底还可能会因为熔池变浅直接受到氧气流的冲击而损坏，因此，转炉要有合适的装入量。

4.3.5.2 转炉煤气回收循环利用

当前，转炉烟气净化及煤气回收技术主要有两大类型，即湿法系统（OG 法）和干法系统（LT 法）。

（1）湿法系统

OG 法是以双级文氏管为主，抑制空气从转炉炉口流入，使转炉煤气保持不燃烧状态，经过冷却而回收的方法，因此也叫未燃法，又称湿法。OG 法装置主要由烟气冷却系统、烟气净化系统及附属设备组成（见图 4-22）。在冶炼中生成高一氧化碳浓度且含 150～200mg/m³ 粉尘的煤气，温度达 1600℃。在风机吸力作用下，煤气从活动烟罩进入全封闭的回收系统，经汽化冷却烟道后温度降至 1000℃。一级文氏管进行粗除尘和煤气降温、灭火，温度降至 75℃；随后煤气经重力脱水器脱水后再进入二级文氏管进行精除尘和再冷却，温度降至 65℃ 左右，含尘量降至 150mg/m³ 以下，煤气再度脱水后进入除尘风机。煤气借风机出口正压力、通过三通阀切换，当煤气 CO<30% 时，送入烟囱，燃烧后排放；当 CO>30% 时，进入煤气柜回收，再供给用户作能源使用。

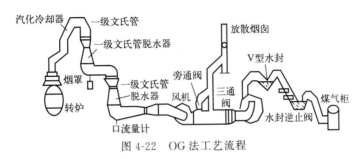

图 4-22　OG 法工艺流程

（2）干法系统

LT 称为干式净化回收法，又称干法。LT 法工艺流程如下：转炉烟气出炉口后，通过活动烟罩、固定烟罩进入汽化冷却烟道。炉气出口温度为 1700℃，汽化冷却烟道出口为 800～1000℃。蒸发冷却器有两个作用，一是将烟气温度降至 180～200℃；二是对烟气进行增湿调质，以降低烟尘的比电阻，确保电除尘器的除尘效果。然后进入圆形静电除尘器，烟气轴向进入其中，并通过气流分布板均匀分布在横截面上，烟气得到净化。静电除尘器一般设有三到四个电场，采用专门的变电系统供电，在电除尘器下部的集灰，用扇形刮灰器刮到位于其下部的链式输送机中，送入中间料仓，然后通过气力输送系统再将干灰送到压块系统的集尘料仓中。除尘效率高达 99%，烟气经过电除尘器后进入除尘风机。煤气借风机出口正压力、通过三通阀切换，进行回收或放散。回收柜前设置二次冷却塔使煤气温度降至 50℃ 左右。流程如图 4-23。

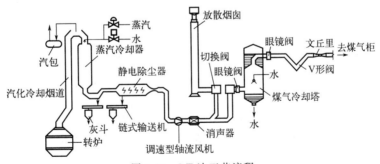

图 4-23　LT 法工艺流程

转炉煤气是一种优质燃料和原料，其主要有以下几个用途：替代焦炉煤气或天然气用于炼钢烘烤；用于活性石灰生产。转炉煤气可以替代传统的焦炭和煤粉用于石灰生产，和焦炉煤气、高炉煤气相比，转炉煤气热值适中，非常适合气烧石灰窑的生产需要，并且转炉煤气中基本不含 S，是生产炼钢用低硫石灰的优质燃料；满足其他工序需求，转炉煤气可以送入全厂管网，综合利用，进一步满足发电、轧钢加热炉、炼铁热风炉等的需要；用于化工生产，转炉煤气含 CO 较高，是一种优质的化工原料。

4.3.5.3　转炉钢渣综合利用

伴随着我国钢铁行业的快速发展，钢铁生产过程中所产生的固废的产量也在日益增加。钢渣的综合利用包括两个环节，即钢渣的处理和钢渣的利用。

转炉钢渣处理技术如下。

(1) 露天倒渣水淬法

露天倒渣水淬法在具体应用的过程中，一般会选择一个地点将其设置为露天渣坑，在此区域内对钢铁生产过程中所产生的废渣进行相应的处理。首先需要用渣罐车来运输废渣，将废渣从转炉运输到已经挖掘完成的露天渣坑旁边，然后将废渣倾倒在渣坑内，再打水进行淬渣。淬渣以后需要确保所有的渣坑都碎裂成块之后再进行筛分，在筛分的过程中如果发现有碎渣并没有碎裂成块，还需要进行重复淬渣，通过这样的方式确保淬渣的成效。这种方法所需要的机械设备较少，操作较为便捷，但是一般需要占用企业大量的厂房场地。

(2) 钢渣有压热闷处理

钢渣有压热闷工艺一般分为辊压破碎和有压热闷两个作业工序。辊压破碎作业工序主要完成熔融钢渣的快速冷却、破碎，此阶段的处理时间一般控制在 25～35min，可将熔融钢渣的温度由 1600℃ 左右冷却至 500℃ 左右，粒度破碎至 200mm 以下。然后是有压热闷作业工序，这道工序主要是完成经辊压破碎后钢渣的稳定化处理，此阶段的处理时间约 3h，处理后钢渣的稳定性良好，闷渣工作压力 0.2～0.4MPa，比常压池式热闷工艺的工作压力提高了约 100～200 倍，在较高的压力条件下，加快了水蒸气与钢渣中的游离氧化钙的反应速率，将热闷时间由 12h 缩短至 3～3.5h。同时，该技术在进行钢渣处理时，整个过程基本都是在密闭体系下进行，再配套上辊压除尘、热闷水处理循环，因此，较水淬钢渣处理相比，其洁净化程度更高，更加环保。热闷渣中含有大量废钢，一般会再经过破碎、筛分、磁选等处理，筛选出渣精粉和尾渣，渣精粉则进入烧结处理，尾渣大颗粒会进行渣土回填，小颗粒可进入水泥厂处理使用。

(3) 转炉钢渣微粉技术

转炉钢渣微粉技术是一种高科技技术，微粉技术在应用的过程中，不仅可以有效消除水泥生料混合原料的易磨性，还可以在一定程度上推动水泥的品质优化，将其转变成一种新型的建材，对我国建筑行业的发展有一定的促进作用。

(4) 实际应用情况

某钢厂的钢渣综合处理生产线由 2 条钢渣一次预处理生产线、2 条钢渣破碎磁选筛分生产线、1 条渣钢自磨生产线、1 条磁性渣粉湿式球磨磁选生产线、1 条钢渣微粉制备生产线组成。

2 条钢渣一次预处理生产线分别建设于 120t 转炉车间、210t 转炉车间，采用热闷技术，将固态或液态钢渣倒入闷渣罐内，盖上闷渣盖密封、喷水，渣壳破碎，实现渣钢有效分离；同时，热闷过程中产生的水蒸气同钢渣中的游离氧化钙、氧化镁反应、消解，快速连续的冷却有效阻止了 β 硅酸二钙向 γ 硅酸二钙的转变，从而得到粒度均匀、体积膨胀率低的钢渣。

2 条钢渣破碎磁选筛分生产线是通过对闷渣处理后的钢渣进行破碎、筛分、磁选处理，回收利用渣中磁性成分，并使处理后的转炉非磁性渣满足后续钢渣微粉制造工序对原料的要求。

1 条渣钢自磨生产线是对磁选出的渣钢进行干法自磨，提高渣钢的全铁含量，使用固态颗粒混合自磨的方法将渣钢表面的渣层去除，提高回炉渣钢品位。自磨机磨头设置筛分工艺，实现洁净渣钢与尾渣的分离。

1条磁性渣粉湿式球磨磁选生产线是针对前几道破碎磁选工序磁选出来的磁性渣粉进行处理，目的是将磁性渣粉中品位高的渣粉分离出来加以利用。

1条钢渣微粉制备生产线是通过卧式辊磨粉磨非磁性钢渣，实现以较低的成本生产满足国家应用标准的水泥原料或混凝土掺合料。

钢渣综合处理的工艺流程如图4-24所示。

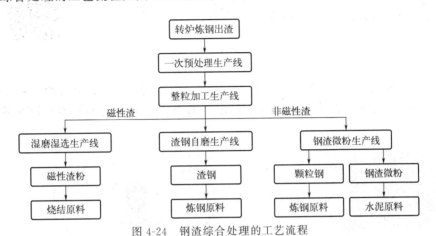

图 4-24 钢渣综合处理的工艺流程

伴随着转炉钢渣处理技术的逐渐成熟，钢渣的综合利用效率得到了明显提升，应用范围已经涵盖了包括医药、农业、建筑工程、冶金工业等多个不同的领域。

① 复合矿质肥料 经过预处理之后的钢渣，在化学性能和结构上已经趋于稳定，钢渣中还含有微量的锌、锰、铁、铜等元素，这些元素都是土壤中所缺少的有机物，因此将其制作成复合肥料可对土壤起到一定的施肥效力。

② 制作成土壤改良剂 经过处理之后的废渣已经碎成了颗粒状，然后将颗粒再一次磨细就可以作为土壤改良剂应用。尤其是针对一些酸碱度较高的土壤，利用废渣来给土壤更多的钙素营养，通过这样的方式来中和土壤的酸碱性。

③ 转炉钢渣在工程材料中的应用 钢渣的矿物组成和硅酸盐水泥熟料矿物组成非常相似，可用于水泥中掺和料，可以将其作为道路建设过程中的基层辅料或者是加入到沥青混合料中应用，符合道路建筑对于施工材料的实际需求和相关标准。

4.4 电弧炉炼钢

4.4.1 电弧炉炼钢概述

电弧炉炼钢是指以废钢为主原料、以电能和化学能为主的一种炼钢方式。电能通过石墨电极与炉料放电，产生高达 $2000 \sim 6000 ℃$ 的高温，以电弧辐射、温度对流和热传导的方式将废钢原料熔化。电弧炉总貌的现场图及仿真图如图4-25所示。

钢包精炼及偏心底出钢（EBT）技术的开发使电弧炉冶炼加炉外精炼的现代短流程炼钢工艺趋于成熟。废钢预热的问题是电弧炉发展的关键问题，目前废钢预热电弧炉主要有竖式

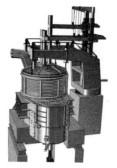

(a) 现场图   (b) 仿真图

图 4-25   电弧炉总貌

电弧炉、双炉壳电弧炉及康斯迪（Consteel）电弧炉，也涌现了一批电弧炉炉料预热和连续加料系统，如环保型炉料预热和连续加料系统（EPC）。图 4-26 为不同类型的废钢预热电弧炉示意图。

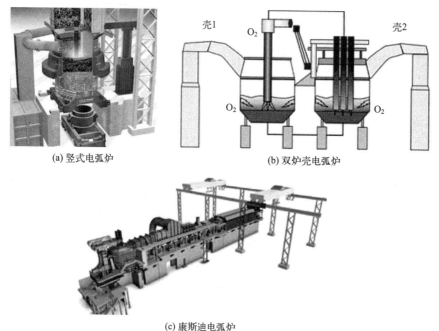

(a) 竖式电弧炉   (b) 双炉壳电弧炉

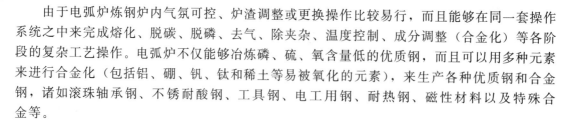

(c) 康斯迪电弧炉

图 4-26   不同类型的废钢预热电弧炉

由于电弧炉炼钢炉内气氛可控、炉渣调整或更换操作比较易行，而且能够在同一套操作系统之中来完成熔化、脱碳、脱磷、去气、除夹杂、温度控制、成分调整（合金化）等各阶段的复杂工艺操作。电弧炉不仅能够冶炼磷、硫、氧含量低的优质钢，而且可以用多种元素来进行合金化（包括铝、硼、钒、钛和稀土等易被氧化的元素），来生产各种优质钢和合金钢，诸如滚珠轴承钢、不锈耐酸钢、工具钢、电工用钢、耐热钢、磁性材料以及特殊合金等。

4.4.2 电弧炉冶炼工艺

传统的电弧炉炼钢是从熔化废钢开始到钢水组织成分的调整结束全部在电弧炉一个工位

内完成，即炼钢经历了废钢熔化、氧化反应去除有害杂质、还原脱氧出钢三个主要的过程，因此称为三期冶炼。

现代电弧炉的冶炼过程主要是熔化氧化过程，取消了传统电弧炉炼钢的还原期，传统电弧炉还原期的任务由炉外精炼完成，现代电弧炉成为了一个初炼炉，用氧的主要目的由传统电弧炉的助熔、脱碳去气变为提供化学热。电弧炉炼钢工艺示意图如图 4-27 所示。

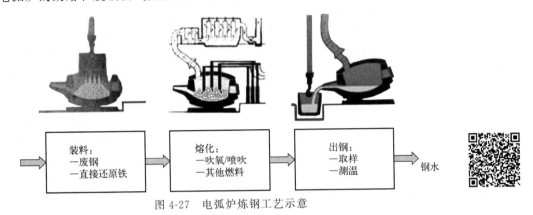

图 4-27　电弧炉炼钢工艺示意

4.4.2.1　补炉

碱性电弧炉炉衬结构如图 4-28 所示。影响炉衬寿命的主要因素有炉衬性质和质量、化学侵蚀、机械冲刷以及装料冲击。为了提高炉衬寿命，除选择高质量的耐火材料与先进的筑炉工艺外，还要加强维护，即在每炉钢出完后进行补炉。

炉衬各部位的工作条件不同，损坏情况也不一样。炉衬损坏的主要部位是炉壁渣线，渣线受到高温电弧的辐射、渣、钢的化学侵蚀与机械冲刷以及冶炼操作等损坏严重，尤其渣线的 2♯ 热点区受电弧功率大、偏弧等影响侵蚀严重；出钢口附近因受渣、钢的冲刷也极易减薄，炉门两侧常受急冷急热的作用、流渣的冲刷及操作与工具的碰撞等损坏也比较严重。因此，电弧炉在出钢后一般对渣线、出钢口及炉门附近等部位进行修补。

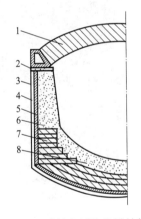

补炉的原则是高温、快补、薄补，具体操作是将补炉材料喷投到炉衬损坏处，并借助炉内的余热在高温下使新补的耐火材料和原有的炉衬烧结成为一个整体，而这种烧结需要很高的温度才能完成。电弧炉出钢后，炉衬表面温度下降很快，因此要趁热快补。薄补的目的是保证耐火材料良好的烧结。

图 4-28　碱性电弧炉炉衬结构
1—高铝砖；2—填充物；3—钢板；
4—石棉板；5—黏土砖；6—镁砂
打结炉壁；7—镁砖永久层；
8—镁砂打结炉底

补炉方法可分为人工投补和机械喷补，根据选用材料的混合方式不同，又分为干补和湿补两种，目前大型电弧炉多采用机械喷补。机械喷补材料主要用镁砂、白云石或两者的混合物，还可掺入磷酸盐或硅酸盐等黏结剂。

4.4.2.2　装料

先将轻料装在料篮底部，减缓重料对炉底的冲击，以保护炉底，及早形成熔池；在轻料的上面，料篮的中心部位按先重后轻顺序布入废钢，并填充小块料，做到平整、致密、无大空隙，使之既有利于导电，又可防止塌料时折断电极；最后在料篮的上部装入小块轻薄料，以利于起弧、稳定电流和减轻弧光对炉盖的辐射损伤。料篮装料过程示意图如图 4-29 所示。

图 4-29　料篮装料

另外，不易导电的炉料应装在远离电极的地方，以免影响导电；生铁应装在大料或难熔料的周围，以利用它的渗碳作用，降低大料或难熔料的熔点，从而加速熔化。随炉料装入的铁合金，应根据不同的理化性能装在不同的位置。

4.4.2.3　熔化期

电弧炉在加入废钢以后开始送电穿井，直到废钢基本上全部熔化，这一阶段称为电弧炉的熔化期。炉料熔化过程如图 4-30 所示。熔化期的目的是将固体废钢铁料熔化，通过配料、布料、供电、吹氧助熔和提前造渣等操作，达到快速熔化，最大可能地降低电耗，为氧化期创造好条件。根据炉料熔化的过程，又可将

熔化期分为引弧和穿井阶段、塌料和熔池扩大阶段、熔清和升温阶段。

熔化期操作要点为：

① 合理布料　是有效利用电弧热能的重要操作。电弧炉内温度场的分布特点是：中心区温度高，炉衬附近温度低，炉门口处炉料易熔化，出钢口处炉料不易熔化。布料时应将大块不易熔化的炉料布置在中心高温区和炉门口的位置。此外，还应避免大块炉料在炉内翻滚砸断电极。当多次装料时，应将重料安排在头次装入，轻薄料安排在后面装入。

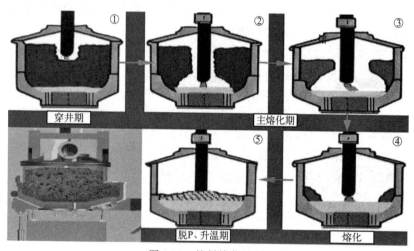

图 4-30　炉料熔化过程

② 合理供电　为了尽可能地缩短熔化期，应根据电弧炉变压器和短网条件，采用高电压、大电流、强功率进行熔化期的供电操作。还应辅加电抗操作，以降低短路电流、稳定电弧，减少跳闸次数。

③ 合理吹氧助熔　当废钢固体料发红开始吹氧最为合适，吹氧过早浪费氧气，过迟增加熔化时间。熔化期吹氧助熔，初期以切割为主，当炉料基本熔化形成熔池时，则以向钢液中吹氧为主。

4.4.2.4　氧化期

电弧炉的废钢熔清以后，待熔池温度达到脱磷的要求，开始脱磷、脱碳，一直到将钢液中的磷含量和碳含量调整到合适的成分，然后扒出大部分的氧化渣。这一阶段称为电弧炉的

氧化期。

氧化期目的是去除钢液中的气体与氧化物夹杂、脱磷、调整温度和调整成分。

氧化期前期温度偏低、渣量较大，任务以脱磷为主。由于渣中 P_2O_5 和 $3FeO \cdot P_2O_5$ 在温度升高时易分解回磷，因此偏低的温度有利于脱磷；后期渣量少时以脱碳为主，高温薄渣更有利于碳氧反应，要注意终点碳的控制。

4.4.2.5 出钢

电弧炉钢液经氧化、还原后，当化学成分合格、温度合乎要求、钢液脱氧良好、炉渣碱度与流动性合适时即可出钢。因出钢过程的渣-钢接触、充分混合，可进一步脱氧、脱硫及去除夹杂，故要求采取"大口、深冲、渣-钢混合"的出钢方式。

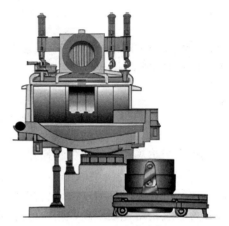

偏心底出钢（EBT）电弧炉结构是将传统电弧炉的出钢槽改成出钢箱，出钢口在出钢箱底部垂直向下。出钢口下部设有出钢口开闭机构，出钢箱顶部中央设有操作口，以便出钢口的填料操作与维护。EBT 电弧炉优越性在于实现了无渣出钢，增加了水冷炉壁使用面积。偏心底出钢的电弧炉示意图如图 4-31 所示。

图 4-31　偏心底出钢

EBT 电弧炉出钢时，向出钢侧倾动约 5°后，开启出钢机构，出钢口填料在钢水静压力作用下自动下落，钢水流入钢包，实现自动开浇出钢。当钢水出至要求的约 95% 时迅速回倾以防止下渣，回倾过程还有约 5% 的钢水和少许炉渣流入钢包中，炉摇正后关闭出钢口，加填料、装废钢，重新起弧熔炼。

4.4.2.6 合金化

炼钢过程中调整钢液合金成分的操作称为合金化，包括冶炼过程中的合金化和精炼后期的合金成分微调。传统电弧炉炼钢的合金化一般是在氧化期末、还原期初进行预合金化，在还原期末、出钢前或出钢过程进行合金成分微调。而现代电弧炉炼钢合金化一般是在出钢过程中在钢包内完成，那些不易氧化、熔点又较高的合金可在熔化后加入炉内，但采用留钢操作时应充分考虑前炉留钢对下一炉钢水所造成的成分影响。出钢时要根据所加合金量的多少来适当调整出钢温度，再加上良好的钢包烘烤和钢包中热补偿，可以做到既提高合金收得率，又不造成低温。出钢时钢包中合金化为预合金化，精确的合金成分调整最终是在精炼炉内完成的。

合金加入时间总的原则是：熔点高、不易氧化的元素早加，熔点低、易氧化的元素晚加。具体原则为：

① 不易氧化的元素如铜、镍、钴等可在装料时、氧化期或还原期加入；较易氧化的元素如铬、锰等一般在还原初期加入；极易氧化的元素如钒、硅、钛、铝等一般在还原末期加入，即在钢液和炉渣脱氧良好的情况下加入。

② 熔点高、密度大的铁合金，易沉于炉底，应减小块度，加入后加强搅拌。

③ 优先使用便宜的高碳铁合金，然后再考虑使用中碳铁合金、低碳铁合金或微碳铁合金。

④ 贵重的铁合金应尽量控制在中下限，以降低钢的成本。

⑤ 加入量大的、易氧化的元素应烘烤加热，以便快速熔化。

⑥ 先加脱氧元素，后加合金化元素。脱氧能力比较强的且比较贵重的元素，应在钢液

脱氧良好的情况下加入。

4.4.2.7 连续加料

传统电弧炉在冶炼过程中要多次打开炉盖加料，在这一过程中电弧炉内的废气会带走非常高的热量，同时开盖电弧炉噪声巨大、粉尘排放无序、冶炼周期较长，不满足现代电弧炉炼钢高效率、高生产率、低成本、低有害气体排放的要求。现代电弧炉炼钢一般采用连续加料平熔池操作（图4-32），其具有连续加料、废钢预热、大留钢量、平熔池冶炼等特点，能保证电弧炉炼钢高效化生产。

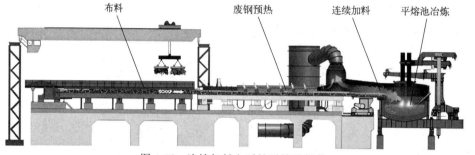

布料　废钢预热　连续加料　平熔池冶炼

图 4-32　连续加料电弧炉平熔池操作

电弧炉冶炼采用连续加料操作，在冶炼过程中电弧炉炉盖可全程关闭，能有效解决传统电弧炉冶炼过程中的烟尘问题，特别对二噁英的防治效果显著。另外，采取大留钢量操作，冶炼过程中电弧对熔池中的金属液相进行加热，加入的废钢直接进入熔池中进行熔化，传热效果好，废钢熔化效率高，相比传统电弧炉工艺，最大程度地达到了平熔池操作。由于电弧不与废钢直接接触，冶炼过程中有稳定的泡沫渣覆盖电弧，变压器工作稳定，能有效减少电能消耗以及降低冶炼过程的噪声。

连续加料式电弧炉炼钢工艺是一条长生产线，其始端是装料端，通过卡车或轨道车将炉料卸在装料端处的料场，用电磁盘等工具将炉料均匀置于装料端，炉料由输送机连续往前输送，通过平整杆把炉料压平至一定的高度，使炉料顺利进入动态密封器再进入预热段，与由电弧炉产生的炉气逆向交会并得到预热，经预热的炉料在输送机入炉端由连接小车将之连续均匀地倾入电弧炉熔池中，热的钢液将固体炉料不断熔化。同时，预热废钢后的冷却烟气在预热段末端进入另一管道经除尘后排出。整个熔炼过程中，通过造好泡沫渣，电极电弧始终以平稳的输入功率处于埋弧操作状态，待熔池中钢液达到一定量而且成分、温度符合要求时就可以出钢，然后进入后续工序。图4-33为电弧炉连续加料工艺流程示意图。

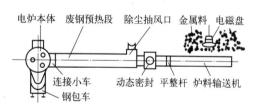

电炉本体　废钢预热段　除尘抽风口　金属料　电磁盘

连接小车　动态密封　平整杆　炉料输送机
钢包车

图 4-33　电弧炉连续加料工艺流程

连续加料式电弧炉炼钢技术具有连续加料、连续预热、连续熔化、连续冶炼的特点，与传统电弧炉炼钢相比，连续加料式电弧炉炼钢技术优势明显：

① 炉料适应性强，可使用的炉料种类多。炉料除废钢外，还可使用生铁、直接还原铁（DRI）、热压块铁（HBI）和COREX还原铁等。此外，也可使用部分高炉铁水，铁水也可像加废钢一样用槽连续加入。

② 电弧辐射少，噪声小，除尘效果好，改善生产环境。全程使用泡沫渣埋弧操作，使电弧向外辐射和噪声大大减少。另外，炼钢系统是封闭的，冶炼过程产生的烟气经过专门的除尘设施进行净化、收尘，除尘效果好且稳定。

③ 完善的废热利用。冶炼过程中产生的高温烟气被用来预热废钢，使废钢入炉温度可达 600℃ 左右，有效地利用了电弧炉废气的热量。

④ 耐材和电极消耗降低。连续而平稳的泡沫渣埋弧操作，使炉壁和炉盖不受强烈电弧的辐射，减少了电弧对炉壁和炉盖的热负荷，耐火材料寿命大大提高。部分电极埋于泡沫渣中，使电极的氧化损耗大为降低。另外，平稳的电弧操作使电极受到较小冲击，避免了电极断裂现象，从而降低了电极消耗。

⑤ 节能降耗显著。由于冶炼过程始终处于埋弧操作和密封状态，所以电弧炉的电能利用率高，冶炼电耗低。普通电弧炉的电能利用率一般在 75%～80%，而电弧炉的电能利用率能达到 90%。

4.4.3　电弧炉炼钢关键设备

4.4.3.1　电弧炉基本结构

电弧炉的基本结构及内型如图 4-34 及图 4-35 所示。

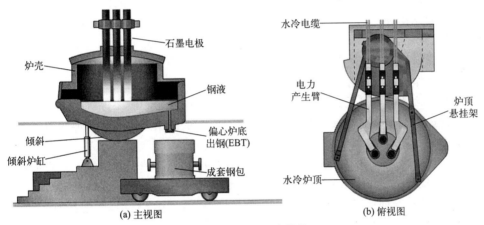

(a) 主视图　　　　　　　　　(b) 俯视图

图 4-34　电弧炉基本结构

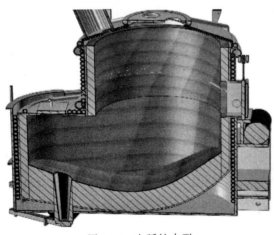

图 4-35　电弧炉内型

电弧炉的石墨电极通常为三根，从炉盖上的电极孔插入炉内，排列成等边三角形，使得三个电极的圆心在一个圆周上，该圆叫作电极的极心圆，它确定了电极和电弧在电弧炉中的位置。电极的极心圆分布太大将会加剧炉壁的热负荷，影响炉衬寿命；太小又会造成电弧炉内的冷区面积扩大，影响冶炼。电极的极心圆半径和熔池半径之比一般在 0.25～0.35 之间，大电弧炉和超高功率电弧炉的比值还要小一些。

电弧炉的炉顶是一段圆弧形状，炉顶中心部位的小炉盖采用预制块。电弧炉炉盖既受高温作用，又经常受温度由高温到低温的剧变作用，对耐火材料要求较高，目前大都采用耐急冷急热性好、耐火度为 1750～1790℃ 的高铝砖来砌炉盖。喷淋式水冷炉盖是指在水冷炉盖内部按照连铸喷淋冷却式结晶器的原理，即炉盖内腔布置数个水冷喷嘴喷水对炉盖进行冷却，其有别于传统的电弧炉水冷炉盖采用炉盖内腔充满循环水冷却的方式，具有耗水量低、炉盖漏水以后危险性减小等优点。

电弧炉用于盛装粗炼钢水的下部称为电弧炉的炉缸。电弧炉的炉缸一般采用球形和圆锥形联合的形状，底部为球形，熔池为截头圆锥形，圆锥的侧面与垂线成 45°，球形底面的高度约为钢液总深度的 20%。球形底部的作用在于熔化初期易于聚集钢水，既可以保护炉底，防止电弧在炉底直接接触耐火材料，又可以加速熔化，使得熔渣覆盖钢液，减少钢液的吸气降温。圆锥部分的侧面和垂线成 45°，保证电弧炉倾动 40° 左右就可以把钢液出干净，并且有利于热修补炉衬的操作。

电弧炉的炉膛是指电弧炉炉缸以上，由水冷盘组成的部分。电弧炉的炉膛是满足电弧炉加料，完成冶金功能的重要区域，炉膛一般也是锥台形。炉墙的倾角一般为 6°～7°，炉墙倾斜是为了便于补炉操作。倾角过大会增加炉壳的直径，热损失增加，机械装置也要增大。炉膛的高度是指电弧炉熔池斜坡平面，即炉墙角到炉壳上沿的高度。炉膛要保持在一个合理的高度，以避免炉顶过热和影响加二批料的操作。炉膛过高，散热损失加大，厂房的高度也要相应地增加。

电弧炉烧嘴的布置是根据电弧炉容量的大小和变压器的功率、炉型确定的，一般布置在电弧炉的冷区，并安装在电弧炉水冷盘上预留出的安装位置上。烧嘴气体流量是根据不同阶段来设定的。冶炼初期一般使用较大流量的燃气量以及使燃气充分燃烧甚至过剩的氧气量，随着电能的输入增加和废钢的熔化，需要减少燃气的量。

电弧炉的炉衬分为炉底和炉墙，炉墙一般采用镁炭砖砌筑，炉底采用不定形捣打料砌筑。炉坡倾角一般要小于 45°，当炉坡被侵蚀后，可投补镁砂或打结料修复，利用镁砂自然滚落的特性可以很容易使炉坡恢复原有的形状，有利于保持熔池应有的容积，稳定钢液面的位置，方便冶炼的工艺操作。如果炉坡角度大于 45°，镁砂不能自然滚下，造成炉坡上涨，减少了熔池容积，提高钢液面，对操作不利。

4.4.3.2　供氧系统

氧枪是供氧系统中的主要装备，氧枪的基本作用是加速熔化、强化碳氧反应，从而达到缩短冶炼时间、节能降耗的目的。氧枪可分为助熔废钢用氧枪和脱碳控制成分和造泡沫渣的氧枪两类，现代电弧炉炼钢厂将不同的用氧方式进行组合使用。

（1）自耗式氧枪

自耗式氧枪通常在炉门使用，氧气流量（标态）控制在 500～3000m³/h，如图 4-36 所示。

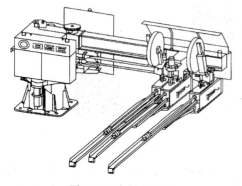

图 4-36　自耗式氧枪

自耗式氧枪的优点在于安装和操作简单，造泡沫渣容易控制，可以动态地人为干预炉内的冶炼进程。可以根据工艺需要进行炉料切割、吹氧降碳等操作，便于进行终点控制。缺点在于脱碳效率低，更换枪管的劳动量较大，需要专门的吹氧管和吹氧管的接长装置，吹炼时受炉门废钢限制，炉门区的耐火材料消耗较快。

（2）超声速氧枪

超声速氧枪分为炉壁超声速氧枪和炉门超声速氧枪两种，其中炉门超声速氧枪较为常见。超声速炉门超声速水冷氧枪有的是把碳枪和氧枪集成为一个整体，有的则是把碳枪和氧枪分开。炉壁超声速氧枪通常是布置在与炉门中心线成30°角的位置，在炉壁水冷盘上开一个比枪体外径稍大的进枪孔，有向上、向下、前进与后退四个动作。向上的动作是将枪体升高到进枪孔，完成进枪动作；向下的动作是在冶炼结束后、出钢前将枪放在停泊位的动作。炉壁超声速水冷氧枪的碳枪和氧枪是集成为一个整体的。

超声速氧枪吹炼的优点在于氧气的利用效率较高，脱碳反应速度较快；省去了人工更换枪管的环节，节省了劳动力；设备的故障点较少，便于维护；渣中氧化铁含量较低。缺点在于受炉门的冷钢限制，氧枪的使用受限；炉壁超声速氧枪受废钢的限制条件更多，影响了氧气的使用，进而影响了电弧炉作业率。

（3）超声速集束射流氧枪

超声速集束射流氧枪是在超声速氧枪的基础上发展起来的，其原理是在氧气拉瓦尔喷嘴周围增加烧嘴或者介质喷嘴，使得射流氧气在高温、低密度的燃气介质或者辅助介质中前进。这类介质有辅吹氧气、各类燃气或者雾化油、氮气或者氩气等。

超声速集束氧枪的主要优点为可充分利用热铁水和残留钢水钢渣，提前促使泡沫渣的形成；喷氧的效率高，无效的自由氧少，脱碳速度快；集束射流可在一定的距离内保持其起始速度，流股直径、氧气浓度和冲击力明显长于任何传统射流，适合于热兑铁水和利用大量冷生铁高配碳的电弧炉生产。缺点在于集束氧枪大多数采用多点喷碳，增加了设备的维护点；钢水过度氧化的概率增加，增加了脱氧剂和合金的消耗；钢渣飞溅现象严重，对于水冷盘的热冲击和热负荷加大，炉壁、炉沿上黏结冷钢的现象比较普遍；炉衬寿命缩短，特别是枪口附近和炉底的耐火材料侵蚀比其他供氧方式要严重。

4.4.3.3 底吹系统

电弧炉底吹是在炉底冷区和钢水不易搅动的区域安装透气砖，透气砖的布置方式有多种形式，应根据电弧炉设备的具体情况而定。图4-37为不同电弧炉的炉底透气砖布置图。

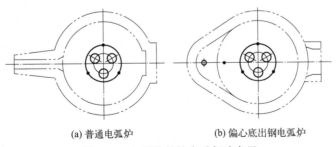

(a) 普通电弧炉   (b) 偏心底出钢电弧炉

图 4-37 电弧炉的炉底透气砖布置

底吹系统的关键是供气元件，供气元件有单孔透气塞、多孔透气塞及埋入式透气塞多种，目前常用后两种。合理地应用电弧炉底吹技术不仅可以快速有效地均匀钢水温度，并且还有利于促进钢渣界面反应、去除夹杂物、降低渣中氧化铁含量，从而缩短冶炼时间、降低出钢过热度、减少铁损和提高炉衬寿命。底吹惰性气体时，还有降低CO分压从而促进碳氧反应的作用。

电弧炉底吹介质一般为氩气、氮气、二氧化碳或天然气，通常熔化期可进行大流量强烈搅拌，当废钢全部熔化后，为了不使钢液面涌动过大，影响电弧的稳定，应将底吹气体流量减小到原来的 $1/3\sim1/2$。

4.4.3.4 供电系统

电弧炉供电系统主要组成有变压器、隔离开关、断路器、电抗器、电弧炉短网以及功率补偿装置。

电弧炉的变压器是一种具有很大过载容量（允许过载 $20\%\sim30\%$）的降压变压器。变压器的次级输出的是低电压、大电流。在变压器的高压侧，配有电压调节装置，供不同冶炼阶段调节电弧炉的输入电压，该装置分为有载调压和无载调压两种方式。有载调压在结构上比较复杂，能够在电弧炉不断电的条件下进行电弧炉的冶炼电压调节，有利于缩短冶炼时间和通电时间，是一种比较先进的调压装置。无载调压需要提升电极，断电调压以后，才能够重新送电冶炼。

变压器的容量如式(4-75)所示：

$$P_{\circ}=\frac{KB_{e}M}{t\eta_{e}\eta_{t}K_{u}\cos\varphi} \tag{4-75}$$

式中，$P_{\circ}$ 为变压器的额定容量，$kV\cdot A$，是以电弧炉熔化期的能量平衡为基础来确定的；B_{e} 为熔化每吨钢的电能消耗，一般取 $420\sim440kW\cdot h/t$；M 为电弧炉的公称容量，t；t 为熔化时间；$\cos\varphi$ 为功率因数；K 为过载系数，一般取 1.2；η_{e} 为平均电效率，一般取 $0.85\sim0.9$；η_{t} 为平均热效率，5t 以下的电弧炉取 $0.65\sim0.75$，$10\sim20t$ 电弧炉取 $0.75\sim0.8$，电弧炉容量越大，其数值可以适量再取大一些；K_{u} 为平均利用系数，一般取 $0.85\sim0.9$。

隔离开关是在电弧炉设备检修时用来断开高压电源线路的三相刀闸形的开关。它具有明显开断点，但是却没有像负荷开关那样的灭弧罩。因此，隔离开关的接通和切断只能在真空或者在保护性空气（CN_1 型或者 CN_2 型）氛围下进行，而且不能在有负载条件下断开，否则闸刀和夹子之间会产生电弧而使闸刀熔化，造成相间及对地的短路。

断路器的作用是在负载短路电流过大或电气设备发生故障时，自动切断高压电路，使系统不被损坏。高压断路器的种类有：油开关、空气开关、真空开关、SF6 气体熄弧开关等，目前使用真空开关的电弧炉较多。

电抗器是一个三相铁芯线圈，与变压器高压线圈串联，特点是即使在通过短路电流的情况下，其铁芯也不饱和。电抗器可以装在变压器的内部，也可以做成独立的，其主要作用是稳定电弧和限制短路电流。直流电弧炉的电抗器主要有两个作用：一是起弧或塌料时，限制短路电流的上升速度，确保整流装置的电流堵截快速反应，避免整流装置过电流，保证快速熔断器的保护功能；二是平缓电弧负荷带来的波动并减少对供电系统的反馈。

电弧炉短网指从电弧炉的电极下端到电弧炉变压器的次级出线端之间的一段线路，包括石墨电极和布置在电极横臂上的铜管、电弧炉本体和变压器室隔墙之间的水冷软电缆、接到变压器上面的铜排或者铜管。由于碳质材料具有良好的导电性，又能在高温（3800℃以下）不熔化、不软化，只是缓慢氧化而剥落掉皮，所以目前主要使用碳质材料作电极。

电弧炉冶炼过程是通过电极与炉膛内的钢（铁）料起弧产生热量、熔化钢（铁）料及加热钢水的。在电极与钢（铁）料起弧时，对变压器及上级电网有很大的冲击。由于起弧的强度瞬间变化量很大，故在电网上会产生很多高次谐波，影响电网的供电质量，降低供电的功率因数。在电网上增加功率补偿装置是一种保护电网安全、提高电网供电质量的很好的措施。

4.4.3.5 电极自动调节装置

电弧炉电极自动调节装置的作用是根据冶炼工艺的要求对电极升降机构进行调节和控制，从而保证电弧炼钢炉高效、稳定地运行。其基本原理是通过检测元件测出电弧电流和电弧电压的大小并转换成电压信号，利用比较电路进行比较，然后将比较结果传递给放大元件进行放大，动作元件接到放大的信号后启动并控制升降机构，自动调节电极的位置，保持电弧的稳定。

4.4.3.6 水冷系统

电弧炉水冷系统的作用是保证电弧炉的工艺部件和装备能够在高温状态下正常工作。水冷系统由三部分组成：

电弧炉的冷却部件，如水冷炉壁、水冷炉盖、炉门水箱、水冷卡头、水冷母线、水冷氧枪及各种防护水圈等。要合理控制冷却部件进出水的温度，箱体结构的水冷部件一般都为下部进水、上部出水，并严格防止箱体上部存在滞留气体的空间。

冷却水的使用分配和控制部件，如分配器、控制阀、回水箱和检测仪表等。电弧炉的冷却水系统一般为开路循环，即进入到回水箱里的水靠水位落差的压力返回到循环水池。

冷却水处理站，主要由水泵装置、水净化装置和一定容积的循环水池组成，必要时还要加上冷却塔和水质处理装置。

4.4.4 电弧炉炼钢自动化

电弧炉自动化控制技术的发展始终和控制理论和计算机技术的发展密不可分，随着电弧炉冶炼工艺和自动化技术不断发展而发展。电弧炉自动化冶炼包括以下三个方面：基础自动化控制、过程自动化控制和管理自动化控制。

基础自动化控制目的是代替人来实现吹氧、供电及加料操作，以 PLC（可编程逻辑控制器）、DCS（分布式控制系统）、工业控制计算机为代表的计算机控制取代常规模拟控制；现场总线、工业以太网等技术逐步在电弧炉冶炼自动化系统中应用，分布控制系统结构替代集中控制成为主流。

过程自动化控制是利用回路控制、安全生产、能源计量等相关的流量、压力、温度、重量等信号的检测仪表对冶炼状况的检测信息配合数学模型实现对冶炼的优化控制。

管理自动化控制是利用计算机网络实现电弧炉生产优化管理，包括电弧炉流程的物流控制、成本控制、质量控制等。

4.4.4.1 电弧炉智能化供电

供电操作是电弧炉炼钢过程主要的环节之一，电极调节控制技术是电弧炉智能化供电的一个关键技术，其控制效果直接影响电弧炉的电能消耗、冶炼周期等重要经济性能指标。较为成熟的智能电弧炉电极调节控制技术主要有三种：美国的 IAF^{TM}、美国的 SmartArc^{TM} 和德国的 Simelt^{R}NEC 系统。表 4-9 给出的是典型电弧炉电极调节控制系统的技术对比。

表 4-9　典型电弧炉电极调节控制系统的技术对比

项目	IAF^{TM} NAC(美国)	SmartArc^{TM} SME(美国)	Simelt^{R}NEC SIMENS(德国)
技术背景手段	Mill Tech. HOH 电弧炉监控系统	DigitArc 电极调节器 ArcMeter 电参数速测系统	Simelt 系列电极调节器 Simens 系列控制电气设备

项目	IAF™ NAC(美国)	SmartArc™ SME(美国)	Simelt^{R}NEC SIMENS(德国)
技术特点	三相意识 无须考虑废钢条件变化 稳定电弧 连续预报	快速测量 识别废钢组成 识别渣况 产生规则指导生产 冶炼不同阶段改变控制策略	三相模型 考虑电弧电抗 控制功率分配
控制目标	最大功率	最长稳定电弧 最优供电曲线	最大有功功率
采用智能技术	人工神经网络 专家系统	人工智能	人工神经网络

Primetals Technologies 公司进一步结合 Arcos 系统和 Simelt 电极控制系统，研发了 Melt Expert 电极控制系统，增加了关键性能指标（key performance indicator，KPI）显示、设备检测、定制型用户接口等功能。系统可提供自动供电曲线，在需要时调节工艺参数，确保提升产能。

4.4.4.2 电弧炉智能化取样测温

电弧炉炼钢必须准确掌握熔池表面温度和熔池内部温度，电弧炉炼钢过程中钢液的温度测量和取样一直是制约电弧炉电能消耗和生产效率的关键环节之一。目前先进的测温方式是机器人全自动测温和非接触式测温。

SIMETAL LiquiROB 电弧炉机器（图 4-38），采用机器人执行全自动测温和取样操作的方案，其能自动更换取样器和测温探头以及检测无效测温探头等，还可以通过人机界面实现全自动控制。

SIMETAL RCB Temp（图 4-39）是一种非接触式温度测量系统，其依靠超音速氧气射流技术，在加料期间对废钢进行预热，加快废钢熔化速度，在精炼期以超音速射流喷吹氧气，一旦达到规定的温度均匀性水平，系统就切换到温度模式，以极短的时间间隔对温度进行分析。

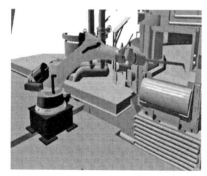

图 4-38　SIMETAL LiquiROB
电弧炉机器

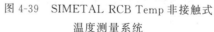

图 4-39　SIMETAL RCB Temp 非接触式
温度测量系统

4.4.4.3 泡沫渣智能化检测与控制

许多电弧炉的泡沫渣采用目视观察，喷碳操作由操作人员人工控制。同时，基于电流信号和谐波含量的半自动系统也只能在一定程度上帮助操作人员对泡沫渣工艺进行控制。优化泡沫渣智能化检测与控制方案，确保电弧和熔池完全被泡沫渣稳定地覆盖，既能节约资源和降低电耗，也有利于降低生产成本和减少热损失，使冶炼工艺实现全自动运行。

Simelt SonArc FSM 泡沫渣监控系统（图 4-40）保证了泡沫渣工艺的全自动进行。其安装在炉体上的声音传感器为精确地检测和分析泡沫渣高度奠定了基础。同时，检测泡沫渣高度还能够为自动喷碳操作提供指导，从而最大限度降低消耗指标。

PTI SwingDoor™ 电弧炉炉门清扫和泡沫渣控制系统（图 4-41）能减少外界空气的进入，提高炼钢过程的密封性。炉门上安装有集成氧枪系统，可代替炉门清扫机械手或炉门氧枪自动清扫炉门区域。该系统通过控制炉门的关闭代替炉体倾斜装置控制流渣，也可以控制炉内泡沫渣存在时间，能保证冶炼过程中炉膛内渣层的厚度，减少能源消耗，提高电弧传热效率。

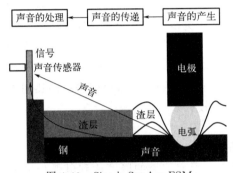

图 4-40　Simelt SonArc FSM
泡沫渣监控系统

图 4-41　PTI SwingDoor™
泡沫渣控制系统

4.4.4.4　声呐化渣

声呐化渣系统由机械设备、电气设备和操作软件三部分组成。机械设备包括水箱、底座、底座焊接板、集音管和电磁阀，如图 4-42 所示；电气设备包括高灵敏采音模块、信号调理模块、温湿度传感器、多频段音频分析仪、摄像系统和工控机。

声呐化渣系统工作原理为：在距转炉炉口高约 0.5m 的位置安装集音管，采集炉口附近发出的音频，音频来源主要是超声速氧气流股的气体动力学声音及其与铁水、渣液和固体颗粒碰撞时发出的声音。集音管采集的音频通过多频段音频分析仪过滤和筛选等二次处理，形成最接近转炉冶炼过程的音频曲线，利用泡沫渣的衰减值公式计算炉内音频强度，绘制声呐化渣曲线。

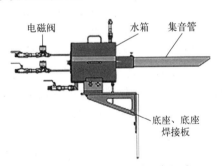

图 4-42　声呐化渣机械设备组成

4.4.5　现代电弧炉炼钢技术

4.4.5.1　康斯迪电弧炉

康斯迪（Consteel）电弧炉是一种水平连续加料式电弧炉，康斯迪电弧炉将原料加工、连续供料、废钢预热、电弧炉除尘、电弧炉初炼和后期 LF 炉精炼等设备系统有序组合在一起。康斯迪电弧炉与其他类型电弧炉最大的不同是加料方式。一般电弧炉在炉顶集中加料，而康斯迪电弧炉是炉壁侧面水平连续加料。图 4-43 为康斯迪电弧炉工艺布置。

康斯迪电弧炉具有以下工艺特点：过程不停电、开炉盖加料，非通电时间减少，变压器

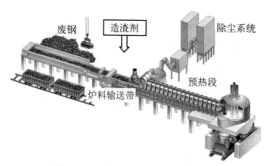

图 4-43　康斯迪电弧炉工艺布置

时间利用率高，缩短冶炼周期，生产率提高 20%～25%；废钢预热、热效率提高，降低电耗 40kW·h/t 以上；电弧稳定、电极断裂减少，电极消耗降低约 15%；炉子热效率大大提高；高温烟气与炉料接触，全程泡沫渣操作，减少烟气中、渣中的氧化铁含量，减少废钢铁消耗、提高钢水的收得率 2%～4%；废钢连续加入、连续预热、连续熔化的"三连续"工作方式，容易与连铸相配合，实现多炉连浇；由于电弧加热钢水，钢水加热废钢，故电弧特别稳定，闪烁及谐波大为降低，电弧噪声降低。

同时康斯迪电弧炉具有以下不足：水平烟道尾气预热废钢的设计温度为 400～600℃，废钢温度一般只能达到 200～300℃；预热废钢通道内的废气温度正处于产生呋喃和二噁英等的高峰区间，有害气体对环境的污染问题难以解决；预热通道进"野风"量大，给除尘和余热回收带来困难；占地面积较大。

4.4.5.2　泡沫渣技术

所谓造泡沫渣，就是在电弧炉的冶炼过程中，在吹氧的同时向熔池内喷吹碳粉，形成强烈的碳氧反应，在渣层内形成大量的 CO 气体泡沫，当泡沫渣的厚度达到电弧长度的 2.5～3 倍，能将电弧完全屏蔽在内，不仅能减少电弧非稳态波动，也可提高电极电弧的传热效率约 90%。同时良好的泡沫渣可以提高钢渣反应界面的面积，提高钢渣间的物理化学反应速率，快速去除 P、S、Zn、Si、C 等杂质，使电弧炉粗炼钢水的质量得到极大的提高。

全程造好泡沫渣是冶炼工艺技术的核心，造好泡沫渣的关键是控制好炉渣的成分和熔池温度，并提供足够的气体，通过调整工艺参数对其进行控制。

① 温度控制　温度是保证炉渣熔化的基本条件，只要渣料熔化以后，炉渣或者熔池中有碳氧反应进行，炉渣就可以泡沫化。如果熔池温度过低，泡沫渣较难形成；熔池温度过高，泡沫渣的质量会出现明显下降，熔池温度控制在 1570～1590℃ 较为合适。

② 碱度控制　碱度是影响泡沫渣质量最主要的一个因素，如果碱度在 2.0 以下，金属收得率下降，在供氧强度较大的时候，会发生炉渣过稀现象；但是炉渣的碱度也不能太高，石灰加入量过多时，会出现石灰化不掉的情况。炉渣碱度控制在 2.0～2.5 时，泡沫渣的稳定性好。

③ 渣中 FeO 质量分数的控制　泡沫渣中的气体主要为 C 还原 FeO 产生的 CO 气体，为了产生一定的气体量进入渣中，就必须有一定量的 FeO，最佳的质量分数为 15%～20%。

④ 熔池中碳含量的控制　冶炼过程中熔池中碳含量应保持在 0.20% 左右，最有利于造泡沫渣。冶炼过程中根据泡沫渣情况调整喷碳流量，同时通过观察炉内状况，适时调整碳氧枪流量，可以将泡沫渣控制在预期理想程度。

4.4.5.3　超高功率供电

大型超高功率电弧炉主变压器容量很大，能达到 60～120MVA，为了使电极电流保持在 5 万～6 万安培的合理范围内，电弧炉的供电和电气运行方式需发生改变，其技术是：高功率因数、高电压、合理电流操作。

图 4-44 为小电弧炉与超高功率电弧炉电气运行特性比较图。图中曲线①为超高功率

电弧炉功率-电流曲线，曲线②为小型电弧炉功率-电流曲线，曲线③为超高功率电弧炉功率因数曲线，曲线④为小型电弧炉功率因数曲线。可以看出，超高功率电弧炉具有更高的功率因数，可降低电网的电能损耗，提高电网的供电质量和稳定性，提高供电的效率和可靠性。

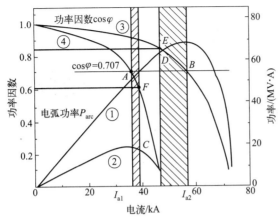

图 4-44　超高功率电弧炉与小电弧炉电气运行特性比较

采用超高功率供电的主要优点有：缩短冶炼时间，提高生产效率；提高电热效率，降低电耗；易于与精炼、连铸节奏相匹配，实现高效低耗生产。

4.4.5.4　复合吹炼技术

传统电弧炉炼钢熔池搅拌强度弱，抑制了炉内物质和能量的传递。目前通常采用超高功率供电、高强度化学能输入等技术，但没有从根本上解决熔池搅拌强度不足和物质能量传递速度慢等问题。现代电弧炉炼钢广泛采用吹氧工艺以加快冶炼节奏、降低生产成本，相继开发出诸如炉壁供氧、炉门供氧、集束射流等强化供氧技术。新一代电弧炉冶炼技术是以集束供氧、同步底吹搅拌等新技术为核心，实现电弧炉炼钢供电、供氧及底吹等单元的操作集成，满足多元炉料条件下的电弧炉炼钢复合吹炼的技术要求。表 4-10 为中国某些企业电弧炉有无复合吹炼工艺前后的工业效果对比。

表 4-10　有无复合吹炼工艺前后的工业效果对比

统计		统计炉数	冶炼周期/min	冶炼电耗/[(kW·h)/t]	氧气消耗/(m³/t)	石灰消耗/(kg/t)	氮气/(m³/t)	氩气/(m³/t)	钢铁料/(kg/t)	铁水比/%
50t	无复吹	736	59	136.23	66.5	41.5	—	—	1.116	61.2
	有复吹	688	55	128	62.4	39.1	6.0	1.66	1.097	60.5
70t	无复吹	650	58	0	79	52	—	—	1.155	85.4
	有复吹	350	53	0	70	48	—	5.2	1.132	83.2
100t	无复吹	2450	48	220.4	55.3	36.4	—	—	1.158	33.8
	有复吹	340	50	225.6	52.2	34.6	—	4.5	1.136	32.6

针对电弧炉吹氧和喷碳操作的优化，西门子奥钢联开发出了一种组合式精炼烧嘴——SIMETAL RCB（图 4-45）。其喷入炉内的燃料或燃气和碳发生化学反应，大量放热，能有效补充电弧炉的能量输入，该技术能实现电弧炉喷吹工艺的全自动运行。

图 4-45　SIMETAL RCB 组合式精炼烧嘴

思考题

1. 简述炼钢的基本任务有哪些?

2. 请解释直接氧化反应、间接氧化反应、硫分配比、磷分配比分别是什么含义。

3. 试述冶炼过程中硅、锰的氧化规律。

4. 炼钢过程脱碳反应有哪些作用?

5. 分析转炉炼钢过程中脱硫与脱磷的热力学条件。

6. 请简述炼钢的脱氧方法并分析其异同。

7. 在 1600℃ 时,若要通过加铝脱氧的方式使 1t 钢水的氧质量分数由 0.05% 降至 0.002%,需要加入多少铝?

8. 在氮氢分压相等的混合气氛中熔化纯铁,若总压为 101325Pa,那么 1600℃ 的铁水中 [%H] 与 [%N] 各为多少?

9. 试分析炼钢各过程进行的反应,并写出反应式。

10. 请解释炉渣"返干"现象产生的原因。

11. 转炉炼钢终点为何会有"余锰"? 其存在有什么好处?

12. 冶炼过程中出现回磷现象的原因是什么? 有什么危害? 如何抑制其出现?

13. 转炉炼钢吹炼过程中熔渣中 (FeO) 含量有什么变化规律,它对元素的脱除有何影响?

14. 炼钢炉渣的来源及主要组成是什么?

15. 炼钢的主要金属料和非金属料有哪些?

16. 常用冷却剂有哪些? 什么叫冷却效应? 实际生产过程如何实现终点温度控制?

17. 什么是溅渣护炉? 有什么作用? 其操作有哪些要求?

18. 炼钢为什么要造渣? 其作用是什么?

19. 根据一炉钢冶炼过程炉内成分的变化情况,通常把冶炼过程分为几个阶段? 分别有什么冶炼任务?

20. 转炉炼钢自动控制手段有哪些? 分别进行解释说明。

21. 转炉烟气净化方式有哪些?

22. 现代电弧炉冶炼操作与传统电弧炉冶炼操作有何区别?

23. 电弧炉氧枪有哪些类型？各有何特点？

24. 电弧炉冶炼对加入的废钢有何要求？

25. 电弧炉泡沫渣原理是什么？有何冶金功能？

26. 如何提高电弧炉熔池的传热效率？

27. 超高功率电弧炉炼钢生产有何特点？

28. 什么是 EBT 技术？EBT 技术有何优点？

29. 废钢预热技术有哪些？各有何优缺点？

30. 电弧炉炼钢有哪些新技术？

参考文献

[1] 林文辉. 转炉冶炼过程工艺行为解析与脱碳控制研究 [D]. 北京：北京科技大学，2022.

[2] 薛志，郭伟达，李强笃，等. 转炉高效低成本智能炼钢新技术应用 [J]. 山东冶金，2019，41（02）：4-7.

[3] 李子亮，张玲玲，苍大强. 超音速射流在高温气体环境中引射特性的模拟研究 [J]. 工程热物理学报，2018，39（03）：545-549.

[4] Lv M，Chen S P，Yang L Z，et al. Research progress on injection technology in converter steelmaking process [J]. Metals，2022，12（11）：1918.

[5] 冯超. 300t 转炉氧枪参数优化 [D]. 鞍山：辽宁科技大学，2018.

[6] 谢书明，柴天佑，王小刚，等. 转炉炼钢氧枪枪位控制 [J]. 冶金自动化，1999（02）：12-15.

[7] 张燕超，张彩军，王博，等. 高马赫数氧枪枪位对100t 转炉自动炼钢熔池流速的影响 [J]. 炼钢，2019，35（02）：1-10.

[8] Zhang M X，Li J L，Li S N，et al. Evolution behaviour of interfacial structure between quicklime and converter slag：slag-forming route based on Fe$_t$O component [J]. Ironmaking & Steelmaking，2023，50（1）：101-108.

[9] 丁长江，刘启龙，周俐. 转炉溅渣护炉成渣途径的探讨 [J]. 炼钢，2000（03）：38-41.

[10] Hussein M M，Alkhalaf S，Mohamed T H，et al. Modern temperature control of electric furnace in industrial applications based on modified optimization technique [J]. Energies，2022，15（22）：8474.

[11] 吴慧君，韩志引. 基于 PLC 的电弧炉 PID 温度控制系统设计 [J]. 软件，2021，42（08）：153-155.

[12] 刘晓伟. 基于先进 PID 控制的电加热炉系统 [D]. 杭州：杭州电子科技大学，2021.

[13] 尚世震，李旭，张帅，等. 声呐化渣结合煤气分析仪应用实践 [J]. 鞍钢技术，2023（4）：67-71.

[14] 李慧峰. 康斯迪电弧炉冶炼降耗实践 [J]. 山西冶金，2023，46（4）：165-167，184.

[15] 德国钢铁学会. 钢铁生产概览 [M]. 中国金属学会，译. 北京：冶金工业出版社，2011.

5 钢液炉外精炼

📖 **本章要点**

1. 洁净钢与钢中夹杂物；
2. 炉外精炼的主要技术手段；
3. 常见炉外精炼方法；
4. 典型钢种炉外精炼工艺选择。

钢液经粗炼炉（如转炉、电炉等）冶炼后，其成分可以满足部分钢种需要，但对于一些特殊钢种，其成分尚不满足要求，现代冶金工艺往往在粗炼炉后增加钢液炉外精炼工艺。炉外精炼是指把转炉、电炉的钢液（俗称钢水）移到另一个容器（一般是钢包）中，以得到更高质量的钢液，并获得全系统更高的生产率而进行的冶金操作。其目的是对钢水进行成分和温度调整，脱氧、脱硫、去气、去夹杂和夹杂物变性处理等，同时还可作为初炼炉与连铸之间的缓冲器，协调初炼炉工序与连铸工序之间的生产节奏、产量匹配以及成分和温度的均匀与稳定等。

5.1 概述

5.1.1 洁净钢与钢中非金属夹杂物

洁净钢是指钢中五大杂质元素［S、P、H、N、O］含量很低，且对非金属夹杂物（泛指氧化物和硫化物）进行严格控制的钢种。

钢的洁净度是反映钢的总体质量水平的重要标志，是钢的内在质量的保证指标。钢的洁净度通常由钢中有害元素含量以及非金属夹杂物的数量、形态和尺寸来评价。生产洁净钢，一是要提高钢的洁净度，二是严格控制钢中非金属夹杂物的数量和形态。不同钢种对洁净度的要求和对夹杂物的敏感性不同。

钢中非金属夹杂物的分类方法有很多种，包括按尺寸分类、按来源分类、按化学成分分类、按变形性能分类等。钢中非金属夹杂物分类如表 5-1 所示。

表 5-1　钢中非金属夹杂物的分类

分类方法	夹杂物种类	特征
按尺寸分类	亚显微夹杂物	<1μm，对钢材质量（除硅钢片以外）无害
	显微夹杂物	1~100μm，对高强度钢的疲劳性能和断裂韧性影响极大
	大型夹杂物	>100μm，对钢的表面和内部质量影响很大

分类方法	夹杂物种类	特征
按来源分类	内生夹杂物	在钢液冶炼、脱氧和凝固过程中各种元素由于温度以及化学、物理条件的变化而反应生成的夹杂物,尺寸小,数量多
	外来夹杂物	由于耐火材料、熔渣等在钢液冶炼、运输、浇铸等过程中进入钢液并残留在钢中形成的夹杂物,尺寸大,数量少,分布不均匀,危害大
按化学成分分类	单相氧化物	Al_2O_3、SiO_2、MnO、FeO 等
	复合氧化物	各类硅酸盐、尖晶石类和各种钙和镁的铝酸盐
	硫化物	FeS、MnS、CaS 等
	氮化物	TiN、NbN、VN、AlN 等
按变形性能分类	塑性夹杂物	在热加工时沿加工方向延伸成条带状,包括 FeS、MnS 及 SiO_2 质量分数较低(40%~60%)的低熔点硅酸盐夹杂物
	脆性夹杂物	在热加工时不变形,沿加工方向破裂成串,包括 Al_2O_3 和尖晶石型复合氧化物以及各种氮化物等高熔点高硬度夹杂物
	不变形夹杂物	在热加工时保持原来的球点状,如 SiO_2、含 SiO_2 高(>70%)的硅酸盐、钙铝酸盐以及高熔点的硫化物
	半塑性夹杂物	各种复相的硅铝酸盐夹杂物,其基底相铝硅酸盐一般在热加工时具有塑性,但在基底上分布的析出相(如刚玉、尖晶石等)不具塑性

钢中非金属夹杂物的检测方法可分为基于二维平面分析的评估方法、三维无损检测方法、夹杂物提取方法和夹杂物浓缩方法等,各类方法的主要特点总结如表 5-2 所示。

表 5-2　钢中非金属夹杂物检测方法的分类和特点

检测方法分类	夹杂物检测方法	特点
基于二维平面分析的评估方法	金相法、标准图谱比较法、图像分析仪分析法、扫面电镜法、硫印法	能获得夹杂物内部成分等特征,但不能获得夹杂物三维形貌和空间分布,检测范围有限
三维无损检测方法	超声波检测、显微 CT 法	能获得较大体积范围内的夹杂物三维形貌和空间分布,但不能获得夹杂物成分
夹杂物提取方法	化学溶蚀、电解提取	能获得夹杂物的三维形貌和成分,但不能获得夹杂物的三维空间分布
夹杂物浓缩方法	电子束熔炼法、水冷坩埚重熔法	能快速获得较多夹杂物的信息,但不能获得夹杂物的三维空间分布

定量测定是优质钢以及高级优质钢的常规检测项目之一。钢中非金属夹杂物的定量评级有国标评级、ASTM 标准评级等方法。其中国标夹杂物的评级可以根据《非金属夹杂检测》GB/T 10561—2023 标准进行,将非金属夹杂物分为五种类型,即 A 类(硫化物类)、B 类(氧化铝类)、C 类(硅酸盐类)、D 类(球状氧化物类)和 DS 类(大颗粒球状氧化物类)。在夹杂物类型已知的条件下,采用标准等级比较法,以判定钢材质量的优劣或是否合格。

铬滚动轴承则按照 GB/T 18254—2016 高碳铬轴承钢标准进行分类及评级。轴承钢中非金属夹杂物含量级别不应大于表 5-3 中的规定。

表 5-3　轴承钢中非金属夹杂物的合格含量级别

冶金质量	A		B		C		D		DS
	细系	粗系	细系	粗系	细系	粗系	细系	粗系	
	合格级别/级，不大于								
优质钢	2.5	1.5	2.0	1.0	0.5	0.5	1.0	1.0	2.0
高级优质钢	2.5	1.5	2.0	1.0	0	0	1.0	0.5	1.5
特级优质钢	2.0	1.5	1.5	0.5	0	0	1.0	0.5	1.0

5.1.2　炉外精炼的功能及效果

炉外精炼是指把转炉、电弧炉的钢水移到另一个容器（一般是钢包）中，对钢水进行成分和温度调整，脱氧、脱硫、去气、去夹杂和夹杂物变性处理等，以获得更高质量钢液而进行的冶金操作。通过炉外精炼，可达到以下目标。

（1）提高产品质量

通过改善反应热力学、动力学条件，增大渣钢反应面积，精确控制反应条件，炉外精炼可以实现去气、脱氧、脱碳、脱硫、脱磷、脱硅、去夹杂、夹杂物控制、钢水成分和温度的微调及均匀化等冶金任务。例如，无论转炉还是电弧炉内都很难将钢水中的氢脱到 $3.0 \times 10^{-4}\%$，而通过真空处理却能很容易地将氢脱到 $3.0 \times 10^{-4}\%$ 以下；在炉内很难将钢水中的碳脱到 0.040%，而采用 RH-OB 或 VOD 却能较经济地达到。

（2）缩短生产周期，提高初炼炉生产率

原来在炼钢炉内完成的任务，转移到炉外精炼设备中完成，从而提高初炼炉的生产效率，降低生产成本。如超高功率电弧炉冶炼取消还原期，将原来还原期的任务移到炉外精炼中完成。

（3）降低生产成本，扩大生产品种

炉外精炼还能充分发挥炉外精炼设备的优势，高效、经济地生产各类品种的钢水，从而扩大初炼炉所能生产的品种。如转炉本身很难经济地生产不锈钢、轴承钢等特殊钢，但将转炉与 AOD（氩氧精炼炉）或 RH 和 LF 双联后，就能够经济地生产出优质的特殊钢。

（4）缓冲器作用

炉外精炼还可作为初炼炉与连铸之间的一个十分重要的缓冲器，协调初炼炉工序与连铸工序之间的生产节奏、产量的匹配以及成分和温度的均匀与稳定。因此，炉外精炼在钢的生产流程中占有十分重要的地位。

为了实现上述的冶金作用，要求炉外精炼装置具有不同的技术手段，所采用的精炼手段基本上可分为渣洗（合成渣、还原）、真空、搅拌（电磁、吹氩）、加热（电加热、化学）、喷吹（喂线）等五种，各种炉外精炼方法基本上是上述精炼手段的一种或多种的组合。图 5-1 中列举了精炼手段的不同组合而产生的典型炉外精炼装置及其精炼手段，表 5-4 中列出了典型炉外精炼技术的冶金效果。

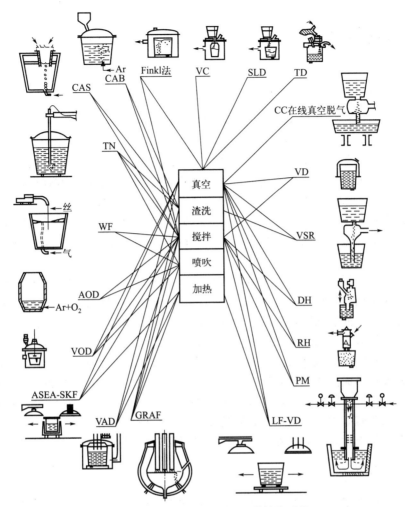

图 5-1　典型炉外精炼装置及其精炼手段

表 5-4　典型炉外精炼技术的冶金效果

项目	VD	RH	VOD	AOD	ASEA-SKF	LF	CAS-OB
脱氢/10^{-6}	1～3	1～3	1～3	略降	1～3		
脱氧/10^{-6}	20～40	20～40	30～60	50～150	20～40	20～40	
脱碳/%	至 0.01	至 0.003	至 0.002	至 0.015	至 0.01	可用于增[C]	可脱
脱硫/%	可脱	可脱	至 0.006	至 0.006	至 0.002	至 0.002	
去夹杂/%	40～50	50～70	40～50	略减	约 50	约 50	增加
合金收得率/%	90～95	95～100	Cr 90～99	Cr≥98	90～95	约 90	可提高
微调成分	可以	精确微调	可以	不能	可以	可以	可以
均匀成分和温度	有效	有效	有效		有效	有效	有效
钢水温降/(℃/min)	降	降	升	升	升 2～4	升 2～4	升 5～15

目前，国内外许多钢铁生产厂炉外精炼比已达到了 100%。通过各种精炼手段，生产 [C]+[N]+[O]+[P]+[S]≤50×10^{-6}（质量分数）的洁净钢已成为现实。

5.2 炉外精炼技术

5.2.1 合成渣洗

渣洗是最简单的精炼手段，是在出钢时利用钢流的冲击作用使钢包中人工预配的合成渣与钢液混合，精炼钢液。

根据合成渣炼制的方式不同，渣洗工艺可分为同炉渣洗和异炉渣洗。同炉渣洗是先将用于渣洗的液渣和钢液在同一容器内熔炼，并使液渣具有合成渣的成分和性质，通过出钢实现钢渣分离，最终完成渣洗钢液的过程。异炉渣洗是设置专门的炼渣炉，将配比一定的渣料炼制成具有合适温度、成分和冶金性能的液渣，出钢时钢液冲入事先盛有该渣的钢包内实现渣洗。异炉渣洗较同炉渣洗效果更理想，生产上应用异炉渣洗较多，通常所说的渣洗也指异炉渣洗。

渣洗时由于钢渣混冲，液态熔渣被分裂成细小的液渣滴，并弥散分布于钢液中，大大增加了钢渣间的接触面积，促进渣-金反应的进行。粒径越小，与钢液接触表面积就越大，渣洗作用就越强。乳化的渣滴随钢流紊乱搅动的同时，不断碰撞合并长大上浮而与钢液分离。

由于炉外精炼方法不同，渣洗的冶金目的和冶金效果也不同。综合起来可达到以下冶金效果：强化脱氧；强化脱硫；去除钢中的夹杂物及部分改变夹杂物形态；阻止钢液吸气；减少钢水温度散失；形成泡沫渣达到埋弧加热的目的；强化脱磷；改善钢的力学性能。要根据不同的冶炼目的选取不同的渣系，以脱磷为目的的渣洗，选用 $CaO\text{-}FeO$ 渣系；碱性炉所炼出来的钢水，如以脱硫或脱氧为其目的，则选用 $CaO\text{-}Al_2O_3$ 渣系。

渣洗也有其局限性，不能去除钢中气体，同时必须将原炉渣去除，减少钢液污染。

5.2.2 真空技术

钢中缺陷的产生主要是由冶金因素造成的，除了原材料的质量以外，主要与冶金过程有关，即影响钢质量的根本原因在于熔炼和浇铸。一般来说，通常的炼钢炉生产的钢常常被夹杂物污染。为了改善质量，出现了各种真空脱气方法。真空将对有气体参加的反应产生重大影响，是高质量钢的精炼手段，是脱气的主要方法。其中主要包括溶解于钢水的碳参与并生成 CO 的反应和气体（H 和 N）在钢液内的溶解与脱除反应。真空下吹氧精炼可提高碳的脱氧能力，从而强化脱碳与碳脱氧反应的进行，用于冶炼低碳及超洁净的钢；真空去气；合金元素的挥发；夹杂物挥发去除；耐火材料被钢液中的碳侵蚀等。

钢的真空脱气可分为三类：

① 钢流（钢液滴流）脱气 下落中的钢流暴露给真空，然后被收集到钢包或炉内。如真空浇注法（VC 法）、真空渣洗精炼法（VSR 法）等。

② 钢包脱气 钢包内钢水被暴露给真空，并用气体或电磁搅拌。如 VD、VOD、VAD、ASEA-SKF 和真空吹氩法等。

③ 循环脱气 在钢包内的钢水由大气压力压入真空室内，暴露给真空，然后流出脱气室进入钢包。如 DH、RH 等。

5.2.3 搅拌技术

冶金过程中的绝大多数反应都是传质控制的。因此，为了加快冶金反应的进行首先要强化钢液的搅拌。炉外精炼中的搅拌方式主要有机械搅拌、气体搅拌、电磁搅拌和重力或负压驱动引起的搅拌等几类，如图 5-2 所示。应用最广泛的搅拌方法是各种形式的气体搅拌方法。

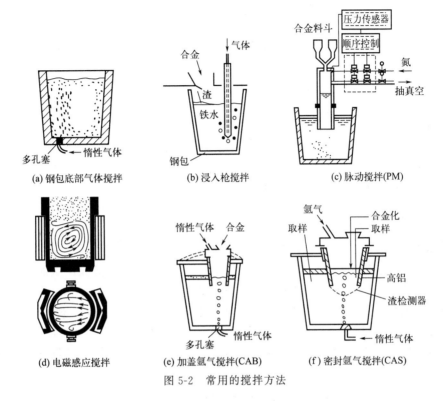

图 5-2　常用的搅拌方法

①机械搅拌　通过叶片或螺旋桨等部件旋转，或通过旋转、振动或转动容器等机械的方法达到搅拌混匀物料的目的。典型的例子是铁水预处理中的 KR 法，采用耐材制成的十字形搅拌器垂直插入铁水罐内进行旋转来带动铁水搅拌。但由于搅拌器材质方面的原因，很难用于钢液的搅拌。

②重力或负压驱动引起的搅拌　利用落差使钢水在重力作用下以一定的冲击动能冲入钢包或容器中达到强烈的搅拌和混合。如 RH 法利用负压将钢包内的钢水从上升管吸入真空室，经真空处理后的钢水在重力作用下从下降管流回钢包并带动钢包内的钢水做循环搅拌运动而达到搅拌混合目的。

③电磁搅拌　利用电磁感应原理，在钢包外的电磁感应搅拌器使钢液产生一个定向的电磁搅拌力达到钢液循环搅拌目的。如 ASEA-SKF 钢包精炼炉就是一个十分成功的例子，但其维护十分困难。

④气体搅拌　也称为气泡搅拌，所完成的冶金过程称为气泡冶金过程。通过设置在钢包底部的一个或多个透气砖向钢包内的钢水内吹入气体对钢液进行搅拌（称为底吹法），也可用安装在容器侧面的风口（称为侧吹法）或用从钢包上口插入钢液中的浸入钢水（埋入式）的喷枪吹入气体进行搅拌（称为顶吹法）。如钢包吹氩、CAS、LF、VAD、VOD、AOD 等。

使用气体搅拌的冶金目的和效果如下所示。

①加速混匀　均匀钢水温度，均匀钢水成分。在调整合金、添加脱氧剂和加冷碳钢以

及插铝线、钙线和合金线后，加速成分和温度的均匀化。

② 去气　吹入钢液的气泡可作为钢液内部碳氧反应、去气（去 [H]、[N]，甚至去 [O]）反应气体产物形核的核心，惰性气体气泡对这些气体产物来说又相当于一个真空室的作用，气泡中这些气体的分压非常低，促进了碳氧反应及去气反应的进行，达到与真空冶金同样的效果。

③ 去夹杂　加速非金属夹杂物的聚集和上浮去除。搅拌加速了钢液中夹杂物碰撞，并聚集长大，浮力增大而加速上浮。同时，气泡自包底上升过程中，其表面黏附钢液中的夹杂物，将所黏附的夹杂物带出钢液，从而对钢液产生了清洗作用。

④ 加速冶金反应　促进钢水与合成脱硫渣接触，加速渣-金反应中参加反应物质的传质，从而加速冶金反应进行。

⑤ 调温　指降温，冷却钢液，用于对开浇温度要求严格的钢种或浇铸方法。

⑥ 氩气的保护作用　氩气泡从钢液中逸出后，因有包盖的阻挡，使之充满钢包上部的自由空间，在精炼过程中减轻和避免钢液的二次氧化。

5.2.4　加热技术

在炉外精炼过程中，若无加热措施，则钢液不可避免地逐渐冷却。

影响冷却速率的因素包括：钢包容量；钢液面上熔渣覆盖的情况；添加料的种类和数量；搅拌的方法和强度；钢包的结构和使用前的烘烤温度等。

目前常用的加热方法有电加热（电弧加热、感应加热、电阻加热）、燃料加热（CO、重油、柴油等燃料）、化学加热（化学反应生成热、辅助的化学加热剂如 Al、Si）等。其中，电弧加热最重要，也是效果最好、最灵活的加热方法。典型炉外精炼设备钢水加热方法如表 5-5 所示。

表 5-5　典型炉外精炼设备的钢水加热方法

精炼方法	设备功能	升温速率/(℃/min)	加热处理时间/min	设备特点
LF	氩气搅拌,电弧加热	3～4	30	投资少,设备简单
CAS-OB	铝(硅)-氧加热,氩气搅拌	5～13	15～40	投资少,设备简单
RH	真空脱气,吹氧脱碳、升温、铝-氧(RH-OB)或炉气(RH-KTB)加热	8(RH-OB)；20～30(RH-KTB)	15～35	投资大,设备复杂,占地较大
VOD	真空吹氧加热,顶吹氩气搅拌	20～30	40	设备复杂
VAD	真空电弧加热,底吹氩气搅拌	7	60～90	密封复杂,启弧难

5.2.5　喷吹和喂丝

(1) 喷吹

大多数钢铁冶金反应是在钢-渣界面上进行的。加速反应物质界面或反应产物离开界面的传输过程，以及扩大反应界面积，是强化冶金过程的重要途径。喷射冶金通过载气将反应物料的固体粉粒吹入熔池深处，可以加快物料的熔化和溶解，而且也大大增加了反应界面，同时还强烈搅拌熔池，从而加速了传输过程和反应速率。所以喷射冶金是强化冶金过程提高精炼效果的重要方法。

喷射冶金应用：向铁水包内吹入铁矿粉、碳化钙和石灰的粉状材料进行脱硅脱硫脱磷的铁水预处理；向钢液深处吹入硅钙等粉剂进行非金属夹杂物变性处理；利用喷吹添加合金材料，尤其是易挥发元素进行化学成分微调以提高合金收得率。

喷射冶金缺点：粉状物料的制备、储存和运输比较复杂，喷吹工艺参数（如载气的压力与流量、粉气比等）的选择对喷吹效果影响密切，喷吹过程熔池热量损失较大，以及需要专门的设备和较大的气源。

（2）喂丝

喂丝是在喷粉基础上开发出来的。它是将各类金属元素及附加料制成的粉剂，按一定配比，用薄带钢包覆，做成各种大小端面的线，卷成很长的包芯线卷，供给喂丝机作原料，由喂丝机根据工艺需要按一定的速度，将包芯线插入到钢包底部附近的钢水中。包芯线的外皮迅速被熔化，线内粉料裸露出来与钢水直接接触进行化学反应，并通过氩气搅拌的动力学作用，能有效地达到脱氧、脱硫改变夹杂形态以及准确地微调合金成分等目的，从而提高钢的质量和性能。喂丝工艺设备轻便，操作简单，冶金效果突出，生产成本低廉，能解决一些喷粉工艺难以解决的问题。

（3）喂丝与喷粉比较

喂丝操作简单，设备轻便，可以在各种大小容量的钢包内进行，而喷粉只有当钢包容量足够大时才能顺利进行；喂丝操作消耗少，操作费用低，不需要昂贵的喷枪，耐火材料消耗少，喂丝的氩气消耗量为喷粉的 $1/5 \sim 1/4$，喂丝的硅钙粉耗量为喷粉的 $1/3 \sim 1/2$；喂丝操作温度降低少，喂丝操作时间短，且钢水与钢渣没有翻腾现象，一般 80t 左右的钢包喂入 $0.5 \sim 5.5 kg/t$ 的硅钙粉，钢水温度只下降 $5 \sim 10℃$，而喷粉则温降达 30℃；喂丝处理的钢水质量好，受氢、氧、氮的污染少，而喷粉容易产生大颗粒夹杂和增氢；喂丝处理的钢水浇铸性能好，连铸时堵塞水口的机会比喷粉法少。

5.3　炉外精炼方法

5.3.1　钢包吹氩喂线精炼

钢包吹氩喂线是一种简单且广泛采用的钢水精炼法。一般初炼炉出钢后，通过钢包吹氩对钢水进行处理，从而达到均匀钢水成分和温度的目的。钢包喂线简图如图 5-3 所示，主要设备由吹氩供气控制系统、喂线机、除尘系统等组成。

钢包吹氩喂线的基本功能有：均匀钢水成分和温度；微调钢水成分；净化钢水，去除夹杂物。

钢包吹氩喂线的工艺特点是：采用钢包底吹氩（或顶吹氩）进行搅拌；通过喂线机将合金包芯线直接插入钢水中，可保证较高的合金回收率；处理过程温度损失较大。

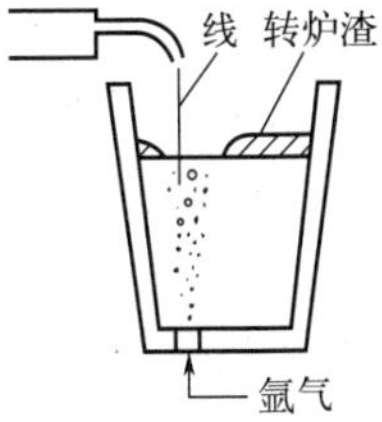

图 5-3　喂线法

5.3.2　LF钢包炉精炼

LF（ladle furnace）法采用氩气搅拌，在大气下用石墨电极埋弧加热，再加上白渣精炼技术组合而成。LF法具有用强还原性渣脱硫、脱氧，夹杂物控制和用电弧加热熔化铁合金，调整成分、温度等功能。由于设备简单、投资费用低、操作灵活和精炼效果好而得到广泛的应用和发展。

　　LF 的主要设备包括炉体、电弧加热系统、合金及渣料加料系统、喂线系统、底吹氩系统、炉盖及冷却水系统等。LF 钢包精炼炉的组成如图 5-4 所示。

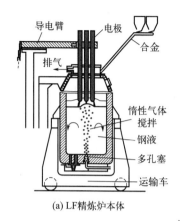
(a) LF精炼炉本体

(b) LF精炼炉总貌

图 5-4　LF 钢包精炼炉

　　LF 炉设备布置形式分为上动式、下动式和联动式。

　　上动式指的是炉盖和电极升降系统连接在一起能够从处理位摆出的形式，炉盖下只有一个钢包支撑架。需处理钢水时，炉盖和电极升降系统从处理位摆出，天车吊下钢包后，再摆回处理钢水。处理完毕，炉盖和电极升降系统从处理位摆出，天车吊走钢包，等待处理下一炉钢水。这是 LF 炉设备较简单的一种形式，但作业率偏低，适合单炉作业的电炉厂。

　　下动式指的是炉盖和电极升降系统放在一台固定龙门架上，炉盖下有钢包车轨道，在处理位外有一台或两台钢包车交替使用。需处理钢水时，钢包放到钢包车上，再将钢包车开到处理位。处理完毕，再将钢包车开到吊钢包位。两台钢包车交替使用，可提高 LF 炉的作业率，在处理第一炉钢水时就可以将下一炉钢水放到另外一个钢包车上，节省了辅助时间。

　　联动式是上动式和下动式的组合，指的是炉盖和电极升降系统能够从第一个处理位摆到第二个处理位。与下动式不同的是同时有两条钢包车轨道，在处理位外每条轨道上各有一台钢包车。需处理钢水时，钢包放到第一条轨道的钢包车上，再将钢包车开到第一处理位进行处理。同时，第二条轨道上的钢包车上也放上钢包，开到第二处理位等待处理。第一炉处理完毕后，炉盖和电极升降系统从第一个处理位摆到第二个处理位，连续处理，而第一条轨道上的钢包车可直接开到连铸接钢跨。天车吊走第一炉钢包后，钢包车开回来，吊来第三炉钢水，如此反复。用两台钢包车交替使用可缩短辅助时间，此方案作业率与下动式双钢包方案没什么本质区别，但设备较复杂。

　　LF 精炼手段包括氩气搅拌、埋弧加热、造强还原气氛、造高碱度白渣等。

　　① 氩气搅拌　加速钢-渣之间物质传递，利于钢液脱氧、脱硫反应；吹氩可以加速非金属夹杂物碰撞长大，增加上浮速度，有利于去除夹杂物（在密封的 LF 炉，吹氩 15min 后，可使钢中大于 $20\mu m$ 的 Al_2O_3 夹杂基本清除）；均匀钢液成分与温度。

　　② 埋弧加热　降低初炼炉出钢温度，补偿精炼过程吹氩、合金化等温度损失。LF 炉三根电极插入渣层中进行埋弧加热，辐射热小，对炉衬有保护作用，热效率高。埋弧泡沫技术加热效率 $>60\%$，升温速度可达 $3\sim5℃/min$，计算机动态控制终点温度在 $\pm5℃$。

　　③ 造强还原气氛　加热时石墨电极与渣中 FeO、MnO、Cr_2O_3 等反应生成 CO 气体，炉盖密封隔离空气，使 LF 炉内气氛中氧的浓度（质量分数）减至 0.5%，造强还原气氛。

钢液在强还原气氛条件下可以进一步脱氧、脱硫及去除非金属夹杂。精炼过程通过扩散脱氧和沉淀脱氧造成钢液的还原条件，可以进一步脱氧、脱硫及去除非金属夹杂。

④ 造高碱度白渣　LF 炉操作中通过对炉渣强化脱氧形成白渣，由于渣对钢液中氧化物的吸附和溶解，达到钢液脱氧效果（无污染脱氧方法）。LF 炉白渣以 $CaO\text{-}CaF_2$ 或 $CaO\text{-}Al_2O_3\text{-}SiO_2$ 为主，渣量为钢液的 $3\% \sim 7\%$，对钢液中氧化物吸附和溶解，达到脱氧效果。由于 LF 有温度补偿，吹氩强烈搅拌，随渣中碱度提高，硫的分配增大，可炼出含 [S] 仅为 5ppm❶ 的低硫钢。钢液在强还原气氛、高碱性炉渣条件下可以进一步脱氧、脱硫及去除非金属夹杂。冶炼低硫钢和超低硫钢时渣中（$FeO+MnO$）的理想控制范围是小于 0.5%。

LF 精炼可以达到的效果是：深脱硫，[S] $<$ 10ppm。脱气，真空后，[H] $<$ 1.5ppm，N 脱除 $20\% \sim 35\%$。去夹杂、脱氧，T [O] $<$ 20ppm。温度控制准确，温度均匀，温度偏差 $\pm 5℃$ 左右。成分控制精确，偏析小。

LF 精炼工艺流程如图 5-5 所示。

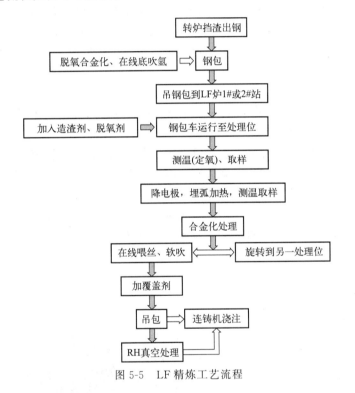

图 5-5　LF 精炼工艺流程

工艺过程简述如下：

① 钢包吹氩　钢包吹氩从出钢开始，一直到钢包准备吊往 LF 等待工位。此阶段吹氩搅拌的冶金目的包括：促进出钢加入的合金与造渣剂的熔化溶解；均匀熔池温度；去除出钢过程的脱氧产物；加强渣金混合，降低钢液中的硫含量。

② 钢包到 LF 等待工位　钢包到 LF 等待工位后，接通吹氩管，这时吹氩要保证合适的吹氩量，以避免钢液面裸露，同时保证不要把钢渣溅出钢包。如果出钢量过大或下渣较多，应倒出一部分钢液或下渣。如果渣面吹不开，就要瞬间增大压力吹氩或用事故氩枪吹氩，吹开多孔砖。如果还吹不开，就要进行倒包处理。对于生产铝脱氧的高质量钢，最好在 LF 等

---

❶　ppm 含义为 10^{-6}，本章均指质量分数。

待工位喂铝，尽早把钢液中的溶解氧全部变成氧化物夹杂，为夹杂物的去除提供较长的时间，降低钢液中的全氧量。

③ 造渣　钢包到加热位置，当要从料仓加料时，应增加氩气流量，吹开渣面，把造渣料加到裸露的钢液面上。在加热的同时处理渣，加入石灰和 Al_2O_3，甚至加入 CaC_2、SiC 或铝粒进行渣脱氧，加热 $3\sim5min$ 后，通过渣门观察渣的情况，应保证渣的流动性好。渣太稠，则多加铝矾土或萤石；渣太稀，则加入石灰。取渣样放置一段时间后，如果凝固时呈灰白色，表示渣脱氧良好；如果渣发黑，加铝粒或其他脱氧剂继续降低渣中的氧。造精炼渣的目的包括以下几方面：脱硫；吸收钢液中的夹杂物；防止熔池的二次氧化；防止熔池的热量损失；防止由于电弧辐射造成的耐火材料损失。

④ 钢包取样　加热及处理渣后（渣基本变白），测温，取第一样。

⑤ 加入合金、均匀化及调整温度　根据出钢加入的合金量及钢包第一样分析结果，确定加入的合金量以达到成品钢要求的成分。加入的合金应按预定的合金收得率改变钢液成分，如果钢液成分未能按加入的合金数量而改变，说明钢液脱氧不完全，需要用铝线等脱氧剂脱氧以确保合金元素的最佳收得率。加入合金后，继续加热并搅拌 $5min$ 以确保加入的合金溶解，如果没有得到预期的钢液成分，必须加入新合金，以满足钢中的成分要求。

5.3.3　RH 真空脱气

RH 精炼法是 Ruhrstahl 公司和 Heraeus 公司共同设计的真空精炼设备，又称真空循环脱气法。

RH 法设备由真空室、浸入管（上升管、下降管）、真空排气管道、合金料仓、循环流动用吹氩装置、钢包（或真空室）升降装置、真空室预热装置（可用煤气或电极加热）等组成（图 5-6）。一般设两个真空室，采用水平或旋转式更换真空室，真空排气系统采用多个真空泵，以保证一般真空度在 $50\sim100Pa$，极限真空度达 $50Pa$ 以下。RH 装置有三种结构形式：脱气室固定式、脱气室垂直运动式或脱气室旋转升降式。

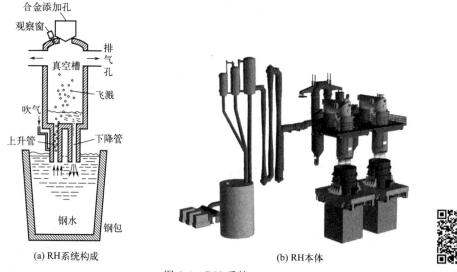

(a) RH 系统构成　　　　(b) RH 本体

图 5-6　RH 系统

RH 法的工作原理是：在真空室的下部设有两个开口管，即钢液上升管和钢液下降管，处理钢液时，先将两个管浸入钢包的钢液中，将真空室排气，钢在真空室内上升直到压差高度；这时向上升管中吹入氩气，则上升管内的钢液由于含有 Ar 气泡而密度减少，从而继续上升；与此同时，真空室内液面升高，下降管内压力增大，为恢复平衡，钢液沿下降管下降。这样，钢液便在重力、真空和吹氩三个因素的作用下不断进入真空室内；钢液进入真空室时，流速很高，Ar 气泡在真空室中突然膨胀，使钢液喷溅成极细小的液滴，因而大大地增加了钢液和真空的接触面积，使钢液充分脱气。如此周而复始循环多次，最终获得纯度高、温度和成分都很均匀的钢液。

RH 法的基本功能有：深度脱碳、脱氧、脱氢、减少氧化物夹杂；还能微调成分，使钢质量有很大提高；还能生产在大气中不能生产的超低碳钢。

RH 冶金效果：脱 H 1.5ppm 以下；脱 O 10ppm 以下；去 N 40ppm 以下，真空对脱氮效果一般。

RH 技术的优点是：

① 反应速度快，处理周期短。一般一次完整的处理约需 15min，即 10min 的处理时间，5min 的合金化及混匀时间，适于大批量处理，生产效率高，常与转炉配套使用；

② 反应效率高，钢水直接在真空室内进行反应；

③ 可进行吹氧脱碳和二次燃烧进行热补偿，减少处理温降；

④ 可进行喷粉脱硫，生产超低硫钢。

现代 RH 的冶金功能已由早期的脱氢发展到现在的十余项冶金功能（如图 5-7 所示）。

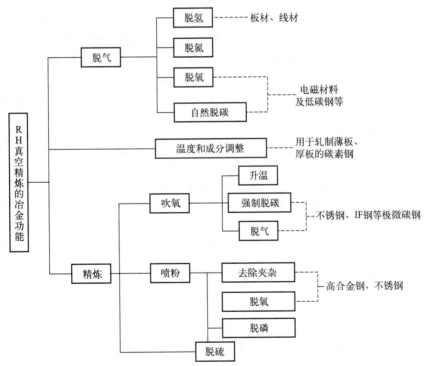

图 5-7　RH 真空精炼具备的冶金功能

RH 的发展如下：在 RH 真空室顶部增设吹氧装置，在钢水处理过程中向钢水供氧气进行化学升温，即 RH-OB（oxygen blowing）。在 RH 真空室顶部增设喷粉装置，在钢水处理过程中向钢水喷吹粉剂，即 RH-KTB（Kawasaki top blowing）。还有 RH-PB（喷粉）、RH-injection 等改进装置，几种典型的 RH 改进装置如图 5-8 所示。

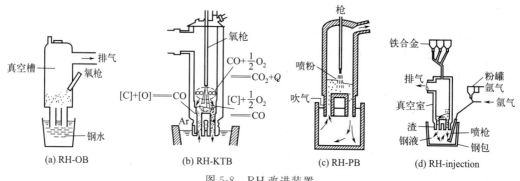

(a) RH-OB 　　(b) RH-KTB 　　(c) RH-PB 　　(d) RH-injection

图 5-8　RH 改进装置

5.3.4　AOD 精炼炉

AOD（argon oxygen decarburization）精炼炉是用氩、氧的混合气体脱除钢中的碳、气体及夹杂物，可以用廉价的高碳铬铁在高的铬回收率下炼出优质的低碳不锈钢的方法。这是一种在非真空下精炼含铬不锈钢的方法。它将氩氧混合气体根据冶炼不同时期对氧气的不同需求，以不同氩氧比的混合气体吹入钢液中，混合气体气泡中的氧在气泡表面与钢中碳反应生成 CO，由于气泡中存在氩气，其中的 CO 分压低，对生成的 CO 来说相当于真空室，因此生成的 CO 立即被气泡中的氩气所稀释，降低了碳氧反应所生成的 CO 分压氩气的稀释作用，从而促使碳氧反应继续进行。如果氩气充分而且分布良好，只要熔池中有足够的氧，脱碳反应就不会停止。而由于碳的氧化抑制了铬的氧化，使得铬的回收率大大提高。AOD 法几乎可以生产所有牌号的不锈钢，但是因去氢比较困难，大锻件的钢锭不宜生产，生产要求碳氮总量小于 200×10^{-4}％的超纯铁素体钢也十分困难。

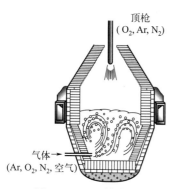

图 5-9　AOD 精炼炉

AOD 精炼炉的形状近似于转炉，主要由炉体、倾动设备、加料系统、氩氧枪、气路系统和除尘设备等组成（见图 5-9）。氩氧枪采用气体冷却，具有双层套管结构，内管通氩氧混合气体，外层吹氩气。

（1）AOD 精炼操作工艺

AOD 通常与电炉或转炉双联，钢液在电炉或转炉中进行熔化、升温、还原、调整成分和温度，出钢成分为 $w[C]=0.6$％，出钢温度为 1650℃。然后将钢液倒入 AOD 炉吹氩氧脱碳和调整铬、镍等成分。

吹炼过程大致分为四期：

第一期，$O_2：Ar=3：1$，停吹时 $w[C]=0.2$％，这时的钢液温度大约为 1680℃；

第二期，$O_2：Ar=2：1$，停吹时 $w[C]=0.1$％，钢液温度大约为 1740℃；

第三期，$O_2：Ar=1：2$，停吹时含碳量为要求的限度；

第四期，吹 Ar 搅拌 $2 \sim 3$min，同时进行脱氧、脱硫、最终调整成分和温度，然后出钢。AOD 炉的精炼时间一般在 1.5h 左右，随炉子的大小有一定差异。

与电弧炉单独冶炼不锈钢相比，用电弧炉-AOD 炉双联冶炼不锈钢有如下工艺特点：

① 可以用廉价的高碳铬铁和全部返回废钢，使冶炼成本大大降低。

② 采用电弧炉-AOD 炉双联工艺冶炼不锈钢，电炉只承担熔化任务，因而可大大缩短

冶炼时间，提高电炉生产率。电弧炉生产能力可提高 $30\%\sim50\%$。

③ 可以顺利生产电弧炉难以冶炼的超低碳（含 C<0.03%）不锈钢，能保持较高的铬的回收率。铬的收得率可高达 98%。

④ 提高钢质量。AOD 精炼有助于降低钢中的氢、氮、氧和其他夹杂物，钢的纯净度高，提高了钢的力学性能。

⑤ 降低电能消耗，节省电极，减少原材料消耗。由于电弧炉熔炼时间缩短，降低了电耗和电极消耗。但要消耗大量的氩气。氩气来源是采用 AOD 精炼应考虑的重要因素。

⑥ 由于在大气压力下进行精炼，设备简单，操作方便灵活，投资少，见效快。可省去其他不锈钢精炼设备所需的复杂的真空系统。

（2）AOD 法的精炼特点

能顺利冶炼低碳和超低碳不锈钢，铬在吹炼过程中很少烧损；脱硫十分有效，这是强烈的氩气搅拌和高碱度还原渣作用的结果；脱碳结束时钢中的氧含量比电弧炉低得多（但略高于 VOD 炉），可以大大节省脱氧剂，并减少了钢中非金属夹杂物的含量。

AOD 炉的优点主要是：不需要真空设备，基建投资少；原料适应性强，操作方便；脱碳保铬效果好，易于调整成分，生产率高。

AOD 炉的缺点主要是：氩气、还原剂消耗高；炉衬寿命低，一般只有 $100\sim200$ 次；与 VOD 炉不同，AOD 炉不能直接浇铸，需出钢一次，影响了钢的质量，不能生产超低碳钢；设备通用性差，现已成为冶炼不锈钢的专用设备。

5.3.5　VD 真空脱气精炼炉

VD（vacuum degassing）真空脱气精炼法，是将电炉、转炉的初炼钢液置于密闭罐内抽真空，同时钢包底部吹氩搅拌的一种钢液真空处理方法。

VD 结合了钢包吹氩与真空脱气原理，让钢液处在真空状态下，通过在钢包底部吹氩搅拌，进行脱碳、脱气、脱硫、去除杂质、合金化和均匀钢水温度与成分等处理，是一种应用广泛的真空精炼设备，具有很好的去气和脱氧效果，能有效地减少钢中氢氮含量，通过碳、氧反应去除钢中的氧，通过碱性顶渣与钢水的充分反应脱硫，此外还具有均匀成分和温度的功能，用于轴承钢、重轨钢等低气含量钢。该工艺主要设备由真空系统、真空罐系统、真空罐盖车及加料系统等组成，见图 5-10。

VD 处理时是带渣操作，会发泡，因此要求钢包要有一定的净空，一般在 1000mm 左右，可以防止钢水溢出。所以钢包最好为瘦长型。

VD 炉一般与 LF 炉相匹配，分别由 LF 炉完成成分、温度的调整，由 VD 炉完成脱气、搅拌等任务。在 VD 炉的真空盖上安装氧枪冶炼不锈钢，即成为 VOD 炉。VD 主要用来脱气、脱硫，VOD 还可以脱碳。

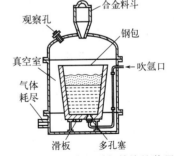

图 5-10　VD 真空脱气精炼炉装置

VD/VOD 工艺都可用于生产超低碳、含氧量低的优质钢种，相比之下前者投入低、适用于低成本生产，而后者适应性强，产品质量高，适合产品成分复杂、附加值高的钢种。

5.3.6　VOD 真空吹氧脱碳精炼

VOD（vacuum oxygen decarbonization）真空吹氧脱碳精炼是通过真空降低钢液上方气

氛的压力，直接降低 CO 的分压以提高 C-O 反应的能力，促进碳的优先氧化，最终达到"去碳保铬"的目的。该精炼方法主要用于超纯、超低碳不锈钢和合金钢的二次精炼。其设备包括：钢包、真空室、拉瓦尔喷嘴水冷氧枪、加料罐、测量取样装置、真空抽气系统、供氩装置等，如图 5-11 所示。

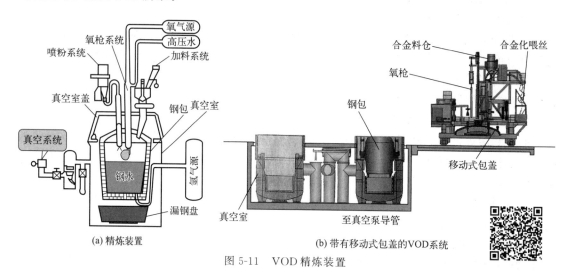

图 5-11　VOD 精炼装置

VOD 具有吹氧脱碳、升温、吹氩搅拌、真空脱气、造渣合金化等冶金手段，适用于不锈钢、工业纯铁、精密合金、高温合金和合金结构钢的冶炼，尤其是超低碳不锈钢和合金的冶炼。

（1）VOD 精炼的典型工艺流程

钢包被置于一个固定的真空室（真空罐）内，钢包内的钢水在真空减压条件下用顶氧枪进行吹氧脱碳，同时通过置于钢包底部吹氩促进钢液循环，在冶炼不锈钢时能容易地将钢中碳含量降到较低水平而保证铬不被氧化。由于对钢液进行真空处理，加上氩气的搅拌作用，反应的热力学和动力学条件十分有利，能获得良好的脱气和去除夹杂物的效果。在真空条件下很容易将钢液中的碳和氮去除到很低的水平，因此该精炼方法主要用于超纯、超低碳不锈钢和合金的二次精炼。

（2）VOD 法的主要特点

① 有很好的脱碳能力，在冶炼超低碳不锈钢时，很容易把碳的质量分数降到 0.02% 以下，而 Cr 几乎不氧化，所以可以使用廉价的高碳铬铁来降低生产成本。

② 由于真空处理和氩气搅拌，使 VOD 法有非常良好的去气、去夹杂物的能力，可生产出非常纯净的钢。

③ 通用性强，它不仅适用于冶炼不锈钢，也可对各种特殊钢进行真空精炼或真空脱气处理，这时 VOD 装置中就不需要像冶炼不锈钢那样强烈吹氧去碳，处理时间大大缩短，使钢包寿命大幅度提高，同时也减少了钢包耐火材料对钢液的污染，使钢的质量得到进一步改善。

④ 由于吹氧法使钢液喷溅严重，因此和其他精炼方法相比，VOD 法的钢包寿命较短。

⑤ 由于没有外来热源，故 VOD 炉不能准确控制钢液温度。为解决这个问题，可增加三相电弧加热炉盖。

（3）VOD 精炼各期的作用

VOD 冶炼不锈钢，经初炼的钢水进入 VOD 炉后，大致经过真空吹氧脱碳，真空碳脱氧，还原和调整温度、成分四个阶段的精炼，而得到合格的钢水。

1）真空吹氧脱碳

进入 VOD 炉的粗钢水含碳量一般为 $0.4\%\sim0.5\%$，温度为 $1630\sim1670℃$。钢水进入 VOD 炉后，即开始在氩气搅拌的同时抽真空，随着压力的下降，钢液碳氧平衡移动，发生碳氧反应，产生较激烈的沸腾。一般当钢水沸腾减弱后（压力为 $6.67\sim13.32kPa$）开始吹氧，在低压状态下进行脱碳，即前述的高碳区的脱碳。这一阶段的主要任务是在低压下快速脱碳，同时尽量减少铬的氧化。

影响脱碳速度的主要因素是供氧强度、氩气搅拌强度和真空度。

2）真空碳脱氧

在真空条件下吹氧，使钢中碳含量降到临界含碳量后，脱碳反应受碳向反应区的扩散控制。继续吹氧则会造成局部的过氧化，使钢水中的铬大量氧化。在 VOD 精炼不锈钢过程中，当碳降到临界含量时应立即停止吹氧，在真空和氩气搅拌作用下，依靠钢中残余的碳进行脱氧。影响真空碳脱氧的主要因素是真空度和搅拌强度。

3）还原

在真空条件下吹氧脱碳，"去碳保铬"只是一个相对的概念。实际上，在碳氧化的同时，铬也部分氧化，只是氧化量较低而已。钢液中碳含量低而铬含量高，碳的氧化多数属于间接氧化，即吹入的氧首先氧化钢中的铬，生成 Gr_2O_3 等氧化物，然后碳与它们作用被氧化。吹氧脱碳过程中铬的氧化使渣中氧化铬的含量相当高，习惯上称为富铬渣。为了提高铬的回收率，除了在吹氧脱碳时创造条件尽量减少铬的氧化外，还应对富铬渣进行还原。VOD 精炼不锈钢过程中铬的变化见表 5-6。

表 5-6　VOD 精炼不锈钢过程中铬的变化

吹氧前 $w(Cr_3O_4)/\%$	吹氧后 $w(Cr_3O_4)/\%$	还原后 $w(Cr_3O_4)/\%$	钢液条件		
			$w(C_终)/\%$	$w(Cr_配)/\%$	$w(Cr)/\%$
约 5	$10\sim20$	$0.5\sim1.5$	0.015/0.03	18	$1\sim2$

还原剂的选择如下：炼钢过程传统的脱氧元素是锰、硅、铝，由于锰氧化还原反应的热力学性质与铬很相近，在富铬渣的还原中难以起到还原剂的作用；使用硅铁作还原剂成本比用铝小得多，而且减少了后步浇铸过程中由于 Al_2O_3 堵水口等问题，故目前多采用硅铁作还原剂；也可使用硅铬合金。

4）调整温度、成分

经以上处理的钢水基本上接近钢种要求，一般在破坏真空的条件下加入合金和不锈钢返回料，并继续吹氩搅拌调整钢水温度和成分，使之符合要求。

5.3.7　VAD 真空电弧脱气炉

VAD（vacuum arc degassing，在德国用 Heat 取代 Arc，又称为 VHD）法即电弧加热钢包脱气法或称为真空电弧去气法，是用氩气搅拌钢液，并且在真空室的盖子上增设了电弧加热装置的钢包精炼法。VAD 法也可以认为是在 VD 法（钢包脱气法）的基础上增加电弧加热装置而成。

VAD 精炼装置主要由钢包、真空系统、电弧加热系统和底吹氩气系统等设备组成，其设备概况见图 5-12。钢包与普通钢包相比，上部自由空间要大些，一般为 $800\sim1000mm$，这样可满足真空脱气时钢液沸腾的需要；钢包的浇铸装置采用滑动水口方式，可以使钢液能在钢包中进行长时间处理，显著地改善了钢包精炼的操作性能。真空系统与其他精炼方法相似。在盛放钢包的真空容器盖上，设有漏斗可添加合金和熔剂。为适应真空加料的需要，漏斗是双钟式的，以便连续加料时不破坏真空。这种装置中最关键的部位是上下移动的电极与真空盖的密封技术，现在电极密封采用望远镜双套筒系统，套筒用抗磁性材料制成，并用水冷却。

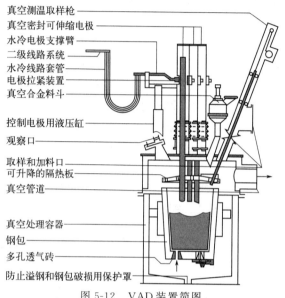

真空测温取样枪
真空密封可伸缩电极
水冷电极支撑臂
二级线路系统
水冷线路套管
电极拉紧装置
真空合金料斗

控制电极用液压缸
观察口

取样和加料口
可升降的隔热板
真空管道

真空处理容器
钢包
多孔透气砖
防止溢钢和钢包破损用保护罩

图 5-12　VAD 装置简图

VAD 炉具有抽真空、电弧加热、吹氩搅拌、测温取样、自动加料等多种冶金手段，整个冶金过程在一个真空罐内即可完成。因此，VAD 的各种冶金手段可以根据产品的不同质量要求随意组合。VAD 法基本精炼功能有：造渣脱硫；脱氧去夹杂；脱气（H、N）；吹氩改为吹氮时，可使钢水增氮；合金化。

如果在 VAD 真空盖上安装一支氧枪，向钢水内吹氧脱碳，就可以形成真空吹氧脱碳精炼法，即 VOD 工艺。

5.3.8　ASEA-SKF 精炼装置

ASEA-SKF〔Allmanna Svenska Elektriska Aktiebolaget（ASEA）and Svenska kullager-Fabriken（SKF）〕法是将加热、搅拌、真空等综合在一起的一种炉外精炼法。ASEA-SKF 法的基本功能有：调节温度；微调合金成分；脱气；去除夹杂物。

ASEA-SKF 炉可以与电弧炉和转炉配合，几乎能完成炼钢过程的所有任务。ASEA-SKF 炉的设备主要有：盛装钢液的钢包；水冷电磁感应搅拌器及其变频器；电弧加热系统；真空密封炉盖和抽真空系统；合金及渣料加料系统；有些 ASEA-SKF 炉还配有吹氩搅拌系统和吹氧系统。

ASEA-SKF 的布置形式分台车移动式和炉盖旋转式两种。台车移动式较为常见，其结构如图 5-13 所示，由放在台车上的一个钢包、与真空设备连接的真空处理用钢包盖和设置了三相交流电极的加热用钢包盖构成。在加热处理时，钢包车移到加热工位，使用加热钢包盖，由三相电弧以 1.4～2.0°/min 的升温速度进行加热。在真空处理时，钢包车移到真空处理工位进行真空脱气处理。钢液搅拌由强力的电磁感应进行。炉盖旋转式 ASEA-SKF 处过程与台车移动式相似，只是钢包放到固定的感应搅拌器内，加热炉盖和真空脱气炉盖能旋转交替使用，其结构如图 5-14 所示。

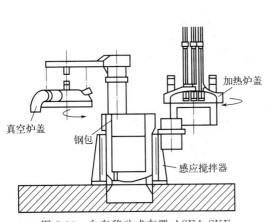
图 5-13 台车移动式布置 ASEA-SKF

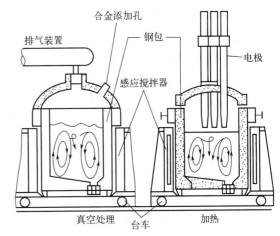
图 5-14 炉盖旋转式布置 ASEA-SKF

ASEA-SKF 法工艺流程：钢液从初炼炉出钢，倒入钢包内；将钢包吊入搅拌器内，除掉初炼炉渣，加造渣料换新渣；电弧加热，到新渣化好与钢液温度合适后盖上真空盖，进行真空脱气处理，钢包自从吊入搅拌器内就开始了对钢液的电磁感应搅拌作用；真空脱气后，通过斜槽漏斗加入合金调整钢液成分；最后将钢液再加热到合适温度；然后将钢包吊出，直接浇铸。整个精炼时间一般为 1.5～3.0h。

ASEA-SKF 炉适用于精炼各类钢种。精炼轴承钢、低碳钢和高纯净度渗氮钢都取得了良好效果。

ASEA-SKF 精炼过程中可以对钢液进行加热和电磁感应搅拌，钢液的脱气时间不受限制，为夹杂物上浮创造了有利条件。所以工艺操作灵活，脱硫、脱氧、脱碳、调整成分和温度都可以进行。ASEA-SKF 精炼使钢的化学成分均匀，力学性能改善，非金属夹杂物减少，氢、氧含量大大降低。

5.3.9 CAS-OB 精炼装置

CAS（composition adjustment by sealed argon bubbling），即密封吹氩合金成分调整。进行 CAS 处理时，首先用氩气喷吹，在钢水表面形成一个无渣区域，然后将隔离罩插入钢水，罩住该无渣区，使加入的合金与炉渣隔离，直接进入钢水中，在隔离罩内增设氧枪吹氧，这就是 CAS-OB 精炼法。

CAS-OB 的基本功能有：均匀钢水成分和温度；调整钢水成分和温度；提高合金收得率；净化钢水，去除夹杂物。CAS-OB 设备示意如图 5-15 所示。CAS-OB 由隔离罩及升降系统、合金称量及加入系统、除尘系统、钢包底吹氩搅拌系统、氧枪及供氧系统等主要设备组成。自消耗型氧枪安装在隔离罩中心，铝及其他合金由加料口直接投到钢水中。铝提温升温速度快，为 6～12℃/min，升幅可达 100℃，终点温度波动在 5℃以内。

CAS-OB 的工艺流程如图 5-16 所示。

CAS-OB 的工艺特点是：

① 采用钢包底吹氩进行搅拌，在封闭的隔离罩进入钢水前用氩气从底部吹开钢液表面

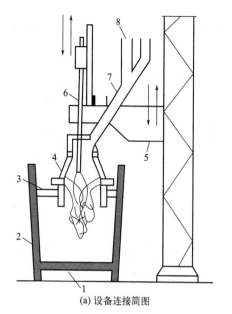
(a) 设备连接简图

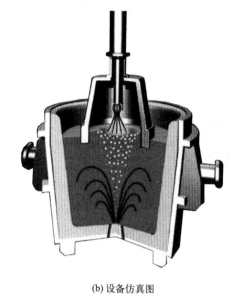
(b) 设备仿真图

图 5-15　CAS-OB 设备

1—多孔透气砖（Ar）；2—钢包；3—渣；4—隔离罩；5—隔离罩升降装置；6—氧枪；
7—合金料斜槽；8—集尘器烟罩

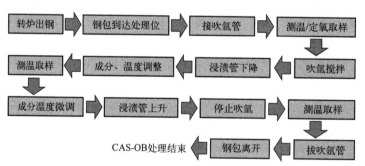

图 5-16　CAS-OB 的工艺流程

上的钢渣，下罩至钢水液面下一定深度，使得隔离罩内形成一个无钢渣且充满氩气的无氧区；

② 在隔离罩内进行成分微调、化学升温等工艺操作，隔离罩内无渣、无氧气，合金回收率较高，可接近 100%，升温速度较快，可达到 5～13℃；

③ 隔离罩上部封闭为锥形，具有集尘排气功能。

隔离罩内吹氩排渣操作是 CAS-OB 生产中工艺控制的关键因素。

5.4　典型钢种精炼工艺

不同钢种对于钢中杂质元素含量和非金属夹杂物尺寸的要求不同，几种典型钢种的要求见表 5-7。炼钢过程中使用的铁合金及其金属元素和金属杂质的含量也不同，不同钢种对于铁合金洁净度的要求也有差异，典型的数据如表 5-8 和表 5-9 所示。各类钢种及其常用冶炼方法见表 5-10。

表 5-7　不同钢种对于钢中杂质元素含量和非金属夹杂物尺寸的要求

钢种	含杂质元素的质量分数	夹杂物尺寸上限
汽车板 IF 钢	[C]≤30ppm，[N]≤30ppm，T.O.≤30ppm	100μm
DI 罐[①]	[C]≤30ppm，[N]≤30ppm，T.O.≤20ppm	20μm
管线钢	[S]≤30ppm，[N]≤35ppm，T.O.≤20ppm	100μm
滚珠轴承	T.O.≤10ppm	15μm
高端轴承钢	T.O.≤5ppm	15μm
轮胎帘线钢	[H]≤2ppm，[N]≤40ppm，T.O.≤15ppm	10μm 或 20μm
厚板	[H]≤2ppm，[N]30~40ppm，T.O.≤20ppm	单个夹杂物 13μm；点簇状夹杂物 200μm
高端线材	[N]≤60ppm，T.O.≤30ppm	20μm
高牌号无取向硅钢	[S]≤15ppm，[N]≤20ppm，T.O.≤20ppm	—
低牌号无取向硅钢	[S]≤30ppm，[N]≤20ppm，T.O.≤20ppm	—
取向硅钢	T.O.≤20ppm	—
304 不锈钢	[S]≤60ppm，T.O.≤60ppm	B类夹杂物≤1.5级
>300km/h 重轨钢	[H]≤1.5ppm，[N]≤80ppm，T.O.≤20ppm	A≤2.0级；其他类别≤1.0级
>200km/h 重轨钢	[H]≤1.5ppm，[N]≤80ppm，T.O.≤20ppm	A≤2.5级；其他类别≤1.5级
汽车门弹簧钢	[S]≤40ppm，T.O.≤15ppm	10μm

① DI 罐指钢制二片易拉罐。

表 5-8　炼钢过程中使用的主要铁合金及其金属元素和所含金属杂质的质量分数　单位:%

铁合金	Si	Al	C	Mn	Cr	V	B	Ti	Ca	Fe	Mg	Mo	Nb	P	T.O.
FeSi(10,15,20)	8~30	<1.5	1~2	1~3	0.8	—	—	—	—	—	—	—	—	—	—
FeSi(45,50,65)	41~68	<2	0.2	0.4~1	0.5	—	—	—	—	—	—	—	—	—	—
FeSi75	86.52	0.18	—	—	—	—	—	—	0.06	13.04	—	—	—	—	—
FeSi75Al(1,2,3)	72~80	<3	0.15	0.5	0.3	—	—	—	—	—	—	—	—	—	—
FeSi90Al(1,2)	87~95	<3	0.15	0.5	0.2	—	—	—	—	—	—	—	—	—	—
FeSi(12,17,22,25)Mn	10~35	—	0.5~3.5	>60	—	—	—	—	—	—	—	—	—	—	—
LCFeMn(85,90)	1~2	—	0.2~0.5	85~95	—	—	—	—	—	—	—	—	—	—	—
MCFeMn(75,85,88)	1~3	—	1~2	75~95	—	—	—	—	—	—	—	—	—	—	—
HCFeMn(70,75,78)	1~6	—	6~7.5	70~82	—	—	—	—	—	—	—	—	—	—	—
LC(0.2,0.5,1.2)FeCr	<1.5	—	0.01~0.25	—	45~95	—	—	—	—	—	—	—	—	—	—

铁合金	Si	Al	C	Mn	Cr	V	B	Ti	Ca	Fe	Mg	Mo	Nb	P	T.O.
MC(10,20,40)FeCr	<1.5	—	0.5~4	—	45~95	—	—	—	—	—	—	—	—	—	—
HCFeCr(50,70,90)	<1.5	—	4~10	—	50~90	—	—	—	—	—	—	—	—	—	—
FeCrSi(13,20,26,33,40)	10~45	—	0.2~6	—	35~55	—	—	—	—	—	—	—	—	—	—
FeTi20	5~30	5~25	1	—	—	—	—	20~30	—	—	—	—	—	—	—
FeTi30	4	8	0.12	—	—	0.8	—	28~37	—	—	—	—	—	—	—
FeTi35	—	5.05	—	0.63	—	0.42	—	42.17	0.22	50.56	—	—	0.16	—	0.66
FeTi35Si(1,5,7,8)	1~8	8~14	0.2	—	—	0.4~1	—	28~40	—	—	—	—	—	—	—
FeTi70	—	2.48	—	0.25	—	1.83	—	69.62	0.024	24.95	—	0.13	0.36	—	0.16
FeTi75Si(0.5,0.8)	0.5~0.8	4~5	0.3	—	—	0.6~3	—	65~75	—	—	—	—	—	—	—
FeV40	2	0.5	0.5~1	2~6	—	35~48	—	—	—	—	—	—	—	—	—
FeV50	2	0.2~2.5	0.3~0.75	0.2~5	—	48~60	—	—	—	—	—	—	—	—	—
FeV75	0.8~1	2~2.5	0.1~0.15	0.4~0.6	—	70~85	—	—	—	—	—	—	—	—	—
FeB(6,10,17,20)	2~12	0.5~12	0.05~4	—	—	—	6~20	—	—	—	—	—	—	—	—
FeBAl	10	10	—	—	—	—	6	—	—	—	—	—	—	—	—
FeSiBAl	15	15	—	—	—	—	10	—	—	—	—	—	—	—	—
FeSi-REM (5,10,15,20,30)	2~8	3~15	—	—	—	—	—	—	—	—	—	—	—	—	—
FeMn(45,55,65)Al	<2.5	12~16	—	40~80	—	—	—	—	—	—	—	—	—	—	—
FeMnCr	<1.6	—	<0.05	16~44	31~54	—	—	—	—	—	—	—	—	—	—
FeMnSiCr	20~40	—	<0.05	15~35	20~30	—	—	—	—	—	—	—	—	—	—
FeCrAl	0.5~1	18~22	—	—	48~52	—	—	—	—	—	—	—	—	—	—
FeMnAlSi	10~15	10~14	1~2	22~24	—	—	—	—	—	—	—	—	—	—	—
FeP	—	1.97	—	2.03	—	0.21	—	1.97	0.14	63.61	—	—	—	31.77	0.14
FeNb	—	0.94	—	0.23	—	—	—	0.43	—	30.21	0.69	1.39	65.84	—	—
FeMo	—	0.85	—	—	—	—	—	—	—	27.98	—	70.36	—	—	—

表 5-9　不同钢种对于铁合金洁净度的要求　　　　　　　　　单位:%

钢种	铁合金	需求
线材	SiMn	P<0.15,S<0.04,Al<0.05,Ti<0.02
	FeSi	P<0.05,S<0.02,Al<0.05,Ti<0.02
	MCFeMn	P<0.2,S<0.03,Al<0.05,Ti<0.02
汽车钢	MCFeMn	P<0.2,S<0.03,Al<0.05,Ti<0.02
	LCFeMn	P<0.0.2,S<0.04,C<0.03
	FeTi	P<0.03,S<0.02,C<0.05,Si<1.5
	FeNb	P<0.05,S<0.03,C<0.05,Si<2.5
管线钢	MCFeMn	P<0.2,S<0.03
	FeTi	P<0.05,S<0.03,C<0.1,Si<4.5
	FeNb	P<0.05,S<0.03,C<0.05
	FeMo	P<0.04,S<0.1
	FeV	P<0.07,S<0.04,C<0.4,Si<2.0

表 5-10　各类钢种及其常用冶炼方法

钢种	质量特点及要求	冶炼方法
碳结钢	保证常规力学性能	转炉/电炉+吹 Ar 电炉/转炉+LF
碳工钢	保证硬度、耐腐性及均匀性	电炉或转炉+吹 Ar
合金结构钢	淬透性要高,气体、夹杂物要少,力学性能要好	转炉/电炉+钢包吹 Ar 电炉/转炉+LF
轴承钢	夹杂物要少、碳化物偏析	电炉+LF+VD+MC(模铸)/CC(连铸) 电炉+VOD/VAD 电炉+ASEA-SKF 转炉+LF+VD
不锈钢	降碳保铬、焊接性、耐腐蚀性、延展性、耐高温、表面质量	电炉返回吹氧法 电炉/转炉+AOD 或 VOD 转炉+RH-OB 电炉/转炉+AOD+VOD
高速钢、合金工具钢	碳偏析要低,硬度高,热硬性、耐腐性要好,高强度、耐磨性和一定的韧性	电炉白渣工艺 电炉+ESR(电渣重熔)或 VAR(真空自耗电弧熔炼) 感应炉+ESR 电炉+LF
模具钢	耐磨性、洁净度、组织成分均匀性	电炉+LF(+VD) 电炉+ESR
电工硅钢	碳、硫、气体、夹杂物要少,电磁性能要好	转炉+RH 电炉+真空处理
超级合金钢	精确控制成分、组织高纯度、高均匀性	VIM(真空感应炉)+VAR VIM+ESR PMR(等离子精炼)

5.4.1 轴承钢

轴承钢用于各种机械设备、仪表和交通工具的转动部分，主要用来制造轴承的滚珠、滚柱、滚筒、滚针及内外套圈。轴承的破坏形式是多种多样的，如疲劳剥落、卡死、套圈断裂、磨损、锈蚀等。轴承的正常损坏形式是接触疲劳破坏；其次是摩擦磨损，使精度降低直至丧失。

冶炼轴承钢的中心任务是脱氧和非金属夹杂物的去除及其控制，常用的冶炼工艺有电炉+LF+VD+MC/CC、电炉+VOD/VAD、电炉+ASEA-SKF、转炉+LF+VD。

以 UHP EAF（超高功率电弧炉）+LF+VD+CC 生产轴承钢为例。其工艺流程为：电炉出钢（预脱氧、合金化和加渣料，温度 1630℃左右）→钢包进入 LF 座包工位（底吹氩开始）→测温（1580℃左右）→供电造渣→脱氧和脱硫→调整成分→测温（1640℃左右）→钢包进入 VD 坐包工位→真空精炼喂线（铝脱氧或钙处理，底吹氩结束）→钢包上连铸平台测温→连铸机浇铸。若采用模铸，则喂线后钢包吊运到模铸跨进行模铸即可。其中电弧炉初炼的主要任务是熔化废钢，脱碳脱磷和升温；LF 精炼的目的是脱氧、降硫、合金化、调整化学成分及控制合适的浇铸温度；VD 处理的主要目的是真空去氢、利用真空下的碳氧反应继续脱氧、利用氩气搅拌去夹杂，一般脱氮不明显。

5.4.2 不锈钢

不锈钢是以不锈、耐蚀性为主要特性，且铬质量分数至少为 10.5%，碳质量分数最大不超过 1.2% 的钢。由于冶炼的品种不同，成品中含碳量不同，冶炼时往往根据不锈钢钢种的含碳量来安排冶炼工艺流程，不锈钢的冶炼过程不可避免地要包含吹氧脱碳的过程和操作。

根据不锈钢冶炼过程"初炼炉初炼—精炼炉脱碳精炼"的工艺流程中，初炼及以脱碳为主要功能的精炼炉处理中所使用的不同精炼设备的个数，有一步法、二步法和三步法。

初炼炉一般为电弧炉，也可以是转炉，算作"一步"；以脱碳为主要功能的精炼炉有 AOD、VOD、RH-OB、RH-KTB 等，这样的"初炼炉＋精炼炉"双联方法称为"二步法"，如"EAF＋AOD""EAF＋VOD"等。不锈钢的三步法是在二步法的基础上增加深脱碳处理设备。深脱碳处理的设备能在真空下进行吹氧脱碳，如 VOD、RH-OB 等，典型的不锈钢冶炼三步法有"EAF＋AOD＋VOD"等。在三步法中，处理后钢水常需进行后续的温度调整以与连铸匹配，如"EAF＋AOD＋VOD＋LF"等工艺。由于 LF 不是一个以脱碳为主要功能的精炼设备，不能算作"一步"，因此这仍称为"三步法"。除 LF 外，钢包吹氩、喷粉等，以及专用于熔化铬铁的矿热炉都不算作"一步"。常用的二步法及三步法流程见图 5-17。

5.4.2.1 二步法冶炼不锈钢

电弧炉为初炼炉熔化废钢及合金料生产不锈钢初炼钢水，然后在 AOD 或 VOD 中进行精炼，可采用低成本的高碳铬铁来高效经济地冶炼高质量的不锈钢。目前世界上约 88% 的不锈钢采用二步法生产，最常见的二步法工艺为"EAF＋AOD"和"EAF＋VOD"。其中又以前者的市场占有率最大，全部不锈钢产量中的 75% 是通过 AOD 炉生产。"EAF＋AOD"工艺比较适合大型不锈钢专业厂使用，"EAF＋VOD"工艺比较适合于小规模多品种兼容的不锈钢生产厂采用。

电炉与 AOD 双联的二步法炼钢工艺生产不锈钢具有如下优点：

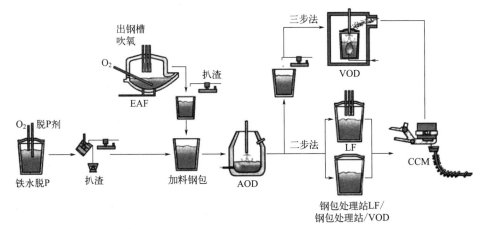

图 5-17　常用的不锈钢冶炼二步法及三步法流程

① AOD 生产工艺对原材料要求较低，电炉出钢含 C 可达 2%，因此可以采用廉价的高碳 Fe-Cr 和 20% 的不锈钢废钢作为原料，降低了操作成本。

② AOD 法可以一步将钢水中的碳脱到 0.08%，如果延长冶炼时间，增加 Ar 量，还可进一步将钢水中的碳脱到 0.03% 以下。除超低碳、超低氮不锈钢外，95% 的品种都可以生产。

③ 不锈钢生产周期相对 VOD 短，灵活性较好。

④ 生产系统设备总投资较 VOD 贵，但比三步法少。

5.4.2.2　三步法冶炼不锈钢

三步法的基本工艺流程是"初炼炉＋AOD＋真空吹氧精炼炉"。其中，第一步初炼炉只起熔化、初炼作用，初炼炉可以是电弧炉或转炉，负责向 AOD 等精炼炉提供初炼钢水。第二步 AOD 的主要任务是"去碳保铬"，即快速脱碳，并避免铬的氧化。与 AOD 具有同样功能的冶炼设备常用的还有 K-BOP（Kawasaki-BOP 转炉）、K-OBM-S（Kawasaki-OBM-S 转炉，是 BOP 法的发展）、MRP（metal refining process）、CLU（一种直筒形底吹转炉，取自开发公司 Creusot-Loire 和 Ud-deholm 名称的首字母）等。第三步由真空吹氧精炼炉（如 VOD、RH-OB、RH-KTB 等）进行进一步脱碳、脱气和成分微调，完成最终成分的微调、纯净度的控制。三步法比较适合于氩气供应比较短缺的地区，以及采用含碳量较高的铁水作原料，且生产低碳、低氮不锈钢比例较大的专业钢厂使用。

5.4.3　弹簧钢

弹簧钢指的是制造各类弹簧及其他弹性元件的专用合金钢。弹簧钢具有优良的综合性能、优良的冶金质量（高的纯洁度和均匀性）、良好的表面质量（严格控制表面缺陷和脱碳）、精确的外形和尺寸。65❶、70、85、55Si2Mn、60Si2Mn、60Si2MnA 等都是制作弹簧钢的材料。弹簧在冲击、振动或长期交变应力下使用，所以要求弹簧钢有高的抗拉强度、弹性极限、高的疲劳强度。目前，弹簧钢的冶炼已由过去电炉、转炉的单一炉型的冶炼，过渡到电炉或转炉提供初炼钢水加上炉外精炼的生产流程。在弹簧钢生产中广泛采用的 RH、LF-RH、ASEA-SKF、VAD 等精炼手段，可将钢中的氧降到较低的水平。LF-RH、ASEA-SKF、VAD

---

❶　65 指含碳量 0.65% 的钢。

等炉外精炼工艺可将钢中的氧降到 0.002% 以下，超低氧工艺可将钢中的氧降到 0.0015% 以下。已经证实，当氧质量分数小于 0.0015% 时，可保证弹簧钢具有 2000MPa 的高强度。

5.4.3.1 电弧炉冶炼弹簧钢

弹簧钢的生产工艺流程常采用 "EAF+LF+RH" "EAF+LF+VD" "EAF+ASEA-SKF" "EAF+VAD"。弹簧钢的生产关键在于 "纯净钢" 的生产。下面以 "电弧炉+LF+VD" 工艺为例介绍弹簧钢的生产工艺。

"LF+VD" 精炼，可采用 "LF 炉喂铝线预脱氧，VD 真空前喂铝线终脱氧，并进行真空处理" 的脱氧制度。在成分控制上，在 LF 炉将碳、锰、硅、硫、钒等成分调整至目标值；VD 真空处理后，在一定的温度条件下，加 Fe-Ti 调整钛，搅拌，加 Fe-B 软吹氩后起吊浇铸。

氧含量及纯净度的控制：为了有利于降低钢中氧含量及夹杂物级别，初炼炉严格控制出钢碳量，实行无渣出钢；出钢时随钢流加铝块进行沉淀脱氧，在入 LF 炉后及时喂铝线预脱氧，同时加入一定的 SiC 粉进行渣面脱氧，碱性渣精炼，控制最佳炉渣成分、渣量、白渣保持时间，加上包底透气砖吹入氩气搅拌，控制最佳流量，使钢中氧含量明显降低，尽可能在 LF 炉将氧质量分数降至 0.002% 以下，进入 VD 位后根据钢中残铝量喂铝终脱氧，同时保证 VD 真空精炼真空度不大于 100Pa 条件下处理 10～15min 以上，总真空吹氩处理 25min 以上，使钢中氧含量进一步降低，脱氧产物充分上浮。

LF 采用精炼剂及电石对钢水进行精炼，用石灰和火砖砂调整炉渣的流动性和碱度，并严格控制各阶段的吹氩强度和保证软吹时间及软吹效果，既能使钢水成分、温度均匀，夹杂物及时上浮，又不会引起钢液的二次氧化。

5.4.3.2 转炉冶炼弹簧钢

转炉冶炼弹簧钢的常见工艺流程为 "BOF+VAD+CC" "BOF+LF+RH+CC" "BOF+LF+VD+CC"。国内也有采用 "BOF+LF+CC" 和 "高炉铁水-氧气顶吹转炉-钢包底吹氩、喂丝-小方坯连铸" 的。

某钢厂 "BOF+LF+CC" 的精炼工艺特点如下：

① 使用 LD 转炉冶炼＋LF 精炼＋CC（EMS）工艺流程生产 65Mn 钢，钢水纯净度较高、钢材中的气体含量较低，并且可以对熔炼成分进行精确控制（LF 精炼炉有对钢液成分进行微调的功能，控制精度可以达到 ±0.01%；而转炉终点控制水平无法达到这个精度），进而提高了产品性能的稳定性。转炉出钢温度可比冶炼 HRB400 钢降低 20℃，减轻了对转炉炉衬的侵蚀。

② 转炉出钢温度 1650～1660℃，终点碳控制在 0.08%～0.14%；钢包加入碳锰块 0.9kg/t，石油焦增碳，硅钙钡脱氧 1.5kg/t。LF 进站温度 1525～1540℃，出站温度 1545～1560℃，出站碳量 0.64%～0.66%。LF 铝脱氧剂用量 10kg/炉，Ca-Si 线喂线量 200m/炉，喂线速度大于 2m/s。

5.5 炉外精炼技术发展趋势

炉外精炼作为最重要的炼钢生产工序，将会得到进一步发展，发展趋势表现为：

① 真空精炼技术将会更普遍地应用，进一步提高钢水真空精炼的比例。随着钢材纯净度的日益提高，要求真空处理的钢种逐渐增多。日本新改建炼钢厂已明确提出全部钢水

100%进行真空处理的发展目标。

② 炉外精炼向组合化、多功能化方向发展，并已形成一些较为常用的工艺组合，实现多功能精炼，以满足超纯净钢生产的需求。

a. 以钢包吹氩为核心，加上喂线、喷粉、化学加热、合金成分微调等一种或多种技术复合组成的钢水精炼站，多用于转炉与连铸生产。

b. 以真空处理装置为核心，与上述技术之一或多种技术复合组成的钢水精炼站，也主要用于转炉与连铸生产。

c. 以 LF 炉为核心，并与上述技术及真空处理等一种或多种技术复合组成的钢水精炼站，主要用于电弧炉与连铸生产。

d. 以 AOD 为主体，包括转炉顶底复合吹炼、VOD 生产不锈钢和超低碳钢的精炼技术。

③ 炉外精炼工艺进一步高效化和高速化。目前，转炉和连铸工艺的发展均以高速化为目标，采用高速吹炼和高拉速工艺，提高设备的生产效率，加快生产节奏，缩短生产周期。在此条件下，精炼往往成为炼钢生产流程中的"瓶颈"。特别是 LF 工艺，受升温速度的限制，生产节奏已很难适应高效转炉或高速连铸的要求。因此，如何进一步提高炉外精炼设备的加热功率和精炼速度，缩短精炼周期，将是炉外精炼工艺发展的重要课题。

④ 在线配备快速分析设施。对钢材成分的控制愈加严格，炉外精炼作为最终钢水成分控制的工序，为缩短精炼周期，需在线配备快速分析设备，实现数据联网，缩短等待时间。

⑤ 实现炉外精炼工艺的智能化控制。准确预报钢水精炼的终点成分与温度，选择最佳的精炼工艺并利用计算机控制精炼过程中吹 O_2、搅拌、加料与钢水加热和温度控制等操作。

 思考题

1. 炉外精炼可以实现哪些冶金功能？分别使用哪些精炼手段或技术？

2. 炉外精炼方法有哪些分类方式？请举例说明。

3. 根据合成渣炼制的方式不同，渣洗工艺可分为哪两种技术？请说明两种技术的不同。

4. 渣-金反应是实现渣洗效果的重要过程，如何促进渣-金反应？渣洗的冶金效果有哪些？

5. 真空处理的冶金效果有哪些？

6. 请举例说明气体搅拌根据吹气位置不同分为哪几种方法。

7. 炉外处理常用的加热方法分为哪三种？说明电加热的三种方法。

8. 说明 LF 炉可以实现哪些冶金功能？其主要设备有哪些？

9. 举例一种 ASEA-SKF 法的具体精炼工艺，并说明该工艺实现了哪些冶金效果。

10. 根据钢水炉外处理中真空的使用情况，钢的真空脱气分为哪几种？每种脱气方法的原理是什么？

11. 炉外处理中的搅拌方式分为哪几种？每种搅拌方法的原理是什么？

12. 使用气体搅拌的冶金目的和效果有哪些？

13. 比较喷吹和喂丝工艺，说明各自的优缺点。

14. RH 炉外精炼和 VD 炉外精炼均为真空精炼工艺，两者具有哪些异同？

15. VD 和 VOD 精炼功能有何差异？设备有何异同？

16. VAD 法有哪些精炼功能？

17. 以冶炼轴承钢 GCr15 为例，举例一种常用的冶炼工艺，并说明每种设备在其中实现的冶金效果。

18. 说明不锈钢冶炼常用的二步法和三步法中，每一步的主要设备及其功能。

19. 温度为 1550℃ 时，通过真空脱气技术使钢水中的碳质量分数低于 0.005％，此时一氧化碳分压不能大于多少？

20. 不锈钢脱碳保铬是 VOD 法的重要环节，温度为 1580℃，要求碳质量分数为 0.035％，保证铬质量分数达到目标值（12.0％～13.5％），此时一氧化碳分压应保持在哪个范围内？

📁 参考文献

[1] 王新华. 钢铁冶金：炼钢学 [M]. 北京：高等教育出版社，2007.

[2] 陈建斌. 炉外处理 [M]. 北京：冶金工业出版社，2008.

[3] 王明海. 冶金生产概论 [M]. 北京：冶金工业出版社，2015.

[4] 张立峰，朱苗勇. 炼钢学 [M]. 北京：高等教育出版社，2023.

[5] 德国钢铁学会. 钢铁生产概览 [M]. 中国金属学会，译. 北京：冶金工业出版社，2011.

[6] 刘喜海，徐成海，郑险峰. 真空冶炼 [M]. 北京：化学工业出版社，2013.

[7] 谢明耀，李忠伟. AOD 精炼炉脱磷技术应用和实践 [J]. 铁合金，2018，49（04）：17-20，24.

[8] 孟娜，程红兵，刘岚，等. 我国真空精炼技术的发展趋势 [J]. 重型机械，2017（04）：1-5.

[9] 范鼎东，张建平，唐希伦，等. ASEA-SKF 钢包精炼炉洁净钢冶炼工艺研究 [J]. 钢铁，2000（12）：23-25.

[10] 高鹏，丁志军，高益芳，等. 高品质轴承钢生产工艺研究 [J]. 河北冶金，2019（10）：51-53.

[11] 刘浏. 高品质特殊钢关键生产技术 [J]. 钢铁，2018，53（04）：1-7.

[12] Zhang L，Thomas B G. State of the art in evaluation and control of steel cleanliness [J]. ISI Inter.，2003，43（3）：271-291.

[13] Sugimoto S，Oi S. Development of high productivity process of ultra-high-cleanliness bearing steel [J]. Sanyo Technical Repot，2018，25（1）：50-54.

[14] 罗艳. 高牌号无取向硅钢中非金属析出相研究 [D]. 北京：北京科技大学，2017.

[15] Luo Y，Yang W，Ren Q，et al. Evolution of non-metallic inclusions and precipitates in oriented silicon steel [J]. Metallurgical and Materials Transactions B，2018，49B（3）：926-932.

[16] Wang Y，Karasev A，Park J H，et al. Non-metallic inclusions in different ferroalloys and their effect on the steel ouality：a review [J]. Metallurgical and Materials Transactions B，2021，52（51）：2892-2925.

[17] Pande M M，Guo M，Guo X，et al. Ferroalloy quality and steel cleanliness [J]. Maney Publishing，2010，37：502-511.

6 连续铸钢

本章要点

1. 连铸的优点；
2. 连铸机的分类及结构；
3. 连铸机的主要设备及功能；
4. 连铸工艺过程及主要参数；
5. 常见连铸缺陷及控制策略。

经粗炼炉或精炼后处理的钢水呈液态，使其凝固成型的方式主要有模铸法和连续铸钢法。连铸技术因具有大幅提高金属收得率和铸坯质量、节约能源等优势被各大钢铁企业普遍采用，世界上主要产钢国家的连铸比（连铸坯占粗钢总产量的比例）都超过了 90%。

6.1 概述

连续铸钢（continuous casting steel，简称连铸）是将钢液采用连铸机浇铸、冷凝、切割而直接得到连铸坯的工艺，它连接炼钢与轧钢，是钢铁制造流程的中心环节。连铸设备如图 6-1 所示（板坯连铸机）。

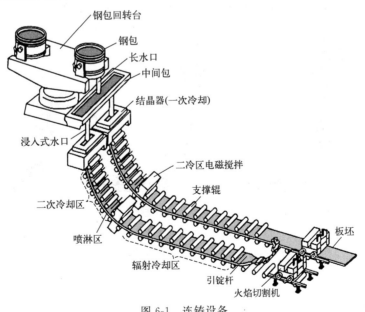

图 6-1　连铸设备

连铸运动过程是将钢水转变为固态钢的过程，这一转变伴随着液-固态相变、固态相变、固态钢成型、铜板与铸坯表面的换热、冷却水与铸坯表面间复杂换热的过程，钢水要经历钢包→中间包→结晶器→二次冷却→空冷区→切割→铸坯的工序。在整个连铸过程中，钢水会发生相变，铸坯也要经受弯曲、矫直等一些变化。

随着技术不断发展，连铸生产取得以下进步。

① 连铸机的机型由最初的立式发展到立弯式、弧形式、椭圆式、水平式等；铸机机身的高度由 20~30m 降低至 3~5m；铸机的流数（1 台铸机同时浇铸铸坯的根数称为这台铸机的流数）也由最初的一机单流发展成了一机多流或多机多流。

② 连铸机浇铸的钢种已由普碳钢发展到了合金钢、不锈钢等几乎所有钢种；方坯生产断面由 50mm×50mm 发展到 450mm×450mm，板坯的断面由 50mm×180mm 发展到 305mm×2640mm，圆坯直径由 ϕ50mm 发展到 ϕ1000mm 甚至更大；铸坯的断面情况也由简单的方形、矩形、圆形发展到中空圆形、工字形、多角形、H 形、T 形等。

③ 在生产技术上，采用了长水口无氧化保护浇铸、电磁搅拌、水汽雾化冷却等新技术，使连铸坯的质量有了很大提高。

④ 在连铸机的生产组织和管理方面，钢液的浇铸由以往的浇铸工段（车间）发展到了浇铸车间（厂），并向连铸连轧的方向过渡。在生产组织上，以连铸为中心、炼钢为基础、设备为保证的技术方针得到有力贯彻，极大地推动和促进了连铸生产的发展。

⑤ 薄板连铸机和近终形连铸的机型和工艺不断发展，也得以较快地推广。

6.2　连铸机分类

连铸机可以按多种类型进行分类，最常见的分类方式有两种：一是按所浇铸铸坯的形状进行分类，包括板坯连铸机、大方坯连铸机、小方坯连铸机、圆坯连铸机和异形坯连铸机等；二是按结构外形进行分类，包括立式连铸机、立弯式连铸机、弧形连铸机、直结晶器弧形连铸机、椭圆形（超低头）连铸机和水平式连铸机等，见图 6-2。

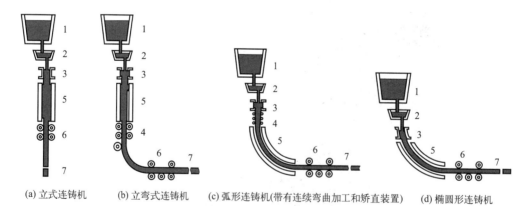

(a) 立式连铸机　　(b) 立弯式连铸机　　(c) 弧形连铸机(带有连续弯曲加工和矫直装置)　　(d) 椭圆形连铸机

图 6-2　典型连铸机

1—钢包；2—中间包；3—带冷却水的结晶器；4—带有二次冷却的弯曲区；

5—二冷段支撑辊；6—拉坯与矫直机；7—火焰切割区

（1）立式连铸机

立式连铸机从中间包到切割装置等主要设备均布置在垂直中心线上。采用立式连铸机浇铸时，由于钢液在垂直结晶器和二次冷却段冷却凝固，钢液中非金属夹杂物易于上浮，铸坯四面冷却均匀，铸坯在运行过程中不受弯曲矫直应力作用，产生裂纹的可能性小，铸坯质量好，适于优质钢、合金钢和裂纹敏感性钢种的浇铸。

（2）弧形连铸机

弧形连铸机是应用最广泛的连铸机，其结晶器、二次冷却段夹辊、拉坯与矫直等设备被均匀布置在同一半径的1/4圆弧线上，铸坯在垂直中心线的切点位置被矫直，然后被切成定尺，从水平方向拉出，因此，铸机的高度基本上与铸机的弧形半径相等。通常把铸机的外弧半径称为铸机的圆弧半径。铸机的总体高度要比立式、立弯式的小得多，建设费用相对减少，设备的安装与维护方便；铸坯在凝固过程中所承受的钢水静压力小，这可减小铸坯的鼓肚与偏析，也有利于提高拉速和改善铸坯质量。缺点是铸坯易产生裂纹；铸坯的内弧侧存在夹杂物的聚集，夹杂物的分布也不均匀。小方坯、大方坯、圆坯基本都是采用弧形连铸机浇铸的，板坯中也有部分由弧形连铸机浇铸而成。

（3）直结晶器弧形连铸机

由于弧形连铸机铸坯夹杂物容易在铸坯的内弧处聚集，夹杂物不容易上浮，且铸坯在矫直时的变形速率比较大，通常要求铸坯到矫直点时完全凝固，为解决这类问题，开发出直结晶器弧形连铸机。该连铸机的结晶器、足辊零段及1号扇形段为立式，铸坯经过这几段时不受机械力，同时夹杂物也容易上浮；在扇形段中，连铸辊子弧半径会发生多次变化，使铸坯经过多点进行弯曲，一般为4～5点，多点弯曲的实质就是将铸坯的总变形量分解成多次，使每次的变形量不超过临界变形量；再经过一定距离，通过同样的方式对铸坯进行矫直。值得注意的是，铸坯在弯曲过程中的扇形段中，连铸辊子的弧半径是由大到小的，铸坯外弧受拉应力，容易出现裂纹；而在矫直过程中则刚好相反，扇形段中连铸辊子的弧半径是由小到大的，铸坯内弧受拉应力，也容易出现裂纹。这种连铸机的铸坯可以带液芯进行弯曲矫直，因而能够提高铸坯的拉速。

（4）水平式连铸机

水平式连铸机的结晶器、二冷区、拉坯机、切割装置等设备安装在水平位置。水平式连铸机的中间包与结晶器是紧密相连的。中间包水口与结晶器相连处装有分离环。拉坯时，结晶器不振动，而是通过拉坯机带动铸坯做拉、反推、停不同组合的周期性运动来实现的。水平式连铸机是高度最低的连铸机，其设备简单、投资省、维护方便。水平连铸机结晶器内钢液的静压力最小，避免了铸坯的鼓肚变形；中间包与结晶器之间密封连接，有效防止了钢液流动过程的二次氧化；铸坯的洁净度高，夹杂物含量少，一般仅为弧形铸坯的1/8～1/6；另外，铸坯无须矫直，也就不存在由于弯曲矫直而产生裂纹的可能性，铸坯质量好，适合浇铸特殊钢、高合金钢。

6.3 连铸主要设备

连铸机主要由钢包及运载装置、中间包及运载装置、结晶器及振动装置、二次冷却装置、拉坯矫直装置、引锭装置、切割装置和铸坯运出装置等部分组成。某小方坯连铸机如图6-3所示。板坯连铸机结构可参阅图6-1。

6.3.1 钢包及运载装置

钢包又称大包，用于盛装钢水，并且在钢包中还要对钢水进行精炼处理等。钢包是由外壳、内衬和注流控制机构三部分组成的，如图 6-4 所示。

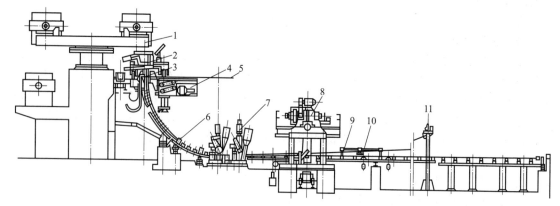

图 6-3　小方坯连铸机结构

1—钢包回转台；2—中间包及中间包车；3—结晶器；4—结晶器振动装置；5—浇铸平台；6—二冷装置；
7—拉矫机；8—机械剪；9—定尺装置；10—引锭杆存放装置；11—引锭杆跟踪装置

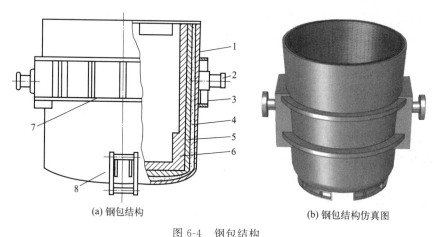

(a) 钢包结构　　　　　　　　　　　　　(b) 钢包结构仿真图

图 6-4　钢包结构

1—桶壳；2—耳轴；3—支撑座；4—保温层；5—永久层；6—工作层；7—腰箍；8—倾翻吊环

　　钢包的内衬由保温层、永久层和工作层组成。保温层靠近钢板，厚度为 10～15mm，主要是用于减少热量损失，常采用石棉板砌筑；为了防止钢水将钢包烧穿，在保温层内还有一层永久层，其厚度为 30～60mm，采用黏土砖和高铝砖砌筑；钢包的工作层直接与钢水和炉渣接触，直接受到机械冲刷和急冷急热的作用，容易产生剥落，钢包的寿命与这一层的质量有关，工作层通常采用综合砌筑的方式，即钢包的包底采用蜡石砖或高铝砖，包壁采用高铝砖、铝碳砖，而渣线部位则常采用镁碳砖。

　　钢包滑动水口的开启用来控制钢流的大小，如图 6-5 所示。浇铸时用于控制中间包液面的高度。滑动水口由上水口、上滑板、下水口和下滑板组成，在操作过程中，下滑板的移动可用来调节上下注孔的重合程度进而控制注流的大小，其调节方式有两种，即液压方式和手动方式。滑动水口由于要承受高温钢渣的冲刷、钢水静压力和急冷急热作用，因此要求耐火材料要耐高温、耐冲刷、耐急冷急热和有良好的抗渣性，并有足够的高温强度。目前，使用较多的是高铝质、镁质、镁铝复合质等材料，也有采用沥青浸煮的滑板来提高滑板的使用寿命的。

长水口位于钢包和中间包之间，生产时现场有一套专用长水口安装装置，以使其挂在下水口上，从而防止钢包与中间包间的注流被二次氧化，同时也能避免注流飞溅和敞开浇铸的卷渣问题。长水口的材质主要是熔融石英质和铝碳质两种。

钢包运载主要采用钢包回转台，其作用是运载钢包，并支撑钢包进行浇铸作业。钢包回转台能够在转臂上承接两个钢包，一个用于浇铸，另一个处于待浇状态。回转台可以减少换

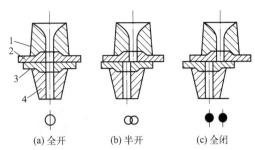

(a) 全开　　　(b) 半开　　　(c) 全闭

图 6-5　滑动水口控制原理
1—上水口；2—上滑板；3—下滑板；4—下水口

包时间，有利于实现多炉连浇，同时回转台本身也可以完成异跨运输。钢包回转台按转臂旋转方式不同，可以分为两大类：一类是两个转臂可各自做单独旋转；另一类是两臂不能单独旋转。钢包回转台有直臂整体旋转整体升降式［图 6-6(a)］、直臂整体旋转单独升降式、双臂整体旋转单独升降式［图 6-6(b)］和双臂单独旋转单独升降式［图 6-6(c)］等形式。

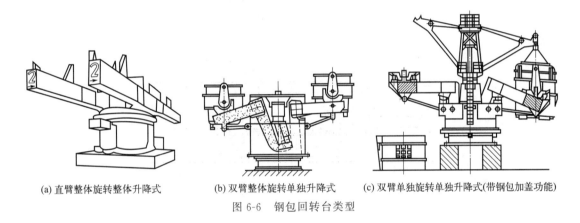

(a) 直臂整体旋转整体升降式　　　(b) 双臂整体旋转单独升降式　　　(c) 双臂单独旋转单独升降式(带钢包加盖功能)

图 6-6　钢包回转台类型

6.3.2　中间包及运载装置

中间包是钢包和结晶器之间用来接受钢液的过渡装置，它用来稳定钢流，减小钢流对结晶器中坯壳的冲刷；使钢液在中间包内有合理的流动和适当长的停留时间，以保证钢液温度均匀及非金属夹杂物分离上浮；对于多流连铸机由中间包对钢液进行分流；在多炉连浇时，中间包中贮存的钢液在更换钢包时起到衔接的作用。

中间包外壳为钢板，内衬耐火材料。中间包的容量一般为钢包容量的 20%～40%。通常情况下，钢水在中间包内停留 6～9min，这样才能保证钢中夹杂物的上浮。为此，中间包有向大型化方向发展的趋势，容量可达 60～80t，钢液的深度可达 1000～1200mm。在保证中间包内钢水散热最小的前提下，中间包要力求简单，制造方便，一般为矩形或梯形。在多流连铸机上，为减少钢水注流产生的涡流，钢包长水口的注入点与中间包水口必须保持一定距离，一般不小于 500mm，并要尽可能做到钢水注入点与中间包各水口距离相等。为此，发展了异形中间包，如 T 形、V 形等中间包。图 6-7 为中间包结构示意图。

中间包运载装置有中间包车和中间包回转台，用来支撑、运输、更换中间包，中间包车有门型、半门型、悬臂型、悬挂型等类型。图 6-8 为门型中间包车示意图。

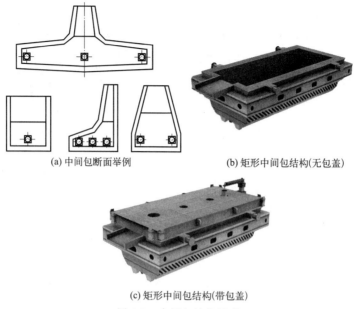

(a) 中间包断面举例　　　　(b) 矩形中间包结构(无包盖)

(c) 矩形中间包结构(带包盖)

图 6-7　中间包结构示意

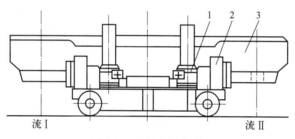

流Ⅰ　　　　　　　　　　　　流Ⅱ

图 6-8　门型中间包车

1—升降机构；2—走行机构；3—中间包

6.3.3　结晶器及振动装置

结晶器是一个特殊的水冷铜模，钢液在结晶器内冷却、初步凝固成形，并形成一定的坯壳厚度，以保证铸坯被拉出结晶器时，坯壳不被拉漏、不产生变形和裂纹等缺陷。结晶器是连铸机的关键设备，连铸坯的许多缺陷与结晶器的操作和设计有关。要求结晶器具有良好的导热性和刚性，还要有耐磨性和长的使用寿命。

结晶器为夹层结构，内壁用紫铜或黄铜板制作，夹层空隙通冷却水。结晶器壁上大下小，锥度根据钢种不同为 $0.4\%\sim1.0\%$。结晶器的长度一般为 $700\sim900\mathrm{mm}$。结晶器横断面的开口和尺寸就是连铸坯所要求的断面形状和尺寸。

结晶器按构造可以分为直结晶器和弧形结晶器。直结晶器主要用在立式、立弯式和直弧形连铸机上，弧形结晶器则用在全弧形和椭圆形连铸机上。结晶器按结构可分为整体式结晶器、管式结晶器和组合式结晶器，整体式结晶器目前已很少采用。小方坯或小矩形坯采用管式结晶器，大方坯、大矩形坯及板坯多采用组合式结晶器。管式结晶器、组合式结晶器及可调宽结晶器见图 6-9、图 6-10 和图 6-11。

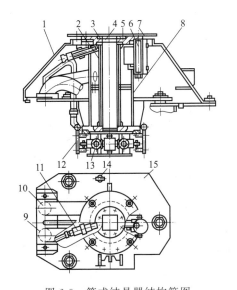

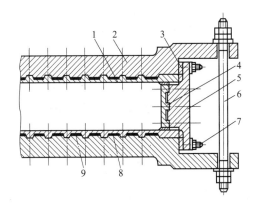

图 6-9　管式结晶器结构简图

1—外罩；2—内水套；3—润滑油盖；4—结晶器内壁；

5—结晶器外壳；6—放射源；7—盖板；8—外水套；

9—冷却水入口；10—冷却水出口；11—接收装置；

12—冷却水环；13—辊子；14—定位销；15—支撑板

图 6-10　组合式结晶器结构简图

1—外弧内壁；2—外弧外壁；3—调节垫块；

4—侧内壁；5—侧外壁；6—双头螺栓；

7—螺栓；8—内弧内壁；9—水缝

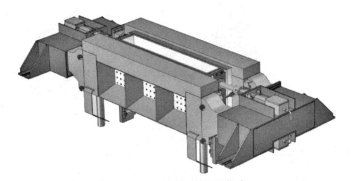

图 6-11　可调宽结晶器仿真

结晶器的内腔尺寸是根据冷态下铸坯的公称尺寸来确定的。由于连铸坯在冷却过程中要受到收缩及拉矫的作用，结晶器的内腔尺寸需大于铸坯的公称尺寸，增大的量等于铸坯的凝固收缩量，在 1%～3% 的范围内。

结晶器振动装置用于支撑结晶器，并使结晶器能按一定的要求做上下往复运动，以防止初生坯壳与结晶器粘连而被拉裂。结晶器的振动方式有同步振动、负滑动式振动、正弦振动。结晶器的振动机构有差动齿轮式振动机构、短臂四连杆式振动机构和四偏心轮式振动机构，比较常用的是方坯的短臂四连杆式振动机构和板坯的四偏心轮式振动机构（见图 6-12）。

6.3.4　二次冷却装置

铸坯从结晶器拉出后，坯壳厚度仅为 10～25mm，而中心仍为高温钢液。为了使铸坯继续凝固，从结晶器下口到拉矫机之间设置喷水冷却区，称为二次冷却区（简称二冷区）。

图 6-13 为板坯连铸机二冷区支撑导向装置，图 6-14 为小方坯连铸机的铸坯导向及冷却装置。

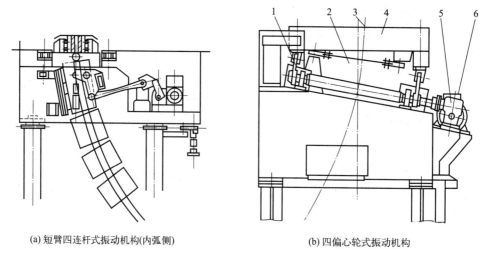

(a) 短臂四连杆式振动机构(内弧侧)   (b) 四偏心轮式振动机构

图 6-12　结晶器振动机构
1—偏心轮及连杆；2—定中心弹簧板；3—铸坯外观；4—振动台；5—涡轮副；6—直流电动机

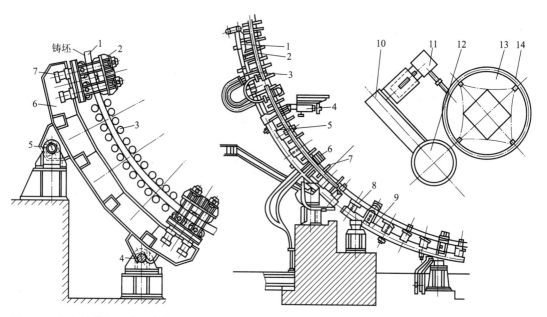

图 6-13　板坯连铸机二冷区支撑导向装置
1—铸坯；2—扇形段；3—夹辊；4—活动支点；
5—固定支点；6—底座；7—液压缸

图 6-14　小方坯连铸机的铸坯导向及冷却装置
1—Ⅰa段；2—供水管；3—侧导辊；4—吊挂；5—Ⅰ段；
6—夹辊；7—喷水环管；8—导板；9—Ⅱ段；
10—总管支架；11—总管；12—导向支架；
13—环管；14—喷嘴

二冷区主要是对铸坯进行强制冷却，其次是对铸坯起导向作用。可以概括为如下几点：采用直接喷水冷却铸坯，使铸坯加速凝固，能顺利进入拉矫区；通过夹辊和侧导辊，对带有液芯的铸坯起支撑和导向作用，防止并限制铸坯的鼓肚、变形和发生漏钢事故；对引锭杆起支持和导向作用；对于带直结晶器的弧形连铸机，二冷区还完成对铸坯的顶弯作用；对于多点或连续矫直的板坯连铸机，二冷区还起到矫直的作用。

连铸工艺对二冷区的主要要求有：二冷区在高温铸坯的作用下要有足够高的强度和刚度；结构简单，调整方便，尽可能适应铸坯断面变化的要求，能快速处理事故；能够根据需要调整二次冷却水量，以适应不同铸坯断面、钢种、浇铸温度和拉坯速率的变化。

二冷区布置有冷却水喷头和沿弧线安装的夹辊。喷头把冷却水雾化并均匀地喷射到铸坯上，使铸坯均匀冷却、达到所要求的冷却强度。夹辊用来对铸坯支承和导向，并防止铸坯发生"鼓肚"现象。

二冷区的长度应能使铸坯在进入拉矫机之前全部凝固，铸坯温度应不低于 $800\sim900℃$，以保证矫直、切割能顺利进行。

6.3.5 拉坯矫直装置

拉坯矫直装置的作用是拉坯并把铸坯矫直，拉坯速度由拉矫机控制。在开浇前，拉矫机还要把引锭头送入结晶器底部，开浇后把铸坯引出。

拉矫辊的数量视铸坯断面大小而定，拉矫小断面铸坯的为 4~6 个辊子，拉矫大型方坯和板坯的多达 12 个辊、32 个辊。多辊拉矫机的结构见图 6-15。

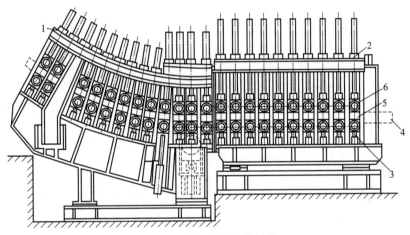

图 6-15　多辊拉矫机的结构
1—牌坊式机架；2—压下装置；3—拉矫机及升降装置；4—铸坯；5—驱动辊；6—从动辊

对拉矫机的要求：具有足够的拉坯力，拉矫机要在浇铸过程中克服结晶器、二冷区、矫直辊、切割小车等一系列阻力，将铸坯顺利拉出；能够在相对较大的范围内调节拉速，同时在上引锭或特殊情况（如处理滞坯事故）时，拉矫机能够反向转动；具有足够的矫直力；在结构上除允许铸坯断面有一定的变化和具有输送引锭杆的作用外，还应能使未经矫直的冷铸坯通过。

6.3.6 切割装置

切割装置把铸坯切割成所需要的定尺长度。切割方式有火焰切割和机械剪切两种，火焰切割使用较为广泛。机械剪切较火焰切割操作简单，金属损失少，生产成本低，但设备复杂，投资大，且只能剪切较小断面的铸坯。

火焰切割设备主要包括切割小车、切割定尺设备及相关的辅助设备（侧向定位装置、切缝清理装置、切割专用轨道等）。火焰切割是用氧气和燃气（乙炔、丙烷、天然气和焦炉煤气等）通过切割喷嘴燃烧混合气体来完成对铸坯的切割。火焰切割投资少，切割设备的质量小，切口比较平整，切缝质量好，不受铸坯温度和断面尺寸的限制，铸坯断面越大越能体现其优越性，但火焰切割的铸坯切口处有金属消耗，这会使铸坯收得率降低。图 6-16 为板坯连铸火焰切割装置。

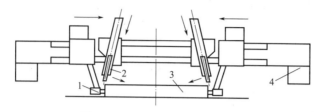

图 6-16　板坯连铸火焰切割装置

1—定位器触头；2—割炬；3—铸坯；4—切割小车

机械剪切就是在连铸拉坯过程中将铸坯剪断。机械剪切机按动力源可分为电动和液压两类；按剪切机的运动方式可分为摆动式和平行式两类；按剪切机的布置方式又可分为卧式、立式和 45°倾斜式三类，其中卧式用于立式连铸机，立式和倾斜式用于弧形连铸机。

6.3.7　引锭装置

引锭装置由引锭头和引锭杆构成。引锭头上端应做成"燕尾"形或"钩头"形，以便顺利脱锭。引锭杆按机构形式可分为柔性引锭杆和刚性引锭杆等，按安装方式又可分为下装引锭杆和上装引锭杆。图 6-17 为钩头式引锭头简图，图 6-18 为柔性引锭杆，图 6-19 所示为板坯引锭杆仿真图。

图 6-17　钩头式引锭头简图

1—引锭头；2—钩头槽

图 6-18　柔性引锭杆

1—引锭头；2—引锭杆；3—引锭杆尾部

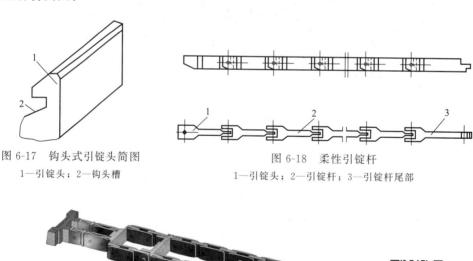

图 6-19　板坯引锭杆仿真图

引锭头在每次开浇时作为结晶器的活底，用引锭头堵住结晶器下口，而引锭杆的尾端仍夹在拉矫机的拉辊中。浇铸开始后，所注入的钢液与引锭头凝结在一起，通过拉矫机的牵引，铸坯会随引锭杆连续地从结晶器下口拉出，直到铸坯通过拉矫机，与引锭杆脱钩为止。引锭装置完成任务后，引锭杆被送至引锭杆存放处，以便下个浇次使用。

6.4 连铸工艺及主要参数

连铸浇铸时，首先把引锭头送入结晶器，将结晶器壁与引锭头之间的缝隙填塞紧密；然后，调好中间包水口的位置，并与结晶器对中；将装有精炼好钢水的钢包运至回转台，回转台转动到浇铸位置后，即可将钢包内钢水注入中间包；当中间包内的钢液高度达到预定值时，打开中间包水口将钢液注入结晶器；钢水受到结晶器壁的强烈冷却冷凝形成坯壳；坯壳达到一定厚度之后启动拉矫机，夹持引锭杆将铸坯从结晶器中缓缓拉出；与此同时，开动结晶器振动装置；铸坯经过二冷区经喷水进一步冷却，使液芯全部凝固；铸坯经过拉矫机后，脱去引锭装置，矫直铸坯；再由切割机将铸坯切成定尺；然后由运输辊道运出。浇铸过程连续进行，直至浇完一包或数包钢水。

6.4.1 工艺流程

(1) 浇铸前准备

浇铸前的准备包括钢包准备、中间包准备、结晶器检查、二冷区检查、拉矫机和剪切装置检查、切割装置及其他设备检查、堵引锭头操作等。

钢包准备包括：清理钢包内的残钢残渣，保证包内干净；安装和检查滑动水口，在水口内装好引流砂；烘烤钢包至 1000℃ 以上；已装钢液钢包坐到回转台后，在开浇前安装长水口，长水口与钢包水口接缝要密封。

中间包准备包括：中间包工作层和控流装置的砌筑、水口的安装、塞棒的安装以及中间包的烘烤等。

结晶器检查包括：检查结晶器内腔铜管及铜板表面有无严重损伤，同时还要检查结晶器冷却水压力是否正常，不得有渗水现象；检查结晶器振动装置运行是否正常，依据所浇铸断面设定的拉速，调定相应的振动频率和振幅；检查润滑油在结晶器内壁的分布情况，并调节相应的供油量；组合式结晶器内壁角部缝隙应小于 0.3mm，并用铜片使宽窄面接触板呈 135°的斜角，以防连铸机起步拉漏；检查结晶器下口足辊是否转动，足辊、格栅部位喷嘴是否齐全；结晶器的大小盖板放置应该平整，结晶器与盖板间的空隙用石棉绳堵好，并用耐火泥抹平。

二冷区检查包括：二冷区供水系统是否正常，水质是否符合要求；二冷区喷嘴是否齐全，各个喷嘴是否畅通；根据所浇钢种、断面设定喷淋水量；气-水喷嘴用压缩空气的压力应在 0.4MPa 以上，雾化气压应在 0.2MPa 以上。

拉矫机和剪切装置检查包括：根据拉坯辊压下动力，检查气压或液压系统，并调节给定的冷热坯的冷压紧力；将主控室内选择开关置于浇铸位置，检查结晶器振动、结晶器润滑送油装置，二冷区水闸阀、蒸气抽风机等设备是否能随拉坯矫直辊同步运行；确认引锭头尺寸与所浇铸连铸坯断面尺寸是否一致，引锭头无严重变形、清洁无油脂等；上装式或刚性引锭杆的存放装置是否正常运行。

切割装置及其他设备检查包括：火焰切割装置及剪切机械运行是否正常，并校验割枪；启动各组辊道，升降挡板、横移机、翻钢机、推钢机、冷床等设备应运行正常。

当确认一切正常后，按要求将引锭头送入结晶器；结晶器长 700mm 时，引锭头距顶面 550～600mm；结晶器长 900mm 时，距顶面 600～700mm。堵引锭头应注意：确认引锭头干燥、干净，否则可用压缩空气吹扫；在引锭头与结晶器四壁的缝隙内，用石棉绳或纸绳填满、填实、填平；在引锭头的沟槽内添加清洁废钢屑、铝粒和适量微型冷却钢片，使引锭头处钢液充分冷却，避免拉漏；结晶器内壁涂以菜籽油，防止钢液与结晶器粘连。

(2) 钢包浇铸

钢包浇铸的操作为：

① 钢包坐到回转台，转至浇铸位置，并锁定。

② 中间包运至浇铸位置，与结晶器重新严格对中定位，偏差不得大于 1.5mm。

③ 在中间包底均匀撒放 Ca-Si 合金粉，以保证钢液的流动性。

④ 调节中间包小车，将浸入式水口伸入结晶器到认定位置，水口距引锭头面 50～100mm。

⑤ 钢包就位后，安装保护套管。

⑥ 当中间包钢液面达到预定高度并浸没保护套管时，可向中间包内加覆盖剂炭化稻壳。

(3) 中间包浇铸

当流入中间包内的钢液达到 1/2 高度时，中间包可以开浇。结晶器液面没过浸入式水口侧孔后，即可添加保护渣；液面距结晶器上口 80～100mm 时，拉坯矫直机构、结晶器振动及二冷区水阀门同时启动；塞棒有吹 Ar 装置时，开浇时 Ar 流量控制在较低范围，当结晶器液面稳定之后再慢慢调整 Ar 流量，以防结晶器液面翻动。

多流连铸机中间包的水口可按顺序逐一开浇。一般离钢包铸流近的水口先开，远离的水口后开；结晶器液面稳定以后，可将开关置于自动控制位置，实施液面自动控制。

(4) 连铸机的启动

拉矫机构的起步就是连铸机的启动。从钢液注入结晶器开始，到拉矫机构的启动时间为起步时间。小方坯的起步时间为 20～35s，板坯为 1min 左右。对于多流连铸机来说，各流开浇时间不同，所以起步时间也有差异，起步时间也称"出苗"时间。

起步拉速为 0.3～0.4m/min，保持 30s 以上，缓慢增加拉速。1min 以后达到正常拉速的 50%，2min 后达到正常拉速的 90%。再根据中间包内钢液温度设定拉速。

(5) 正常浇铸

在中间包开浇 5min 后，在离钢包铸流最远的水口处测量钢液温度，根据钢液温度调整拉速，当拉速与铸温达到相应值时，即可转入正常浇铸。

① 通过中间包内钢液质量或液面高度来控制钢包注流的流量，同时要注意保护套管的密封性和中间包保温，并按规定测量中间包钢液温度。

② 准备控制中间包钢流量，结晶器液面保持距上沿 75～100mm，液面波动控制在 ±5mm。

③ 浸入式水口插入深度应以结晶器内热流分布均匀和不产生结晶器卷渣为准则。

④ 正常浇铸后，结晶器内的保护渣由开浇渣改为常规渣，要保证均匀覆盖，不得有局部透红，液渣层厚度保持在 10～15mm，要及时捞出渣条和渣圈。保护渣的消耗量一般在 0.3～0.5kg/(t 钢)。

⑤ 主控室内要监视各设备运行情况及各参数的变化。

(6) 多炉连浇

当转入正常浇铸后，还包括实现多炉连浇操作，包括更换钢包和快速更换中间包等。

更换钢包时原则上不降低拉速，更不能停机或中间包下渣。钢包更换前，要提高中间包液面高度，贮存足够量的钢液。卸下保护套管，清理衔接的部位。第二包钢液到位后，按程序装好保护套管，并保持良好的密封性，即可开浇。

快速更换中间包是实现多炉连浇的关键。更换中间包通常要求在 2min 内完成换包，最长不得超过 3min，否则容易因为"新""旧"连铸坯的焊合不牢，接痕拉脱而发生漏钢事故。

为了提高连铸机的生产率，提出了不同钢种的连浇技术。异钢种连浇的钢包和中间包的更换与常规多炉连浇没什么本质区别，关键是不同钢种钢液不能混合。因此当上一炉钢液浇铸完毕之后，在结晶器内插金属连接件，并投入隔热材料，使其形成隔层，防止钢液成分的混合。但隔层的上、下钢液必须凝固成一体，才可继续浇铸。这种方法浇铸的连铸坯大约经过 3m 的混合过渡区之后，连铸坯的成分可达到均匀。

（7）浇铸结束

浇铸结束应采取的措施有：

① 钢包浇铸完毕后，中间包继续维持浇铸，当中间包钢液量降低到 1/2 时，开始逐步降低拉速，直到连铸坯出结晶器。

② 当中间包钢液量降低到最低限度时，迅速将结晶器内保护渣捞干净，之后立即关闭塞棒或滑板，并开走中间包车，浇铸结束。

③ 捞净结晶器内保护渣之后，用钢棒或氧气管轻轻均匀搅动钢液面，然后用水喷淋连铸坯尾端，加快凝固封顶。

④ 确认尾坯凝固，按钮旋到"尾坯输出"，拉出尾坯。拉速逐步缓慢提高，最高拉速仅是正常拉速的 20%～30%，浇铸结束。

6.4.2 主要参数

连铸的工艺特点决定了其对钢水质量的影响，提供合乎连铸要求的钢液，既可保证连铸工艺操作的顺行，又可确保铸坯的质量。为此，则需要对连铸过程主要参数，如钢水的成分、洁净度、脱氧程度和温度等严格要求。

（1）连铸钢液准备及温度控制

① 连铸钢液成分的控制

为了获得质量优良的铸坯并能顺利浇铸，不仅要求连铸用钢水的化学成分符合钢种规定并在较窄的范围内变化，而且还要根据不同钢种，对连铸过程中影响铸坯质量的主要成分进行控制。

碳是对钢组织性能影响最大、最基本的元素，其直接影响铸坯的热裂倾向性，因此钢液碳含量必须精确控制，多炉连浇时，要求各炉、各包次之间钢水碳质量分数的差别小于 0.02%。

硅、锰既能控制脱氧程度，又会影响钢的力学性能和钢水的可浇性，连铸要求硅、锰的含量相对稳定，并能控制在较窄的范围内。

硫和磷是影响钢的裂纹敏感性的重要元素，这主要是由于硫、磷在结晶过程中偏析倾向大，使钢的晶界脆化；在连铸坯成型过程中，一方面受到强制冷却产生的热应力，另一方面又受到拉坯和矫直产生的机械应力，从而使硫、磷的有害作用更加突出。

随炼钢原材料带入的 Cu、Sn、As、Sb 等元素在炼钢过程中不能去除，成为残留元素，若这些元素控制不好，会在连铸或热轧时造成表面裂纹或内部裂纹。残留元素中影响最大的是铜和锡。残留元素的控制主要是，严格原材料准备工序，通过精选废钢以及配料（用较高纯度的配料,如生铁等),采用稀释的方法控制残留元素。

② 连铸钢液洁净度及脱氧的控制

钢液的洁净度主要是指钢中气体氮、氢、氧的含量和非金属夹杂物的数量、形态、分布。夹杂物的存在不仅影响钢液的可浇性,使连铸操作难以顺行,而且夹杂物还破坏了钢基体的连续性、致密性,危害钢的质量。

钢水中非金属夹杂物按生成方式可分为两大类:第一类是内生夹杂物,主要是指脱氧产物,以氧化物为主;第二类是外来夹杂物,主要是指浇铸过程中钢水发生二次氧化所产生的非金属夹杂物,钢水与钢包耐火材料、中间包耐火材料及塞棒、水口等连铸耐火材料发生物理和化学变化所生成的各种夹杂物,还有卷入的钢包渣、中间包渣、结晶器保护渣。为了确保最终产品质量,应把钢中的氧含量及非金属夹杂物含量降到所要求的水平。

连铸工艺对脱氧控制的要求是:把钢中的氧脱除到尽可能低的程度;同时尽可能地将脱氧产物从钢水中去除,以保证良好的铸坯质量;尽可能把脱氧产物控制为液态,以改善钢水的流动性,保证浇铸顺利进行。

③ 连铸钢液温度的控制

连铸时,浇铸温度通常是指中间包的钢液温度。要求温度高低合适,且相对稳定和温度均匀,这是顺利浇铸和获得优质铸坯的前提。注温过高容易造成漏钢事故,铸坯柱状晶发展,且中心疏松和偏析加剧。注温过低则水口容易冻结,注流会变细,会降低拉速,铸坯表面质量会恶化。因此应根据钢种、铸坯断面和浇铸条件来确定合适的钢水过热度。

在实际生产中,由于影响因素较多,钢水温度往往波动较大,偏离预定的目标温度。为此,可采用方法为:稳定出钢温度、减小运输过程及出钢过程的温降、钢包吹氩调温、加废钢调温、采用钢包钢水加热技术。

(2) 连铸中间包冶金与结晶器冶金

① 中间包冶金

中间包不仅是生产中的一个容器,而且在洁净钢的生产中发挥着重要作用。图 6-20 所示为带过滤器的中间包结构示意。在现代连铸发展过程中,中间包的作用越来越重要,其内涵在不断扩大,从而形成一个独特的领域——中间包冶金。中间包的冶金功能主要包括:净化功能,如防止钢水二次氧化,改善钢水流动形态,延长钢水在中间包内停留的时间,从而促进钢水中夹杂物的上浮分离;用附加的冶金工艺完成中间包精炼功能,如夹杂物形态控制、钢水成分微调、钢水温度的精确控制等。中间包提高钢液洁净度的各种方法如图 6-21 所示。

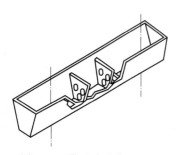

图 6-20 带过滤器中间包的
结构示意

② 结晶器冶金

结晶器冶金主要是指通过控制液相穴内钢水的流动状态,为夹杂物上浮创造最后的条件,同时减少保护渣的卷入。

结晶器冶金技术有:

促进夹杂物上浮与排除。应创造钢水的合理流动状态,使夹杂物不被生长的凝固界面所捕捉,并能顺利地从液相穴上浮分离出去。

促进凝固坯壳均匀生长。采用合适的浸入式水口形状与出口倾角或使用结晶器电磁搅拌技术,均有利于坯壳的均匀生长。

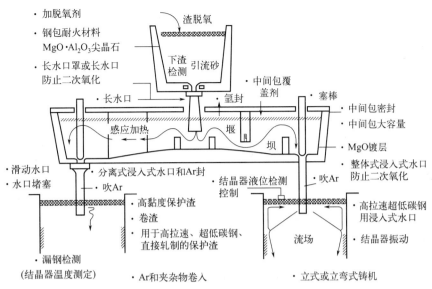

图 6-21　中间包提高钢液洁净度的各种方法

控制凝固组织。采用结晶器电磁搅拌技术可使结晶器的平均热流量增加，铸坯内部的温度分布趋于均匀，并可降低凝固前沿的温度梯度，增加铸坯等轴晶，改善铸态组织，减轻中心疏松。

结晶器微合金化。结晶器喂入稀土丝可以减少稀土合金的烧损，预防稀土引起的浸入式水口下部结瘤，改善铸坯凝固组织，提高等轴晶率，改善铸坯中硫化物夹杂物的形态和分布。

（3）浇铸速度

连铸的浇铸速度可用拉坯速度（简称拉速）来表示。钢液注入结晶器的速度与拉坯速度必须密切配合，提高注速就必须相应提高拉速。

拉速过快，容易产生坯壳裂纹，出现重皮，甚至产生拉漏事故。拉速过慢，既降低了设备的生产率，还可能使中间包水口发生冻结。因此，拉坯速度应根据铸坯断面、钢种和注温来确定。铸坯断面增大，传热断面也增大，拉速应相应减小；合金钢的凝固系数比碳素钢的小，应采用较低的拉坯速度，减少铸坯产生裂纹的可能性；拉速与注温要配合好，"低温快注"是一条行之有效的经验。为了保证连铸能顺利进行，拉速应保证在结晶器的出口处铸坯有足够的坯壳厚度，能承受拉坯力和钢水的静压力，使坯壳不会被拉裂和不发生"鼓肚"变形。一般要求结晶器出口处的最小坯壳厚度为 10～25mm。

国内铸机浇铸普通钢种时常用的拉坯速度：对 （100mm×100mm）～（150mm×150mm）的小方坯，拉速为 3.0～4.0m/min；对 （160mm×160mm）～（250mm×250mm）的大方坯，拉速为 2.0～0.9m/min；板坯的拉速为 0.7～1.5m/min。拉速有增大的趋势。

（4）结晶器和二次冷却制度

为了保证钢液在短时间内形成具有一定厚度的坚固坯壳，要求结晶器有相应的冷却强度。因此应保证结晶器水缝中冷却水的流速在适宜的范围，如 8～10m/s，控制进出水温差在 5～6℃，水压一般为 600～800kPa。在浇铸过程中，结晶器的冷却水流量通常保持不变。在开浇前 3～5min 开始供水，停浇后铸坯拉出拉矫机即可停水。

二冷区的冷却强度（用 1kg 钢用水量来表示，kg/kg）随钢种、铸坯断面尺寸及拉速而改变。提高二冷强度，可加快铸坯凝固，但铸坯裂纹倾向增大。碳钢二冷强度通常控制在 0.8～1.2kg/kg 之间，低碳塑性好的钢种及方坯取上限，导热性和塑性差的钢种及圆坯用下限。铸坯热送和直接轧制技术的出现，二冷倾向于弱冷，以提高铸坯热送温度。

一般把二冷区分为数段，分别控制不同的给水量。沿铸机的高度，从上到下给水量应递减。在同一段内，内弧给水量要比外弧少 $1/3\sim1/2$。

（5）保护浇铸

精炼后成分、温度都合格的洁净钢液，连铸时在从钢包到中间包再到结晶器的过程中，与空气、耐火材料和熔渣接触，仍发生物理化学作用，钢液会被二次氧化而再次污染。为此，钢液在各传递阶段均应严格加以控制，减少重新污染，以保证钢液的洁净度。

① 无氧化保护浇铸

钢包→中间包→结晶器采用全程保护浇铸是避免钢水二次氧化的有效措施。全程保护浇铸即指浇铸时钢包和中间包加盖；钢包和中间包使用钢水覆盖剂，结晶器使用保护渣；钢包使用长水口保护套管，中间包使用浸入式水口及对注流气体保护浇铸。全程保护浇铸也称为无氧保护浇铸，如图 6-22 所示。

② 保护渣

浸入式水口加保护渣的保护浇铸技术是保证连铸坯质量和操作正常的重要条件。连铸保护渣具有如下功能：绝热保温；隔绝空气，防止钢液的二次氧化；吸收非金属夹杂物，净化钢液；在铸坯凝固坯壳与结晶器内壁之间形成润滑渣膜，在正常情况下，与坯壳接触的一侧由于温度高，渣膜仍保持足够的流动性；在结晶器铜壁与坯壳之间起着良好的润滑作用，防止了铸坯与结晶器的黏结，减小了拉坯阻力；改善结晶器与坯壳之间的传热，由于气隙充满渣膜明显地改善了结晶器的传热，使坯壳得以均匀生长。

连铸保护渣的优良功能极大地促进了连铸钢品种、连铸断面种类、铸坯质量以及连铸生产率的大幅提高。保护渣熔化过程的结构示意如图 6-23 所示。

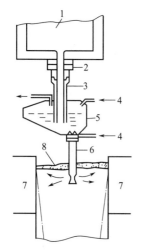

图 6-22　无氧化保护浇铸示意
1—钢包；2—滑动水口；3—长水口；4—氩气；
5—中间包；6—浸入式水口；7—结晶器；
8—保护渣

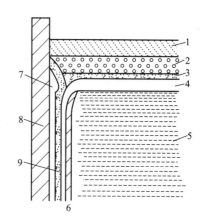

图 6-23　保护渣熔化过程的结构示意
1—原渣层；2—烧结层；3—半熔融层；4—液渣层；
5—钢液；6—凝固坯壳；7—渣圈；8—结晶器；
9—渣膜

保护渣由基料、熔剂和碳质材料三部分组成。基料是保护渣的主要部分，常用的基料分为碱性材料（如水泥熟料、硅灰石和高炉渣等）和酸性材料（如石英砂、玻璃粉和硅石粉等），其成分基本处于 $CaO\text{-}SiO_2\text{-}Al_2O_3$ 三元系中黏度和熔化温度变化比较平缓的区域。熔剂用来调节保护渣的熔点和黏度等物性，如苏打、萤石、硼砂、碳酸锂、冰晶石等。碳质材料多指炭黑和石墨，在保护渣中起骨架作用，用于调节保护渣的熔化速度和结构。

保护渣的基本化学成分范围：CaO 25%～45%；SiO_2 20%～50%；Al_2O_3 0%～15%；F^- 0%～10%；(Na_2O+K_2O) 1%～15%；MgO 0%～10%；TiO_2 0%～5%；Li_2O 0%～4%；B_2O_3 0%～7%；BaO 0%～10%；MnO 0%～10%；C 0%～10%；$H_2O<0.5$%。Al_2O_3、SiO_2、B_2O_3 是玻璃体形成物，可增加保护渣的黏度，降低析晶温度；CaO、CaF_2、Na_2O+K_2O、MgO、Li_2O、BaO 可降低黏度，调节熔点和结晶温度；C 是熔速调节剂，起骨架作用。

保护渣的消耗特性是指单位连铸坯质量或单位连铸坯周边表面积所消耗的渣量，用 kg/m^2 或 kg/t 表示。它关系到连铸坯的表面质量及连铸操作的顺行。

保护渣的消耗量与保护渣的性能、浇铸工艺、结晶器振动、结晶器的断面均有较大的关系。保护渣的黏度和熔化温度升高，消耗量下降；拉速增加、过热度下降，保护渣的消耗量下降；正滑脱时间增加，保护渣的消耗量增加，非正弦振动形式的消耗量大于正弦振动。保护渣的消耗量一般为 0.30～$0.60kg/m^2$ 或 0.30～$0.70kg/t$，具体与机型、断面、浇铸条件和工艺均有关系。

③ 钢水覆盖剂

钢水覆盖剂主要应用于钢包、中间包。

钢水覆盖剂的最初功能只是保温，用来防止浇铸过程中温降过大。但现在随着钢质量要求的逐步提高，覆盖剂的冶金功能趋于广泛，具有保温、防止二次氧化、吸收钢水中上浮的夹杂物等作用，其功能与结晶器用保护渣有些相近。随着连铸生产洁净钢的发展，要充分利用钢包、中间包的冶金潜力，特别是利用其促进非金属夹杂物上浮的特性，这就要求覆盖剂具有一定的碱度以吸收上浮的夹杂物，因此钢水覆盖剂多为碱性材质。此外，碱性覆盖剂也减轻了对包衬的侵蚀。

传统中间包覆盖剂用得最多的是炭化稻壳。炭化稻壳具有排列整齐、互不相通的蜂窝状组织结构，而每一个蜂窝都由 SiO_2 为骨架的植物纤维组成。炭化稻壳的密度小，只有 0.08～$0.149kg/cm^3$，导热性差，是很好的保温剂。炭化稻壳灰分的主要成分是 SiO_2 和 39%～50% 的固定碳，也能很好地防止二次氧化。对于低碳和超低碳钢种，直接覆盖炭化稻壳有增碳的危险。

中间包覆盖剂在较长时间内不更换，属于不消耗型覆盖剂。在吸收溶解夹杂物后覆盖剂仍然能够保持性能稳定。除此之外，覆盖剂对包衬、水口、塞棒等耐火材料的侵蚀量最小，蚀损物不会进入结晶器。

中间包覆盖剂一般采用硅酸盐系、$CaO\text{-}SiO_2\text{-}Al_2O_3$ 系、$CaO\text{-}SiO_2\text{-}Al_2O_3\text{-}MgO$ 系、$SiO_2\text{-}Al_2O_3\text{-}Na_2O$ 系等。覆盖剂的碱度 $m(CaO)/m(SiO_2)$ 一般在 0.75～1.0；熔化温度一般在 1180～1210℃；能形成三层结构；消耗量大致在 1t 钢 2～5kg。

根据钢种的不同所用覆盖剂也应有所区别，但其成分与结晶器保护渣有些相近，可以是粉状、粒状、块状，但粒度要大些。

6.5 连铸坯质量及控制

6.5.1 连铸坯结构

(1) 连铸坯的凝固特征

连续浇铸是在过冷条件下的结晶过程，伴随着体积收缩和元素的偏析。与模铸相比，连铸时结晶器强制水冷、铸坯的运动、二冷区喷水冷却对铸坯结构产生很大的影响。连铸坯凝固时具有如下特征：冷却强度大，铸坯凝固速度快，凝固系数比模铸约大17％；铸坯凝固时液相深度大，弧形连铸坯液相段达1/4圆弧，液相运动有利于夹杂物的排除；由于铸坯连续运动，外界条件不变，故除头尾外，铸坯长度方向的结构较均匀。

（2）连铸坯的结构特点

钢液凝固过程如图6-24所示。连铸坯的凝固过程分为两个阶段。第一阶段，进入结晶器的钢液，在器壁附近凝固，形成硬壳，在结晶器出口处，坯壳应具有足以抵抗钢液静压力作用的厚度和强度；第二阶段，带液芯的铸坯进入二冷区并在该区完全凝固，铸坯组织的形成过程在二冷区结束。

一般情况下，连铸坯从边缘到中心由激冷层、柱状晶带和锭心带组成，如图6-25所示。

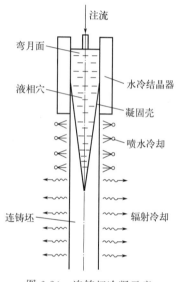

图 6-24　连铸坯冷凝示意

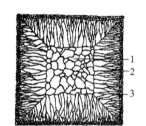

图 6-25　连铸坯结构示意

1—锭心带（中心粗大等轴晶带）；2—柱状晶带；
3—激冷层（边缘细小等轴晶带）

激冷层：钢液在结晶器内开始的凝固速率为$50\sim120mm/min$，激冷层为细小的等轴晶带，厚度为$5\sim10mm$。

柱状晶带：激冷层形成过程中的收缩使结晶器液面以下$100\sim150mm$的结晶器壁产生了气隙，降低了传热速度。同时钢液内部向外散热使激冷层温度升高，不再产生新的等轴晶。在定向传热得到发展的条件下，柱状晶带开始形成，柱状晶细长而致密。

锭心带：由粗大等轴晶组成。

浇铸温度、冷却条件对铸坯的结构都有影响。二冷区冷却强度加大，温度梯度大，促进柱状晶发展。铸坯断面大，温度梯度减小，柱状晶宽度减小。对于弧形连铸机，内外弧侧的冷却条件不同，外弧侧激冷层厚且柱状晶短，内弧侧则相反。

在凝固过程中，连铸坯会产生各种各样的缺陷，这些分布在表面和内部的缺陷影响了生产的收得率，严重时它们会延长铸机的停机时间。因此，冶金工程师和铸机设计者必须充分了解连铸坯缺陷产生的原因，以便采取有效的措施加以应对。

6.5.2　连铸坯缺陷及改进

连铸坯的缺陷主要分为三大类，即形状缺陷、表面缺陷和内部缺陷。有时几种缺陷往往会同时出现。

（1）形状缺陷

在正常的情况下，连铸坯的几何形状和尺寸都是比较精确的，误差大都在公称尺寸的1%以内。但是，当连铸设备或工艺情况不正常时，铸坯会变形，如方坯出现菱形变形（或称脱方），板坯（和大方坯）出现鼓肚，这构成了铸坯明显的形状缺陷。改进措施是更换磨损的结晶器；增大冷却强度；等等。

① 菱形变形（脱方）

脱方是方坯中常见的形状缺陷，它是方坯由方形变成菱形，由4个直角变为1对锐角和1对钝角的现象。当方坯脱方时往往伴随角部裂纹的产生，严重时甚至会因裂纹扩展而导致漏钢事故的发生。脱方的程度通常用两个对角线的差与两个对角线的平均值之比来表示，若此值大于标准值，即可判为菱形废品。脱方的发生主要是由于结晶器锥度不当，结晶器内或结晶器出口的足辊处冷却不均，凝固厚度不均，从而在结晶器内和二次冷却区内引起坯壳的不均匀收缩造成的。

为了防止脱方的发生，除了应重视坯壳在结晶器中的均匀冷却外，还可以在结晶器下口设足辊或冷却板，以加强对铸坯的支撑，并保证铸坯在足辊区不会出现较大的温度回升。此外，加强对设备的检查和管理，使结晶器和二次冷却区对中良好，防止喷嘴堵塞，以及控制适宜的铸温和拉速，这些也是不容忽视的。

② 铸坯鼓肚

"鼓肚"缺陷是指铸坯表面凝固坯壳由于受到钢水静压力的作用而鼓胀成为凸面的现象。这种缺陷主要发生在板坯中，有时也发生在方坯中。当铸坯鼓肚时，往往会导致中心偏析、中心裂纹和角部裂纹等缺陷的形成，而且由于铸坯鼓肚部分的单位质量增加，会使轧制收得率降低。

③ 圆坯变形

圆坯变形成椭圆形或不规则多边形。圆坯直径越大，变成椭圆形的倾向越严重。变成椭圆形的原因有：圆形结晶器内腔变形，二冷区冷却不均匀，连铸机下部对弧不准，拉矫辊的夹紧力调整不当、过分压下等。可采取及时更换变形的结晶器、连铸机要严格对弧、二冷区均匀冷却、适当降低拉速等措施来增加坯壳强度、避免变形。

（2）表面缺陷

连铸坯的表面缺陷包括纵向热裂、横向热裂、表面冷纵裂、星状裂纹以及气泡、凹坑、划伤、振痕、夹渣、重皮、重接等。改进措施有改善设备（结晶器、水口、拉矫辊等）及改变操作条件（浇铸温度、浇铸速度、冷却速度等）等。

连铸坯表面质量与钢液在结晶器中的凝固密切相关。连铸坯表面缺陷形成的原因较为复杂，但主要是受结晶器内钢液凝固所控制。从根本上来讲，控制铸坯表面质量就是控制结晶器中坯壳的形成问题。

连铸坯的主要表面缺陷有以下几种。

① 表面裂纹

按裂纹方向和所处位置的不同，表面裂纹可分为表面纵裂纹、角部纵裂纹、表面横裂纹和角部横裂纹。此外，在连铸坯表面上还常见到一种无明显方向和位置的成组的晶间裂纹，

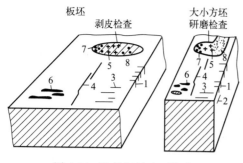

图 6-26　连铸坯的表面缺陷

1—角部横裂纹；2—角部纵向裂纹；3—表面横裂纹；

4—宽面纵裂纹；5—星状裂纹；6—振动痕迹；

7—气孔；8—大型夹杂物

一般都称为星状裂纹。连铸坯的表面裂纹如图 6-26 所示。

连铸坯表面裂纹是最常见和数量最多的一种缺陷。从根本上讲，裂纹形成的原因一方面取决于连铸坯在形成过程中的表面受力状况（类型、方向和大小），另一方面则取决于钢在高温下的力学性能（塑性和强度）。前者是各种裂纹形成的外因，后者则是各种裂纹形成的内因。

② 深振痕

结晶器上下振动，在铸坯表面上形成周期性的沿整个周边分布的横纹状痕迹，称为振痕。它被认为是由周期性的坯壳拉破和重新焊合过程造成的。若振痕很浅且很规则，则在进一步加工时不会引起缺陷；但若结晶器振动状况不佳、钢液面波动剧烈和保护渣选择不当等使振痕加深，或在振痕处潜伏横裂纹、夹渣和针孔等缺陷时，这种振痕会对后续加工及成品造成危害。深的振痕有时也称为横沟。为了减小振痕深度，可在连铸机上采用"小幅高频"振动模式。此外，对于裂纹敏感性强的钢种，可在结晶器液面附近加设由导热性差的材料制作的插件，这就是所谓的"热顶结晶器"，其对减小振痕深度也有效果。

③ 表面夹渣（皮下夹渣）

表面夹渣是指在铸坯表皮下 2~10mm 处镶嵌有大块的渣子，因而也称为皮下夹渣。表面夹渣若不清除，会造成成品表面缺陷，增加制品的废品率。夹渣的导热性低于钢，致使夹渣处坯壳生长缓慢，凝固坯壳薄弱，这往往是拉漏的起因。

④ 皮下气泡与气孔

在铸坯表皮以下存在直径约 1mm、长度在 10mm 左右、沿柱状晶生长方向分布的气泡，称为皮下气泡。裸露于铸坯表面的气泡称为表面气泡；小而密集的小孔称为皮下气孔，也称皮下针孔。存在上述缺陷的铸坯在加热炉内，其皮下气泡表面被氧化，轧制过程不能焊合，产品形成裂纹；即使是埋藏较深的气泡，也会使轧后产品形成细小裂纹。钢液中氧、氢含量高，也是形成气泡的原因。

⑤ 表面凹坑和重皮

表面凹坑常出现在初生凝固坯壳收缩较大的钢种中。在结晶器内钢液开始凝固时，坯壳厚度的增长是不均匀的，一般坯壳与结晶器内壁之间是周期性接触和收缩。观察铸坯表面可以发现，其实际上是很粗糙的，轻者有皱纹严重者出现呈山谷状的凹陷，这种凹陷也称为凹坑。在形成严重凹坑的部位，其冷却速度较低且凝固组织粗化，很容易造成显微偏析和裂纹。

重皮是浇铸易氧化钢时，由注温、注速偏低引起的。注温偏低时，钢液面上易形成半凝固状态的冷皮，随铸坯下降，冷皮便留在铸坯表面而形成重皮。采用浸入式水口和保护渣浇铸，可减少钢液的二次氧化，有助于消除重皮缺陷。

（3）内部缺陷

内部缺陷包括内部裂纹（皮下裂纹、压下裂纹、中心裂纹、角部裂纹、菱形裂纹、中间裂纹）、中心疏松、中心偏析及大颗粒夹杂物等，如图 6-27 所示。改进措施有：改善二冷区冷却制度、降低钢液中含硫量、改变浇铸温度和浇铸速度、降低钢液中杂质含量等。

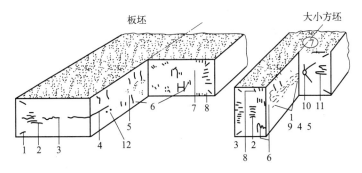

图 6-27　连铸坯的内部缺陷

1—内部裂纹；2—侧面中心裂纹；3—中心线裂纹；4—中心偏析；5—中心疏松；6—中间裂纹；7—非金属夹杂物；
8—皮下鬼线；9—缩孔；10—中心星形裂纹对角线裂纹；11—针孔；12—半宏观偏析

连铸坯的内部质量主要取决于连铸坯中心致密度。而影响连铸坯中心致密度的缺陷主要有各种内部裂纹、中心偏析、中心疏松以及铸坯内部的宏观非金属夹杂物等。这些内部缺陷的产生，在很大程度上与铸坯的二次冷却以及自二冷区至拉矫机的设备状态有关。

① 内部裂纹

带液芯的铸坯在铸机二冷区的运行过程中，外力（包括热应力、机械应力等）作用在脆弱的液-固界面，当其超过钢的允许强度和应变时，即产生内部裂纹。内部裂纹在硫印图上表现为长短不一的黑线，它会影响轧材的力学性能和使用性能。铸坯从皮下到中心出现的裂纹都是内部裂纹，由于是在凝固过程中产生的，其也称为凝固裂纹。从结晶器下口拉出的带液芯的铸坯，在弯曲、矫直和夹辊的压力作用下，于凝固前沿薄弱的液-固界面上沿一次树枝晶或等轴晶界裂开，富集溶质元素的母液流入缝隙中，因此这种裂纹往往伴有偏析线，也称为"偏析条纹"。在热加工过程中偏析条纹是不能消除的，形成条状缺陷，影响钢材的横向力学性能。

铸坯内部裂纹的特征是：裂纹位于铸坯皮下和中心区的任一位置；裂纹沿柱状晶界面扩展，裂纹内被树枝晶间富集溶质的液体充满，硫印图上表现为黑线；裂纹内部主要是硫化物夹杂（Fe，Mn）S。

几种常见的内部裂纹：皮下裂纹、矫直（弯曲）裂纹、压下裂纹、中间裂纹、中心星状裂纹。

② 中心偏析

钢液凝固过程中，由于溶质元素在固、液相中的再分配，形成了铸坯化学成分的不均匀性，中心部位 [C]、[P]、[S] 的含量明显高于其他部位，这就是中心偏析。中心偏析往往与中心疏松和缩孔相伴存在，从而恶化钢的力学性能，降低了钢的韧性和耐腐蚀性，严重影响产品质量。

③ 中心疏松

在铸坯断面上分布的细微孔隙称为疏松。分散分布于整个断面的孔隙称为一般疏松，在树枝晶间的小孔隙称为枝晶疏松，铸坯中心线部位的疏松称为中心疏松。一般疏松和枝晶疏松在轧制过程中均能焊合，唯有中心疏松伴有明显的偏析，轧制后不能焊合，还可能使板材产生分层。若中心疏松和中心偏析严重，还会导致中心线裂纹。此外，在方坯上还会产生中心星状裂纹。中心疏松还影响着铸坯的致密度。根据钢种的需要控制合适的过热度和拉坯速度，二冷区采用弱冷却制度和电磁搅拌技术，可以促进柱状晶向等轴晶转化，是减少中心疏松和改善铸坯致密度的有效措施，从而可提高铸坯质量。

连铸坯的缺陷成因及防治措施见表 6-1。

表 6-1　连铸坯的缺陷成因及防治措施

缺陷类别	缺陷名称	缺陷成因	防止或减少缺陷的措施
表面缺陷	表面纵裂	由于冷却不均造成结晶器生成的凝固壳不均匀而产生热应力造成;结晶器变形;保护渣选择不当;浸入式水口形状不合理等	低温浇铸或电磁搅拌以抑制柱状晶发展;选用合适的保护渣和浸入式水口、合理的结晶器锥度等
	表面横裂	由机械应力造成,如坯壳与结晶器壁产生粘连及悬挂等,导致坯壳产生纵向拉应力;矫直时产生的抗张应力等	选择合适的结晶器锥度;调整二冷水的分布,使铸坯到达矫直点时,表面温度合适
	角部裂纹	结晶器角部不合适或角部磨损,角部缝隙加大或圆角半径不合理	结晶器设计合理,保证精度;加强结晶器下喷水冷却强度
	表面夹渣	主要为锰硅酸盐系和氧化铝系夹渣,不清除将造成成品表面缺陷	合理选用保护渣;净化钢液(保护浇铸、钢包吹 Ar 等)
	气泡(表面及皮下)	凝固过程中[C]—[O]反应生成的 CO 以及钢中氢等气体滞留在钢中	降低钢中[O]、[H]含量;结晶器内喂 Al 丝、保护浇铸等
	重皮	坯壳破裂、少量钢水流出、裂口弥合造成	用保护渣作润滑剂改善坯壳生长的均匀性;结晶器内壁镀层
内部缺陷	内部裂纹	在弯曲、矫直或辊子压下时造成的压应力作用在凝固界面上造成的	采用多点矫直;压缩浇铸;调节拉辊压下力或设置限位垫块等
	中心疏松和中心偏析	由于冷却不均,在液相穴长度某段上形成柱状晶搭"桥","桥"下钢液得不到补缩而造成中心疏松;伴随中心疏松产生中心偏析;小断面铸坯、方坯、圆坯易产生中心疏松	低温浇铸、低速浇铸、电磁搅拌、加形核剂等,以促进铸坯中心组织等轴晶化
	大型氧化物夹杂(>100μm)	空气对钢液的二次氧化产物;渣及耐火材料被卷入钢液	合理的脱氧制度;钢包吹 Ar 搅拌;钢流保护浇铸;液面保护浇铸;中间包设挡渣墙及底部吹 Ar;提高耐火材料质量并合理选用
形状缺陷	鼓肚	在内部钢液静压力下,钢坯发生膨胀成凸面状;冷却强度不够;辊子支持力不足;辊间间距大等;板坯易产生鼓肚	加大冷却强度;降低液相穴深度;调整铸坯辊列系统的对正精度;保持夹辊的刚性
	菱形变形(脱方)	由于结晶器锥度不当,结晶器内冷却不均、凝壳厚度不均,在结晶器内和二冷区内引起坯壳不均匀收缩而致	根据钢种选择合适的结晶器锥度

6.6　近终形连铸

近终形连铸是指浇铸接近最终产品断面、形状的凝固成型方式。其中薄板坯连铸连轧和薄带连铸是最为典型的近终形连铸技术。图 6-28 是从钢水到热轧带钢的短流程进展。

6.6.1　薄板坯连铸连轧

目前应用于工业生产的薄板坯连铸与传统板坯连铸相比,具有下述特点。

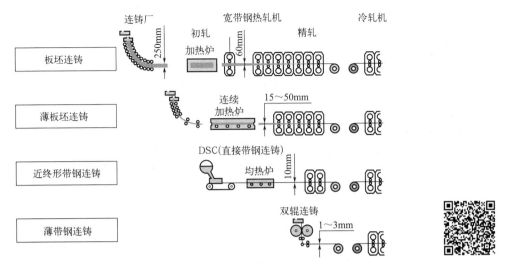

图 6-28　从钢水到热轧带钢的短流程进展

① 板坯厚度小　薄板坯坯厚为 40～90mm，坯宽一般为 800～1600mm，最宽可达 2000mm。奥钢联的薄板坯最佳厚度为 70mm。

② 拉坯速度大　目前几种典型薄板坯连铸拉速均在 5m/min 左右，实际最高拉速达到了 7.6m/min。

③ 凝固速度快　对于 50mm 厚的薄板坯，全凝固时间为 0.9min，而 250mm 的厚板坯全凝固需 23.1min。薄板坯的凝固过程处于快速凝固区，内部组织晶粒细化，球状晶区较大，中心偏析少，板坯致密度高。

④ 出坯温度高　连铸坯的全凝固点控制在离连铸机出口尽可能近的位置上，全凝固点处连铸坯表面温度为 1150℃，边部温度为 970℃。

⑤ 冶金长度短　薄板坯坯薄，冶金长度很短，为 5～6m，传统板坯的液芯长度都超过 20m，250mm 厚的板坯冶金长度可达 40m。薄板坯连铸机重量只有相同生产能力厚板坯连铸机重量的 1/3～1/2。

⑥ 比表面积大　50mm×1500mm 薄板坯的比表面积为 5.3m²/t，宽度相同的 250mm 厚的厚板坯的比表面积为 1.2m²/t。比表面积大，散热速度增大，从而使连铸坯的缺陷产生概率增加。

典型的薄板坯连铸连轧工艺主要有德国 SMS 的 CSP 工艺、MDH 的 ISP 工艺、意大利达涅利的 FTSR 工艺、奥钢联的 CONROLL 工艺、日本住友金属的 QSP 工艺、美国蒂平斯的 TSP 工艺及德国 SMS、蒂森公司和法国于齐诺尔·沙西洛尔公司共同开发的 CPR 工艺等。各种薄板坯连铸连轧技术各具特色，同时又相互影响，互相渗透，并在不断地发展和完善。

(1) CSP 工艺

CSP 生产线布置如图 6-29 所示，生产线由漏斗形结晶器的立弯式薄板坯连铸机、液压剪、CSP 直通辊底式加热均热炉、轧机入口辊道、事故剪、高压水除鳞机、轧边机、粗轧机组（5 或 6 机架）、层流冷却与输送辊道、地下卷取机、钢卷输出装置等组成。

CSP 工艺流程：铁水预处理→钢液冶炼→钢液精炼→CSP 连铸→热轧卷。

CSP 薄板坯连铸采用的主要技术有：钢包下渣检测、带自动液面监控和流动控制的中间包、漏斗形结晶器、结晶器自动在线调宽、结晶器监控、结晶器液面控制、保护浇铸、液

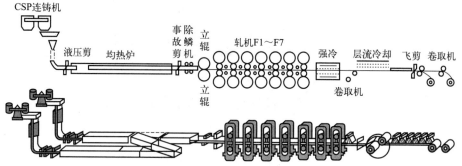

图 6-29 CSP 生产线布置

芯动态压下、二冷动态控制等。其中漏斗形结晶器是 CSP 生产线的核心。结晶器长 1100mm，用铜（表面镀锆、铬）制成，可在高温下抵抗永久性变形。漏斗形结晶器解决了浸入式水口插入的难题，结晶器顶部的漏斗形状可以容纳大直径的浸入式水口，可提供足够的空间防止坯壳与水口之间形成搭桥。结晶器顶部漏斗中心宽为 170mm（或 190mm），边部上口 50mm（或 70mm），下部出口 50mm（或 70mm），坯壳形成后在向下拉坯过程中逐步变形，形成 50mm（或 70mm）厚薄板坯。

CSP 工艺可生产低碳钢、高碳钢、高强度钢、高合金钢、超低碳钢及无取向硅钢等，产品 0.8mm 或更薄。

（2）ISP 工艺

ISP 工艺主要技术特点为：采用直-弧形连铸机，小漏斗形结晶器，薄片状浸入式水口，连铸用保护渣，液芯压下和固相铸轧技术，感应加热接克日莫那炉（也可用辊底式炉），电磁制动，大压下量初轧机、带卷开卷、精轧机，轧辊轴向移动、轧辊热凸度控制、板形和平整度控制、平移式二辊轧机。生产线布置紧凑，不使用长的均热炉，总长度仅 180m 左右。从钢水至成卷仅需 30min，充分显示其高效性。二次冷却采用气雾或空冷，有助于生产较薄断面且表面质量要求高的产品。整个工艺流程热量损失较小，能耗少，可生产 1.0mm 或更薄的产品。

其最关键的技术是铸轧技术。ISP 工艺是目前多种薄板坯连铸连轧工艺中第一个使用铸轧技术的。液芯和固态铸轧连续进行，即连铸坯出结晶器后，在二冷段经液芯压下后，完成了 20% 左右的变形量，当连铸坯完全凝固后，经 2 或 3 架粗轧机再轧制减薄 60%，连铸坯的厚度可达 15mm。经铸轧后的板坯，具有较高的冷却速率，可获得与电磁搅拌效果相同的均匀温度和成分。

目前能生产的钢种：深冲钢、合金结构钢、油田管道用钢、高强度低合金钢、中碳钢、高碳钢、耐大气腐蚀钢、铝镇静钢。

（3）FTSR 工艺

FTSR 工艺连铸坯出结晶器出口断面厚度为 90mm，出连铸机后变为 70mm，经粗轧后减薄为 35～40mm，经 6 机架精轧后最后轧成 1.0mm 的带钢，生产带卷的能力为 200～250 万 t/a，生产线布置见图 6-30。该工艺具有相当的灵活性，能浇铸范围较宽的钢种，可提供表面和内部质量、力学性能、化学成分均匀的汽车板。

此工艺的主要技术特点为：采用直-弧形连铸机，高质量、高拉速结晶器，结晶器液压振动，三点除鳞，浸入式水口，连铸用保护渣，动态轻压下，熔池自动控制，独立的冷却系统，辊底式均热炉，全液压宽度自动控制轧机，精轧机全液压的自动厚度控制，机架间强力

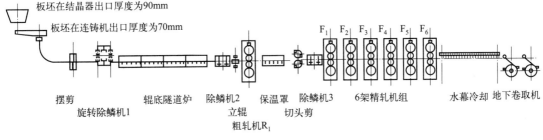

图 6-30　FTSR 生产线布置

控制系统，热凸度控制系统，防止黏皮的辊星系统，工作辊抽动系统，双缸强力弯辊系统等。可生产低碳钢、中碳钢、高碳钢、包晶钢、特种不锈钢等。

（4）CONROLL 工艺

CONROLL 工艺连铸坯厚度可达 130mm，该技术与传统的热轧带钢生产相接近。主要技术特点为：采用超低头弧形连铸机，平板形结晶器，结晶器宽度自动调整，新型浸入式水口，结晶器液压驱动，旋转式高压水除鳞，二冷系统动态冷却，步进式加热炉，液芯轻压下，液压自动厚度控制，工作辊带液压活套装置，轧机 CVC 技术，等等。可生产低、中、高碳钢，高强度钢，合金钢，不锈钢，硅钢，包晶钢等。

（5）QSP 工艺

QSP 工艺生产中厚板坯，目的在于提高连铸机生产能力的同时生产高质量的冷轧薄板。主要技术特点为：采用直-弧形连铸机，采用多锥度高热流结晶器，非正弦振动，电磁闸，二冷大强度冷却，中间包高热值预热燃烧器，辊底式均热炉，轧辊热凸度控制，板形和平整度控制等。可生产碳钢、低碳铝镇静钢、低合金钢、包晶钢等。

6.6.2　薄带连铸

作为终极连铸技术，薄带连铸技术将连续铸造、轧制在熔池内一次完成，是真正意义上的铸轧一体化工艺技术。传统板坯、薄板坯和薄带连铸基本参数的比较如表 6-2 所示。

表 6-2　传统板坯、薄板坯和薄带连铸基本参数

工艺参数	板坯连铸	薄板坯连铸	薄带连铸
产品厚度/mm	150～300	20～70	1～4
总凝固时间/s	600～1100	40～60	0.15～1.0
拉速/(m/min)	1.0～2.8	4～6	30～120
结晶器平均热流/(MW/m²)	1～3	2～3	6～15
金属熔池质量/t	>5	约 1	<0.4
坯壳平均冷却速率/(K/s)	约 12	约 50	约 1700

与传统工艺相比，薄带连铸技术具有许多优点：①生产线由几百米缩短到几十米，基建投资大幅度减少，可节约 $1/3 \sim 1/2$。②节能效率和生产效率大大提高，与连铸连轧过程相比，吨钢可节约能源 800kJ，CO_2 排放量降低 85%，NO_X 降低 90%，SO_2 降低 70%。③冷却速率高达 $10^2 \sim 10^3℃/s$，可显著细化晶粒，减少偏析，改善产品的组织结构，可生产传统方法难以生产的、加工性能不好的金属制品，如高速钢、高硅钢薄带等。④适合产量规模

较小，与直接还原等新流程匹配，形成符合钢铁循环经济、环境友好、可持续发展的新流程。

薄带连铸技术的工艺方案依结晶器不同可分为辊式、带式、辊带式等，相应的连铸机类型有单辊铸机、双辊铸机（同径或异径）、双带铸机、辊带铸机、内轮铸机、喷射铸机等。

单辊铸机的开发主要是美国的阿路德姆公司和奥钢联（VAI）。

双辊铸机的研究开发主要集中在日本的新日铁、法国的于齐诺尔、韩国的浦项、澳大利亚的 BHP、美国的 Nucor、中国的宝钢等钢铁企业。这种铸机目前研究最多，在生产 1～10mm 厚的薄钢带方面被认为是十分有前途的。

图 6-31 所示为双辊薄带连铸生产线示意图，钢液经过中间包均匀地注入由两铸辊与端面侧封板所形成的熔池中，由于铸辊的冷却作用，与铸辊相接触的钢液在铸辊上慢慢地形成凝壳，随着铸辊的转动凝壳不断加厚，当两个铸辊上的凝壳相互接触，凝固过程结束形成铸带。随着铸辊的转动，铸带经受铸辊轻压下的作用，之后脱离铸辊进入弧形板和辊道区域，最后卷取成卷或切成定尺。

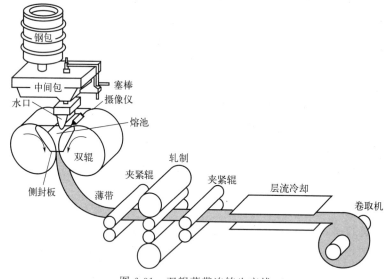

图 6-31　双辊薄带连铸生产线

双辊薄带连铸不仅具有亚快速凝固特点，可以细化晶粒、抑制偏析，显著改善微观结构，提高组织性能，而且可以简化生产工序，缩短生产周期，降低设备投资。双辊薄带连铸技术可以用于制备传统工艺难以轧制的材料以及具有特殊性能的新材料，可以解决某些材料（如特殊不锈钢、复合材料等）塑性差和难加工的问题。典型双辊薄带连铸机的信息如表 6-3 所示。

表 6-3　典型双辊薄带连铸机

安装地	铸机类型	辊宽/mm	辊直径/mm	铸速/(m/min)	带厚/mm	试验材料
法国	同径式	865	1500	20～100	1～6	不锈钢、硅钢
韩国	同径式	350	750	30～50	2～6	碳钢、不锈钢
日本	同径式	1330	1200	20～130	1.6～5	不锈钢
澳大利亚	同径式	1900		30～40	2	低碳钢、不锈钢

安装地	铸机类型	辊宽/mm	辊直径/mm	铸速/(m/min)	带厚/mm	试验材料
英国	同径式	400	750	8～21	2～6	碳钢、不锈钢
日本	同径式	1050	1200	20～50	2～5	
德国	异径式	1050	950或600	30～60	1～5	合金钢
意大利	同径式	800	1500	8～100	2～7	电工钢、不锈钢
加拿大	同径式	200	600		2～5	碳钢、不锈钢
德国	同径式	1200		5	6	合金钢、普通碳钢
美国	同径式	2000	1000	15	6～10	铝材
中国	同径式	1300～1600	650～1100	0.5～1.5	6～10	铝材

其中影响较大的薄带研究项目有德、法、意、奥等国钢铁与设备制造商联合开发的 Eurostrip 薄带连铸项目，新日铁和三菱重工的薄带连铸项目，美国 Nucor 和澳大利亚 BHP 公司合作开发的 Castrip 薄带连铸项目，韩国 POSCO 开发的薄带连铸项目，等等。

（1）Castrip 工艺

第一套 Castrip 建在 Nucor 公司克劳福兹维尔钢厂，2002 年投产，钢包容量为 110t，双辊直径为 500mm，最高铸速为 150m/min，常用铸速为 80m/min，带钢设计厚度为 0.7～2.0mm，宽度为 1000～2000mm，卷重 25t，其产品为碳钢和不锈钢，年设计产能为 5×10^5 t。该生产线投产以来，产量稳步提高，带钢厚度规格越来越薄，最薄带钢厚 0.84mm。

（2）Eurostrip 工艺

第一条 Eurostrip 生产线，于 1999 年在蒂森公司克雷费尔德厂的带钢连铸机投产，钢包容量为 90t，中间包容量为 18t，铸辊直径 1500mm，铸速 40～90m/min（最大铸速 150m/min），成功浇铸了 36t 304 不锈钢，铸带厚度为 3mm，宽度为 1430mm。克雷费尔德厂的带钢连铸机是欧洲第一台能进行工业化生产的双辊立式薄带连铸机。Eurostrip 工艺的第二个厂建在意大利 AST 公司的特尔尼厂，钢包容量 20t，中间包容量 3t，最大铸速 100m/min，产品最薄 2mm，宽 800mm，生产不锈钢和电工钢，年生产能力 4×10^5 t。

（3）日本新日铁/三菱重工的双辊薄带连铸技术

新日铁 1996 年在光厂建设了一台商业化生产的带钢连铸机，生产 304 奥氏体不锈钢，带厚 2～5mm，带宽 760～1330mm，铸速 20～75m/min，钢包容量 60t，年生产能力 4×10^5 t。该连铸机使用的两个水冷铸辊的直径为 1200mm。生产自动控制系统包括自动开浇、钢液液面控制、辊缝预压力控制、水口浸入深度控制等。

（4）韩国浦项与英国 Davy 公司共同开发的薄带连铸机

浦项公司与英国 Davy 公司于 1991 年在浦项厂内建成投产 1 号双辊薄带连铸试验机，该铸机辊径 1750mm，带宽 350mm，带厚 2～6mm，铸速 30～50m/min。1994 年，建造了 2 号带钢连铸机，可生产（2～6）mm×1300mm 的不锈钢及碳素钢薄带，铸速 30～50m/min，带卷重 10t。

目前影响薄带连铸产业化的主要问题是生产成本和表面质量。其中，耐火材料消耗、结晶器消耗在工序成本中占比例过高。由于薄带坯表面积大，生产过程中没有二次处理措施，对铸态的表面质量（裂纹、表面凹坑）要求非常高。相信通过不懈努力，代表 21 世纪钢铁冶金技术发展方向的薄带连铸会得到更广泛应用。

思考题

1. 连铸机是如何分类的？
2. 连铸机的主体设备包括哪些？其工艺流程如何？
3. 二次冷却的作用是什么？
4. 如何确定浇铸温度？
5. 钢包回转台的作用是什么？有哪些类型？
6. 连铸结晶器的结构形式有哪些？有何冶金功能？
7. 连铸电磁搅拌的原理是什么？各部位电磁搅拌的作用有哪些（查阅资料补充）？
8. 中间包有哪些冶金功能？
9. 简述保护渣的类型及其冶金功能。
10. 连铸坯中夹杂物的类型及来源是什么？
11. 连铸坯的缺陷类型有哪些？
12. 什么叫连铸坯的偏析？
13. 如何评价铸坯质量。
14. 简述薄板坯/薄带连铸的优越性和特点。

参考文献

[1] 张立峰，朱苗勇. 炼钢学 [M]. 北京：高等教育出版社，2023.
[2] 王明海. 冶金生产概论 [M]. 北京：冶金工业出版社，2015.
[3] 德国钢铁学会. 钢铁生产概览 [M]. 中国金属学会，译. 北京：冶金工业出版社，2011.
[4] 冯聚和. 炼钢设计原理 [M]. 北京：化学工业出版社，2005.
[5] 陆巧彤，杨荣光，王新华，等. 板坯连铸结晶器保护渣卷渣及其影响因素的研究 [J]. 钢铁，2006（07）：29-32.
[6] 高元军，李胜奇. 连铸结晶器液面波动影响因素研究 [J]. 冶金设备，2022，276（04）：18-22.
[7] 李刚，何生平，王强强. 包晶钢连铸保护渣的技术特征 [C] //中国金属学会. 第十三届中国钢铁年会论文集：3. 炼钢与连铸. 北京：冶金工业出版社，2022：4.
[8] 张洪才，印传磊，郑力宁，等. 浸入式水口结构对连铸大圆坯质量的影响 [J]. 中国冶金，2022，32（09）：57-63.
[9] 张伟，赖旭. 连铸机扇形段连铸辊轴承受力分析 [J]. 冶金设备，2022，278（S1）：87-89，128.
[10] 梁静召，田鹏，吴雨晨，等. 板坯连铸保护渣分钢种应用技术 [J]. 连铸，2020，231（05）：21-25.
[11] 朱国森，邓小旋，季晨曦. RH精炼真空度对超低碳钢夹杂物去除的影响 [J]. 钢铁，2022，57（11）：99-105.
[12] 刘少寒，韩毅华，朱立光. 方坯软接触电磁连铸结晶器内钢液磁场分布数学模型 [J]. 钢铁研究学报，2021，33（12）：1260-1269.
[13] 朱坦华，周秋月，任英，等. 二次氧化过程IF钢中间包中夹杂物演变行为 [J]. 钢铁，2020，55（03）：35-39，49.
[14] 王新华，朱国森，李海波，等. 氧气转炉"留渣＋双渣"炼钢工艺技术研究 [J]. 中国冶金，2013，23（04）：40-46.
[15] 朱苗勇. 新一代高效连铸技术发展思考 [J]. 钢铁，2019，54（08）：21-36.
[16] 幸伟，袁德玉. 高效连铸的发展状况及新技术 [J]. 连铸，2011，174（01）：1-4.

7 铜冶金

本章要点

1. 铜的主要性质及用途；
2. 铜的火法冶金方法及主要工艺流程；
3. 铜造锍熔炼、铜锍吹炼、铜精炼的原理及主要工艺；
4. 铜冶金典型设备及操作；
5. 铜的主要湿法冶金方法。

金属铜呈紫红色，具有良好的展延性、导电和导热性，广泛应用于国防工业、电气工业、制造业和空间探测等领域。其中约一半的铜用于电器及电子工业，如制造电缆、电线、电机以及其他输电和电讯设备。在机械制造中多使用铜的合金，如黄铜、青铜、白铜、锰铜钢、镍铜、康铜等。胆矾（硫酸铜）则用于制造农药和其他化学药品。2022 年全球精炼铜总产量为 2508.48 万吨，中国产量为 1106.3 万吨，居世界首位。

7.1 概述

7.1.1 铜及其化合物的性质

铜的熔点为 $1083℃$，密度为 $8.96g/cm^3$。铜的延展性好，导电、导热性极佳，仅次于银；高温下，液体铜能溶解 H_2、O_2、SO_2、CO_2、CO 等气体；凝固时，气体从铜中析出，造成铜铸件内带有气孔。铜在空气中加热至 $185℃$ 开始氧化，$\geqslant 350℃$ 氧化成 Cu_2O 和 CuO。在干燥空气中不起变化，但在含 CO_2 潮湿空气中则能氧化成碱式碳酸铜有毒薄膜。

铜的主要化合物的性质如下。

硫化铜 CuS：天然硫化铜为绿色或棕黑色不稳定化合物，称为铜蓝，密度为 $4.68g/cm^3$，中性或还原性气氛中加热即分解为 Cu_2S 和 S_2。CuS 不溶于水、稀硫酸和氢氧化钠中，但能溶于氰化钾和热硝酸中。

硫化亚铜 Cu_2S：天然硫化亚铜称为辉铜矿，蓝黑色无定形或结晶形，密度 $5.76g/cm^3$，熔点 $1135℃$。在高温下 Cu_2S 较稳定，常温下不被空气氧化，$430\sim 680℃$ 下则氧化放出 SO_2。赤热的 Cu_2S 可逐渐被 CO_2 氧化和或被 H_2 分解，CO 不能氧化 Cu_2S。Cu_2S 几乎不溶于稀硫酸，与浓硫酸作用生成 $CuSO_4$、CuS 和 SO_2，溶解于浓盐酸中时放出 H_2S。Cu_2S 可溶于 $NH_3 \cdot H_2O$、HNO_3、$Fe_2(SO_4)_3$、$FeCl_3$、$CuCl_2$ 中。

氧化铜 CuO：天然氧化铜为黑色无光泽的黑铜矿，密度 $6.3\sim 6.4g/cm^3$。CuO 不稳定，遇热即分解，易被 H_2、C、CO、C_xH_y 和较负电性的 Zn、Fe、Ni 等所还原。不溶于水，

但可溶于 $FeCl_2$、$FeCl_3$、$NH_3 \cdot H_2O$、$Fe_2(SO_4)_3$、$(NH_4)_2CO_3$ 及各种稀酸中。

氧化亚铜 Cu_2O：天然矿称赤铜矿，密度 $6.11g/cm^3$，熔点 $1235℃$。Cu_2O 易被 H_2、CO、C_xH_y 和 Fe、Zn 等所还原。高温下 Cu_2O 与 Cu_2S 发生交互反应生成铜是铜锍吹炼成粗铜的理论基础。Cu_2O 能溶于 HCl、H_2SO_4、$FeCl_2$、$FeCl_3$、$Fe_2(SO_4)_3$、$NH_3 \cdot H_2O$ 等溶剂中，这些反应为湿法冶金所应用。

硅酸铜 $xCu_nO \cdot ySiO_2 \cdot zH_2O$：自然界中有硅孔雀石 $CuO \cdot SiO_2 \cdot 2H_2O$ 和透视石 $CuO \cdot SiO_2 \cdot H_2O$，它们在高温下分解成稳定的 $2Cu_2O \cdot SiO_2$，后者易被 C、CO、H_2 等还原，也易被 FeO、CaO 等强碱性氧化物和铜、铁硫化物分解，并能溶于浓硝酸、稀醋酸、盐酸和硫酸中。

硫酸铜 $CuSO_4$：天然硫酸铜为天蓝色三斜晶系结晶的胆矾。无水硫酸铜为白色粉末，加热时分解成 CuO 和 $SO_3(SO_2+O_2)$。硫酸铜易溶于水。铁、锌等可从硫酸铜溶液中置换出铜。

氯化铜 $CuCl_2$：无天然矿物，人造氯化铜为褐色粉末，熔点 $498℃$，沸点低，易挥发，也易溶于水。氯化铜加热至 $340℃$ 即分解生成白色 Cu_2Cl_2，气态 Cu_2Cl_2 会在碳表面还原而与铁及其他杂质实现分离，这在离析法等氯化冶金中得到了应用。

7.1.2 铜矿物资源

铜在地壳中的丰度为 $7.0 \times 10^{-5}g/t$，铜矿物有 250 多种，但有工业开采价值的仅 10 余种（见表 7-1）。自然界中的铜矿物有自然铜矿、硫化铜矿和氧化铜矿三大类。其中，硫化铜矿是最主要的含铜矿物，分布最广，世界上 90% 的铜均产自硫化铜矿，氧化铜矿也常发现。硫化铜矿中分布最广的是黄铜矿（$CuFeS_2$），其次是斑铜矿（Cu_5FeS_4）、辉铜矿（Cu_2S）和铜蓝（CuS）。氧化铜矿中以孔雀石 [铜绿 $CuCO_3 \cdot Cu(OH)_2$] 分布最广，其次是蓝铜矿 [石青 $2CuCO_3 \cdot Cu(OH)_2$]。

表 7-1 有开采价值的铜主要矿物

矿物类别	矿物名称	主要成分	%Cu	密度/(g/cm³)	颜色
自然铜矿	自然铜	Cu	100	8.9	红色
硫化铜矿	辉铜矿	Cu_2S	79.8	5.5~5.8	灰黑色
	铜蓝	CuS	66.7	4.6~4.7	红蓝色
	黄铜矿	$CuFeS_2$	34.6	4.1~4.3	黄色
	斑铜矿	Cu_5FeS_4	63.5	5.06	红蓝色
	硫砷铜矿	Cu_3AsS_4	49.0	4.45	灰黑色
	黝铜矿	$(Cu,Fe)_{12}Sb_4S_{13}$	25.0	4.6~5.1	灰黑色
氧化铜矿	赤铜矿	Cu_2O	88.8	7.14	红色
	黑铜矿	CuO	79.9	5.8~6.1	灰黑色
	孔雀石	$CuCO_3 \cdot Cu(OH)_2$	57.5	4.05	亮绿色
	蓝铜矿	$2CuCO_3 \cdot Cu(OH)_2$	68.2	3.77	亮蓝色
	硅孔雀石	$CuSiO_3 \cdot 2H_2O$	36.2	2.0~2.2	蓝绿色
	胆矾	$CuSO_4 \cdot 5H_2O$	25.5	2.29	蓝色

铜矿石中常伴生有其他金属矿物和脉石矿物。如硫化铜中常含有黄铁矿（FeS_2）、磁黄铁

矿（Fe_7S_8），还有闪锌矿（ZnS）、方铅矿（PbS）等。氧化铜矿中也会含有褐铁矿、赤铁矿、菱铁矿和其他金属氧化矿物。铜矿石中的脉石矿物最普通的是石英，其次是方解石、长石、云母等。这些脉石矿物对火法炼铜的造渣过程以及对湿法炼铜的溶剂选择影响很大。除了主要矿物以外，铜矿中还含有少量其他金属元素，如铅、锌、镍、铁、砷、铋、硒、碲、钨、钼、钴、锰等，并含有金银等贵金属和稀有金属，在冶炼过程中分别进入不同的产品中，需进行综合回收。

美国地质勘探局（USGS）2023 年统计数据显示，全球已探明铜金属储量约 10 亿吨。主要分布在南美洲的智利和秘鲁、大洋洲的澳大利亚、北美洲的美国和墨西哥、欧洲的俄罗斯、非洲中部的刚果（金）和赞比亚、亚洲的中国和印度尼西亚等国家。其中，智利拥有铜储量 1.9 亿吨，占全球总储量的 19%，位居全球首位；秘鲁和澳大利亚的储量分别为 1.2 亿吨和 1 亿吨，分别位列第二位、第三位。截至 2021 年底，中国已探明铜资源储量为 3495 万吨，主要分布在西藏、江西、云南、内蒙古、新疆、安徽、黑龙江、甘肃等地。相比而言，我国的铜矿储量较小，多以共伴生矿为主。表 7-2 为中国主要铜矿山储量及产能。

表 7-2　中国主要铜矿山储量及产能情况

名称	位置	已探明铜金属储量/10^4 t	产能
多龙铜矿	西藏阿里地区改则县	>2000	—
驱龙铜矿	拉萨市墨竹工卡县	>1036	每天 10 万吨矿石
玉龙铜矿	西藏昌都地区江达县	>650	一期每年 3 万吨金属，二期每年 5 万～10 万吨金属
甲玛铜矿	拉萨市墨竹工卡县	>614	每年 180 万吨矿石
德兴铜矿	江西省德兴市	>579	每天 13 万吨矿石
普朗铜矿	云南省香格里拉市	>480	每年 1250 万吨矿石
雄村铜矿	西藏日喀则谢通门县	>393	每年 1200 万吨矿石
乌努格吐山铜矿	内蒙古新巴尔虎右旗	>267	每年 6.97 万吨金属
多宝山铜矿	黑龙江黑河市嫩江市	>179	每天 2.5 万吨矿石
厅宫铜矿	西藏拉萨市尼木县	>138	—
冬瓜山铜矿	安徽省铜陵市	105	每天 7.3 万吨矿石

7.1.3　铜的提取方法

铜的生产方法概括起来有火法和湿法两大类。目前世界上精炼铜产量的 85% 以上是用火法冶金从硫化铜精矿、再生铜和废杂铜中回收的。湿法精炼铜只占铜产量的 15% 左右，主要用于处理氧化矿以及贫杂矿和难选矿等。经过浮选产出的硫化铜精矿中 Cu 品位为 10%～35%。硫化铜精矿是炼铜的主要原料，氧化矿可与硫化矿一起处理。未经选矿的氧化矿可直接用湿法或离析法等方法处理。

火法炼铜是将铜矿（或焙砂、烧结块等）和熔剂一起在高温下熔化，或直接炼成粗铜，或先炼成铜锍（铜、铁、硫为主的共熔体）然后再炼成粗铜。火法炼铜包括焙烧、熔炼、吹炼、精炼等主要工序，具有适应性强、生产率和金属回收率较高等优点。图 7-1 为火法炼铜原则工艺流程。

传统铜火法冶金在密闭鼓风炉、反射炉、矿热电炉中进行造锍熔炼，随着环保和生产率要求的提升，以闪速熔炼、艾萨熔炼、澳斯麦特熔炼、三菱熔炼及富氧底吹/侧吹熔池熔炼为代表的现代火法炼铜工艺越来越受到关注。

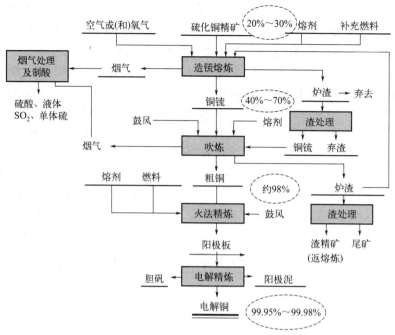

图 7-1　火法炼铜原则工艺流程

　　湿法炼铜是在常温、常压或高压下用溶剂将铜从矿石中浸出，然后从浸出液中除去各种杂质，再将铜从浸出液中沉淀出来。湿法炼铜工艺根据铜矿石的矿物形态、铜品位、脉石成分的不同，主要分为：①焙烧-浸出-电积法；②硫酸浸出-萃取-电积法。湿法炼铜原则工艺流程见图 7-2。

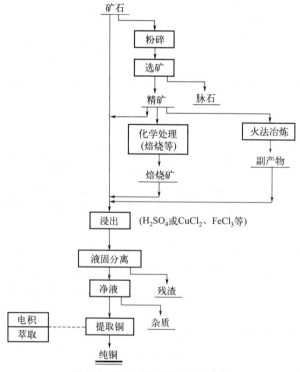

图 7-2　湿法炼铜原则工艺流程

7.2 铜造锍熔炼

硫化铜精矿含铜一般为 10%～30%，除脉石外，常伴生有大量铁的硫化物，其量超过主金属铜，所以用火法由精矿直接炼出粗金属在技术上存在一定困难，在冶炼时金属回收率和金属产品质量不容易达到要求。因此，目前普遍采用造锍熔炼＋铜锍吹炼的工艺来处理硫化铜精矿。主要的造锍熔炼方法包括传统炼铜工艺及现代强化炼铜工艺，而现代强化炼铜工艺包括熔池熔炼及悬浮熔炼两大类。

7.2.1 造锍熔炼原理

造锍熔炼是重有色金属硫化矿提取冶金重要的单元过程。入炉物料有硫化精矿、各种返料及熔剂等，在 1423～1523K 的高温下进行熔炼，利用铜对硫的亲和力大于铁和一些杂质金属，而铁对氧的亲和力大于铜的特性，在高温及控制氧化气氛条件下，使铁等杂质金属逐步氧化后进入炉渣或烟尘而被除去，而金属铜则富集在铜锍（指硫化亚铁与重金属硫化物共熔体）中，产出两种互不相熔的液相（熔锍和熔渣）的过程。造锍熔炼主要反应如下。

(1) 各类高价硫化物的分解

铜精矿中高价硫化物在炉内分解主要反应如下：

黄铁矿 $\qquad 2FeS_2(s) \!=\!\!=\! 2FeS(s) + S_2(g)$ $\qquad$ (7-1)

磁黄铁矿 $\qquad Fe_nS_{n+1}(s) \!=\!\!=\! nFeS(s) + 1/2S_2(g)$ $\qquad$ (7-2)

黄铜矿 $\qquad 2CuFeS_2(s) \!=\!\!=\! Cu_2S(s) + 2FeS(s) + 1/2S_2(g)$ $\qquad$ (7-3)

铜蓝 $\qquad 2CuS(s) \!=\!\!=\! Cu_2S(s) + 1/2S_2(g)$ $\qquad$ (7-4)

斑铜矿 $\qquad 2Cu_5FeS_4(s) \!=\!\!=\! 5Cu_2S(s) + 2FeS(s) + 1/2S_2(g)$ $\qquad$ (7-5)

黄铜矿（$CuFeS_2$）是硫化铜矿中最主要的含铜矿物，在中性或还原性气氛中加热到 550℃时开始分解，在 800～1000℃时完成分解。

(2) 硫化物氧化反应

在现代强化熔炼过程中，炉料很快进入高温强氧化气氛中，高价硫化物除发生分解反应外，还会被直接氧化。分解产生的 $S_2(g)$ 将继续氧化形成 SO_2 进入烟气。强氧化气氛下，FeO 还会生成 Fe_3O_4，在 FeS 存在下，Fe_2O_3 也会转变成 Fe_3O_4。

$$S_2(g) + 2O_2(g) \!=\!\!=\! 2SO_2(g) \qquad (7\text{-}6)$$

$$2FeS_2(s) + 11/2O_2(g) \!=\!\!=\! Fe_2O_3 + 4SO_2(g) \qquad (7\text{-}7)$$

$$2FeS(l) + 3O_2(g) \!=\!\!=\! 2FeO(l) + 2SO_2(g) \qquad (7\text{-}8)$$

$$Cu_2S(l) + 1.5O_2(g) \!=\!\!=\! Cu_2O(l) + SO_2(g) \qquad (7\text{-}9)$$

$$3FeO(l) + 1/2O_2(g) \!=\!\!=\! Fe_3O_4(s) \qquad (7\text{-}10)$$

(3) 铜锍的形成

反应产生的 FeS 和 Cu_2O 在高温下将发生反应：

$$xFeS(l) + yCu_2S(l) \!=\!\!=\! yCu_2S \cdot xFeS(l) \qquad (7\text{-}11)$$

$$FeS_{(铜锍)} + Cu_2O_{(渣)} \!=\!\!=\! Cu_2S_{(铜锍)} + FeO_{(渣)} \qquad (7\text{-}12)$$

造锍反应的平衡常数 K 值很大（在 1250℃时，$\lg K$ 为 9.86），表明反应显著向右进行。由于高温下铜对硫的亲和力大于铁，而铁对氧的亲和力大于铜，故 FeS 能按反应式(7-12)将铜锍化，在熔炼温度 1200℃时，该反应的平衡常数为 15850，这说明只要体系中有 FeS 存在，Cu_2O 就将变成 Cu_2S 进而与 FeS 形成铜锍（$FeS_{1.08}$-Cu_2S）。造锍反应产出含铜较高的液态铜锍（又称冰铜）。铜锍中铜、铁、硫的总量占 $85\%\sim95\%$，炉料中的贵金属几乎全部进入铜锍。

（4）造渣反应

炉子中产生的 FeO 在 SiO_2 存在时，将形成铁橄榄石炉渣，此外，炉内的 Fe_3O_4 在高温下也能够与石英作用生成铁橄榄石炉渣。

$$2FeO(l)+SiO_2(s)\Longrightarrow 2FeO\cdot SiO_2(l) \tag{7-13}$$

$$3Fe_3O_4(s)+Fe(l)+5SiO_2(s)\Longrightarrow 5(2FeO\cdot SiO_2)(l)+SO_2(g) \tag{7-14}$$

造渣反应可以使炉料脱除部分铁，并使 SiO_2、Al_2O_3、CaO 等成分和杂质通过造渣除去。因为炉渣是离子型硅酸盐熔体，而铜锍是共价型硫化物熔体，所以二者互不相溶，又因为两者密度存在差异，铜锍的密度要大于熔渣密度，所以可以实现相互分离。当体系中没有 SiO_2 时，氧化物和硫化物结合成共价键的半导体 Cu-Fe-S-O 相，液体氧化物和硫化物是高度混溶的。随着 SiO_2 含量增加，形成硅氧复合阴离子，渣-锍不相混溶性逐步提高，含 $SiO_2\geqslant5\%$（质量分数），铜锍与炉渣开始分层。当 SiO_2 饱和时，渣与锍之间相互溶解度为最小，铜锍与炉渣之间发生最大限度分离。

造锍熔炼过程要遵循两个原则，一是要确保炉料有相当数量的硫来形成铜锍，二是使炉渣含 SiO_2 接近饱和，以使铜锍和炉渣不致混溶。

7.2.2　传统造锍熔炼工艺

传统火法炼铜使用含铜 $20\%\sim30\%$ 铜精矿，在反射炉、密闭鼓风炉和矿热电炉内进行造锍熔炼，产出的铜锍接着送入转炉吹炼成粗铜，粗铜再入固定式精炼反射炉精炼脱杂，铸成阳极板，最后采用传统法电解精炼获得品位高达 99.95% 的电解铜。传统炼铜技术由于熔炼过程热效率低、铜锍品位低、脱硫率低、自动化程度低、生产效率低等问题，因而逐渐被现代新型高强度炼铜技术所取代。目前在国内多作为资源化利用途径。此处仅介绍密闭鼓风炉熔炼技术。

鼓风炉是一种具有垂直作业空间的冶金设备。在炉顶沿炉长中心线设有加料斗，硫化铜精矿经加水混捏直接从炉子上部加料斗加到炉内，在炉内形成料柱；空气或富氧空气从炉子下部的两侧风口鼓入，使炉内的燃料和硫化物强烈氧化，放出大量的热，形成一个温度达 1450℃ 的高温区（焦点区）。在高温作用下，炉料与炉气在炉内逆流运动，完成全部造锍及造渣冶金反应，炉料熔化并过热到一定程度后，因重力的作用自动流入本床（炉缸）。熔体由本床流至炉外的前床进行澄清分离。鼓风炉内炉料和炉气的分布状态示意图见图 7-3。

由此可见，鼓风炉内炉料与炉气是逆流运动的，热交换较好；强烈的氧化放热反应集中在风口上方的焦点区，使焦点区温度达 1450℃ 以上；炉料熔化并过热到一定程度后，因重力的作用自动流入

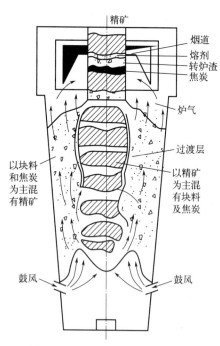

图 7-3　密闭鼓风炉炉料和炉气的分布状态示意

本床并由炉内流出，所以焦点区的温度主要取决于炉渣的熔点，强化过程只能增加炉料的熔炼量。另外，硫化物氧化反应、燃料燃烧反应和造渣反应等放热反应主要集中在炉子下部进行，而水分蒸发、分解反应等吸热反应则在炉子上部进行，这就更促使炉内高温区的集中。

铜精矿密闭鼓风炉熔炼是半自热熔炼的一种类型，为强化熔炼、提高硫热利用，通过富氧技术对其工艺进行改进，在提高床处理量、增大产能，改善烟气条件，提高烟气 SO_2 浓度等方面取得一定效果。然而，由于物料的偏析和炉气的不均匀分布，破坏了炉气与炉料之间以及各种物料之间的良好接触，妨碍了多相反应的迅速进行，不利于硫化物的氧化和造渣反应。

7.2.3 新型造锍熔炼工艺

目前先进的熔炼工艺主要有闪速熔炼、浸没式顶吹熔炼（ISA/Ausmelt）、富氧底吹/侧吹工艺以及三菱熔炼技术等，可实现短流程连续炼铜、高富氧、连续化与自动化、高效节能和清洁环保。其主体工艺流程为造锍熔炼—铜锍吹炼—火法精炼—电解精炼（见图 7-4），其主要特点如下。

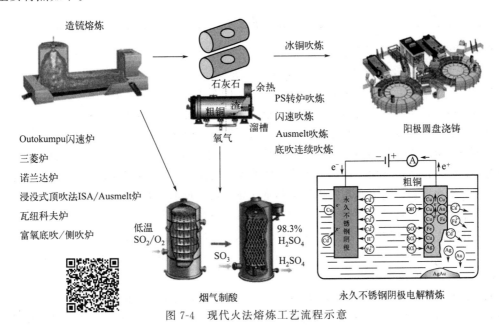

图 7-4　现代火法熔炼工艺流程示意

① 强化熔炼，铜精矿处理能力强。如闪速炉、ISA 炉单炉处理量均突破 100 万 t/a。

② 采用富氧操作，如 Inco 闪速熔炼氧浓度可达到 90%，ISA 炉、三菱法以及富氧底吹熔炼的氧浓度分别达到 60%、55% 和 75%（见表 7-3）。

③ 有效利用硫化矿物燃烧及反应所产生的热量，可实现自热或半自热熔炼，无须额外添加燃料。

④ 造锍熔炼获得的铜锍的品位较高，一般超过 50%～60%，最高可以高达 75%。

⑤ 硫的捕集率高，超过 95%，环保效应好。如闪速熔炼和三菱熔炼法硫的利用率都超过 99%，吨铜硫排放量不到 2kg，是最清洁的铜冶炼工艺。

⑥ 自动化控制程度高，如闪速炉实现计算机在线控制。

⑦ 铜精矿中的金、银、铂、钯等稀贵金属在铜冶炼中随铜有效富集，回收率可以达到 98%。

表 7-3　现代火法炼铜强化熔炼工艺比较

方法	类型	研发者	原料	产物	送氧方式(浓度/%)
闪速熔炼法	奥托昆普闪速炉	芬兰奥托昆普	铜精矿	铜锍	顶送风(21~70)
	Inco 闪速炉	加拿大国际镍公司	铜精矿	铜锍	顶送风(60~90)
	旋涡顶吹熔炼	波兰的格沃古夫	铜锍/白铜锍	粗铜	顶送风(50~95)
熔池熔炼法	艾萨熔炼法	澳大利亚芒特·艾萨矿物	铜精矿	铜锍	顶吹(40~60)
	澳斯麦特熔炼法	澳大利亚澳斯麦特	铜精矿	铜锍	顶吹(40~50)
	三菱法	日本三菱公司	铜精矿	铜锍	顶吹(45~55)
	特尼恩特炼铜法	智利特尼恩特公司	铜精矿	铜锍	侧吹(约 35)
	瓦纽科夫炼铜法	诺里尔斯克公司	铜精矿	铜锍	侧吹(50~80)
	水口山炼铜法	中国水口山冶炼厂	铜精矿	铜锍	底吹(70~75)
	顶吹旋转转炉法	加拿大铜崖冶炼厂	镍锍	粗铜	顶吹(80~100)
	富氧底吹熔炼法	中国东营方圆集团公司	铜精矿	铜锍	底吹(70~75)

当前，国内应用最广泛的先进铜冶炼工艺主要是闪速熔炼＋闪速吹炼的"双闪"熔炼、底吹连续炼铜技术以及浸没式氧气顶吹熔炼（包括 ISA 和 Ausmelt）技术。

其中山东阳谷祥光铜业有限公司、江西铜业集团有限公司、安徽金隆铜业有限公司、金川集团广西金川有色金属有限公司以及铜陵有色金属集团股份有限公司建有闪速熔炼＋闪速吹炼的"双闪"项目；浸没式氧气顶吹熔炼技术（包括 ISA 和 Ausmelt）的代表有云南铜业（集团）有限公司 ISA 炉，铜陵有色金属集团股份有限公司金昌冶炼厂、湖北大冶有色金属集团的澳斯麦特熔炼，山西中条山公司侯马冶炼厂的澳斯麦特熔炼＋澳斯麦特吹炼"双澳"技术；自主研发的技术主要包括富氧底吹熔炼技术和富氧侧吹熔炼技术。近几年中国的铜冶炼工厂建设规模不断增大，产量规模最大最典型的江西铜业集团有限公司贵溪冶炼厂，产能达到了每年 200 万吨阴极铜，2021 年实际产量为 183.94 万吨，位居全国首位。安徽铜陵有色金属集团股份有限公司 2022 年阴极铜产量为 162.87 万吨，成为全国阴极铜产能较大的铜冶炼加工企业之一。

7.2.3.1　闪速造锍熔炼

闪速熔炼是利用细磨物料巨大的活性表面，强化冶炼反应过程的熔炼方法，包括奥托昆普型闪速炉、国际镍公司闪速炉和旋涡顶吹熔炼 3 种，以奥托昆普型应用最普遍（设备示意图见图 7-5）。

(1) 闪速熔炼的基本原理

从冶金过程的化学反应来看，闪速熔炼在设备和工艺上大大地改善了硫化物与氧化性气体间的反应动力学条件。即闪速熔炼大大地增大了硫化物凝聚相的反应表面积和提高气相中的氧浓度，强化硫化物氧化反应。其降低了燃料消耗，提高了烟气中 SO_2 浓度，达到节能、综合利用和改善环保条件的目的。

在闪速炉反应塔空间内，铁的硫化物氧化占主要地位。氧化形成的 FeO 与炉料中其他组分一起造渣，而形成的 Fe_3O_4 进入熔体内，未氧化的 FeS 与 Cu_2S 构成铜锍。Cu_2S 实际上没有被氧化而进入铜锍内，因为有足够的 FeS 存在时，Cu_2O 被硫化成 Cu_2S。

被氧化的部分镍和钴进入渣中，未氧化的部分硫化物进入铜锍。锌主要以 ZnO 入渣，仅有少量入烟尘。铅主要挥发进入烟尘。镉的入尘率比铅更高。大部分的硒、碲、铼也挥发入尘。而金银等贵金属，则转入铜锍中。

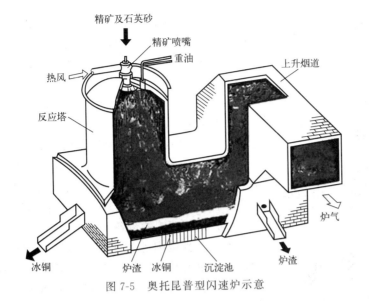

图 7-5　奥托昆普型闪速炉示意

硫化铜精矿熔炼的速率取决于炉料与炉气间的传质和传热过程，而传质和传热过程又随两相接触表面积的增大而加快。为此，要使反应迅速而完全地进行，可将炉料磨细并充分使它飘悬在炉气中。闪速熔炼便是基于上述原理，需要先将细粒硫化物精矿和熔剂干燥至含水 0.3％以下，熔炼中将预热空气或氧气和干燥的金属硫化物精矿以一定的比例加入反应塔顶部的喷嘴中，在喷嘴内气体与精矿强烈混合，并以很大的力度呈悬浮状态垂直喷入反应塔内，布满整个反应塔截面，造成气、固、液三相间良好的传热、传质条件，并发生强烈的氧化及造渣放热反应。闪速熔炼把强化扩散和强化热交换紧密结合起来，使精矿的焙烧、熔炼和部分吹炼在一个设备内进行，从而大大地强化了熔炼过程，显著提高了炉子生产能力，降低了燃料消耗。悬浮在炉膛空间的物料颗粒熔融后，落入沉淀池继续进行造铜锍和造渣反应。在反应塔熔化和过热的熔体（铜锍和炉渣）落入沉淀池澄清分离，然后分别由铜锍放出口和炉渣放出口放出。

由于硫化物的迅速氧化，在距喷嘴出口 0.7m 以外气相中的 SO_2 浓度显著增加，80％～85％的 SO_2 在此生成。烟气离开反应塔时，氧分压已接近于零。闪速熔炼可在较宽的范围内改变风料比例来调整铜锍品位和脱硫率。含 SO_2 较高的高温炉气通过直升烟道进入换热器和收尘系统后送往制酸。

在闪速熔炼中，精矿在反应塔中仅 2～4s 的停留时间里完成一系列熔炼过程，对其熔炼过程反应机理的认识至关重要。目前普遍被接受的粒子碰撞-聚结理论是业内较为认可的反应机理。低密度颗粒——气体悬浮条件下闪速熔炼中硫化物颗粒反应路径示意图见图 7-6，该理论认为：

① 物料进入反应器后，初始颗粒首先通过由气相间热传递和通过反应器壁辐射热来加热。

② 氧化开始于颗粒表面，形成包裹在未反应的硫化物核的多孔氧化物壳；由于氧化反应是高度放热的，因此颗粒迅速升温直至达到硫化物熔点；在这样的条件下，氧化产生的 SO_2 气体在熔化的核心内积聚并增加颗粒内的压力；然后气体将氧化壳推出，导致颗粒膨胀。

③ 当内部压力克服氧化物壳的阻力时，颗粒在一定程度上碎裂。

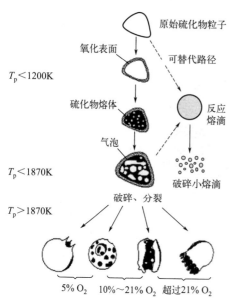

图 7-6　闪速熔炼反应塔内低密度硫化物
颗粒碰撞反应路径

④ 当初始颗粒的加热速率高到足以使在颗粒中发生任何明显氧化之前完全熔化时，其他替代路径反应也是可能的。在这种情况下，初始液滴可能由于黄铁矿分解释放气体而急剧破裂。这将产生许多进一步发生氧化反应的小液滴。

如果颗粒-气体悬浮液的密度足够高并且颗粒足够小，可以在反应器中停留时间内完全熔化，则会发生碰撞聚结现象。在工业化的闪速熔炼设备中，颗粒碰撞和碰撞聚结可能会同时发生，这取决于粒子的粒径和反应塔中的局部条件。

（2）闪速熔炼的设备

奥托昆普型闪速炉主体设备结构如图 7-5 所示，主要由反应塔、沉淀池及上升烟道三部分构成，涉及上料系统、精矿喷嘴、炉体本体结构及烟气余热回收、收尘系统及制酸系统。反应塔内完成氧化反应、造铜锍与炉渣反应；沉淀池主要起铜锍与炉渣的沉降分离作用，以及烟气与熔体分离的作用。

① 反应塔　是铜冶炼发生化学反应的主要部位，由塔顶、塔壁和三角区组成。除塔顶外，塔壁各段是由 20mm 厚的钢板制成的筒体构成，各段之间由法兰连接，法兰连接处设置铜水套；反应塔组装体由螺栓悬挂在钢结构骨架上，钢骨架通过球面座固定在基础上。

塔顶厚约为 400mm，砌筑 RRR-C 耐火砖，整个塔顶耐火砖用三圈同心"H"形水冷梁通过构架吊挂起来，使塔顶与塔壁的耐火砖分离。中央精矿喷嘴安装在内环正中央，喷嘴筒体部分与塔顶耐火砖用隔热板分开。

② 喷嘴　早期的精矿喷嘴都是文丘里型，是利用文丘里管形状产生紊流，促使空气和颗粒混合，这种喷嘴只适用于空气或低氧浓度。闪速炉采用富氧熔炼后，气流速度降低，文丘里型喷嘴生成的紊流不足以使富氧空气和精矿粉充分混合，达不到富氧熔炼效果。为此开发出了多种适于富氧熔炼的喷嘴，包括带分散锥文丘里型精矿喷嘴、分配式喷嘴、中央扩散型精矿喷嘴等等。

芬兰奥托昆普公司研制的中央扩散型喷嘴（CJD）是倒锥形，整个喷嘴由壳体、料管、风管、混合室等组成。炉料从中央料管流入混合室，富氧空气则从空气管喷入，在精矿混合室内充分混合。在精矿喷嘴中心安装一根小管，其端部设有锥形喷头，喷头周围分布有许多直径 3.5mm 小孔。压缩空气由小管通入，而后从小孔沿喷出，将精矿粉迅速吹散到整个反应塔内。改进的分配式喷嘴（见图 7-7）除设置重油喷嘴外，还呈同心圆设置氧气吹入管。在喷嘴锥入口处设置了风速调节装置，固定在喷嘴本体的吊杆上，改变吊杆在喷嘴内的长度可使风速调节锥沿精矿溜管上

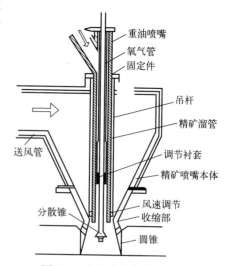

图 7-7　分配式富氧精矿喷嘴

下移动，调节喷嘴喉部有效断面以达到调节风速的目的。

日本对 CJD 喷嘴结构的改进见图 7-8，将内环去掉，在外环内壁安装一块固定的衬板，并安装三圈上下移动式的滑块，用于调节工艺风速，这样可以选择 6 级工艺风通道操作，可以根据风量和风温控制风速。

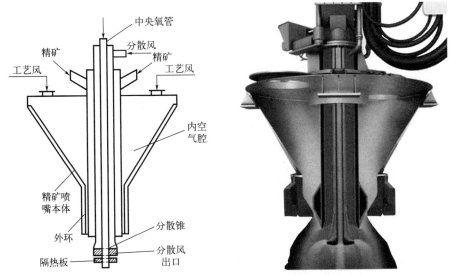

图 7-8　带内外环的中央喷射式精矿喷嘴

(3) 闪速熔炼工艺

1) 炉料干燥

闪速熔炼时干燥的精矿与熔剂需经高速喷嘴喷入反应塔内，在塔内呈悬浮状态与富氧空气充分接触完成造锍反应，在反应塔内以极短的时间（2～3s）完成全部冶金过程。为保证大的反应接触界面和反应速率，需要预先对精矿进行球磨，磨至较细的粒度，且将精矿干燥至含水量小于 0.3%。

干燥可用回转窑-气流干燥或闪速蒸汽干燥系统。气流干燥法设备组成见图 7-9。经配好的炉料由回转窑窑头加入，通过回转窑-气流干燥系统，在沉降室、旋涡收尘器和布袋收尘器收集，并落在闪速炉的中间料仓中，然后送至精矿喷嘴喷入反应塔。三段脱水的干燥率：回转窑 20%～30%、鼠笼 50%～60%、气流干燥管 20%～30%。而各段收尘效率：沉尘室 7%、一段旋涡 86%、二段旋涡 5%，其余在布袋中捕收。

回转窑干燥和气流干燥的热源都来自燃烧重油或天然气的热风炉，干燥效果比较好。但由于一般冶炼厂会有多余蒸汽，随着能源紧张，蒸汽干燥设备逐步被应用于铜精矿干燥。

蒸汽干燥系统主体干燥设备为多盘管蒸汽干燥机，其设备组成见图 7-10，它由 316L 壳体和多盘管转子构成。可利用电厂蒸汽或烟气余热锅炉产出的饱和蒸汽作为干燥热源。蒸汽从中心管进入，然后分配给盘管内所有环路，加热盘管后，由盘管外壁与铜精矿接触，将热能传递给精矿，使精矿加热干燥。

2) 熔炼工艺过程

要使反应迅速而完全地进行，闪速熔炼需将料磨细并充分使它飘悬在炉气中。先将细粒硫化物精矿和熔剂干燥至含水 0.3% 以下，送入炉顶料仓。采用室温富氧空气或 723～1273K 的热风作为氧化气体。干燥的精矿和熔剂与富氧空气或热风以一定的比例经布置在

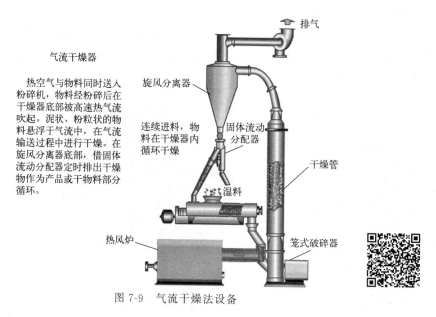

气流干燥器

热空气与物料同时送入粉碎机，物料经粉碎后在干燥器底部被高速热气流吹起。泥状、粉粒状的物料悬浮于气流中，在气流输送过程中进行干燥。在旋风分离器底部，借固体流动分配器定时排出干燥物作为产品或干物料部分循环。

排气

旋风分离器

连续进料，物料在干燥器内循环干燥

固体流动分配器

干燥管

湿料

热风炉

笼式破碎器

图 7-9　气流干燥法设备

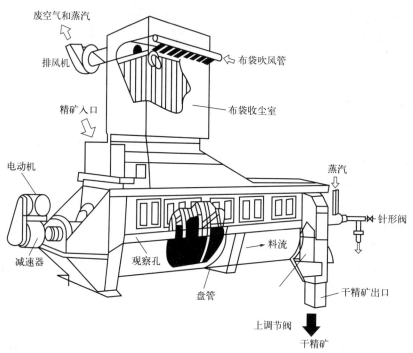

废空气和蒸汽

排风机

布袋吹风管

精矿入口

布袋收尘室

电动机

蒸汽

针形阀

减速器

观察孔

盘管

料流

干精矿出口

上调节阀

干精矿

图 7-10　蒸汽干燥设备

反应塔顶部的精矿喷嘴高速喷入反应塔内，在喷嘴内气体与精矿强烈混合，在塔内呈悬浮状态垂直喷入，满布整个反应塔截面，物料接触表面积增大，造成良好的气、固、液三相间传热、传质条件。物料在向下运动过程中，与气流中的氧发生氧化及造渣反应，放出大量的热，使反应塔中的温度维持在 1673K 以上。反应塔内主要完成氧化反应、造铜锍反应；在高温下物料迅速反应（2～3s），悬浮在炉膛空间的物料颗粒熔融后，沉降到沉淀池内，完成造铜锍和造渣反应，并进行澄清分离。

　　闪速熔炼反应塔空间中的反应在强氧化性气氛中进行，有一部分 FeS 氧化为 FeO 后可

进一步氧化为 Fe_3O_4，氧化形成的 FeO 与炉料中其他组分一起造渣，形成的 Fe_3O_4 进入熔体内，未氧化的 FeS 与 Cu_2S 构成铜锍，且不可避免地有一部分铜要被氧化为 Cu_2O。当熔融的氧化物和硫化物落于沉淀池的渣层上后，被氧化的铜才在 FeS 的作用下重新变成 Cu_2S。被氧化的部分镍和钴进入渣中，未氧化的部分硫化物进入铜锍；锌以 ZnO 入渣，少量入烟尘；铅挥发进入烟尘，镉的入尘率比铅更高；大部分的硒、碲、铼也挥发入尘；金银等贵重金属，则转入铜锍中。奥托昆普闪速熔炼过程中，通过控制氧料比，可任意改变产出铜锍的品位，这是其他很多传统熔炼技术所不能及的，但同时渣含铜较高。

目前，闪速炉炼铜都是采用富氧强化熔炼工艺达到高铜锍品位、高投料量、高热强度。在确定的配料情况下，工艺风的富氧浓度一般控制在 40%～70%；通过调节工艺风中的 O_2 量/精矿投入量比值来调节铜锍品位。其比值大，则铜精矿中的 Fe 和 S 在闪速炉内得到充分氧化，产生高品位铜锍；如比值小，则情况相反。由此看来，富氧浓度的波动会直接影响到铜锍品位的稳定。

3）闪速熔炼经济技术指标

铜闪速造锍熔炼经济技术指标示例见表 7-4。

表 7-4　奥托昆普闪速炼铜经济技术指标实例

项目	山东阳谷祥光铜业	金川集团合成炉	江西铜业贵溪冶炼厂
精矿处理量/(t/d)	2500	1965	3200
精矿品位，$wt(Cu)/\%$	26～32	28	25～28
铜锍品位，$wt(Cu)/\%$	68～71	58～60	54～58
炉渣含铜，$wt(Cu)/\%$	1.2～1.5	0.6～0.8	0.7～1.1
热风温度/℃	—	200	—
富氧浓度，$O_2/\%$	80	65～70	70
烟气 $SO_2/\%$	14～30	20～30	15～30
烟尘率/%	8.0～10.0	6.5～7.5	9.0～11.0

① 干矿水分　生产中常把干矿的水分控制在 0.3% 以下。炉料中的水分与沉尘室的烟气温度有关，一般沉尘室烟气温度控制在 80℃ 左右，水分可控在 0.3% 左右。

② 富氧浓度　在铜精矿的富氧强化熔炼过程中，要求工艺风的富氧浓度控制在 40%～70%，以达到所希望的目标铜锍品位。

③ 铜锍品位　闪速炉铜锍品位控制在 50%～70% 之间。铜锍品位可根据以下要求来确定：a. 最大限度地利用 Fe 和 S 在闪速炉内氧化所放出的热量；b. 冶炼要最大限度地回收 SO_2；c. 吹炼作业要求铜锍保留足够的 Fe 和 S；d. 避免生成过多的 Cu_2O 和高熔点 Fe_3O_4 炉渣。S 和 Fe 在闪速炉大量氧化有利于满足 a、b 两项要求。在闪速炉铜锍中保留适量的 Fe，有利于满足 c、d 两项要求。铜锍中的 FeS 既是吹炼的"燃料"，也能抑制 Cu_2O 的形成。

④ 脱硫率　闪速熔炼脱硫率＞70%，烟气 SO_2 浓度介于 12%～30%。最高 S 捕集率可达 99.9%。

⑤ 炉能力及寿命　随着闪速熔炼炉体冷却结构的改进、冷却强度的提高，闪速炉的单炉产能提高，最大达到原设计的 3.65 倍；闪速炉的炉寿命达到 10 年左右，最长达到 15 年。

综上，闪速熔炼优点可概况如下：充分利用原料中硫化物的反应热实现自热熔炼，因此热效率高，燃料消耗少；充分利用精矿的反应表面积，强化熔炼过程，大型炉冶炼强度可达

$50 \sim 60t/(m^2 \cdot d)$，生产效率高；可一步脱硫到任意程度，硫的回收率高，脱硫率＞70％，烟气含 SO_2 高，有利于制造硫酸，减少污染，铜锍品位可达 65％～75％，可减少吹炼时间，提高转炉生产率和寿命。

然而，闪速熔炼也存在如下缺点：对炉料要求高，备料系统复杂，通常要求炉料粒度在200目物料至少占80％，熔剂也必须粉碎；这也会导致烟尘率较高，给余热锅炉等的操作带来困难，投资大，辅助设备多；精矿要求充分干燥，要求精矿含水＜0.3％；当富氧浓度达到65％以上时，精矿喷嘴出口黏结严重，黏结速度快，清理维护难；氧化气氛强，反应时间短，渣含 Fe_3O_4 及有价金属较高，如渣含 $Cu \geqslant 1.0％$，需另行处理。

7.2.3.2 浸没式喷吹造锍熔炼

芒特艾萨熔炼（ISA）和澳斯麦特熔炼（Ausmelt）都是氧气顶吹技术，也称浸没喷吹熔炼技术。原料预处理比较简单，不需要深度干燥，对入炉物料的要求不太高，投资较低。其主要熔炼特点可概括如下：

① 原料适应性很强，铜、铅、镍、锡精矿，废杂料等再生冶炼，精矿成分和性质要求比闪速炉宽松；

② 可以处理湿料、块料、垃圾等，不需要特别的备料，湿料、块料可以直接入炉；

③ 通过控制炉内不同的气氛和温度，可以自由地进行氧化、还原、烟化（挥发分离特定的元素）；

④ 可以进行熔炼，也可以进行吹炼，直接生产粗金属；

⑤ 熔炼强度高，炉床能力高，最新的 ISA 炉设计精矿处理量达到了 130 万 t/a。

澳斯麦特/艾萨炉熔炼系统在负压下操作，由炉前处理、炉本体熔炼、余热发电、收尘与烟气治理、冷却水循环等系统组成。澳斯麦特/艾萨炉炉型结构多为筒球形。炉顶为截头斜圆锥形或平顶圆柱形，炉身为圆柱体，炉底为球缺形或反拱形（炉体结构示意见图7-11）。熔池由圆柱体与球缺两部分组成，形状接近于熔体的流动轨迹，有利于反应的进行。圆柱形设备由耐火材料作衬里，依据具体情况可单独采用喷淋冷却、绝热冷却或联合使用强制水冷或蒸发冷却铜面板以延长耐火材料的寿命。

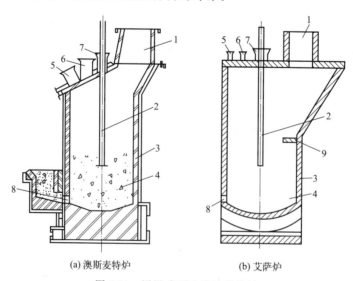

(a) 澳斯麦特炉　　　　(b) 艾萨炉

图 7-11　浸没式顶吹熔池熔炼炉

1—上升烟道；2—喷枪；3—炉体；4—熔池；5—备用烧嘴孔；6—加料孔；7—喷枪孔；8—熔体放出口；9—挡板

铜精矿炼铜工艺一般由熔炼和沉淀过程组成。熔炼过程中，通常铜精矿与返料、吹炼渣、熔剂经润湿混捏的物料从炉顶进料口加入熔池，燃料（粉煤）和燃烧空气以及未燃烧过剩的含CO、C等的二次燃烧风均通过插入熔池的喷枪喷入。当更换喷枪或因其他事故需要提起喷枪时，则从备用烧嘴口插入，备用烧嘴以柴油为燃料。富氧空气和燃料通过喷枪喷入并在喷枪尖端燃烧，给炉子提供热量。可通过调整供给喷枪的燃料和氧的比例以及加入的还原剂煤与物料的比例来控制氧化和还原的程度。精矿中的硫化铜和硫化铁将形成铜锍相，可控量的过剩空气也通过喷枪喷入，将硫化铁氧化成氧化铁得到预期品位的铜锍。产生的氧化铁和添加的熔剂造渣。沉淀阶段在合适的温度和静止条件下沉淀分离铜锍相和渣相，渣含铜量最低可降到 $0.5\%\sim0.7\%$。

喷枪是澳斯麦特/艾萨技术的核心，它由特殊设计的三层同心套管组成，中心是粉煤通道，中间是燃烧空气和氧气，最外层是套筒风。喷枪被固定在可上下运行的喷枪架上，工作时随炉况的变化由 DCS 系统或手动控制上下移动。喷枪浸没在熔融的渣池中，渣被喷入的燃烧气体空气和氧充分混合，喷枪内可控制的燃烧空气涡流给喷枪外表面渣层的固化提供了充分的冷却。固体渣层保护了喷枪不被高侵蚀性环境所侵蚀。

反应所需要的能量通过燃料的燃烧以及来料中铁的硫化物的氧化来取得。铅、锌、砷和其他挥发组分从熔池中挥发并在炉顶部被经喷枪二次燃烧段鼓入的空气再氧化，二次燃烧产生的部分热量被反应所利用。这些挥发性的组分经过挥发，在最终的金属相中会降到很低的水平，并进入烟尘成为烟灰氧化物而有待后续回收。该工艺适用于处理含 Bi、As、Pb 和 Zn 的复杂铜精矿。

澳斯麦特炼铜工艺在国内应用广泛，包括安徽铜陵集团有限公司、赤峰金剑铜业有限责任公司、中冶葫芦岛有色金属集团有限公司、湖北大冶有色金属集团、新疆五鑫铜业有限责任公司以及安徽铜陵集团金昌冶炼厂等。国内某公司的澳斯麦特炉按年产铜 20 万吨设计，主要参数及技术经济指标见表 7-5，入炉铜精矿品位 21%，富氧浓度为 60%，年处理铜精矿达 103 万吨。

表 7-5 某公司澳斯麦特炉主要参数及技术经济指标

项目	主要参数及技术经济指标	备注
熔炼炉规格	$\phi 5.0\text{m}\times16.5\text{m}$	内径
精矿品位:Cu	21%	—
处理精矿量	102.6 万 t/a	干基
熔炼富氧浓度	60%	—
熔炼富氧空气量	41422.43m³/h	—
精矿耗氧量	146.85m³/t 精矿	—
产低铜锍量	38.1 万 t/a	—
低铜锍品位:Cu	55.0%	—
产炉渣量	542104t/a	—
炉渣含铜	2.5%	—
冶炼回收率:Cu	98.07%	到阳极铜
熔炼烟气 SO₂ 浓度	19.68%	—

艾萨工艺炼铜与澳斯麦特工艺类似，我国云南铜业股份有限公司引进的艾萨法铜熔炼于

2002 年投产，采用高强度精矿制粒技术，使烟尘率降到 1.37%，精矿处理量 110~120t/h，总硫利用率 96% 以上，能耗 0.493tce/t-Cu❶，技术经济指标均处于世界领先水平。

7.2.3.3 富氧底吹造锍熔炼

氧气底吹熔炼技术是一种高效的铜造锍熔炼方法，利用可以转动的卧式圆筒炉来实现熔炼目的，富氧底吹熔炼设备示意图见图 7-12。炉体钢板外壳内衬铬镁砖，炉身被两个托圈支撑在转动托轮上，可旋转 90°。设有加料口、排烟口、放渣口、放锍口，端墙燃油烧嘴供开炉及保温使用。富氧空气由设在炉子底部的多个氧枪经锍层鼓入。生产过程中炉膛下部是熔体，其中间段为反应区，两端为沉淀区。反应区下部有氧气喷枪将富氧空气吹入熔池，使熔池处于强烈的搅拌状态。充分利用富氧空气的喷吹作用，实现炉内化学反应、传热、传质和动量传递的顺利进行。

图 7-12　铜精矿富氧底吹熔炼设备

富氧底吹连续炼铜工艺投资省、能耗低、生产成本低，主要技术经济指标处于世界领先水平。

（1）原料及产物

底吹熔炼炉能处理的含铜原料种类是所有铜熔炼工艺中最广泛的，被称作"杂矿处理的傻瓜炉"。

底吹炉除铜精矿、金精矿外，还能处理二次铜资源、铜阳极泥渣精矿、系统返料。对原料的粒度和水分均没有严格要求，实际生产中一般含水 5%~15%。底吹熔炼熔剂主要为石英石，粒度不大于 20mm。由于底吹熔炼造锍捕金能力强，若加入含金的河砂，能够提高经济效益。正常生产情况下，底吹熔炼炉不需要加入燃料，仅在开炉和保温时需要燃料，多数冶炼厂以天然气和柴油作为燃料。

底吹熔炼炉主要产物包括铜锍、铜渣、烟气和烟尘等。

（2）熔炼工艺

底吹炉物料不经干燥、不外供任何燃料能维持自热熔炼。熔炼中铜精矿/金精矿外，二次铜资源、渣精矿、系统返料及熔剂等从炉子顶部的加料口加入底吹炉中。高氧浓度（70%~80%）的富氧空气从炉底反应区下部的喷嘴鼓入铜锍层内，使熔池处于强烈的搅拌状态。利用精矿发生氧化及造渣反应放出的热，使熔池和炉渣保持过热，物料耗氧量控制在 120~

---

❶　能耗 0.493tce/tCu，即吨铜能耗为 0.493 吨标准煤，tce 指吨标准煤，1 吨标准煤＝29.3076GJ。

$130m^3/t$，熔炼强度 [$15t/(m^2 \cdot d)$]。通过铜锍传递氧完成造渣反应，底吹造锍熔炼工艺通常选用 Fe/SiO_2 为 $1.8 \sim 2.2$ 的高铁渣，由于氧从炉底送入，通过铜锍传递完成造渣反应，造渣氧势低，Fe_3O_4 生成量少（$8\% \sim 12\%$）。炉料在反应区完成精矿分解、氧化、造锍及造渣反应，在沉淀区实现渣-锍澄清分离。烟气及烟灰经排烟口排出，经余热回收及收尘后送制酸系统；炉渣经放渣口排出，渣经选矿回收铜，弃渣含铜通常 $0.3\% \sim 0.5\%$。铜锍经流槽流入底吹熔炼炉，进行连续吹炼。

（3）主要经济技术指标

1）铜锍品位

铜锍品位受多种因素影响，与原料成分、后续吹炼工艺、渣含铜和综合经济指标等均有关系，典型的铜锍成分列于表 7-6。处理低品位金精矿时，铜锍品位约 $45\% \sim 65\%$；处理常规铜精矿时，铜锍品位在 $55\% \sim 70\%$；采用连续吹炼工艺时，铜锍品位在 $68\% \sim 73\%$。

表 7-6 底吹熔炼典型的铜锍成分 单位：%

项目	Cu	Fe	S	SiO$_2$	Pb
工厂 1	70	4.6	21.2	0.45	1.2
工厂 2	60.2	11.3	19.2	0.3	1.8

2）渣型及渣含铜

底吹熔炼炉的炉渣采用高铁硅渣型，铁硅比在 $1.6\% \sim 2.0\%$。如此高的铁硅比会使渣中磁性 Fe_3O_4 含量偏高，占总铁 $20\% \sim 30\%$。由于底吹炉搅拌强烈，不易出现炉结。但如果操作控制不好或者渣中高熔点物质过多，温度偏低，会出现放渣困难的情况。炉渣含铜一般在 $2.5\% \sim 5\%$ 之间。由于底吹熔炼炉渣经渣选矿后尾渣含铜低于 0.3%，平均在 0.25% 以下，对总的回收率没有太大影响。典型的炉渣成分见表 7-7。不同冶炼厂之间渣含铜的差距较大，这与操作方式和处理原料不同密切相关。

表 7-7 底吹熔炼典型的炉渣成分 单位：%

项目	Cu	Fe	SiO$_2$	S	Pb	Zn
工厂 1	2.45	43.5	24.6	0.7	0.5	1.8
工厂 2	3.23	41.63	25.2	0.95	0.41	2.46

3）烟气量及烟气成分

由于底吹熔炼炉处理未经干燥的精矿，且富氧浓度在 70% 以上，因而其烟气含水量偏高、SO_2 浓度高。出口烟气温度在 $1200℃$ 左右，低于闪速熔炼和侧吹熔炼等工艺，这是其低温操作模式和反应机理所致。某冶炼厂底吹熔炼炉的烟气量和成分见表 7-8。

表 7-8 某冶炼厂底吹熔炼烟气量和成分

名称		烟气成分					烟气量
		SO$_2$	SO$_3$	H$_2$O	O$_2$	N$_2$	
底吹熔炼炉出口	m^3/h	19943.2	0	15451.4	0	14469.7	50893.3
	%	39.19	0	30.36	0	28.43	100.00
余热锅炉入口	m^3/h	20735.6	0	15804.0	1863.5	24461.1	63893.3
	%	32.45	0	24.74	2.92	38.28	100.00

底吹熔炼炉的烟尘率一般为精矿量的 $1.5\%\sim2.5\%$，会随着精矿成分、炉膛负压而波动。底吹熔炼炉的烟尘为余热锅炉尘和电收尘器尘两部分，一般经仓式泵输送至精矿仓配料返回熔炼炉。国内某企业底吹造锍熔炼的主要参数及技术经济指标见表7-9。

表 7-9　某企业富氧底吹熔炼主要参数及技术经济指标

项目	参数及技术经济指标	项目	参数及技术经济指标
投料量/(t/h)	$47\sim50$	熔炼富氧浓度/%	$70\sim75$
底部空气压力/MPa	$0.38\sim0.6$	底部供氧压力/MPa	$0.4\sim0.6$
熔池温度/℃	$1150\sim1250$	出口烟气温度/℃	$950\sim1000$
铜锍品位,$w_t(Cu)$/%	$45\sim65$	炉渣含铜,$w_t(Cu)$/%	$2\sim5$
渣铁硅比	$1.4\sim2.0$	经选矿弃渣含铜,$w_t(Cu)$/%	0.35
熔炼烟气 SO_2 浓度/%	$18\sim20$	烟气量(标准状态)/m^3	$40000\sim60000$
硫利用率/%	>98	铜回收率/%	98.5
处理能力/[t/(m²·d)]	$7\sim8$	金回收率/%	98
氧利用率/%	100	粗铜总能耗,kgce/tCu	≤450

4）富氧底吹熔炼的主要特点

① 高氧浓度、高熔炼强度，炉体无水冷元件，烟气带走热与热损失小，热效率高。各种熔池熔炼的氧浓度与熔炼强度列于表7-10。

② 氧从炉底送入，通过铜锍传递完成造渣反应，造渣氧势低，Fe_3O_4 生成量少，可以采用高铁渣熔炼，熔剂加入量少。熔炼同种精矿，底吹处理总物料量最少，渣率最低。处理高硫铜精矿尚可配一定量的废杂铜、金物料。

上述两项特点使该工艺成为炼铜史上，物料不经干燥、不外供任何燃料能维持自热熔炼的工艺，也是单位物料耗氧最低的（$120\sim130m^3/t$）。

③ 氧枪在底部，处于低温位，寿命长，圆形炉体，有利于炉衬热胀冷缩。某企业铜底吹熔炼炉自 2008 年投产至今，年开工率$>95\%$。

某企业采用富氧底吹熔炼炉来处理硫化铜及金银精矿，目前配入的金银等稀贵金属比例已经达到了 50% 以上，实现了金、银、铜、铂、钯、镍等多金属的综合回收。

表 7-10　各种熔池熔炼的氧浓度与熔炼强度对比

项目	ISA 法	瓦纽科夫	Ausmelt	三菱法	底吹法
富氧浓度/%	$45\sim52$	$55\sim80$	$40\sim50$	$42\sim48$	$70\sim80$
熔炼强度/[t/(m²·d)]	13.4	$8.3\sim11.7$	$5.5\sim6.0$	$4.8\sim5.5$	$14\sim15$

7.3　铜锍吹炼

吹炼的目的是将铜锍转变为粗铜。传统成熟的吹炼技术主要是卧式转炉（PS 转炉）吹炼。先进吹炼技术包括闪速炉吹炼、三菱法吹炼、澳斯麦特吹炼和富氧底吹吹炼法等。很有发展前景的高效吹炼技术如艾萨吹炼法已经工业应用于其他领域，铜锍的艾萨吹炼尚无应用案例，正处于工业试验阶段，先进高效吹炼技术正在逐步取代传统吹炼技术。

7.3.1 吹炼原理

造锍过程完成了铜与部分或绝大部分铁的分离，要除去铜锍中的铁和硫以及其他杂质，还需要将铜锍进行吹炼获得粗铜。在吹炼过程中，金、银及铂族元素等贵金属几乎全部富集于粗铜中，为有效回收提取这些金属创造了良好的条件。目前，铜锍的吹炼过程绝大多数是在卧式侧吹转炉内进行的。吹炼过程是间歇式的周期性作业，整个过程分为两个阶段（或两个周期），分别为造渣期和造铜期。

（1）造渣期

造渣期主要任务是除去铜锍中全部铁以及与铁化合的硫。主要反应包括 FeS 的氧化反应和 FeO 的造渣反应，即

$$2FeS + 3O_2 \Longrightarrow 2FeO + 2SO_2 \tag{7-15}$$

$$2FeO + SiO_2 \Longrightarrow 2FeO \cdot SiO_2 \tag{7-16}$$

造渣期的总反应为：

$$2FeS + 3O_2 + SiO_2 \Longrightarrow 2FeO \cdot SiO_2 + 2SO_2 \tag{7-17}$$

反应得到液态铁橄榄石炉渣（$2FeO \cdot SiO_2$），其中含 29.4% SiO_2 和 70.6% FeO。实际上由于加入石英量的限制，工业转炉渣含 SiO_2 常常低于 28%（质量分数）。

在吹炼温度下，铜锍中硫化物发生氧化反应的 $\Delta G^{\ominus} - T$ 关系见图 7-13(a)。由图可见，铜锍中的 FeS 与氧反应 $\Delta G^{\ominus}$ 最负，优先发生氧化。FeS 的氧化属气-液间的反应，进行迅速，而 FeO 的造渣属固-液间的反应，进行得较缓慢。由于石英熔剂多以固体形式浮在熔池表面，FeO 以熔融状态溶于铜锍中，FeO 与 SiO_2 接触不是很充分，来不及造渣的 FeO 便随熔体循环并与空气再次相遇，进一步被氧化成 Fe_3O_4，形成的 Fe_3O_4 只能在有 FeS 存在时才能按下式被还原并与 SiO_2 造渣：

$$3Fe_3O_4 + FeS + 5SiO_2 \Longrightarrow 5(2FeO \cdot SiO_2) + SO_2 \tag{7-18}$$

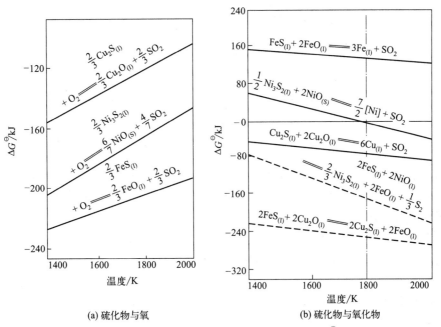

(a) 硫化物与氧 　　　　(b) 硫化物与氧化物

图 7-13　铜锍中硫化物与氧、硫化物与氧化物反应的 $\Delta G^{\ominus} - T$ 关系图

由于三者接触不良，Fe_3O_4 还原不彻底，在转炉渣中会含 $12\% \sim 25\%$ 的 Fe_3O_4，有时高达 40%。Fe_3O_4 的存在提高了转炉渣的熔点、黏度和密度。转炉渣含铜高达 $1.5\% \sim 5\%$，必须返回熔炼或单独处理。

在吹炼的条件下，会有一部分 Cu_2S 不可避免地被氧化成 Cu_2O 或者金属铜，但只要有 FeS 存在，它们都可以再硫化成 Cu_2S，因此第一周期的产品主要是白铜锍。

（2）造铜期

造铜期是继续向造渣期产出的 Cu_2S 熔体鼓风，进一步氧化脱除残存的硫，生产金属铜的过程。鼓入空气中的氧首先将 Cu_2S 氧化成 Cu_2O，生成的 Cu_2O 在液相中与 Cu_2S 进行反应而得到粗铜。

$$2FeS + 2NiO = 2/3Ni_3S_2 + 2FeO + 1/3S_2 \tag{7-19}$$

$$FeS + Cu_2O = Cu_2S + FeO \tag{7-20}$$

$$Cu_2S + 2Cu_2O = 6Cu + SO_2 \tag{7-21}$$

反应式（7-19）的 $\Delta G^\ominus$ 在所有熔炼温度范围内都有很大负值。表明有 FeS 存在时，Cu_2O 不可能稳定存在，必然被硫化成 Cu_2S。

熔炼中金属硫化物与氧化物反应能否得到金属，关键在于 MS 与 MO 交互反应能否向右进行。图 7-14 为 MS 与 MO 交互反应在各个温度下的平衡 p_{SO_2} 的对数值曲线。不同 MS 与 MO 反应的 $\lg p_{SO_2}$-T 曲线与直线 1 的交点相当于 $p_{SO_2} = 1atm$（101325Pa）时的临界温度。实际转炉内的 p'_{SO_2} 约为 $0.14atm$（14185.5Pa），相当于直线 2。当 $p_{SO_2} > p'_{SO_2}$，即 $p_{SO_2} > 14185.5Pa$ 时，交互反应向右进行，形成金属；相反，当 $p_{SO_2} < 14185.5Pa$ 时，反应向左进行，金属被 SO_2 氧化；当 $p_{SO_2} = 14185.5Pa$ 时，反应达到平衡。由此可见，凡 $\lg p_{SO_2}$-T 曲线在直线 2 上方的交互反应都能向右进行而得到金属。

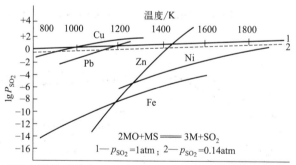

图 7-14　不同金属相互反应 $2MO + MS = 3M + SO_2$ 的 $\lg p_{SO_2}$ 与温度关系

由图 7-14 可以看出，Cu_2S 与 Cu_2O 发生交互生成 Cu［反应式（7-20）］在 730℃（1000K）时的平衡压力达到 1atm，在吹炼温度下达到 $7 \sim 8atm$。所以 $p_{SO_2} \gg p'_{SO_2}$，反应剧烈地向形成金属的方向进行。

反应 $PbS + 2PbO = 3Pb + SO_2$ 在 850℃（1120K）时的 p_{O_2} 达 1atm，故在吹炼温度下也是向形成金属的方向进行。反应 $ZnS + 2ZnO = 3Zn + SO_2$ 在 1180℃（1453K）左右时的 p_{SO_2} 达 1atm，因此硫化锌在吹炼温度下也会形成金属锌，并在此温度下以气态进入烟尘。如若温度降低，则氧化形成 ZnO，并与 SO_2 结合进入转炉渣中。然而，镍交互反应生成金属镍要高于 1700℃（1973K）的温度，所以吹炼只能使镍变为高镍锍。

在铜锍吹炼的造渣期，Cu_2S 也有被氧化成 Cu_2O 的可能。但在高温下，Cu_2O 与 FeS

交互反应的平衡常数很大，而与 Cu_2S 交互反应的平衡常数则小得多。造渣期由于有 FeS 存在，Cu_2O 不可能稳定存在，而迅速地被 FeS 硫化为 Cu_2S，却不可能与 Cu_2S 作用生成金属铜。

随着吹炼过程进行，FeS 不断在减少，直至 Cu_2S 氧化成 Cu_2O 的自由能变化值等于或小于 FeS 氧化成 FeO 的自由能变化值时，Cu_2S 才与 FeS 同时氧化或 Cu_2S 优先氧化，经热力学计算得：

$$\lg \frac{[Cu_2O]}{[FeS]} = 1.72 + \frac{3416}{T}$$

从而可计算不同温度下的 $[Cu_2S]/[FeS]$，具体结果见表 7-11。所以，只有当铜锍熔体中 Cu_2S 浓度等于或超过 FeS 浓度 $10000 \sim 16000$ 倍时，Cu_2S 才能优先氧化或与 FeS 同时氧化。按照离解压计算，氧化顺序为 FeS、Ni_3S_2、PbS，最后为 Cu_2S。在第一阶段造渣期接近终点时，这些反应便开始进行，当放出最后一批炉渣之后，在转炉底部有时可见到少量金属铜。

表 7-11　铜锍吹炼不同温度下的 $[Cu_2S]/[FeS]$

温度/℃	1000	1100	1200	1300
$[Cu_2S]/[FeS]$	$2.5 \times 10^4/1$	$1.62 \times 10^4/1$	$1.1 \times 10^4/1$	$7.8 \times 10^3/1$

在造铜期，Cu_2S 首先被 O_2 氧化成 Cu_2O：

$$2Cu_2S(l) + 3O_2 \Longrightarrow 2Cu_2O + 2SO_2 \qquad \Delta G^{\ominus} = -268194 + 81.17T \text{(J)}$$

生成的 Cu_2O 与 Cu_2S 反应生成金属铜：

$$Cu_2S(l) + 2Cu_2O(l) \Longrightarrow 6Cu(l) + SO_2 \qquad \Delta G^{\ominus} = 35982 - 58.87T \text{(J)} \qquad \Delta G = 0, T = 611℃$$

由于 Cu_2O 与 Cu_2S 相互有一定的溶解度，在造铜期随着反应进行，可以形成密度不同而组成一定的 $Cu\text{-}Cu_2S(L_1)$ 和 $Cu_2S\text{-}Cu(L_2)$ 互不相溶的两层溶液，如图 7-15 所示。造铜期熔池中相的变化理论上按图中 $a \sim d$ 的路线，分三步进行：

① 当空气与 Cu_2S 在图中 $a \sim b$(1473K) 范围内反应时，硫以 SO_2 形式除去，变成一种含硫不足但没有金属铜的白铜锍，即 L_2 相，反应是：$Cu_2S + xO_2 \Longrightarrow Cu_2S_{1-x} + xSO_2$

造铜初始，随着 Cu_2S 氧化，熔体含铜量逐渐增加，这一反应当铜量增加到 82%时（相当于 Cu_2S 中溶解有 10%的金属铜），即硫降低到 19.4%（b）为止，熔体即分层。上层为含有少量金属铜的 Cu_2S，下层为含有少量硫化亚铜（接近 9%）的金属铜。

② 在图中 $b \sim c$（1473K）范围内，出现分层，底层为含硫 1.2%的金属铜，即 L_1 相；上层为含硫 19.4%的白铜锍，即 L_2 相。进一步鼓风将只增加金属铜和白铜锍的数量比例，而两层的成分无变化。继续吹炼，下层金属铜量增加，上层 Cu_2S 减少。

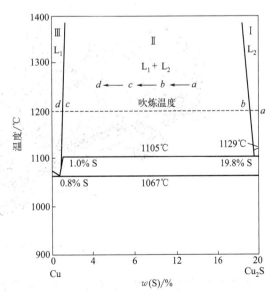

图 7-15　Cu-Cu_2S 系状态图

这时应适当转动炉子，缩小风口浸入熔体的深度，使空气送入上层硫化亚铜熔体中。

③ 吹炼进行到 c 点时，L_2 相消失；在 $c \sim d$（1473K）范围内，硫进一步被脱除，又开始进入单一的金属铜相（1.2%S），而白铜锍相消失，此时鼓风只减少金属中的硫含量，反应为：

$$[S] + 2[O] = SO_2$$

吹炼过程当铜品位达到 98%～99%，这时炉口烟量显著减少，送风压力增加，风量变小，很快就到达第二周期终点，即全部 Cu_2S 氧化生成粗铜，并开始出现 Cu_2O 时，吹炼过程结束。根据反应，粗铜中硫的质量分数可降到 0.02%，不过这时铜的含氧量也增加了。

吹炼过程是自热过程，不需外加燃料，完全依靠反应热就能进行。通常吹炼温度控制在 1423～1573K。

7.3.2 转炉设备结构及吹炼工艺

PS 转炉为目前应用最普遍的铜锍吹炼设备（设备示意图见图 7-16）。炉体为圆柱体，外壳用厚 40～50mm 的锅炉钢板制成，内衬镁砖或铬镁砖。在转炉外壳的两端有大圈将转炉支承在小托轮上，大圈外有大齿轮通过传动装置可使转炉绕水平轴正反方向转动。

转炉已趋向于标准化与大型化，一台 $\phi4m \times 11m$ 的转炉吹炼品位为 40%～65% 的铜锍，每天可产粗铜 200～300t。

转炉长方形炉口位于上部中间，作注入铜锍、倒出炉渣和排出炉气用，其面积按转炉熔池面积 20%～35% 或炉气速度小于 8～10m/s 设计。正常操作时转炉炉口向炉后倾斜 18°～30°，炉口周围安有裙板，以免喷溅物黏结在炉壳、U 形风管和风盒上，也有利于烟罩的密封。

转炉炉体下部单侧有一排风口，通常设有 $\phi40mm \times 80mm$ 的风口 30～50 个，每个风口用弯管与 U 形配风管相连，风口向下倾角 5°～7.5°，浸入熔体深度 200～500mm。石英熔剂可用溜槽由炉口加入，或由端墙上的石英枪加入。

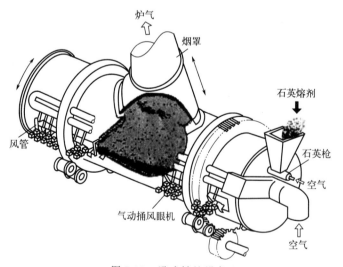

图 7-16　卧式转炉设备

在转炉结构方面出现了虹吸式转炉，其炉体与普通转炉相似。炉体的一端有一倒 U 形的虹吸烟道，此烟道装有适当的重锤以保持平衡。烟道与炉体一起转动。操作时炉口保持零压，炉气不被稀释，可在送风时间进料，所以车间条件较好，烟气 SO_2 浓度较高，鼓风时率较大，操作方便。

吹炼是周期性作业，全周期都是通过风口鼓风去完成的。

造渣期需获得足够数量的白铜锍，铜锍中的 FeS 迅速氧化生成 FeO 和 SO_2，FeO 与加入的石英熔剂造渣除去。但白铜锍不是一次吹成，而是按"加入铜锍→吹风→加入熔剂→加入冷料（根据炉温而定）→放渣"过程反复进行，每次加入一包铜锍吹炼除铁，当吹炼至 Fe 质量分数为 10% 左右时加入第 2 包铜锍继续重复上述操作，直到炉内聚满了与转炉容量相适应的富铜锍为止。然后把残留 FeS 除去直至获得含铜 75% 以上和含铁量千分之几的白铜锍为止。最后把残留在铜锍中的 FeS 除去，即所谓筛炉。筛炉时间是指加入最后一包铜锍后从开始鼓风至倒完最后一次渣的时间。筛炉期间加入的熔剂量必须十分明确，使 FeS 除净，并使炉温提高，以便转入吹炼第二阶段（造粗铜期）。

将转炉渣倒出后，转炉内剩下的是所谓白铜锍是成分接近 Cu_2S 熔体，然后在造粗铜期继续将 Cu_2S 吹炼成粗铜。

转炉正常操作时的风压为 $0.8 \sim 1.2atm$（$81060 \sim 121590Pa$），风量为每平方厘米风口面积 $0.9 \sim 1m^3/min$，温度为 $1150 \sim 1300℃$。温度过高容易损坏炉衬，此时可加入冷料降温。

造粗铜期不加熔剂，实际上也不产炉渣。造粗铜期的关键是准确判断终点，以防过吹。如已过吹，可缓慢倒入定量热铜锍使其还原后，即可放铜。从吹炼反应可见，造渣期 3 个体积的氧只生成 2 个体积的 SO_2，而造粗铜期则生成 3 个体积 SO_2。生产实践中，由于鼓风中的氧不能全部利用和炉口吸入空气等原因，造渣期炉气 SO_2 浓度一般为 $5\% \sim 6\%$，造铜期为 $8\% \sim 9\%$。

转炉的生产率可用每炉日产粗铜吨量、生产每吨粗铜所需时间或每日每炉处理铜锍的吨数来表示。采用富氧鼓风和提高铜锍品位能提高转炉的生产率。实践指出，铜锍品位提高 1%，产量可提高 4%。

PS 转炉吹炼工艺也存在一定的问题，如：

① 炉子之间倒运熔体，周期性开停风，周期性进料、放渣作业等均导致 SO_2 逸散，环境控制困难；

② 送风氧气浓度无法提高（一般仅 26%），烟气量大，SO_2 浓度低，制酸设备的投资和操作成本高；

③ 烟气量、SO_2 浓度、温度大范围波动，制酸操作不稳定，制酸能耗较高；

④ 设备的生产能力低，只能靠增加转炉的数量提高产量，受场地和制酸能力的制约。

现代熔炼技术对吹炼的发展要求：提高吹炼富氧浓度；能处理高品位铜锍；产出的烟气连续、稳定，SO_2 浓度高；逸散烟气少。为此，需开发铜锍连续吹炼工艺，取代 PS 转炉。

7.3.3 连续吹炼工艺

连续吹炼是利用铜精矿熔炼，产出高品位铜锍，经水淬或者用溜槽（或包子、行车）进连续吹炼炉进行吹炼。目前连续吹炼技术主要有三菱吹炼、闪速吹炼、诺兰达吹炼、Teniente 吹炼、Kaldo 连续吹炼、Outokumpu 连续吹炼、ISA 吹炼、富氧底吹连续吹炼以及 Ausmelt 吹炼等。其中三菱法、Outokumpu 连续吹炼技术、富氧底吹连续吹炼及 Ausmelt 连续吹炼技术比较成熟。表 7-12 列出了几种工业化连续吹炼技术的工艺参数和技术经济指标。

表 7-12　几种工业化连续吹炼技术的工艺参数和技术经济指标

工艺	诺兰达吹炼	三菱吹炼	闪速吹炼
铜锍炉料	液/固态 68%～70%Cu	液态,约 68%Cu	固态,69%～70%
投料量/(t/h)	42	54	68
送风氧浓度/%	27～29	32(Gresik)	80～85
作业率/%	85	90	80
产品	半粗铜含 S0.8%～1.2%	粗铜含 S0.6%～0.8%	粗铜含 S0.2%～0.3%
炉渣	硅酸铁	铁酸钙	铁酸钙
残极/杂铜处理	可以	可以	不能
烟尘率	低	低	高
熔炼/吹炼分离	部分	不能	能
炉寿命/年	0.75	3	>5

7.3.3.1　诺兰达吹炼

诺兰达技术发展早期用于直接生产粗铜。该过程遇到了如前所述的 Fe_3O_4 难处理问题,因而转向了由高品位铜锍吹炼成粗铜。诺兰达炉结构如图 7-17 所示。

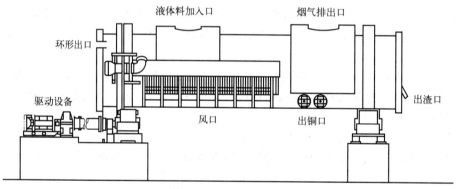

图 7-17　诺兰达吹炼炉

诺兰达炉在整个吹炼期间都存在着炉渣和含硫较高的粗铜。高品位液体锍通过液态加入口倒入炉内,固体熔剂、冷料和焦炭用皮带运输机从端墙上的加料口加入。正常操作的炉渣自端墙上的放渣口排出,粗铜从炉侧两个放铜口中的一个放出。因此,炉子除了转出撇渣外,风眼总是向炉内供风,送风时率可达 90%。根据吹炼过程需要,通过调整各种冷料(如固体锍、诺兰达熔炼炉渣精矿、各种返料)、焦炭的加入速率以及风眼鼓入的氧浓度,可以控制炉温。某炉子直径 4.5m,长 19.8m,炉子一侧有 44 个风眼。正常操作时,温度控制在 1210℃。吹炼时熔体总液面高度的目标值为 1400mm,层高度保持在 1000～1250mm 之间,粗铜层高度保持在 300～450mm;炉体风眼中心线在距底部衬砖以上 600mm 处,通常风眼浸没深度为 800mm。这样可以保证风眼鼓风吹到锍层中,避免风吹到对炉衬有强烈损害的铜层中。

确保诺兰达转炉吹炼顺利进行的关键要素之一是要控制铜锍品位含铁量低于 4%,以保证吹炼过程的渣率低。诺兰达炉采用的是铁硅酸盐炉渣,原因之一是除去某些杂质(如半粗铜中的 Pb)能力强,之二是炉渣能返回诺兰达熔炼炉进行处理,无须对全工艺流程作大调整，之三是如果需要，此渣能经缓冷、磨细和浮选处理，以回收有价金属，最后是用石英作熔剂的费用比石灰石作熔剂低。

由于诺兰达炉风眼区锍成分变化小，在总风管风压一定时，每个风眼的气体流量大，PS 转炉每个风眼鼓风量一般为 $725\sim875\mathrm{m}^3/\mathrm{h}$，而诺兰达炉每个风眼正常鼓风量可达 $1100\sim1250\mathrm{m}^3/\mathrm{h}$。因此，在同样情况下，诺兰达转炉风眼数量少，小时鼓风量比传统的 PS 转炉低，喷溅物少，炉口炉结少，可采用更严密的烟罩，减少冷风的吸入量，烟气 SO_2 浓度可达 $12.3\%\sim16\%$。

7.3.3.2 三菱连续炼铜工艺

三菱连续炼铜工艺是第一个工业化的铜锍连续炼铜工艺，并首次采用铁酸钙渣型进行铜锍吹炼。熔炼过程是在连续的三个炉子内完成（图 7-18）。顶吹炉造锍熔炼产出的铜锍经过溜槽进入圆形吹炼炉中，圆形炉用顶吹直立式喷枪进行铜锍吹炼。造锍熔炼和吹炼全部入贫化炉进行贫化，回收渣中的铜。在喷吹方式上，三菱法将空气、氧气和熔剂喷到熔池表面上，通过熔体面上的薄渣层，与锍进行氧化与造渣反应；喷枪内层喷石灰石粉，外环层喷含氧 $26\%\sim32\%$ 富氧空气。使用铁酸钙渣炉时不容易析出 Fe_3O_4。其喷枪随着吹炼的进行不断地消耗，喷枪头要定期更换。

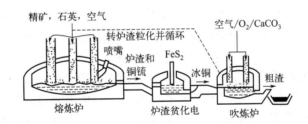

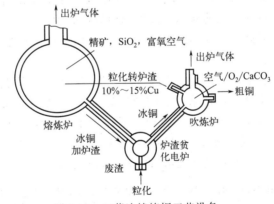

图 7-18　三菱连续炼铜工艺设备

7.3.3.3 闪速吹炼

闪速造锍熔炼-闪速吹炼"双闪"炼铜工艺是目前世界上公认的先进、成熟的炼铜技术之一，是高效环保的炼铜技术，是未来铜冶炼工艺的发展方向。闪速吹炼时采取富氧空气顶吹将铜锍吹炼成粗铜。首先造锍熔炼产出的铜锍经过水淬成碎粒，然后送球磨机磨料。固态铜锍粉经干燥和富氧空气一起喷入闪速吹炼炉反应塔，改变了传统锍的液态吹炼方式，硫的捕收率达 99.9%，SO_2 的逸散率吨铜小于 $2.0\mathrm{kg/t}$；只要铜锍品位适中，吹炼过程可以实现自热。闪速熔炼-闪速吹炼炼铜主体工艺设备连接如图 7-19 所示。

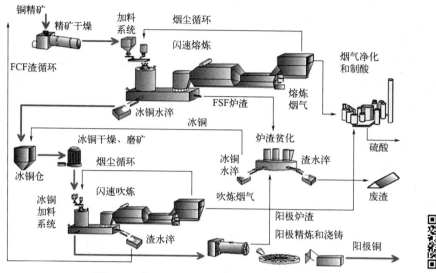

图 7-19　铜"双闪"熔炼工艺设备连接图

其工艺过程可描述如下：造锍熔炼炉→含 Cu 68%～70%的熔锍→经高压水淬→干燥与细磨至 0.10～0.15mm→磨碎后的锍粉干燥成含水≤0.3%的细粒→然后同生石灰、石英砂、含氧 60%～80%富氧空气一起送闪速吹炼反应塔内→含硫 0.2%～0.4%、含铜 98.5%的高硫粗铜。反应后从闪速吹炼炉的沉淀池放出粗铜。用石灰代常规的 SiO_2 作熔剂，产出含铜约 16%、含 CaO 为 18%左右、含高 Fe_3O_4 的吹炼渣，不析出固相，保持均匀的液相，再返回熔炼炉处理。吹炼中没有熔体输送，没有周期性开停风、进料、出渣作业；烟气量小，产出的烟气含 SO_2 高达 35%～45%，经余热锅炉与电收尘冷却净化后送去制酸，制酸作业稳定，制酸成本低；烟尘可返回闪速吹炼炉或闪速熔炼炉处理。

闪速吹炼单炉产量可高达铜 30 万 t/a 以上，环境污染小，粉尘、SO_2、NO_x 等的排放量远低于环境排放标准。

山东阳谷祥光铜业有限公司、金川集团广西金川有色金属有限公司以及铜陵有色金属集团股份有限公司金冠铜业分公司都采用了闪速熔炼-闪速吹炼的"双闪"炼铜技术。山东阳谷祥光铜业有限公司是继美国肯尼柯特公司之后世界上第二座采用"双闪"工艺的铜冶炼厂，设计规模为年产 40 万吨阴极铜。清洁的现场环境和 99%的硫回收率使祥光铜业成为清洁环保的绿色铜冶炼厂，其主要经济技术指标和工艺参数见表 7-13。

表 7-13　铜"双闪"工艺主要经济技术指标和工艺参数

	项目	设计值	实际值
FSF(熔炼)系统	精矿品位，$w(Cu)/\%$	27	26～32
	精矿，$w(S)/\%$	29.5	28～32
	处理量/(t/h)	120	100～130
	作业率/%	95	80～91
	铜锍品位，$w(Cu)/\%$	70	68～71
	炉渣含铜，$w(Cu)/\%$	2.3	1.8～2.3
	烟尘率/%	7	8

项目		设计值	实际值
FSF(熔炼)系统	渣 Fe/SiO$_2$	1.2~1.4	1.18~1.31
	铜锍温度/℃	1250	1240~1280
	渣温度/℃	1270	1260~1300
	工艺风富氧,O$_2$/%	65	70
FCF(吹炼)系统	作业率/%	85	80
	铜锍处理量/(t/d)	40.8	41~45
	烟尘率/%	7	9
	粗铜,w(Cu)/%	98.5	98.5~99.3
	粗铜,w(S)/%	0.25	0.25~0.40
	粗铜,w(O)/%		0.15~0.30
	炉渣含铜,w(Cu)/%	20	15~25
	渣 CaO/Fe	0.37	0.33~0.39
	渣 w(Fe$_3$O$_4$)/%	30	25~35
	粗铜温度/℃	1250	1230~1270
	渣温度/℃	1270	1250~1290

7.3.3.4 澳斯麦特炉吹炼

澳斯麦特吹炼炉结构和喷枪都与其熔炼炉类似,其设备连接图如图 7-20 所示。

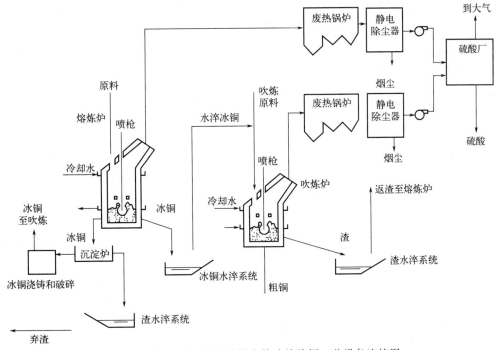

图 7-20 澳斯麦特熔炼-澳斯麦特吹炼炼铜工艺设备连接图

澳斯麦特间歇吹炼过程包括两个阶段:①铜锍吹炼成白铜锍;②白铜锍氧化成粗铜。

吹炼时铜锍以可控量加入吹炼炉，同时空气/氧气通过喷枪鼓入，鼓风量达到 65～75m³/min。通常将进料铜锍中 15% 的铁降低到白铜锍中的大约 5%；在这个过程中，二氧化硅连续地加入使氧化铁造渣，保持一个恒定的铁橄榄石成分。一旦炉子装满后，停止铜锍加入，然后开始白铜锍氧化。

第二阶段完成以后，粗铜和一些吹炼渣被倒出来。炉渣通常被水淬并返回到熔炼炉，或者用流槽转送到沉淀电炉或专门的渣贫化炉。粗铜放完以后，吹炼过程重新开始，留下的渣保留在吹炼炉中并作为下一个吹炼过程的底渣。

间歇式吹炼时，80% 的吹炼炉料为水淬铜锍。铜锍从熔炼系统水淬后直接入炉，含水达 12% 以上，并且吹炼炉不进料时为了控制炉渣的过氧化状态，需要加入适量煤。连续吹炼时，由澳斯麦特熔炼炉产出铜锍，可通过溜槽放入到吹炼炉连续吹炼到炉内有 1.2m 左右高度的白锍，结束造渣期。再将这一批白锍吹炼到粗铜。圆形炉中用顶吹直立式喷枪进行吹炼。喷枪内层喷石灰石粉，外环层喷含氧 26%～32% 富氧空气。废气中 SO_2 的浓度为 10.5%，鼓气中氧的利用率达 88%～95%。

澳斯麦特吹炼系统为固定式炉子，不需要旋转炉子来加入熔剂或排出产品，因此减少了"非操作"时间。炉内的温度更稳定，减少了热循环，耐火材料和能量消耗更低。对于一个年产 30 万吨铜的澳斯麦特吹炼炉来说，通常吨铜能耗低于 2GJ。

澳斯麦特吹炼技术的特点是冶炼强度大，对环境污染小；不足之处是容易产生泡沫渣，特别是在吹炼过程中，鼓入渣层的风如果不能及时克服炉渣表面张力脱离渣层，就会使炉渣泡沫化，风量越大，泡沫化就越严重，富氧吹炼会增加炉渣的过氧化程度，但相同氧量的气体氧气浓度高时会使鼓风量降低。可通过调整炉内的氧化还原气氛控制过氧化程度。国内某冶炼厂澳斯麦特吹炼炉操作参数如表 7-14 所示。

表 7-14　国内某冶炼厂澳斯麦特吹炼炉操作参数及其指标

参数或指标	数量		参数或指标	数量	
	设计值	实际值		设计值	实际值
入炉锍品位/%	60	57.9～54.02	吹炼温度/℃	1250	
入炉锍速率/(t/h)	23.7		富氧浓度/%		40～45
第一阶段白锍品位/%	80		渣中 Fe/SiO_2	约 1.4	1.19
粗铜品位/%	97.5	99.29	吹炼作业率/%		67.6
粗铜含锍/%	0.2	0.506	吹炼直收率/%		83.01
粗铜含铁/%	0.1		1 炉次换枪次数		0.61
吹炼渣含铜/%	15	10.82～11.94	1 炉次产量/t	38	27.92
吹炼渣中 Fe_3O_4/%		18	1 炉次作业时间/h		8

7.3.3.5　氧气底吹吹炼

为缩短铜冶炼工艺流程，解决冶炼低空污染和节能问题，中国恩菲在氧气底吹熔炼炼铜基础上提出了铜精矿底吹熔炼-铜锍底吹连续吹炼"双底吹"＋阳极炉精炼的"三段式"及底吹＋火法精炼的"两步炼铜"的工艺路线。

目前，氧气底吹铜熔炼技术国内已经成熟。东营方圆有色金属有限公司铜项目将传统的熔炼-吹炼-精炼"三步式"冶炼流程，压缩为底吹炉＋火法精炼炉的"两步炼铜"，两段工序之间用密闭溜槽连接，直接产出阳极板。河南豫光金铅集团有限责任公司铜冶炼项目选择了"双底连续炼铜"＋阳极炉精炼的三段式技术路线。

　　氧气底吹工艺是我国自主研发、具有完全自主知识产权的一种新的炼铜技术，是短流程连续炼铜清洁冶金前沿技术之一。三连炉富氧底吹连续炼铜工艺设备连接如图 7-21 所示。

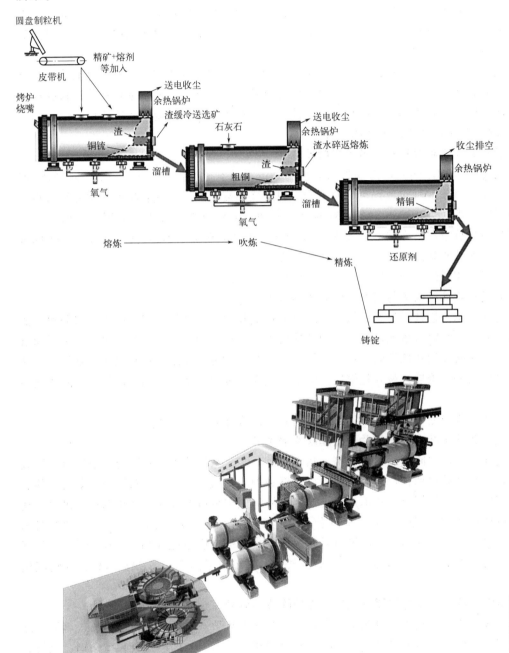

图 7-21　铜精矿富氧底吹三连炉炼铜设备示意

　　产自底吹熔炼炉的含铜 68％～75％ 的液态高温铜锍，经溜槽流入氧气底吹连续吹炼炉，这个处理铜锍品位相对较高；从吹炼炉底部连续送入富氧空气，在 1230～1270℃ 条件下对铜锍进行连续吹炼。在炉子一端渣池中部开孔；排放吹炼渣；熔池较下部开孔，设置粗铜排放口，实现吹炼过程连续化，克服了传统 PS 转炉的缺点。底吹炉内存有大量的铜液，对耐火材料具有冲刷和渗透性，尤其是放铜口，粗铜对放铜口的冲刷使得放铜口的寿命成为底吹炉最薄弱的环节之一。由于底吹连续吹炼属于熔池吹炼，在吹炼过程中，渣层、铜锍层、粗铜层共存，粗铜具有吸收杂质的能力，导致粗铜的含硫和杂质高于 PS 转炉。

此外，底吹吹炼时易产生泡沫渣。形成泡沫渣的原因是铁的过氧化，在吹炼的高氧化性氛围下形成磁性铁，导致渣变黏变稠，从而容易起泡。加入适量还原剂及控制合适的操作温度等措施就可避免形成泡沫渣。

依据铜来源情况也可以将铜锍部分或全部冷却后，采用部分热铜锍、部分冷铜锍，甚至是全部冷态铜锍连续吹炼。底吹吹炼最显著的特点就是连续性的吹炼，进料和放铜根据规模不同可以间断操作，吹炼和烟气收集均是连续的，有利于后续烟气制酸系统的稳定运行。

7.3.3.6　几种连续吹炼工艺的比较

（1）氧气底吹连续吹炼与闪速吹炼的差异

闪速吹炼炉处理冷铜锍，需要将铜磨碎到 $50\mu m$ 以下比例占 $60\%\sim65\%$，并进行深度干燥；利用高富氧浓度可实现自热，但不能处理残极和废杂铜。氧气底吹连续吹炼炉可直接处理热态铜锍，即使处理冷态铜锍，对铜锍粒度和水分没有严格要求，不用干燥磨矿，同时，还可利用吹炼过程富余热处理冷料和废杂铜。闪速吹炼是在反应塔空间内完成吹炼过程，氧气底吹连续吹炼是在熔池内完成吹炼过程。

闪速吹炼采用铁酸钙渣，底吹连续吹炼使用的硅铁渣。

（2）氧气底吹连续吹炼与三菱连续吹炼的差异

三菱连续吹炼炉连续加热态铜锍，连续排放粗铜和炉渣，富氧空气、熔剂和部分吹炼渣从炉子顶部喷枪连续喷入熔池，残极从炉顶残极密封加料口加入，废铜料打包从炉子侧面推入炉内。氧气底吹连续吹炼炉间断进热态铜锍，规模大时可以连续进热态铜锍；富氧空气从炉子底部或侧面的氧枪连续鼓入粗铜层，熔剂、残极和废铜料从炉顶加料口加入，间断放粗铜和炉渣。

三菱连续吹炼渣型采用铁酸钙渣，氧气底吹连续吹炼采用硅铁渣。

（3）氧气底吹连续吹炼与诺兰达连续吹炼的差异

诺兰达连续吹炼炉间断用铜锍包倒入热态铜锍，富氧空气从炉子侧面的水平风口连续鼓入铜锍层，熔剂从炉顶加料口加入，间断放粗铜和炉渣。氧气底吹连续吹炼炉间断流入热态铜锍，富氧空气鼓入粗铜层，吹炼过程过热，需从炉顶加料口加入残极和废铜料。诺兰达连续吹炼炉的风口 42 个，分成 7 组，每次使用 2 组，损坏堵上，再使用下一组，直到 3 组都损坏进行大修，一个炉期为 1 年，风口需要捅风眼，富氧浓度不能太高（小于 40%）。氧气底吹连续吹炼炉的氧枪 11 根，同时送富氧空气，富氧浓度可达 50%，根据氧枪损坏情况进行更换。

（4）氧气底吹连续吹炼与浸没式顶吹连续吹炼的差异

顶吹连续吹炼炉处理水淬冷铜锍，富氧空气和粉煤从炉子顶部的喷枪连续喷入熔池，冷铜锍、熔剂、块煤从炉顶加料口加入，间断放粗铜和炉渣，不能处理残极和废杂铜。氧气底吹连续吹炼可处理热铜锍，吹炼过程过熟，能处理残极和废铜料。

浸没式顶吹连续吹炼分周期操作，即一周期造渣，二周期造铜；造渣期采用富氧，造铜期采用普通空气。氧气底吹连续吹炼不分周期作业，连续送富氧空气。

顶吹连续吹炼的喷枪需要每班维修一次，每天操作 3 炉，维修 3 次。氧气底吹连续吹炼根据氧枪损坏程度进行更换，氧枪寿命在 3 个月左右。

7.4　火法炼铜发展趋势

采用连续炼铜技术，缩短冶炼工艺流程是未来解决冶炼低空污染的重要途径。国内目前已经实施及在建的有两种新型工艺技术路线：一是氧气底吹炉连续炼铜技术，二是闪速炉短流程一步炼铜技术。

1）闪速炉短流程一步炼铜工艺技术

铜精矿一步炼铜一直是冶金工作者的梦想，只有 Cu 品位和 Cu/Fe 高的精矿才适合一步炼铜。三菱连续炼铜工艺和底吹三连炉可以实现连续炼铜，但是不能在一个工序内直接完成。普通铜精矿一步炼成粗铜至今没有突破氧势控制问题——因熔炼和吹炼过程处于不同的氧势，若冶炼过程控制高氧势，则必然产生大量 Fe_3O_4 和 Cu_2O，造成铜渣分离困难，即存在同一设备中一次熔炼获得粗铜的瓶颈。随着精矿装料系统、精矿喷嘴和闪速工艺的进一步改进，铜铁比更低的铜精矿有望可以实现经济合理的直接炼铜，闪速一步炼铜可处理含铜在50％以上的铜精矿，被认为是可实现工业化一步炼铜的技术。

中国恩菲采用技术集成及优化，将闪速炉、白银炉及粗铜连吹炉进行工程性结合，将"闪速炉短流程一步炼铜"新技术在白银有色集团股份有限公司投产，初期产业化规模（10～20）×10^4 t/a 粗铜。该工艺实现在一个冶金炉装置中完成从铜精矿到粗铜产出的整个冶炼过程，创造"连续炼铜"短流程新工艺，提升我国铜铅冶炼工业整体技术装备水平和竞争力。

2）无碳底吹连续炼铜清洁生产

拥有国内自主知识产权的氧气底吹连续炼铜工艺主要技术经济指标处于世界领先水平，率先成为无碳连续炼铜清洁生产的榜样。无论双底吹还是三底吹连续炼铜，均采用溜槽液流的办法，彻底消除 SO_2 和低空烟害的逸散。

方圆铜业建设了国内第一家底吹造锍捕金连续炼铜生产线。处理含铜20％左右的精矿，处理量85t/h，实现全自热熔炼，粗铜能耗＜200kgce/t Cu，铜回收率97.98％，金98％。二期利用两台底吹吹炼炉同时工作，交替作业，吹炼炉将铜锍吹成粗铜后继续在吹炼炉中完成应在阳极炉中进行的精炼，直接生产阳极铜。取消了阳极炉，将传统的四步炼铜法简化为：熔炼-吹炼加精炼的"两步炼铜"。在此基础上，恩菲又在青海设计了底吹＋火法精炼"两步炼铜"＋CR 炉渣有价金属回收的工艺方案。

因底吹喷枪的送风压力需要＞6000kPa，如果直接吹炼热铜锍，送风氧浓度一般较低，送风量大，动力消耗高于其他吹炼工艺，吹炼成本较高。只有搭配处理大量高品位冷铜料的条件下，送风氧浓度提高，才能体现底吹吹炼的优越性。

7.5　铜火法精炼

7.5.1　精炼原理

粗铜含有各种杂质和金、银等贵金属，其总的质量分数为 0.25％～2％。这些杂质的存在不仅影响铜的物理化学性质和用途，而且有必要将其中的有价元素提取出来，以达到综合回收的目的。

粗铜精炼过程包括火法精炼和电解精炼。火法精炼可将粗铜中的部分杂质除去，将阳极板含铜提高到99.0%～99.5%，为电解精炼提供铜阳极板。火法精炼是周期性的作业，精炼过程通常在回转阳极炉内进行。按物理化学变化特点和操作程序，每一精炼周期包括装料、熔化、氧化、还原和浇铸五个阶段。其中氧化和还原阶段是火法精炼的实质性阶段。

（1）氧化

氧化精炼过程是基于粗铜中多数杂质对氧的亲和力大于铜对氧的亲和力，且杂质氧化物与铜液不互溶。当铜液中鼓入富氧空气时，杂质便优先被氧化成氧化物而与铜液分离。但是由于粗铜中铜是主体，杂质浓度很低，因此根据质量作用定律，铜首先被氧化，生成的 Cu_2O 溶于铜液中，Cu_2O 与杂质接触时便将氧传递给杂质元素，反应式见式（7-22）和式（7-23）。

$$4Cu + O_2 \rightleftharpoons 2Cu_2O \tag{7-22}$$

生成的 Cu_2O 立即溶于铜液中，在与杂质接触的情况下氧化杂质：

$$[Cu_2O] + [M'] \rightleftharpoons 2[Cu] + [M'O] \tag{7-23}$$

式中，M' 表示金属杂质。

由于铜液中铜的浓度很大，故可认为 $a_{[Cu]} = 1$，则上式平衡常数为：

$$K = \frac{a_{(M'O)}}{a_{(Cu_2O)} a_{[M']}} \tag{7-24}$$

因 $a_{[M']} = \gamma_{[M']} X_{[M']}$，则杂质在铜液中的极限浓度为：

$$X_{[M']} = \frac{a_{[M'O]}}{K \gamma_{[M']} a_{(Cu_2O)}} \tag{7-25}$$

式中，$X_{[M']}$ 为杂质在铜液中的质量分数。

由此可见，铜中残留杂质的浓度与铜液中 Cu_2O 的活度、该杂质的活度系数以及平衡常数成反比，这就要求 Cu_2O 在铜中始终保持饱和状态和大的 K 值。由于杂质氧化为放热反应，温度升高时 K 值变小，所以氧化精炼时温度不宜太高，一般在 1150～1170℃，由 Cu-Cu_2O 二元系相图图 7-22 和表 7-15 可知，此时 Cu_2O 在铜液中的饱和度为 8%。

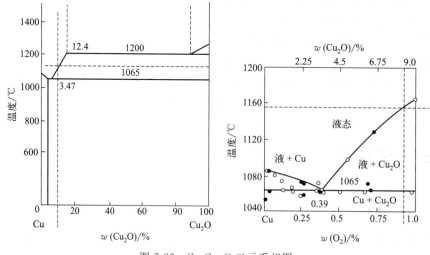

图 7-22　Cu-Cu_2O 二元系相图

表 7-15 Cu₂O 在铜中溶解度与温度的关系

温度/℃	1100	1150	1200	1250
溶解度/%	5	8.3	12.4	13.1

铜中残留杂质的浓度还与渣中该杂质氧化物活度成正比，为此须选择适当的熔剂和及时扒渣，以降低渣相中杂质氧化物的活度。

氧化过程还与炉气分压、杂质及其氧化物的挥发性、密度、造渣性能及熔池搅动情况等因素有关。Cu₂O 在氧化精炼中起着氧化剂或氧的传递者作用。

根据 K 值和 γ_M 乘积大小，可以大致排出粗铜中主要杂质氧化趋势由小到大排列为：As→Sb→Bi→Pb→Cd→Sn→Ni→In→Co→Zn→Fe。As、Sb、Bi 是粗铜火法精炼中最难除去的杂质。各杂质元素按氧化除去的难易程度，可分为三类。

第一类为易氧化的杂质，包括铁、锌、钴、锡、铅和硫等杂质；

第二类为难除杂质，包括镍、砷、锑等；

第三类是不能或很少除去的杂质如金、银、硒、碲、铋等。

铁对氧的亲和力大且造渣性能好，火法精炼时粗铜中铁含量可降至万分之一的程度。钴与铁相似，它将形成硅酸盐和铁酸盐被除去。锌则大部分以金属锌形态挥发，其余的锌被氧化成 ZnO 并形成硅酸盐和铁酸盐入渣。锡在火法精炼时被氧化成 SnO 和 SnO₂，前者为碱性易与 SiO₂ 造渣，后者为酸性，能与碱性氧化物生成锡酸盐造渣除去。所以在除锡时须加入苏打或石灰等熔剂。铅可以氧化成 PbO，并与炉底耐火材料中的 SiO₂ 造渣。

镍在氧化阶段氧化缓慢，而氧化生成的 NiO 分布在炉渣和铜水中。在粗铜中含有砷、锑杂质时，镍与它们生成镍云母（6Cu₂O·8NiO·2As₂O₅ 和 6Cu₂O·8NiO·2Sb₂O₅）熔于铜液中，这是这些杂质难除的主要原因。为除镍，需添加 Fe₂O₃ 使生成的 NiO 造渣（NiO·Fe₂O₃）外，还可以加入 Na₂CO₃ 分解和破坏镍云母，减少这些化合物在铜液中的溶解。实践表明，铜阳极含镍小于 0.6% 时，不会影响电解精炼的进行。也可用苏打或石灰等熔剂使砷锑形成不溶于铜中的砷酸盐和锑酸盐造渣除去。还可用石灰和萤石混合熔剂使砷锑造渣。

金、银等贵金属在氧化精炼时不会氧化，只有极少部分被挥发性化合物带入烟尘。硒、碲除少量氧化成 SeO₂ 和 TeO₂ 随炉气带走外，大部分仍留在铜中。铋在氧化精炼时除去得极少，因铋对氧的亲和力与铜相差不大。

在温度和 SO₂ 分压一定的条件下，铜液中硫和氧之间的平衡关系如图 7-23 所示。由图 7-23 可见，铜液中硫与氧成反比变化。在 1150℃，$p_{SO_2}=1.01kPa$ 时，要使硫降至 0.008% 以下，铜水含 O₂ 0.1% 即可。氧含量为 0.2% 时，硫含量则可降到 0.005% 以下。生产实践中为了加速反应，常将氧的浓度提到 0.9%～1.0%，保持熔体中 Cu₂O 为饱和状态。同时采用低硫（小于 2%S）的重油供热。炉气中 SO₂ 浓度应低于 0.1%，温度为 1150℃ 左右，并使炉内为中性或微氧化性气氛。

（2）还原

还原过程主要是还原 Cu₂O，用重油、天然气、液化石油气和丙烷等作还原剂，我国工厂多用重油。

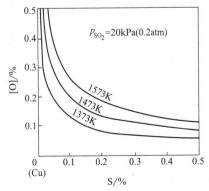

图 7-23 铜液中硫和氧的平衡关系

依靠重油等分解产出的 H_2、CO 等使 Cu_2O 还原。

$$\begin{cases} Cu_2O + H_2 = 2Cu + H_2O \\ Cu_2O + CO = 2Cu + CO_2 \end{cases} \qquad (7\text{-}26)$$

氢还原开始于 248℃，在精炼温度下进行得极剧烈。在 Cu_2O 饱和铜液中（1050℃）可 $a_{Cu_2O}=1$，得：

$$K_p = P_{H_2}/P_{H_2O} = 10^{-4.1}$$

可见，混合气体中只要有极少的氢，还原即可进行。

一氧化碳还原反应的平衡常数可写为：

$$P_{CO}/P_{CO_2} = K[Cu]^2/[Cu_2O]$$

1100℃下的理论计算值见表 7-16。可见 Cu_2O 也是很容易被一氧化碳还原的。

铜液对 O_2、SO_2 和 H_2 的溶解能力较强。铜中含氧过多会使铜变脆，延展性和导电性变坏。铜中含氢过多，在铸成的阳极内会有气孔，对电解精炼非常不利；若制成铜线锭，则在加热时铜中的氢与 Cu_2O 作用产生水蒸气，使铜变脆、发生龟裂（氢病），力学性能变坏。

重油还原时的氢浓度大，它以原子状态进入铜液中，通常氢在铜液中的溶解度与其分压的平方根成正比，为了降低铜中的含氢量，可以采取防止过还原和严格控制铸锭温度的方法。

表 7-16 Cu_2O 还原反应的 CO 浓度值

铜液中的 Cu_2O 浓度		$\lg \dfrac{p_{CO}}{p_{CO_2}}$	CO+CO_2 总和中的 CO/%	p_{CO}/%
质量分数/%	摩尔分数/%			
3.31	1.50	−4.64	0.002	2.0
0.23	0.10	−3.46	0.035	34.66
0.01	0.004	−2.18	0.855	813.25

7.5.2 精炼设备及工艺

大多数火法精炼是为电解精炼提供合格的阳极板，精炼操作分为加料、熔化、氧化、还原和浇铸等几个步骤。设备可以采用反射炉、回转炉或倾动炉。当前，粗铜精炼常用回转式精炼炉，倾动炉用于再生铜（固体料）的火法精炼。

回转式阳极精炼炉形是一种圆筒形炉子（其结构示意图如图 7-24），在圆筒体上壁开设有一个大的加料口（兼出渣口）、2～4 个氧化还原插管口和一个出铜口，炉子的一端装有一个供热用燃烧器，另一端开有排烟口。圆筒形炉体置于两对托辊轮在圆筒体上，借助电机驱动可以正反方向回转，以适应不同作业周期对炉位的要求。氧化、还原，共用一个风口，通过一个换向装置与还原剂供应系统连接，通入还原剂进行还原作业。与风口相对应的另一侧，设有一个出铜口，炉体向后倾转，铜液从出铜口放出，通过变速驱动装置，调节铜水流出量。

回转炉可以正、反转动 360°，它配备有快速、慢速两套驱动装置。进料、倒渣，氧化和还原用快速驱动，浇铸用慢速驱动。此外在事故停电时，还配备有炉子向安全位置回转的事故驱动装置。

回转式阳极炉结构简单，机械化水平高，炉子密封性能相当好，整个炉体仅开有一个加盖的大炉口，其他所有操作孔口均密封地固定装在炉体上。

回转式阳极炉炉床面积与熔池深度之比小，炉膛空间呈半圆形，对固体炉料的加料及熔化欠佳，因此，多用于矿粗铜热装料的保温和精炼，冷料率一般不超过 25%。

火法精炼由加料、熔化、氧化、还原、浇铸等过程组成，其中以氧化期和还原期为主要

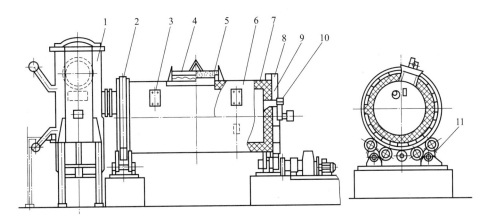

图 7-24　回转式阳极精炼炉结构

1—燃烧炉；2—托轮；3—风眼；4—炉盖；5—水冷元件；6—炉身；7—砖内衬；8—齿轮；
9—端盖；10—烧嘴；11—托轮

阶段。入炉物料可为固体或液体，固体料包括电解残极、废阳极板和各种铜料。回转式阳极炉不适合处理冷料，粗铜以液态形式通过溜槽或者铜液包加入，可分批进料。加料前炉温度高于 1300℃，加料后不应低于 1000℃。

熔化过程力求迅速，故炉温较高（1300～1400℃），有时可插入风管搅拌。在空气搅拌和炉内氧化气氛作用下，熔化期已有部分杂质氧化。在精炼液态粗铜时，则可免去熔化期。

氧化是铜火法精炼的主要作业。此时烟道抽力大（78.5～100Pa），空气过剩系数高（1.2～1.4），并从工作门向熔池铜水插入 2～3 根 18～50mm 的铁管鼓风。铁管端头包有保护耐火泥。铜水温度 1150～1170℃，含 Cu_2O 达 8%～10%。按炉渣积累程度分一次或多次将渣扒出。精炼时一般不加熔剂，只在杂质含量较高时才根据杂质类型不同加入适量的不同熔剂。氧化程度可靠经验判断，最好用固体电解质浓差电池定氧法判断。硫在粗铜中主要以 Cu_2S 形式存在，它在精炼初期氧化缓慢，但在氧化阶段即将结束时，炉渣停止形成，铜水表面出现 Cu_2O 油光薄层，开始与 Cu_2S 发生激烈的交互反应，生成铜和 SO_2 气体，使铜水沸腾，形成所谓"铜雨"。脱硫时炉温约 1150℃，此时向熔池通入水蒸气或空气将 SO_2 赶掉，也有用插入新鲜树干赶 SO_2 的。氧化终了的固体铜样呈砖红色，表面无鼓泡，断口致密无气孔。

精炼炉渣通常含 Cu15%～32%，一般以液态渣形式将精炼渣返回吹炼系统处理。

还原过程是将铜液中 Cu_2O 用还原剂脱除的过程。常用的还原剂：重油、天然气和液化石油气等。重油还原时，高温下有机物先分解为 H_2、CO 和甲烷等。混合气体中只要有极少的 H_2，就可以还原 Cu_2O。还原时铜水温度 1150～1170℃，其上用木炭或不含硫的碎焦覆盖。炉内为还原气氛并保持液面为零压。还原终了的铜样断面呈丝绸光泽并带亮星，表面平整有褶皱。

浇铸用圆盘浇铸机。为了获得优质铜阳极，铜水温度只高出铜熔点 20～30℃。铸模温度 120～140℃，模上涂以石墨粉或骨灰粉使阳极板易于脱模。铸成的阳极含 99.2%～99.7%Cu，送电解精炼。

7.6　铜电解精炼

火法精炼产出的阳极铜中 Cu 的质量分数一般为 99.2%～99.7%，还含有 0.3%～

0.8%的杂质。为了提高铜的性能，使其达到各种应用的要求，同时回收其中有价金属，尤其是贵金属及稀散金属，必须进行电解精炼，电解精炼的产品是电铜。铜的电解精炼是以火法精炼的铜为阳极，硫酸铜和硫酸水溶液为电解质，电铜为阴极，向电解槽通直流电使阳极溶解，在阴极析出更纯的金属铜的过程。根据电化学性质的不同，阳极中的杂质或者进入阳极泥或者保留在电解液中而被脱除。

电解精炼98%的Cu进入电铜，98.5%的Au、97%的Ag进入阳极泥，80%的Ni进入电解液综合回收，实现去除杂质、分离金银、提纯铜、回收有价金属的目的。

7.6.1 理论基础

铜电解精炼，在阳极上进行氧化反应：

$$Cu - 2e^- \rightleftharpoons Cu^{2+} \qquad E^{\ominus}_{Cu/Cu^{2+}} = 0.34V \qquad (7-27)$$

$$M' - 2e^- \rightleftharpoons M'^{2+} \qquad E^{\ominus}_{M'/M'^{2+}} < 0.34V \qquad (7-28)$$

$$H_2O - 2e^- \rightleftharpoons 2H^+ + \frac{1}{2}O_2 \qquad E^{\ominus}_{H_2O/O_2} = 1.229V \qquad (7-29)$$

式中，M'只指Fe、Ni、Pb、As、Sb等比Cu更负电性的金属。因其浓度很低，其电极电位将进一步降低，从而它们将优先溶解进入电解液。由于阳极的主要组成是铜，所以阳极的主要反应将是铜溶解形成Cu^{2+}的反应。至于H_2O和SO_4^{2-}失去电子的氧化反应，由于其电极电位比铜正得多，故在阳极上是不可能进行的。另外，如Ag、Au、Pt等电位更正的贵金属和稀散金属，更是不能溶解，而落到电解槽底部。

在阴极上进行还原反应：

$$Cu^{2+} + 2e^- \rightleftharpoons Cu \qquad E^{\ominus}_{Cu/Cu^{2+}} = 0.34V \qquad (7-30)$$

$$2H^+ + 2e^- \rightleftharpoons H_2 \qquad E^{\ominus}_{H_2/H^{2+}} = 0V \qquad (7-31)$$

氢的标准电位较铜负，且在铜阳极上的超电压使氢的电极电位更负，所以正常电解精炼条件下，阴极不会析出氢，而只有铜的析出。同样，标准电位比铜低而浓度又小的负电性金属不会在阴极析出。

根据阳极上杂质在电解时的行为，可将它们分为四类：

（1）正电性金属和以化合物存在的元素

金银和铂族金属为正电性金属，它们不进行电化学溶解而落入槽底。阴极铜中含有这些金属是由于阳极泥机械夹带。Ag_2SO_4可溶于电解液中，但当加入少量氯离子（HCl）时则形成AgCl入阳极泥。

氧、硫、硒、碲为稳定化合物存在的元素。它们以Cu_2S、Cu_2O、Cu_2Te、Cu_2Se、Ag_2Se、Ag_2Te等存在于阳极板内，电解时亦进入阳极泥中。

（2）在电解液中形成不溶化合物的铅和锡

电解时，铅以$PbSO_4$沉淀。锡以Sn^{2+}进入电解液后氧化成Sn^{4+} [$SnSO_4 + 0.5O_2 + H_2SO_4 \rightleftharpoons Sn(SO_4)_2 + H_2O$]，并按$Sn(SO_4)_2 + 2H_2O \rightleftharpoons Sn(OH)_2SO_4 \downarrow + H_2SO_4$水解沉淀进入阳极泥中。

（3）负电性的镍、铁、锌

阳极中的铁和锌含量极微，电解时它们与金属镍一道溶入电解液中。一些不溶性化合物如氧化亚镍和镍云母会在阳极表面形成不溶薄膜，使槽电压升高或引起阳极钝化。

（4）电位与铜相近的砷、锑、铋

电解时，砷、锑、铋可能在阴极上析出，还能生成极细的絮状$SbAsO_4$和$BiAsO_4$砷酸盐，漂浮在电解液中，机械地黏附在阴极上。其黏附量相当于砷锑放电析出量的两倍，而且锑进入阴极的数量比砷大，因此锑的危害更为突出。为此，电解液需要净化，以除去它在电解过程中积累的杂质。

7.6.2 电解设备及操作实践

7.6.2.1 电解槽设备

(1) 电解槽

铜电解精炼电解槽是长方形槽子（图 7-25），依次更迭地吊挂着阳极和阴极，附设有供液管、排液管、出液斗液面调节堰板等。材质为钢筋混凝土、玻璃钢、花岗岩或者呋喃树脂混凝土等。

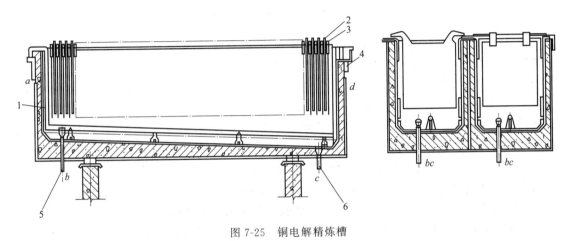

图 7-25　铜电解精炼槽
1—进液管；2—阴极；3—阳极；4—出液管；5—放液孔；6—放阳极泥孔

槽体底部常做成由一端向另一端或由两端向中央倾斜，倾斜度大约 3%，最低处开设排泥孔，较高处有清槽用的放液孔；它为长 3.0~6.0m、宽 0.85~1.3m、高 1.0~1.6m 的内衬铅皮或聚氯乙烯塑料板。电解槽放在钢筋混凝土立柱架起的横梁上，槽底四角垫有电绝缘的瓷砖或橡胶板。槽侧壁的槽沿上敷有瓷砖或塑料板，于其上再放槽间导电铜板。阴极和阳极的耳朵搭在此导电板上。相邻槽间留有 20~40mm 的槽间绝缘空隙。

(2) 铜电解槽的电路连接

输电电路用复联法，即槽内极间电路并联、横间电路串联，电解槽复联法连接示意图见图 7-26。

槽电流强度等于通过槽内各同名电极电流的总和，而槽电压等于槽内任何一对电极之间的电压降。电流从阳极导电排 1 通向电解槽 I 的全部阳极，该电解槽的阴极与中间导电板 II 连接，中间导电板在相邻的两个电解槽 I 和 II 的侧壁上。同一条槽间导电板，既是一个电解槽正极配电板，又是相邻电解槽负极汇流板。电解槽 IV 的阴极接向导电排 3，它对第一槽组而言是阴极，但是对于第二槽组而言则为阳极。电流从电解槽 I 通向电解槽 VIII，并经过一系列槽组，最后经阴极导电排 5 回到电源。

(3) 极板

阳极上方的两耳分别搭在导电板和槽沿的瓷砖上。阴极是由始极片或者永久不锈钢阴极做成。

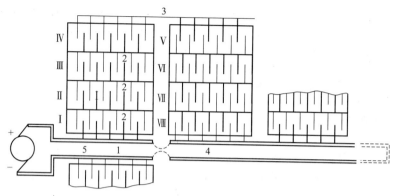

图 7-26　电解槽复联法连接示意

1—阳极导电排；2～4—中间导电板；5—阴极导电排

阳极由圆盘浇铸机浇铸而成，其尺寸与阴极尺寸、电解槽尺寸相适应，同时取决于规模和机械化程度。阳极的厚度取决于电流密度和阳极溶解周期。阳极溶解周期一般为 9～30d。阳极越厚，残极率越低，但是在生产过程中积压的金属也越多。阳极通常长 800～1400mm、宽 700～1200mm、厚 35～60mm（见图 7-27）、重 200～400kg。上方的两耳分别搭在导电板和槽沿的瓷砖上。阳极表面要平整无毛刺，厚度要均匀，对会引起阳极钝化和严重影响阴极质量的铅、氧、砷、锑等杂质的含量要严格控制。

始极片作为常规电解精炼的阴极板，是在种板槽内电解制成。尺寸通常比所用阳极的尺寸略大，即比阳极铜板长 10～60mm、宽 20～70mm、厚 0.7～1.0mm。种板槽母板为厚 3～4mm 的钛板。浸入 0～20℃的水中时，始极片即可从钛板上剥离。

通常电解槽内阳极片数为 32～50 块，阴极片数比阳极多一块。阳极寿命 20～30d。电极边缘离电解槽壁 50～70mm，离槽底 200～300mm，同极中心距 70～100mm。

永久阴极电解法用不锈钢阴极（图 7-28）取代传统的始极片。目前该法生产的电解铜已占世界总产量的一半以上。永久阴极铜电解工艺主要有 ISA 法、KIDD 法、OT 法和 EPCM 法。

图 7-27　铜大耳阳极

图 7-28　永久不锈钢阴极

7.6.2.2　电解工艺及参数控制

将火法精炼的铜浇铸成阳极板，用纯铜始极片（或者不锈钢）作为阴极，相间地装入电解槽中；用硫酸铜和硫酸的水溶液作电解液，在直流电的作用下，阳极铜和电位较负的金属溶解进入溶液；而贵金属和某些金属（如硒、碲）不溶，成为阳极泥沉于电解槽底。溶液中铜在阴极上优先析出，其他电位较负的杂质金属不能在阴极上析出，留于电解液中，待电解液定期净化时除去。

电解液成分与阳极成分、电流密度等电解的技术条件有关，也与对阴极铜的质量要求有关。

(1) 电解液成分

电解液为硫酸和硫酸铜水溶液。电解过程可以在较高的温度和酸度下进行，必须确保溶液导电性好，挥发性小，且比较稳定。

硫酸铜分解电压较低，砷、锑、铅等在硫酸溶液中能生成难溶化合物，因而杂质对阴极质量影响相对较小，而且贵金属在硫酸溶液中分离效果好。H_2SO_4 可提高电解液的导电性，但硫酸浓度的升高，会使电解液中 $CuSO_4$ 的溶解度降低。通常为 $180 \sim 220g/L$。Cu^{2+} 浓度不足，容易使杂质在阴极上析出；但 Cu^{2+} 浓度过高会增大电解液电阻，并易在阴极表面形成 $CuSO_4 \cdot 5H_2O$ 结晶，通常为 $40 \sim 45g/L$。

(2) 电解液温度

提高电解液温度，有利于降低电解液的黏度，使漂浮的阳极泥容易沉降，增加各种离子的扩散速度，减少电解液的电阻，对 Cu^{2+} 扩散有利，并使电解液成分更加均匀，从而提高电解液的导电率、降低电解槽的电压降，以减少铜电解生产的电能消耗。实验测定显示，电解液在 55℃时的导电率几乎为 25℃时的 2.5 倍；在 $50 \sim 60$℃时，温度每升高 1℃，电解液的电阻约减少 0.7%。但过高会增大铜化学溶解和电解液蒸发，通常为 $55 \sim 60$℃。

(3) 电流密度

电解精炼重要的技术参数是电流密度。它与生产率、电耗和生产成本紧密相连。电流密度一般是指阴极电流密度，即单位阴极板面积上通过的电流强度，是影响金属沉积物结构和性质的主要因素。电流密度低，产生细粒黏附阴极沉积物；电流密度高，易产生粗粒不黏附的多孔沉积物，而且阳极易钝化。提高电流密度可增加铜产量，但同时会增大槽电压，电流密度在 $220 \sim 380A/m^2$ 的范围内每增加 $1A/m^2$，则槽电压大约增加 $1mV$。

电流密度高，若添加剂配比不当或其他条件控制不当，容易引起阴极表面的树枝状结晶、凸瘤、粒子等析出物，短路风险增加，电流效率下降。反之，电流密度过小，Cu^{2+} 在阴极上放电又不完全，成为 Cu^+；Cu^+ 又可能在阳极上被氧化为 Cu^{2+}，导致电流效率下降。银、金进入阴极铜的机理指出，银、金在阴极铜中含量与电流密度并无直接关系。但是由于电流密度提高，增加了电解液的循环速度和阴极表面的粗糙程度，因而对银、金微粒在阴极上黏附具有间接的影响。

在高电流密度作用下，阴阳极间的 Cu^{2+} 浓度差更加悬殊。这样就有可能在阳极上由于 Cu^{2+} 过饱和而沉淀 $CuSO_4 \cdot 5H_2SO_4$，以及 NiO 和 Cu_2O 等来不及脱落而使阳极纯化；而在阴极上由于 Cu^{2+} 贫化而出现粗糙结晶，甚至沉积铜粉。

(4) 极间距离

通常以同名电极（同为阳极或阴极）之间的距离来表示。缩短极间距离，可以降低电解液电阻，即降低电解槽的电压降和电解铜的直流电耗。表 7-17 所示为槽电压与极距的关系。

表 7-17　铜电解槽槽电压与极距的关系

工厂	1		2		3	
极距/mm	100	90	100	90	100	90
槽电压/mV	320	280	383	329	300	280

（5）电流效率

电流效率为实际沉铜量与理论沉铜量的比值，一般铜电解的电流效率为 $92\%\sim98\%$。影响电流效率的因素：漏电、阴阳极短路、阴极铜被空气氧化、Fe^{2+} 氧化和 Fe^{3+} 还原等。

正常生产中槽电压一般为 $0.25\sim0.30V$，电能消耗即生产一吨电铜的耗电量。电能消耗正比于槽电压而反比于电流效率，且电流密度增大时槽电压也相应增大。电能消耗与槽电压成正比，与电流效率成反比，一般为 $250\sim280kW\cdot h/t$ 铜。

（6）电解液的循环

为了减小电解液组成的浓度差及使电解液温度均匀，电解液必须进行循环。电解液循环速度选择主要取决于循环方式、电流密度、电解槽容积、阳极成分等。当操作电流密度高时，应采用较大的循环速度，以减少浓差极化。循环方式有上进下出和下进上出两种，前者有利于阳极泥沉降且液温比较均匀，故常被采用。随着电流密度的增大，电解液 Cu^{2+} 浓度差剧变，循环速度也需增大。采用平行流电解和射流电解可有效减少电解液浓差极化。

（7）加盐酸或食盐

加盐酸或食盐的目的：降低电解液中银离子浓度，防止其在阴极上放电损失，电解液中的 Cl^- 可生成 $AgCl$ 与 $PbCl_2$ 沉淀，防止阴极产生树枝状结晶，抑制电解液中砷、锑、铋离子活性以及消除阳极钝化。氯离子浓度一般为 $15\sim60mg/L$。有时还在电解液中加入少许絮凝剂以加速悬浮的阳极泥沉淀。

（8）添加剂

为防止阴极铜表面上生成疙瘩和树枝状结晶，以制取结晶致密和表面光滑的阴极铜产品，电解液中还需要加入胶体物质和其他表面活性物质，如明胶、硫脲等。添加剂的作用是抑制阴极表面突出部分的晶粒继续长大，从而促使其电积物均匀致密。添加剂是导电性较差的表面活性物质，容易吸附在突出的晶粒表面上而形成分子薄膜，抑制阴极上活性区域的迅速发展，使电铜表面光滑，改善阴极质量。

但这些物质的加入，增加了电解液黏度，其加入的数量应视具体生产条件而定。国内外都用联合添加剂，每吨电铜耗添加剂动物胶 $25\sim50g$、硫脲 $20\sim50g$、干酪素 $15\sim40g$。

电解实际生产中，具体条件不同，各厂电解液成分也不同，一般：呈 $CuSO_4$ 形态的铜 $35\sim55g/L$，H_2SO_4 $180\sim220g/L$。镍、砷、锑、铁等杂质的含量增高时，会增加电解液的电阻、降低 $CuSO_4$ 的溶解度和影响阴极质量，故对其含量需严格控制。对于大多数生产高纯阴极铜的工厂，还控制其他杂质的浓度范围，如砷 $<7g/L$、锑 $<0.7g/L$、铋 $<0.5g/L$、镍 $<20g/L$ 等。

控制电解液中杂质浓度的方法：以电解过程中积累速度最大的杂质为基础，按其积累的速度，计算出其在全部电解液中每日积累总量，然后从电解液循环系统中抽出相当于这一总量的电解液送往净化工序，再补充新水和硫酸。这样，就可以既维持电解液的体积和酸度不变，又使杂质浓度不超过规定标准。

7.6.2.3　电解液的净化

随着电解液中的铜和负电性元素含量逐渐增加，硫酸逐渐减少，添加剂不断积累，使电解液成分发生变化。必须定期抽出一定量的电解液进行净化，同时补充等量的新液。

电解液净化的目的：回收铜、钴、镍；除去有害杂质砷、锑；使硫酸返回使用。

1）中和结晶

用铜粉中和电解液中的硫酸，生产硫酸铜晶体（胆矾）。

$$Cu_{粉}+H_2SO_4+1/2O_2 \Longrightarrow CuSO_4+H_2O \qquad (7\text{-}32)$$

中和液经蒸发浓缩获得饱和的 $CuSO_4$ 高温溶液（80～90℃），冷却即可析出硫酸铜晶体。

2）脱 Cu，脱 As、Sb、Bi

铜电解液净化技术有电积法、离子交换法、萃取法、化学沉淀法等。工业上广泛采用的是电积法。电积法又分间断脱铜法、周期反向电流电解、极限电流密度法、诱导脱铜法和诱导脱铜脱砷法。结晶后用不溶阳极电解方法回收铜，同时脱除杂质。

$$CuSO_4 + H_2O = Cu + 0.5O_2 + H_2SO_4 \tag{7-33}$$

当 Cu^{2+} 浓度降至 ≤8g/L 时，As、Sb 和 Bi 与 Cu 一起析出，得到含砷黑铜，送往火法精炼处理，但是容易造成砷、锑、铋杂质循环与累积。电解液中的 As 和 Sb 也可用萃取法或化学法除去。

离子交换法工艺简单，但存在树脂交换容量有限、解析产生的 Cl^- 污染电解液等问题。萃取法的缺点有对 As 萃取强，对 Sb、Bi 萃取弱，萃取剂损失大，成本高，等等。沉淀法沉淀效果不理想，沉淀剂用量大，操作较为复杂。

3）生产粗硫酸镍

上面处理后的液中含有 40～50g/L 的 Ni 和 300g/L 左右的硫酸。利用蒸发浓缩的方法，可得到粗硫酸镍，结晶后的余液返电解。

7.6.3 精炼技术进展

铜电解精炼近 10 年建设的大型铜电解车间都是采用大极板，配套极板作业组和专用吊车。此外，我国自己研发的电解液平行流技术已投入生产 10 多年，电流密度可在原基础上提高 30% 左右。铜电解精炼的技术进展主要表现在电解液净化、电解液循环方式、永久不锈钢阴极法（ISA 法和 KIDD 法）和阳极新材料的研制等方面。

7.6.3.1 永久不锈钢电解技术

我国自 2000 年开始采用不锈钢阴极电解，成熟的不锈钢阴极工艺有 ISA、KIDD、OT、EPCM、METTOP-BRX 工艺等。平行射流 METTOP-BRX 电解工艺电流密度提高 45%，最高设计电流密度可以达 410～420A/m²，产能由 $2×10^5$ t/a 设计能力可提高为 $3×10^5$ t/a 阴极铜。

7.6.3.2 铜电解液自净化技术

铜电解液自净化是在铜电解液中维持一定浓度的 As（Ⅲ），电解液中的 As（Ⅲ）能有效除去电解液中 Sb、Bi 杂质，并使电解液中 As、Sb、Bi 杂质维持在一定浓度范围内，起到自净化作用。铜电解液自净化原理是当铜电解液中存在 As（Ⅲ）时，生成了以砷代锑酸锑为主，砷锑酸砷和砷锑酸铋为辅的沉淀。

砷代锑酸锑结构式：Sb(OH)$_2$-O-{(Sb(OH)$_3$-[O-As(OH)-O-Sb(OH)$_3$]$_3$)}-O-Sb(OH)$_2$ · 8H$_2$O

砷锑酸砷结构式：{As(OH)$_4$-O-[Sb(OH)$_3$-O-]$_4$-O-As(OH)$_3$}-[O-As(OH)]$_{12}$-O-As(OH)$_2$

砷锑酸铋结构式：[As(OH)$_4$-O-Sb(OH)$_3$-O-Sb(OH)$_3$-O-As(OH)$_3$-O-Sb(OH)$_3$-O-Sb(OH)$_3$]-O-Bi(OH)$_3$

铜电解液自净化新技术具有能耗低、净液量少、工业简单、成本低等优势，是未来铜电解液净化必然的发展趋势。

7.6.3.3 平行射流电解技术

目前铜电解代表性工艺有两种：一种是始极片电解工艺，电流密度 220～260A/m²；另一种是永久不锈钢阴极电解工艺，电流密度 250～330A/m²。这两种电解工艺电流密度很难

突破 $330A/m^2$，产能低，综合能耗高，高杂铜电解困难。高强化电解技术——平行射流电解技术是解决这些问题的突破，电流密度已可达 $420A/m^2$。

（1）平行流电解技术

传统铜电解是在直流电的作用下，阳极板溶解的铜离子扩散至阴极区，在阴极板上析出。在高电流密度的工况下，阳极区扩散层加厚、阴极区铜离子贫化，极易造成浓差极化、阳极钝化、长粒子等问题。针对这一问题，平行流电解技术通过改变电解液在电解槽中的流动方式、提高其循环速度实现电流密度的提高。具体来说，通过侧面的喷嘴使电解液以一定速度（$0.3\sim0.6m/s$）进入电解槽，在阴阳极板之间形成利于铜电解过程的循环，有效地改善阴极表面扩散层，使电解液浓度、温度更加均匀，解决了因电流密度提高引起的铜离子浓差极化问题，避免了浓差极化导致的阳极钝化及阴极铜质量降低的问题。

平行流装置一般由进液弯管、箱体、喷嘴和定位块组成。电解液由特定位置的喷嘴进入电解槽，在阴阳极板之间形成一个循环，自电解槽两端溢流斗流出。图 7-29 和图 7-30 分别为平行流电解技术原理图及极板间电解液流动方向图。平行流电解技术中，阳极板附近电解液流速高，可能引起阳极泥不容易沉降，黏附在阴极板上造成长粒子的问题。因此，平行流喷嘴与阴极板的位置一定要精确，这主要靠平行流装置的阴极定位块来完成。这样能够保证电解液流动方式下阳极泥的顺利沉降，避免阴极铜质量的降低。

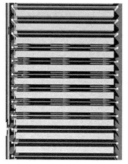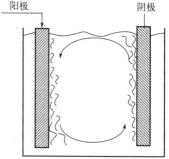

图 7-29　平行流电解技术原理

图 7-30　平行流技术极板间
电解液流动方向

（2）射流电解技术

随着铜精矿成分日趋复杂，杂质含量越来越高。低速（$0.3\sim0.6m/s$）平行流电解技术在处理高砷、锑、铋、铅、镍等铜矿石或其他废杂物料时，会造成阳极板中杂质含量高，阳极泥的产生率也很高的问题。比如，采用低速平行流电解处理高杂铜矿石产生的阳极泥量是处理优质铜原料的 $2\sim4$ 倍，阳极泥率 $\geqslant1.2\%$。而且含砷、锑、铋、铅高的阳极泥还会使阳极板表面结壳造成阳极钝化问题。此外，电解过程中阳极泥向下运动，平行流的电解液向上运动，导致阳极泥在电解液中漂浮，造成阴极铜质量严重下降。

射流电解技术原理如图 7-31 所示。在射流电解技术中，电解液以较高速度（$1.0\sim2.5m/s$）强制喷射进入电解槽，阴极表面向上运动，阳极表面向下运动，电解液形成"内循环"，加速阳极表面阳极泥沉降，消除阳极钝化膜。射流电解技术的开发突破了高电流密度下高杂阳极铜电解精炼技术的难题。

传统电解工艺中，电解液经循环槽由泵至加热器加热后，依靠高位槽产生重力势能驱动电解液进入电解槽内，压力和流量的大小相对固定，流量较小（约 $28L/min$）（图 7-32）。平行射流工艺需有大循环量（$90\sim200L/min$），用变频泵替代了泵、换热器、高位槽、分液

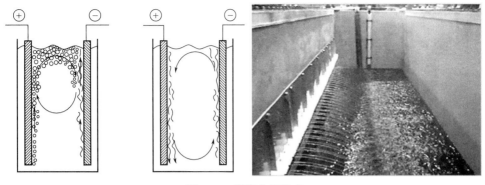

图 7-31 射流电解技术

器，通过变频泵直接对槽供液，电解液流量和流速可随意调控（图 7-33）。山东阳谷祥光铜业有限公司 720 个电解槽采用平行射流电解技术，电流密度为 $385\sim420\mathrm{A/m^2}$，阴极铜含银降至 5×10^{-6}，主要经济技术指标见表 7-18。

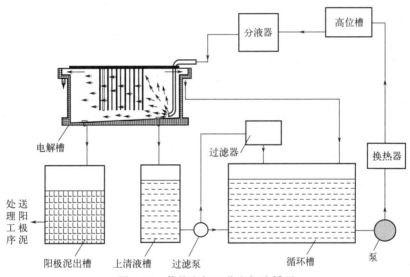

图 7-32 传统电解工艺电解液循环

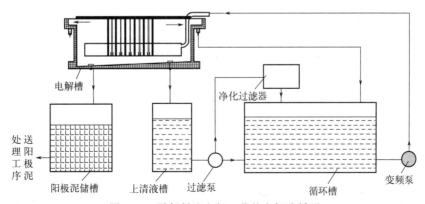

图 7-33 平行射流电解工艺的电解液循环

表 7-18　平行射流电解主要经济技术指标

项目	单位	经济技术指标			备注
		平行射流工艺	不锈钢阴极工艺	始极片工艺	
电解槽数	个	720	720	720	GB/T 467—2010 阴极铜
生产规模	kt/a	315	207	177	
铜回收率	%	99.9	99.6	99.5	
电流密度	A/m²	420	280	250	
阳极周期	d	15	21	24	
阴极周期	d	5/5/5	10/11	12/12	
残极率	%	13.91	16.07	18	
电流效率	%	99.32	96.68	94.00	
电解液循环量	L/min	90~200	25~35	20~30	
平均蒸汽单耗	t/t Cu	0	0.49	0.8	
交流电耗	kW·h/t Cu	490	380	450	
综合能耗	kgce/t Cu	60.22	93.06	130.98	国标先进值 80

7.6.3.4　旋流电积电解液脱铜、锑、铋新技术

旋流电积技术（CVET），是一种利用溶液旋流方式，对有价金属进行选择性电沉积的新技术，适用于成分复杂溶液的选择性电解分离和提纯。该技术有效解决了传统工艺中金属提纯效率低、能耗高、操作环境恶劣等问题，能够选择性地从复杂矿石、废渣和废液中提取铜、铂、金、银、镍、钴等有价金属。铜电解精炼中该技术经常被用来作为电解液净化沉积脱铜、锑、铋的重要手段。

旋流电积技术是基于各金属离子理论上析出电位差不同而设计的电解工艺，即被提取的金属只要与溶液体系中其他金属离子有较大的电位差，则还原电位较高的金属易在阴极优先析出，其关键是通过高速溶液流动来消除浓差极化等对电解的不利因素，避免了传统的电解过程，受多种因素（离子浓度、析出电位、浓差极化、超电压、pH 值等）的影响，可以通过简单的技术条件生产出高质量的金属产品。

图 7-34 所示为旋流电积与传统电积的区别。传统电沉积工艺，采用的平板式电极板。旋流电积技术，是在管式电积池的管内插入一个滑动的不锈钢圆筒，不锈钢圆筒的内壁为阴极，阳极固定在管式电积池的中心。富集液通过时，金属沉积在阴极上。当金属沉积到一定厚度时抽出阴极不锈钢圆筒，取出金属板，不锈钢圆筒再次装入管式电积池中循环使用。

图 7-35 是旋流电积装置结构图，其装置主要由阴极、阳极、端部和辅助构件所组成。阴极组件一般采用直径 150mm 或 200mm 的不锈钢管或钛管加工成型。阳极组件是装置的核心部分，一般直径为 70~130mm，其材质因溶液体系不同而有差异。端部由塑料模压并加工成型，此部分有溶液的进出口，并与相应的进出管道相连接。辅助构件有阴极电连接器、阴极屏蔽、始极片及密封等辅助组件。

溶液在输液泵的作用下从槽底进入旋流槽，在槽体内高速流动，阴极析出金属沉积物，由于采用惰性阳极，因此在阳极上析出气体，气体通过槽顶的排气装置随时排除并集中处理。旋流电积槽工作以若干个槽体为一个模块，单个旋流槽相当于传统电积槽的一对阴阳极。阴极产物定期（一般情况，0.5m² 阴极在达到 25~30kg、1m² 阴极在达到 40~45kg）

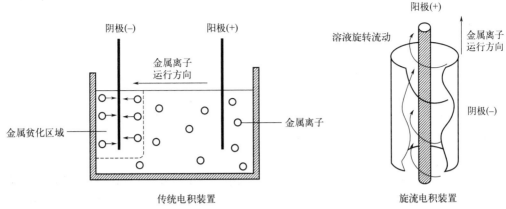

图 7-34　传统电积和旋流电积原理示意

从顶部取出（粉末从底部），重新放入始极片后继续电解。

工作电解槽一般由 10～30 支呈双数组装形成，并以并串联相结合的方式构成，通过溶液分布器实现溶液的循环。生产运行时需要由若干个电解槽组成模块，若干个模块形成完整的旋流电积工艺装置系统。

旋流电积技术主要用于各类酸性体系中，铜、钴、镍、锌、金、银、铂与其他有价金属的生产和回收、混合金属溶液的分离及含重金属离子废水的处理等领域。特别是在铜镍分离、铜银分离上，有着显著的技术优势。对电积原液的金属离子质量浓度要求也大大降低，从传统电积铜的 40g/L 以上降低至 5g/L，扩展了电积工艺的适用范围。资料显示，经过四级旋流电解，可将初始 Cu^{2+} 浓度由 45%～50% 降到 0.38% 以下，同时脱出溶液中的 As、Sb、Bi 等杂质，杂质脱除率达到 85% 以上。

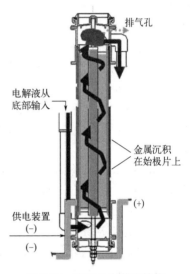

图 7-35　旋流电积装置结构

目前，世界上二十多个国家均利用了该技术，主要用来进行有价金属及贵金属的回收，其中以各种溶液中提取铜为主。我国很多企业采用旋流电积作为电解液净化中脱铜、锑、铋的技术手段。

7.7　再生铜冶炼技术

当前，矿石原料供应日渐紧张，越来越多的企业将目光转移到再生铜循环利用上，世界再生铜产量持续增加。2023 年全球再生铜产量为 455 万吨，占总体精炼铜产量的 16.9%。欧美发达国家再生铜占其总精炼铜产量的比重较大，如美国约占其铜产量的 40%～60%，德国约占其铜产量的 60%～80%。我国再生铜产量也在持续增加，2023 年达到了 410 万吨，同比增长 9.3%。

再生铜中高品位铜废料（约占 67%）不需要熔炼处理可直接用于铜产品，而其余的废杂铜（33%）则需要熔炼进一步处理。再生铜生产根据原料品位不同，有"一段法""二段法"和"三段法"处理流程。

一段法：铜品位＞98％紫杂铜、黄杂铜、电解残极等直接加入精炼炉内精炼成阳极，再电解生产阴极铜；

二段法：废杂铜在熔炼炉内先熔化，吹炼成粗铜，再经过精炼炉电解精炼，产出阴极铜；

三段法：废杂铜及含铜废料经鼓风炉（或 ISA 炉、TBRC 炉、卡尔多炉等）熔炼—转炉吹炼—阳极精炼—电解，产出阴极铜。原料品位可以低至含铜 1％。

全世界具有代表性的四家再生铜企业有比利时霍博肯冶炼厂、北德精炼凯撒冶炼厂、奥地利 Montanwerke Brixlegg 冶炼厂和比利时 Metallo-Chimique 公司冶炼厂。

① 比利时霍博肯冶炼厂再生铜生产

比利时霍博肯冶炼厂原是矿铜、铅冶炼厂，由于环保和效益原因，放弃矿铜、铅冶炼，转而从事铜、铅、贵金属等再生物料的处理，是目前世界最大的贵金属再生冶炼公司。

与 Mount Isa 公司合作，用 1 台 ISA 炉熔炼、吹炼含铜二次混合物料。年处理二次物料 30 万吨，回收 17 种有价元素，产铜 $3×10^4$ t/a，产金 100t/a 及其他稀贵金属。铜产量不高，但产值和利润很高。

② 北德精炼凯撒冶炼厂的再生铜冶炼技术

北德精炼凯撒冶炼厂用 1 台 ISA 炉取代 3 台鼓风炉和 1 台 PS 转炉，处理含铜 1％～80％的残渣和杂铜，开发了所谓的"凯撒回收再生系统"（KRS）再生铜工艺。

一台 ISA 炉间断地进行熔炼和吹炼，含铜残渣和杂铜，先在 ISA 炉中进行还原熔炼，产出黑铜和硅酸盐炉渣，黑铜继续吹炼，产出含铜 95％的粗铜。富集 Sn-Pb 的吹炼渣单独处理。

KRS 中 ISA 熔炼的优势：熔炼渣含铜低，铜的总回收率高；运行的炉子台数少；烟气量大大降低；生产能力超过原设计 40％；能耗降低 50％以上；CO_2 排放减少 64％以上；总的排放减少 90％。

③ 奥地利 Montanwerke Brixlegg 冶炼厂

该厂铜二次物料含铜品位波动范围较大，铜品位低时低至 15％，高时高至 99％以上。不同品位的残渣和紫杂铜用不同的工艺流程生产。含铜 15％～70％的残渣原料先进鼓风炉，用焦炭还原生产出黑铜，再进转炉生产出粗铜。

含铜 75％以上的黑铜和铜合金直接进转炉，生产出含铜 96％以上的粗铜进阳极炉精炼；含铜品位较高的杂铜、粗铜则直接进阳极炉精炼；而含铜品位更高的光亮铜则无须冶炼处理，直接加入感应电炉生产铜材。该厂 80％～85％的铜产量来自品位较高的杂铜，10％～15％的铜来自工业残渣。年冶炼处理各种原料 15 万吨，年生产 LME A 级阴极铜 10.8 万吨。

④ 比利时 Metallo-Chimique 公司冶炼厂

该厂专门处理含铜、铅、锡等的二次复杂物料，生产金属铜、锡、铅产品及氧化锌、金属镍等副产品，是欧洲精锡的主要生产商。主要原料为含铜 25％～30％的工业残渣、各种铜合金（黄铜、青铜等）、废旧电机（含铜 20％～30％，其余为铁）、海绵铜、电缆、各种品位的杂铜等，尤以处理含铜、铅、锡的低品位工业残渣、铜合金、难处理的杂铜为主。

7.8 铜湿法冶金

火法处理硫化铜矿虽具有生产率高，能耗低，电铜质量好，有利于金、银回收等优点，但目前面临两大难题：一是资源问题；二是大气污染问题。

资源问题：硫化铜矿开采品位越来越低，因此，低品位硫化矿、复合矿、氧化矿和尾矿将成为今后炼铜的主要资源。这类贫矿，火法无法直接处理。

大气污染问题：只要以硫化矿为原料火法处理，都不同程度地存在二氧化硫对大气的污染。

随着世界各地铜矿山中的富矿、易开采矿逐渐减少，同时人们的环保意识逐渐增强，针对多金属共生复杂矿和贫杂尾矿的湿法提取技术迅速发展，2021年世界湿法铜产量达到386.2万吨，占铜年总产量的18.5%。美洲湿法铜主产国家和地区合计产量占世界湿法铜总产量的57.9%。刚果（金）是世界第二大湿法铜生产国，产量占世界总产量的32.3%。中国湿法铜产量仅占世界总产量的1.4%。2022年湿法铜产量已占到铜产量的1/4。中国的湿法炼铜相对火法发展较慢，2021、2022年产量均不足4万吨，全球产量占比不到1%。

湿法炼铜是利用溶剂如酸、碱、盐等水溶液将铜矿、精矿或焙砂中的铜溶解出来，再进一步分离、富集、提取铜及有价金属。

湿法炼铜工艺根据铜矿石的矿物形态、铜品位、脉石成分的不同，主要分以下三种：

① 焙烧-浸出-净化-电积法：适于处理硫化铜精矿，此法是将硫化铜矿石焙烧变成氧化铜后再进行湿法溶浸提铜。

② 硫酸浸出-萃取-电积法：适于处理氧化矿、尾矿、含铜废石和复合矿。

③ 氨浸-萃取-电积法：适于处理高钙、镁氧化铜矿或硫化矿的氧化砂。

现代铜强化冶炼工艺对矿种有一定的适应性，但一般炼铜工厂的精矿来源广泛，种类较多，成分偏差大。为使入炉物料成分均匀稳定，适应铜强化冶炼工艺要求，通常要根据工厂自身的实际情况，选择合适的配料方式。

根据精矿的种类、成分、数量和品位，确定合理的比例进行配料。铜强化冶炼工厂常采用料仓式和堆混法进行配料。

7.8.1 硫化矿焙烧-浸出-净化-电积法

湿法冶金过程都是靠创造条件来控制物质在溶液中的稳定性。此法为硫化铜精矿处理的成熟方法，流程如图7-36所示。

1）焙烧

炉料采用硫酸化焙烧使绝大部分的铜转变成可溶于稀硫酸的 $CuSO_4$ 和 $CuO \cdot CuSO_4$，而铁全部转变为不溶氧化物。根据 Cu-S-O 系状态图热力学分析，要使铜形成 $CuSO_4$ 而铁形成 Fe_2O_3，最佳温度为677℃。生产中焙烧温度为675~680℃。此时亦生成少量的 $CuO \cdot CuSO_4$ 和 CuO，但在稀硫酸浸出时，它们亦被浸出转入溶液。硫化物焙烧主要反应如下：

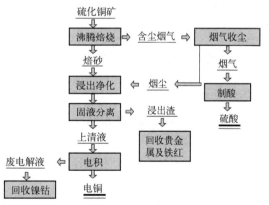

图7-36 焙烧-浸出-净化-电积法流程

$$MeS + 3/2O_2 \Longrightarrow MeO + SO_2 \tag{7-34}$$

$$2SO_2 + O_2 \Longrightarrow 2SO_3 \tag{7-35}$$

$$MeO + SO_3 \Longrightarrow MeSO_4 \tag{7-36}$$

MeS 焙烧主要产物：MeO 或 $MeSO_4$、SO_2 和 SO_3。

生成的 $MeSO_4$ 在一定温度下会进行热分解：
$$2MeSO_4 \Longrightarrow MeO \cdot MeSO_4 + SO_3 \qquad (7\text{-}37)$$

根据热力学计算结果绘制硫化铜精矿焙烧 Cu-S-O 系状态图见图 7-37。在 Cu-S-O 系中，Cu_2O、$CuSO_4$ 分别在 V 区和 VI 区内稳定，不存在 CuS-Cu、$CuS\text{-}Cu_2O$、CuS-CuO 等平衡。硫化铜矿焙烧时，P_{SO_2} 值在 $10^{-2} \sim 10^5$ Pa 范围内。

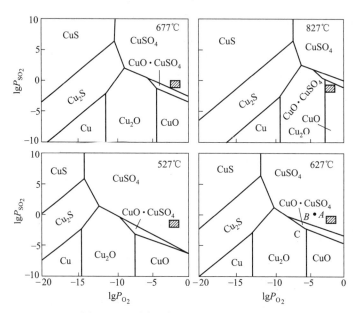

图 7-37　不同温度下 Cu-S-O 系状态图

随着焙烧体系 P_{O_2} 增大，CuS 的氧化顺序为：$CuS \rightarrow Cu_2S \rightarrow Cu \rightarrow Cu_2O \rightarrow CuO \rightarrow CuO \cdot CuSO_4 \rightarrow CuSO_4$。

随着焙烧体系 P_{SO_2} 增大，Cu 的硫化顺序为：$Cu \rightarrow Cu_2S \rightarrow CuS$。

在高压（$P_{SO_2} > 10^9$ Pa）设备中，可以由 Cu_2S 直接得到 $CuSO_4$。准确控制硫位和氧位，可由硫化物直接制取金属铜。硫化铜精矿焙烧也可以采用先进的沸腾焙烧炉，沸腾焙烧设备参数可以参看锌冶金中的锌精矿的焙烧。

2）浸出和净化

浸出过程：靠加入某种溶剂溶解矿物，使金属离子稳定在溶液中。

焙砂中的铜主要以 $CuSO_4$、$CuO \cdot CuSO_4$、CuO、Cu_2O 存在，铁主要是 Fe_2O_3，还有少量 $FeSO_4$、$CuO \cdot Fe_2O_3$ 和未反应的 Cu_2S。用稀硫酸浸出时，铜进入溶液，少量 $FeSO_4$ 也溶解。因此，浸出液必须净化除铁。

影响浸出反应速度的因素是温度、溶剂浓度和焙砂粒度。通常浸出温度为 $80 \sim 90$ ℃，硫酸浓度大于 15g/L，焙砂粒度 -0.147mm。此时反应速度较快，而扩散过程则较慢。为此采用搅拌浸出，并提高浸出温度和硫酸浓度（最高达 60g/L）。但是，温度过高，Fe_2O_3 和 Fe_3O_4 的溶解度变大，浸出液含铁也增多。

浸出的固液比一般为 1 :（$1.5 \sim 2.5$），浸出时间 $2 \sim 3$h，每吨料酸耗 $60 \sim 80$kg，铜的总回收率达 94%～98%。浸出后液组成一般为（g/L）：Cu $5 \sim 110$，H_2SO_4 $2 \sim 18$，Fe^{2+} $2 \sim 4$，Fe^{3+} $1 \sim 4$。这部分铁在电积时反复氧化还原而消耗电能，故需净化除去。常用的除铁方法

是氧化水解法，是在 $pH=1\sim1.5$（$4\sim5g/L\ H_2SO_4$）用 MnO_2 将 Fe^{2+} 氧化为 Fe^{3+}，然后水解沉淀除去，其反应为：

$$6FeSO_4+3MnO_2+H_2SO_4 =\!=\!= 3Fe_2O_3\cdot4SO_3\downarrow+3MnSO_4+H_2O \qquad (7\text{-}38)$$

净化除铁还可用萃取等其他方法。

浸出和净化都可在带机械搅拌的耐酸（如不锈钢等）槽内进行，也可将若干个（如 $3\sim4$ 个）槽子串联进行连续逆流搅拌浸出。浸出时可加絮凝剂加速沉淀。浸出上清液送电积车间，浸出残渣经 $4\sim5$ 级逆流洗涤回收其中的铜后，送去提取贵金属和生产铁红。

浸出残渣除含有铁的氧化物以外，还含有铜、铅、铋和全部贵金属。残渣含贵金属低时，可送铅冶炼系统处理；含贵金属高时，可经重选富集后用氰化法处理。

3）电积

沉积过程：要求创造条件使金属离子在溶液中不稳定，例如，加入某种试剂（如氢），或者在电极上施加电位通以电流等，而使金属沉积析出。

铜的电积也称不溶阳极电解。它是以铜的始极片作阴极，以铅锑合金作阳极，上述的净化除铁后的净化液作电解液。电解时，阴极过程与电解精炼一样，在始极片上析出铜。在阳极的反应则不是金属溶解，而是水的分解析出氧，这与锌的湿法冶金电积的阳极过程相同。这样，铜电积的总反应可写为：

$$Cu^{2+}+H_2O =\!=\!= Cu+0.5O_2+2H^+ \qquad (7\text{-}39)$$

电积的实际槽电压为 $1.8\sim2.5V$，电流效率仅有 $77\%\sim92\%$。电解液中的铜离子浓度越低，铁含量越高；温度越高和阴极周期越长，则化学溶解量也越大，电流效率也就越低。槽电压高和电流效率低导致电耗比铜电解精炼高 10 倍。

由于电积时电解液中的铜含量不断降低和硫酸浓度不断升高，因而要求选定与其相应的电流密度和电解液循环速度。一般入槽电解液含（g/L）：$70\sim90Cu$，$20\sim30H_2SO_4$；出槽电解液含（g/L）：$10\sim12Cu$，$20\sim40H_2SO_4$。电解槽按多级排列，使电解液顺次流经若干个电解槽之后，铜含量降至出槽要求的水平。电积的电解液温度为 $35\sim45℃$，阴极周期可取七天，电流密度 $150\sim180A/m^2$，同极距离 $80\sim100mm$。所得电铜质量为 $99.5\%\sim99.95\%Cu$。

废电解液最好全部返回用于本流程的焙砂浸出，然而这种平衡在生产上是很难办到的，所以会出现废电解液的处理问题。

废电解液处理最简便的方法是中和沉淀法，它是在逐步降低溶液酸度的情况下，使金属依次沉淀回收。先加入石灰乳中和废电解液中的过多硫酸，其后加 MnO_2 使 Fe^{2+} 氧化成 Fe^{3+}，在 $pH=1\sim2$ 及 $85\sim90℃$ 下沉铁，除铁后液再加 Na_2CO_3 下，使 $pH=5.5\sim6$，温度为 $60\sim70℃$ 时沉铜，过滤得除铜后液和含约 25% 的铜渣。除铜后液再加 Na_2CO_3 使溶液 $pH=8\sim9$，在 $70\sim80℃$ 下使 $CoSO_4$ 全部水解沉淀，过滤得含 $5\%\sim10\%Co$ 的钴渣，作为提钴原料。

中和法简单，但中和硫酸的碱耗大，且硫酸不能回收。此外还有用电解脱铜，阴离子交换膜透析分离硫酸，真空蒸发和冷凝结晶分别提取 $CuSO_4$、$CoSO_4$ 和 H_2SO_4 等方法，但都不够完善。

7.8.2　氨浸法

7.8.2.1　高压氨浸法

在高温、高氧压和高氨压下浸出硫化精矿，铜、镍、钴等有价金属形成配合物进入溶液；铁形成氢氧化物进入残渣。由于过程所需压力较高以及溶液对设备的腐蚀较大，主要用于处理 Cu-Ni-Co 复合矿。处理硫化铜精矿时主要反应如下：

$$2CuFeS_2 + \frac{17}{2}O_2 + 12NH_3 + (n+2)H_2O \Longrightarrow 2Cu(NH_3)_4SO_4 + 2(NH_4)_2SO_4 + Fe_2O_3 \cdot nH_2O$$

$$\text{(7-40)}$$

$$Cu_2S + \frac{5}{2}2O_2 + (NH_4)_2SO_4 + 6NH_3 \Longrightarrow 2Cu(NH_3)_4SO_4 + H_2O \tag{7-41}$$

$$CuS + 2O_2 + 4NH_3 \Longrightarrow Cu(NH_3)_4SO_4 \tag{7-42}$$

$$2FeS_2 + \frac{15}{2}O_2 + 8NH_3 + (m+4)H_2O \Longrightarrow 4(NH_4)_2SO_4 + Fe_2O_3 \cdot mH_2O \tag{7-43}$$

络离子的不稳定常数是衡量络离子稳定性大小的标志，也称之为络离子离解反应平衡常数，用 K_n 表示。温度升高时，络离子进行分步离解；至最后一步，络离子离解以氢氧化物形式沉淀。在浸出时希望金属形成络合物而溶入溶液中，不稳定常数 K_n 愈小络离子在溶液中愈稳定。而当金属转入氨液之后，在蒸氨提铜工艺中，为了使它们从溶液中沉淀分离出来，又不希望不稳定常数 K_n 过小。几种金属氨络离子的分步不稳定常数 k_i 和总不稳定常数 K_n 及形成氢氧化物时的浓度积 N，列于表 7-19 和表 7-20。表中 $K_n = k_1 k_2 \cdots k_i$。

表 7-19　几种络离子的分步不稳定常数及总不稳定常数

NH₃ 配位数	Cu²⁺		Ni²⁺		Co²⁺		Co³⁺		Zn²⁺		Fe²⁺	
	$-\lg k$	$-\lg K_n$	$-\lg k$	$-\lg K_n$	$-\lg k$	$-\lg K_n$	$-\lg k$	$-\lg K_n$	$-\lg k$	$-\lg K_n$	$-\lg k$	$-\lg K_n$
1	4.15	4.15	2.79	2.79	2.11	2.11	7.3	7.3	2.37	2.37	1.4	1.4
2	3.5	7.65	2.24	5.03	1.63	3.74	6.7	14	2.44	4.81	0.8	2.2
3	2.89	10.54	1.69	6.72	1.05	4.79	6.1	20.1	2.5	7.31	—	—
4	2.14	12.68	1.25	7.97	0.76	5.55	5.6	25.7	2.15	9.46	—	—
5	—	—	0.74	8.71	0.18	5.73	5.05	30.8	—	—	—	—
6	—	—	0.03	8.74	0.62	5.11	4.45	35.2	—	—	—	—

表 7-20　不同 pH 下金属离子生成氢氧化物时的浓度积

形成氢氧化物的反应	溶度积 N	浓度/(g/L)			
		1	10^{-1}	10^{-2}	10^{-3}
		pH			
$Co^{3+} + 3H_2O \Longrightarrow Co(OH)_3 + 3H^+$	3×10^{-41}	0.5	0.83	1.5	2.2
$Fe^{3+} + 3H_2O \Longrightarrow Fe(OH)_3 + 3H^+$	4×10^{-38}	1.5	1.83	2.5	3.2
$Cu^{2+} + 2H_2O \Longrightarrow Cu(OH)_2 + 2H^+$	5.6×10^{-20}	4.4	4.9	5.9	6.9
$Zn^{2+} + 2H_2O \Longrightarrow Zn(OH)_2 + 2H^+$	4.5×10^{-17}	5.8	6.3	7.3	8.3
$Co^{2+} + 2H_2O \Longrightarrow Co(OH)_2 + 2H^+$	2×10^{-14}	6.1	6.6	7.6	8.6
$Ni^{2+} + 2H_2O \Longrightarrow Ni(OH)_2 + 2H^+$	1×10^{-15}	6.5	7.0	8.0	9.0
$Fe^{2+} + 2H_2O \Longrightarrow Fe(OH)_2 + 2H^+$	1.6×10^{-15}	6.6	7.1	8.1	9.1

由表 7-19 与表 7-20 可见，有色重金属氨络离子的稳定性较大都能进入溶液中。络离子的稳定顺序为：$Co(NH_3)_n^{3+} > Cu(NH_3)_n^{2+} > Zn(NH_3)_n^{2+} > Ni(NH_3)_n^{2+} > Co(NH_3)_n^{2+} > Fe$

$(NH_3)_n^{2+}$。因铁络离子不稳定，故离解沉淀。

影响浸出反应速度的因素有氧和氨的浓度、矿粒粒度、溶液温度、搅拌条件等。温度升高、搅拌强烈和矿粒细小能强化浸出过程。从上述反应得知，提高溶液中 O_2 和 NH_3 浓度，则是加速浸出反应的先决条件。在常压下提高溶液中 O_2 和 NH_3 浓度是困难的，所以采用了高压浸出的方法。在一般情况下，高压氨浸的条件为：分子比 $NH_3/Cu \geqslant 6.5$，氨和空气总压 10atm，温度 80~95℃，精矿粒度 100~200 目（0.147~0.074mm），矿浆浓度 20％固体，浸出时间约 12h。

从浸出液中提取铜可选用氢还原法，氢还原可以获得纯铜粉。

7.8.2.2 常压氨浸法

氨与铵盐的水溶液体系可以浸出硫化铜矿和氧化铜矿，铵盐一般为碳酸铵。常压氨浸法（阿比特法）采用氨-萃取-电积-浮选联合流程，既能直接处理硫化矿，又能处理氧化矿，对设备及材料的要求也不高，因而成为最先实现工业化的方法之一。

常压氨浸硫化铜精矿是在接近常压和 65~80℃ 的条件下，在机械搅拌的密闭设备中用氧、氨和硫酸铵进行；浸出时间为 3~6h，精矿中 80％~86％Cu 以 $Cu(NH_3)_4SO_4$ 络合物形式进入溶液；浸出液含铜 40~50g/L，铜回收率达 96％~97％。由于压力较低，部分铜矿物和全部黄铁矿未参与反应，所以过滤后的残渣用优先浮选法分选得黄铁矿精矿、铜精矿和尾矿。浮选和浸出总回收率达 96％~97％。

浸出形成的 $(NH_4)_2SO_4$ 可作肥料，亦可加 CaO 蒸煮使之分解为 $CaSO_4$ 和 NH_3，NH_3 返回浸出。溶液中的 $Cu(NH_3)_4SO_4$ 萃取成 $CuSO_4$，然后电积得金属铜。

常压浸出也可用来处理氧化铜矿，此时以 O_2、NH_4OH 和 $(NH_4)_2CO_3$ 作浸出剂，在50℃ 的常压密闭器内进行，反应为：

$$CuO + 2NH_4OH + (NH_4)_2CO_3 \rightleftharpoons Cu(NH_3)_4CO_3 + 3H_2O \tag{7-44}$$

$$Cu + \frac{1}{2}O_2 + 2NH_4OH + (NH_4)_2CO_3 \rightleftharpoons Cu(NH_3)_4CO_3 + 3H_2O \tag{7-45}$$

浸出液蒸氨，使 $Cu(NH_3)_4CO_3$ 分解为 NH_3、CO_2 和 CuO 黑色沉淀。

7.8.3 硫酸浸出法

以难选矿难处理的低品位含铜物料为原料，无废气、废水和废渣污染，独具技术优越性。若浸出的对象是贫矿、废矿，所得浸出液含铜很低，难以直接提取铜，必须经过富集，萃取技术能有效地解决从贫铜液中富集铜的问题。

1）氧化铜矿堆浸

适于硫酸堆浸的铜矿石铜氧化率要求较高，主要以孔雀石、硅孔雀石、赤铜矿石等形态存在。

脉石：石英为主，一般含 SiO_2 均 $\geqslant 80\%$（质量分数），而碱性脉石 CaO、MgO 含量低，二者之和 $\leqslant 2\%~3\%$。矿含铜 0.1％~0.2％。氧化铜矿酸浸主要化学反应如下：

$$Cu_2CO_3(OH)_2 + 2H_2SO_4 \rightleftharpoons 2CuSO_4 + CO_2 + 3H_2O \tag{7-46}$$

$$CuSiO_3 \cdot 2H_2O + H_2SO_4 \rightleftharpoons CuSO_4 + SiO_2 + 3H_2O \tag{7-47}$$

$$Cu_2O + H_2SO_4 \rightleftharpoons CuSO_4 + H_2O + Cu \tag{7-48}$$

2）硫化矿的细菌浸出

硫化矿用稀酸浸出的速度较慢，但有细菌存在时可显著加速浸出反应。重要的湿法冶金细菌是氧化铁硫杆菌和氧化硫杆菌。这种杆菌可以在多种金属离子存在和 pH＝1.5~3.5 的酸性环境中生存和繁殖。

细菌浸出主要处理低品位难选复合矿或废矿，利用特定细菌的生物催化剂作用，加速矿石中有价组分浸出。细菌在有氧和硫酸存在的条件下起催化作用，将 Fe^{2+} 氧化成 Fe^{3+}，$Fe_2(SO_4)_3$ 可有效浸出 Cu_2S，所生成的 Fe^{2+} 在细菌的参与下氧化成 Fe^{3+}，Fe^{3+} 得以再生并再次去氧化硫化物，如此周而复始，循环进行。主要反应见式(7-49)。

$$Cu_2S + Fe_2(SO_4)_3 + 2O_2 = 2CuSO_4 + 2FeSO_4 \tag{7-49}$$

细菌浸出液含铜 $1\sim7g/L$，后续需萃取提取铜，经反萃富集后液送萃取。

7.8.4 黄铜矿的加压氧化浸出

黄铜矿加压氧化浸出依据温度分为高温、中温和低温，浸出介质一般为硫酸，氧（空气）为氧化剂。高温氧化酸浸一般温度在 $200\sim230℃$，压力在 $4\sim6MPa$，该条件下，铜以硫酸铜形式被浸出，硫化物中硫都被氧化为硫酸根，氧气的消耗量较大。浸出液经萃取电积生产高质量的阴极铜，残渣中的贵金属用氰化法回收，可获得很高的铜和贵金属回收率。

黄铜矿的总浸出反应可写为：

$$2CuFeS_2 + H_2SO_4 + 8.5O_2 = 2CuSO_4 + Fe_2(SO_4)_3 + H_2O \tag{7-50}$$

在酸度较低时，高铁离子水解生成赤铁矿，产生硫酸，发生如下反应：

$$Fe_2(SO_4)_3 + 3H_2O = Fe_2O_3 + 3H_2SO_4 \tag{7-51}$$

Cominco 公司用斑岩铜矿、黄铜矿及二者混合矿在 $180\sim220℃$、$1\sim2MPa$ 氧分压下，将矿石硫全部氧化，60min 铜的浸出率均在 99% 左右，浸取液 $[Cu]36\sim78g/L$，硫酸 $31\sim40g/L$，$[Fe]<1g/L$。Placer Dome 公司对几种含金黄铜矿精矿进行的高温高压酸浸试验表明，在 $200\sim220℃$，都获得了 98% 左右的铜浸出率。随后从浸铜渣中氰化收金，200℃ 的浸渣，金的氰化回收率为 $83\%\sim99\%$，而 220℃ 的浸出渣金的氰化回收率为 $98.9\%\sim99.6\%$，浸出温度对铜的浸出率、铁的沉淀及硫的氧化有显著影响。

✎ **思考题**

1. 试从资源综合利用和生产过程对环境的友好两方面，分析火法炼铜和湿法炼铜的主要优缺点。

2. 造锍熔炼过程中 Fe_3O_4 有何危害？生产实践中采用哪些有效措施抑制 Fe_3O_4 的形成？

3. 酸性炉渣和碱性炉渣各有何特点？

4. 闪速炉造锍熔炼对入炉铜精矿为何要预先进行干燥？

5. 闪速熔炼过程要达到自热，生产上采用哪些措施来保证？

6. 熔池熔炼产出的炉渣为何含铜较高？

7. 铜锍的吹炼过程为何分为两个周期？

8. 在吹炼过程中 Fe_3O_4 有何危害？怎样抑制其形成？

9. 吹炼过程中铁、硫之外的其他杂质行为如何？

10. 如果炉渣中含有较多以 Cu_2O 形态存在的铜，用哪种贫化方法处理更有效？

11. 简述粗铜火法精炼原理。

12. 火法精炼过程中镍为什么较难除去？

13. 精炼过程中有一还原作业，目的是什么？过还原有什么不利影响？

14. 铜电解精炼和铜电积，两者的电极反应有什么差别？

15. 生产上采用哪些有效措施降低电解过程的电耗？

16. 砷、锑、铋杂质在电解过程中有哪些危害？

17. 湿法炼铜有哪些主要方法？适合用于处理哪些物料？

参考文献

[1] 邱竹贤. 有色金属冶金 [M]. 北京：东北大学出版社，1991.

[2] 翟秀静. 重金属冶金学 [M]. 北京：冶金工业出版社，2011.

[3] 彭容秋. 重金属冶金学 [M]. 长沙：中南大学出版社，2004.

[4] 彭容秋. 铜冶金 [M]. 长沙：中南大学出版社，2004.

[5] 赵俊学，李林波，李小明，等. 冶金原理 [M]. 北京：冶金工业出版社，2012.

[6] 赵俊学，李小明，崔雅茹. 富氧技术在冶金和化工中的应用 [M]. 北京：冶金工业出版社，2013.

[7] 唐谟堂. 火法冶金设备 [M]. 长沙：中南大学出版社，2012.

[8] 华一新. 有色冶金概论 [M]. 3 版. 北京：冶金工业出版社，2014.

[9] 俞娟，王斌，方钊，等. 有色金属冶金新工艺与新技术 [M]. 北京：冶金工业出版社，2019.

[10] 朱祖泽，贺家齐. 现代铜冶金学 [M]. 北京：科学出版社，2003.

[11] 谢昊，李鑫. 国内外铜湿法冶金技术现状及应用 [J]. 中国有色冶金，2015（6）：15-20.

[12] 周俊. 铜锍闪速吹炼工艺控制的理论与实践 [J]. 有色金属（冶炼部分），2017（10）：1-9.

[13] 衷水平，陈杭，林泓富，等. 我国铜熔炼工艺简析 [J]. 有色金属（冶炼部分），2017（11）：1-8.

[14] 蔡创开. 用 $Fe_2(SO_4)_3$-H_2SO_4-O_2 体系从含铜难处理金精矿中浸出铜 [J]. 湿法冶金，2021，40（6）：457-460.

[15] 周松林，宁万涛，高俊江. 一种平行射流电解工艺及装置：CN201510595361. X [P]. 2015-09-17.

[16] 周松林，宁万涛，梁源. 平行流电解新技术理论研究及应用 [J]. 有色金属（冶炼部分），2018（2）：1-3.

8 镍冶金

> **本章要点**
>
> 1. 镍的主要性质及用途；
> 2. 镍的火法冶金工艺流程；
> 3. 镍造锍熔炼、低镍锍吹炼、高镍锍磨浮分离、高锍阳极电解的原理及主要工艺；
> 4. 红土镍矿的火法及湿法冶金典型流程。

金属镍呈银白色，具有磁性、可塑性、耐腐蚀性等，主要用于钢铁、镍基合金、电镀及电池等领域。镍产品主要是金属镍、镍铁和硫酸镍。2023 年全球精炼镍总产量为 345.3 万吨，中国精炼镍总产量为 24.5 万吨，同比增长 38.2%。由于电动汽车行业的兴起，预计未来 30 年对镍的需求将增长 4 倍。

8.1 概述

8.1.1 镍及其化合物的性质

镍的熔点 1453℃，在 20℃时密度为 $8.908g/cm^3$。镍是一种奥氏体形成元素，在大气中不易生锈，能抵抗苛性碱的腐蚀。在空气中或氧气中，镍表面上形成一层 NiO 薄膜，可防止进一步氧化。

镍的化合物在自然界里有三种基本形态，即镍的氧化物、硫化物和砷化物。

镍有三种氧化物，即氧化亚镍（NiO）、四氧化三镍（Ni_3O_4）及三氧化二镍（Ni_2O_3）。Ni_2O_3 仅在低温时稳定，加热至 $400\sim450℃$，即离解为 Ni_3O_4，进一步提高温度最终变成 NiO。氧化亚镍的熔点为 $1650\sim1660℃$，很容易被 C 或 CO 还原。氧化亚镍与 CoO、FeO 一样，可形成 $NiO\text{-}SiO_2$ 和 $2NiO\text{-}SiO_2$ 两类硅酸盐化合物，但 $NiO\text{-}SiO_2$ 不稳定。氧化亚镍能溶于硫酸、亚硫酸、盐酸和硝酸等溶液中形成绿色的二价镍盐。

镍的硫化物有 NiS_2、NiS_5、Ni_3S_2、NiS。硫化亚镍（NiS）在高温下不稳定，在中性和还原气氛下受热时按下式离解：

$$3NiS =\!\!= Ni_3S_2 + 1/2S_2$$

在冶炼温度下，低硫化镍（Ni_3S_2）稳定，其离解压比 FeS 小，但比 Cu_2S 大。

8.1.2 镍资源概况

镍在地壳中的含量（质量分数）约为 0.02%，相当于铜、铅、锌三种金属和的两倍多，但富集成可供开采的镍矿床却很少。镍矿通常分为三类，即硫化镍矿、氧化镍矿和砷化镍矿，再就是储存于深海底部的含镍锰结核。红土镍矿（氧化镍矿）约占 55%，硫化镍矿占 28%，海底铁锰结核中的镍占 17%。砷化镍矿很少，只有北非摩洛哥有少量产出。全世界已发现的陆地镍储量约 8100 万吨，全球镍矿储量约 9500 万吨（见表 8-1）。印度尼西亚镍矿储量最高，达 2100 万吨，其次主要分布在澳大利亚、巴西、俄罗斯、菲律宾等国。目前，镍约有 70% 产自硫化镍矿，30% 产自氧化镍矿。

表 8-1　世界主要产镍国家及镍储量

国家	2021 年储量/10^4 t
印度尼西亚	2100
澳大利亚	2100
巴西	1600
加拿大	200
俄罗斯	750
新喀里多尼亚	710
菲律宾	480
中国	280
哥伦比亚	30
其他	1250
合计	9500

我国已探明的镍矿点有 70 余处，其中硫化镍矿占总储量的 87%，氧化镍矿占 13%。主要分布在甘肃金川、四川会理和胜利沟、云南金平和元江、青海夏日哈木、新疆喀拉通克、陕西煎茶岭等地区，其中甘肃最多。而金川镍矿则由于镍金属储量集中、有价稀贵元素多等特点，成为世界同类矿床中罕见的高品级硫化镍矿床。

在硫化镍矿资源方面，青海夏日哈木镍多金属矿是世界硫化镍矿勘探的重大突破，初步估算镍总资源量 102 万吨，伴生铜 21 万吨，伴生钴 4 万吨，是我国仅次于金川的富镍矿床。

（1）镍的硫化矿

含镍硫化矿主要有镍黄铁矿 $[(Fe,Ni)_9S_8]$、镍磁黄铁矿 $[(Ni,Fe)_7S_8]$、针硫镍矿 (NiS)、辉铁镍矿（$3NiS \cdot FeS_2$）、钴镍黄铁矿 $[(Ni,Co)_3S_4]$、闪锑镍矿 $[(Ni,Sb)S]$ 等。硫化镍矿中一般都伴生有黄铜矿、少量钴的硫化物及铂族金属，脉石含大量镁化合物。

（2）镍的氧化矿石

镍的氧化矿石是蛇纹石经风化而产生，主要有硅镍矿、蛇纹石和红土矿。可供开发利用的氧化镍矿主要是红土镍矿。常见矿物有蛇纹石、滑面暗镍蛇纹石和镍绿泥石，成分可用 $(NiO \cdot MgO)SiO_2 \cdot nH_2O$ 表示；几乎不含铜和铂族元素，但常含有钴，其中镍与钴比例为（25～30）：1，含镍量和脉石成分不均匀。由于大量黏土的存在，氧化镍矿含水分很高，常为 20%～25%，最大 40%。通常含镍很低，只有 0.5%～1.5%，极少量的富矿中含镍达到 5%～10%。

红土镍矿是由含铁镁硅酸盐矿物的超镁铁质岩经长期风化变质形成的，上层是褐铁矿类型，含铁量较大，中间为过渡层，下层是硅镁镍矿层。不同产地的矿物其化学成分与矿物组成变化很大，提炼工艺亦不同。现今探明的红土镍矿多分布在澳大利亚、菲律宾、古巴等南、北回归线一带。红土镍矿主要有两种类型：褐铁矿型和硅酸盐型。

褐铁矿型红土镍矿：氧化镍主要与铁的氧化物组成固溶体，矿物组成为 $(Fe,Ni)O(OH) \cdot nH_2O$，镍被认为进入针铁矿的晶格中。

硅酸盐型红土镍矿：主要矿物为蛇纹石，矿物组成为 $[A_6Si_4O_{10}(OH)_8]$，A 主要为 Mg^{2+}，镍、铁、钴的氧化物也以不同比例取代了硅镁矿中的氧化镁。表 8-2 为不同产地典型红土镍矿的主要成分。

表 8-2　不同产地典型红土镍矿主要成分　　　　　　　　单位：%

矿石来源	Fe	Ni	Co	Cr	MgO	SiO_2	CaO	Al_2O_3
新喀里多尼亚	9.3	2.43	0.04		28.8	42.2		
印度尼西亚	14.47	2.6	0.1	0.75	25.48	36.37		
菲律宾（腐泥矿层）	21.57	2.3	0.07	1.24	15.77	35.92		
中国沅江地区	24.6	1.24	0.08		19.4	31.84	0.34	6.9
菲律宾（褐铁矿层）	38	1.15	0.09	1.5	0.6	10		
毛阿湾矿	47.5	1.35	0.15	1.98	1.7	3.7		8.5

（3）镍的砷化矿石

只有北非摩洛哥产含镍的砷矿物：红砷镍矿（NiAs）、砷镍矿（NiAs$_2$）和辉砷镍（NiAsS）。

8.1.3　镍的提取方法

镍的生产原料主要为硫化矿和氧化矿，原料不同采用的冶炼方法亦不同。硫化镍矿的冶炼方法类似于硫化铜矿的处理技术，主要为闪速熔炼和熔池熔炼。氧化镍矿的冶炼方法包括火法冶金和湿法冶金（高压酸浸、氨浸等）。另外，通过上述熔炼方法经转炉吹炼，利用羰基法可以制取镍丸或镍粉。图 8-1 列出了镍的主要生产方法。

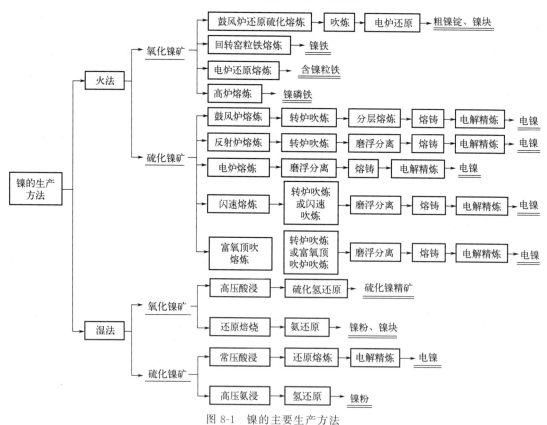

图 8-1　镍的主要生产方法

8.2 硫化镍矿造锍熔炼

硫化镍矿造锍熔炼的方法较多，主要有电炉熔炼、闪速熔炼和澳斯麦特熔池熔炼等。闪速熔炼不适合处理高 MgO 含量的矿物，矿热电炉和澳斯麦特炉适用于处理含 MgO 在 8%～13%的含难熔脉石组分的矿。不同炉型进行造锍熔炼时对物料的要求也不同，如自热炉可以直接处理原矿，而闪速炉、矿热电炉、澳斯麦特炉等需要对原矿进行预处理。目前应用较多的是高生产率的闪速熔炼和澳斯麦特熔池熔炼等新工艺。

8.2.1 造锍熔炼原理

8.2.1.1 原料及产物

造锍熔炼是基于主体金属镍、铜等对硫的化学亲和力大于其对氧的化学亲和力，从而使镍金属与硫或几种金属硫化物之间相互融合为锍。即将铜镍硫化物精矿、部分氧化焙烧的焙砂、返料及适量熔剂等物料，在一定温度（1200～1300℃）进行熔炼，产出两种互不相溶的液相——熔锍和熔渣，将炉料中待提取的镍、铜、钴等金属和贵金属聚集于锍中，从而实现有价金属的富集。造锍熔炼的产物为低镍锍、炉渣、烟气以及烟尘等。

（1）入炉原料

参与造锍熔炼的物料，主要是硫化镍精矿，其次是烟尘、返回炉料、液体吹炼渣以及河砂、石灰等造渣熔剂。典型硫化镍精矿成分见表 8-3。

表 8-3 典型硫化镍精矿成分举例 单位：%

项目	Ni	Cu	Fe	S	Co	SiO_2	Al_2O_3	CaO	MgO
企业 1	7.0	1.0	24.2	19.3	0.2	17.3	1.4	4.1	9.7
企业 2	6.6	3.1	39.6	27.2	0.2	8.2	0.6	1.1	6.9

（2）产物

① 低镍锍：冶炼的中间产品，低镍锍主要由硫化镍（Ni_3S_2）、硫化铜（Cu_2S）、硫化铁（FeS）组成，此外低镍锍中还有一部分硫化钴、贵金属和一些游离金属及合金。它们所含镍、铜、铁和硫的总和占镍锍总量的 80%～90%。在低镍锍中还溶解了少量磁性氧化铁。

② 炉渣：闪速熔炼含贵金属很少而废弃。

③ 烟气：烟气经收尘、制酸后排入大气。

④ 烟尘：收得的烟尘返回电炉熔炼。

8.2.1.2 主体反应

投入炉料有铜镍硫化矿、熔剂、烟尘和返料，即含（Ni，Fe）$_9S_8$、Fe_7S_8、$CuFeS_2$、FeS_2、MgO、CaO、Al_2O_3 和 SiO_2 等物质。这些物料在炉中发生一系列物理化学变化，最终形成烟气和互不相熔的镍锍和炉渣，主要的化学反应如下。

（1）高价硫化物的分解

$$Fe_7S_8 \longrightarrow 7FeS + 1/2S_2 \tag{8-1}$$

$$2CuFeS_2 \longrightarrow Cu_2S + 2FeS + \frac{1}{2}S_2 \tag{8-2}$$

$$3(Fe,Ni)S_2 = 3FeS + Ni_3S_2 + \frac{1}{2}S_2 \tag{8-3}$$

$$(Ni,Fe)_9S_8 = 2Ni_3S_2 + 3FeS + \frac{1}{2}S_2 \tag{8-4}$$

$$FeS_2 = FeS + 1/2S_2 \tag{8-5}$$

（2）低价硫化物的氧化

$$2FeS + 3O_2 = 2FeO + 2SO_2 \tag{8-6}$$

$$Ni_3S_2 + \frac{7}{2}O_2 = 3NiO + 2SO_2 \tag{8-7}$$

$$2Cu_2S + 3O_2 = 2Cu_2O + 2SO_2 \tag{8-8}$$

（3）造锍反应

$$3FeS + 3NiO = Ni_3S_2 + 3FeO + 0.5S_2 \tag{8-9}$$

$$FeS + Cu_2O \longrightarrow FeO + Cu_2S \tag{8-10}$$

$$FeS + Ni_3S_2 + Cu_2S = FeS \cdot Ni_3S_2 \cdot Cu_2S \tag{8-11}$$

（4）造渣反应

炉子中产生的 FeO，在 SiO_2 存在的条件下，将按下列反应形成炉渣。

$$10Fe_2O_3 + FeS = 7Fe_3O_4 + SO_2 \tag{8-12}$$

$$3Fe_3O_4 + FeS + 5SiO_2 = 5(2FeO \cdot SiO_2) + SO_2 \tag{8-13}$$

$$2FeO + SiO_2 = 2FeO \cdot SiO_2 \tag{8-14}$$

$$CaO + SiO_2 = CaO \cdot SiO_2 \tag{8-15}$$

$$MgO + SiO_2 = MgO \cdot SiO_2 \tag{8-16}$$

8.2.1.3　其他元素的行为

镍精矿中除镍外，还有少量的铜、钴及贵金属等有价金属，并含有锌、铅、砷、锑等杂质。

精矿中铜、钴都以低价硫化物的形式进入镍锍。少部分被氧化成氧化物，这些氧化物在熔炼炉中与铁的硫化物进行交互反应，生成硫化物，进入镍锍。因为有这类反应的存在，才得以将绝大部分的有价金属回收到锍中，实现造锍熔炼的最终目的。

铜：在 1350℃ 的熔炼温度下，主要有反应式(8-8) 和反应式(8-10)，参与造锍反应。

钴：主要有

$$CoO + FeS = CoS + FeO \tag{8-17}$$

锌：原料中总锌量的 50%～80% 以氧化物形态进入炉渣，8%～10% 蒸发与炉气一道从炉内排出。其发生的反应为

$$ZnS + 3/2O_2 = ZnO + SO_2 \tag{8-18}$$

$$ZnS + FeO = ZnO + FeS \tag{8-19}$$

$$ZnO + 2SiO_2 = ZnO \cdot 2SiO_2 \tag{8-20}$$

$$ZnO + SiO_2 = ZnO \cdot SiO_2 \tag{8-21}$$

$$ZnO + ZnS = 3Zn(g) + SO_2 \tag{8-22}$$

铅：PbS 氧化在 FeS 后，在 Cu_2S 前。生成的 PbO 容易与 SiO_2 造渣，PbS 的挥发性很强，随炉气挥发的铅达炉料总含铅量的 20%。在熔炼精矿时，大部分铅进入镍锍。

砷和锑：砷和锑在炉料中以硫化物和氧化物的形态存在，硫化锑在焙烧和熔炼时的变化与方铅矿相似，但更易挥发。

金、银等贵金属主要以金属状态进入镍锍。实践证明，经造锍熔炼后有 99% 的金、银、铂等贵金属进入锍中，50% 以上的砷、锑、锌等杂质进入渣中，而 60% 以上的铅、铋、硒、碲等元素以氧化物形式挥发除去。

熔炼硫化矿所得各种金属的锍是很复杂的硫化物共熔体，主要由 Ni_3S_2、FeS、Cu_2S 等硫化物所组成，其中富集了所提炼的金属及贵金属。镍、铁和硫的总和占镍锍总量的 80%～90%。

8.2.1.4 造锍熔炼渣

熔渣是熔炼反应的介质，渣型决定渣的熔点、黏度、密度、表面张力、比热、熔化热、电导率等，决定着渣、锍及金属分离的好坏。镍造锍熔炼的渣型与铜造锍熔炼类似，为各种金属和非金属氧化物的硅酸盐组成的混合体，常用渣系为 $FeO-SiO_2-CaO$、$FeO-SiO_2-Al_2O_3$、$FeO-SiO_2-CaO-MgO$ 等，其主要成分为 SiO_2、FeO_x、CaO 和 MgO，这几种氧化物总和占 85%～90%。根据炉料含镍和铜含量的不同，渣量约为炉料量的 70%～100%。

渣含金属量取决于渣和低镍锍的性质、渣温和操作技术水平，根据各厂的实际情况，通常为 Ni 0.07%～0.25%，Cu 0.05%～0.10%，Co 0.025%～0.1%。

炉渣成分对炉渣性质及金属损失的影响如下。

① SiO_2　渣中 SiO_2 通常波动于 36%～45% 的范围内。随 SiO_2 含量增高，炉渣导电性下降，黏度升高，同时热容量增大，耗电量增加；随 SiO_2 含量增高，Ni_3S_2、Cu_2S 和 CoS 在炉渣中溶解度下降，但黏度增加，也加大了机械夹带损失。故炉渣中 SiO_2 质量分数控制在 38%～41% 较合适。

② FeO　随着 FeO 含量增高，炉渣的导电性升高，熔点降低（高铁渣流动性好），但是密度大，低镍锍和炉渣界面上的表面张力降低，低镍锍与炉渣分离条件恶化，导致金属损失增加。此外，高铁渣能很好地溶解硫化物，同样会增加金属损失。在熔炼过程中，渣中 FeO 最佳质量分数为 25%～32%。

③ MgO　当渣含 MgO 低于 7% 时，对炉渣性质影响不大。随着 MgO 含量增高，渣熔点上升，黏度增大，单位电耗增大。一般以闪速炉渣中氧化镁质量分数 ≤6% 为佳，电炉熔炼和澳斯麦特熔炼的最佳 MgO 质量分数为 10%～12%。

④ CaO　电炉渣含氧化钙不高，一般为 3%～8%，该含量对炉渣的性质不产生重大影响。随着 CaO 质量分数增加到 18%，炉渣导电性增大 1～2 倍，渣密度和黏度降低，硫化物在渣中溶解度减小。

⑤ Al_2O_3　渣中含 Al_2O_3 波动于 5%～12%。如同氧化钙一样，少量的氧化铝对炉渣性质不产生重大影响。随氧化铝含量增加，炉渣黏度和金属损失增大。

8.2.1.5 镍在渣中的损失

造锍熔炼中镍在渣中的损失形式主要有：化学损失、物理损失及机械损失。

化学损失：指镍以 $NiO \cdot SiO_2$ 的形式入渣。一般情况下，镍的化学损失是很小的，因为炉料中有足够数量的硫和硫化物存在时，形成镍的氧化物的可能性很小。

物理损失：指镍以 Ni_3S_2 的形态溶解于渣中。这种损失有时很大。正确地选择炉渣成分是减少镍的物理损失的主要措施。为了降低硫化物在炉渣中的溶解度，应尽可能选择酸度较大的炉渣。

机械损失：指镍以镍锍小液珠的形态机械地混入炉渣。在正常熔炼的情况下，机械损失是镍的最大损失。造成这种损失的主要原因是镍锍与炉渣分离不完全。其主要原因：炉渣的性质不良；炉渣与镍锍的澄清分离条件不良；操作不当；镍锍珠被 SO_2 气体飘起。

8.2.2 镍造锍熔炼工艺

8.2.2.1 矿热电炉熔炼

镍冶金中所用的电炉属于复合式矿热电炉,设备示意见图 8-2。电炉熔炼的物理化学反应主要发生在熔渣和炉料的接触面上,炉气几乎不参与反应。因此电炉熔炼以液相和固相的相互反应为主,可以一次完成造渣和造镍锍的化学反应。熔炼产物主要为低镍锍、炉渣、烟气及烟灰。低镍锍的熔点同其密度一样,取决于各种金属硫化物的含量,硫化镍的熔点为 790℃,硫化铜为 1120℃,硫化铁为 1150℃。低镍锍的熔点介于各种硫化物熔点之间。电炉熔炼产出的炉渣主要包括 SiO_2、CaO、FeO、MgO 和 Al_2O_3,它们约占渣总量的 97%~98%。此外还含有少量 Fe_3O_4、铁酸盐以及金属的氧化物和硫化物。

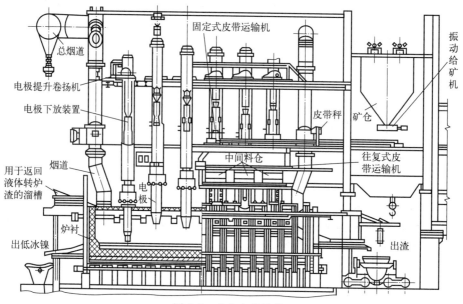

图 8-2 矿热电炉结构

熔炼实质上可分为两个过程:①热工过程(如电能转换、热能分布等);②冶炼过程(如炉料熔化、化学反应、锍渣分离等)。由于在熔池内,电能转换成热能是不均匀的,因而熔池每个部位的温度也不一致。靠近熔体上层的温度较高,低层较低。因熔池各部分受热情况不同,显然,炉料的熔化速度随着与电极的距离增大而急剧下降。因此,大部分炉料(80%~90%)在距离电极中心线 1.5~2 倍电极直径的范围内加入。

炉渣对流是由渣池各部分的热量不同造成的。电炉熔炼最大的热量产于电极—炉渣的接触区,在此区域内,靠近电极表面的渣层已大为过热,其温度可达 1500~1700℃ 或更高,由于渣中含有大量气泡,膨胀使它的密度大大减小,因此,靠近电极表面的炉渣和远离电极的炉渣密度便产生了差别。密度小的过热炉渣在靠近电极处不断上升至熔池表面,并在熔池表面向四周扩散。

过热炉渣在其运动过程中与料坡相遇,使沉入熔池的料坡下部表面熔化。运动着的炉渣与温度低的熔化炉料混合后,在渣池中向下沉降,达到电极下端附近,一部分炉渣流向电极,在电极—炉渣接触区内被过热,重新上升至熔池表面;另一部分炉渣则继续下降至对流运动非常薄弱的渣池下层,在这里实现镍锍和炉渣分离。

电炉熔炼的炉渣和低镍锍中存在着一定数量的磁性氧化铁，其来源主要是焙砂、转炉渣及炉料物理化学反应的化合物。由于电炉熔炼的炉渣过热温度高，炉气中氧的分压较低，以及炉渣在熔池内的剧烈运动，磁性氧化铁分解比其他熔炼方式更容易。但是，炉渣在高温区对Fe_3O_4的溶解度高，进入静滞区后炉渣温度下降，Fe_3O_4在渣中溶解度减小，Fe_3O_4从渣中析出。实践证明，在电炉熔炼时，往往在低镍锍和炉渣之间有一层隔膜，亦称"粘渣层"。这是一种具有较高黏度、似半熔状态的沉积物，影响炉渣与低镍锍的沉淀分离，使炉渣含镍量升高。当低镍锍温度过低时，易从中析出形成隔层，给生产操作带来许多麻烦。

消除Fe_3O_4粘渣层可采取以下措施。

① 降低工作电压，将电极插深，以提高熔池底部温度，增大Fe_3O_4在渣中和低镍锍中的溶解度，消除粘渣层。

② 在炉渣中加入一定量的焦炭粉，使Fe_3O_4被炭还原，并同时适当提高炉料中二氧化硅的含量，以破坏磁性氧化铁的形成。

③ 配入一定量的高硫精矿，一方面增加炉料中FeS的比例，使Fe_3O_4易于分解，另一方面，可以降低镍锍品位，提高低镍锍对Fe_3O_4的溶解能力。

④ 加入生铁或其他含铁物料，使Fe_3O_4与Fe反应生成FeO，FeO再与SiO_2造渣。

⑤ 提高炉内功率，升高熔池温度，使Fe_3O_4溶解度增大，分解反应易于进行。

上述措施中前两种在生产实践中经常采用，且效果好。加生铁还原磁性氧化铁，一般只用来处理炉内局部冻结。至于配入高硫精矿只有在低镍锍品位较高时才使用。

其熔炼的主要优点可概括为：①熔池温度易于调节到较高的温度，可处理含难熔物较多的物料，炉渣易于过热，有利于Fe_3O_4的还原，渣含有价金属较少；②对物料的适应范围大，可以处理一些杂料、返料。其主要缺点为：对炉料水分要求严格（不高于3％）、电能消耗大、脱硫率低（16％～20％），处理含硫高的物料时，应在熔炼前采取必要的脱硫措施。

8.2.2.2 闪速熔炼

闪速熔炼是现代火法炼镍应用较广的先进技术，是将焙烧与熔炼结合成一个过程，炉料与气体密切接触，在悬浮状态下与气体进行传热和传质，FeS与Fe_3O_4、FeS与Cu_2O(NiO)以及其他硫化物与氧化物的交互反应主要在沉淀池中以液-液接触的方式进行。能充分利用粉状精矿的巨大表面积、实现自热，减少能源消耗，提高硫的利用率，改善环境。硫化镍矿闪速熔炼主体设备与硫化铜精矿闪速熔炼类似，见图8-3，包括反应塔、沉淀池、上升烟道等几部分。整个生产系统包括物料磨料、干燥设备、配料、物料输送及上料系统、闪速熔炼主体设备及操控系统、制氧站及氧气存储供应系统、供风系统、供水系统、供电系统、炉渣贫化及水淬系统等。其炉体的反应塔、沉淀池、上升烟道、上料系统、精矿喷嘴、炉体本体以及烟气余热回收、收尘及制酸系统各部分的设备结构与硫化铜精矿闪速熔炼类似，此处不再赘述。其主体工艺流程见图8-4。

(1) 工艺过程

闪速熔炼的入炉物料一般有干精矿、粉状熔剂、粉煤、混合烟灰等，主要原料是低镁高硫铜镍精矿。铜镍精矿的矿物组成：$(Ni,Fe)_9S_8$、$CuFeS_2$、Fe_7S_8、Fe_3O_4、FeS_2及脉石等。其中铁的硫化物的质量分数为55％～85％。首先，物料必须干燥至水分低于0.3％，当超过0.5％时，易使精矿在进入反应塔高温气氛中由于水分的迅速汽化，而被水汽膜所包围，以致阻碍反应的迅速进行，则有可能造成生料落入沉淀池。早期的镍精矿闪速熔炼是将含水分8％～10％的硫化铜镍精矿经短窑（设粉煤燃烧室）、鼠笼和气流管三段低温气流快速干燥系统，得到水分小于0.3％的干精矿（其干燥系统示意图见第7章图7-9）。近年来干

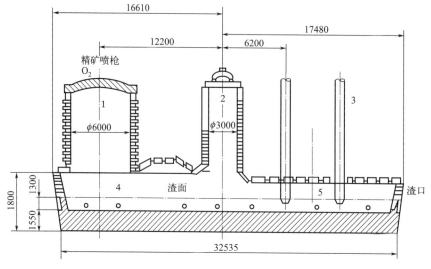

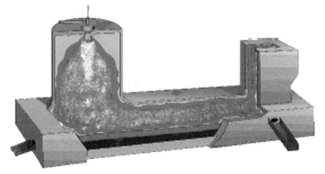

图 8-3　镍闪速炉结构

1—反应塔；2—上升烟道；3—贫化炉电极；4—沉淀池；5—贫化区

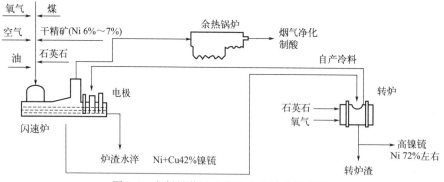

图 8-4　奥托昆普闪速熔炼＋转炉吹炼流程

燥系统改造后开始采用闪速蒸汽干燥，具体可参考铜闪速熔炼干燥系统（图7-10）。入炉精矿粒度－200目的要大于80％。因为粒度细，比表面积大，与气体接触面大，传热、传质速度快。

闪速熔炼将焙烧和熔炼合二为一。经过深度脱水（含水≤0.3％）的粉状精矿，经高位料仓放料在反应塔顶部精矿喷嘴中与富氧空气或氧气混合后，以高速度（60～70m/s）喷入高温（1450～1550℃）的反应塔内。其中高价硫化物分解和低价硫化物氧化同时在反应塔内完成。此时精矿颗粒被气体包围，处于悬浮状态，在 2～3s 的悬浮过程中基本完成了硫化物的分解、氧化和熔化过程。

熔融硫化物和氧化物的混合熔体落到反应塔底部的沉淀池中汇集，继续完成低镍锍与炉渣的形成过程，并进行澄清分离。各种硫化物与氧化物间造渣反应和造锍反应主要在沉淀池中以液-液接触的方式进行，进入沉淀池内的含铁物质有 FeS、FeO 和 Fe_3O_4，其中 FeS 在沉淀池内继续氧化，以 FeO 形式与加入的石英砂造渣。铜镍精矿中脉石，主要是 $MgCa(CO_3)_2$，在反应塔分解为 MgO、CaO，在沉淀池完成造渣；在反应塔及沉降池内反应生成的 Ni_3S_2、Cu_2S、CoS 和 FeS 相互溶解生成铜镍锍，其中也溶解有贵金属、金属以及 Fe_3O_4。

在反应塔内生成的 Fe_3O_4，是 Fe_2O_3 到 FeO 的中间型，通俗讲就是 $FeO+Fe_2O_3$。Fe_3O_4 熔点高、密度大，使炉渣与镍锍分离不好，造成金属损失增加，且易在炉底析出使生产空间减少，使炉子处理能力降低。因此生成的 Fe_3O_4 必须及时还原或造渣排除。增加还原气氛以及在沉淀池中加入适量的石英石是防止生成 Fe_3O_4 的主要手段，当 Fe_3O_4 过高时可加生铁或者黄铁矿还原。

贫化区的作用是使渣中的有价金属（氧化物形式存在）更多地还原、沉积在镍锍中，以提高金属回收率。同时处理一部分含有价金属的冷料。方法为用电极加热，提高炉渣温度；加入煤或者插入干木棒，使金属氧化物还原为金属，进入镍锍中。炉渣在贫化炉处理后再弃去。闪速炉产生的烟气（SO_2 浓度 8%～12%）经余热锅炉、电收尘后制酸。

(2) 熔炼过程控制的关键

① 合理的料比 合理料比是根据闪速熔炼工艺所选定的炉渣成分、镍锍品位等目标值和入炉物料的成分计算确定的。

② 镍锍温度的控制 熔炼操作温度的控制是十分严格的，温度过低，则熔炼产物黏度高、流动性差、渣与镍锍的分层不好，渣中进入的有价金属量增大，最终造成熔体排放困难，有价金属的损失量增大，若操作温度控制过高，则会对炉体的结构造成大的损伤。因此，控制好闪速炉的操作温度是闪速炉技术控制的关键部分。在实际生产中，是通过稳定镍锍品位，调整闪速炉的重油量、鼓风富氧浓度、鼓风温度等来控制镍锍温度的。

③ 镍锍品位的控制 所谓镍锍品位指的是低镍锍中的镍和铜含量总和。镍锍品位越高，在闪速炉内精矿中铁和硫的氧化量越大，获得的热量亦越多，但同时镍锍和炉渣的熔点越高；为保持熔体应有的流动性，所需要的熔炼温度就会越高，不仅对炉体结构很不利，并且进入渣中的有价金属量越多，损失也越大。相反，镍锍品位越低，转炉吹炼过程中冷料处理量就会越大，渣量也会增多，给贫化电炉生产带来困难。在实际生产中，镍锍品位的控制通过调整每吨精矿耗氧量来实现。一般低镍锍品位（$Ni+Cu$）控制在 35%～50%。

④ 渣型控制 造锍熔炼要求渣型良好，具体表现为：a. 有价金属在渣中溶解度低，即进入渣中的有价金属少；b. 镍锍与炉渣的分离良好，流动性好，易于排放和堵口。渣型控制是通过对渣的 Fe/SiO_2 和 CaO 含量控制来实现的，即通过调整熔炼过程中加入的熔剂量来进行，通常控制渣 Fe/SiO_2 为 0.90～1.3，石灰石约 3%，控制反应塔熔剂/精矿量为 0.23～0.25，贫化区熔剂量根据返料加入量及成分的不同适当加入。渣含 MgO 超过 7% 会使熔点增加。MgO 每增加 1% 渣熔点就要提高 9～10℃，含 MgO 超过 8% 每增长 1%，渣熔点就要提高 35～40℃。

8.2.2.3 澳斯麦特熔炼

澳斯麦特炉为富氧顶吹熔池熔炼设备。该设备炉型结构多为筒球型，炉顶为汽化冷却炉顶，呈截头斜圆锥形，炉身为圆柱体，新型澳斯麦特炉底为平炉底结构，简化了炉体（设

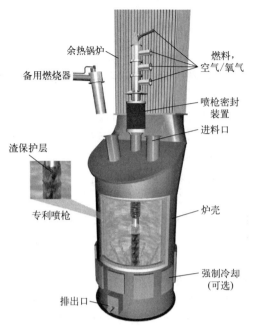

备示意见图 8-5）。熔池由圆柱体与球缺或反拱形两部分组成，形状接近熔体的流动轨迹，有利于反应的进行。圆柱形炉体设备由耐火材料做衬里，炉壳为钢板制作，依据具体情况可使用强制水冷套或蒸发冷却铜板以延长耐火材料的寿命。熔池底部设置多个低镍锍放出口和炉渣放出口，排渣口高于低镍锍放出口。炉顶设置喷枪插入口、加料口、备用燃烧嘴孔及烟道孔。整个澳斯麦特熔炼系统由精矿配料及制粒、炉本体熔炼、沉降电炉澄清分离、余热发电、收尘与烟气治理、冷却水循环等组成。

该设备对原料适应性强，能处理高镁高钙精矿，甚至能处理其他方法都不能处理的矿。原料主要包括铜镍精矿、烟灰、吹炼返回渣及部分废杂料，精矿成分和性质要求比闪速熔炼宽松；原料预处理比较简单，不需要特别的备料，湿料、块料可以直接入炉，不需要深度干燥。

图 8-5　澳斯麦特富氧顶吹熔池熔炼设备

澳斯麦特熔炼系统在负压下操作，通过控制炉内不同的气氛和温度，可以自由地进行氧化、还原、烟化（挥发分离特定的元素）。熔炼工艺流程见图 8-6。

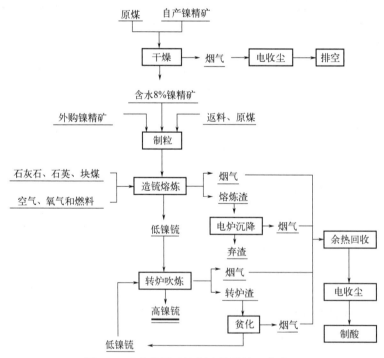

图 8-6　硫化镍精矿澳斯麦特熔炼工艺流程

富氧顶吹熔炼过程中，通常镍精矿与吹炼渣、烟灰、熔剂等经混捏制粒后从炉顶进料口加入熔池中，燃料（粉煤）和富氧空气等均通过插入熔池的喷枪喷入，并在喷枪尖端燃烧，给炉子提供热量。可通过调整供给喷枪的燃料（粉煤）和氧的比例来控制氧化程度。硫化镍铜精矿中的硫化物经过分解、氧化、造锍等反应，硫化镍、硫化亚铜和硫化铁将形成铜锍相，可控量的过剩空气也通过喷枪喷入，将部分硫化铁氧化成氧化铁，产生的氧化铁和添加的熔剂进行造渣，得到预期品位的镍锍。产生的镍锍和炉渣经过炉子底部的放渣口和溜槽排入沉降电炉，在电炉中调整合适的温度和静止条件，实现沉淀分离铜锍相和渣相，同时，电炉还可以利用还原手段，降低渣中有价金属镍、铜的含量，实现渣贫化。烟气和烟灰从炉顶排出进入余热锅炉回收预热，然后经电收尘、电除雾等除尘设备回收烟灰，烟气送制酸系统。

金川集团是国内首家采用澳斯麦特熔池熔炼工艺处理含镍较低（6%）、含氧化镁较高（10%）的镍精矿的企业，年处理镍精矿规模为 100 万吨，年产高镍锍（含镍量）6 万吨；随后吉林吉恩镍业股份有限公司也采用了该工艺。国内某企业澳斯麦特熔炼处理精矿成分见表 8-3，主要经济技术指标见表 8-4。

表 8-4　国内某澳斯麦特富氧顶吹熔炼主要经济技术指标

项目	设计值	生产参数
处理量/(t/h)	35.72(干基)	40～45(湿基,含水10%)
镍精矿品位(Ni)/%	7.0	7.0
喷枪工艺风机风量/(m³/min)	300	300
喷枪富氧浓度/%	50	50
低镍锍品位(Ni+Cu)/%	44.3	36.5
渣温/℃	1380	1300
烟气 SO₂ 浓度/%	8.4	8.4～11.5

通常澳斯麦特熔炼控制熔炼温度在 1250～1350℃，渣型 Fe/SiO_2 为 0.90～1.25，石英石添加量 4%～15%，石灰石 3%～10%，低镍锍品位（Ni+Cu）控制在 35%～50%。低镍锍品位提高可通过提高氧势、强化熔炼来实现，但是必须同时防止炉渣过氧化。过氧化会引起炉渣起泡，导致产生泡沫渣。可通过加入煤来避免泡沫渣的生成。

8.3　低镍锍的吹炼

造锍熔炼产生的低镍锍，由于其成分不能满足精炼工序的处理要求，需进一步吹炼为高镍锍。

8.3.1　吹炼原理

吹炼过程是向炉内低镍锍熔体中鼓入空气并加入适量的熔剂石英，使低镍锍中的硫化铁和其他杂质与石英造渣，部分硫和其他一些挥发性杂质氧化后随烟尘排出，得到有价金属（Ni、Cu 和 Co 等）含量较高的高镍锍和有价金属含量较低的转炉渣。

（1）硫化物的氧化反应

低镍锍的主要成分是 FeS、Ni_3S_2、PbS、Cu_2S、ZnS 等。如果以 Me 代表金属，MeS 代表金属硫化物，MeO 代表金属氧化物，则硫化物的氧化，一般可沿下列几个反应进行：

$$MeS+2O_2 =\!\!=\!\!= MeSO_4 \qquad\qquad (8\text{-}23)$$

$$MeS+3/2O_2 =\!\!=\!\!= MeO+SO_2 \qquad\qquad (8\text{-}24)$$

$$MeS+O_2 =\!\!=\!\!= Me+SO_2 \qquad\qquad (8\text{-}25)$$

在吹炼温度 1230～1280℃ 时，金属硫化物皆为熔融状态，此时一切金属硫酸盐的分解压都很大，而且还远远超过一个大气压，硫酸盐在这样的条件下，不能稳定存在，即熔融硫化物不会按式(8-23)进行氧化反应，只能按式(8-24)或式(8-25)进行。

但是低镍锍的卧式转炉吹炼与低铜锍的吹炼不同，只有第一周期，没有明显的第二周期，其最终的产品是 Ni_3S_2 而不是金属镍。这与低铜锍吹炼不同，低铜锍吹炼的最终产品是金属铜（粗铜）。原因如下：$Cu_2S_{(l)}+2Cu_2O_{(l)} =\!\!=\!\!= 6Cu_{(l)}+SO_{2(g)}$ 在吹炼温度（1473～1573K）下，反应能够发生，而 $1/2Ni_3S_{2(l)}+2NiO_{(s)} =\!\!=\!\!= \dfrac{7}{2}Ni_{(l)}+SO_{2(g)}$ 在吹炼温度（1473～1573K）下，反应不能发生，即式(8-24)为低镍锍吹炼的主要反应。并且随着熔体中硫元素含量的降低和镍含量的增多，反应发生的温度越来越高。如果想要式(8-24)发生，炉温必须升到 1650℃ 以上。

（2）铜、镍、钴、铁的硫化顺序

吹炼过程中铁最易与氧结合，其次为钴，再其次为镍，铜最难与氧结合。金属的硫化次序与氧化次序正好相反，即首先被硫化的是铜，其次是镍，再其次是钴，最后是铁。由于铁与氧的亲合力最大，与硫的亲合力最小，所以铁最先被氧化造渣除去。在铁氧化造渣除去以后，接着被造渣除去的，按氧化和硫化次序，应该是钴，但因为钴的含量少，在钴氧化除去的时候，镍也开始氧化造渣除去，正因为这样，吹炼过程就必须控制在铁还没有完全氧化造渣除去之前，就结束造渣吹炼，目的是不让钴、镍造渣除去。但也有少部分钴、镍进入渣中，这也就导致了吹炼过程中有价金属的损失，可以通过其他方法回收渣中的有价金属。

（3）铁的氧化造渣

在转炉中鼓入空气时，首先满足铁的氧化需要，低镍锍中的铁以 FeS 形态存在，其与氧发生反应生成 FeO。

$$FeS+3/2O_2 =\!\!=\!\!= FeO+SO_2$$

同时在吹炼过程中，石英石作为熔剂加入炉内，石英石的主要成分是 SiO_2，其 SiO_2 质量分数约为 85%，由于石英石密度较小而浮于熔体表面，主要通过与被氧化的铁造渣后排出。

$$2FeO+SiO_2 =\!\!=\!\!= 2FeO\cdot SiO_2$$

在吹炼后期有部分铜、镍化合物发生下列反应，生成铜镍合金。

$$Cu_2S+2Cu_2O =\!\!=\!\!= 6Cu+SO_2 \qquad\qquad (8\text{-}26)$$

$$4Cu+Ni_3S_2 =\!\!=\!\!= 3Ni+2Cu_2S \qquad\qquad (8\text{-}27)$$

上述反应说明在吹炼后期有少量铜镍合金生成并进入高镍锍。反应之所以能够进行是因为铜被氧化的性能较差，在吹炼后期部分生成金属铜，将金属镍部分熔解，从而生成铜镍合金。

（4）各种元素在吹炼过程中的行为

① 镍 由低镍锍中金属的氧化次序和硫化次序可知，镍的氧化在铁、钴之后，硫化性能在铁、钴之前，在吹炼前中期，大部分镍以硫化物状态存在，少部分被氧化以氧化物状态存在并损失于渣中，在吹炼后期当镍锍含铁降到 8% 时，镍锍中的 Ni_3S_2 开始剧烈氧化和造渣，因此，在生产上为了使渣含镍降低，吹炼到镍锍含铁不低于 20% 便放渣并接收新的一批镍锍，如此反复进行，直到炉内具有足够数量的富镍锍时，进行筛炉操作，将富镍锍中的

铁集中吹炼到 2%～4%后放渣出炉，产生含镍 45%～50%的高镍锍。

② 铜　金属铜由于其硫化物较稳定而不易被氧化，并且在低镍锍中含量较低，在吹炼过程中大部分以金属硫化物状态存在，只有少部分氧化后又被硫化或还原，同时生成少量金属铜，其反应如下：

$$Cu_2S + 3/2O_2 =\!=\!= Cu_2O + SO_2 \tag{8-28}$$

$$Cu_2O + FeS =\!=\!= Cu_2S + FeO \tag{8-29}$$

$$Cu_2S + 2Cu_2O =\!=\!= 6Cu + SO_2 \tag{8-30}$$

③ 铁　铁在低镍锍中含量较高，又易与氧结合，故在吹炼过程中最易氧化。由于低镍锍中铁单质含量较少，在转炉中鼓入空气时，首先发生的主要是 FeS 氧化生成 FeO，但必须是金属铁的氧化反应进行到一定程度后，FeS 的氧化反应才开始进行。由于吹炼过程中熔体的运动，使生成的 FeO 不断被带到熔体表面与密度较小而浮在熔体表面的 SiO_2 化合生成炉渣，这是吹炼的主要反应。

同时，由于 FeO 与 SiO_2 接触不完全和熔体的迅速循环，一部分 FeO 不能与 SiO_2 化合而被带到风口附近，继续被空气氧化成磁性氧化铁。生成的磁性氧化铁由于其熔点较高（1500℃），不但给吹炼反应带来不利影响，并且进入转炉渣中，使渣型变坏。FeO 氧化成为 Fe_2O_3 没有可能，因为在高温下 Fe_2O_3 不稳定，容易分解成 Fe_3O_4，同时 Fe_2O_3 与 FeS 的反应在吹炼温度下也进行得很完全，反应式为

$$3Fe_2O_3 =\!=\!= 2Fe_3O_4 + 1/2O_2 \tag{8-31}$$

$$10Fe_2O_3 + FeS =\!=\!= 7Fe_3O_4 + SO_2 \tag{8-32}$$

④ 钴　在低镍锍中，FeS 大量氧化造渣以后，CoS 开始氧化，只是在吹炼前期当镍锍中含铁较高时，CoS 的氧化程度较小，当镍锍含铁在 15%左右时，钴在镍锍中的含量最高，此时钴得到最大程度的富集。含铁降到 10%以下时，钴开始剧烈氧化并进入渣中，因此在生产上为了防止钴过早地剧烈氧化，要求在吹炼中前期控制镍锍含铁不低于 15%，当炉内具有足够量的富镍锍时，将铁一次吹炼到 2%～4%，这样可以减少钴在渣中的损失。

⑤ 硫　硫在低镍锍中与金属结合以化合物的形态存在。转炉鼓入空气时，在金属氧化的同时硫也被氧化生成 SO_2 气体随烟气排出并制酸。低镍锍含硫在 27%左右，而吹炼后高镍锍含硫在 21%～22%，将高镍锍含硫降到 19%以下是不合适的，因为这不仅延长了吹炼时间，增加了有价金属在渣中的损失，同时使高镍锍中合金含量增加，给以后的高镍锍处理工序带来麻烦。

⑥ 锌　锌在低镍锍中主要以硫化锌的形态存在，它的氧化在铁之后，其反应如下：

$$ZnS + 3/2O_2 =\!=\!= ZnO + SO_2 \tag{8-33}$$

$$ZnS + FeO =\!=\!= ZnO + FeS \tag{8-34}$$

当 SiO_2 存在时，ZnO 可以造渣，没有 SiO_2 时就和 ZnS 进一步发生交互反应生成金属锌。

此反应只能在上升气流与熔体的界面上发生，不能在熔体内部进行，锌形成蒸气燃烧成氧化锌后进入烟尘。实践证明，锌的去除在不加石英熔剂进行空吹时容易发生。

⑦ 铅　铅在低镍锍中以硫化铅的形态存在。铅氧化先于 FeS，因含量少，故 FeS、ZnS 同时进行。其反应如下：$PbS + 3/2O_2 =\!=\!= PbO + SO_2$，$PbS + 2PbO =\!=\!= 3Pb + SO_2$。当 SiO_2 存在时，PbO 可以造渣，也可直接生成金属铅。正常生产过程中，铅、锌的含量在转炉处理后就能满足电解的要求，这是因为转炉内高温反应剧烈，可以很容易除去铅、锌。

⑧ 金、银、铂族金属　在低镍锍中金、银以金属形态存在。一部分以 AuS、AuSe 或

AuTe 存在，铂族以 Pt_2S 形态存在。由于金、银和铂族贵金属的抗氧化性能较强，在吹炼过程中其大部分进入高镍锍由以后处理工序提取。

8.3.2　低镍锍吹炼设备及工艺

8.3.2.1　低镍锍转炉吹炼

吹炼工艺主要有转炉吹炼和卡尔多（Kaldo）炉吹炼，目前应用最普遍的是卧式转炉吹炼。低镍锍吹炼的 PS 卧式转炉设备与铜锍吹炼设备类似，见图 8-7。主要由炉基、炉体、送风系统、排烟系统、传动系统，以及石英、冷料加入系统等组成。

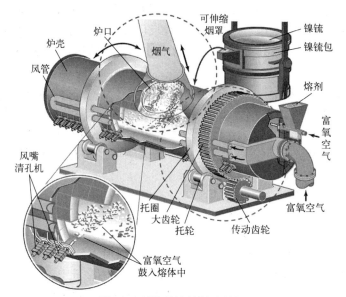

图 8-7　低镍锍吹炼转炉结构

炉基由钢筋混凝土浇筑而成，炉基上面的地脚螺栓用来固定托轮底盘，在托轮底盘的上面沿炉体纵向两侧各有两对托轮（支撑炉子的重量，并使炉子在其上面旋转）。

炉体由炉壳、炉衬、炉口、风眼、托圈、大齿轮等组成。

炉壳：是炉子的主体，由锅炉钢板铆接或焊接而成的圆筒。

托圈、大齿轮：在炉壳两端端盖不远处各有一个大圈，大圈内侧被固定在炉壳上，外端被支承在托轮上并可进行相对滚动。

炉口：在炉壳的中部开有一个向后倾斜的炉口，其作用是进料、放渣、出炉、排烟和方便维修人员修炉。炉口一般呈长方形，也有少数呈圆形，炉口面积与炉体最大水平截面积之比为 0.17~0.36。

炉衬：为保护炉壳不被烧坏，在炉壳内侧砌筑耐火材料。依所衬的耐火材料的性质不同，炉衬可以分为酸性和碱性两种。由于酸性内衬腐蚀快、寿命短，故现在多用镁质和铬镁质碱性耐火材料作为转炉内衬。

风眼：在转炉炉壳的一侧开有十几个至数十个风眼，在风眼里面安有无缝钢管，空气由风眼送入转炉熔池。

炉子生产的正常吹炼操作包括进料→鼓风→加熔剂→加冷料→排渣几个工序，每加入一包低镍锍反复进行这些操作，直至添加 N 包低镍锍达到炉子额定容量以后，一次吹炼成高镍锍出炉。

第一次进料一般加入低镍锍2~4包（30~60t），转炉转到吹炼位置送风吹炼，转动炉子时应注意在风眼没入熔体前开风，以防止灌死风眼。送风吹炼十几分钟，目的是使镍锍中的铅、锌等杂质氧化挥发，这时炉内的反应生成热很大，能使炉温很快升高，当炉温升到1200~1250℃时，则可以加入冷料和石英进行造渣。

低镍锍的卧式转炉吹炼与低铜锍的吹炼不同，只有第一周期，没有明显的第二周期。吹炼过程中风口鼓入的富氧空气与镍锍中的 FeS 迅速氧化生成 FeO 和 SO_2，FeO 与加入的石英熔剂造渣除去。但高镍锍不是一次吹成，而是按"加入低镍锍→吹风→加入熔剂→加入冷料（根据炉温而定）→放渣"过程反复进行，每次加入一包低镍锍吹炼除铁，当吹炼至 Fe 质量分数 15% 左右时再加入一包低镍锍继续重复上述操作。

从进料到第一渣造好约 40min。渣造好的表现为：火焰变清并微带蓝色，喷溅物发亮。当渣造好后先加入一包低镍锍，吹炼 3~5min 后再放渣，其目的是降低渣含镍、钴等有价金属。放渣量每次一包。渣放完后转过炉体开风吹炼，并分批加入石英砂造渣，加入冷料控制炉温。如此反复，直至炉内聚满的熔体占转炉容量的 1/2 左右时停止进料。当炉内含铁降到 10% 以下时，钴开始剧烈氧化并进入渣中，即进入筛炉操作。

筛炉是指加入最后一包低镍锍后从开始鼓风至倒完最后一次渣的过程，筛炉时渣层厚度只保留约 20mm，筛炉操作时间越短，金属收得率越高。把残留在铜锍中的 FeS 除去，将铁一次吹炼到 2%~4%，这样可以减少钴在渣中的损失，而且最后含钴的转炉渣可以作为提钴的原料而倒出。所以，吹炼过程中铁的氧化程度决定了钴的氧化程度。钴在镍锍和渣中的分配主要取决于镍锍中铁的含量。其最终的产品是含 Ni_3S_2 较高的高镍锍而不是金属镍。

高镍锍中的 Ni、Cu 大部分仍然以金属硫化物状态存在，小部分以合金状态存在，贵金属和部分钴也进入高镍锍中。高镍锍和转炉渣由于各自密度不同而分层，密度小的转炉渣浮于上层。高镍锍中大部分 Ni、Cu 仍然以金属硫化物状态存在，少部分金属以合金状态存在，低镍锍中的贵金属和部分钴也进入高镍锍中。

吹炼过程中，由于氧势较高，会产生较多的 Fe_3O_4。磁性氧化铁的生成与炉内石英石的含量和吹炼温度有直接关系，生产和理论研究都表明，渣含 Fe_3O_4 与渣含 SiO_2 之间存在一个近似反比的关系，并且渣中 SiO_2 与 Fe_3O_4 的质量分数之和基本保持不变。因此可以用适当提高渣中 SiO_2 和吹炼温度的方法来降低生成 Fe_3O_4 的不利影响。铁在吹炼过程中的行为对吹炼过程十分重要，特别是对镍、钴的影响尤为重要，因此，控制好不同吹炼时期镍锍中铁的含量至关重要。一般用控制吹炼时间的方法控制镍锍含铁量。

8.3.2.2 卡尔多炉吹炼

卡尔多（Kaldo）炉又称氧气斜吹转炉，设备如图 8-8 所示。加拿大国际镍业公司采用卡尔多炉（top-blownrotary converter，缩写为 TBRC 法）吹炼低镍锍，产出高镍锍。该设备还可用于吹炼二次铜精矿熔炼获得的白铜镍锍、铜镍渣屑等。

卡尔多炉采用富氧空气吹炼，炉温可达 1923K，可加热料，也可加冷料。作业是周期性的，每加入一批料直到吹炼产出粗铜为止。其工作时转炉炉体呈倾斜状，置于托圈内圆滚上；炉身可绕纵轴线回转，最大转速为 30r/min；炉身固定后加入冷料，可通过炉口插入的氧枪鼓入氧浓度 40%~50% 的富氧空气；氧枪经炉口斜插炉内，并能摆动；经过改进后的卡尔多炉，增添了可向熔池吹氧、氧-燃料或其他气体的设施，可以控制炉内温度和气氛。

Kaldo 炉吹炼时为斜立式，水冷悬吊式喷枪从炉门斜插入炉，空气或氧通过喷枪吹在熔体表面，这就避免了一般转炉浸没风口送氧对转炉耐火材料的损伤。

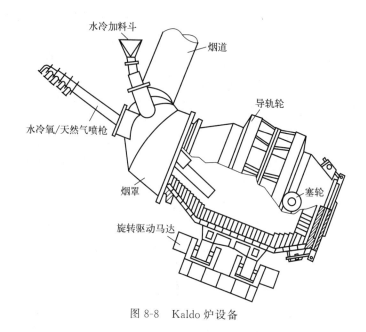

图 8-8　Kaldo 炉设备

8.4　高镍锍的磨浮分离

硫化镍矿一般含有一定量的铜，因此硫化镍矿火法冶金存在铜、镍分离的问题，铜、镍分离基本上是以高镍锍为对象。

8.4.1　高镍锍中铜镍分离方法

高镍锍是低镍锍吹炼最终产物，高镍锍的主要成分为镍、铜金属硫化物及少量的富含稀贵金属的镍、铜、铁的合金所组成的欠硫共熔体。铜、镍分离的方法主要有分层熔炼法、磨浮分离法和选择性浸出法。

（1）分层熔炼法

将高镍锍和硫化钠混合熔化，在熔融状态下硫化亚铜极易溶解在 Na_2S 中，而硫化镍不易溶解于 Na_2S 中。当高镍锍和 Na_2S 混合熔化时，硫化亚铜大部分进入 Na_2S 相，因其密度小而浮在顶层，而硫化镍因其密度大而留在底层。当温度下降到凝固温度时，顶层和底层很容易分开。为了使硫化铜及硫化镍分离效果更好，顶层和底层需再分别进行分层熔炼，直至满足工艺要求。此法工艺过程冗长，生产成本高，现已应用较少。

（2）磨浮分离法

高镍锍由转炉倒出后，在特定的铸模中进行缓慢冷却，高镍锍中各组分在缓冷的过程中成为具有不同化学相的可以进行分离的晶粒，然后用磨细再浮选的方法达到分离的目的。由于其成本低、效率高，已成为最重要的高镍锍中铜镍分离的方法。我国普遍采用高镍锍的磨浮分离技术。

（3）选择性浸出法

根据资源特点不同，有不同的高镍锍湿法处理工艺，如硫酸选择性浸出法、氯化浸出法、加压氨浸法等。这些方法中，硫酸选择性浸出法发展较快，此法的生产流程比较短，用一个浸出工序代替了磨浮分离法的缓冷、磨矿、选矿、焙烧、熔铸等若干工序。硫酸选择性浸出法基建投资较少，药剂用量少，生产成本也较低，是高镍锍湿法处理的主要工艺。而加压氨浸法对镍、铜、钴均能浸出，甚至某些贵金属也能少量溶解，故其应用受到限制，只适用于含铜低、不含或少含贵金属的高镍锍的处理。

8.4.2 磨浮分离原理及工艺

高镍锍主要由镍、铜硫化物、铜镍合金组成，还含有少量铁、钴、氧、微量贵金属及其他杂质。磨浮分离是利用高镍锍中各组分在缓慢冷却过程中以不同的化学相析出，铜以硫化亚铜（Cu_2S）、镍以硫化高镍（Ni_3S_2）的形态成可分离的晶粒，再经过浮选而实现铜、镍分离。因该方法工艺设备简单、金属回收率高、环境污染小、劳动条件好而被广泛采用。高镍锍的磨浮分离原则工艺流程见图 8-9。整体流程主要包括高镍锍的缓冷结晶、破碎、磨矿、磁选、浮选等工艺步骤。经磁选和浮选分离后获得一次铜镍合金、铜精矿、镍精矿及二次合金等产品。分选后产物按图 8-9 所示送后续工艺进一步处理。

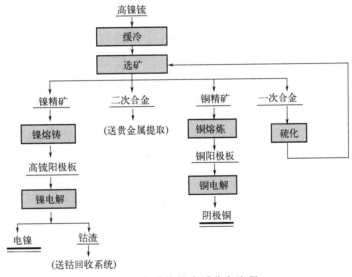

图 8-9　高镍锍的磨浮分离流程

高镍锍缓冷结晶的原理可描述如下。

① 高镍锍从转炉倒出时，温度由 1205℃ 降至 927℃ 过程中，铜、镍和硫在熔体中还完全混熔。当温度降至 920℃ 时，硫化亚铜（Cu_2S）首先结晶析出。

② 继续冷却至 800℃ 时，铂族金属的捕收剂——铜镍合金晶体（一次合金）开始析出。

③ β-Ni_3S_2 的结晶温度为 725℃，且大部分在共晶点（即所有液相全部凝固的最低温度，575℃）时结晶，所以其作为基底矿物以充填的形式分布于枝晶铜矿中，此时 β-Ni_3S_2 相含铜约 6%。

④ 固体高镍锍继续冷却达到类共晶温度 520℃，Cu_2S 及合金相从固体 Ni_3S_2 中扩散出来，其中铜溶解度下降为 2.5%。

⑤ 至 390℃，Ni_3S_2 中铜的溶解度则小于 0.5%，在此温度以下，不再有明显的析出现象发生。此时，Cu_2S 晶体粒径已达几百微米，共晶生成的微粒晶体完全消失，只剩一种粗大的容易解离且宜采用普通方法选出的 Cu_2S 晶体。

⑥ 而铜镍合金则聚集到 50～250μm，且自形晶体程度较好，光片中多为自形六面体或

八面体，呈等粒状，周边平直，容易单体解离，具延展性和强磁性，采用磁选方法就能予以回收。

高镍锍缓冷的设备为铸模，铸模可以由耐火砖砌筑、捣打料捣打或用耐热铸铁铸成，其容量可根据高镍锍的产量分为几种大小，形状可为方梯形、圆截锥体等。高度根据铸锭大小、保温缓冷曲线要求及破碎条件而定，一般为600mm左右。5t以下的铸锭可在高镍锍熔体铸入模内稍许冷却后，在其中心插入用耐火材料裹住的圆钢吊钩，使其与高镍锍一起冷却，便于冷却后起吊。大铸模应设豁口，浇铸高镍锍前用黄泥封死，起吊时取开，以便用夹钳起吊高镍锍块。铸模配有钢板焊制的保温盖，内衬保温材料。

高镍锍缓冷后的铸锭先经两段破碎，再经两段细磨至0.04~0.05mm，再进磁选将磁性物铜镍合金和非磁性硫化物分离。经过磁选后的硫化物再在强碱介质中浮选分离，硫化铜精矿和硫化镍精矿分别以泡沫形式和尾矿形式产出。其具体工艺操作设备连接图见图8-10。

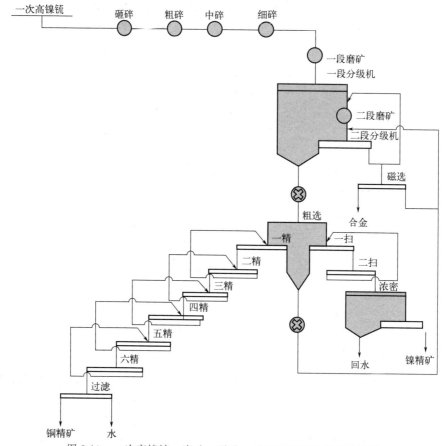

图8-10　一次高镍锍—磨矿—磁选—浮选工艺操作设备连接图

高镍锍的缓冷操作很简单，在烘烤或浇铸高镍锍前，将铸模豁口用黄泥封死，并在模内刷洒黄泥浆以便铸锭顺利脱模，然后对铸模进行烘烤，将脱模浆的水分烤干，同时使铸模具有较高的温度，防止铸模在铸入高温液态高锍时，因温度突增而炸裂损坏。刚起吊出热高锍块的热态铸模连续使用时，可不用烘烤。铸锭时，倾倒高锍熔体应缓慢，避免减少熔体的溅落损失和对模底的猛烈冲刷。浇铸完毕后，必须用保温盖将整个铸模盖好，实现保温缓冷。缓冷72h后，将铸锭吊起脱模。

高镍锍缓冷质量的好坏，直接影响铸锭的相变和以后选矿分离效果。首先，要有足够的冷却保温时间，一般为 72h；其次，影响缓冷质量的因素还有模内冷却速度、铸锭散热面积、铸锭质量、保温措施及环境温度等。为控制铸锭冷却速度及安全生产，铸模均设于一定大小的地坑内，埋于地表以下的部分散热可视为一个常数，那么决定冷却速度的关键因素就是保温罩及环境温度。因此要求保温罩的隔离效果要好，放到坑上应稳定，不得有空隙，在冬季应加强浇铸厂房的密封，避免浇铸厂房发生空气对流。

高镍锍在缓冷过程中不同温度下析出不同化学相，然后用磁选及多级浮选方法分别获得一次铜镍合金、铜精矿、镍精矿及二次合金，达到铜镍分离及硫化镍富集的工艺目的。

8.4.3 磨浮产物

高镍锍的各组分在缓冷的过程中，不同温度下析出不同化学相，然后用磁选及多级浮选方法达到分离的目的。

磁选和浮选的产物包括硫化铜精矿、硫化镍精矿和铜镍合金等。

硫化铜精矿：含铜 69%～71%、含镍 3.4%～3.7%，可送铜冶炼系统。

硫化镍精矿：含镍 62%～63%、含铜 3.3%～3.6%。得到的硫化镍精矿可直接送精炼。精炼的方法通常有电解法、羰基法和浸出精炼法。其中，应用最多的是电解法，硫化镍精矿经焙烧还原熔炼铸成金属镍阳极或直接铸成硫化镍阳极，送镍电解系统。

铜镍合金：含镍 60%、含铜 17% 和绝大部分贵金属。经磁选后得到一次合金。由于一次合金贵金属品位较低，须将一次合金配入含硫物料中进行硫化熔炼和吹炼，使贵金属进一步富集，为贵金属的提取提供品位较高的二次合金。

8.5 高锍阳极电解精炼

高镍锍经磨浮分离后获得硫化镍二次精矿：含镍 62%～63%、含铜 3.3%～3.6%。采用电解法进行精炼时，需要先将硫化镍熔化铸成阳极，然后进行镍硫化物阳极（高锍阳极）电解。

8.5.1 高锍阳极电解原理

高镍锍经磨浮分类产出的硫化镍二次精矿，经熔化、浇注等熔铸工序制成一定尺寸的阳极板供电解使用。

电解的阴极为镍始极片，采用光滑的钛板或不锈钢板作为种板，经种板电解制成。电解液大多采用硫酸镍和氯化镍的混合弱酸性溶液，也有用纯氯化镍弱酸性溶液的，很少用纯硫酸盐电解液。

（1）阳极反应

硫化镍电解阳极主要是 Ni_3S_2 的氧化，析出 Ni^{2+}，反应如下：

$$Ni_3S_2 - 6e^- =\!=\!= 3Ni^{2+} + S_2 \tag{8-35}$$

同时高锍阳极中的铜镍合金，以及铜、钴、铁等其他杂质，也发生氧化，溶解进入电解液：

$$Cu_2S - 4e^- =\!=\!= 2Cu^{2+} + S \tag{8-36}$$

$$Co - 2e^- =\!=\!= Co^{2+} \tag{8-37}$$

$$CoS - 2e^- =\!=\!= Co^{2+} + S \tag{8-38}$$

$$FeS - 2e^- \Longrightarrow Fe^{2+} + S \tag{8-39}$$

$$Ni - 2e^- \Longrightarrow Ni^{2+} \tag{8-40}$$

金、铂等贵金属标准电位高，不会溶解，而进入阳极泥。

阳极板中铜以 Cu_2S 存在，当铜质量分数>10％时，Cu_2S 优先于 Ni_3S_2 溶解，对硫化镍阳极溶解和阴极镍质量都不利。阳极含铁高时，阳极极化明显加重，槽电压迅速上升，阳极造酸反应相应增强，严重时会引起阳极钝化。阳极中还含一定量钴及微量铅、锌等，对阳极影响不大，主要对溶液净化及阴极沉积物产生影响。

（2）阴极反应

电解时阴极上主要进行的是还原反应：

$$Ni^{2+} + 2e^- \Longrightarrow Ni \tag{8-41}$$

镍电解是在微酸性溶液中进行的，溶液中标准电极电位比镍正的氢离子有可能在阴极上放电析出氢气：

$$2H^+ + 2e^- \Longrightarrow H_2\uparrow \tag{8-42}$$

在生产条件下，氢的析出电位一般占电流消耗的 $0.5\%\sim1.0\%$。H^+ 的放电，消耗了大量电能，且引起阴极表面附近的电解液中碱度升高，出现氢氧化镍胶体，这些胶体颗粒易被阴极吸附，阻碍电镍在阴极板上的结晶长大，使得电镍的力学性能变坏。因此在阴极上沉淀出较纯的电镍，而不析出或尽可能少析出氢。

在生产上，为了克服阴极液碱化的影响，通常采取以下几种措施。

① 加快电解液的循环速度。

② 加入少量硼酸（H_3BO_4），使之与 $Ni(OH)_2$ 形成不带电的 $2H_3BO_4 \cdot Ni(OH)_2$ 胶体粒子。

③ 加入 $NiCl_2$，增加电解液中 Cl^- 浓度，促使 Ni^{2+} 析出更容易。

④ 提高温度，降低 Ni^{2+} 在阴极析出时的极化效应。

镍电解时，除了需要抑制 H^+ 的析出外，还要防止电解液中铜、铁、钴、锌等有害杂质离子的析出。其中，标准电极电位较 Ni^{2+} 正的 Cu^{2+}、Pb^{2+} 等离子优先于镍离子还原析出；标准电极电位较 Ni^{2+} 负的 Co^{2+}、Fe^{2+}、Zn^{2+} 等离子将不会先于 Ni^{2+} 析出。但由于镍超电压较大，且有些元素能与镍形成固溶体合金，从而使该元素在阴极镍中的活度变得很小，可造成杂质与镍共同析出。因此，电解液中这些杂质离子的浓度必须控制在一定范围内，即电解液必须进行净化。

8.5.2 电解精炼工艺

硫化镍阳极电解系统主要包括三大工序，即电解工序、净化工序和造液工序，其流程见图 8-11。电解槽结构与铜电解精炼类似。只是在硫化镍阳极的电解过程中，为了防止杂质在阴极上析出，采取隔膜电解，并对阳极电解液进行净化处理，再返回阴极区作为阴极电解液使用。阴极的周期为 $4\sim5$ 天，获得的电镍用热水洗去表面的电解液后，剪切、包装为产品。阳极周期为 $10\sim15$ 天，残极返回阳极炉重熔或选出较完整的用作造液，阳极泥则另行处理。

（1）始极片生产

种板槽电解的生产目的是向生产槽提供作为初始阴极的镍始极片。种板槽电解一般来讲阴极周期为 $12\sim24$ 小时，阳极周期为 $5\sim6$ 天。

种板槽的阴极（母板）通常为钛板，钛材耐腐蚀性能好，热膨胀系数大，在一定温差条件下，始极片易从母板上脱落分离，使用周期长。

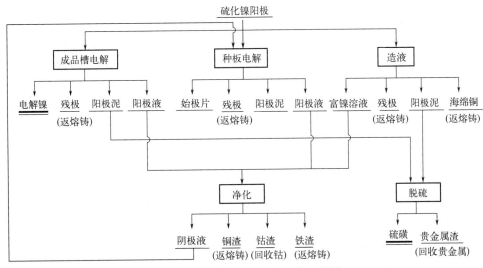

图 8-11　硫化镍阳极电解工艺流程图

为便于始极片剥离，同时防止形成包边，对种板两侧及底边须进行包边处理。始极片剥离首先应在热水槽中烫洗去表面黏附的溶液，剥离下来的始极片经过对辊压纹机进行平压，然后在剪板机上剪成所需规格尺寸，再用钉耳机铆上双耳即成为电解槽用阴极片。

（2）隔膜电解

为了防止阳极溶解下来的 Co^{2+}、Cu^{2+}、Fe^{2+}、Pb^{2+}、Zn^{2+} 等杂质离子及 H^+ 在阴极上析出，镍电解精炼采用的是隔膜电解，即将阴极放在隔膜布袋中与阳极隔开，阳极放在袋外。净化后的纯净电解液从高位槽经分液管流入每个隔膜袋内（即阴极区），控制一定量的新液流量，可保持隔膜袋内液面始终高于袋外液阳极区的液面 $50 \sim 100mm$，依靠静压差可保证阴极电解液通过隔膜的滤过速度＞在电流的影响下铜离子、铁离子等杂质离子从阳极移向阴极的速度。使阴极室的电解液向阳极区渗出，同时确保阳极液不渗入阴极区，从而保证了阴极区内电解液的纯度高，没有过多杂质离子，确保电解出的电镍的质量。硫化镍双阳极隔膜电解示意见图 8-12。

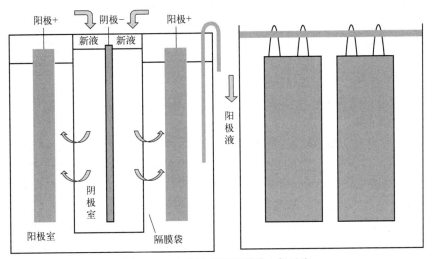

图 8-12　硫化镍双阳极隔膜电解示意

（3）电解液的净化

镍氧化还原平衡电极电位－0.2363V，电位较负，在阴极上难析出；若不进行深度净化，在阴极区阳离子杂质将与镍共同析出，造成电镍含杂质多。为此，镍电解阳极液需不断地从电解槽流出，送去净化系统。镍电解液净化过程的目的主要是除去铁、钴、铜、铅、锌等，并保持溶液体积的稳定和溶液钠离子的平衡。镍电解液净化原则工艺流程见图 8-13。

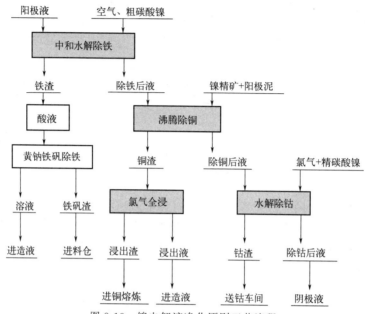

图 8-13　镍电解液净化原则工艺流程

镍电解过程的主要杂质为铁、铜、钴三种元素，同时根据阳极原料的不同，有时还含有铅、锌、锰等。但由于这些杂质在阳极中的含量不同，所以阳极液中的含量也不同，采用的净化流程也不同。化学沉淀法除杂净化实质就是使上述几种杂质在特定条件下生成沉淀排出系统之外，从而达到净化的目的。例如，除铁、除钴通常采用中和水解法，除铜时采用硫化沉淀法等。随着有机化学的不断发展，各种离子交换树脂及萃取剂不断产生，利用其对各种重金属元素交换容量及分配系数的不同，从而形成了一种无渣净化工艺。

① 除铁的方法很多，有中和水解法、黄钠（钾）铁矾法、萃取法、离子交换法等，各种方法都有自己的使用范围和条件。当溶液含铁离子>1g/L 时，采用黄钠铁矾法除铁较理想；对于含铁为 0.1～1g/L 的溶液，一般采用中和水解沉淀法除铁；若含铁离子<0.1g/L 时，可采用离子交换法、萃取法等无渣新工艺。

② 国外通常采用镍粉置换法除铜，为了增大镍粉的表面活性，要求镍粉要足够细。此法的优点是既除掉了铜，又补充了镍。反应为 $Ni+Cu^{2+}\Longrightarrow Cu+Ni^{2+}$，为了提高除铜的效果，通常加入一些硫黄来加速除铜过程。国内采用的方法主要为硫化氢除铜和镍精矿加阳极泥法除铜。这两种方法都是利用在镍电解液的各种元素中，铜的硫化物溶度积为最小，且与镍、钴等主金属硫化物的溶度积差别较大的原理，使得 Cu^{2+} 以 CuS 沉淀的形式除去。

③ 中和水解法除 Co 的基本原理与除 Fe 相似，但 Co^{2+} 较 Fe^{2+} 难氧化，Co^{3+} 较 Fe^{3+} 难水解沉淀，因此除 Co 比除 Fe 要困难，需要比空气更强的氧化剂，沉淀 pH 值也较高。氯气的氧化性较氧气强，利用钴和镍的氧化还原电位和水解 pH 值的差异，可使用氯气将 Co^{2+} 优先氧化成 Co^{3+}，并使 Co^{3+} 水解生成难溶的 $Co(OH)_3$ 沉淀，富集于钴渣中，此钴渣则作

为钴车间的提钴原料；当采用纯硫酸盐体系为电解质，则常用黑镍（NiOOH）除钴。

我国硫化镍电解阳极液净化除铁的大致流程是：首先将电解液加热到 $333 \sim 343K$，鼓入空气将电解液中 Fe^{2+} 氧化成 Fe^{3+}，加入 $NiCO_3$ 调节溶液 pH 值至 $3.5 \sim 4.2$，然后水解沉淀即可除去大部分的铁；滤渣加 H_2SO_4、Na_2CO_3、$NaClO_3$，采用黄钠铁矾法进一步除铁，所得滤液返回。除铁后的滤液调整 pH 值到 3.5 以下，加镍粉除铜。除铜后的滤液用 Na_2CO_3 调整 pH 值为 4.8，再通氯气作为强氧化剂除钴，使 Co^{2+} 氧化成 Co^{3+}，然后水解成氢氧化物沉淀。在氯气氧化除钴的同时，杂质铅、锌可用共沉淀法脱除，即 Pb 也被氧化成 PbO_2，还有部分镍被氧化成 $Ni(OH)_3$，PbO_2 微粒、$Ni(OH)_3$ 沉淀吸附除去。铅、锌的脱除在我国也采用离子交换法，即在含有较多 Cl^- 的溶液中，Zn^{2+} 与 Cl^- 结合生成 $ZnCl^{2-}$ 配合物离子，再用 717 阴离子交换树脂将锌除去，微量的铅也可同时除去。

（4）造液补充镍离子

在镍的可溶性阳极电解过程中，由于阳极杂质的影响，阳极电流效率（86%左右）低于阴极电流效率（97%左右），再加之电解液在净化过程中各种渣夹带造成的损失，使得电解液中的 Ni^{2+} 浓度不断贫化。为了防止电解液中镍的贫化，维持生产的正常进行，就必须维持离子的平衡，因此必须补充由于电效差等原因造成的 Ni^{2+} 损失，造液是补充电解液中镍离子的有效方法之一。

造液过程原理：由于氢离子在阴极上析出电位比镍正，能优先析出，所以在正常镍电解生产中需创造条件控制氢析出，以保证阴极上镍的优先析出。而在造液过程中则恰恰相反，造液过程是创造条件使氢优先在阴极上析出。造液过程在不带隔膜的电解槽中进行，镍在阳极上正常溶解，结果是镍的阴极电流效率远远低于阳极电流效率，从而使电解液中的 Ni^{2+} 得以富集。此电解液经净化后得到阴极液送去电解提镍。造液过程不仅起补充镍离子的作用，同时还有脱铜的作用。因为铜离子的析出电位比镍离子正，所以电解液中的铜离子会在阴极上与氢一起析出，在阴极上形成海绵铜。

8.6 红土镍矿火法熔炼

红土镍矿可以生产氧化镍、镍锍、镍铁等中间产品，其中镍锍、氧化镍可供镍精炼厂使用，以解决硫化镍原料不足的问题。红土镍矿是镍铁的主要来源，且镍铁又是不锈钢主要原料。

8.6.1 传统火法工艺

红土镍矿火法冶炼主要处理含镍品位较高的变质橄榄岩（Ni 1.5%～3%、Fe 10%～40%、MgO 5%～35%、Cr_2O_3 1%～2%），产品主要是镍铁合金和镍锍产品。生产中仍有应用的是还原-硫化熔炼法和回转窑干燥预还原-电炉熔炼法（RKEF 法）。

（1）还原-硫化熔炼法

还原-硫化熔炼法用于生产高镍锍。其主要过程为：先将红土镍矿进行筛分（50～150mm），弃去细颗粒，送去煅烧（1500～1600℃），然后加入硫化剂（主要是黄铁矿、石膏、硫磺和含硫的镍原料等）使矿石中的镍和部分铁转化为硫化物，而后将焙烧物加入电炉进行还原熔炼得到低镍锍，再经转炉吹炼后得到高镍锍，镍品位为 79% 左右，回收率约

70％。高镍锍可以作为生产镍丸和镍粉的原料，可以直接铸成阳极板，通过高锍阳极电解精炼生产阴极镍，同时也可以生产硫酸镍等精细化学品。此工艺的优点在于易于操作、产品灵活性大、可生产各种形式的镍产品。

（2）回转窑干燥预还原-电炉熔炼法

2004 年，乌克兰帕布什镍铁厂改进回转窑干燥预还原-电炉熔炼法，用红土镍矿生产镍铁取得了引人注目的经济效益，RKEF 工艺由此声名鹊起。

RKEF 法生产镍铁的主要过程为：将红土镍矿经过筛分、破碎、混匀后，使表面水分为20％左右的矿、还原煤、熔剂和返料等物料配料后经过皮带运输加入回转窑内，在 650～800℃下进行焙烧、预还原，产出 750～850℃的焙砂；而后焙砂经电炉上方的料仓加入还原电炉内（1550～1600℃）进行熔分得到含镍 25％以上的粗镍铁，粗镍合金排放到镍合金罐，镍合金罐运至 KR 机械搅拌工位，采用钢包精炼脱除粗镍铁中的杂质如硫、磷等，精炼镍合金水通过铸铁机浇注成镍合金小锭。如果生产镍锍，则需要在焙烧回转窑的出料口喷入硫黄将镍转变成低铁的镍锍。

RKEF 工艺具有原料适应性强、镍铁的品位高、回收率高、有害元素含量少、节能环保、循环利用、生产流程容易控制和操作等优点，特别适于处理中高品位红土镍矿（镍≥2％、钴≤0.05％）。产品镍铁可用于不锈钢生产。

8.6.2　火法冶炼新技术

（1）氯化离析

氯化离析是指在矿石中加入适量的氯化剂和碳质还原剂（煤或焦炭），在弱还原性气氛中进行加热焙烧，从而使有价金属从矿石中以氯化物形态挥发出来，同时氯化物在还原剂表面被还原为金属，再通过磁选金属进行富集的过程。

通用的工艺是在红土镍矿中加入 10％～30％的氯化剂（氯化钙、氯化镁或工业盐等），并加入约 4％～10％的炭粉或焦炭等为还原剂，在 1173～1373K 下进行高温离析。形成的氯化物呈气态状态，通过冷凝回收有价金属氯化物。不同矿层的红土镍矿在氯化离析过程中消耗的药剂用量不同。反应时间 60～90min，镍和钴的提取率可达 80％以上。离析焙烧-磁选或浮选适于处理不同类型的镍矿。

（2）氯化焙烧

氯化焙烧工艺与氯化离析原理类似，是将红土镍矿磨细后与 HCl 气体或者氯化物等氯化剂进行混合造球，在焙烧炉中焙烧使被提取的金属生成氯化物，然后用水或其他熔剂浸取而得到有用金属离子。它与离析法的差别仅仅在于焙烧产物为固态，可溶于水或者其他溶剂，从而实现有价金属和脉石杂质的分离。

（3）红土镍矿选择性还原

将红土镍矿与 C、H_2/C_xH_y、CO/CO_2 混合气体一起还原焙烧，还原过程一般在 450～700℃下，选择性还原固相氧化镍和氧化钴为金属镍、钴，后期的镍、钴回收可以采用羰基法或者溶液吸收浸出等，然后通过磁选回收镍、钴。研究者的研究结果显示，采用 50％CO＋50％CO_2 混合气体还原焙烧后的红土镍矿时，随着焙烧温度的升高，镍的金属化率先升高后减小，经过 700℃焙烧 120min 后的红土镍矿，还原后的产物中镍的金属化率可以达到86.81％；CO 质量分数控制在 30％～50％，温度控制在 700～800℃，此条件下红土镍矿还原产物中的镍铁比超过 2，镍的金属化率超过 90％。

8.7 红土镍矿湿法冶金

红土镍矿目前发展较为成熟的湿法处理方法主要为还原焙烧-氨浸法（RRAL）、加压酸浸法、常压酸浸法等，湿法冶金工艺对比见表 8-5。

表 8-5 红镍矿湿法冶金工艺对比

工艺	原理	优点	弊端
还原焙烧-氨浸法	Ni、Co 选择性还原，与氨形成络合物，浸入溶液	可以处理 Mg 含量高的原料，可以回收部分磁铁矿	Ni、Co 收率偏低，与火法结合，能耗高
加压酸浸法	利用 250℃、4MPa 下 Fe^{3+} 的水解沉淀反应，再生硫酸，实现 Ni、Co 选择性浸出	酸耗较低；Ni、Co 收率高，约 95%	反应釜结垢严重，铁渣无法利用，运行效果差
常压酸浸法	堆浸	浸出条件温和、能耗低，可以处理低品位原料	酸耗高，浸出剂难以回收；浸出液中杂质含量高
	生物浸出		

8.7.1 还原焙烧-氨浸法

还原焙烧-氨浸法利用镍、钴能与氨络合而溶于溶液中，而其他杂质则滞留在渣中，从而将镍、钴选择性浸出。含 MgO 大于 10%、含镍 1% 且镍赋存状态不太复杂的红土镍矿，通常采用还原焙烧-氨浸工艺处理。该工艺过程为：将红土镍矿干燥、破碎至粒度小于 $74\mu m$，然后进行还原焙烧。还原焙烧时，要尽量使铁转变成磁性 Fe_3O_4，以保证磁选时能被完全分离。从而降低氧化物对钴的吸附，减少钴的损失；控制金属铁的生成，因为钴的活化区比较宽，不易钝化，一旦与金属铁生成合金后，其电化学行为与铁相近，则进入钝化区，回收率降低。氨浸前，要先溶去游离的 FeO，使包含在其中的镍和钴暴露出来，使其氨浸时容易被浸出。否则，溶液中钴离子与新生成的 Fe_3O_4 和 $Fe_2O_3 \cdot H_2O$ 会产生共沉淀。在氨性碳酸铵溶液中，影响二价铁生成强磁性氧化物的主要因素是反应温度和二价铁离子浓度。温度越高，二价铁离子浓度越高，越易生成 Fe_3O_4。因此，为降低钴的吸附损失，目前最行之有效的方法是尽量降低反应温度以及用碳酸铵溶液逆流洗涤浸出渣。然后，将焙砂送入多段常压氨浸工艺，浸出液经沉淀、蒸氨后得到碱式碳酸镍，碱式碳酸镍经过煅烧还原可得镍块，其原则工艺流程见图 8-14。

该法试剂可循环使用，消耗量小，能综合回收镍和钴，可产出镍盐、烧结镍、镍粉、镍块等产品。但镍、钴金属回收率分别为 75%~85% 和 40%~60%，浸出率较低。氨浸法只适合处理表层红土镍矿，对含铜和含钴量较高的红土镍矿以及硅镁型的红土镍矿则不适宜。

8.7.2 硫酸加压浸出工艺

与还原焙烧-氨浸工艺相比，高压硫酸浸出（HPAL）

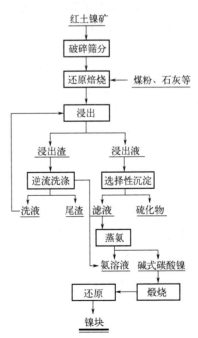

图 8-14 红土镍矿选择性还原焙烧-氨浸法原则工艺流程

工艺具有能耗低，镍、钴浸出率高（可达到 90％以上）等优点。该法特别适合用于处理低品位的难以直接熔化冶炼的褐铁矿型红土镍矿。镍品位高、泥质少、含镁小于 10％（特别是小于 5％）的红土镍矿，比较适合采用高压硫酸浸出工艺。

古巴毛阿（Moa Bay）镍厂处理红土镍矿的典型成分：Ni 1.35％，Co 0.146％，Cu 0.02％，Zn 0.04％，Fe 47.5％，Cr_2O_3 2.9％，SiO_2 3.7％，MgO 1.7％，Al_2O_3 8.5％。其处理褐铁矿型红土镍矿的典型工艺主要过程如下。

该厂设有四套并联浸出系统，每套系统有四个串联立式高压釜。在温度为 230～270℃，压力为 4～5MPa 的条件下，用硫酸作为浸出剂，通过控制一定的 pH 值，使铁、铝、硅等杂质部分经过水解进入渣中，而镍、钴元素实现选择性浸出进入溶液中。第一段浓密机富液成分：Ni 5.95g/L，Co 0.64g/L，Cu 0.1g/L，Zn 0.2g/L，Fe 0.8g/L，Mn 2g/L，Cr 0.3g/L，SiO_2 2g/L，Mg 2g/L，Al 2.3g/L，SO_4 2～4.2g/L，游离酸 28g/L。

浸出液经过还原中和、硫化沉淀、逆流洗涤后得到高质量的镍钴硫化物。

富液净化后，用珊瑚泥中和游离酸。固液分离后的含镍钴浸出液，在有硫化物晶种的情况，向衬有耐酸砖的卧式圆筒形高压釜内通入气态硫化氢，使镍、钴、铜和锌呈硫化物沉淀下来。沉淀作业条件为温度 118℃，压力约 1MPa，时间 17min，硫化沉淀率分别为 Ni 99％、Co 98％。

浸出矿浆经六段浓密及逆流洗涤后，残渣含铁≥50％，可作为炼铁原料。

沉淀后产物为镍钴硫化物，其成分：Ni 55.1％，Co 50.9％，Cu 1.0％，Pb 0.003％，Zn 1.7％，Fe 0.3％，Cr 0.4％，Al 0.02％，硫 35.6％。镍、钴总回收率分别达到 96.5％和 94％。

8.7.3 改进的加压酸浸工艺

（1）高压与常压酸浸结合的 HPAL-AL 工艺

从降低酸耗角度出发，代表性新工艺主要有高压硫酸浸出（HPAL）工艺与常压硫酸浸出（AL）组合形成的 HPAL-AL 工艺和硝酸加压浸出两种工艺。

HPAL-AL 工艺用高镁矿即腐殖土型红土镍矿对 HPAL 富液进行酸中和，随后再将滤渣转入 AL 工序，滤液则进入镍、钴产品制备工序。尽管该工艺仍保留了 HPAL 处理低镁高铁红土镍矿及 AL 处理高镁红土镍矿的特点，却可以实现 HPAL 浸出液中过量残酸的综合利用，从而降低了酸耗。此外，该工艺很好地利用了腐殖土型红土镍矿易与酸发生反应的特点，减少了酸中和过程中镍、钴的夹带损失。

（2）加压酸浸强化浸出（EPAL）工艺

图 8-15 为典型的红土镍矿加压酸浸强化浸出（EPAL）工艺流程。它也是常压硫酸浸出与高压硫酸浸出工艺联合流程。与 HPAL-AL 工艺相比，EPAL 工艺的不同之处主要在于需将浸出液中的铁浓度控制在 3g/L 以下。首先，褐铁矿型红土镍矿进入高压硫酸浸出段，产出的浸出液与腐殖土型红土镍矿常压浸出段溶液合并，然后在浸出液中加入含 Na^+、K^+、NH_4^+ 的化合物沉铁，使浸出液中 80％的铁以黄铁矾的形式进入渣相，从而实现铁含量的控制。

EPAL 工艺能很好地利用残酸，降低酸耗，且控制浸出液中的铁在较低水平，能够实现镍、钴与铁的选择性浸出。不过因黄铁矾在酸性介质中具有易分解的特性，需要常压酸浸过程中严格控制反应的氧化还原电位、温度和 pH 值等反应条件。

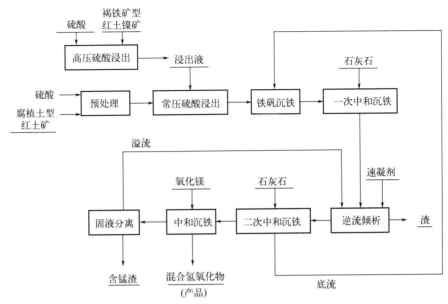

图 8-15　典型的红土镍矿加压酸浸强化浸出（EPAL）工艺流程

8.7.4　常压盐酸浸出工艺

常压盐酸浸出工艺（ACPL 工艺）是近年来新开发的一种红土镍矿湿法冶金工艺，其原则工艺流程见图 8-16。该工艺主体流程为：预处理→常压盐酸浸出→固液分离→水解分离镍、钴。含镍、铁或镁的浸出液可生产纯镍氧化物、钴氧化物，HCl 可再生后返回系统使用。浸出固体渣可用于生产赤铁矿。

铁离子是红土镍矿浸出过程中最大的杂质，对其进行焙烧预处理，可使铁变得相对惰性，否则大量铁被浸出，导致酸耗增加。常压盐酸浸出工艺中可将 pH 值保持在 $0.4\sim2.5$ 之间，温度保持在 105℃左右，反应 6h，最后浸出液中铁的质量浓度可降低到 1g/L。针铁矿型红土镍矿在盐酸作用下溶解反应机理如下：

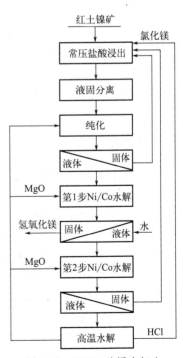

$$\alpha\text{-FeOOH}+3HCl\longrightarrow FeCl_3+2H_2O \qquad (8\text{-}42)$$

$$FeCl_3+2H_2O\longrightarrow\beta\text{-FeOOH}+3HCl \qquad (8\text{-}43)$$

$$2FeCl_3+3H_2O\longrightarrow Fe_2O_3+6HCl \qquad (8\text{-}44)$$

在 ACPL 工艺中，通过加入硫酸、氯化钙，控制温度等可使铁离子转变为容易除去且稳定的赤铁矿。反应如下：

$$CaCl_2+H_2SO_4+0.5H_2O\longrightarrow CaSO_4\cdot0.5H_2O+2HCl \qquad (8\text{-}45)$$

$$2FeCl_3+3CaCO_3\longrightarrow Fe_2O_3+3CO_2+3CaCl_2 \quad (8\text{-}46)$$

一些红土镍矿中的镍和钴用低浓度盐酸很容易浸出，而另一些矿石中的镍则需要较高浓度的盐酸才可浸出。用高浓度盐酸浸出时，红土镍矿中的大量不水解的杂质离子，如镁、铁等进入溶液，影响后续处理。因此，提取工艺首

图 8-16　ACPL 法浸出红土矿工艺流程图

先要解决的是把 HCl 从溶液中蒸馏出来，其次是水解除去铁的问题。

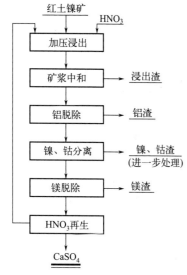

图 8-17　红土镍矿硝酸加压
浸出工艺流程

8.7.5　硝酸加压浸出

传统红土镍矿加压酸浸工艺在硫酸体系中完成，因可得到较高的镍、钴浸出率，受到很大关注。但硫酸体系下加压酸浸需在高温高压（230～260℃，4～5MPa）下进行，对浸出设备要求较高；硫酸消耗约 400kg/t（以矿计），消耗量大成为制约该工艺经济性的关键。为改善红土镍矿硫酸加压的浸出，硝酸加压浸出工艺流程见图 8-17。采用此工艺可实现镍、钴与铁的高效选择性浸出。

硝酸加压浸出工艺是以纯硝酸代替传统加压浸出工艺中的硫酸作为浸出介质，对红土镍矿进行加压酸浸。加压浸出在立式高压反应釜中进行，工作压力≤2.0MPa，工作温度≤200℃，搅拌转速≤180r/min。其他除杂和沉淀反应在内衬耐酸砖的搅拌槽中进行。当浸出体系酸度降低时，浸入液中的 Fe^{3+} 将水解生成赤铁矿重新进入渣相，同时产生的酸供其他组分继续浸出。通过对浸出富液分步提纯又可实现镍、钴与铝、镁的进一步分离，同时得到多种副产物，包括镍钴渣、铁渣（浸出渣）、镁渣及铝渣等。

对某红土镍矿（化学组分见表 8-6），采用 98％工业级浓硝酸浸出 35h 后，镍、钴浸出率分别为 84.50％和 83.92％，而铁浸出率低至 1.08％，实现了镍（钴）与铁的高效分离。而且所得的浸出渣中铁含量较高，杂质含量尤其硫的含量较低（仅为 0.04％），可用于高炉炼铁。

表 8-6　硝酸法浸出所用红土镍矿成分

元素	Fe	Ni	Co	Al	Ca	Mg	Cr	Mn	Si	C	S	其他
质量分数/％	41.47	0.82	0.07	2.88	0.32	2.02	1.82	0.49	4.10	2.18	0.09	43.74

 思考题

1. 低镍锍转炉吹炼和铜锍转炉吹炼的过程有何不同？为何低镍锍转炉吹炼得不到粗金属？

2. 硫化镍为阳极电解精炼依据的原理是什么？为什么采用隔膜电解？

3. 高镍锍磨浮分离的主要工艺步骤有哪些？依据的原理是什么？

4. 阳极电解液的净化目的是什么？列举其主要净化工艺及净化原理。

5. 低镍锍吹炼的目的是什么？吹炼的最终产物是什么？

6. 镍锍吹炼过程中，镍在渣中的损失形式有哪些？如何控制渣中镍损失？

7. 如何理解镍冶金生产原料多、工艺复杂、产品品种多及"三废"多的特点？试从原理和工艺角度展开分析。

8. 论述硫化镍精矿火法冶金的基本原理和工艺过程。如果精矿中伴生有金、银，如何实现综合回收？

9. 试从有价元素回收、资源综合利用与环境可持续发展角度分析火法炼镍和湿法炼镍的各自的优势和弊端。

10. 红土镍矿火法和湿法冶金各有哪些？各自的优缺点是什么？

📁 参考文献

[1] 傅崇说. 有色冶金原理 [M]. 2版. 北京：冶金工业出版社，2005.

[2] 《有色冶金炉设计手册》编委会. 有色冶金炉设计手册 [M]. 北京：冶金工业出版社，2004.

[3] 邱竹贤. 冶金学（下卷）：有色金属冶金 [M]. 沈阳：东北大学出版社，2001.

[4] 翟秀静. 重金属冶金学 [M]. 北京：冶金工业出版社，2011.

[5] 彭容秋. 重金属冶金学 [M]. 长沙：中南大学出版社，2004.

[6] 任鸿九，等. 有色金属熔池熔炼 [M]. 北京：冶金工业出版社，2001.

[7] 彭容秋. 镍冶金 [M]. 长沙：中南大学出版社，2005.

[8] 何焕华. 中国镍钴冶金 [M]. 北京：冶金工业出版社，2009.

[9] 汤宏亮. 镍闪速熔炼渣改型应用研究 [D]. 西安：西安建筑科技大学，2018.

[10] 王雪亮，石润泽，李兵，等. 镍熔炼渣贫化工艺现状与展望 [J]. 中国有色冶金，2020，49（6）：1-4.

[11] 范皓月. 镍闪速熔炼渣组分调控及其对渣-锍平衡的影响研究 [D]. 西安：西安建筑科技大学，2019.

[12] 刘风华，周立杰，邹结富，等. 富氧顶吹熔炼炉炉体结构研究 [J]. 有色金属（冶炼部分），2020（9）：45-48.

9 铅冶金

1. 铅的主要性质及用途；
2. 烧结焙烧-鼓风炉还原熔炼原理及工艺；
3. 硫化铅精矿直接熔炼原理及主要的工艺方法；
4. 粗铅火法精炼除杂的原理；
5. 粗铅电解精炼的原理及工艺操作；
6. 再生铅的回收方法。

铅是银灰色重金属，具有抗腐蚀、抗辐射等优良特性，广泛应用于蓄电池、耐蚀合金、防护材料、颜料制造及化工添加剂等领域。我国是世界上铅资源丰富的国家之一，2022年全国累计探明铅储量高达2186.50万吨。我国精炼铅多年居于世界第一，2022年精铅产量达到781万吨，占全球产量的62%。

9.1 概述

9.1.1 铅及其化合物的性质

金属铅硬度小、密度大、熔点低、沸点高、展性好、延性差、对电与热的传导性能差、高温下容易挥发。

铅在空气中加热熔化时，可依次形成 Pb_2O、PbO、Pb_2O_3 及 Pb_3O_4，但 PbO 是高温下唯一稳定的氧化物。铅易溶于硝酸（HNO_3）、硼氟酸（HBF_4）、硅氟酸（H_2SiF_6）、醋酸（CH_3COOH）及 $AgNO_3$ 等，盐酸与硫酸仅在常温下与铅表面起作用形成几乎不溶解的 $PbCl_2$ 和 $PbSO_4$ 表面膜。而与硝酸形成的 $Pb(NO_3)_2$ 在水溶液中不太稳定，容易生成挥发性的氧化氮。

铅的化合物主要有硫化铅、氧化铅、硫酸铅和氯化铅。

① 硫化铅 PbS 是方铅矿主要成分，具有金属光泽，熔点1135℃。PbS 在600℃时开始挥发，1281℃可达到101.3kPa。PbS 几乎不与 C 和 CO 发生作用，在空气中360～380℃即生成 PbO 和 $PbSO_4$。PbS 可与 FeS、Cu_2S 等金属硫化物形成锍，CaO、BaO 对 PbS 可起分解作用生成 Pb。

② 氧化铅 熔点886℃，易挥发，1475℃即达101.3kPa。PbO 是两性氧化物，既可与 SiO_2、Fe_2O_3、Al_2O_3，结合成硅酸盐、铁酸盐或铝酸盐；也可与 CaO、MgO 等形成铅酸盐。PbO 是良好助熔剂，可与许多金属氧化物形成易熔共晶体或化合物，容易被 C 或 CO 所还原。

③ 硫酸铅 熔点为1170℃，开始分解温度为850℃，激烈分解温度为905℃。PbS、ZnS

和 Cu_2S 等均可促进 $PbSO_4$ 的分解。$PbSO_4$ 和 PbO 均能与 PbS 发生相互反应生成金属铅。

④ 氯化铅 $PbCl_2$ 密度为 $5.91g/cm^3$，熔点为 $498℃$，沸点为 $954℃$。$PbCl_2$ 在水溶液中的溶解度甚小，$25℃$ 时为 1.07%，但 $PbCl_2$ 溶解于碱金属和碱土金属的氯化物（如 NaCl 等）水溶液中，在 NaCl 水溶液中的溶解度随温度和 NaCl 浓度的提高而增大，当有 $CaCl_2$ 存在时，其溶解度更大。

9.1.2 铅冶金的原料

9.1.2.1 矿物原料

铅矿石分为硫化矿和氧化矿两大类。铅冶金的主要原料来源于硫化矿。

分布最广的是硫化铅（方铅矿，PbS），属原生矿，多与辉银矿（Ag_2S）、闪锌矿（ZnS）、黄铁矿（FeS_2）、黄铜矿（$CuFeS_2$）、辉铋矿（Bi_2S_3）和其他硫化矿物共生。脉石成分有石灰石、石英石、重晶石等。

氧化矿主要为白铅矿（$PbCO_3$）和铅矾（$PbSO_4$），属次生矿，是原生矿受风化作用或含有碳酸盐的地下水的作用而逐渐产生的，常出现在铅矿床上层，或与硫化矿共存而形成复合矿，储量较少。

开采的矿石一般含铅 $3\%\sim9\%$，必须进行选矿富集得到适合冶炼要求的铅精矿。表 9-1 为一些铅精矿的成分实例。铅精矿由主金属铅（Pb）、硫（S）和伴生元素 Zn、Cu、Fe、As、Sb、Bi、Sn、Au、Ag 以及脉石氧化物 SiO_2、CaO、MgO、Al_2O_3 等所组成。

表 9-1 铅精矿成分实例

矿例		Pb	Zn	Fe	Cu	Sb	As	S	MgO	SiO_2	CaO	Ag/(g/t)	Au/(g/t)
国内精矿	I	66.0%	4.9%	6%	0.7%	0.1%	0.05%	16.5%	0.1%	1.5%	0.5%	900	3.5
	II	60.0%	5.2%	8.67%	0.5%	0.5%	—	20.2%	—	1.5%	0.5%	926	0.8
	III	46.2%	3.1%	11.1%	1.6%	—	0.22%	17.6%	—	4.5%	0.5%	800	10
国外精矿	I	76.8%	3.1%	2.0%	0.03%		0.2%	14.1%	0.2%	—	7.5%		
	II	74.2%	1.3%	3.0%	0.4%	—	0.1%	15.1%	0.5%	1.0%	1.7%		
	III	50.0%	4.0%	—	0.5%	0.03%	0.004%	15.7%		13.5%	2.3%		

铅的冶炼工艺以火法冶炼为主，为保证冶金产品质量和获得较高的生产效率，避免有害杂质的影响，铅冶炼工艺对铅精矿成分有如下要求：

① 主金属含量不宜过低，通常要求大于 40%。含量过低，生产效率会降低。

② 杂质铜含量不宜过高，通常要求小于 1.5%。铜过高，在还原熔炼过程中，所产生的锍量增加，锍中的主金属铅损失增加，也易造成粗铅和电铅中铜含量超标。

③ 锌的硫化物和氧化物均有熔点高、黏度大的特点，特别是硫化锌。如含锌过高，则在熔炼时，这些锌的化合物进入熔渣和铅锍，会使熔点升高，黏度增大，密度差变小，分离困难。甚至因饱和而在铅锍和熔渣之间析出形成横隔膜，严重妨碍熔体分离，一般锌质量分数要小于 8%。

④ 通常要求 As 与 Sb 的杂质质量分数小于 1.2%，As 与 Sb 过高，则易形成黄渣，铅的损失量会相应增大；更严重的是会造成粗铅及阳极铅含砷、锑过高，也会影响电解电流效率。

我国铅精矿的等级标准（YS/T 319—2023）见表 9-2。

表 9-2　我国铅精矿等级及要求　　　　　　　　　　　　　单位：%

品级	杂质质量分数					
	Pb	As	Cd	Hg	SiO_2	Al_2O_3
一级品	≥65.0	≤0.30	≤0.20	≤0.05	≤1.5	≤2.0
二级品	≥60.0	≤0.40	≤0.30	≤0.05	≤2.0	≤2.5
三级品	≥55.0	≤0.50	≤0.40	≤0.05	≤2.5	≤3.0
四级品	≥50.0	≤0.55	≤0.40	≤0.05	≤3.0	≤4.0
五级品	≥40.0	≤0.60	≤0.40	≤0.05	≤3.0	≤4.0

9.1.2.2　再生铅原料

铅是有害于环境和人体健康的金属，各种铅废料若不加以合理回收，将成为环境的污染源，尤其是废蓄电池，只有充分回收利用，才能避免其中的铅膏和硫酸污染环境。可用来回收再生铅的原料包括蓄电池残片及填料，蓄电池厂及炼铅厂所产铅浮渣、二次金属回收、有色金属及贵金属提取所产各类含铅渣和含铅烟尘，湿法炼锌所产含铅浸出渣，铅熔炼所产的铅锍，铅消费部门的各种废料等，其中以废蓄电池的回收量最大。

再生铅原料一般由 Pb、Sb、Sn、Cu、Bi 等元素组成，部分再生铅原料化学成分见表 9-3。

表 9-3　再生铅原料的化学成分　　　　　　　　　　　　单位：%

再生铅原料名称	Pb	Sb	Sn	Cu	Bi
废铅蓄电池极板	85~94	2~6	0.03~0.5	0.03,0.3	<0.1
压管铅板（管）	>99	<0.5	0.01~0.03	<0.1	
铅锑合金	85~92	3~8	0.1~1.0	0.1~0.8	0.2~0.5
电缆铅皮	96~99	0.11~0.6	0.4~0.8	0.018~0.31	
印刷合金	98~99	0.05~0.24	0.05~0.02	0.02~0.13	

大多数再生铅原料是混杂型的，不可能直接重熔处理，但可以通过一定的预处理（如拆解、破碎、分选等），将其中化学组成一致或接近一致的某一部分或某几部分分离开来，再对分离后的各组分分别利用火法、湿法或湿法-火法联合流程处理。

火法熔炼中，硫化矿本身就是一种"燃料"。精矿粒度越小，比表面积越大，化学活性越高，硫化物氧化发热值就越大，这些都是硫化铅精矿采用直接熔炼的优势所在。火法炼铅可分为传统炼铅法和直接炼铅法。

9.2　烧结焙烧-鼓风炉还原熔炼

硫化铅精矿经烧结焙烧后得到铅烧结块，在密闭鼓风炉中进行还原熔炼，产出粗铅。图 9-1 为传统烧结焙烧-鼓风炉还原熔炼工艺原则流程。精矿中 PbS 是不能直接被还原成金属铅的，所以应预先对硫化矿进行氧化焙烧转变为 PbO，然后再进入鼓风炉对其进行还原熔炼。该法属传统炼铅工艺。

烧结焙烧是空气参与下的强氧化过程，其目的是：①氧化脱硫，使金属硫化物变成氧化物，以便被碳还原，而硫以 SO_2 逸出，以便制酸；②在高温下将粉料烧结成块，以适应鼓

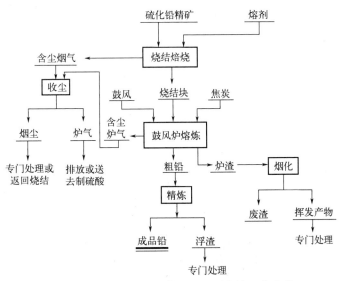

图 9-1 传统烧结焙烧-鼓风炉还原熔炼工艺流程

风还原熔炼的作业要求。烧结块的化学成分应满足还原反应与造渣过程的要求，同时应具有一定的机械强度，在鼓风炉还原熔炼时不致被一定高度的炉料层所压碎；烧结块应为多孔质结构并具有良好的透气性。

烧结是在高温下将精矿中的硫化物氧化生成氧化物而脱硫，同时烧结产出坚硬多孔烧结块的过程。在烧结焙烧过程中，精矿的焙烧主要是 PbS 发生氧化反应，生成氧化物（PbO），也可能生成硫酸盐或碱式硫酸盐（$PbSO_4$、$PbSO_4 \cdot PbO$、$PbSO_4 \cdot 2PbO$、$PbSO_4 \cdot 4PbO$）。在硫化铅精矿烧结焙烧的实际生产中，要求 PbS 尽可能全部变成 PbO，而不希望得到 $PbSO_4$ 和 $PbSO_4 \cdot mPbO$，因为铅烧结块中的硫酸盐在下一步鼓风炉熔炼中不能被碳或一氧化碳还原成金属铅，而被还原成 PbS，如 $PbSO_4 + 4CO \Longrightarrow PbS + 4CO_2$，这就造成铅以 PbS 形态损失于炉渣或铅锍中的数量增加。

铅精矿的烧结焙烧使用带式烧结机完成，由许多个紧密挤在一起的小车组成，这与铁矿石烧结机类似。在生产实践中，一般烧结机的点火温度控制在 $900 \sim 1000℃$，鼓风压力为 $3 \sim 6kPa$，鼓风强度为 $15 \sim 30m^3/(m^2 \cdot min)$，小车运行速度控制在 $1.2 \sim 1.5m/min$，垂直烧结速度一般为 $10 \sim 30mm/min$，单位鼓风量在 $425Nm^3/t$（以原料计）时比较适合。现代炼铅厂大都采用富氧鼓风返烟烧结，即将烧结产出的低浓度 SO_2 烟气返回重用，以提高烟气中 SO_2 浓度。从烧结机上倾倒下来的炽热烧结块不仅块度大，而且还有很高的温度。热烧结块必须进行适当的破碎和冷却。为使返粉粒度均匀，避免过分粉碎，通常采用辊式破碎机制备返粉。

在实际生产中，可考虑采取下面一些措施来减少 $PbSO_4$ 的生成，增加烧结产 PbO 的数量：

① 提高烧结焙烧温度。随着温度升高，硫酸盐将变得越来越不稳定。铅烧结焙烧过程料层温度实际上是在 $800 \sim 1000℃$ 下进行。

② 将熔剂（石灰石、石英砂和铁矿石等）配料与铅精矿一起添加到烧结炉料之中，有助于减少 $PbSO_4$ 的生成，提高烧结脱硫率。

③ 改善烧结炉料的透气性，改进烧结设备的供风和排烟，使鼓风中的 O_2 和氧化反应生

成的 SO_2 迅速到达或离开 PbS 精矿颗粒的反应界面，即降低反应界面的 p_{SO_2} 和提高 p_{O_2} 利于 PbO 的生成。

烧结焙烧得到的铅烧结块中的铅主要以 PbO（包括结合态的硅酸铅）和少量的 PbS、金属 Pb 及 $PbSO_4$ 等形态存在，此外还含有伴存的 Cu、Zn、Bi 等有价金属和贵金属 Ag、Au 以及一些脉石氧化物。铅烧结块需进一步在鼓风炉进行还原熔炼，获得粗铅，其设备结构见图 9-2。

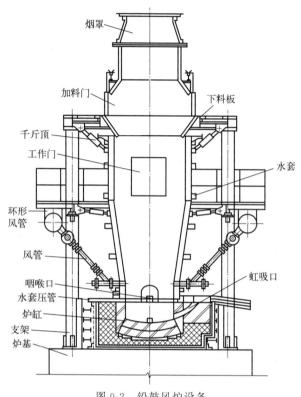

图 9-2　铅鼓风炉设备

炉料主要组成为自熔性烧结块，它占炉料组成的 $80\%\sim100\%$。除此之外，根据鼓风炉正常作业的需要，有时也加入少量铁屑、返渣、黄铁矿、萤石等辅助物料。焦炭是熔炼过程的发热剂和还原剂，一般用量为炉料量的 $9\%\sim13\%$。

鼓风炉熔炼的主要过程有：碳质燃料的燃烧过程、金属氧化物的还原过程、脉石氧化物（含氧化锌）的造渣过程，有的还发生造锍、造黄渣过程，最后是上述熔体产物的沉淀分离过程。

从风口鼓入的富氧空气，首先在炉体的风口区形成氧化燃烧带，即空气中的氧与下移赤热的焦炭中的固定炭起氧化作用形成 CO_2，然后被碳还原成 CO；此还原性高温气体沿炉体上升，与下移的铅烧结块相互接触而发生物理化学变化，依次形成粗铅、炉渣及铅冰铜等液体产物，流经赤热的底焦层后，被充分过热而进入炉缸，并按密度分层；然后分别从虹吸、排渣口流出，而含有烟尘的炉气则从炉顶排出，进入收尘系统。

传统的烧结焙烧—还原熔炼技术存在设备产能低、能耗高、脱硫率低、环境污染严重、流程长，灰尘多，容易铅中毒等问题。冶金工作者一直在探索通过 PbS 受控氧化，即 PbS＋O_2＝＝＝Pb＋SO_2 的途径实现 PbS 精矿的直接熔炼。

9.3　硫化铅精矿直接熔炼原理及工艺

金属硫化物精矿不经焙烧或烧结焙烧直接生产金属的熔炼方法称为直接熔炼。直接熔炼采用工业氧气或富氧空气，通过闪速熔炼或熔池熔炼的强化冶金过程，利用硫化物氧化反应放热，或者燃烧少量燃料，完成氧化熔炼，产出粗铅和富铅渣，富铅渣经过进一步还原熔炼获得粗铅及终渣。

硫化铅精矿直接熔炼利用氧化反应的热能可降低能耗，简化生产流程，产出高浓度的 SO_2 烟气用于制酸，减少环境污染。

9.3.1　直接熔炼原理

在铅精矿的直接熔炼中，根据原料主成分 PbS 的含量，按照 PbS 氧化反应控制氧的供给量与 PbS 的加入量比例（氧料比），从而决定金属硫化物受控氧化发生的程度。

实际上，PbS 氧化生成金属铅有两种主要途径：一是 PbS 直接氧化生成金属铅，较多发生在冶金反应器的炉膛空间内；二是 PbS 与 PbO 发生交互反应生成金属铅，较多发生在反应器熔池中。为使氧化熔炼过程尽可能脱除硫（包括溶解在金属铅中的硫），有更多的 PbO 生成是不可避免的，在操作上合理控制氧料比就成为直接熔炼的关键，其主要的氧化还原反应如下。

氧化反应：

$$PbS+1.5O_2 \longrightarrow PbO+SO_2+420kJ \tag{9-1}$$

$$ZnS+1.5O_2 \longrightarrow ZnO+SO_2+441kJ \tag{9-2}$$

$$FeS+1.5O_2 \longrightarrow FeO+SO_2+426kJ \tag{9-3}$$

$$PbS+O_2 \longrightarrow Pb+SO_2+202kJ \tag{9-4}$$

$$PbS+2PbO \longrightarrow 3Pb+SO_2+217kJ \tag{9-5}$$

$$PbSO_4 \longrightarrow PbO+SO_2+0.5O_2+304kJ \tag{9-6}$$

还原反应：

$$PbO+CO \longrightarrow Pb+CO_2+82.76kJ \tag{9-7}$$

$$PbO+C \longrightarrow Pb+CO+108.68kJ \tag{9-8}$$

$$CO_2+C \longrightarrow 2CO+165.8kJ \tag{9-9}$$

在理论上可借助图 9-3 中 Pb-S-O 系硫势-氧势图进行讨论。如图 9-3 所示，横坐标和纵坐标分别代表 Pb-S-O 系中的硫势和氧势，并用多相体系中硫的平衡分压和氧的平衡分压表示，其对数值分别为 $\lg p_{S_2}$ 和 $\lg p_{O_2}$。图中间一条黑实线（折线）将该体系分成上下两个稳定区（又称优势区）。上部 $PbO \cdot mPbSO_4$ 为复合硫酸盐，代表 PbS 氧化生成的烧结焙烧产物。在该区域，随着硫势或 SO_2 势增大，烧结产物中的硫酸盐增多；图下部为 $Pb \cdot PbS$ 共晶物的稳定区，由于 Pb 和 PbS 的互溶度很大，因此在高温下溶解在金属铅中的 S 含量可在很大范围内变化。如图所示，在低氧势、高硫势条件下，金属铅相中的硫可达 13%，甚至更高，这就形成了平行于纵坐标的等硫量线。硫势降低，意味着粗铅中更多的硫被氧化生成 SO_2 进入气相。在这里，用点实线（斜线）代表二氧化硫的等分压线（用 p_{SO_2} 表示）。等分压线表示在多相体系中存在的平衡反应 $1/2S_2+O_2 \Longrightarrow SO_2$。在一定 p_{SO_2} 下，体系中的氧势增大，则硫势降低。反之亦然。

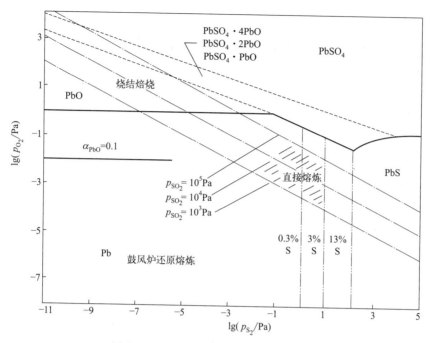

图 9-3　1200℃时 Pb-S-O 系硫势-氧势图

在传统法炼铅中，用过量几倍甚至十几倍的空气进行氧化焙烧，在高氧势下形成的 $PbSO_4 \cdot PbO$ 烧结块送鼓风炉熔炼。在低氧势条件下，鼓风炉熔炼产出了含硫少的合格粗铅（S＜0.3%）和含 PbO 少的炉渣（1.5%～3%Pb）。在这里，鼓风炉的低氧势是靠大量焦炭脱氧形成的。

图 9-3 指出了直接熔炼在平衡相图中的位置，如斜点画线区所示。直接熔炼中采用了氧气或富氧空气强化冶金过程，烟气量少，其 SO_2 浓度一般在 10% 以上（相当于 $p_{SO_2} \geqslant 10^4 Pa$）。在"直接熔炼"区域，只要控制较低的氧势（$\lg p_{O_2}$＜-1），即使在 p_{SO_2} 为 $10^3 \sim 10^5 Pa$ 条件下，PbS 直接氧化仍可产出含 S＜0.3% 的粗铅。用活度 α_{PbO} 表示 PbO 在熔渣中的有效浓度，$\alpha_{PbO}=0.1$ 相当于炉渣含 7%～8%Pb。活度 α_{PbO} 数值越大，意味着炉渣中的 PbO 浓度越大。在熔炼体系中，PbO 不能溶入 Pb·PbS 相，只能形成 $PbO \cdot PbSiO_3$ 进入炉渣相。随着气相、金属铅（Pb·PbS）相、炉渣三相体系中的氧势增大，α_{PbO} 值可增至 1。

直接炼铅在 $p_{SO_2}=10^4 Pa$ 下进行，如果控制 $p_{O_2}=10^{-5} \sim 10^{-4} Pa$ 的低氧势，产出的炉渣 α_{PbO}＜0.1，这说明渣含铅达到较低的水平（约 5%Pb），但是粗铅含 S 将大于 1%，需要进一步吹炼脱硫。如果要将渣含铅降到 Pb＜3% 的水平，则炉渣放出口处的炉内氧势也应控制到 $\lg p_{O_2}$＜-5 水平。由此可见，硫化铅精矿直接熔炼要同时获得含硫低的粗铅和含铅低的炉渣是有困难的。

目前直接熔炼的方法都是在高氧势（相当于 $\lg p_{O_2}$ 为 -2～-1）下进行氧化熔炼，产出含硫合格的粗铅，同时得到 PbO 达到 40%～50% 的炉渣，因此必须再在低氧势下还原，以提高铅的回收率。

直接炼铅原则工艺流程见图 9-4。主要的直接炼铅工艺为悬浮熔炼和熔池熔炼技术，悬浮熔炼主要包含基夫赛特熔炼和闪速熔炼工艺，熔池熔炼主要是指 QSL 法（Queneau-Schuhmann-Lurgi process，氧气底吹炼铅法的一种，国内通常称 QSL 法，以与其他底吹炼铅法相区别）、富氧底吹/侧吹连续熔炼、澳斯麦特法和艾萨法等。

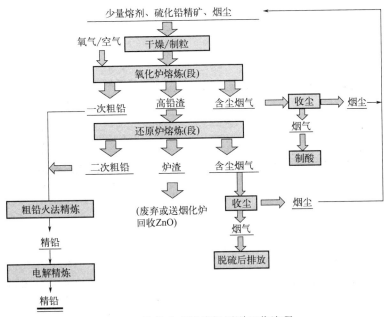

图 9-4 铅精矿直接炼铅原则工艺流程

9.3.2 氧气底吹 QSL 法

氧气底吹 QSL 法炼铅时炉料均匀混合后从加料口加入熔池内，氧气通过气体冷却氧枪从炉底喷入，炉料在 1050～1100℃时进行脱硫和熔炼反应，通过控制炉料的氧/料比来控制氧化段产铅率，产出含硫低的粗铅（0.3%～0.5%S）和含氧化铅 40%～50%的高铅渣。氧化段烟气含 SO_2 浓度为 10%～15%。高铅渣流入还原段，用喷枪将还原剂（粉煤或天然气）和氧气从炉底吹入熔池内进行氧化铅的还原，通过调节粉煤量和过剩氧气系数来控制还原段温度和终渣含铅量。还原段温度为 1150～1250℃。炉渣从还原段排渣口放出。还原形成的粗铅通过隔墙下部通道流入氧化段，从虹吸口放出。

QSL 反应器为变径圆筒形卧式转炉（见图 9-5），反应器长 30m 左右，由氧化区和还原区组成，氧化区直径较大（长 10m，ϕ3.5m 左右），还原区直径较小（长 20m，ϕ3.0m 左右），中间用隔墙将两区隔开，隔墙采用铜水冷梁镶砌铬镁砖结构，其作用是防止两区的炉渣混流，同时也防止加料氧化区的生料流进还原区。反应器内衬铬镁砖，设有驱动装置，可沿轴线旋转，便于更换喷枪或处理事故。另外还附设加料口、粗铅虹吸口、渣口和排烟口。氧化段熔池底部安装约 3 对用氮气保护的吹氧喷枪，还原段安装约 4 对间距不等的用氮气保护的氧-粉煤喷枪。

反应器的隔墙结构有两种情况，若炉料含锌较低，还原区产生的烟气不必单独收尘以回收其中的 ZnO 时，则隔墙只将熔体分开，炉膛中的气体空间不隔开，还原区的烟气经由氧化区空间与氧化区的烟气混合一起从设在氧化区一端的烟道排出；若炉料含 Zn 较多，为了提高还原区的还原气氛，使炉渣中更多的 ZnO 还原挥发，且便于回收还原区烟气中的锌，则此隔墙不但将熔体隔开，而且将炉膛的气体空间也隔开，还原区和氧化区烟气则分别从炉子两端各自的烟道排出。无论哪种情况，熔体隔墙下部均开有孔洞，以便使熔体互相流通，炉渣从氧化区流向还原区，粗铅从还原区流向氧化区，最后从设在还原端的渣口和设在氧化端的铅孔分别排出。

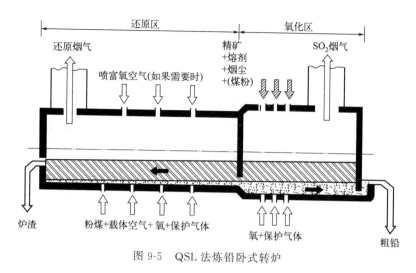

图 9-5　QSL 法炼铅卧式转炉

此外，反应器两端设有主燃烧器，在顶部还有辅助燃烧器，供烘炉和暂停生产时保温用。还原区顶部设有喷枪，必要时喷入富氧空气燃烧炉气中 CO 和锌蒸气等可燃物，以降低设备热负荷。

9.3.3　基夫赛特熔炼法

基夫赛特熔炼法属于闪速熔炼，该法将传统的烧结焙烧、鼓风还原熔炼和电炉还原烟化三个过程合并在一台设备内完成。通过工艺设备设计和工艺参数优化，实现了氧化、还原过程的有机结合及平衡。由于它是利用工业氧气对硫化矿进行自热闪速熔炼，并运用了廉价的碎粒焦炭热还原氧化铅渣，经过逐步发展完善，已经成为工艺先进、技术成熟、能满足环保要求的现代直接炼铅法。

基夫赛特炉由 4 部分组成（炉体结构见图 9-6）：安装有氧气-精矿喷嘴的反应塔；具有焦炭过滤层的沉淀池；贫化炉渣并挥发锌的电热区；冷却烟气并捕集高温烟尘的直升烟道即立式余热锅炉。

反应过程主要在基夫赛特炉的反应塔空间进行，铅基夫赛特熔炼工艺设备连接图见图 9-7。具体的工艺描述如下：干燥后的硫化铅精矿（H_2O 质量分数＜1%，粒度在 0.5mm以下，最大不能超过 1mm）和细颗粒焦炭（5～15mm），用工业氧气（约 95% O_2）作为载体经喷嘴喷入反应塔（竖炉）内，在反应塔氧化气氛中，硫化精矿在 1300～1400℃以悬浮状态完成氧化脱硫和熔化过程，形成部分粗铅、高铅炉渣和含 SO_2 的烟气。由于氧气-精矿的喷射速度达 100～120m/s，炉料的氧化、熔化和形成初步的粗铅、炉渣熔体仅在 2～3s 内完成。氧与炉料按预定比例调整到炉料完全脱硫为止。

当物料通过约 4m 高的反应塔空间时，被灼热的炉气加热，但由于精矿粒度细，着火温度低，先于焦炭燃烧。焦炭在反应塔下落过程中仅有 10% 左右燃烧。焦炭密度小，落在反应塔下方的沉淀池熔体表面形成赤热的焦炭层，这就像炼铅鼓风炉风口区的焦炭层一样，对含有一次粗铅和高铅渣的熔体进行过滤，使高铅渣中 80%～90% 的 PbO 与焦炭层产生的CO 及 C 发生反应，还原出金属铅，故称为焦炭过滤层。从焦炭过滤层流下的少部分铅以PbO 进入炉渣，液态炉渣经流槽自流至风焦反应器，和焦炭混合二次还原后，再自流至矿热贫化电炉进行深度还原和铅-渣分离过程，PbO 的总还原率达 95%～97%。控制电炉的还原条件，可使氧化锌部分或大部分还原挥发进入电炉烟气。粗铅从虹吸放铅口放出。

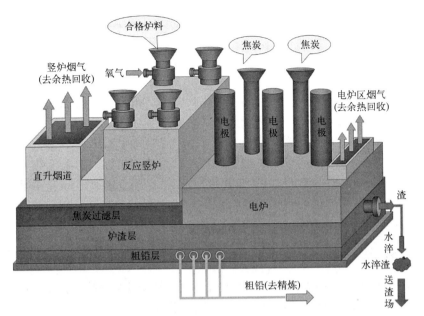

图 9-6 基夫赛特炉结构

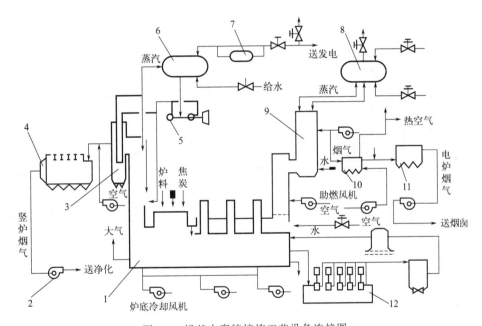

图 9-7 铅基夫赛特熔炼工艺设备连接图

1—基夫赛特炉；2—风机；3—熔炼区余热锅炉；4—高温电收尘器；5—熔炼区余热锅炉循环水泵；
6—熔炼区余热锅炉汽包；7—过热器；8—电热区余热锅炉汽包；9—电热区余热锅炉；10—热交换器；
11—滤袋收尘器；12—冷却水系统

电炉炉壁由耐火砖和铜水套组成，炉顶并排安装三根碳电极，另外还设两个焦炭加入口，必要时添加焦炭，形成一层 50mm 厚的焦炭层。电炉顶设有烟道口，电热区产生的烟气另行处理。在这里，靠吸入的空气，将不完全燃烧生成的 CO 和锌蒸气氧化燃烧，称为复燃室。电炉烟气经复燃室、余热锅炉、套管式换热器和布袋收尘器后放空。电炉 ZnO 烟尘产率为炉料量的 4%～5%，其锌∶铅约为 3∶1。

氧化熔炼形成的含硫烟气 SO_2 浓度达 30%～40%，通过直升烟道上方的余热锅炉冷却回收热能。由膜式水冷壁构成的直升烟道及其余热锅炉可将烟气温度从 1250℃降到 500℃以下。熔炼烟尘率为 5%。这种烟尘含 Cd，循环到一定程度，即含 Cd3%～4%时，送往镉回收工序浸出提镉。

归纳起来，基夫赛特熔炼有如下优点：整个生产系统排放的有害物质含量低于环境允许排放标准，环保效应好；对原料适应性强，含 Pb20%～70%，S13.5%～28%，100.8g/t（以 Ag 计）的原料均能适应，且渣料氧化和还原在一个炉内完成，可连续作业，生产环节少；烟气 SO_2 浓度高，可直接制酸；烟气量少，带走的热少，余热利用好，烟尘率约 5%，烟尘可直接返回炉内冶炼；主金属回收率高（Pb 回收率＞98%），渣含铅低（质量分数＜2%）；金、银入粗铅率达 99%以上，还可回收原料中 60%以上的锌；能耗低，粗铅能耗为 0.35t（以标准煤计）/t；炉子寿命长，炉期可达 3 年，维修费用低。

9.3.4 氧气顶吹熔炼法

顶吹熔炼法包括艾萨法和澳斯麦特法，此类熔炼方法的核心是浸没顶吹喷枪技术，故又称为浸没熔炼。本节只以铅精矿的艾萨法熔炼为例来阐述其工艺控制。

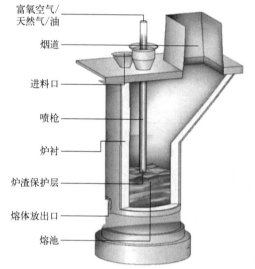

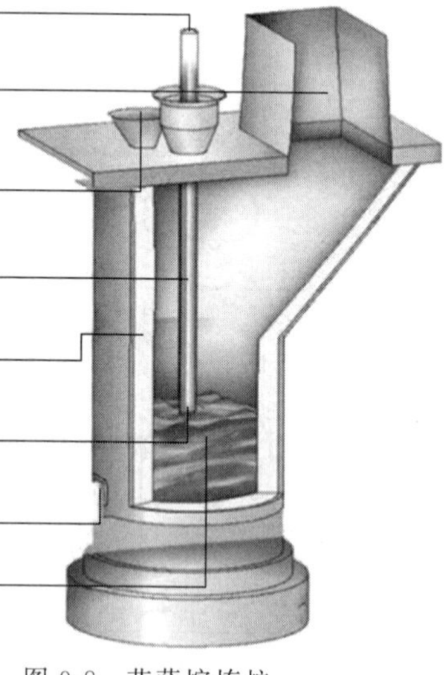
富氧空气/
天然气/油
烟道
进料口
喷枪
炉衬
炉渣保护层
熔体放出口
熔池
图 9-8 艾萨熔炼炉

艾萨熔炼炉是一种竖直状圆筒形反应器，由炉体和炉顶盖两部分组成，见图 9-8。主体设备包括艾萨炉本体、喷枪、余热锅炉、烧嘴等，辅助系统有供风、收尘、铸渣、铸铅、制酸等。炉顶为水平式炉顶盖，曾采用钢制水冷套或铜水冷套结构，现在逐渐改进为膜式壁水冷结构，成为与炉顶烟道口相接的余热锅炉的一部分。炉体上部与烟道的接合部设有水冷铜水套阻溅块，以防止熔炼过程中的喷溅物直接进入烟道，在烟道中黏结。熔池部位有全衬铬镁砖和铬镁砖＋水冷铜水套两种结构。

炉顶盖开有喷枪插入孔、加料孔、排烟孔、保温烧嘴插入孔和熔池深度测量孔（兼作取样）。炉体底部有熔体排放口，根据生产需要可以设置一个或多个排放口。炉底为倒拱椭球形钢壳，钢壳焊于钢板圈形支座上，支座底板置于混凝土圈梁基础上，并设有地脚螺栓固定。

艾萨炉的炼铅原料有铅精矿、石英石熔剂、烟尘返料和煤。煤的加入量根据熔炼热平衡确定，是辅助燃料。但也可用油和气体燃料，通过喷枪喷入炉内。燃料兼作还原剂的作用。各种物料由抓斗吊车分别送到各自相应的中间料仓，其下料量由定量秤精确计量，由主控制室调节控制，根据物料分析数据，完成配料计算。配料数据传输到对应料仓的计量秤，控制皮带秤的运行，达到精确配料。各中间仓的物料传送到主皮带，经过混合制粒后，送入艾萨炉。控制风量、氧浓度与料量比率，维持恒温作业，完成各种反应，产出粗铅、富铅渣和 SO_2 浓度为 8%～10%的烟气。粗铅送去精炼；富铅渣进行还原熔炼；烟气经过余热锅炉回收热能、收尘系统回收铅锌等有价金属，最后进入制酸系统。

我国某企业利用艾萨炉炼铅，年处理混合精矿量为 $(13.0～14.5)\times10^4$t，其中精矿含

50%～60%Pb，年产粗铅 8×10^4 t/a，粗铅含 96%～98%Pb，烟尘率 13%～18%。熔炼作业率＞80%（不含换枪时间）。

喷枪是艾萨炉的核心技术。艾萨炉喷枪由三层同心圆管组成，如图 9-9 所示。最里层是测压管，与外部压力传感器相连，以此作为调整喷枪位置的依据。第二层是柴油或粉煤的通道，通过控制燃料燃烧可快速调节炉温。最外层是富氧空气，供艾萨炉熔炼需要的氧。

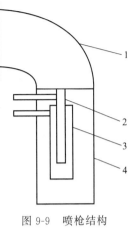

图 9-9　喷枪结构
1—软管；2—测压管；
3—油管；4—风管

为使熔池充分搅动，喷枪末端设置有旋流导片，保证鼓风以一定的切向速度鼓入熔池，造成熔池上下翻腾的同时，整个熔体急速旋转，从而加速反应并减少对炉衬耐火材料的径向冲刷力。气体作旋向运动，同时强化气体对喷枪枪体的冷却作用，使高温熔池中喷溅的炉渣在喷枪末端外表面黏结、凝固为相对稳定的炉渣保护层，延缓高温熔体对钢制喷枪的侵蚀。另外，呈旋流状喷出的反应气体对熔体产生的旋向作用，强化了对熔体/炉料的混合搅拌作用，为熔池中气、固、液三相的传热传质创造了有利条件。艾萨熔炼采用间断排放熔体，排液瞬时流量大，排液溜槽不易冻结，对熔体过热温度要求较低。但是需要设置泥炮，定期打孔、放液、堵孔、清理溜槽。

熔炼正式加料前先对喷枪进行挂渣，使枪头浸入熔池 50mm 左右，具体操作时可凭喷枪发出的声音来判断。挂渣操作反复上下进行多次，使喷溅起来的炉渣粘挂在喷枪上。当挂渣结束，则转入正常熔炼状态，从小料量开始，就要仔细观察风、氧气的供给情况和喷枪端部压力。在投料后炉体上部的温度测点已经不能反映熔炼温度，而采用设在熔池区域的两层热电偶监测温度。因为此时炉壁挂渣已达 50mm 以上，检测温度出现滞后现象。熔炼开始后则应定时用浸没探棒进行取样分析，以检查冶金反应情况，保证炉渣不夹生料，炉料配比适宜。若熔炼温度过高，则降低喷枪的燃油量；也可以适当降低富氧浓度，最后考虑原料中煤的加入量是否减少。若熔炼温度过低，操作顺序反之。调整温度的同时，应检查炉渣中的铁含量，并控制在一定范围内。在冶炼过程中，鼓风量主要包括精矿反应、块煤燃烧和油燃烧三部分用氧。将冶金计算和燃料燃烧计算用风系数输入计算机，控制系统则根据冶炼过程不同需要来确定风量。

9.3.5　富氧侧吹直接炼铅技术

富氧侧吹熔池熔炼技术起源于前苏联的瓦纽科夫熔池熔炼。有色冶金设计研究院联合俄罗斯专家共同开发富氧侧吹炼铅技术，设备结构见图 9-10。氧化炉与还原炉是富氧侧吹直接炼铅工艺的核心设备，两台侧吹炉通过溜槽连接，实现了连续作业。熔炼炉呈长方形立式结构，主要由炉缸、炉身、炉顶、钢架等部分组成。炉缸由耐火材料砌筑而成，炉缸以上部分为炉身，炉身由铜水套与钢水套拼接而成。炉身两侧一层铜水套上设有数个一次风口，用于向熔体渣层鼓入富氧空气。熔体在富氧空气作用下强烈搅动，快速反应。在炉身两侧三层铜水套上设有数个二次风口，用于向炉内鼓入一定量的空气，使烟气中的可燃成分充分燃烧。三层铜水套以上以及炉顶由钢水套组成。

铅精矿和熔剂等从炉顶固态加料口、液态加料口加入，靠侧吹风口鼓入的氧气使铅精矿氧化，产出一次粗铅、高铅渣和烟灰。以及排烟口。缸一端设有虹吸室，用于铅与熔炼渣进

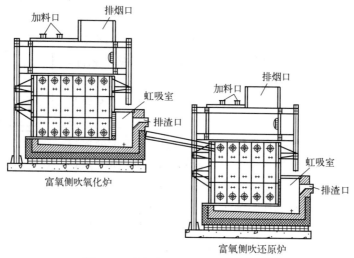

图 9-10　富氧侧吹直接炼铅设备结构

一步澄清分离。氧化炉所产一次粗铅与高铅渣流入炉缸一端的虹吸室后，一次粗铅通过虹吸连续放出送铸锭，高铅渣经溜槽连续流入侧吹还原炉。富氧侧吹氧化炉与富氧侧吹还原炉通过溜槽连接，使得硫化精矿氧化脱硫与富铅渣还原熔炼可以连续进行。

还原熔炼炉炉顶也设有加料口，可向炉内加入熔剂和粉煤/焦炭等还原剂，对高铅渣进行还原熔炼。所产二次粗铅与还原熔炼渣流入还原炉虹吸室，二次粗铅通过虹吸连续放出铸锭，还原熔炼渣连续放出送烟化炉烟化提锌。回收的烟尘主要成分是 ZnO，可以作为最终产品。所产高温烟气均通过余热锅炉回收余热。

9.3.6　富氧底吹直接炼铅技术

为充分利用液态高铅渣的潜热，河南豫光金铅在水口山法（SKS）基础上开发了铅精矿氧气底吹-液态高铅渣直接还原熔炼技术，氧气底吹炼铅炉结构示意见图 9-11。炉子为圆形卧式炉，主要部件包括炉体外壳、耐火材料内衬、氧枪、加料口、虹吸放铅口、放渣口、排烟口和转动机构等。炉子外壳由厚度 30mm 的 16MnR 耐热钢板构成，内衬一般采用镁铬砖或铝铬砖砌筑而成，筒体内衬厚度为 350～460mm，底部装有 6～8 支氧气喷枪，反应器的

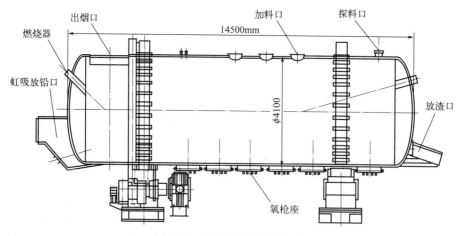

图 9-11　氧气底吹炼铅炉结构

一端为虹吸放铅口，虹吸口的截面尺寸一般为 200mm×(200～300)mm，虹吸道内衬耐火材料，入口底部与炉底最低处平齐。另一端为放渣口，上部有 2 个加料口和 1 个烟气出口，还有 1 个开炉烧嘴。生产过程中可沿长轴方向转动 90°，停炉时转动 90°，以防止熔体进入喷枪将其堵死，同时便于更换喷枪。

炉子的主要参数是炉子直径和炉子长度，其取决于熔池深度和耐火材料厚度。熔池深度是由熔炼反应过程的动力学原理决定的。要使炉料充分进行氧化反应和造渣反应，必须使氧气与炉料充分接触，需要富氧空气的气流带动熔体运动，加速熔体内的传质传热。这就需要气流在熔体中有足够的滞留时间和气流分散时间。同时需要熔体储存热量保持热稳定性，这就要求熔池有一定深度，熔池过浅，熔体容易被气流穿透，就会严重降低氧气利用率和气流的传质传热效果。因此目前底吹炉的熔池深度一般在 1000～1100mm。

富氧底吹炉在顶部长度方向需要布置加料口和排烟口，底部长度方向需要布置氧枪，两端布置虹吸放铅口和放渣口。炉子的长度取决于这些部件的数量及排列方式。其中关键因素是喷枪的数量及排列间距；在放渣口一端需要一段相对静止区域，有利于渣铅的沉降分离，有利于提高一次粗铅产出率。目前富氧底吹炉的长度为 11～14mm，与 QSL 反应器的氧化段长度相差不大。

液态高铅渣直接还原熔炼是个复杂的冶炼过程，其原则工艺流程见图 9-12。

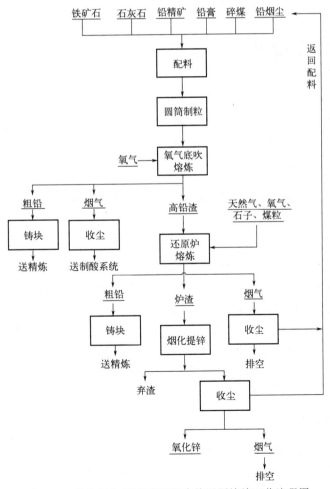

图 9-12　底吹氧化-液态高铅渣直接还原熔炼工艺流程图

炉内发生的主要物理化学反应与相互作用主要包括：金属氧化物的选择性还原、天然气的燃烧和造渣反应、炉内气体对固体和液体物质作用的变化等。工艺关键在于氧化过程和还原过程气氛与温度的调控、高铅渣中铅及伴生元素的分配行为、氧化渣的渣型控制及还原炉的长炉龄控制技术。通过现有生产工艺的调整，选择合适的渣型、还原气氛，控制有价金属的合理走向和还原。其主要工艺为：铅精矿、石灰石、石英砂等进行配料混合后，送入氧气底吹炉熔炼，产出粗铅、液态渣和含尘烟气。液态高铅渣直接进入卧式还原炉内，底部喷枪送入天然气和氧气，上部设加料口，加煤粒和石子，采用间断进放渣作业方式。天然气和煤粒部分氧化燃烧放热，维持还原反应所需温度，气体搅拌传质下，实现高铅渣的还原。

富氧底吹炉炼铅需要经历两次造渣过程，第一次是底吹炉氧化熔炼过程的高铅渣造渣，第二次是还原熔炼过程的造渣，两次造渣的渣型选择及条件控制均不相同。在富氧底吹氧化熔炼过程中，为减少 PbS 的挥发，控制炉内的过氧化气氛，产出含 S、As 低的粗铅，需要控制高铅渣的熔点不高于 1000℃。要求高铅渣熔点低，流动性好，需要控制较低的钙硅比，CaO/SiO_2 一般为 0.3~0.6，FeO/SiO_2 为 1.4~2.0；而在底吹还原过程中炉渣熔点为 1150~1200℃，需要控制较高的钙硅比，CaO/SiO_2 一般为 0.5~0.8，FeO/SiO_2 为 1.6~2.4。

与其他工艺相比较，该工艺液态渣中金属的综合回收率达到 96% 以上，还原后液态渣含铅小于 2%、烟化渣含铅小于 0.5%、含锌小于 1%，最终弃渣须实现无害化利用。

9.4 粗铅的火法精炼

粗铅中一般含有 1%~4% 的铜、铋、砷、铁、锡、锑、硫等杂质和少量如金、银等贵金属（主要成分见表 9-4）。其中，主要杂质铜、锡、锌、铋等需要通过火法精炼脱除并二次综合回收，以提高铅的纯度。同时，所含的贵金属需要富集并提取。粗铅火法精炼原则工艺流程见图 9-13。

表 9-4　粗铅的化学成分

编号	Pb	Cu	As	Sb	Sn	Bi	S	Fe	Au/(g/t)	Ag/(g/t)
1	96.37%	1.631%	0.494%	0.350%	0.170%	0.089%	0.247%	0.098%	5.5	1844.4
2	98.92%	0.190%	0.006%	0.720%	—	0.005%	—	0.006%	—	1412

目前在粗铅精炼、阳极熔铸及始极片制造、铅合金生产中普遍使用蓄热式熔铅锅，根据功能可分为脱铜锅、熔铸锅和合金锅等。习惯上将脱铜锅称为熔铅锅，熔铸锅和合金锅称为精炼锅。蓄热式熔铅炉采用了优化燃烧、增强传热、余热回收、低氧弥散燃烧等诸多技术措施，包括：①炉膛设置导焰墙，有效组织炉内气流，强化烟气与锅体的传热效果；②两个独立燃烧室，保证煤气充分燃烧的同时避免火焰直接接触锅体。其主体设备结构见图 9-14。其熔化速率为 20t/h，平均炉温为 1150℃。

9.4.1　粗铅除铜

粗铅除铜的方法包括熔析除铜、加硫除铜等。

（1）熔析除铜

熔析除铜的基本原理是基于铜在铅液中的溶解度随着温度的下降而减小，当含铜高的铅液冷却时，铜便成固体结晶析出，由于其相对密度较铅小（约为 9），因而浮至铅液表面，以铜浮渣的形式除去。温度下降时，液体合金中的含铜量相应地减少，当温度降至共晶点（326℃）时，铜在铅中的质量分数为 0.06%，这是熔析除铜的理论极限。熔析操作有两种方法：加热熔析法和冷却熔析法。

当粗铅中含砷锑较高时，由于铜对砷、锑的亲合力大，能生成难溶于铅的砷化铜和锑化铜，与铜浮渣一道浮于铅液表面而与铅分离。实践证明，含砷、锑高的粗铅，经熔析除铜后，其含铜量可降至 0.02%~0.03%。粗铅中含砷、锑低时，用熔析除铜很难使铅液含铜降至 0.06%。这是因为：

① 含铜熔析渣的上浮取决于铅液的黏度，铅液温度降低则黏度增大，铜渣细粒不易上浮。

② 在熔析过程中，几乎所有的铁、硫（呈铁、铜及铅的硫化物形态）以及难熔的镍、钴、铜、铁的砷化物及锑化物都被除去；同时贵金属的一部分也进入熔析渣。

（2）加硫除铜

粗铅经熔析脱铜后，一般含铜仍超过 0.04%，不能满足电解要求，需再进行加硫除铜。在熔融粗铅中加入元素硫时，首先形成 PbS，继而发生铜硫化反应。

$$2Pb + 2S = 2PbS \tag{9-10}$$

$$PbS + 2Cu = Pb + Cu_2S \tag{9-11}$$

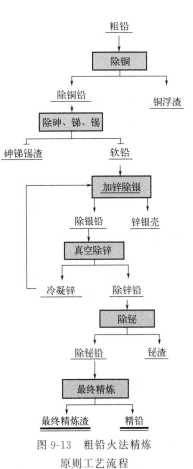

图 9-13　粗铅火法精炼原则工艺流程

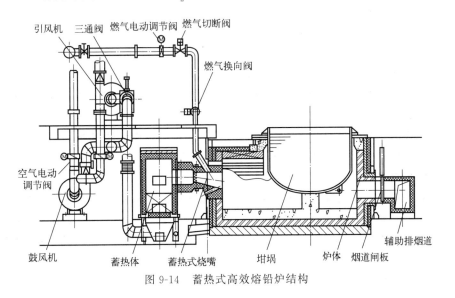

图 9-14　蓄热式高效熔铅炉结构

加硫除铜的硫化剂一般采用硫黄，加入量按形成 Cu_2S 时所需的硫计算，并过量 20%~30%。加硫作业温度对除铜程度有重大影响，铅液温度越低，除铜进行得越完全，一般工厂

都是在 $330\sim340℃$ 范围内。加完硫黄后，应迅速将铅液温度升至 $450\sim480℃$，大约搅拌 40min 以后，待硫黄渣变得疏松，呈棕黑色时，表示反应到达终点，则停止搅拌进行捞渣，此种浮渣由于含铜低，只 $2\%\sim3\%$，而铅高达 95%，因此返回熔析过程。Cu_2S 比铅的密度小，且在作业温度下不溶于铅液，因此，形成的固体硫化渣浮在铅液面上。最后铅液中残留的铜一般为 $0.001\%\sim0.002\%$。加硫除铜后，铅含铜可降至 $0.001\%\sim0.002\%$，送去下一步电解精炼。

上部铅液的温度要求较高且要有足够的硫化剂，使上浮的铜不断被硫化，从而又促使底部的铜上浮。随着这两个过程的进行，底部铅中的铜就越来越少。除硫化剂外，配料时还配入铁屑、苏打。铁屑与硫化铅发生沉淀反应而降低冰铜中的含铅量，苏打在过程中进行如下反应：

$$4PbS+4Na_2CO_3 =\!=\!= 4Pb+3Na_2S+Na_2SO_4+4CO_2 \tag{9-12}$$

从而降低了冰铜的熔点及含铅量。其余部分则形成砷酸盐、锑酸盐及锡酸盐进入炉渣。

9.4.2 粗铅精炼除锡

在铅电解过程中，大部分锡会与铅在阴极同时析出，故粗铅中含锡超过 0.2% 时应进行除锡作业。就回收锡而言，为了避免锡在电解过程中部分进入阳极泥和电解液而损失，故在电解前除锡较好。目前常用的除锡方法有氧化精炼及碱性精炼两种。

（1）氧化精炼

氧化精炼时，铅首先被氧化，随后 PbO 将锡氧化，其反应为

$$2Pb+O_2 =\!=\!= 2PbO \tag{9-13}$$

$$PbO+Sn =\!=\!= Pb+SnO \tag{9-14}$$

有的锡直接被空气中的氧所氧化：$2Sn+O_2 =\!=\!= 2SnO$。

SnO 在 540℃ 以上分解为锡与 SnO_2（二氧化锡），故在较高温度下可能发生的反应是

$$Sn+2PbO =\!=\!= 2Pb+SnO_2 \tag{9-15}$$

SnO_2 与 PbO 形成锡酸铅：

$$3PbO+2SnO_2 =\!=\!= 3PbO\cdot2SnO_2 \tag{9-16}$$

氧化精炼一般在自然通风的条件下进行，即只在熔池表面进行；杂质须扩散至熔池表面，方能与空气中的氧气接触，因此，氧化速度很慢。如果进行搅拌或鼓入压缩空气，则可大大提高反应速度。提高铅液温度，也可加速杂质氧化。温度越高则氧化铅在铅液中分布越均匀，其作用越大。

氧化精炼设备简单，操作容易，浮渣处理简单，投资较少。缺点是：浮渣率高，铅的直收率低，操作温度高，劳动条件差，操作周期长。

（2）碱性精炼

碱性精炼的实质与氧化精炼一样，即杂质氧化并造渣，从而与铅水分离。所不同的是在 $420\sim450℃$ 下，使铅水连续地通过盛有氢氧化钠及氯化钠混合熔体的反应缸，所用的氧化剂不是空气中的氧，而是不断地加入反应缸内的硝酸钠。杂质氧化后，与碱结合成盐而与铅分离。

锡氧化时所起的反应，式(9-17) 占主导。

$$5Sn+6NaOH+4NaNO_3 =\!=\!= 5Na_2SnO_3+2N_2+3H_2O \tag{9-17}$$

$$2Sn+3NaOH+NaNO_3 =\!=\!= 2Na_2SnO_3+NH_3 \tag{9-18}$$

通常 1kg 杂质锡消耗 1.92kg NaOH、0.59kg 硝酸钠和 0.52kg NaCl。

碱性精炼杂质除去率高，在较低温度下操作，劳动条件较好，贵金属不入渣中，反应剂氢氧化钠可再生利用。缺点是：处理浮渣和再生氢氧化钠的过程复杂，所需设备多，劳动条件差。

碱性精炼利用底部带有阀门的圆筒形反应缸，其内有搅拌器，上部有硝石给料器。铅水在精炼锅内加热至 420～450℃ 之后，将精炼装置移至锅上，装入 NaOH 和 NaCl，开动铅泵和加入硝酸钠的圆盘给料器。此时铅水不断循环，杂质被氧化为钠盐并溶于 NaOH 和 NaCl 熔体内而与铅分离。反应结束，关上反应缸底部的阀门，并继续向反应缸中注入铅水开始新的作业。由于过程反应是放热的，所以过程进行后即不用加热。

经过电解产出的阴极铅含铅一般在 99.99% 以上，但还含有微量的 As、Sb、Sn 等杂质及一些胶质物，这些物质需在铸锭之前再次精炼除去，使其符合国家标准的要求。

9.4.3 粗铅除锌

加锌提银后的铅液中常含有 0.6%～0.7%Zn 和前述精炼过程未除净的杂质，这些物质还需进一步精炼除去。除锌的方法主要有氧化除锌、氯化除锌、碱法除锌、真空脱锌等方法。

氯化法是向铅液中通入氯气，将锌变成 $ZnCl_2$ 除去，其缺点是有过量未反应的氯气逸出污染环境，且除锌不彻底。

碱法除锌与碱法除砷、锡、锑一样，但不加硝石只加 NaOH 与 NaCl 可将锌除至 0.0005% 以下。每吨锌消耗 NaOH1t、NaCl0.75t，过程不需要加热，可维持 450℃，每除去 1t 锌约需要 12h，产出的浮渣经水浸蒸发结晶得到 NaOH 与 NaCl 可返回再用，锌以 ZnO 形式回收。

真空法除锌是基于锌比铅更容易挥发的原理使锌铅分离。真空除锌在类似一般精炼锅中进行，锅上配有水冷密封罩，罩上有管路与真空设施相连，在加热和真空条件下，锌蒸气从铅液中分离出来并在水冷罩上冷凝成固体锌，除锌作业完成后切断真空管路，揭开水冷罩并清除水冷罩上的冷凝锌。目前工业上主要用间断真空除锌，仅在分离其他合金时才采用连续真空分离技术。

9.4.4 粗铅除铋

火法精炼采用钙、镁除铋法。钙或镁都可以与铅中的铋生成金属间化合物而将铋除去，但单独用钙或镁均难取得良好效果，通常须两者同时使用，铋质量分数可降至 0.001%～0.007%。如果要继续降低铋含量，钙、镁用量将急剧增加，为节约钙、镁用量，利用锑与钙、镁生成极细而分散性很强的 Ca_3Sb_2 和 Mg_3Sb_2，使铅中不易除去的铋与这种极细的化合物生成 $Sb_5Ca_5Mg_{10}Bi$ 而除去，则可将铋降至 0.004%～0.005%。因此除铋作业可分成钙、镁除铋和加锑深度除铋两步进行。

9.5 粗铅的电解精炼

铅电解精炼的目的是在初步火法精炼的基础上将铅进一步提纯，得到更高纯度（含铅 99.99% 以上）的精炼铅，同时回收其中伴生的金、银等稀贵金属。

9.5.1 铅电解精炼的基本原理

铅电解精炼是将火法精炼后的粗铅作为阳极，电解后的纯铅作为阴极，在硅氟酸和硅氟酸铅的水溶液中进行电解。铅具有化学当量较大，标准电极电位较负的特性，有利于进行电解精炼。硅氟酸对铅的溶解度大，电导率高，化学稳定性较好，而且价格低廉，适合于作为铅电解精炼的介质。

9.5.1.1 阳极主要化学反应

在铅电解过程中，阳极为含有少量杂质的火法精炼铅，当直流电通过时，阳极主要发生的电化学反应为铅及部分杂质的溶解反应；阴极为纯度 99.99% 的铅。电解液的主要组成为 $PbSiF_6$ 和 H_2SiF_6 的水溶液，当直流电通过时，可能发生的阳极反应及其标准电极电位为

$$Pb - 2e^- \Longrightarrow Pb^{2+} \qquad E^{\ominus}_{Pb^{2+}/Pb} = -0.126V \qquad (9\text{-}19)$$

$$SiF_6^{2-} - 2e^- \Longrightarrow SiF_6 \qquad E^{\ominus}_{SiF_6/SiF_6^{2-}} = -0.0039V \qquad (9\text{-}20)$$

$$H_2O - 2e^- \Longrightarrow 1/2O_2 + 2H^+ \qquad E^{\ominus}_{O_2/H_2O} = 1.229V \qquad (9\text{-}21)$$

很明显，阳极铅的溶解反应标准电极电位要比其他两个反应负得多，因此，在铅的电解精炼的正常情况下阳极上的主要电极反应是铅的溶解反应。

铅阳极电化学溶解时各种杂质的行为主要取决于杂质的标准电极电位（见表 9-5）。

表 9-5　阳极中各种元素的电极电位

元素	Zn	Fe	Cd	Co	Ni	Sn	Pb
阳离子及其他	Zn^{2+}	Fe^{2+}	Cd^{2+}	Co^{2+}	Ni^{2+}	Sn^{2+}	Pb^{2+}
标准电极电位 $E^{\ominus}/V$	-0.763	-0.440	-0.403	-0.277	-0.250	-0.136	-0.126

元素	As	As	Sb	Bi	Cu	Ag	Au
阳离子及其他	AsO^+	$HAsO_2$	SbO^+	Bi^{3+}	Cu^{2+}	Ag^+	Au^{3+}
标准电极电位 $E^{\ominus}/V$	0.235	0.248	0.212	0.200	0.337	0.800	1.500

根据电化学理论，在电解过程中标准电极电位比铅更负的元素（如 Zn、Fe、Cd、Co、Ni、Sn 等）能够与铅一起溶解于电解液，甚至比铅更优先溶解于电解液。标准电极电位比铅更正的元素（如 As、Sb、Bi、Cu、Ag、Au 等）电解时基本不溶解于电解液而留在阳极泥中。其中 Cu、Ag、Au 的标准电极电位比铅高许多，可以认为它们在电解过程中完全不溶解于电解液。As、Sb、Bi 的溶解量依据电解过程中的技术条件和阳极泥的厚度而变化，电流密度的升高和阳极泥增厚，As、Sb、Bi 的溶解量增加。铋溶解于电解液就会在阴极析出，影响阴极铅纯度，阴极铅除铋难度很大，因此必须严格控制其技术条件，尽可能降低铋的溶解量。研究表明，铋在铅电解过程中阳极极化的过电位临界值为 200mV，超过其临界值，铋的溶解量就会急剧增加。

从表 9-5 还可以看到，锡的标准电极电位与铅比较接近，从理论上讲，锡可以与铅一起溶解于电解液，但在实际生产中，锡并不完全溶解，有一部分进入阳极泥，这可能是锡与其他金属形成化合物使放电电位升高所致。

在铅电解过程中，不溶解的元素在阳极表面形成多孔的网状结构的阳极泥层。铅电解阳极泥的性质不仅取决于铅阳极中正电性元素的种类和含量，而且取决于不同技术条件和操作习惯。阳极泥层的网状结构保证了电解液中带电离子的迁移而使电解液导电，这种网状结构

还对阳极泥具有一定的附着性，使其不容易脱落（脱落后污染电解液和阴极铅）。

影响阳极泥结构和性质的主要因素有以下几个方面。

① 阳极泥中杂质组成及其含量　阳极泥中的铜严重影响阳极泥的物理性质，当阳极泥中含铜超过 0.06%，阳极泥就会变得坚硬和致密，阻碍带电离子的迁移，从而影响铅的正常溶解，使槽电压升高。因此，在火法精炼过程中需要将铜的质量分数控制在 0.06% 以下。

阳极泥中锑对阳极泥层的结构和性质也有重要影响，锑能使阳极泥表面的附着性增强，并改善其多孔网状结构，避免阳极泥从表面脱落。因此，铅阳极必须含有一定量的锑，但是若粗铅含锑过高，会使阳极泥变硬，给阳极泥洗涤带来困难。粗铅含锑量一般控制在 $0.5\%\sim 1.5\%$，在前序火法精炼时需进行调整。

② 铅阳极板的浇铸质量　为了得到多孔的网状结构的阳极泥层，要求铅阳极板由粒度均匀的晶粒组成，杂质位于晶粒界面。在电解过程中随铅晶粒溶解，留下物质就会形成孔径相对均匀的网状结构。阳极板的均匀性取决于阳极板浇铸时的结晶速度，要求浇铸时阳极板双面具备均匀冷却方式，晶粒控制在 $50\mu m$ 左右。

③ 阳极极化的过电位在铅电解过程中，随电解时间延长阳极泥层会逐渐增厚，部分网状结构的孔隙出现堵塞，造成阳极泥层中铅多酸少，电压降增大，导致槽电压升高，由最初的 $0.25\sim 0.4V$ 升高至 $0.5\sim 0.7V$，从而导致部分正电性杂质加速溶解。而且阳极泥层增厚，会促使阳极泥层脱落。因此，对于长周期电解过程，需要及时对阳极板进行洗涤，控制阳极板泥层的厚度。

9.5.1.2　阴极主要化学反应

从理论上讲，在铅电解过程中，能够在阴极放电的阳离子只有 Pb^+ 和 H^+。铅在阴极放电析出的标准电极电位为 $-0.126V$，氢离子为 0，但在电解精炼条件下，氢离子和铅离子的活度接近 1，电流密度 $100\sim 200A/m^2$，铅析出过电位很小，而氢析出过电位很大，约为 $1.0V$。氢在阴极上析出电位为

$$2H^+ + 2e^- =\!=\!= H_2 \qquad E_{H^+/H_2} = 0 - 1.0 = -1.0V \qquad (9\text{-}22)$$

因此，氢在阴极析出的电位比铅负得多，在正常情况下，氢离子不可能在阴极析出，阴极的电化学反应只有铅离子放电析出反应。

在电解过程中标准电极电位比铅更负的元素（如 Zn、Fe、Cd、Co、Ni 等）也溶解于电解液形成金属阳离子。但是，这些杂质元素离子的析出电位也比铅离子负得多，基本上不可能在阴极析出而继续留在电解液中。只有 Sn^{2+} 的析出电位与铅离子接近，可能与铅一起在阴极析出。如果电解液 Sn^{2+} 浓度过高，就会导致阴极铅含锡过高。

电解液中铅离子的析出过程也是阴极铅的结晶过程，由于铅的交换电流密度较大，结晶粒度容易增大。为避免在阴极表面形成沉积物使其表面变得粗糙，影响阴极铅的质量，或造成电流短路，必须严格控制其技术条件和生产操作条件：

① 保持阳极泥不进入电解液，避免结晶及阴极表面结瘤；

② 阴极板面积稍大于阳极板面积，以免阴极边缘过于集中放电而影响结晶质量；

③ 控制适当的电流密度等技术条件，维持电解液中较低的铅离子浓度和较高酸度，保持较低的电解液温度，并加入适当的添加剂。

9.5.2　铅电解精炼技术

电解技术主要分小极板电解和大极板电解两种。小极板电解的机械化和自动化水平低，劳动强度大，劳动生产率低。近几年来，我国很多铅冶炼企业（如河南豫光金铅集团、云南

锡业集团、江西铜业铅锌金属有限公司等）均采用大极板、大电解槽技术，使铅电解的技术装备水平和自动化水平有很大提高。

9.5.2.1 铅电解主要技术参数

（1）电解液成分

铅电解的电解液是硅氟酸和硅氟酸铅的水溶液。除此之外，电解液中还含有少量杂质离子和添加剂的水解产物。由于硅氟酸铅容易水解产生硅氟酸，因此必须在电解液中加入适量的游离硅氟酸来抑制硅氟酸铅的水解反应，并提高电解液的电导率。

电解液的成分一般为：硅氟酸铅的 Pb^{2+} 浓度为 $100\sim130g/L$，游离硅氟酸浓度 $80\sim90g/L$，硅氟酸的总量为 $100\sim190g/L$。表 9-6 为铅电解槽电压的分配情况，从表中可以看到，电解液的电压降占 $56\%\sim62\%$，所以降低电解液的比电阻，对降低槽电压、降低电耗和保证析出铅的质量具有重要作用。

表 9-6 铅电解槽电压的分配情况

名称	电压/V	所占比例/%
电解液的电位降	0.2857	62.11
各接触点的电位降	0.0402	8.74
导体电位降	0.0228	4.96
阳极泥层及浓差极化电位降	0.1113	24.19
合计	0.46	100.00

影响电解液比电阻的主要因素是铅离子、游离硅氟酸浓度以及添加剂骨胶分解的氨基乙酸的浓度。当铅离子浓度一定时，电解液的比电阻随着硅氟酸浓度升高而减小。当总酸浓度一定时，电解液的比电阻随着铅离子浓度的升高而增大。电解液中杂质离子的含量过高会影响阴极铅的质量，必须降低杂质离子及添加剂水解产物的浓度。杂质离子浓度一般不超过以下范围：$0.002g/L\ Cu^{2+}$，$0.8g/L\ Sb^{3+}$，$1.0g/L\ Sn^{2+}$，$0.001g/L\ Ag^+$，$0.002g/L\ Bi^{3+}$，$3.0g/L\ Fe^{2+}$，$3.0g/L\ F^-$。

（2）电流密度

铅电解过程的电流密度是指单位阴极有效面积通过的电流强度。电流密度几乎与铅电解生产效率成正比关系，提高电流密度可以提高电解精炼的产量。但是在一定生产条件下，电流密度达到限度就会使电流效率降低，单位析出铅的电耗增加，析出铅的结晶颗粒变粗，析出树枝状或毛刺状的结晶，杂质元素在阴极析出的概率增加，除了金属杂质之外，氢气也可能在阴极析出。当电流密度超过极限值时，还可能得到海绵状多孔的沉积物。因此，适当的电流密度主要取决于阳极的杂质种类及含量、阳极泥的清洗周期和生产规模等因素。铅电解的电流密度般为 $130\sim250A/m^2$，当阳极杂质含量低时，生产规模较大的企业也可以采用更高的电流密度。

在高电流密度条件下，容易出现电解液的浓差极化。这是因为在阴极区阴极的放电速度加快导致铅离子浓度降低，在阳极区铅的溶解速度加快，铅离子来不及扩散和迁移，导致阳极泥层内和阳极区铅离子浓度不断升高，造成严重浓差极化，导致槽电压升高。其结果是使更多的杂质在阴极析出，并且短路的概率增加，电流效率降低。

采用高电流密度进行铅电解精炼，必须以保证电解铅质量和较低的电耗为前提，经过生产实践和试验研究，采用高电流密度需要满足一些条件：

① 保证粗铅阳极板的含铅品位，降低杂质含量；

② 在火法精炼时注意调整 As、Sb 含量保证阳极泥的附着性能；

③ 选择适当的电解周期和阳极泥清洗周期，保持阳极泥层适当厚度和降低槽电压；

④ 适当提高电解液中铅离子浓度及硅氟酸浓度（铅离子浓度 100～130g/L，游离酸浓度 80～90g/L）；

⑤ 提高电解液的循环速度。循环速度与槽内极板数量、极板大小有关，当采用 38 块大极板时，循环速度为 40L/（槽·min）以上，若极板数量增加，循环速度需要更高一些。

(3) 电解液的温度

电解液温度一般控制在 30～45℃。温度升高，电解液中的离子迁移速度加快，离子水化作用降低，溶液黏度降低，电导率升高。电解液温度每升高 1℃ 电解液电阻率会降低 2%～2.5%。但是电解液温度过高也会使蒸发损失增大，硅氟酸会分解。一方面，使硅氟酸的消耗量增加，另一方面，产生的 HF、SiF_4 是对人体有害的气体。

(4) 电解液的循环方式及循环速度

电解液循环可以采用单级循环，下进上出的循环方式有利于槽内电解液成分及温度均匀。

电解液的循环速度取决于电流密度、阳极成分和阳极泥厚度。当采用高电流密度、阳极杂质含量高、阳极泥层较厚时，应该适当提高电解液的循环速度，但是不能引起阳极泥脱落。槽内电解液一般 1.5～2.5h 更换一次。生产实践表明，如果不考虑其他因素影响，电流密度与电解液循环速度的经验关系如表 9-7 所示。

表 9-7　电流密度与电解液循环速度的经验关系

电流密度/(A/m²)	120	160	180	200	220
循环速度/(L/min)	15	18	22	25	30

(5) 添加剂

采用高电流密度的电解过程，一般需要加入较多的添加剂。目前主要是根据析出铅的结晶状态及生产经验来确定添加剂的种类和加入量，有的企业则采用极化测量技术来控制添加剂的加入量。通常使用的添加剂有骨胶、β-萘酚、木质磺酸钙、芦荟提取物等。

(6) 同极距

缩短同极距可以提高电解产量，降低槽电压。但是同极距过小会导致短路概率增加，电流效率下降。小极板铅电解的同极距一般为 80～95mm，大极板为 100～110mm。

9.5.2.2　大极板铅电解精炼技术

大极板铅电解精炼技术的采用为我国铅电解设备大型化、机械化和自动化打下良好基础。下面举例说明其主要技术参数。

(1) 铅电解极板

铅阳极板：质量 300～370kg，厚度约 27mm；阴极始极片比阳极尺寸略大，譬如某企业阴极板有效尺寸为 1240mm×840mm，厚度 0.9cm。

大极板既可以平模浇铸，也可以立模浇铸，一般来说，立模铸造的阳极板质量优于平模铸造的阳极板质量，这是由铸造方式、冷却方式和脱模方式决定的。我国的大极板铅电解厂普遍采用立模浇铸。浇铸时吊耳在下，吊耳最先浇注，冷却时间最长，因而饱满、强度好，在电解槽内长周期电解不易断脱，阳极板几乎没有掉槽现象。

目前新建的铅电解的阳极板没有大小耳之分，极板中心线对称。槽间导电棒较宽，在上面安装一块锯齿形的绝缘板，其中一个吊耳与导电棒搭接。

大阴极板始极片制造过程自动化程度高。先采用铅卷机自动控制铅带线速度制成铅卷，再在阴极板制造机组与导电铜棒焊接成阴极板，制成的铅阴极需满足 7~8 天长周期电解不断极的强度要求。得到可入槽的合格铅阴极片，并按设定的速度插入自动排距机进行排距。

（2）铅电解槽规格

根据极板数量及同极距的不同，大极板电解槽的长度有所不同，一般长度为 4500~6000mm，宽度和深度分别为约 1000mm 和 1620mm。

（3）槽内放置极板数

槽内放置阳极板 38~50 块，阴极板为 39~51 片。一般按照同极距 100~110mm 的距离紧密排列。

（4）槽间距

为保证铅电解槽的整体强度，不同类型或放置的极板数不同，其电解槽壁厚也不相同，因此相邻两槽的中心间距也相应不同，目前有 1160mm、1260mm、1300mm 三种。

（5）槽间导电棒

槽间导电棒的型式取决于槽间距、相邻两槽电的传导方式、出装槽作业的横电方式等，导电棒的断面形式也是多样化的，目前断面形式有屋型、矩形及板型。选择和设计槽间导电棒原则：确保相邻两槽的阴、阳极板搭接良好；出装槽横电时通过的电流强度必须控制在铜棒的许用范围内，否则铜棒发热，损毁槽间导电棒下方的绝缘板。

（6）电解周期

大极板电解可以采用同周期电解，也可以采用不同周期电解。当采用一次电解，阳极寿命与阴极周期相同，称为同周期电解，电解周期一般为 7 天。不同周期电解，一般阳极为 8 天，阴极为 4 天，为了保证电流效率和阴极质量在阴极出槽的同时，阳极吊出清洗一次阳极泥后重新装入槽内进行后半周期的电解。国内大中型炼铅厂大多采用二次电解。

（7）参数范围

电流密度为 140~200A/m^2；电解液成分为 Pb^{2+} 100~140g/L，SiF$_6^-$ 120~150g/L，H$^+$ 50~60g/L；电解液循环量为 40~60L/min；电解液温度（40±2）℃。

表 9-8 为大极板铅电解参数与技术经济指标的一些实例。从表 9-8 可以看出：①同周期电解的残极率较高，不同周期电解的残极率较低；②大极板电解的电流密度较低，一般在 150A/m^2 以下；③国外的电流效率较高，但是国内的大极板电解的电流效率普遍较低。

表 9-8　大极板铅电解参数与技术经济指标实例

指标	日本契岛铅冶炼厂	国内某厂（一）	国内某厂（二）
年产电铅/(×10^{4}t/a)	9	10	10
阳极单重/kg	294±4	370	297±4
阳极板形状	中心线不对称	中心线对称	中心线不对称
阴极周期/d	7	4	8
阴极周期/d	7	8	8
同极中心距/mm	110	110	110
槽装阴、阳极数量/块	29/28	50/51	39/38
电解槽数量/个	364		328

指标	日本契岛铅冶炼厂	国内某厂(一)	国内某厂(二)
电解液循环量/(L/min)	50	50	50
电解液含Pb/(g/L)	70～130	100～140	100～140
电流密度/(A/m³)	147	140	140
残极率/%	36	38	38
电流效率/%	97	95	95
直流电单耗/(kWh/t)		120	120
铅锭含Pb/%	99.999	99.994	99.994
阳极含Pb/%	98.2±0.4		
阳极含Cu/%	0.030～0.035		

9.5.3 铅电解的生产操作

(1) 铅电解工艺过程

以硅氟酸铅和游离硅氟酸水溶液作为电解液,阳极板及铅阴极装入电解槽中,通入经硅整流器整流后的直流电进行铅电解精炼。根据生产实际,设备能力电流密度可控制 $160～200A/m^2$,槽电压 0.4～0.6V。铅阳极的铅金属溶解进入电解液,并在阴极上连续放电析出,比铅更正电性的金、银、铋等稀贵金属和杂质则不溶解而附着在阳极板上形成阳极泥。直流电一般按两个系列供电,每系列电铅规模 50kt/a,也可以采用一个系列供电。

采用吊车出装槽经过一定周期电解,阴极析出铅送至阴极洗涤抽棒机组进行洗涤、抽棒等作业,得到析出铅片。大部分铅片送精炼锅熔化再精炼,少部分送去制造始极片,残极用吊车吊运至残极洗刷机组,将附着其上的阳极泥洗刷干净,洗刷下来的阳极泥用泵送至阳极泥过滤及洗涤。洗刷干净的残极返回熔铅锅。

(2) 电解液循环

电解液用泵从低位循环槽泵至电解液高位槽,通过供液总管、各列供液次管及各电解槽进液支管后,将电解液输入电解槽。从电解槽流出的电解液经回液流管汇集流回循环槽,由此构成一循环系统,以保证电解过程的进行。为保证铅电解液温度在 38～42℃,设置有换热器,采用蒸汽加热。

(3) 残阳极洗刷及阳极泥洗涤过滤

从电解槽中取出的残极在阳极残极洗涤机组上进行两段逆流洗涤,洗后的残极返回熔铅锅重铸阳极。一段阳极泥浆送一段箱式压滤机快速过滤后,滤液返回段洗刷循环使用。根据需要,该一段滤液澄清后作为系统补液进电解液系统。从电解槽中抽出的阳极泥浆经过压滤机过滤,其滤液可作为一段洗刷液;一段箱式压滤机卸下的阳极泥先在浆化槽内浆化,再泵送机械搅拌槽内加热洗涤,洗后的阳极泥浆进二段隔膜厢式压滤机压滤,滤液可作为一段洗刷液。隔膜压榨后的阳极泥含水≤25%,送稀贵厂回收金、银等有价金属。

(4) 阴极铅精炼及电铅铸锭

经析出铅洗涤抽棒机组洗涤、抽棒、收拢成堆的阴极铅用吊车或自动输送线送入精炼锅,经熔化、搅拌氧化,进一步氧化脱除砷、锑、锡等杂质,产出的氧化铅渣送熔铅锅处理。合格的铅液经泵送电铅铸锭机组进行铸锭、堆垛、打捆。

（5）铅电解的自动化控制

采用大极板电解技术以来，铅电解的机械化和自动化水平明显提高。主要有以下几个方面：

① 阳极板立模浇铸生产线及阳极板自动输送线，包括泵铅、浇注、铸造、冷却、脱膜、接收、矫正、移载、提升、齐排输送等动作，全部由计算机程序控制，自动完成；

② 阴极（始极片）制造生产线，包括铅带反绕、折边、剪切、喂铜棒、包棒纵向，以及横向移动输送、点焊、压纹、矫正等动作全部由计算机程序控制，自动完成；

③ 阴阳极出装槽吊车自动定位、自动起吊生产线；

④ 阴极析出铅自动抽棒、铜棒自动研磨及自动输送；

⑤ 阴极析出铅自动洗涤及残极自动洗涤；

⑥ 阴极析出铅自动输送、入锅生产线；

⑦ 残极自动输送线；

⑧ 铅锭自动码垛、自动打捆、自动称量生产线。

9.6 再生铅回收

9.6.1 再生铅生产的原料

随着铅行业的不断发展，可供开采铅矿物资源越来越少，因此废旧含铅资源的回收再利用成为行业关注的重点。废铅主要来自蓄电池极板、电缆铠装、管道、铅弹和铅板。废蓄电池和电缆包皮回收的铅，含有少量的锑和其他金属，这种再生铅一般仍转卖给蓄电池制造厂家。含锡的再生铅大多重新用来制造焊条、轴承合金与其他铅锡合金。一般汽油和染料中的铅无法回收，是铅造成环境污染的主要因素。箔材、焊条、热处理和电镀中的铅，难以回收。当前，废铅酸蓄电池中铅栅和铅膏的回收利用和再生是主要的再生铅资源。

9.6.2 铅酸蓄电池的回收利用

废铅酸蓄电池的拆解、破碎和分选在冶炼再生之前，必须用一种或几种技术将蓄电池破碎。最普通的方法是先锤碎，锤碎的物料再在破碎机中破碎。现代蓄电池的破碎、分拣及分选过程是将铅分成金属、氧化物和硫酸盐等部分，将有机物分成壳体和隔板部分，可采用废铅酸蓄电池破碎分选系统实现。有机物中的壳体聚丙烯可回收利用，硫酸可销售给当地的硫酸市场或中和后弃之。膏糊（PbO_2、PbO、Pb、$PbSO_4$）泵送到装有蓄电池废酸的反应器中，加氢氧化钠（苛性钠）或碳酸钠中和或转化。然后压滤，滤液经处理后弃掉，滤饼洗涤除去硫酸盐后用作炼铅原料。

膏泥是一种较复杂的混合物，主要成分是 $PbSO_4$ 和 PbO_2，有少量的 $Pb_2O(SO_4)$、Pb_2O_3，还有硅酸盐和其他添加物等。$PbSO_4$ 和 $Pb_2O(SO_4)$ 的存在使膏泥的硫质量分数约达 6%，在直接还原熔炼时，部分硫酸根会被还原成 SO_2，这就会在熔炼时排出含 SO_2 的炉气。解决 SO_2 的逸出有以下几种方法：① 用添加剂转化膏泥中的 $PbSO_4$ 为 $PbCO_3$ 而硫酸根转入溶液除去；② 石灰乳中和法除去烟气中的 SO_2。

第一种做法通常是往膏泥浆中加碳酸钠，反应时间约 2h。再从贮酸池将废酸泵入反应槽中和，溶液 pH 值约为 8。总的反应时间至少要 8h，要控制酸的加入速度以限制 SO_2 的逸出。反应为放热反应，搅拌反应产生热将使溶液的温度由最初的 35～40℃ 提高到最终的 50～55℃。反应后的矿浆用压滤机过滤以尽量降低滤渣中的水分。脱硫后，膏泥由于夹杂硫酸钠和残留硫酸铅，总硫质量分数为 0.8%～1.2%。

膏泥的理论脱硫和中和反应可表示为

$$PbSO_4 + Na_2CO_3 \longrightarrow PbCO_3 + Na_2SO_4 \tag{9-23}$$

$$Na_2CO_3 + H_2SO_4 \longrightarrow Na_2SO_4 + CO_2 + H_2O \tag{9-24}$$

实际上理论脱硫反应［式(9-23)］并不会简单地发生，真正发生的是下述反应［式(9-25)和式(9-26)］，生成的是不同的碱式碳酸铅，它们的比例取决于脱硫的操作条件。

$$2PbSO_4 + 3Na_2CO_3 + H_2O \longrightarrow NaPb_2(CO_3)_2OH + 2Na_2SO_4 + NaHCO_3 \tag{9-25}$$

$$3PbSO_4 + 4Na_2CO_3 + 2H_2O \longrightarrow Pb_3(CO_3)_2(OH)_2 + 3Na_2SO_4 + 2NaHCO_3 \tag{9-26}$$

第二种做法，即石灰乳中和法吸收含 SO_2 烟气。这种方法的运行成本肯定要比第一种做法低，先决条件是分离得到的金属板栅和电极以及膏泥，分别进行处理，不能混炼，否则处理的烟气量要增大，同时增大处理成本。

9.6.3 二次铅资源的再生回收工艺

二次铅资源回收利用的传统方法有鼓风炉熔炼、反射炉熔炼、回转短窑、电炉和艾萨或奥斯麦特法。因为处理矿铅和再生铅，以上炉子从结构上讲没有根本的变化，只是在操作上、控制上发生一些变化，对于常用的鼓风炉、反射炉、电炉这里不再赘述。这里着重介绍火法中的回转短窑、底吹炉熔炼、艾萨熔炼，以及电解法处理膏泥的方法。

9.6.3.1 火法再生铅回收工艺

蓄电池用铅量在铅的消费中占很大比例，因此废旧蓄电池是再生铅的主要原料。有的国家再生铅量占总产铅量的一半以上。处理废蓄电池时，通常配以 8%～15% 的碎焦、5%～10% 铁屑和适量的石灰、苏打等熔剂，主要用火法生产再生铅。

（1）回转短窑熔炼法

回转短窑熔炼法炉型结构见图 9-15。为了减少火焰穿行炉膛的阻力损失和降低冲刷，并便于在倾倒时有助于完全排空，将炉子的前端设计为锥体，锥体倾斜 30°。火焰为中心轴向吹入，以进一步增加火焰在炉内停留时间，提高热效率。依靠一套自动调节流体装置，有利于远距离操作喷嘴的火焰。炉子安装在吸气、吸尘的通风罩下。在通风罩下收集的冷气同吸自炉内的热气相混合。

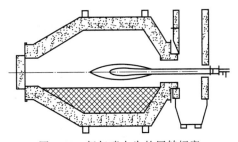

图 9-15 氧气喷火头的回转短窑

混合气体的温度持续不断地被监控和调节，气体被吸入自动除尘的过滤装置，粉尘全部循环进入炉内。容积 $5m^3$ 的斜回转短窑完全排空的时间缩短为 10min，缩短生产周期 15%～20%，整个生产周期为 5h 左右。

（2）底吹炉熔炼法

富氧底吹（SKS）炼铅工艺处理含硫和铅的原料时，在铅矿冶炼中搭配处理废杂铅料，进行自热熔炼，产出粗铅和高铅渣。铅酸蓄电池经预处理分离的膏泥或金属栅板不经预脱硫，可以直接在底吹炉中处理，烟气经两转两吸制酸后以低于国家环保标准要求排放，根据富氧底吹熔炼的热平衡计算，最大废铅膏泥处理量可占总处理物料的30%。该法是目前最经济的再生铅资源综合利用途径之一。

底吹氧化熔炼搭配处理铅废料，处理含铅固废生产工艺及铅产业循环见图9-16。入炉原料来自铅精矿和废铅酸蓄电池，废电池首先经预处理拆解分离，产出金属栅板、膏泥、外壳、隔板和废酸。金属栅板送合金车间，在添加适量的合金元素锑或锡后生产铅、铅锑合金或铅锡合金。生产过程中产生的铅渣和拆解分离出的膏泥进铅底吹熔炼系统处理。

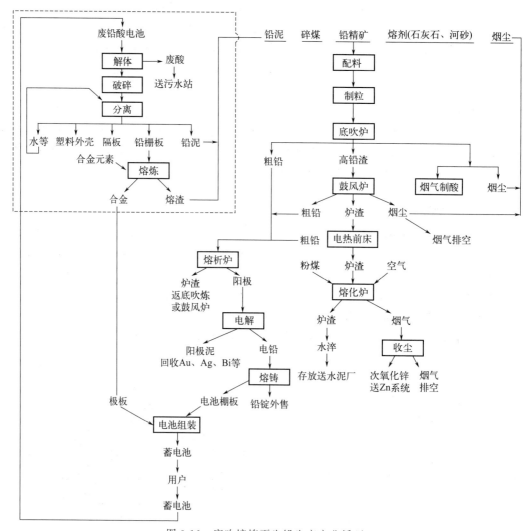

图9-16　底吹熔炼再生铅生产产业循环

图9-16中的虚线部分为再生铅生产系统，其余部分为原生铅生产系统，二者结合使循环铅生产企业更显其优势，主要表现在：通常单一的循环铅生产企业是将铅膏加碱（如碳酸钠）转化脱硫后，再熔炼。而底吹熔炼可以将铅膏以及熔炼合金的炉渣和铅精矿直接配料，加入氧气底吹炉熔炼产出粗铅，底吹炉烟气除尘之后送制酸系统，省略了膏泥的转化脱硫工序。

板栅经低温熔铸配制成合金或生成硬铅，硬铅可电解，产品形式更为灵活。

该工艺的另一优点就是采用富氧底吹熔炼可处理低硫原料。通常，原生铅生产企业处理的原料含硫约为20%，最高可达44%；而在氧气底吹炉再生铅生产中，由于采用富氧鼓风，即使入炉原料含硫降到 11%，仍可以实现热平衡并使烟气 SO_2 浓度满足制酸要求。

氧气底吹炉处理的铅膏主要成分为 $PbSO_4$ 和 PbO，发生的主要反应为

$$2PbO + PbS = 3Pb + SO_2 \qquad (9-27)$$

$$PbSO_4 + PbS = 2Pb + 2SO_2 \qquad (9-28)$$

PbS，主要来自铅精矿，在氧气底吹炉中，铅膏的主要成分由于互换反应，生成金属铅。采用底吹熔炼和高铅渣鼓风炉熔炼，弃渣含铅可以降到 2.0%～2.5%，铅回收率大于 98%，总硫回收率为 96% 以上，环保指标均符合或优于国家标准的规定，污水达标排放，车间粉尘和铅尘含量低于国家标准的规定。

(3) ISA 熔炼法

ISA 工艺熔炼蓄电池泥工艺流程可表述为：废铅酸蓄电池采用电池破碎机破碎，分离塑料壳体等非金属后，分别收集铅板和电池糊，电池糊用氢氧化钠脱硫，脱硫后的氧化铅膏泥投入 ISA 炉熔炼，产出含铅 99.9% 的粗铅和锑铅炉渣，锑铅炉渣用短转炉进一步处理回收铅锑合金。铅板也采用 ISA 炉单独熔炼。ISA 炉采用空气操作，以再生油作燃料。某公司再生铅熔炼工艺流程见图 9-17，其处理后，氧化铅膏泥中 87.2% 的铅以粗铅（99.9% Pb）产出，12.8% 的铅进入铅渣（铅渣含 55%～65%PbO），用短转炉处理后，其中 12.2% 的铅以铅锑合金产出。短转炉渣中的铅占总铅量的 0.6%。

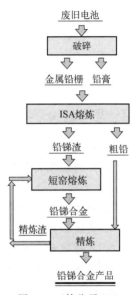

图 9-17 某公司 ISA 再生铅工艺流程

9.6.3.2 固相电解法

固相电解法工艺先将废铅酸电池用机械分离，分离成外壳塑料、隔板、栅板和膏泥部分。外壳塑料可直接出售或重新熔铸成电池外壳，隔板无害化焚烧处理或熔铸成建筑用各种容器，板栅经低温熔化并添加合金元素铸板或合金锭，用于制作新电池，膏泥经转化后，直接涂在不锈钢阴极上，缓慢烘干，送电解系统经电解在阴极上还原出铅，再经熔化、铸锭供电池生用。它是一种清洁生产工艺，电解的原料成分见表 9-9。

表 9-9 电解原料成分 单位：%

名称	$PbSO_4$	PbO_2	PbO	Pb	其他
膏泥	50～60	15～35	5～10	2～5	2～4

其处理过程中铅膏需要先转化为 $Pb(OH)_2$，转化后的氢氧化物再经过电解在阴极上析出阴极铅，其主体工艺流程见图 9-18。其依据的主要反应原理如下：

转化反应：

$$PbSO_4 + 2NaOH \longrightarrow Pb(OH)_2 + Na_2SO_4 \qquad (9-29)$$

电解反应原理：

$$PbO + 2e^- + H = Pb + 2OH^- \qquad (9-30)$$

$$PbO_2 + 4e^- + 2H_2O = Pb + 4OH^- \qquad (9-31)$$

$$2OH^- - 2e^- = H_2O + 1/2O_2 \qquad (9-32)$$

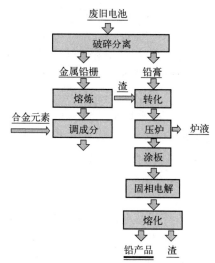

图 9-18 固相电解法回收退役铅酸电池工艺流程

 思考题

1. 铅精矿烧结焙烧前对炉料有什么要求？加入返粉的目的是什么？

2. 分析硫化铅精矿直接熔炼的理论基础，并说明直接炼铅工艺为何要先产出高铅渣，再还原？

3. 试述粗铅火法精炼流程，并简述熔析法除铜的原理和过程。

4. 试述粗铅精炼除砷、锑、锡的方法，并说明氧化精炼过程。

5. 与传统方法相比，直接炼铅法有哪些优点？

6. 硫化矿直接得到金属的冶炼方法有哪两种？

7. 从热力学和工艺角度分析直接炼铅的工艺难度，工艺上可采取哪些对策？

8. 对比熔池熔炼和基夫赛特熔炼法熔炼工艺各自的优势和缺点。

9. 粗铅电解精炼前，为什么要先进行火法精炼？

10. 试分析粗铅电解精炼中各杂质的行为。

11. 再生铅回收工艺中，废铅酸蓄电池铅膏回收利用工艺有哪些？试分析比对其工艺原理和特点。

参考文献

[1] 张乐如. 现代铅冶金 [M]. 长沙：中南大学出版社，2013.

[2] 宋兴诚，潘薇. 重有色金属冶金 [M]. 北京：冶金工业出版社，2011.

[3] 林朝萍. 废旧铅酸电池的回收技术新方法及其研究进展 [J]. 资源再生，2022（7）：55-58.

[4] 王吉坤. 铅锌冶炼生产技术手册 [M]. 北京：冶金工业出版社，2012.

[5] 翟秀静，谢锋. 重金属冶金学. [M]. 北京：冶金工业出版社，2019.

[6] 雷霆，余宇楠，李永佳，等. 铅冶金 [M]. 北京：冶金工业出版社，2012.

[7] 刘军，刘燕庭. 富氧侧吹直接炼铅工艺研究与应用 [J]. 中国有色冶金，2013，42（1）：34-36，39.

[8] 郭忠诚. 湿法冶金电极新材料制备技术及应用 [M]. 北京：冶金工业出版社，2016.

[9] 李东波. 现代氧气底吹炼铅技术 [M]. 北京：冶金工业出版社，2020.

[10] 唐谟堂. 重有色金属冶金生产技术与管理手册（铅卷）[M]. 长沙：中南大学出版社，2022.

[11] 蒋继穆. 国内外铅冶炼技术现状及发展趋势 [J]. 有色冶金节能，2013，6（3）：4-8.

10 锌冶金

1. 锌的性质及用途；
2. 锌精矿焙烧方法及过程原理；
3. 锌焙砂浸出工艺、浸出设备及技术条件；
4. 硫酸锌溶液杂质去除净化原理；
5. 硫酸锌溶液的电解沉积原理及设备。

锌为银白略带蓝灰色金属，是基础性原材料，广泛应用于汽车、电子、机械、建筑及日用工业。最大用途是镀锌，占总耗锌量的 40% 以上；制造合金，如黄铜及各种锌基合金，约占总耗锌量的 35%；制备氧化锌、硫酸锌、硫化锌等化学品占 25% 左右，用于制造电池材料、发光材料、催化材料等约占 10%。中国是世界上最大的锌生产国，2022 年电锌产量 790 万吨。

10.1 概述

10.1.1 锌及其化合物的性质

锌熔点为 419.53℃，沸点为 906.97℃，常温下密度为 7.14g/cm³。蒸气压较大，在 1180K 即可达 101kPa。导电、导热性较差，在常温下性脆，延展性甚差，抗腐蚀性能较好。锌在电化顺序中电位较负，其标准电位为 −0.7628V，可以从溶液中置换出比其电负性高的重金属。

锌的主要化合物有硫化锌、氧化锌、硫酸锌和氯化锌等。

硫化锌　在自然界常以闪锌矿形式存在。在高温下易被空气氧化成氧化锌或硫酸锌。可溶于盐酸和浓硫酸溶液中，强烈地溶于硝酸，但不溶于稀硫酸。

氧化锌　俗称锌白，为两性氧化物，可与酸、氨液和强碱反应生成相应的盐类，在高温下可与各种酸性氧化物或碱性氧化物反应，如 SiO_2、Fe_2O_3、Na_2O 等，生成硅酸锌、铁酸锌、锌酸钠。在高温条件下能被碳、一氧化碳及氢还原成金属锌。在 1000℃ 以上开始挥发，1400℃ 以上挥发剧烈。

硫酸锌　$ZnSO_4$ 易溶于水。在约 650℃ 开始离解，在 750℃ 以上离解激烈，分解成 ZnO。

氯化锌　易溶于水，熔点为 262℃，沸点为 730℃。在 500℃ 左右氯化锌就显著挥发。

10.1.2 锌的矿物资源

中国锌储量居世界首位，2021 年探明的锌矿储量 4422.90 万吨，储量超过 200 万吨的省（区）主要是云南、内蒙古、甘肃、新疆、广西等，占全国总储量的 69.98%，锌矿储量情况如表 10-1 所示。

表 10-1 2021 年中国探明的主要锌矿资源储量

地区	内蒙古	云南	甘肃	河北	青海	广西	江西	四川
储量/万吨	881.96	1057.50	499.17	107.03	171.70	292.66	187.29	160.81
地区	贵州	陕西	新疆	西藏	河南	福建	吉林	湖南
储量/万吨	128.69	118.67	364.00	117.45	61.93	38.85	41.10	62.14

锌的常见矿物包括闪锌矿（ZnS）、铁闪锌矿（nZnS·mFeS）、菱锌矿（$ZnCO_3$）、硅锌矿（Zn_2SiO_4）、异极矿（$ZnSiO_4 \cdot H_2O$）等。自然界中较多的为硫化矿，多与铜铅共生。其中最常见的有铅锌矿，其次为锌铜矿和铜铅锌矿。浮选所得的锌精矿是非常细的粉料，其中 50%~90% 的粒子能通过 0.07mm 的筛子。硫化锌精矿含锌 38%~62%，Zn、Fe、S 总和为 90%~95%，此外还含有 SiO_2、Al_2O_3、$CaCO_3$ 和 $MgCO_3$ 等脉石以及 Co、In、Ga、Ge、Tl 等稀有金属。因此处理锌精矿时，必须同时回收其中的有价金属。我国根据锌精矿化学成分将其分为四个等级，见表 10-2。

表 10-2 锌精矿的化学成分　　　　　　　　　　单位:%

品级	Zn	杂质含量				
		Cu	Pb	Fe	As	SiO₂
一级品	≥55	≤0.8	≤1.0	≤6	≤0.2	≤4.0
二级品	≥50	≤1.0	≤1.5	≤8	≤0.4	≤5.0
三级品	≥45	≤1.0	≤2.0	≤12	≤0.5	≤5.5
四级品	≥40	≤1.5	≤2.5	≤14	≤0.5	≤6.0

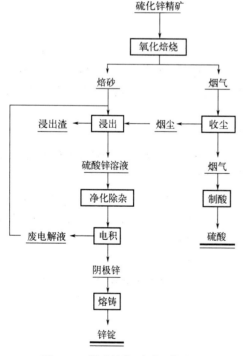

图 10-1 湿法炼锌原则工艺流程

10.1.3 锌的提取方法

现代炼锌方法分为火法炼锌与湿法炼锌两大类。火法炼锌主要包括竖罐炼锌、电热法炼锌和密闭鼓风炉炼锌等。湿法炼锌工艺主要包括：硫化锌精矿—焙烧—浸出—电积工艺；硫化锌精矿—直接加压酸浸—电积工艺；氧化锌矿和氧化锌烟尘—直接酸浸—电积工艺。其中以硫化锌精矿—焙烧—浸出—电积工艺为主流程。

相比较而言，湿法炼锌金属综合回收率高、能量消耗较低、环保好、成本低，特别是采用热酸浸出（或称高温高酸浸出）—铁矾（或针铁矿）净化沉铁法工艺后，湿法炼锌发展非常迅速，已取得压倒性优势。2022 年我国金属锌锭产量 790 万吨，其中湿法锌的比例占 90% 以上。湿法炼锌原则工艺流程见图 10-1。本章重点介绍湿法提取工艺。

10.2 锌精矿焙烧

10.2.1 焙烧方法

从硫化锌精矿中提炼锌,无论采用火法或湿法,都必须先将硫化锌精矿进行焙烧。焙烧的实质就是在一定的气氛中加热锌精矿,使其发生物理化学变化,改变其成分以适应下一步冶金过程的要求,但精矿一般不熔化,或者说焙烧一般是固相与气相之间进行的化学过程而不出现液相。

依据焙烧过程的本质不同,一般把焙烧分为还原焙烧、氧化焙烧、硫酸化焙烧、氯化焙烧和烧结焙烧等几类。视矿石或精矿的成分和后续冶金处理方法的不同,选用其中适当的焙烧方法。

(1) 还原焙烧

还原焙烧应用于处理氧化矿石或含锌废料(如浸出渣、蒸馏渣等),在还原气氛中使矿石中氧化物还原成低价氧化物或金属。当含锌物料与碳混合,在还原气氛下 $800\sim1200℃$ 焙烧时,ZnO 被还原为锌蒸气,然后又被炉气中 O_2、CO_2 等氧化成 ZnO 收集于收尘系统中。

(2) 氧化焙烧/硫酸化焙烧

氧化焙烧是在氧化气氛中使硫化矿中的硫全部或大部分除去,使硫化物全部或大部分变成氧化物。氧化焙烧分为两种,一种是把硫化矿石中的硫全部烧去,所得焙砂仅由氧化物组成,称作"死烧",火法炼锌所采用的焙烧就是"死烧";另一种焙烧只是烧去部分硫,保留一部分硫酸盐,称作部分氧化焙烧。

而硫酸化焙烧是在氧化气氛中把待提取的金属变成水溶性的硫酸盐。把矿石中的硫化物全部转变为水溶性的硫酸盐,称全硫酸化焙烧;将矿石中的部分硫化物转变为水溶性的硫酸盐,其余则氧化成氧化物,叫作部分硫酸化焙烧,有时也称酸化焙烧。湿法炼锌的焙烧就是部分硫酸化焙烧。

10.2.2 湿法炼锌对锌精矿焙烧的要求

湿法炼锌焙烧硫化锌精矿的目的主要是使锌精矿中的 ZnS 绝大部分转变为 ZnO,少量转为 $ZnSO_4$,同时尽可能完全地除去砷、锑等杂质。具体要求如下:

① 一般条件下,硫化锌不能直接用稀硫酸浸出,所以焙烧时要尽可能使 ZnS 氧化成可溶于稀硫酸的 ZnO。为了补偿冶金过程中 H_2SO_4 的损失,仍要求焙砂中有适量的可溶于水的 $ZnSO_4$。生产实践证明,一般浸出流程,只要使焙砂中含有 $2.5\%\sim4\%$ 的 $ZnSO_4$ 形态的硫即可补偿冶金过程中 H_2SO_4 损失,否则会导致硫酸根过剩,增加原材料的消耗,影响正常生产的进行。

② 使砷、锑氧化成挥发性的氧化物除去,同时除去部分铅,以减轻浸出、净化工序工作量。

③ 使炉气中的 SO_2 浓度尽可能高,利于制造硫酸。

④ 焙烧得到细小粒状的焙砂,以利下一步浸出,即不希望有烧结现象发生。

⑤ 在焙烧时应尽可能少地产生铁酸锌和硅酸锌。因为铁酸锌不溶于稀硫酸,而导致锌的浸出率降低;硅酸锌虽然能溶于稀硫酸,但溶解后会产生胶体状的二氧化硅,影响浸出矿

浆的澄清与过滤。

10.2.3 焙烧过程基本原理

因为焙烧是在原料和产物熔点温度以下进行的一种化学反应，故工业上焙烧硫化锌精矿是在高温下锌精矿与空气中的氧发生气-固反应的过程。锌精矿中几乎所有硫化物氧化反应的标准吉布斯自由能变化都是负值，而且硫化物焙烧是放热过程，均能自热进行。此外，在硫化锌精矿中，通常还有多种化合价的金属硫化物，其高价硫化物的离解压一般都较高，如 FeS_2 离解压在 $700℃$ 时为 $505kPa$，故极不稳定，焙烧时高价态硫化物离解成低价态的硫化物，然后再继续进行其焙烧氧化反应过程。焙烧过程生成的产物不尽一致，可能有多种化合物并存。一般来说，硫化锌精矿的氧化反应主要有以下四种：

硫化物氧化生成硫酸盐

$$MeS + 2O_2 \Longrightarrow MeSO_4 \tag{10-1}$$

硫化物氧化生成氧化物

$$MeS + 1.5O_2 \Longrightarrow MeO + SO_2 \tag{10-2}$$

金属硫化物直接氧化生成金属

$$MeS + O_2 \Longrightarrow Me + SO_2 \tag{10-3}$$

硫酸盐解离

$$MeSO_4 \Longrightarrow MeO + SO_3 \tag{10-4}$$

$$SO_3 \Longrightarrow SO_2 + 0.5O_2 \tag{10-5}$$

锌精矿中硫化物的氧化过程，参与焙烧反应的主要元素是 Zn、S 和 O；当处理高含铁精矿时，Fe 也是参与反应的主要元素，即需要讨论 Zn-S-O 系与 Zn-Fe-S-O 系的热力学特性。

10.2.3.1 Zn-S-O 系平衡状态图

硫化锌精矿焙烧 Zn-S-O 系基本反应列于表 10-3 中，硫酸锌的稳定性比铅的硫酸盐小得多。可依据体系反应热力学数据，绘制硫化锌焙烧过程中的 $\lg p_{SO_2} - \lg p_{O_2}$ 等温状态图（见图 10-2）。对 Zn-S-O 系热力学的分析结果如下：

表 10-3　Zn-S-O 系基本反应

编号	反应		$\lg K_p$				
			900K	1000K	1100K	1200K	1300K
1	$ZnS + 2O_2 \Longrightarrow ZnSO_{4(\alpha,\beta)}$	(10-6)	26.606	22.158	18.613	15.673	13.206
2	$3ZnSO_4 \Longrightarrow ZnO \cdot 2ZnSO_4 + SO_2 + 1/2O_2$	(10-7)	−3.978	−2.120	−0.869	−0.151	1.008
3	$3ZnS + 11/2O_2 \Longrightarrow ZnO \cdot 2ZnSO_4 + SO_2$	(10-8)	75.843	64.354	54.9731	47.169	40.627
4	$1/2(ZnO \cdot 2ZnSO_4) \Longrightarrow 3/2ZnO + SO_2 + 1/2O_2$	(10-9)	−5.260	−3.3944	−1.8799	−0.6267	0.4237
5	$ZnS + 3/2O_2 \Longrightarrow ZnO + SO_2$	(10-10)	21.774	19.188	17.0711	15.305	13.824
6	$Zn_{(气,液)} + SO_2 \Longrightarrow ZnS + O_2$	(10-11)	−6.8524	−6.3161	−5.8755	−5.5891	−5.6713
7	$2Zn_{(气,液)} + O_2 \Longrightarrow 2ZnO$	(10-12)	29.844	25.745	22.391	19.433	16.307

① 当焙烧温度一定，锌存在形态取决于 p_{SO_2} 和 p_{O_2}，如图 10-2 中 A 点和 B 点。其中，A 点的焙烧气体含 O_2 为 4%，含 SO_2 为 10%，B 点的焙烧气体含 O_2 为 4%，含 SO_2

为 4%；

②金属锌的稳定区被限制在特别低的 $\lg p_{SO_2} \sim \lg p_{O_2}$ 的数值范围内；

③当气相组成不变，改变焙烧温度，也可改变焙烧产物中锌存在形态。T 升高时，反应式(10-7) 与反应式(10-9) 的 $\lg K_p$ 值增大（见表 10-3），相应地图 10-2 中线 2 和线 4 向上移动，硫酸锌稳定区缩小。如图 10-2 中，T 升高时，与 1100K 的优势区相比，1300K 的优势区 ZnO 区域扩大，$ZnSO_4$ 稳定区缩小，有利于 ZnO 的生成。

对火法炼锌，希望控制在氧化焙烧，而对湿法炼锌希望硫酸化焙烧，那么，如何来控制工艺条件获得所需的焙烧产物呢？

欲控制氧化焙烧：提高焙烧温度；降低氧分压 p_{O_2}；降低二氧化硫分压 p_{SO_2}。

欲控制硫酸化焙烧：降低焙烧温度；提高氧分压 p_{O_2}；提高二氧化硫分压 p_{SO_2}。

在 927℃以上高温时，锌的硫酸盐会全部分解，要想使 ZnS 完全转化为 ZnO，焙烧温度需要控制在 1000℃以上。因此，现在许多炼锌厂已将锌精矿焙烧的温度从 850℃左右提高到 950℃以上，甚至达到 1200℃，以保证锌硫酸盐的彻底分解。

在实际锌精矿焙烧过程中，通过控制焙烧温度和气相组成来控制焙烧产物中锌的存在形态。通过控制供风量（空气过剩系数）来调节气相组成。

火法炼锌：希望产物为 ZnO，焙烧温度一般控制在 1273K 以上，有的达到 1340～1370K。空气过剩系数为 1.05～1.10。

湿法炼锌：希望产物为 $ZnO \cdot ZnSO_4$，焙烧温度一般控制在 1143～1193K，有的达到 1293K。空气过剩系数为 1.20～1.30。

10.2.3.2 Zn-Fe-S-O 系平衡状态图

锌精矿中含有 FeS 或 (Zn,Fe)S，不可避免地会生成铁酸锌（$ZnO \cdot Fe_2O_3$）。铁酸锌的生成对湿法炼锌影响较大，Zn-Fe-S-O 系 $\lg p_{O_2}$-T 平衡状态如图 10-3 所示。利用 Zn-Fe-S-O 系 $\lg p_{O_2}$-T 平衡状态图，控制焙烧过程中减少 Fe_2O_3 的生成量，就可以减少铁酸锌的生成。一般焙烧温度一定，控制 $\lg p_{O_2} < -6.0$ 时，Fe_2O_3 分解为 Fe_3O_4，可减少产物中铁酸锌生成。提高温度可使 Fe_3O_4 的稳定区域扩大，也减少铁酸锌的生成。

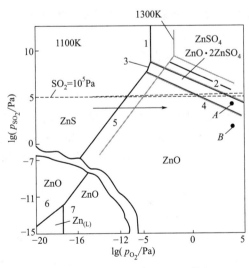

图 10-2 Zn-S-O 系 1100K 和 1300K 的 $\lg p_{SO_2} \sim$

$\lg p_{O_2}$ 等温化学势

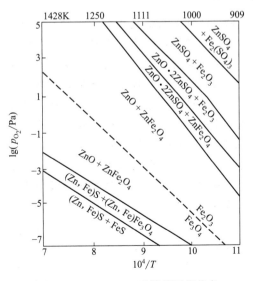

图 10-3 Zn-Fe-S-O 系等温平衡状态

当对锌精矿进行硫酸化焙烧时，硫酸盐分解会发生下列反应：

$$ZnSO_4 \Longrightarrow ZnO + SO_3 \tag{10-13}$$

$$ZnO \cdot 2ZnSO_4 \Longrightarrow 3ZnO + 2SO_3 \tag{10-14}$$

$$SO_2 + 1/2O_2 \Longrightarrow SO_3 \tag{10-15}$$

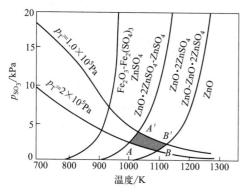

图 10-4　硫酸盐分解压力与温度关系

在实际焙烧过程中，体系总压力 p_T 在 101325～202650Pa 范围内，此时硫酸盐分解压力与温度关系如图 10-4 所示。

总压曲线 p_T 与 $ZnSO_4$ 和 $ZnO \cdot ZnSO_4$ 分解曲线相交于 A、B 和 A'、B'。当温度 T 低于 A、A' 点所对应温度时，$ZnSO_4$ 稳定存在；当温度 T 高于 B、B' 点所对应温度时，ZnO 稳定存在；当 T 介于两者之间，$ZnO \cdot ZnSO_4$ 稳定存在。

控制一定压力和温度，可使 ZnS 氧化成所需要的产物。ZnS 焙烧时首先生成 ZnO，然后再与气相中存在的 SO_2 和 O_2 作用逐渐生成 $ZnO \cdot 2ZnSO_4$ 和 $ZnSO_4$。当 $p_{SO_2} = 10132.5Pa$ 和 $p_{O_2} = 1atm$（$1atm = 101325Pa$）时，温度高于 1203K（930℃）时，ZnO 是稳定产物；温度低于 1203K 时，$ZnO \cdot 2ZnSO_4$ 是稳定产物；温度低于 1143K（870℃），$ZnSO_4$ 是稳定产物。实际生产中 p_{O_2} 比一个大气压低得多，因此产物向硫酸盐转化温度比上面的数值低。

因此，可对硫酸化焙烧进行如下控制：

① 如希望保留部分硫酸锌，就意味着需降低焙烧温度、维持较高的氧浓度和二氧化硫浓度；

② 要想少生成一些铁酸锌，就需要较低的氧分压和较高的温度（生成磁铁矿）；

③ 较高的温度促进氧化锌生成，抑制了铁酸锌；适度增加氧分压在强化焙烧脱硫过程中，有利于保留部分硫酸锌。

湿法炼锌的焙烧受到上述①和②两个矛盾制约，很难兼顾。往往采用较高的温度和适度的氧分压，朝着过程强化方向发展。

硫酸化焙烧产物：氧化锌、碱式硫酸锌、硫酸锌和铁酸锌混合物。

10.2.3.3　硫化锌精矿焙烧动力学

当然，精矿中某种金属硫化物氧化过程的反应方式和产物并不是一成不变的，它取决于金属元素的性质和焙烧过程中的具体条件。因此，锌精矿中各种金属硫化物焙烧的主要产物是 MeO、$MeSO_4$ 以及 SO_2、SO_3、O_2 等，此外还可能有 $MeO \cdot Fe_2O_3$、$MeO \cdot SiO_2$ 等。究竟焙烧过程按哪种反应进行，各反应的反应速率如何，焙烧的最终产物是什么，这些问题在焙烧条件一定时，可由热力学分析和动力学研究解决。

这些反应中，最主要的是金属硫化物的氧化。以 ZnS 的氧化为例：

$$2ZnS_{(s)} + 3O_{2(g)} \Longrightarrow 2ZnO_{(s)} + SO_{2(g)}$$

这是一个有气相和固相参与的多相反应。任何气（液）固多相反应过程都可以分为若干阶段，其反应步骤是：①气流中的氧分子扩散至硫化物表面；②氧分子在固体表面上吸附；③在固体表面上进行化学反应；④反应的气体产物从固相表面解吸；⑤气体产物从固相表面向气流中扩散。

ZnS 氧化动力学见图 10-5，由图 ZnS 氧化焙烧速度的控制环节可解析如下：

① 硫化锌焙烧动力学特征在高温和低温区有显著变化；

② 随着温度的升高，硫化锌氧化为氧化锌的过程，由受化学反应的限制阶段转变为受扩散限制的阶段，温度波动在 650～800℃。

③ 实践中，焙烧温度一般控制在 850～1100℃，超过转变温度，因此温度对反应速度的影响已不是决定性因素。

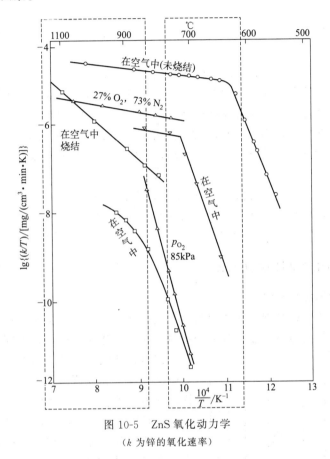

图 10-5　ZnS 氧化动力学

(k 为锌的氧化速率)

在氧化开始时，O_2 与 ZnS 接触良好，所以氧化反应迅速进行，而在颗粒表面生成 ZnO。但随着氧化的继续进行，颗粒表面生成较厚的 ZnO 层和 SO_2、SO_3 气膜。这样就妨碍了 O_2 向 ZnS 表面的扩散和 SO_2、SO_3 向炉气流的扩散，这时扩散速度对氧化反应就起着限制作用。

0.92mm 硫化锌粒子在 900℃的氧化速度比 800℃快 5 倍。这是因为硫化锌蒸发后以气态发生氧化反应。因此，氧化焙烧应在最大允许的温度下进行，但温度升高也受精矿的熔结性限制，严重时会造成流化床结死而被迫停炉。适宜的温度由焙烧制度、物料特性及冶炼设备等确定。

由冶金热力学和动力学原理可知，在硫化精矿氧化过程中，影响化学反应速度和扩散速度的因素，除了精矿本身外，还有反应表面积、温度、空气中氧的分压、气流特性（气膜厚度）等。

① 提高温度，一方面使 O_2 分子运动速度加快，使氧本身成为活化分子；另一方面能提

高扩散速度。所以提高温度可以加快反应速度，缩短焙烧时间，强化生产过程。但是温度不能过分提高，否则会引起炉料熔化。

② 气流特性对反应速度影响很大。气流速度愈大，气体紊流程度也愈大，固体颗粒表面的气膜就愈薄，因而 O_2、SO_2 和 SO_3 较易扩散，这就加速了反应过程。但气流速度过大，会导致烟尘率升高。解决这个矛盾的办法，就是制粒焙烧。精矿制粒焙烧可提高生产率并减少烟尘率。产出的焙砂粒子很适合于电炉熔炼，但对于目前大型湿法炼锌厂而言优点并不明显。

③ 气流中的含氧量，与反应速度成正比，因此富氧焙烧是提高焙砂质量和产量的有效措施。

④ 精矿本身的特性，直接影响焙烧速度。精矿粒度小，相对表面积就大，氧分子与 ZnS 表面碰撞的机会就多，反应速度快。粒度小，颗粒表面的 ZnO 层就薄，空气中的氧就容易向颗粒内部扩散，使之与 ZnS 碰撞，同时使内部的 SO_2、SO_3 易于向气流扩散，这将加速反应过程。由此可见，精矿的粒度愈细愈有利于焙烧反应的加速进行。但是粒度不能过细，否则，不仅烟尘率会大大增加，而且很多细小的 ZnS 未来得及氧化就被带到烟尘中，降低烟尘的质量。

⑤ 如果精矿品位较低，那就意味着有较多的杂质（如 SiO_2、$CaCO_3$ 等）与 ZnS 结合在一起，这些杂质不仅减小了 ZnS 与 O_2 的接触面，也增加了 O_2 内扩散的途径，所以不利于反应的进行。这是工厂限制入炉精矿品位的原因之一。

10.2.4 沸腾焙烧理论及工艺

10.2.4.1 固体沸腾理论
沸腾焙烧技术的理论基础是固体沸腾。所谓"固体沸腾"，是指固体物料粒子被自下而上的空气抬起，料粒在容器内互相分离处于悬浮状态，作往复运动，如同水的沸腾。

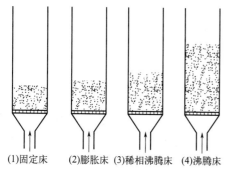

(1)固定床　(2)膨胀床　(3)稀相沸腾床　(4)沸腾床
图 10-6　风速对炉料层状态的影响

如果在玻璃管内装有固体粒子，管底有孔眼，当由下面经管底孔眼吹风时，随着气流速度不同，管内固体粒子呈图 10-6 所示各种状态。

这是因为增大气流速度可以使料粒的运动速度加剧，彼此分离更远，亦即体积增大更多，密度更小，沸腾层孔隙度相应更大。如锌精矿沸腾焙烧炉，沸腾层的料层孔隙度为 0.6～0.75。

生产实践及理论研究都表明，影响沸腾情况好坏的因素有：物料的粒度组成、物料粒子的尺寸、空气直线速度、沸腾层的高度、空气分布板结构等。

(1) 物料的粒度组成

小颗粒物料的开始沸腾速度及极限沸腾速度均较小，在同一操作速度下翻动较为强烈，又由于在小颗粒向上运动的过程中可能受到的阻力小，故层内细小颗粒部分多集中在上部，颗粒较大的部分多集中在下部，使沸腾层上部的孔隙度大于下部的孔隙度，影响沸腾层的均匀性。当操作速度等于其开始沸腾速度的颗粒，其相应直径大小称为临界粒度（$d_{临}$），操作速度等于其极限沸腾速度的颗粒，其相应直径大小称为极限粒度（$d_{限}$）。显然大于 $d_{临}$ 的料粒将停留于分布板上不被沸腾，小于 $d_{限}$ 的料粒将被气流吹走而形成烟尘。因此，要进行严格分级，保持物料粒度在 $d_{限}<d<d_{临}$ 范围内。

工业生产中，原料的粒度和重度不可能绝对均一，因此，部分物料被气流带走也是不可避免的，有时带走的物料达 50% 左右，这是沸腾焙烧的严重缺点之一。

(2) 物料粒子的尺寸

物料粒子愈大，沸腾层的有效黏度也愈大，将破坏沸腾层的均匀性。在其中加入少量（10%～30%）的细料能有效降低黏度，这是因为细粒物料作为减小粗粒物料间阻力的"润滑剂"，可使其有效黏度降低，有利于改善沸腾层的均匀性。细粒加入量在 30% 以内影响显著，超过 30% 则不甚显著。

(3) 空气直线速度

空气直线速度（即操作速度）对沸腾效果影响较大。在选择操作速度时，不仅要保证均匀稳定沸腾，还要考虑烟气中 SO_2 的浓度、炉内温度等。操作速度低有利于降低烟尘率及提高烟气的 SO_2 浓度，但操作速度过低时，则沸腾炉的生产能力亦低。操作速度增加，可提高沸腾炉的生产能力，但操作速度过大，会使烟尘量增大，并使焙烧产品质量降低。对硫化锌精矿而言，采用直筒型炉子，其操作速度一般为 0.4～0.65m/s，而采用向上扩大型炉子，则操作速度可取 0.6～1.1m/s。

全面考虑沸腾炉的产量与产品质量的关系后，选定操作速度，并根据炉床面积及焙烧温度即可确定沸腾炉的鼓风量，见式(10-16)。

$$V_0=V_{操}\times F/(1+\beta t) \tag{10-16}$$

式中，V_0 为标准状态下的空气量，Nm^3/s；$V_{操}$ 为操作速度，m/s；F 为沸腾炉的炉床面积，m^2；β 为膨胀系数，1/273；t 为焙烧温度，℃。

(4) 沸腾层的高度

在生产过程中需要有足够的热稳定性，以保证加料波动时的温度大体稳定，短期停风后继续开炉不需要重新点火。沸腾层的高度对沸腾层的均匀稳定性影响较大。一般沸腾层的高度必须保证物料在沸腾层内停留足够长的时间，以完成所规定的全部反应。对硫化锌精矿沸腾焙烧而言，一般为 0.8～1.2m。

10.2.4.2 锌精矿焙烧设备

早期沸腾焙烧使用反射炉、多膛焙烧炉、悬浮焙烧炉。

硫化锌精矿流态化沸腾焙烧的原则工艺流程见图 10-7。入厂的锌精矿先经过配料、干燥、破碎与筛分后，从加料前室的加料口均匀地加入前室，由于沸腾而产生的复杂运动进入炉膛进行焙烧，然后到达前室对面的排矿口自动排矿。排出的焙砂送至下一道冶炼工序。由于加矿和排矿是连续的，所以沸腾焙烧作业也是连续的。

图 10-8 为目前通用的鲁奇型沸腾焙烧炉结构图。沸腾焙烧炉主要包含风斗及空气分布板、沸腾层、扩大段、上部排气道及焙砂溢流口几部分。其主要的设备及结构参数如下。

① 流态化床面积的确定：床面积依据每日焙烧的干精矿量参照同类工厂先进的床能率选取。锌精矿流态化焙烧炉的床能率一般为 5～8t/(m²·d)，有些工厂可达 9～10t/(m² · d)；目前应用较普遍的沸腾焙烧炉床面积为 72m²、109m²，最大的为 152m²。

② 流化床层高度：为保证充分沸腾，流化床层高度一般选择 1m 左右。

③ 炉膛的有效高度：硫化床以上空间高度，溢流口下沿到排烟口中线之间的高度；为保证低烟尘率和高焙烧质量，炉膛的有效高度需要确保精矿在炉膛内停留 15～25s。

④ 鲁奇型炉上部结构采用扩大段，烟气流速减慢和烟尘率降低，延长烟气在炉内停留时间，烟尘得到充分的焙烧。上部炉膛直径与下部床层处直径之比为 1.4～1.6，炉腹角一

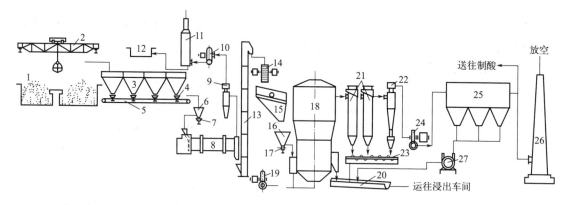

图 10-7　硫化锌精矿流态化沸腾焙烧流程图

1—精矿仓；2—抓斗起重机；3—配料仓；4—配料圆盘；5—带式输送机；6—料仓；7—加料圆盘；8—圆筒干燥机；
9—旋风收尘器；10—风机；11—水膜除尘器；12—沉淀池；13—斗式提升机；14—鼠笼破碎机；15　振动筛；
16—料仓；17—加料圆盘；18—流态化焙烧炉；19—风机；20—冲矿溜槽；21—废热锅炉；22—旋风收尘器；
23—螺旋输送器；24—排风机；25—电收尘器；26—烟囱；27—真空泵

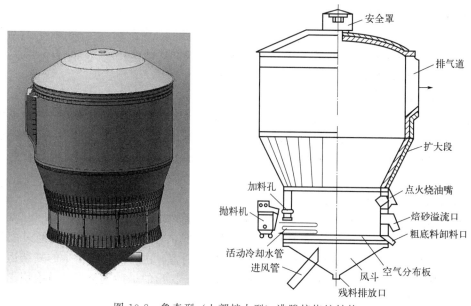

图 10-8　鲁奇型（上部扩大型）沸腾焙烧炉结构

般为 20°～30°。

⑤ 风斗、风帽及空气分布板：风帽可采用耐热钢制成，可做成伞形、蘑菇形等形状（见图 10-9），密集安装在空气分布板上，确保风斗内的空气经风帽进入沸腾床，又不会致精矿堵塞风口，为硫化矿流态化氧化焙烧提供足够的动力学条件。烟尘中的含硫量达到要求，提高了焙砂部分产出率，减小了收尘系统的负担，因此新建的流态化焙烧炉多采用鲁奇型炉。锌精矿流态化焙烧的脱硫率一般在 90％以上，有的已达 95％～96％，故焙砂中的硫含量很低，烟尘中硫含量则高一些。

10.2.4.3　锌精矿的成分及配料

硫化锌精矿主要化学成分一般为：Zn45％～60％，Fe5％～15％，S 的含量变化不大，为 30%～33%。典型硫化锌精矿成分见表 10-4。从表 10-4 可见，锌精矿的主要组分 Zn、Fe 和 S 占总量的 90%左右。硫化锌精矿的粒度细小，95%以上小于 40μm。堆密度为 1.7～2g/cm^3。选用沸腾焙烧炉作为锌精矿氧化焙烧脱硫设备，可充分利用精矿粒度小、比表面积大、活性高以及硫化物本身也是一种"燃料"特点。

沸腾焙烧要求炉料的主要成分及杂质的含量均匀、稳定。如果混合锌精矿成分波动太大，则对沸腾焙烧及下一步湿法处理带来操作困难，并影响中间产品质量。例如，锌品位低，不仅导致最终产量下降而且直接回收率低；含硫不稳定，沸腾焙烧炉内的温度难以控制；水分太高，加料困难，水分太低，沸腾焙烧炉炉顶温度升高，烟尘率亦相对增高；含铅过高，易在炉内及冷却烟道形成结块，恶化操作过程；含铁太高，在焙烧时生成的铁酸锌多，因其不溶于稀硫酸中，从而会降低锌的浸出率；含硅高时，在焙烧时生成硅酸盐，浸出时产生胶体二氧化硅，严重影响浸出矿浆的澄清及过滤；含砷、锑过高，将导致电积过程"烧板"现象。

图 10-9　流态化焙烧炉常用的风帽

表 10-4　典型硫化锌精矿成分

精矿来源	Zn	Pb	S	Fe	Cu	Cd	As	Sb	SiO$_2$	Ag/(g/t)
湖南某矿山	44.83%	0.98%	32.43%	15.60%	0.64%	0.20%	<0.2%	0.001%	1.32%	80
黑龙江某矿山	51.34%	0.88%	32.53%	11.48%	0.12%	0.02%	0.04%	0.02%	0.50%	85
广东某矿山	51.92%	1.40%	32.69%	7.03%	0.20%	0.14%	<0.20%	0.01%	3.88%	180
甘肃某矿山	55.00%	1.09%	30.35%	4.40%	0.04%	0.12%	0.01%	0.011%	3.05%	33

锌精矿的配料通常采用圆盘配料及堆式配料两种方法。

① 圆盘配料法　将各种成分不同的精矿分别加入圆盘给料机上的料仓中，根据确定的配料比例，调节圆盘给料机的出口闸门，这样来实现所要求的配料比例。为了保证配料准确，需经常用皮带小磅秤进行测定。

② 切割法堆式配料法　根据配料计算所确定的配料比例，用吊车抓斗将各种矿按比例抓入配料仓内，将品位高低不同的精矿一层层地撒开铺在配料仓内，直到料仓堆满为止，每层料厚 100～150mm。使用时由一个方向从上到下切割到底，并以抓斗进行多次混合，以达到均匀稳定。

配料计算的步骤：

① 根据配料计算前所掌握的情况加以分析，并初步假设一个配料比例；

② 将假定的配料比例乘以精矿中所含某元素成分的质量百分数，就等于精矿中该元素的质量；

③ 将各种精矿中同一元素成分的质量相加，就得到混合锌精矿中该元素的总量；

④ 根据计算结果，与混合锌精矿的质量标准相比较，经校正达到要求的配料比例。

10.2.4.4　锌精矿的干燥

浮选所得的锌精矿一般含水量在 8%～15%，水分过高会使精矿成团而失去疏散性，焙烧不完全，易于堵死前室。有前室的小型沸腾炉炉料含水通常为 8%左右，用抛料机进料的大型沸腾炉炉料含水可高达12%。锌精矿太湿，焙烧所产出的炉气含水蒸气亦高，水蒸气与炉气中的SO_3结合生成酸雾，会腐蚀管道及收尘设备。实践证明，硫酸化焙烧的炉料根据沸腾炉的型式和容积含水通常在8%～12%。

锌精矿干燥的方法主要有气流干燥法和回转窑干燥法。

(1) 气流干燥法

气流干燥又称瞬时干燥。这种方法系热气流与被干燥物料直接接触，并使被干燥物料呈均匀、分散、悬浮状态，湿物料中的水分在热气流作用下蒸发。气流干燥法设备与铜闪速熔炼精矿干燥设备类似。配好的炉料由热风载入气流干燥系统，气流干燥管内物料与热气流接触，水分汽化脱除，然后在沉降室、旋涡收尘器和布袋收尘器收集，并收入料仓中。该法可利用生产过程的废气、废热等对精矿进行预热，干燥速度快，强度大，能实现自动化连续生产。

(2) 回转窑干燥法

回转窑干燥是将物料均匀地加到回转窑内并通入热气流，被干燥物料与热气流接触，使湿物料中的水分汽化除去。干燥所用回转窑又叫圆筒式干燥窑。窑身由钢板做成，窑内不衬耐火砖，直径一般为1.5～2.5m，长10～12m，窑身有3°～6°倾斜角，窑的内面设有纵向折料板，起扬料与卸料作用。干燥窑可采用顺流和逆流两种方式，干燥窑的加热燃料可用煤气、重油和粉煤等。在生产实践中干燥窑的干燥强度一般为40～80kg/（$m^2 \cdot h^2$）。

10.2.4.5　精矿中各组分的焙烧行为

锌精矿除含硫化锌外，常伴生有硫化铅、硫化铜、硫化镉、硫化银、二氧化硅等物质。在焙烧过程中能发生不同程度的氧化反应，形成各种盐类，如铁酸锌、硅酸锌、硅酸铅等。铁酸锌由于难溶于稀酸而造成锌的直收率降低，硅酸锌在浸出过程中产生胶体从而增加液固分离的难度，低熔点硅酸铅对焙烧过程也产生不良影响。下面分析各种硫化物在焙烧过程中的变化。

(1) 硫化锌

锌精矿中锌以闪锌矿（ZnS）或铁闪锌矿（nZnS・mFeS）形态存在，在焙烧的条件下其主要反应见式(10-6)、式(10-8)、式(10-10)、式(10-15)和式(10-17)。

$$3ZnSO_4 + ZnS = 4ZnO + 4SO_2 \tag{10-17}$$
$$ZnO + SO_3 = ZnSO_4 \tag{10-18}$$

焙烧开始时按式(10-8)、式(10-10)、式(10-17)进行，反应产生的二氧化硫在有氧气存在的条件下，继续氧化成三氧化硫，即按式(10-15)进行。式(10-15)反应为可逆反应，在温度低于500℃时反应向右进行，温度高于600℃时反应向左进行，故沸腾焙烧过程中焙烧温度均在850℃以上，实际上气相中的SO_3是很少的。式(10-18)表明，当气相中有SO_3存在时，氧化锌才生成硫酸锌，而硫酸锌在高温时又分解为氧化锌和三氧化硫，温度在800℃以上时分解十分剧烈。硫酸锌生成的条件及数量，取决于焙烧温度及气相成分，即温度低、SO_3浓度高时，形成的硫酸锌就多，当温度高、SO_3浓度低时，硫酸锌发生分解，趋向于形成氧化锌。

总之，硫化锌在850～900℃的温度下进行焙烧，大部分生成氧化锌（ZnO）和少量的硫酸锌（$ZnSO_4$）、硅酸锌（$ZnO \cdot SiO_2$）、铁酸锌（$ZnO \cdot Fe_2O_3$），还有少量的硫化锌未被氧化。

(2) 硫化铅

硫化铅（PbS）又叫方铅矿，硫化铅在焙烧过程中的行为与硫化锌相似，多数生成氧化铅（PbO），只有极少量生成硫酸铅及低熔点共晶化合物，在焙烧时生成$PbSO_4$或PbO。所形成的硫酸铅在 800℃ 以上时大量分解为氧化铅。硫化铅的熔点约为 1120℃，熔化后具有很好的流动性。硫化铅在 600℃ 时开始挥发，800℃ 时大量挥发，挥发到炉气管道中时又被氧化成氧化铅。而氧化铅要在 900℃ 时才大量挥发，所以硫酸化焙烧脱铅率低。氧化铅能与许多金属氧化物形成低熔点共晶化合物，如硅酸铅（$PbO \cdot SiO_2$）、铁酸铅（$PbO \cdot Fe_2O_3$）、铅酸钙（$CaO \cdot PbO_6$）、铅酸镁（$MgPbO_6$），这些低熔点共晶化合物在 800℃ 时就开始熔化，严重时引起炉料在沸腾炉中结块和在烟道中结块的现象，从而使焙烧脱硫不完全，因此要求配料时混合锌精矿含铅不超过 2%。

（3）硫化铜

铜在锌精矿中主要以辉铜矿（Cu_2S）、黄铜矿（$CuFeS_2$）、铜蓝（CuS）等形态存在。硫化铜熔点很高（1805~1900℃），在低温下（550℃）氧化成 CuO 和 $CuSO_4$；所形成的硫酸铜，当温度高于 700℃ 时会发生分解；硫化铜在焙烧温度下按式(10-19)~式(10-22)进行氧化反应。

$$2Cu_2S + 3O_2 \Longrightarrow 2Cu_2O + 2SO_2 \tag{10-19}$$
$$Cu_2S + 2O_2 \Longrightarrow 2CuO + SO_2 \tag{10-20}$$
$$4CuS + 5O_2 \Longrightarrow 2Cu_2O + 4SO_2 \tag{10-21}$$
$$6CuFeS_2 + 35/2O_2 \Longrightarrow 3Cu_2O + 2Fe_3O_4 + 12SO_2 \tag{10-22}$$

由此可见，铜的化合物在焙烧过程中的产物，主要是氧化铜（CuO）和氧化亚铜（Cu_2O），还有少量的硫酸铜（$CuSO_4$）、铁酸铜（$CuO \cdot Fe_2O_3$）及硅酸铜（$CuO \cdot SiO_3$）。

（4）硫化镉

镉在锌精矿中以硫化镉（CdS）形态存在，并往往与铅、镁共生。硫化镉的挥发温度为 980℃，高温焙烧时挥发，并在烟道中氧化成氧化镉（CdO），所以在 1050~1100℃ 的温度下进行高温氧化焙烧时，95% 以上的镉挥发并氧化成 CdO 进入烟气，镉富集在烟尘中，可作为提镉的原料。而在 850~900℃ 下进行硫酸化焙烧时，硫化镉氧化成 CdO 和 $CdSO_4$。$CdSO_4$ 是十分稳定的化合物，只有在高于 1000℃ 时才分解为 CdO 和 SO_3，而 CdO 要在 1000℃ 以上时才能挥发。所以在 850~900℃ 焙烧过程中，CdO 及 $CdSO_4$ 几乎不挥发而留在焙砂中，它们在浸出时与 ZnO 一起进入硫酸溶液，通过溶液净化得到富集的铜镉渣，将其作为提镉的原料。

（5）砷、锑硫化物

砷在锌精矿中以毒砂（FeAsS）或硫化砷（As_2S_3）形态存在，锑以辉锑矿（Sb_2S_3）形态存在，砷、锑化合物在 600℃ 时显著离解，在氧化中易氧化成 As_2O_3 和 Sb_2O_3，砷、锑的三氧化物极易挥发，但在温度高、空气过剩充足的情况下氧化成 As_2O_5 和 Sb_2O_5。砷、锑的五氧化物是很难挥发的物质，在有氧化铅、氧化铁存在的情况下易生成砷、锑酸盐 [$Pb_3(AsO_4)_2$、$Fe_3(AsO_4)_2$、$Pb_3(SbO_4)_2$ 和 $Fe_3(SbO_4)_2$]，其很难除去。湿法炼锌过程中当原料含 As、Sb 过高时，As、Sb 进入电积液中使电积过程产生"烧板"。故在焙烧时，要求控制较低的温度和较少的过剩空气量，尽可能使 As、Sb 以挥发性氧化物进入烟气。在烟气收尘中，这些砷、锑氧化物大部分被收集在烟尘中。

（6）硫化银

银在锌精矿中以辉银矿（Ag_2S）形态存在，它在 605℃ 时着火，生成 Ag_2SO_4 或 Ag_2O。生成的氧化银（Ag_2O）是一种极不稳定的化合物，易发生分解生成 Ag。生成的硫酸银在 650℃ 左右时是稳定的，但在锌焙烧温度（850~900℃）时易分解产出 Ag。总之，硫化银在焙烧过程中，大部分生成金属银和硫酸银，同时由于氧化不完全，焙砂中仍有少部分的硫化银存在。

(7) 铟、锗硫化物或复合物

铟、锗在锌精矿中以硫化物或复合物形态存在，当焙烧温度在 $800\sim1100℃$ 时变为氧化物，因为它难溶于稀硫酸，所以大部分留在浸出渣中，在处理浸出渣的过程中加以回收。

(8) 硫化铁

铁在锌精矿中一般以黄铁矿（FeS_2）、磁黄铁矿（Fe_2S）或铁闪锌矿（$nZnS·mFeS$）形态存在。铁的硫化物在焙烧温度 $800\sim1100℃$ 时氧化，得到大部分的 Fe_2O_3 或 Fe_3O_4。由于氧化亚铁易氧化成高价铁，同时硫酸铁 $Fe_2(SO_4)_3$ 也极易分解，所以 FeO 及 $Fe_2(SO_4)_3$ 在焙烧产物中是少量的。另外在焙砂中还有少量未氧化的 FeS 及 FeS_2 存在。

当焙烧温度高于 $650℃$ 时，氧化锌与氧化铁生成铁酸锌（$ZnO·Fe_2O_3$），铁酸锌是一种很难溶于稀硫酸的物质，使锌的浸出率降低。所以锌精矿配料时，要求铁质量分数一般不超过 8%。为了减少铁酸锌的生成，在焙烧中可采取加速焙烧作业，以减少在焙烧温度下氧化锌与氧化铁的接触时间。适当增大炉料的颗粒，缩小其接触面积，也可以减少铁酸锌的生成。

在锌精矿中常含有大量的二氧化硅（SiO_2），有时高达 6% 以上。在焙烧过程中它们与金属氧化物（ZnO、FeO、PbO、CaO 等）接触时生成低熔点硅酸锌及其他硅酸盐。所形成的硅酸盐，特别是硅酸铅（$PbO·SiO_2$，熔点 $726℃$），能使炉料软化点降低，促使焙砂结块，阻碍焙烧的正常进行。硅酸锌及其他硅酸盐虽然能溶解于稀硫酸中，但此时生成的二氧化硅呈胶体状态进入溶液，造成浸出、澄清、过滤困难，所以在混合锌精矿中严格控制 SiO_2 的质量分数不超过 5%。

10.3 锌焙砂浸出

10.3.1 浸出工艺及流程

浸出过程是以稀硫酸溶液（废电解液）作溶剂，将含锌原料中的锌等有价金属溶解。在浸出过程中，除锌进入溶液外，铁、铜、镉、钴、镍、砷、锑及稀有金属等杂质也不同程度地溶解。这些杂质会对电积产生不良影响，必须净化除去。在浸出过程中应尽量在浸出终了阶段利用水解沉淀方法将部分杂质（如铁、砷、锑等）除去，以减轻溶液净化的负担。

浸出使用的原料主要有锌焙砂、氧化锌粉与含锌烟尘以及氧化锌矿等。其中，锌焙砂由 ZnO 和其他金属氧化物、脉石等组成，是浸出主要原料。锌焙砂的化学成分和物相组成对浸出液的质量及金属回收率均有很大影响。湿法炼锌的技术经济指标，在很大程度上取决于浸出所选工艺和所控制的技术条件。

湿法炼锌根据原料浸出不同可分为：

① 标准法常规浸出（中浸、酸二级浸出、浸出渣回转窑处理）；

② 热酸浸出（中浸、低浸、高浸、沉矾）；

③ 硫化锌高压富氧直接浸出。

为了达到上述目的，大多数湿法炼锌厂都采用连续多段浸出流程，即第一段为中性浸出，第二段为酸性或热酸浸出。通常将锌焙砂采用第一段中性浸出、第二段酸性浸出、酸浸渣用火法处理的工艺流程称为常规浸出流程，其典型工艺原则流程见图 10-10。

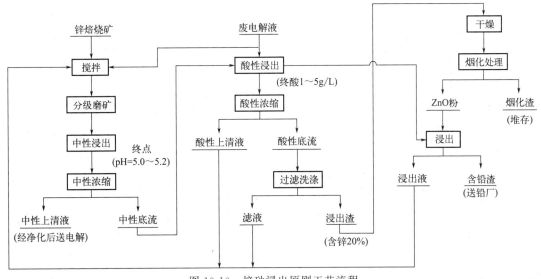

图 10-10　焙砂浸出原则工艺流程

（1）常规浸出流程

将锌焙砂与废电解液混合经湿法球磨后，加入中性浸出槽中，控制浸出过程终点溶液的 pH 值为 5.0～5.2。在此阶段，焙砂中的 ZnO 只有一部分溶解。有大量过剩锌焙砂存在，以保证浸出过程迅速达到终点。这样，即使那些在酸性浸出过程中溶解了的杂质（主要是 Fe、As、Sb）也将发生中和沉淀反应，不至于进入溶液中。因此中性浸出的目的，除了使部分锌溶解外，就是保证锌与其他杂质很好地实现分离。由于中性浸出过程加入了过剩焙砂矿，许多锌没有溶解而进入渣中，故中性浸出的浓缩底流还必须再进行酸性浸出。

（2）酸性浸出

酸性浸出的目的是尽量保证焙砂中的锌完全溶解，同时也要避免大量杂质溶解。所以终点酸度一般控制在 1～5g/L。虽然经过了上述两次浸出过程，所得的浸出渣含锌仍有 20％左右。这是由于锌焙砂中有部分锌以铁酸锌（ZnFe$_2$O$_4$）的形态存在，也还有少量的锌以 ZnS 形态存在。这种形态的锌与其他不溶解的杂质一道进入渣中，一般用回转窑或者烟化炉将锌还原挥发出来与其他组分分离，然后将烟灰中收集到的粗 ZnO 粉进一步用湿法处理。

（3）热酸浸出

热酸浸出是在常规浸出的基础上，用高温（＞90℃）高酸浸出（浸出终点残酸一般大于 30g/L）代替酸性浸出，以湿法沉铁过程代替浸出渣的火法处理。可在中性浸出后对浓泥加一个预中和处理，预中和相当于低酸浸出，因此流程可视作中浸→低酸浸出→热酸浸出 3 段。预中和不同于低酸浸出之处在于新加焙砂中和，为沉矾除铁做准备。

热酸浸出过程的高温高酸条件，可将常规浸出中未被溶解进入浸出渣中的铁酸锌和 ZnS 等溶解，从而提高锌的浸出率，浸出渣量减少，使残渣中铅和贵金属得到富集。热酸浸出流程见图 10-11。

10.3.2　铁酸锌的溶解与中性浸出过程的沉铁反应

常规法中性与酸性浸出工艺得到的浸出渣仍含 20％～22％的锌，当处理含铁高的精矿时，渣含锌量还会更高。这种浸出渣以前都是经过火法过程将锌还原挥发出来，变成氧化锌粉再进行湿法处理。对于难溶 ZnO·Fe$_2$O$_3$ 的溶出，用近沸腾温度（95～100℃）和高酸

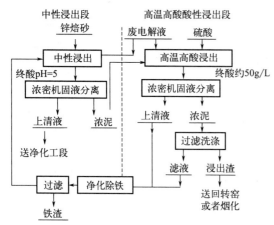

图 10-11　高温热酸浸出流程

（终酸 40～60g/L）的浸出条件以及较长的时间（3～4h），可使锌浸出率达到 99%。

（1）中性浸出中的化学变化

中性浸出实质上是焙砂氧化物的稀硫酸溶解和硫酸盐的水溶解过程。Zn、Fe、Cu、Cd、Co 和 Ni 的氧化物均能有效地溶解，而 CaO 和 PbO 则生成难溶的 $CaSO_4$ 和 $PbSO_4$ 沉淀。浸出过程主要包含锌的浸出分离、铁的氧化沉淀和砷、锑与铁共沉淀过程。

终点 pH 值控制在 5.5 以下，从而除去浸出液中的 Fe、As 和 Sb，如果高于此值，就会生成 $Zn(OH)_2$ 沉淀，降低锌的浸出率。这一点可从图 10-12 中可以看出。在中性浸出时，Zn、Cu、Cd、Co、Ni 和 Mn 溶解；Sn、Al 不溶；Fe^{2+} 进入溶液，Pb^{2+}、Fe^{3+} 沉淀。分离酸性溶液中的金属离子最简单的方法就是中和沉淀法。在中性浸出时 pH=5.0～5.2 时，Fe^{3+} 可完全除去，但 Fe^{2+} 除不去。需将溶液中的 Fe^{2+} 氧化成 Fe^{3+}，才能在终点 pH 值为 5 左右时以 $Fe(OH)_3$ 的形式从溶液中完全沉淀下来。实际生产中加软锰矿（MnO_2）或鼓入空气来氧化 Fe^{2+}。

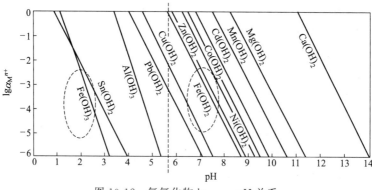

图 10-12　氢氧化物 $lg\alpha_{M^{n+}}$-pH 关系

氧化原理可用式(10-23)～式(10-26) 和图 10-13 来说明。

$$Fe^{3+} + e^- === Fe^{2+} \tag{10-23}$$

$$E_1 = 0.77 + 0.059 lg(\alpha_{Fe^{3+}}/\alpha_{Fe^{2+}})$$

$$MnO_2 + 4H^+ + 2e^- === Mn^{2+} + 2H_2O \tag{10-24}$$

$$E_2 = 1.23 - 0.12pH - 0.031 lg\alpha_{Mn^{2+}}$$

$$O_2 + 4H^+ + 4e^- === 2H_2O (p_{O_2} = 21.278kPa) \tag{10-25}$$

$$E_3 = 1.224 - 0.059pH$$

$$2Fe^{2+} + MnO_2 + 4H^+ === 2Fe^{3+} + Mn^{2+} + 2H_2O \tag{10-26}$$

$$E_4 = E_2 - E_1 = 0.46 - 0.12pH - 0.031 lg(\alpha_{Mn^{2+}} \times (\alpha_{Fe^{3+}}/\alpha_{Fe^{2+}})^2)$$

氧化取决于 E_2、E_3 与 E_1 的差值，pH 越小，差值越大。从图 10-13 中可见，为使溶液中 Fe^{2+} 氧化为 Fe^{3+}，必须将溶液的电势值提高到 0.8V 以上。MnO_2 和 O_2 均能将 Fe^{2+}

氧化为 Fe^{3+}，其氧化能力取决于 E_2、E_3 与 E_1 的差值大小。pH 值越小，其差值越大，MnO_2 的氧化能力越强。当 pH 值小于 0.5 时，MnO_2 的氧化能力大于空气的氧化能力。

软锰矿是锌溶液中 Fe^{2+} 的良好氧化剂。软锰矿中 MnO_2 质量分数可达 60% 以上，所含的杂质主要为氧化铁和二氧化硅，对湿法炼锌无大的影响。

中性浸出实际生产中，要先把 MnO_2 加入到矿浆中。中性浸出前期 $pH \approx 1$，$Mn^{2+} = 3 \sim 5g/L$，$\alpha_{Mn^{2+}} \approx 1.82 \times 10^{-2}$，代入，$\alpha_{Fe^{2+}}/\alpha_{Fe^{3+}} = 1.6 \times 10^{-5}$，即 Fe^{2+} 氧化很完全。从 Fe^{2+} 氧化为 Fe^{3+} 的反应速度，除了与 Fe^{2+} 本身的浓度有关以外，还与溶液中溶解氧浓度及溶液酸度有关。在温度为 $20 \sim 80℃$、pH 为

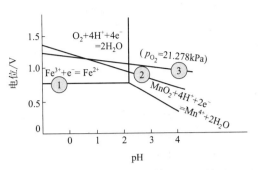

图 10-13　中性浸出中 Fe^{2+} 氧化 Fe^{3+} 的
电位-pH 值图

$0 \sim 2$ 的范围内，溶液中 O_2 浓度愈大，Fe^{2+} 的氧化反应速度便愈大。溶液的酸度愈低，即 pH 值愈大时，Fe^{2+} 的氧化速度越快。当 pH<1.9 时，溶液中的 Fe^{2+} 几乎不被空气中的 O_2 氧化。所以，若在用空气氧化 Fe^{2+} 的过程中，需加入焙砂进行预中和，以提高溶液的 pH 值。

（2）中性浸出液中 As、Sb、Ge 与铁共沉淀

用中和法沉淀铁时，浸出液中的 As、Sb、Ge 与铁共同沉淀，当浸出液中这三种杂质含量较高时，为了使它们能完全沉淀，必须保证浸出液中铁含量为 As 和 Sb 总量的 10 倍以上。溶液中铁含量不够时，应在配制中性浸出料液时加入 $FeSO_4$ 或 $Fe_2(SO_4)_3$，但铁的总浓度不应超过 $1g/L$。在 $Fe(OH)_3$ 胶体的絮凝过程中，具有很高的吸附能力，进入氢氧化铁胶粒吸附层的负离子将主要是 AsO_4^{3-}、SbO_4^{3-}，也会有少量的 SO_4^{2-} 和 OH^- 等。对于中性浸出，终点 pH 控制在 5.2 以上时，砷、锑将主要以配位离子 AsO_4^{3-}、SbO_4^{3-} 形式存在，它们在荷电方面却占有极大优势，故可以被氢氧化铁胶核吸附在表面层中，形成 $Fe_4O_5(OH)_5As$ 和 $Fe_4O_5(OH)_5Sb$ 共沉淀。

10.3.3　影响浸出反应速度的因素

用稀硫酸溶液浸出锌焙砂，是一个液-固多相反应过程，扩散速度是液-固多相反应速度的决定因素。而扩散速度又与扩散系数、扩散层厚度等一系列因素有关。

（1）浸出温度的影响

因扩散系数与浸出温度成正比，提高浸出温度就能增大扩散系数，可溶物在溶液中的溶解度增大，从而加快浸出速度；提高浸出温度还可降低浸出液黏度，利于物质扩散。通常锌焙砂浸出温度由 $40℃$ 升高到 $80℃$，溶解的锌量可增加 7.5%。

（2）矿浆搅拌强度的影响

提高矿浆搅拌强度，可以使扩散层的厚度减薄，从而加快浸出速度。然而，过高的搅拌强度会使流体达到极大的湍流，固体表面层的液体相对运动仍处于层流状态；扩散层饱和溶液与固体颗粒之间存在着一定的附着力，强烈搅拌，也不能完全消除这种附着力，因而也就不能完全消除扩散层。

（3）酸浓度的影响

浸出液中硫酸的浓度愈大，浸出速度愈大，金属回收率愈高。但过高硫酸浓度会引起常

规浸出中铁等杂质的浸出，进而会给矿浆的澄清与过滤带来困难，还会腐蚀设备，引起结晶析出，堵塞管道。

（4）焙砂本身性质的影响

焙砂中的锌含量愈高，可溶锌量愈高，浸出速度愈大，浸出率愈高；焙砂中 SiO_2 的可溶率愈高，则浸出速度愈低。焙砂粒的表面积愈大（包括粒度小、孔隙度大、表面粗糙等），浸出速度愈快。但是粒度也不能过细，因为这会导致浸出后液固分离困难，一般粒度以 $0.15\sim0.2mm$ 为宜。

（5）矿浆的黏度的影响

扩散系数与矿浆的黏度成反比，黏度增加会妨碍反应物和生成物分子或离子的扩散。影响矿浆黏度的因素除温度、化学组成和粒度外，还有浸出时矿浆液固比。矿浆液固比愈大，其黏度就愈小。

综上所述，影响浸出反应速度的因素互相联系、互相制约，不能只强调某一因素而忽视另一因素。要获得适当的浸出速度，必须全面分析各种影响因素，从技术上和经济上进行比较，确定最佳控制条件。

10.3.4 锌浸出主要设备

10.3.4.1 常用浸出设备

浸出槽分为空气搅拌槽和机械搅拌槽。空气搅拌槽是借助压缩空气来搅拌矿浆，机械搅拌是借助动力驱动螺旋桨来搅拌矿浆。浸出槽的容积一般为 $50\sim100m^3$，目前已趋向大型化，如 $120m^3$、$140m^3$、$190m^3$、$250m^3$ 和 $300m^3$ 都有工业应用。槽体一般用混凝土或钢板制成，内衬使用耐酸材料如铅皮、瓷砖、环氧玻璃钢等。空气搅拌槽如图 10-14 所示，机械搅拌槽如图 10-15 所示。

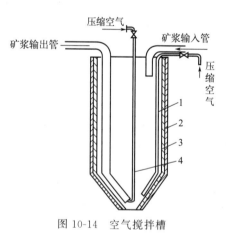
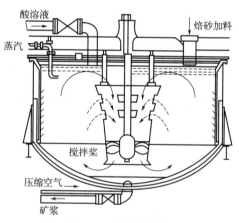

图 10-14 空气搅拌槽
1—搅拌风管；2—防腐衬里；3—混凝土槽；4—扬升器

图 10-15 机械搅拌槽

空气搅拌槽一般内径 4m，槽深 10.5m，槽底为锥形，并设有底阀作事故处理和捣槽、清槽之用。槽内装有两根压缩空气管通向锥底，通以 $0.13\sim0.16MPa$ 的压缩风，以使矿浆处于剧烈翻腾运动状态。另设置一根蒸汽管用以直接加热矿浆。矿浆输出靠槽内两个矿浆扬升器吹出，它是一根插入锥底的长管，操作时扬升风管送入压缩风，由于空气导入扬升器，借助压缩风的驱动，矿浆便沿着扬升器上升被导出槽外。

机械搅拌槽由搅拌装置、槽体、槽盖和桥架组成。搅拌器可设双层浆叶，使搅拌槽内固体颗粒在溶液中均匀悬浮，以加速固液间的传质过程。一般槽型选用立式圆筒形槽体，平底平盖，下部设置清渣入孔及放液口。浸出槽一般呈阶梯形配置，实现多槽串接，捣槽方便，堵槽少，动力消耗小，浸出渣含锌比空气搅拌槽低一个百分点，且现场环境较好，易于实现自动控制。

10.3.4.2　液固分离设备

湿法炼锌液固分离的设备有浓密机和各类过滤机。

浓密机又称浓缩槽。浓缩原理与分级沉降一样，借助固体颗粒的重力自然沉降。直径有9m、12m、18m、21m等不同型号。由槽体、耙子、桥架、传动装置和提升装置组成。槽体为钢筋混凝土内衬玻璃钢结构，在锥形槽底再砌一层耐酸瓷砖以保证其耐磨性和耐腐蚀性。耙子采用316L不锈钢，槽内中心悬有缓冲筒，起导流和缓冲作用。矿浆进入槽内由筒体下落至1m后才向四周流动，这样颗粒就在中心部分大量沉降，而筒体外的上清区则保持平静状态，更可保证上清质量。

浓密机内分为上清区、澄清区、浓泥区（见图10-16）。当矿浆进入浓密机后，固体粒子在重力的作用下开始下沉，大颗粒在锥形底部形成沉淀层，其上形成液固混合的悬浮层，再上是上清层。作业中，力求槽内上清区所占的体积愈大愈好，而浓泥区保持在最小的高度。

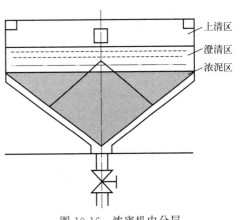

图10-16　浓密机内分层

影响浓缩澄清的因素很多，主要有矿浆的pH值、矿浆的化学成分、固体颗粒的粒度、液固比、凝聚剂用量以及排渣操作等。为了加快澄清速度，通常加入适量絮凝剂（一般为聚丙烯酰胺），以促进固体粒子相互聚集而形成絮凝团快速沉降。但凝聚剂也是一种透明胶体，不能过多，否则适得其反。

10.3.5　浸出的操作及技术条件

10.3.5.1　焙砂浸出流程

常规浸出工艺一般采用一段中性浸出、一段酸性浸出。经中性浸出和酸性浸出后的浸出渣含锌18%～22%，主要为$ZnFe_2O_4$和ZnS。热酸浸出的主要任务就是浸出铁酸锌中所含的锌，但同时大量的铁也会浸出来。为了将溶液中的铁除去，常采用沉铁法除铁。浸出工艺流程见图10-10和图10-11。

10.3.5.2　浸出过程的技术条件

为确保浸出矿浆的质量和提高锌的浸出率，一般来说，浸出过程技术条件主要取决于：中性浸出终点控制、浸出过程平衡控制和浸出技术条件控制。

中性浸出控制终点pH为4.8～5.4，使三价铁呈$Fe(OH)_3$水解沉淀，并与砷、锑、锗等杂质一起凝聚沉降，从而达到矿浆沉降速度快、溶液净化程度高的目的。浸出过程终点pH的控制可以通过pH自动控制系统来实现。

浸出过程的好坏与选用的技术条件密切相关。实践表明，只有正确选用操作技术条件，严格操作，精心控制，才能取得好的浸出效果。常规法浸出一般控制的浸出工艺条件如下。

（1）中性浸出的技术条件

浸出温度 60～75℃，浸出液固比（浸出液量与料量的质量比）（10～15）∶1，浸出始酸浓度 30～40g/L，浸出终点 pH 值 4.8～5.4，锰含量一般波动在 3～5g/L，浸出时间 1.5～2.5h。

（2）酸性浸出的技术条件

浸出温度 70～80℃，浸出液固比（7～9）∶1，始酸浓度 25～45g/L，浸出终点 pH 值 2.5～3.5，浸出时间 2～3h。

为了满足下一工序的要求，矿浆必须进行液固分离。一段中性浸出矿浆经中性浓缩液固分离后，中性上清液送净化，中性浓缩底流送酸性浸出，二段酸性浸出矿浆经酸性浓缩液固分离后，酸性上清液返回中性浸出，酸性底流过滤、干燥后送回转窑火法处理或高温高酸处理。

（3）高温高酸浸出技术条件

经中性浸出后渣中锌的主要形态为 $ZnFe_2O_4$(60％～90％) 和 ZnS(0～16％)。通常铁酸锌在 85～95℃高温下，硫酸浓度为 200g/L 时能有效浸出，浸出率达到 95％以上。热酸浸出分为一段和多段浸出。

一段热酸浸出的条件和技术指标：始酸 100～200g/L，终酸 30～60g/L；85～95℃反应 3～4h；液固比 6～10；

两段浸出：一般是在热酸浸出之后加一段超酸浸出，热酸浸出终酸 50～60g/L，温度 85～90℃；超酸浸出终酸为 100～125g/L，90℃反应 3h。

如采用加压浸出方法，在 200℃、101325～202650Pa、180g/L H_2SO_4 条件下，可使渣中锌降至 1.0％以下。

10.3.5.3　主要经济技术指标

锌浸出率：浸出率系焙砂经两段浸出后，浸入溶液中的锌量与焙砂中总锌量之比。当焙砂含锌量为 50％～55％、可溶锌率为 90％～92％时，锌浸出率为 80％～87％。一般连续浸出为 80％～82％，间断浸出为 86％～87％。一段高温高酸浸出锌的浸出率可以达到 97％，两段高温高酸浸出锌的总浸出率可以达到 99.5％。

浸出渣率：浸出渣率系焙砂经浸出、过滤干燥后的干渣量与焙砂量的百分比。当焙砂含锌为 50％～55％时，其相应的浸出渣率为 50％～55％。近几年来各厂浸出渣率一般约为 52％。

常规浸出渣含锌：全锌 18％～22％；酸溶锌 2.5％～7％；水溶锌 0.5％～5.5％。

10.3.6　热酸浸出后的沉铁工艺

热酸浸出时有 95％～96％锌被溶解出来，但同时也有 90％的铁被溶解出来。如用通常的水解法沉铁，由于有大量的胶状铁质生成，难以进行沉淀过滤。除铁的方法可以采用铁矾法、针铁矿法、赤铁矿法。Fe^{3+} 的沉淀过程受温度的影响，低温下，控制一定的 pH 可生成 $Fe(OH)_3$ 沉淀；当温度升高到 90℃以上时，控制一定 pH 值可生成 FeOOH（针铁矿），当升高到 150℃时，可生成 Fe_2O_3（赤铁矿）。这一点从图 10-17 中可以看出。

在 90～95℃，Fe^{3+} 浓度对沉淀结晶形态有很大影响。Fe^{3+} 浓度<2g/L，溶液 pH 控制在 3～4，形成 α-FeOOH（α-针铁矿），Fe^{3+} 浓度为 4～12g/L，生成 $Fe_2(SO_4)_3 \cdot 5Fe_2O_3 \cdot 15H_2O$，$Fe^{3+}$ 浓度为 12～100g/L，生成 $4Fe_2(SO_4)_3 \cdot 5Fe_2O_3 \cdot 27H_2O$（草黄铁矾）。

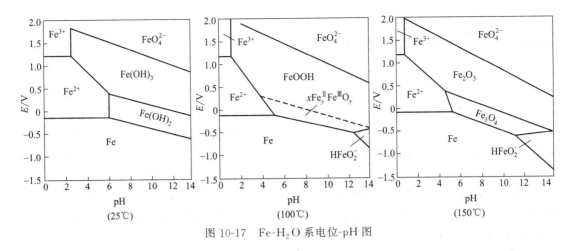

图 10-17 Fe-H_2O 系电位-pH 图

针铁矿法：实际的热酸浸出液中 Fe^{3+} 浓度为 20g/L 以上，有的高达 30～40g/L，显然不能直接沉针铁矿。可以用 ZnS 还原 Fe^{3+} 的方法，使 Fe^{3+} 浓度＜2g/L，这时开始鼓入空气，不断氧化 Fe^{2+} 为 Fe^{3+}，同时控制 pH 在 3～4，就可连续生成针铁矿。生成针铁矿速度足以保证 Fe^{3+} 的浓度一直小于 2g/L。

赤铁矿法：当沉铁温度 150℃、1823.85～2026.5kPa 压力下、在高压釜中反应 3h，沉铁后溶液中含铁 1～2g/L，沉铁率达 90%。温度越高越有利于赤铁矿的生成，产物可作为炼铁原料，可从渣中回收 Ga 和 In。

黄钾（铵/钠）铁矾法：铁含量高时，当溶液中有碱金属硫酸盐存在时，在 pH1.5±、温度为 90℃ 以上时，会生成一种过滤性十分良好的碱式复盐结晶沉淀。经 X 射线衍射分析，此种结晶与天然的黄钾铁矾结构非常相似，所以把这种复式盐通称为黄钾（铵/钠）铁矾结晶。沉矾终了的酸度为 5g/L，Fe 浓度＜1g/L。

生成黄钾铁矾结晶的反应为：$3Fe_2(SO_4)_3 + 2(A)OH + 10H_2O = 2(A)Fe_3(SO_4)_2(OH)_6 + 5H_2SO_4$

式中，A 为 K^+、Na^+、NH_4^+、Ag^+、Rb^+、H_3O^+ 和 $1/2Pb^{2+}$。这几种碱金属离子中 K^+ 的作用最佳，Na^+、Rb^+ 稍差。溶液中的一部分 Fe^{2+} 需氧化成 Fe^{3+}，氧化剂可用 MnO_2。

10.3.7 常规浸出后浸出渣的火法处理

经常规法浸出后的浸出渣一般还含有 18%～26% 的锌及其他有价金属，主要为硫化锌和铁酸锌，一般浸出条件下不溶于稀硫酸溶液，因此，浸出渣还必须进一步处理，以回收其中的锌及有价金属。火法处理是将浸出渣与焦粉相混合，用回转窑或者烟化炉处理，将渣中的锌、铅、镉还原挥发出来，烟气经沉降、冷却、袋式收尘，最终得到含铅氧化锌粉。湿法处理是将浸出渣通过高温高酸浸出，使渣中的铁酸锌等溶解，然后用不同方法使已浸出的铁生成易于过滤的沉淀物而除去。

综上，火法和湿法浸出渣各有优点和不足。火法处理锌金属总回收率较高，流程简单，但其能耗大，贵金属难以回收。热酸浸出处理明显地提高了锌、铜、镉等有价金属的浸出率，渣率低，并富集了铅及贵金属，有利于贵金属的回收。但热酸浸出会使大量铁溶解，需要沉铁过程，也会产生大量沉铁渣利用问题。

10.4 硫酸锌溶液的净化

在浸出过程中，进入溶液的大部分金属杂质随着浸出时的中和水解作用而从溶液中除去，但仍有一部分杂质残留在溶液中，主要是铜、镉、钴，还有少量的铁、砷、锑等，表 10-5 列出了中性浸出液的成分范围及平均含量。这些杂质的存在会对锌电解沉积过程造成极大的危害，因此，中性浸出液要进行净化。中性浸出得到的硫酸锌溶液中的杂质分为三类。第一类包括铁、砷、锑、锗、铝、硅酸。这类杂质在中性浸出过程中，控制好矿浆的 pH 值即可大部分除去。第二类包括铜、镉、钴、镍。这类杂质则需向溶液中加入锌粉并分别加入 Sb 盐、As 盐、Sn 盐等有关添加剂使之发生置换反应沉淀除去，或者向溶液中加入特殊试剂使之生成难溶性化合物沉淀除去。第三类杂质则包括氟、氯、镁、钙等的离子成分。对于这一类杂质则需分别采用不同的净化方法使之除去。

表 10-5　中性浸出液的成分范围及平均浓度　　　　　单位：g/L

工厂	Zn	Cu	Cd	Ni	Co	Sb	Fe	Cl
国外某厂	160	0.327	0.275	0.002～0.003	0.009～0.011	0.0006	0.016	0.05～0.10
株洲冶炼厂	137～170	0.15～0.4	0.6～1.2	0.0008～0.0012	0.0008～0.0025	≤0.0005	0.02	≤0.010
会泽铅锌冶炼厂	110～130	0.10～0.5	0.8～1.0	0.002	0.0004	≤0.0003	0.015	≤0.2
祥云飞龙公司	130～140	0.82	1.05	0.0008	0.008～0.0011	0.0003	0.008	0.10

净化的目的是将中性浸出液中的铜、镉、钴、镍、砷、锑等杂质除至电积过程的允许含量范围之内，确保电积过程的正常进行并生产出较高等级的锌片。同时，通过净化过程的富集作用，使原料中的有价伴生元素，如铜、镉、钴、铟、铊等得到富集，便于从净化渣中进一步回收有价金属成分。

10.4.1 置换法除铜、镉原理

除铜、镉的净化方法按其净化原理可分为两类：①加锌粉置换除铜、镉，或在有其他添加剂存在时，加锌粉置换除铜、镉的同时除镍、钴，根据添加剂成分的不同该类方法又可分为锌粉-砷盐法、锌粉-锑盐法、合金锌粉法等净化方法；②加有机试剂形成难溶化合物除钴，如黄药净化法和亚硝基 β-萘酚净化法。

（1）加锌除铜、镉原理

在金属盐水溶液中，用一种较负电性的金属取代另一种较正电性金属的过程叫作置换。例如用锌粉置换浸出液中的铜、镉、钴（用 Me 代），其反应为：

$$Zn + MeSO_4 \Longrightarrow ZnSO_4 + Me^{2+} \tag{10-27}$$

从热力学的角度，任何金属均可能按其在电位中的顺序被更负电性金属从溶液中置换出来。

由于锌的标准电位较负，即锌的金属活性较强，它能够从硫酸锌溶液中置换出大部分较正电性的金属杂质，且由于置换反应的产物 Zn^{2+} 进入溶液而不会造成二次污染，故所有湿法炼锌工厂都选择锌粉作为置换剂。金属锌粉加入溶液中便会与较正电性的金属离子如 Cu^{2+}、Cd^{2+} 等发生置换反应。在溶液中的铜、镉、钴离子在锌粉表面析出后作为阴极，锌作为阳极，形成 Cu-Zn、Cd-Zn、Cd-Zn 微电池，锌溶解，铜、镉、钴析出。

浸出液一般含锌 150g/L 左右，锌平衡电位为 $-0.752V$。因 Cu、Cd、Co、Ni 四种金属的标准电极电位都较锌正，但由于铜电位较锌电位正得多，所以更容易被置换出来。置换反应可以一直进行到 Cu、Cd、Co、Ni 等杂质离子的平衡电位达到 $-0.752V$ 时为止。从热力学上，钴平衡电位比镉平衡电位相对较正，应当优先于镉被置换，但由于 Co^{2+} 还原析出超电压较高的缘故，实际上 Co 难以被锌粉置换除去，需要通过采取其他措施除钴。在生产实践中，如果净液中其他杂质成分能满足电积要求，那么 Cu^{2+} 则完全能够达到新液质量标准。

一般要求锌粉的粒度为 $0.125 \sim 0.149mm$（$100 \sim 120$ 目），温度 $60^{\circ}C$ 左右，浸出液含锌量在 $150 \sim 180g/L$ 为宜，酸化 pH 值为 $3.5 \sim 4.0$，酸度过高则会增加锌粉耗量。锌粉置换除铜、镉时的搅拌方式应采用机械搅拌，若采用空气搅拌则会使锌粉表面氧化而出现钝化现象，另外，空气中的氧也会使已置换析出的铜、镉发生复溶。

(2) 镉复溶及避免镉复溶的措施

镉复溶与温度有很大关系，故须控制操作温度在 $60^{\circ}C$ 左右。实践表明，镉复溶还与时间、渣量以及溶液成分等因素有关。其中铜、镉渣与溶液接触时间长短对镉的复溶影响较大，故净化结束后应快速固液分离；溶液中铜、镉渣的渣量也对镉复溶影响很大，渣量越多则镉复溶越厉害，故应定期清理槽罐，缩短放渣周期。溶液中杂质 As、Sb 的存在，不仅增加锌粉单耗，也促使镉复溶。因此中性浸出时应尽可能将这些杂质除去。此外，还需要控制浸液中 Cu^{2+} 浓度在 $0.2 \sim 0.3g/L$ 为宜。

10.4.2 硫酸锌溶液中其他杂质的净化

中性浸出液中的氟、氯、钾、钠、钙、镁等离子含量如超过允许范围，也会对电解过程造成不利影响，可采用不同的净化方法降低它们的含量。

溶液中氯离子会腐蚀锌电解过程的阳极，使电解液中铅含量升高而降低析出锌品级，当溶液中氯离子浓度高于 $100mg/L$ 时应净化除氯。常用的除氯方法有硫酸银沉淀法、铜渣除氯法、离子交换法等。

硫酸银沉淀除氯：向溶液中添加硫酸银，其与氯离子作用，生成难溶的氯化银沉淀。该方法操作简单，除氯效果好，但银盐价格昂贵，银的再生回收率低。

铜渣除氯：铜及铜离子与溶液中的氯离子形成难溶的氯化亚铜沉淀。用处理铜镉渣中所产的海绵铜渣（$25\% \sim 30\%$Cu，17%Zn，0.5%Cd）作沉氯剂。过程温度 $45 \sim 60^{\circ}C$，酸度 $5 \sim 10g/L$，经 $5 \sim 6h$ 搅拌后可将溶液中氯离子浓度从 $500 \sim 1000mg/L$ 降至 $100mg/L$ 以下。

离子交换法除氯：利用离子交换树脂，使溶液中待除去的离子吸附在树脂上，而树脂上相应的可交换离子进入溶液。某厂采用国产 717 强碱性阴离子树脂，除氯效率达 50%。

氟来源于锌烟尘中的氟化物，浸出时进入溶液。氟离子会腐蚀锌电解阴极铝板，使锌片难以剥离。当溶液中氟离子浓度高于 $80mg/L$ 时，须净化除氟。一般可在浸出过程中加入少量石灰乳，使氢氧化钙与氟离子形成不溶性氟化钙（CaF）再与硅酸聚合，吸附在硅胶上，经水淋洗脱氟便可使硅胶再生。该方法除氟率达 $26\% \sim 54\%$。

由于从溶液中脱除氟、氯的效果不佳，一些工厂采用预先火法（如用多膛炉）焙烧脱除锌烟尘中的氟、氯，并同时脱砷、锑，使氟、氯不进入湿法系统。

电解液中 K^+、Na^+、Mg^{2+} 等碱土金属离子总量可达 $20 \sim 25g/L$，镁应控制在 $10 \sim 12g/L$。如含量过高，会使硫酸锌溶液的密度、黏度及电阻增加，造成澄清过滤困难及电解槽电压上升。

用 25% 的氨水中和性电解液，其组成为：Zn130 $\sim 140g/L$、Mg5 $\sim 7g/L$、Mn2 $\sim 3g/L$、

K13g/L、Na2～4g/L、Cl0.2～0.4g/L，控制温度50℃，pH＝7.0～7.2，经1h反应，锌呈碱式硫酸锌 $[ZnSO_4 \cdot 3Zn(OH)_2 \cdot 4H_2O]$ 析出，沉淀率为95%～98%。杂质元素中98%～99%的 Mg^{2+}，85%～95%的 Mn^{2+} 和几乎全部的 K^+、Na^+、Cl^- 都留在溶液中。

10.4.3 用特殊药剂法除钴镍原理

在生产上应用的特殊试剂除钴法有黄药除钴及β-萘酚除钴。

(1) 黄药除钴

黄药[黄酸钾（C_2H_5OCSSK）和黄酸钠（$C_2H_5OCSSNa$）]被用于湿法炼锌净化过程除钴。黄药能与许多重金属形成难溶化合物，比锌黄酸盐难溶的有 Cu^{2+}、Cd^{2+}、Fe^{3+}、Co^{3+} 的黄酸盐，所以加入黄药便可以除去这些离子。黄药除钴的实质是在硫酸铜存在条件下，溶液中硫酸钴与黄药作用，形成难溶的黄酸钴而沉淀。

硫酸铜是氧化剂，使 Co^{2+} 氧化为 Co^{3+}。实践证明，用 $CuSO_4 \cdot 5H_2O$ 作氧化剂效果最好。在硫酸锌溶液中若不加氧化剂，会产生大量白色磺酸锌沉淀。这就说明只有 Co^{3+} 才能优先与黄药作用产生 $Co(C_2H_5OCS_2)_3$ 沉淀。为了有效地除钴常向净化槽中鼓入空气。

(2) β-萘酚除钴

这种净化方法是将被净化的溶液打入净化槽中，加入碱性β-萘酚，然后加入 NaOH 和 HNO_2，或者加入预先配制好的钠盐溶液，搅拌10min后再加废电解液达到 $0.5g/LH_2SO_4$ 为止，再继续搅拌60min，净化过程结束。温度控制在65～75℃之间，除Co效果好，能获得质量较高的净液。在除钴净化后加入活性炭吸附除去过剩试剂。

10.4.4 净化工艺及技术条件控制

各种净化方法的工艺过程概要列于表10-6。可以看出，由于各厂中性浸出液的杂质成分与新液成分控制标准不同，故净化方法亦有所差别，且净化段的设置亦不同，通常净化流程有二段、三段、四段之分。连续作业的生产率较高，易于实现自动化，故近年来发展较快，但该法操作与控制要求较高。

由于铜、镉的电位相对较正，其净化除杂相对容易，故各工厂都在第一段优先将铜、镉除去。铜的电位较镉正，更易优先沉淀，而除镉则相对困难些，需加入过量的锌粉才能达到净化的要求。

由于钴、镍是浸出液中最难除去的杂质，各净化工艺方法的差异实质上就在于除钴方法的不同。采用置换法除钴、镍时需加添加剂外，还要在较高的温度下，并加入过量的锌粉才能达到净化要求。使用价格昂贵的有机试剂也能除去钴、镍。合理选择除钴净化工艺可降低净化成本。

表 10-6　硫酸锌溶液净化的几种典型流程

净化方法	一段净化	二段净化	三段净化	四段净化
黄药净化法	加锌粉除铜、镉得铜-镉渣，送去提镉并回收铜	加黄药除钴，得钴渣送去提钴		
锑盐净化法	加锌粉除铜、镉得铜-镉渣，送去回收铜、镉	加锌粉和锑盐除钴，得钴渣送去提钴	加锌粉除残镉	
砷盐净化法	加锌粉和 As_2O_3 除铜、钴、镍，得铜渣送去回收	加锌粉除镉，得镉渣送去提镉	加锌粉除复溶镉，得镉渣返回第二段	再进行一次加锌粉除镉

净化方法	一段净化	二段净化	三段净化	四段净化
β-萘酚法	加锌粉除铜、镉得铜-镉渣送去提镉	加亚硝基-β-萘酚除钴,得钴渣送去提钴	加锌粉除返溶镉	加活性炭吸附有机物
合金锌粉法	加 Zn-Pb-Sb-Sn 合金锌粉除铜、镉、钴	加锌粉除镉		

10.4.4.1 置换法工艺控制

由于原料差异原因,有的工厂浸出液含铜高,采用二段净化分别沉积铜、镉。但大部分工厂都在同一净化段同时除铜、镉。

各厂置换铜镉后溶液成分亦有不同,且产出铜镉渣的化学成分也不同,一般来说,铜镉渣含锌 38%~42%,含铜 4%~6%,含镉 8%~16%。产出的铜镉渣送综合回收铜、镉和其他有价伴生金属。

从热力学角度,用锌粉置换除 Co、Ni 是可能的,且可以降至很低的程度。然而,实践中单纯用锌粉置换除钴比较困难。这是由于钴、镍、铁等过渡族元素,在析出时有很大的超电位,使钴析出电位变得更负,与锌析出的电位差值变小。为了有效强化除钴,必须在较高温度下,加锌粉的同时添加某些降低钴超电位的正电性金属、如铜、砷、锑或其盐类。因铜电位很正,容易被锌粉置换出来,在锌粉表面沉积成铜微粒,与锌粉形成微电池的两极。两极氧化还原反应的结果,便将 Co^{2+} 置换出来。置换出来的钴便与 Cu、As 和 Zn 形成金属化合物,它比纯金属或与 Cu 和 Zn 形成的化合物的电势要正,因此能有效去除钴。同样难以置换除去的 Ni 也会被置换除去。

除钴的方法有砷盐净化法、锑盐净化法和合金锌粉法等。添加锑盐、砷盐用锌粉置换钴是在锌粉表面形成微电池的电化学反应。这种电化学反应的进行主要取决于电池两极电势。由于锌和钴的电势都为负值,当锌的析出电势绝对值大于钴的析出电势绝对值时,锌粉置换钴的反应便会不断进行。

研究发现,无论溶液温度多高,钴离子在锌表面析出超电压很高,使得钴的析出电势绝对值高于锌的析出电势绝对值。但钴离子在 Sn、Sb 等金属表面析出的超电压会随温度升高而下降。所以如果控制一定温度并采用合适的阴极金属,能够使 Co^{2+} 的析出电势大大降低,达到远小于锌的溶出电势时,Co^{2+} 就容易被锌粉置换出来。实验证明,加入 Pb、Sn、As 也可得到很好的结果。

(1) 砷盐(砒霜)净化法

砷盐净化法分为以下两段工艺进行。

第一段是在 80~90℃下向溶液中加入锌粉的同时,加入铜盐和砷盐除铜、钴,在搅拌的情况下使钴沉淀析出;硫酸铜液与锌粉反应,在锌粉表面沉积铜,形成 Cu-Zn 微电池,由于该微电池的电位差比 Co-Zn 微电池的电位差大,因此钴易于在 Cu-Zn 微电池表面放电还原,形成 Zn-Cu-Co 合金。而这时的钴仍不稳定,易复溶。与加入砷盐后 As^{3+} 也在 Zn-Cu-Co 微电池上还原,形成 Zn-Cu-Co-As 合金,有研究显示,此时会形成 $CoAs$、$CoAs_2$ 或者 Cu_3As 等化合物,这些化合物电位较正,使钴有效沉淀析出。

在砷盐净化阶段,溶液中铜、镍、钴、砷、锑几乎完全沉下,镉会复溶留在溶液中。因此第二段净化流程是在 50~55℃下加锌粉除镉。也有工厂采用第三段、第四段净化除镉的多段净化流程。

砷盐净化法可以保证溶液中的 Co^{2+}、Ni^{2+} 达到要求的程度,得到高质量的净液(钴、镍浓度降到1mg/L以下）。但是此法仍然存在如下缺点：①原料中的铜不足时需要补加铜；②得到的Cu-Co渣被砷污染；③要求高温（80℃以上）；④产生剧毒气体AsH₃；⑤不迅速分离钴渣时某些杂质易复溶，致使有些结果不稳定。

（2）锑盐净化法

除了用Sb_2O_3作锑活化剂外，有些工厂采用锑粉或其他含锑物料如酒石酸锑钾作锑活化剂，统称为锑盐净化法。锌盐净化是在溶液中共存的锌粉表面上析出后，或锌粉中含有的其他金属作阴极，锌粉作为阳极，形成微电池，通过电化学作用，可促使Co^{2+}还原析出。与砷盐净化法比较，锑盐净化所采用的高低温度恰恰倒过来，第一段为低温，第二段为高温，故称逆锑净化法或反向锑盐法。逆锑净化工艺流程实例见图10-18。

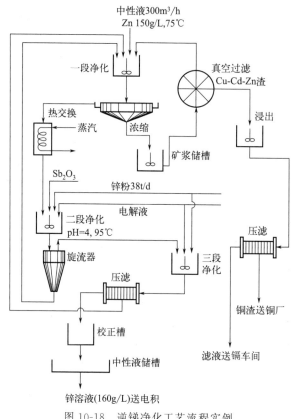

图10-18 逆锑净化工艺流程实例

大多数工厂采用逆锑净化工艺。即第一段在低温下（55℃）加锌粉置换除Cu、Cd，不需要加铜，在第一段中已除去镉，减少了镉进入钴渣，镉的回收率（60%）比砷盐净化高；第二段在较高温度下（85℃）加锌粉与锑活化剂除钴及其他杂质。铜、镉先除后，加锑除钴的效果更好，含钴60mg/L（一般为15mg/L）时也能达到好的效果。为保证镉合格，一些工厂再加第三段低温除镉。

由于SbH_3较AsH_3容易分解，锑盐净化产生毒气的可能性较砷盐净化小；锑的活性大，添加剂消耗比砷盐净化少。

（3）合金锌粉净化法

含Sb 0.02%～0.05%、含Pb 0.05%～10%的合金锌粉，除Co效果很好，并避免了钴的复溶。铅-锌合金粉可由蒸馏或雾化制得。当锌粉内含有一定量锑时，二价钴离子容易被

置换，这是由于锑阴极及锌阳极所形成的微电池 $Zn|Zn^{2+}||Co^{2+}|Co(Sb)$，能使钴不断析出。锑作为微电池的阴极比其他金属对钴的亲和力大，也可与钴形成一系列稳定的化合物如 $CoSb$、$CoSb_2$ 等，从而降低了二价钴离子的析出超电压。合金锌粉中的 Pb 主要可防止析出的 Co 复溶。这是因为 Pb 的电化学性质不活泼，可以认为它没有以阴极金属参与电化学反应，所以 Pb 在锌粉表面形成凹凸不平的状态，在一定程度上阻止了 Zn 的溶解。工业性试验研究表明，当合金锌粉中含 Pb 3% 左右，含 Sb 0.3% 左右时净化效果最好。

10.4.4.2　黄药除钴法工艺控制

在用黄药除钴的技术操作中，最突出的是黄药消耗与除钴率的关系问题。黄药消耗与除钴率受到下列因素的影响。

(1) 溶液的 pH 值

由于黄药有被酸分解的特性。实践证明，除钴液的 pH 值以 5.2～5.5 为宜。

(2) 溶液的温度

实践证明，除钴时溶液的温度以控制在 35～45℃ 为宜，可达到 96% 除钴率。温度过高将引起药分解，增加黄药用量，降低除钴效率；反之，温度过低，又将影响化学反应速度，延长除钴时间。

(3) 溶液中其他杂质的影响

黄药几乎能与所有的有色金属离子作用，生成各种不同颜色的金属黄酸盐，因此送去除钴的溶液杂质含量应越少越好。如黄酸铅呈白色沉淀，黄酸铜呈黄褐色沉淀，黄酸钴呈暗绿色沉淀，黄酸镍和黄酸铁呈褐棕色沉淀。而铝、锑、镉、银等金属形成的黄酸盐皆是黄白色沉淀。所以，溶液中含有杂质金属时，将增大黄药用量和延长除钴时间，且使除钴效率显著降低。

(4) 铜离子的使用

除钴时使用硫酸铜的目的是使黄药氧化，生成复黄酸盐（双黄原酸），形成三价黄酸钴沉淀。如铜量太少，氧化作用不彻底，除钴效率差；铜量过多又增加黄药消耗。当溶液含镉较多时，则黄药不但要除钴而且还要除镉，黄药量不足，铜离子又过多，此时铜离子不能及时除尽，残留在溶液中的硫酸铜还会置换稳定的黄酸镉中的镉，致使镉在槽内复溶而影响新液质量。

(5) 铜镉渣的影响

如一次净化后压滤的操作不慎，便会在溶液内带入铜镉渣，对除钴甚为不利。这种铜镉渣除含铜、镉外，还含有锌粉，锌粉进入溶液会破坏除钴的氧化气氛，同时镉被强烈搅拌的空气氧化，形成镉离子（Cd^{2+}）复溶，会增加黄药消耗。实践中如除钴液发黑，说明有铜镉渣混入，此时便要增加黄药用量，以保证新液的质量。由于溶液中钴的含量很低，要使反应迅速而彻底，必须加入过量黄药，黄药加入量为溶液中钴量的 10～15 倍（一般为 12 倍），而硫酸铜的消耗量为黄药量的 1/5。用黄药除钴后的溶液，含钴量可降到 1mg/L 以下。黄药除钴不仅试剂昂贵，且净化后溶液残钴较高，黄酸钴也很难处理。

10.4.5　主要净化设备

净化过程的主要设备是净化槽，有流态化净化槽和机械搅拌槽；净化后的液固分离采用压滤机和管式过滤器等。我国湿法炼锌厂采用连续沸腾净液槽除铜、镉，结构如图 10-19 所示。锌粉由上部导流筒加入，溶液由下部进液口沿切线方向压入，在槽内螺旋上升，并与锌粉呈逆流运动，在流态化床内形成强烈搅拌而加速置换反应进行。净化槽设备趋于扩大化，

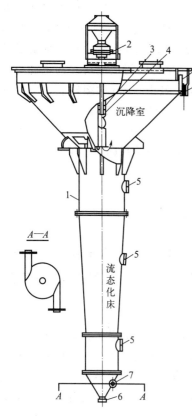

图 10-19　连续沸腾净液槽

1—槽体；2—加料圆盘；3—搅拌机；4—下料
圆盘；5—窥视孔；6—放渣口；7—进液口；
8—出液口；9—溢流沟

容积达到 $150m^3$ 及 $220m^3$。该设备结构简单、连续作业、生产能力大、使用寿命长。

机械搅拌槽容积为 $50\sim100m^3$，有木质、不锈钢及钢筋混凝土槽体。槽内搅拌器为不锈钢制，转速为 $45\sim140r/min$。机械搅拌净化槽可单个间断作业，也可几个槽作阶梯排列形成连续作业或用虹吸管连接连续作业。

板框压滤机是应用较广的液固分离设备，由安装在钢架上的多个滤板与滤框交替排列而成。板框材质（铸铁、木材、橡胶等）视过滤介质性质而定。滤框的数目为 $10\sim60$ 个，组装时将板与框交替排列，每一滤板与滤框间夹有滤布，将压滤机分成若干个单独的滤室，然后借助油压机等装置将它们压成一个整体。操作压强一般为 $0.3\sim0.5MPa$。板框压滤机具有结构简单、适应性强等优点。主要缺点是间歇作业、装卸时间长、劳动强度大、滤布消耗高。

箱式压滤机以滤板的棱状表面向里凹的形式来代替滤框，这样在相邻的滤板间就形成了单独的滤箱。其装置情况如图 10-20 所示。这种压滤机的进料通道与板框压滤机不同，滤箱借助板中央的大孔连通起来，而滤布借螺旋活接头固定，滤板上有孔。为压干滤饼，在每两个滤板中夹有可以膨胀的塑料袋（或可以膨胀的橡皮膜）。当过滤结束时，滤饼被可膨胀的塑料袋压榨而降低液体含量。箱式压滤机的滤板用聚丙烯塑料压铸而成，由于具有结构简单、耐腐蚀性强、操作简单等优点，替代板框压滤机成为净化用的主要过滤设备。但其弊病是间断作业、辅助操作时间长、劳动强度大。

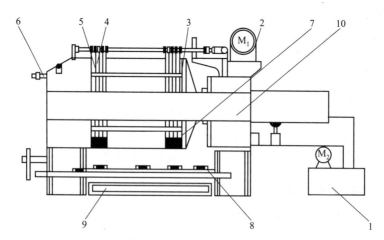

图 10-20　箱式压滤机结构

1—液压系统；2—滤布驱动装置；3—尾板；4—隔膜板；5—滤板（实板）；6—压缩空气进口；
7—滤液口；8—滤布洗涤系统；9—接液盘；10—机架

10.5 硫酸锌溶液的电解沉积

电解沉积的目的是从硫酸锌溶液中提取高纯度的金属锌。以净化的硫酸锌溶液作电解液，在直流电的作用下，阴极上析出金属锌（称阴极锌）的过程。

锌电解沉积可分为三种方法：标准法、中酸中电流密度法、高酸高电流密度法。标准法采用 $300\sim400A/m^2$ 的电流密度，电解液含酸 $100\sim130g/L$；中酸中电流密度法采用 $400\sim600A/m^2$ 的电流密度，电解液含酸 $130\sim160g/L$；高酸高电流密度法采用 $600\sim1000A/m^2$ 的电流密度，电解液含酸 $220\sim300g/L$。增加电流密度，可提高电积槽的锌产量，但电解液必须除去更多的热量，纯度要求也更严格。现在的电锌厂多使用中酸中电流密度法，在操作良好的条件下，可以获得高于 90% 的电流效率。

10.5.1 锌电积基本原理

不考虑电积液中杂质，电积液中仅存在硫酸锌、硫酸和水。以铅银合金板（含银 1%）作阳极，压延铝板作阴极，在直流电的作用下，阴极上析出金属锌（称阴极锌），在阳极上放出氧气。随着电积进行，电解液中含锌量不断减少，硫酸含量不断增加，至一定程度后就不能再供正常电积使用。废电解液连续不断地从电解槽的出液端溢出，一部分与新液混合供电解液循环用，一部分送往浸出车间作浸出剂。每隔一定时间取出阴极将析出锌剥下进行熔化铸锭，成为锌成品。电积过程发生的主反应如下：

$$ZnSO_4+H_2O=\!=\!=Zn+H_2SO_4+0.5O_2$$

由于实际硫酸锌溶液中还含有微量的杂质，如 $CuSO_4$、$PbSO_4$ 等。它们在电解液中，呈现离子状态，并在适当条件下参与反应。因此电解槽中实际发生的反应就要复杂一些。为了深入了解锌电积过程，下面分别讨论工业电积槽内阳极上和阴极上所发生的电化学过程。

10.5.1.1 阳极过程
第一种类型的析出氧可能反应如下：

$$H_2O-2e^-=\!=\!=0.5O_2+2H^+ \qquad E^0_{H_2O/O_2}=1.229V \qquad (10-28)$$

$$2SO_4^{2-}-2e^-=\!=\!=SO_3+0.5O_2 \qquad E^0_{SO_4^{2-}/O_3}=2.42V \qquad (10-29)$$

第二种类型的阳极溶解反应可能如下：

$$Pb-2e^-=\!=\!=Pb^{2+} \qquad E^0_{Pb^{2+}/Pb}=-0.126V \qquad (10-30)$$

$$Pb+2H_2O-4e^-=\!=\!=PbO_2+4H^+ \qquad E^0_{PbO_2/Pb}=0.655V \qquad (10-31)$$

在电解沉积过程中，有一点是可以肯定的，无论是 OH^- 放电产生水，还是电解水，反应的结果都是在阳极上放出氧气。析出氧的结果，使溶液中的 H^+ 绝对数增加，从而与 SO_4^{2-} 结合生成 H_2SO_4，这是生产过程所需要的。

比较阳极溶解反应［式(10-31)］与阳极正常反应［式(10-28)］的平衡电位，似乎阳极正常反应先开始进行，但实际上析氧反应发生在式(10-31)基本完成之后。这是因为氧气析出时一般有较大的超电压。超电压的大小依据阳极材料、阳极表面形状及其他因素而定。在一些金属上氧的超电压如表 10-7 所示。

表 10-7　在一些金属上氧的超电压

金属	Au	Pt	Cd	Ag	Pb	Cu	Fe	Co	Ni
η/V	0.52	0.44	0.42	0.40	0.30	0.25	0.23	0.13	0.12

超电压的存在，使得在阳极上首先发生的是铅的溶解而不是氧的析出。金属自由表面基本上被 PbO_2 覆盖，阻止了铅的溶解，电解过程就会随即转入正常的阳极反应。结果在阳极上放出氧气，电积液中的 H^+ 浓度增加。生产中为了防止阳极溶解，有时还预先在阳极上镀 PbO_2 膜。

工业锌电积的进行始终伴随着在阳极上析出氧气。氧的超电压越大，则电解析出氧所消耗的电越多，因此，应力求降低氧的超电压，以降低电耗。由于铅银阳极的阳极电位较低，形成的 PbO_2 较细且致密，导电性较好，耐腐蚀性较强，故在锌电积厂普遍采用。

阳极放出的氧，大部分逸出造成酸雾，小部分与阳极表面的铅作用，形成 PbO_2 阳极膜，一部分与电解液中的 Mn^{2+} 起化学变化，生成 MnO_2。这些 MnO_2 一部分沉于槽底形成阳极泥，另一部分黏附在阳极表面上，形成 MnO_2 薄膜，并加强 PbO_2 膜的强度，阻止铅的溶解。

电积液中的氟、氯是极其有害的。它不仅使铅阳极腐蚀加剧，造成电积作业剥锌困难及铅阳极单耗增加，而且还导致阴极锌含铅升高，电积槽上空含氟、氯升高，使操作条件恶化，严重影响工人的身体健康。所以生产中一般要求电积液中氟、氯含量尽可能低。

可通过控制电积液中 Mn^{2+} 浓度来降低析出锌含铅量和减缓铅阳极的化学腐蚀。这是因为 Mn^{2+} 在阳极上被氧化生成 MnO_2 黏附在阳极表面形成保护膜，阻碍了铅的溶解。但是，MnO_2 在阳极过多地析出，也会增加浸出工序的负担，还会引起电积液中 Mn^{2+} 贫化而直接影响析出锌质量。

10.5.1.2 阴极过程

(1) 阴极反应

在工业生产条件下，电解液中杂质元素含量很低时，阴极放电的离子只能是 Zn^{2+} 和 H^+。锌电积新液中含有 Zn^{2+} 130～150g/L，含 H_2SO_4 100～120g/L。随着电积过程进行，Zn^{2+} 浓度不断降低。如果不考虑电积液中的杂质，则通电时，在阴极上仅可能发生两个过程。

$$Zn^{2+}+2e^-\mathrm{\!=\!=\!=}Zn \qquad E^0_{Zn^{2+}/Zn}=-0.7656V \qquad (10\text{-}32)$$

$$2H^++2e^-\mathrm{\!=\!=\!=}H_2 \qquad E^0_{H_2/H^+}=0.0233V \qquad (10\text{-}33)$$

当电解液含 Zn50g/L，H_2SO_4 115g/L 时（正常电解时电解液成分范围内），40℃条件下式(10-32)和式(10-33)这两个放电反应中，究竟哪一种离子优先放电，对于湿法炼锌而言是至关重要的。从各种金属的电位序来看，氢具有比锌更大的正电性，氢将从溶液中优先析出，而不析出金属锌。但在工业生产中能从强酸性硫酸锌溶液中电积锌，这是因为实际电积过程中，存在极化所产生的超电压。实际上由于氢离子在金属电极上有很高的超电位，而锌离子的超电位很小，电积阴极过程主要是 Zn^{2+} 的放电。

氢离子的超电压则随电积条件的不同而变。当 $D_K=600A/m^2$ 时，氢离子的析出电位 $E_{H实}=0.0233-1.554=-1.5307V$；而一般金属的超电位在 $0.02～0.03$，所以 $E_{Zn实}=-0.7656-0.03=-0.7956V$。可见 $E_{Zn实}>E_{H实}$，所以阴极反应主要为 Zn^{2+} 的放电。

（2）杂质在电解沉积过程中的行为

杂质的析出不仅影响阴极锌的结晶质量，还影响阴极锌的化学成分。

当溶液中杂质浓度低到一定程度时，决定析出速度的因素不是析出电位，而是杂质扩散到阴极表面的速度，这时析出速度等于扩散速度。

在生产实践中，常常由于电解液中含有某些杂质，严重地影响阴极锌的质量和降低电流效率。杂质对电流效率的危害，主要是使 H^+ 容易在锌阴极上析出，因而加速了锌阴极的反溶解，更加速了氢的析出，从而使电流效率降低。根据杂质对电流效率的影响程度，大致分为三类。

第一类为 Pb、Fe、Ag 等，对锌电流效率影响不大，但对析出锌质量影响较大。

第二类是 Co、Ni、Cu 等，对降低锌的电流效率有较为明显的作用。溶液中的钴离子对锌电积过程危害较大，它在阴极放电析出，并与锌形成微电池，会使已析出的锌反溶解，工业上称"烧板"。反溶特征是背面有独立小圆孔，严重时可以反溶透，由背面往正面溶，正面灰暗，背面有光泽，未反溶透处有黑边。当溶液中同时有较高含量的锑和锗存在时，更加剧了钴的危害作用。往电积液中添加适量的胶，可消除或减轻钴的危害作用。实践中要求电积液钴含量一般小于 1mg/L。

镍离子与钴离子一样，在阴极上放电析出，也与锌形成微电池。反溶特征呈现葫芦瓢形孔，由正面往背面烧。当溶液中存在钴和镍时，往电积液中加入少许 β-萘酚可以抑制钴、镍的有害作用，现代电锌厂一般要求溶液镍含量小于 1mg/L。

铜离子在阴极上放电析出，并与锌形成微电池，造成析出锌反溶。反溶特征是圆形透孔，由正面往背面反溶，孔的周边不规则。一般要求电积液铜含量小于 0.5mg/L。

第三类是 Ge、Te、Se、Sb、As 等，对降低电流效率最为显著。砷、锑都能在阴极上放电析出，并引起析出锌反溶解。砷引起反溶时，析出锌表面呈现条沟状；锑引起反溶的特征是表面呈现粒状。为了消除这种砷、锑含量高引起的析出锌反溶现象，一般要求电积液含As、Sb、Se 在 0.1~0.3mg/L，而 Te、Ge 在 0.02~0.04mg/L 范围内。在浸出工序中要加强中和水解除砷锑的操作，控制中上清液含砷、锑均不超过 1mg/L。往电积液中加入适量的骨胶和皂角粉，也可改善析出状况，减轻析出锌反溶。

10.5.2 主要设备

10.5.2.1 电解槽

电积锌用的电解槽是一种长方形槽。一般长 3.5~5.5m，宽 0.7~1.5m，深 1~2.5m。电解槽的长度由选定的电流、阴极板数量及极间距离确定，宽度与深度由阴极板面积确定。为了保证电解液的正常循环，阴极边缘到槽壁的距离一般为 60~100mm，槽深按阴极下缘距槽底 400~500mm 考虑，以便阳极泥沉于槽底。近年来，由于采用大阴极板和机械化剥锌，电解槽的尺寸也随之增大。阴、阳极板交错装在电解槽内，出液端有溢流堰和溢流口。电解槽按材料分类主要有钢筋混凝土电解槽、塑料电解槽、玻璃钢电解槽等。外用沥青油毛毡防护，内衬铅皮、软塑料、环氧玻璃钢等。

近年来，还有些工厂使用了全玻璃钢电解槽及钢骨架聚氯乙烯板结构的电解槽，钢骨架聚氯乙烯板结构的电解槽维修极为方便，锌电积槽结构示意图见图 10-21。

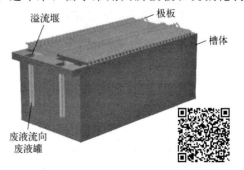

图 10-21　锌电积槽结构图

10.5.2.2　阴阳极

锌电积的阳极是不溶阳极，要求具有良好的导电性，电积锌使用的阳极有铅银合金、铅银钙合金和铅银钙锶等。我国大部分工厂采用铅银合金（含银 $0.5\%\sim1\%$）阳极，近年来 Pb-Ag-Ca（Ag 0.25%，Ca 0.05%）三元合金阳极和 Pb-Ag-Ca-Sr（Ag 0.25%，Ca $0.01\%\sim1.0\%$，Sr $0.05\%\sim0.25\%$）四元合金阳极也被电积锌生产厂采用。这种阳极具有强度高、耐腐蚀、使用寿命长（$6\sim8$ 年）、造价低、使用时表面形成的 PbO_2 及 MnO_2 较致密等优点，使析出锌含铅低、降低阳极电势，从而降低电能消耗。

阳极由极板、导电棒、导电头和绝缘条等组成，结构示意图见图 10-22。铅银合金板有压延和铸造两种。压延板强度大、寿命长；铸造板制造方便、重量轻，但寿命较短。

板面可做成平板式或格网式两种。格网阳极与同样尺寸的平板阳极相比，表面积要大。因此在同样大的电流下，格网阳极的电流密度较小，有利于降低氧在阳极上的超电压。阳极板的尺寸应比阴极小些，沉没于电解液中的各边比阴极小 20mm 为宜。导电棒为断面（$12\sim14$）nm×（$40\sim46$）mm 的紫铜板，为使阳极板与导电棒接触良好，将铜棒酸洗包锡后铸入铅银合金中，再与极板焊接在一起。这样还可以避免硫酸侵蚀铜棒形成硫酸铜进入电解槽污染电解液。铸造阳极可将极板与导电棒同时浇铸；压延阳极先铸好棒后再焊接。导电棒端头紫铜露出的部分称为导电头，与阴极或导电板搭接。阳极板的两个侧边装有聚乙烯绝缘条或嵌在导向装置的绝缘条内，可加强极板强度，防止极板弯曲发生接触短路。

阴极由极板、导电棒、导电片、提环和绝缘条组成。阴极一般长 $1020\sim1250$mm，宽 $782\sim1100$mm，厚 $3\sim5$mm，极板为纯铝板材，导电棒由铝浇铸而成，浇铸时在特制的模子里与极板浇铸相结合。阴极表面要求光滑平整，否则会引起锌的沉积粗糙与结晶不匀。为减少阴极边缘形成树枝状结晶，阴极要比阳极稍大。导电头一般用厚 $5\sim6$mm 的紫铜板做成，导电棒与导电头用螺钉连接，也可用铆接或焊接。焊接导电头的接触电阻比用螺钉连接要低。为了防止阴阳极短路及析出锌包住阴极周边，造成剥锌困难，阴极板的两边缘各装有聚氯乙烯或聚丙烯塑料条。在软化温度下与极板粘接，粘接质量好，寿命可达 $3\sim4$ 个月。如有塑料条脱落，可返回再粘接一次。

为了满足机械化剥锌的需要，现在有些工厂在电解槽两侧固定有聚氯乙烯绝缘导向装置，而阴极两边缘不需另外包塑料条。阴极结构示意图见图 10-23。

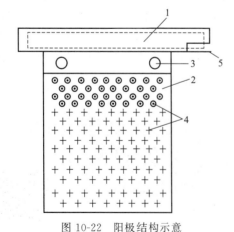

图 10-22　阳极结构示意
1—导电棒；2—极板；3—吊装孔；4—小孔；5—导电头

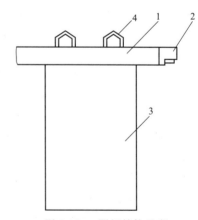

图 10-23　阴极结构示意
1—导电棒；2—导电头；3—极板；4—阴极吊环

10.5.2.3　供电设备、电路连接与电解槽的排列

电解车间的供电设备主要是硅整流器，选择整流器时应满足总电压和电流强度的要求。所用电源为直流电，直流电由交流电经可控硅整流器变换而来，直流电供电范围在 0～36kA。

锌电解车间的电解槽，往往是数十个槽排成一列，若干列组成一个供电系统。电解槽按行列组合配置在一个水平上，构成供电回路，一般按双列配置，可为 2～8 列，最简单的配置是由两列组成一个供电系统。例如某厂电解车间分两个系列，每个系列均有 208 个电解槽，分为 8 列。每列 26 个电解槽，每列分为四组，组与组之间的导电板为宽型导电板，每组有 6～7 个电解槽。

图 10-24 为两列组成的供电系统配置，在一个供电系统中，列与列和槽与槽之间是串联的，电解槽内的多对极板之间是并联的。每列电解槽内交错装有阴、阳极，依靠阳极导电头与相邻一槽的阴极导电头采用夹接法（或采用搭接法通过槽间导电板）来实现导电。列与列之间设置导电板，将前一列的最末槽与后一列的首槽相接。导电板的断面按允许面积电流 $1.0～1.2 A/mm^2$ 计算。一般连接列与列和槽与槽的导电板为铜板，电解车间与供电所之间的导电板用铝板或铜板。

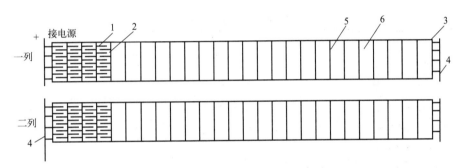

图 10-24　电解槽排列与电路连接图

1—阳极板；2—阴极板；3—（组间）宽型导电板；4—总导电板；5—（槽间）窄型导电板；6—电解槽

10.5.3　电积过程的技术经济指标

锌电积车间的主要技术经济指标包括电解液成分、电流效率、电解液的温度、析出锌的状态和析出周期、电流密度、槽电压、电能消耗等。

(1) 电解液成分

通常流入电积新液含 Zn 120～145g/L，含 H_2SO_4 为 140～180g/L；流出电积液含 Zn 50～60g/L，含 H_2SO_4 为 110～200g/L。

(2) 电流效率

目前实际生产中的电流效率为 88%～95%。

$$\eta = 实际析出锌量/理论析出锌量 \times 100\%$$

由于实际生产中 H^+ 和杂质元素的放电析出，锌的二次化学反应为 $Zn + 1/2 O_2 \Longrightarrow ZnO$，$ZnO + H_2SO_4 \Longrightarrow ZnSO_4 + H_2O$ 以及短路、漏电等原因，析出的锌量总是小于理论计算量。

(3) 电解液的温度

电解液的温度高，则氢的超电位下降，降低了电流效率。所以要求在较低的温度（30～40℃）下进行电解。冬季控制不超过 40℃，夏季不超过 45℃。当个别电解槽温度高时，应

检查极板是否接触短路，或烧板。电解过程是放热过程，因此工业上要对电解液进行冷却。

（4）析出锌的状态和析出周期

析出表面粗糙意味着表面积增加，电流密度下降，也就是降低了氢的超电位，使电流效率下降。析出周期过长，阴极表面粗糙不平整直至长疙瘩，甚至使阴阳极相互接触，造成短路，电流效率也会下降。工业上人工剥锌时锌的析出周期一般为24h，机械或者自动化剥锌时锌的析出周期一般为48h。

（5）电流密度

世界各锌厂采用的电流密度差异较大，一般为 $300\sim1000A/m^2$。

（6）槽电压

槽电压通常指电解槽内相邻阴、阳极之间的电压降，其大小＝硫酸锌的分解电压＋电解液电阻电压降＋阴阳极电阻电压降＋接触点电阻电压降＋阳极泥电阻电压降。生产中力求降低这些无用的电压降。

槽电压通常在 $3.2\sim3.6V$，其分配见表10-8。其中硫酸锌的分解电压占槽电压的78.30％，电解液的电压降占12.13％。

表 10-8　槽电压分配表

项目	电压降/V	分配率/％
硫酸锌分解电压	2.4～2.6	75～80
电解液电阻电压降	0.4～0.6	13～17
阳极电阻电压降	0.02～0.03	0.7～0.8
阴极电阻电压降	0.01～0.02	0.3～0.5
接触点电阻电压降	0.03～0.05	1～1.4
阳极泥电阻电压降	0.15～0.2	3～6
槽电压	3.3～3.4	100

（7）电能消耗

指每生产1t析出锌所消耗的电能，单位为 kWh/t。电能消耗与电流效率成反比，与槽电压成正比。采取降低槽电压和提高电流效率的措施都能减少电能消耗。锌电积生产一般电能消耗为 $3000\sim3300kWh/t$，占整个锌锭生产总能耗的70％～80％。

10.5.4　析出锌的质量与常用添加剂

析出锌的质量包括化学质量和物理质量。

① 化学质量　指锌中杂质含量多少和锌的等级。电锌中 Fe、Cu、Cd 都易达到要求，唯有铅不易达到。铅含量是电锌化学质量的关键。电解液中的铅来自铅阳极的溶解。从实践上看，MnO_2 与 PbO_2 共同形成的阳极膜较坚固。锰能使悬浮的 PbO_2 粒子沉降而不在阴极析出。生产中为了降低电锌含铅量，采取定期刷阳极和定期掏槽措施。

为了降低含铅量还可添加碳酸锶（$SrCO_3$）。碳酸锶在电解液中形成硫酸锶。它与硫酸铅的结晶晶格几乎一致。因而形成极不易溶解的混晶沉于槽底。当碳酸锶用量为 0.4g/L 时，电锌中含铅可降至 0.0038％～0.0045％。缺点是比较昂贵。

② 物理质量　指锌的表面质量。当电解液中杂质多，氢析出得多时，产出疏松、色暗有孔的海绵态锌，物理质量不好。这种锌表面积大，容易返溶和造成短路，致使电流效率显

著下降，电能消耗显著增高。

常用的有以下四类作用的添加剂。

① 使析出锌平整、光滑、致密的添加剂，如动物胶（80℃以上热水化开均匀加入）。

② 提高析出锌化学质量的添加剂，这类添加剂主要是碳酸锶、碳酸钡及水玻璃等。它们能降低溶液中的 Pb^{2+} 浓度，减少析出锌的含铅量。

③ 使析出锌易于剥离的添加剂，这类添加剂主要是酒石酸锑钾［俗称吐酒石，化学式为 $K(SbO)C_4H_4O_6$］，吐酒石与硫酸反应生成的 $Sb(OH)_3$ 为一种冷胶性质的胶体，它在酸性硫酸锌溶液中带正电性；于是移向阴极，并坚固粘在铝板表面形成薄膜，为易于剥锌创造了条件。其用量以电解液中含锑量不超过 $0.12mg/L$ 为准，否则易烧板。一般在装槽前 5～15min 从电解槽的进液端加入。

④ 降低酸雾的添加剂，这类添加剂主要有皂角粉、丝石竹、大豆粉及水玻璃等起泡剂，它们能在电解液表面形成表面张力大且非常稳定的泡沫层，对电解液微粒起过滤作用，能有效地捕集酸雾，使空气中含酸控制在 $2mg/m^3$ 以下，从而减少对环境的污染，并减少电解液的损失及对电解设备和厂房设施的腐蚀。

此外，如果电解液中含氟量较高，也可将铝阴极先在低氟锌溶液中电积 10～20min "预镀"，然后再将阴极装入高氟系统中使用，也可有效防止锌铝黏结。

10.6 锌的熔铸

熔锌所用的设备为无芯工频感应电炉。电炉熔锌可以得到较高的金属直接回收率，达 97%～98%；浮渣率低，能耗较低，一般耗电 100～120kWh/t，劳动条件好，操作条件易于控制。在锌片的熔化过程中会有部分锌液氧化，生成氧化锌与锌的混合物，即浮渣。浮渣产出率一般为 2.5%～5%，一般含锌 80%～85%，其中金属锌占 40%～50%、氧化锌约占 50%、氯化锌占 2%～3%。为了降低浮渣的产出率，熔化过程一般控制熔化温度在 450～500℃之间。

为了降低浮渣的产出率和降低浮锌含量，熔锌时加入氯化铵，使它与浮渣中的氧化锌发生反应，生成低熔点的 $ZnCl_2$，$ZnCl_2$ 破坏了浮渣中的 ZnO 薄膜，使浮渣中夹杂的金属锌颗粒聚合成锌液。NH_4Cl 的消耗量为 1～2kg/t。

 思考题

1. 湿法炼锌与火法炼锌焙烧目的有何异同？

2. 根据 Zn-S-O 系状态图，说明 ZnS 难以直接氧化得到金属锌的原因。

3. 在硫化锌精矿焙烧的过程中，硅酸盐和铁酸锌的生成对后续过程有什么影响？在焙烧过程中如何避免硅酸盐和铁酸锌的生成？

4. 在湿法炼锌过程中，锌焙砂中性浸出时为什么要控制 pH 在 5.2 左右？

5. 锌焙砂中性浸出液净化时，锌粉置换除铜的原理是什么？影响锌粉置换反应的因素有哪些？

6. 从硫酸锌溶液中净化沉钴的方法有哪些？各自依据的原理是什么？试比较其优缺点。

7. 写出锌电积的主要电极反应。

8. 锌与氢的标准电极电位分别为－0.763V 和 0.00V。理论上，在阴极上析出锌之前，电位较正的氢应先析出，在实际电积锌过程中为什么是锌优先于氢析出？

9. 在湿法炼锌的热酸浸出过程中，从含铁高的浸出液中沉铁有哪些方法？请说明其各自依据的原理及优缺点。

10. 什么是电流效率和电能消耗？影响锌电积过程中电流效率和电能消耗的因素有哪些？如何提高电流效率？

参考文献

[1] 翟秀静. 重金属冶金学 [M]. 北京：冶金工业出版社，2011.

[2] 彭容秋. 锌冶金 [M]. 长沙：中南大学出版社，2005.

[3] 梅光贵，王德润，周敬元，等. 湿法炼锌学 [M]. 长沙：中南大学出版社，2001.

[4] Roderick J Sinclair. The Extractive Metallurgy of Zinc [M]. Carlton：The Australasian Institute of Mining and Metallurgy，2005.

[5] 郭汉杰. 冶金物理化学教程 [M]. 2 版. 北京：冶金工业出版社，2006.

[6] 张乐如. 铅锌冶炼新技术 [M]. 长沙：湖南科学技术出版社，2006.

[7] 邓永贵，陈启元，尹周澜，等. 锌浸出液针铁矿法除铁 [J]. 有色金属，2010 (3)：80-84.

[8] 王吉坤，冯桂林. 铅锌冶炼生产技术手册 [M]. 北京：冶金工业出版社，2012.

[9] 魏昶，李存兄. 锌提取冶金学 [M]. 北京：冶金工业出版社，2013.

[10] 张朝晖，李林波，韦武强，等. 冶金资源综合利用 [M]. 北京：冶金工业出版社，2011.

[11] 唐谟堂，王辉作. 重有色金属冶金生产技术与管理手册 锌卷 [M]. 长沙：中南大学出版社，2021.

[12] 陈王媛，杨通清，李奇勇，等. 含锌冶金尘泥特性分析及锌铁分离 [J]. 有色金属 (冶炼部分)，2023 (9)：126-136.

[13] Zhu H Q, Shang Y, Du J B, et al. A fuzzy control method based on rule extraction for zinc leaching process of zinc hydrometallurgy [J]. Mining, Metallurgy & Exploration，2023，40 (4)：1321-1331.

[14] 李存兄，顾智辉，李倡纹，等. 湿法炼锌溶液中锗的富集与回收研究进展 [J]. 昆明理工大学学报 (自然科学版)，2023，48 (2)：1-9.

[15] 俞娟，杨洪英，李林波，等. 全湿法炼锌系统中氟氯的影响及脱除方法 [J]. 有色金属 (冶炼部分)，2014 (6)：17-21.

11 铝冶金

本章要点

1. 铝的性质和用途；
2. 铝的生产工艺流程；
3. 氧化铝的生产原理及方法；
4. 铝电解原理及工艺；
5. 铝精炼原理。

铝属轻金属，具有银白色的金属光泽，产量仅次于钢，居各种有色金属的首位。大量的铝应用于制造日用品、饮料罐和其他包装材料、建筑用结构材料、电力输送线、机械设备诸方面。在钢铁工业上用铝作脱氧剂。同时，铝合金作为结构材料在造船、飞机、导弹、火箭等方面广泛应用。

11.1 概述

11.1.1 铝的性质

铝的熔点 660℃，沸点约 2519℃，密度 2.6987g/cm^3，在 293K 时，电阻率为 (2.62～2.65)×10^{-8}Ω·m，热导率为 2.1W/(cm·℃)；易于加工，可用一般的方法把铝切割、焊接或粘接，铝易于压延和拉丝；易同多种金属构成合金，例如 Al-Ti、Al-Mg、Al-Zn、Al-Li、Al-Fe 合金。

铝的化学性质活泼，在自然界中很少以游离状态出现。铝同氧反应生成 Al_2O_3，铝粉易着火。铝在高温下能够还原其他金属氧化物制取纯金属。在高温 2000℃ 左右，铝易于同碳起反应，生成碳化铝（Al_4C_3）。高于 800℃，铝同三价卤化物（例如 AlF_3、$AlCl_3$、$AlBr_3$）起反应，生成一价的卤化物，在冷却时，一价铝的卤化物分解出常价铝的卤化物和铝。铝易于同稀酸起反应，又易于被苛性碱溶液侵蚀，生成氢气和可溶性铝盐。铝不与碳氢化合物起反应，但是因碳氢化合物中可能有痕量的碱或酸，铝也会受到腐蚀。

铝具有密度小，良好的导热性和导电性、较好的延展性以及构成高强度、耐腐蚀性的合金等多种优良的性能，且其蕴含量在金属中居第二位，因而铝成为有色金属中应用最广泛的金属。表 11-1 所示为我国铝行业相关数据统计。

表 11-1 我国铝行业统计

类型	2023 年	2022 年	2021 年	2020 年	2019 年	2018 年
氧化铝/万吨	8238	8244	7748	7313	7247	7253

类型	2023 年	2022 年	2021 年	2020 年	2019 年	2018 年
电解铝/万吨	4151	4021	3850	3708	3504	3580
铝材/万吨	4695	6221	6105	5779	5252	4554
总计/万吨	17084	18486	17703	16800	16003	15387

11.1.2 铝土矿资源

铝在自然界中的分布极广，地壳中的铝含量约为 8%，仅次于氧和硅，居第三位。在各种金属元素中，铝居首位。含铝的矿物有 250 多种，其中约 40% 是各种铝硅酸盐，主要的是铝土矿、高岭土、明矾石等。铝矿物绝少以纯的状态形成工业矿床，基本都是与各种脉石矿物共生在一起的。在世界许多地方蕴藏着大量的铝硅酸盐岩石，其中，主要的含铝矿物列于表 11-2 中。

表 11-2　主要含铝矿物

名称	化学式	质量分数/%			密度 /(g/cm³)	莫氏硬度
		Al_2O_3	SiO_2	Na_2O+K_2O		
刚玉	Al_2O_3	100			4.0~4.1	9
一水软铝石	$Al_2O_3 \cdot H_2O$	85			3.01~3.06	3.5~4
一水硬铝石	$Al_2O_3 \cdot H_2O$	85			3.3~3.5	6.5~7
三水铝石	$Al_2O_3 \cdot 3H_2O$	65.4			2.35~2.42	2.5~3.5
蓝晶石	$Al_2O_3 \cdot SiO_2$	63.0	37.0		3.56~3.68	4.5~7
红柱石	$Al_2O_3 \cdot SiO_2$	63.0	37.0		3.15	7.5
硅线石	$Al_2O_3 \cdot SiO_2$	63.0	37.0		3.23~3.25	7
霞石	$(Na,K)_2O \cdot Al_2O_3 \cdot 2SiO_2$	32.3~36.0	38.0~42.3	19.6~21.0	2.63	5.5~6
长石	$(Na,K)_2O \cdot Al_2O_3 \cdot 6SiO_2 \cdot 2H_2O$	18.4~19.3	65.5~69.3	1.0~11.2		
白云母	$K_2O \cdot 3Al_2O_3 \cdot 6SiO_2 \cdot 2H_2O$	38.5	45.2	11.8		2
绢云母	$K_2O \cdot 3Al_2O_3 \cdot 6SiO_2 \cdot 2H_2O$	38.5	45.2	11.8		
白榴石	$K_2O \cdot Al_2O_3 \cdot 4SiO_2$	23.5	55.0	21.5	2.45~2.5	5~6
高岭石	$Al_2O_3 \cdot 2SiO_2 \cdot 2H_2O$	39.5	46.4		2.58~2.6	1
明矾石	$(Na,K)_2SO_4 \cdot Al(SO_4)_3 \cdot 4Al(OH)_3$	37.0		11.3	2.60~2.80	3.5~4.0
丝钠铝石	$Na_2O \cdot Al_2O_3 \cdot 2CO_2 \cdot 2H_2O$	35.4		21.5		

铝土矿是目前氧化铝生产中最主要的矿石资源，99% 以上的氧化铝是以铝土矿为原料生产的。铝土矿的主要化学成分有 Al_2O_3、SiO_2、Fe_2O_3、TiO_2，少量的 CaO、MgO、硫化物，微量的镓、钒、磷、铬等十几到二十几种元素的化合物。其中氧化铝的含量变化很大，低的在 40% 以下，高者可达 70% 以上。铝土矿中的氧化铝主要以三水铝石 [Al(OH)₃]，或者以一水软铝石 [γ-AlO(OH)] 以及一水硬铝石 [α-AlO(OH)] 状态存在。

铝土矿的质量主要取决于其中氧化铝存在的矿物形态和有害杂质含量，不同类型的铝土矿其溶出性能差别很大。评价铝土矿质量，一般考虑以下几个方面。

① 铝土矿的铝硅比　铝硅比是指矿石中 Al_2O_3 与 SiO_2 的质量比，一般用 A/S 表示。

SiO_2 是碱法（特别是拜耳法）生产氧化铝过程中最有害的杂质，所以铝土矿的铝硅比越高越好。目前工业生产氧化铝用铝土矿的铝硅比要求不低于 3.0～3.5。

② 铝土矿的氧化铝含量　矿石中氧化铝含量越高，对生产氧化铝越有利。

③ 铝土矿的矿物类型　铝土矿的矿物类型对氧化铝的溶出性能影响较大。其中，三水铝石型铝土矿中的氧化铝最容易被苛性碱溶液溶出，一水软铝石型次之，而一水硬铝石的溶出则较难。另外，铝土矿类型对溶出以后各湿法工序的技术经济指标也有一定的影响。

我国铝土矿资源丰富，主要分布在河南、山西、广西、贵州及山东等地。一般特点是高铝、高硅、低铁（只有广西矿为高铁）。因氧化硅含量较高，故铝硅比较低，多数在 4～7 之间，铝硅比在 10 以上的优质铝土矿较少。除福建、广东有少量的三水铝型铝土矿外，其他地区均为一水硬铝石型铝土矿。在用拜耳法处理时，针对不同类型的铝土矿，采用不同的溶出条件。

截至 2022 年底，全球已探明铝土矿储量约为 310 亿吨，预测资源量为 550 亿～750 亿吨。铝土矿储量丰富的国家有几内亚、澳大利亚、巴西、牙买加、印度、苏里南、印尼和希腊等。国外铝土矿多数为三水铝石型铝土矿，欧洲如匈牙利、法国等为一水软铝石型铝土矿，希腊为一水硬铝石-一水软铝石型铝土矿。在化学成分上，国外大多数铝土矿的 SiO_2 含量较低，而 Fe_2O_3 含量较高。

11.1.3　现代铝工业

现代铝工业有三个主要生产环节：①从铝土矿提取纯氧化铝；②用冰晶石-氧化铝熔盐电解法生产金属铝；③铝加工。此外，还有两个重要的辅助环节：①炭素电极制造；②氟盐生产。

图 11-1 为现代铝工业生产流程简图，采用冰晶石-氧化铝融盐电解法。其中氧化铝是炼铝的原料，冰晶石是熔剂。直流电通入电解槽（如图 11-2、图 11-3 所示），在阴极和阳极上发生电化学反应。电解产物，阴极上是液体铝，阳极上是气体 CO_2（φ_{CO_2} 为 75%～80%）和 CO（φ_{CO} 为 20%～25%）。在工业电解槽内，电解质通常由质量分数为 95% 的冰晶石与 5% 的氧化铝组成，电解温度为 940～960℃。电解液的密度约为 2.1g/cm³，铝液密度为

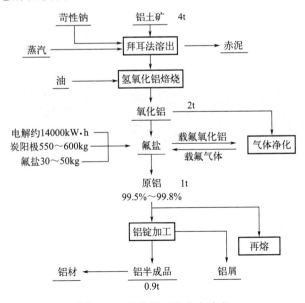

图 11-1　现代铝工业生产流程

$2.3 \mathrm{g/cm^3}$，两者因密度差而分层。铝液用真空抬包（如图 11-4 所示）抽出去后，经净化和过滤，浇铸成商品铝锭，而其纯度可达到 $99.5\%\sim99.8\%$。阳极气体中还含有少量有害的氟化物、沥青烟气和二氧化硫。经过净化后，废气排入大气，收回的氟化物返回电解槽内。

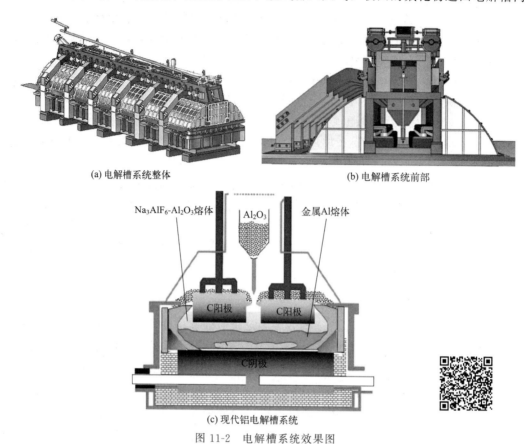

(a) 电解槽系统整体

(b) 电解槽系统前部

$Na_3AlF_6\text{-}Al_2O_3$ 熔体　　　Al_2O_3　　　金属 Al 熔体

C 阳极　　　C 阳极

C 阴极

(c) 现代铝电解槽系统

图 11-2　电解槽系统效果图

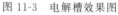

图 11-3　电解槽效果图

图 11-4　真空抬包效果图

11.2　氧化铝生产

中国是氧化铝第一大生产国，2022 年氧化铝产量达到 7869.5 万吨。目前，工业上采用的生产方法是碱法，碱法有拜耳法、烧结法和联合法，90% 以上的氧化铝都是由拜耳法生产的。

11.2.1 拜耳法生产氧化铝

奥地利化学家 K.J. 拜耳（Bayer）在十九世纪末的两项重要发明奠定了拜耳法生产氧化铝的基础。第一项发明是在铝酸钠溶液中加入氢氧化铝作为种子，使铝酸钠溶液分解。第二项发明是用氢氧化钠溶液直接溶出铝土矿中的氧化铝生成铝酸钠溶液。拜耳法是一个完整的循环生产过程，可由下述基本化学反应式说明：

$$Al(OH)_3 + NaOH \underset{<100℃}{\overset{>100℃}{\rightleftharpoons}} NaAl(OH)_4 \tag{11-1}$$

拜耳法生产氧化铝的主要工序包括铝土矿原料准备、溶出、赤泥分离洗涤、分解、氢氧化铝分离洗涤、煅烧、蒸发和苛化。其基本工艺流程如图 11-5 所示。

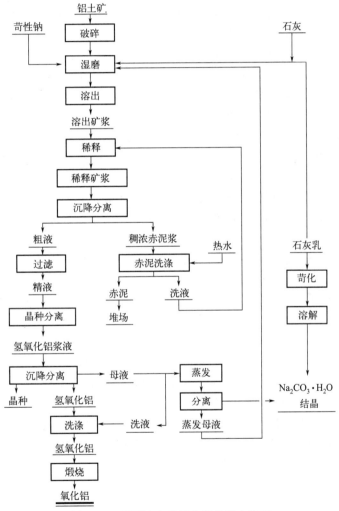

图 11-5 拜耳法生产氧化铝的基本流程

（1）原料配备

拜耳法铝土矿原料准备主要包括破碎（粗碎和中碎）和细磨，也可能有矿石的水洗（水选）和烘干。铝土矿的水洗在矿山进行，以水冲洗掉铝土矿附着的黏土等杂质。铝土矿的破碎和细磨是为了保证以后工序能得到必须粒度的原料。从矿山开采的铝土矿，通常用颚式破碎机或锤式破碎机进行粗碎，然后，用圆锥破碎机进行中碎。

（2）铝土矿矿浆预脱硅

湿磨的铝土矿矿浆须预热，再加热到溶出需要的温度，以进行溶出反应。在预热过程中，铝土矿所含的易与碱液作用的硅矿物（如高岭石、蛋白石等）在常压下即开始与碱液反应进入溶液，使溶液中的氧化硅迅速增加，然后又成为溶解度很小的水合铝硅酸钠（"硅渣"）从溶液中析出，在预热器表面形成结垢。为防止在矿浆加热过程中，由于硅渣析出产生结垢，近年来在工业上采取"预脱硅"措施，即在矿浆进入预热器之前，将矿浆在95℃以上保持6～8h，使进入溶液中的氧化硅先行脱除。在处理一水软铝石型铝土矿或一水硬铝石型铝土矿时，实行矿浆预脱硅是减轻溶出设备结垢的有效方法。

（3）高压溶出

原矿浆是由铝矿石、循环母液和石灰组成的混合物。溶出是利用循环母液的苛性碱把矿石中的氧化铝溶解出来。但是铝土矿中除氧化铝外，还有不少的杂质如氧化硅、氧化钛、氧化铁、碳酸盐、有机物和硫化物以及一些微量物质，如镓、铬、钒等。另外添加的石灰除主要成分氧化钙外，还含有碳酸钠、硫酸钠以及铝硅酸盐等杂质，杂质也会同时进入原矿浆里。因此，原矿浆的组成是很复杂的，导致其在溶出过程中的化学反应也十分复杂。

为清晰了解溶出过程，可将溶出化学反应分为主反应和副反应两大类：主反应是氧化铝水合物的溶出反应；副反应是各种杂质在溶出过程的反应。通过主副反应，铝土矿中的氧化铝进入溶液，而各种杂质进入渣中，从而达到有用物质与杂质分离的目的。

① 氧化铝水合物的溶出反应　三种类型的铝土矿由于其氧化铝水合物的结构和组成不同，它们在苛性碱溶液中的溶解度和溶解速度并不相同。常压下，铝土矿在苛性碱溶液中的溶解难易程度如下：三水铝石型铝土矿容易溶出；一水软铝石型铝土矿不易溶出；一水硬铝石型铝土矿很难溶出。但是当对不同的铝土矿采取不同的溶出条件时，三种类型铝土矿中的氧化铝都能溶解进入苛性碱溶液中。

在常压条件下，三水铝石型铝土矿会与苛性碱发生反应生成铝酸钠溶液：

$$Al(OH)_3 + NaOH = NaAl(OH)_4 \qquad (11-2)$$

在高温高压条件下，一水软铝石型铝土矿或一水硬铝石型铝土矿才会与苛性碱发生反应生成铝酸钠溶液：

$$AlOOH + NaOH = NaAl(OH)_4 \qquad (11-3)$$

② 氧化硅在铝土矿溶出过程中的行为　铝土矿中的氧化硅一般以石英（SiO_2）、蛋白石（$SiO_2 \cdot nH_2O$）、高岭石（$Al_2O_3 \cdot 2SiO_2 \cdot 2H_2O$）和叶蜡石（$Al_2O_3 \cdot 4SiO_2 \cdot H_2O$）等形态存在。由于形态、粒度、苛性碱浓度及温度的不同，氧化硅与苛性碱的反应也不同。

石英化学活性小，在125℃下不与苛性碱反应，但在125℃以上会与碱反应。所以，三水铝石型铝土矿中的石英会进入渣中，而一水铝石型铝土矿中的石英则全部溶解。

$$SiO_2 + 2NaOH = Na_2SiO_3 + H_2O \qquad (11-4)$$

蛋白石很容易与苛性碱反应：

$$SiO_2 \cdot nH_2O + 2NaOH = Na_2SiO_3 + H_2O \qquad (11-5)$$

上面两个反应生成的可溶性硅酸钠又会与溶液中的铝酸钠反应生成不溶性的含水铝硅酸钠进入赤泥：

$$1.7Na_2SiO_3 + 2NaAlO_2 = Na_2O \cdot Al_2O_3 \cdot 1.7SiO_2 \cdot nH_2O \qquad (11-6)$$

高岭石也较容易与苛性碱反应：

$$Al_2O_3 \cdot 2SiO_2 \cdot 2H_2O + 6NaOH = 2NaAlO_2 + 2Na_2SiO_3 \qquad (11-7)$$

两个生成物又会相互反应生成不溶性的含水铝硅酸钠进入赤泥：

$$2NaAlO_2 + 1.7NaSiO_3 \Longrightarrow Na_2O \cdot Al_2O_3 \cdot 1.7SiO_2 \cdot nH_2O\downarrow + 3.4NaOH \quad (11\text{-}8)$$

从上述反应可见，铝土矿中的氧化硅在溶出时最终会以不溶性的含水铝硅酸钠形式入渣。

③ 氧化钛在溶出过程中的行为　氧化钛一般以金红石或锐钛矿和板钛矿的形式存在，两者晶型结构不同。在不加石灰时，氧化钛与苛性碱作用生成不溶性的钛酸钠。反应式如下：

$$3TiO_2 + 2NaOH \Longrightarrow Na_2O \cdot 3TiO_2 \cdot 2H_2O \quad\quad\quad\quad (11\text{-}9)$$

④ 氧化铁在溶出过程中的行为　铝土矿中的氧化铁主要是以赤铁矿（$\alpha\text{-}Fe_2O_3$）形态存在。在铝土矿溶出的条件下，氧化铁作为碱性氧化物不与苛性碱作用，Fe_2O_3 及其水合物全部残留于固相进入泥渣中，使泥渣呈红色，所以溶出的泥渣也叫作赤泥。

⑤ 硫在溶出过程中的行为　硫在铝土矿中主要是以黄铁矿（FeS_2）及其异构体白铁矿和胶黄铁矿的矿物形态存在。在溶出过程中，硫化物能与苛性碱反应生成硫化钠（Na_2S）和硫代硫酸钠（Na_2SO_3），其中，硫化钠在流程中与空气接触最终被氧化成硫酸钠；溶胶状态的硫化亚铁（FeS）也会进入溶液。

⑥ 碳酸盐在溶出过程中的行为　碳酸盐是由铝土矿和质量差的石灰带入生产流程的，通常以 $CaCO_3$、$MgCO_3$ 和 $FeCO_3$ 等形式存在。碳酸盐在高温高压溶出时，与苛性碱溶液能进行反苛化反应生成碳酸钠，如：

$$CaCO_3 + 2NaOH \Longrightarrow Ca(OH)_2 + Na_2CO_3 \quad\quad\quad (11\text{-}10)$$

⑦ 有机物微量元素在溶出过程中的行为　铝土矿中的有机物通常以腐殖质和沥青的形态存在。沥青不与碱作用进入赤泥中；腐殖质能与碱作用生成草酸钠和蚁酸钠进入溶液中。当铝酸钠溶液中有机物含量过高时，溶液的黏度增大，这不利于赤泥分离和晶种分解。另外，铝土矿中常含有多种微量元素，其中主要有镓、钒等元素，与碱作用进入溶液中，生成镓酸钠（$NaGaO_2$）和钒酸钠（Na_3VO_4）。随着溶液的不断循环使用，镓酸钠和钒酸钠不断富集，当达到一定浓度时，降温使之以氢氧化物形式析出，然后提取镓和钒。

(4) 赤泥的分离和洗涤

拜耳法赤泥分离与洗涤的目的是从铝土矿溶出料浆中得到纯净的铝酸钠溶液；尽可能减少由赤泥以附着碱液形式带走的 Na_2O 和 Al_2O_3 的损失。大多数氧化铝厂均采用沉降槽分离和洗涤赤泥。

赤泥分离洗涤过程一般包括下述步骤。

① 赤泥料浆稀释　溶出料浆在分离赤泥之前须用赤泥洗液予以稀释，以降低料浆溶液的黏度，提高分离效率；降低溶液的浓度，使之适合加种子分解的要求；随溶液浓度降低可促进溶液的继续脱硅，减少氧化硅含量。

② 沉降分离　稀释后的赤泥料浆送入沉降槽，分离出大部分溶液。为控制沉降槽溢流中的悬浮微粒（浮游物）含量，并加速赤泥的沉降，一般多向赤泥料浆中添加絮凝剂，合成高分子絮凝剂，如聚丙烯酰胺（$CH_2CHCONH_2$）等，用量极少（万分之一二），效果很好。

③ 赤泥反向洗涤　将分离沉降槽的底流（稠浓赤泥料浆）进行多次反向沉降洗涤，使赤泥附液损失控制在工艺要求限度之内。

④ 溢流控制过滤　将分离沉降槽溢流用叶滤机进行控制过滤，使滤液中浮游物含量不超过工艺要求水平。浮游物为悬浮固体微粒，主要是氢氧化铁，为使产物氢氧化铝不被含铁杂质污染，送往加种子分解的铝酸钠溶液必须经过有效的过滤处理。

（5）铝酸钠溶液的晶种分解

对拜耳法铝酸钠溶液晶种分解的工艺要求：①得到较高的氧化铝产出率或分解率；②产物氢氧化铝结晶应有适宜的粒度分布和机械强度。

从过饱和的铝酸钠溶液中结晶析出氢氧化铝，在热力学上是自发的不可逆过程，但是铝酸钠溶液又具有很强的过饱和稳定性，经过高速离心机处理，分离出所含亚显微粒子之后，可以长期不分解。一般所说过饱和铝酸钠溶液的自发分解，也是由溶液中原来存在的亚显微粒子引起的，特别是那些与氢氧化铝结构近似的物质，如针铁矿 γ-FeOOH 等，其分解过程可能存在一个较长的诱导期。溶液中的晶种固体亚显微粒子起着结晶核心的作用。所以，在生产中只有外加氢氧化铝晶种后，铝酸钠溶液才能以工业要求的速度分解。分解反应可以写成下式：

$$\text{Al(OH)}_4^- + x\,\underset{\text{（晶种）}}{\text{Al(OH)}_3} \longrightarrow (x+1)\,\underset{\text{（结晶）}}{\text{Al(OH)}_3} + \text{OH}^- \tag{11-11}$$

加入的氢氧化铝种子可以作为现成的结晶核心，以克服在铝酸钠溶液中均相成核的困难。

铝酸钠溶液晶种分解实际上应包括两个方面：铝酸根离子的分解和氢氧化铝结晶。

① 铝酸根离子分解　当铝酸钠溶液中有可作为晶核的固体杂质微粒或外加的氢氧化铝种子时，铝酸根离子 $\left[\text{Al(OH)}_4^-\right]$ 吸附于晶种表面而发生分解，生成的氢氧化铝分子在晶种表面经过重新排列，形成氢氧化铝结晶，并有热量放出。放出的热量与氢氧化铝种子的比表面积成正比。一般认为铝酸钠溶液加种子分解过程首先是 Al(OH)_4^- 被晶种表面选择吸附，进而发生铝酸离子与种子表面间的化学反应。晶种晶体表面的微细缺陷部分、晶体的顶点和棱都是"活性部位"，这些位点的原子饱和程度较小，故易于吸附铝酸根离子。

② 氢氧化铝结晶　在铝酸钠溶液加种子分解过程中，析出的氢氧化铝多晶体的形成机理：次生成核；结晶生长；晶粒附聚；晶粒破裂。

（6）氢氧化铝煅烧

铝酸钠溶液加种子分解所得的氢氧化铝结晶是多晶集合体，通常含有 $12\% \sim 14\%$ 的附着水，在煅烧过程中将发生附着水的蒸发、氢氧化铝结构水的脱水及相变。

从三水铝石经加热脱水到转变为 α-Al_2O_3 之前，要经过一系列的中间相，其转变过程与原始氢氧化铝的粒度和加热条件有关。

微粒的氢氧化铝（$<10\mu\text{m}$）在空气中加热时，于 $130\,℃$ 开始脱水，并按下列过程转变为 α-Al_2O_3：

$$\text{三水铝石} \xrightarrow{130\,℃} \chi\text{-Al}_2\text{O}_3 \xrightarrow{\text{约}800\,℃} \kappa\text{-Al}_2\text{O}_3 \xrightarrow{\text{约}1100\,℃} \alpha\text{-Al}_2\text{O}_3 \tag{11-12}$$

较粗粒度的氢氧化铝则在 $150\,℃$ 以上生成 χ-Al_2O_3 和一水软铝石的混合物，随温度升高，又各按不同的过程转变：

$$\text{三水铝石} \xrightarrow{150\,℃} \chi\text{-Al}_2\text{O}_3 \xrightarrow{\text{约}800\,℃} \kappa\text{-Al}_2\text{O}_3 \xrightarrow{\text{约}1100\,℃} \alpha\text{-Al}_2\text{O}_3$$

$$\downarrow 200\,℃$$

$$\text{一水软铝石} \xrightarrow{\text{约}450\,℃} \gamma\text{-Al}_2\text{O}_3 \xrightarrow{\text{约}900\,℃} \delta\text{-Al}_2\text{O}_3 \xrightarrow{\text{约}1000\,℃} \theta\text{-Al}_2\text{O}_3 \uparrow \text{约}1100\,℃$$

工业氢氧化铝的粒度为几十微米，三水铝石脱水只能形成 χ-Al_2O_3，但由于大粒结晶或大量物料使水的排出受到阻碍，出现热压条件，χ-Al_2O_3 吸收高压水蒸气而形成一水软铝石。再者，大粒结晶易受热压冲击产生裂缝，降低氧化铝磨损强度。最后完全形成 χ-Al_2O_3 的温度为 $1300\,℃$。

氢氧化铝煅烧多采用带冷却机的回转窑。氢氧化铝与煅烧气体在窑内逆向运动而受到加热，依次完成排除附着水、结构水及晶型转变的过程后，进入冷却机冷却至 100℃ 左右排出，输送到氧化铝仓。

（7）分解母液的蒸发

蒸发的主要目的是排出流程中多余的水分，保持循环系统中的水量平衡，使母液蒸发到符合拜耳法溶出或烧结法生料浆配料所要求的浓度。进入生产流程中的水分主要有赤泥洗水（以赤泥计约 $3\sim8m^3/t$）、氢氧化铝洗水（以氧化铝计，$0.5\sim1.5m^3/t$）、原料带入、蒸汽直接加热的冷凝水。除随赤泥带走以及在氢氧化铝煅烧和熟料烧结等过程排出的水分外，流程中多余的水分由蒸发工序排出。生产一吨氧化铝需要蒸发的水量取决于生产方法、铝土矿类型和质量、采用的设备和工艺条件等许多因素。

拜耳法中分母液蒸发还可从流程中排除碳酸钠等盐类杂质。碳酸钠主要来自铝土矿中的碳酸盐，并在过程中循环积累。碳酸钠在铝酸钠溶液中的溶解度随总碱浓度的增高而急剧下降。所以当分解母液蒸发到某种浓度时，过饱和的碳酸钠呈 $Na_2CO_3 \cdot H_2O$ 结晶析出。升高温度则可增大碳酸钠在碱液中的溶解度。$Na_2CO_3 \cdot H_2O$ 在拜耳法中用石灰进行苛化处理，以回收苛性碱：

$$Na_2CO_3 + Ca(OH)_2 \Longrightarrow 2NaOH + CaCO_3 \qquad (11-13)$$

碳酸盐等的结晶析出，使得在蒸发器加热表面产生结垢，从而影响蒸发传热，增大蒸气消耗。

（8）一水碳酸钠的苛化

用拜耳法生产氧化铝时，循环母液中的苛性碱每循环一次有 3% 左右被反苛化为碳酸碱，这些碳酸碱在蒸发过程中以一水碳酸钠形式结晶析出，从而造成苛性碱损耗。为了减少苛性碱消耗，单独的拜耳法生产氧化铝厂需要将析出的碳酸钠进行苛化处理，以回收苛性碱。

一水碳酸钠的苛化采用石灰苛化法：将一水碳酸钠溶解，然后加入石灰乳进行苛化。其苛化反应如式（11-13）所示。

苛化流程为：先将补充的碱粉用热水溶化，碱水与蒸发后析出的结晶碱（$Na_2CO_3 \cdot H_2O$）一起送化灰机与石灰一同消化，消化后送苛化桶苛化，苛化浆液沉降分离，溢流液送蒸发器蒸浓，使浓度满足生产要求。苛化渣浆经过滤，滤渣送往赤泥沉降洗涤系统，滤液返回苛化浆澄清桶。

11.2.2　烧结法生产氧化铝

拜耳法生产氧化铝时，铝土矿中的氧化硅是以含水铝硅酸钠的形式与氧化铝分离的，如果铝硅比越低，则有用成分氧化铝和氧化钠损失越多，恶化经济指标。所以，拜耳法生产氧化铝流程只适合处理铝硅比高于 7 的铝土矿，而碱石灰烧结法则能处理铝硅比低的铝土矿。

碱石灰烧结法的原理：由碱、石灰和铝土矿组成的炉料经过烧结，使炉料中的氧化铝转变为易溶的铝酸钠，氧化铁转变为易水解的铁酸钠，氧化硅转变为不溶的原硅酸钙。

$$Al_2O_3 + Na_2CO_3 \Longrightarrow Na_2O \cdot Al_2O_3 + CO_2 \qquad (11-14)$$

$$SiO_2 + 2CaO \Longrightarrow 2CaO \cdot SiO_2 \qquad (11-15)$$

$$Fe_2O_3 + Na_2CO_3 \Longrightarrow Na_2O \cdot Fe_2O_3 + CO_2 \qquad (11-16)$$

由这三种化合物组成的熟料在用稀碱溶液溶出时，固相铝酸钠溶于溶液：

$$Na_2O \cdot Al_2O_3 \Longrightarrow 2NaAl(OH)_4 \qquad (11-17)$$

铁酸钠水解为氢氧化钠和氧化铁水合物：

$$Na_2O \cdot Fe_2O_3 \Longrightarrow 2NaOH + Fe_2O_3 \cdot H_2O \downarrow \qquad (11\text{-}18)$$

原硅酸钙与不同溶液反应，全部转入赤泥，从而达到制备铝酸钠溶液，并使有害杂质氧化硅、氧化铁与有用成分氧化铝分离的目的。得到的铝酸钠溶液经净化处理后，通入二氧化碳气体进行碳酸化分解，得到晶体氢氧化铝，而碳分母液的主要成分碳酸钠，可以循环返回再用来配料。

碱-石灰烧结法可以处理铝硅比低的铝土矿，但铝硅比如果低于3，则会使物料流量增加，烧结和溶出过程困难，经济和技术指标大大恶化，所以目前碱石灰烧结法处理铝土矿的铝硅比要大于3。

我国的碱-石灰烧结法的基本流程如图11.6所示。为保证熟料中生成预期的化合物，除铝矿石、石灰等固体物需在球磨机细磨使生料浆达到一定粒度外，还需控制各种物料的配入量，并对生料浆进行多次调配以确保生料浆中各氧化物的配入比例和有适宜的水含量。

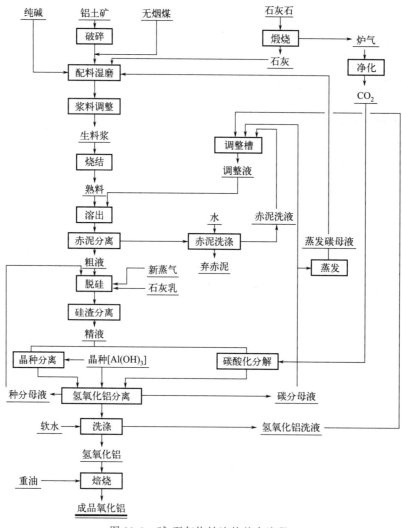

图 11-6　碱-石灰烧结法的基本流程

烧结过程是在回转窑内进行的。调配好的生料浆用高压泥浆泵经料枪以高压打入窑内，在向窑前移动的过程中被窑内的热气流烘干，加热至反应温度，并在 1200～1300℃ 的高温下完成烧结，得到化学成分和物理性能合格的熟料。熟料经破碎后，用稀碱溶液在球磨机内进行粉碎湿磨溶出，使有用成分 Na_2O 和 Al_2O_3 转变为铝酸钠溶液，而原硅酸钙和氧化铁形成固相赤泥，经过沉降分离，得到铝酸钠溶液，从而达到有用成分与有害杂质分离的目的。

分离后的赤泥需经过热水充分洗涤，回收赤泥附液中的 Na_2O 和 Al_2O_3。在熟料溶出时，由于原硅酸钙的二次反应使铝酸钠溶液的 SiO_2 浓度过高达到 $4\sim6g/L$，这种溶液（粗液）是不能进行碳酸化分解的，必须经过专门的脱硅工序进行脱硅，使 SiO_2 浓度降至 $0.2g/L$ 以下。而硅渣含有相当数量的 Na_2O 和 Al_2O_3，要返回配料进行回收。

铝酸钠精液用烧结窑窑气或石灰炉炉气进行碳酸化分解，分解率一般控制在 $85\%\sim90\%$，分解析出的氢氧化铝用软水充分洗涤后，送去煅烧。碳分母液经蒸发浓缩至一定浓度，返回配制生料浆。

11.2.3 拜耳-烧结联合法生产氧化铝

拜耳法生产氧化铝流程简单、产品质量好、工艺能耗低、产品成本低，但该法需要使用A/S（铝硅比，即三氧化二铝与二氧化硅的质量分数比）$\geqslant7$ 的优质铝土矿和比较贵的烧碱（NaOH）；烧结法生产氧化铝，可以处理 A/S$\geqslant3\sim3.5$ 的高硅铝土矿和利用较便宜的碳酸钠，但该法流程复杂，工艺能耗高，产品质量比拜耳法差，单位产品投资和成本较高。

为适合各种铝土矿和降低生产成本，利用拜耳法和烧结法各自的优点，生产上采用拜耳法和烧结法联合起来的流程，更能取得较单一方法更好的经济效果。拜耳-烧结联合法可分为三种流程：串联法、并联法和混联法。

(1) 串联法

串联法是用烧结法处理拜耳法流程产生的赤泥，回收其中的氧化钠和氧化铝。这种方法适用于处理拜耳法不能充分利用的中低品位铝土矿，不仅扩大了铝土矿资源范围，用廉价的碳酸钠替代氢氧化钠，降低了碱耗，而且提高了氧化铝的回收率。

(2) 并联法

并联法是拜耳法和烧结法两条生产线平行运作的方法，拜耳法处理高品位铝土矿，烧结法处理中低品位铝土矿。烧结法一般占氧化铝总产能的 $10\%\sim15\%$，而且拜耳法工艺的苛性碱损失可由烧结法工艺中转化产生的苛性碱进行补充，提高了经济效益。

(3) 混联法

针对串联法熟料烧成和物料平衡中所遇到的技术难点，在烧结配料中除了配入拜耳法赤泥外，还添加一部分低品位铝土矿，从而提高了熟料铝硅比及其熔点，并使熟料的烧结温度范围变宽，提高了熟料的质量；与此同时，也降低了熟料烧结折合比，减少了烧结法单位产量的烧成能耗。混联法存在流程长、设备繁多、控制复杂等缺点。

11.2.4 氧化铝的质量要求

电解炼铝对氧化铝的质量要求：一是氧化铝的纯度，二是氧化铝的物理性质。

(1) 氧化铝的纯度

氧化铝的纯度是影响原铝质量的主要因素，同时也影响电解过程的技术经济指标。如果氧化铝中含有比铝更正电化元素的氧化物（Fe_2O_3、SiO_2、TiO_2、V_2O_5 等），这些元素在电解过程中将首先在阴极上析出而使铝的质量降低。同时，如果电解质中含有磷、钒、钛、铁等杂质，还会使电流效率降低。如果氧化铝中含有比铝更负电性的元素（碱金属及碱土金属）的氧化物，则在电解时这些元素将与氟化铝反应，造成氟化铝耗量增加。根据计算，氧化铝中 Na_2O 含量每增加 0.1%，每生产 1t 铝就需多消耗价格昂贵的氟化铝 3.8kg。因此，电解炼铝用的氧化铝必须具有较高的纯度，其杂质含量应尽可能低。氧化铝质量与生产方法有关，拜耳法生产氧化铝的纯度要高于烧结法。我国氧化铝的质量标准列于表 11-3。

表 11-3 我国氧化铝的质量标准

等级	化学成分/%				
	Al_2O_3	杂质			
		SiO_2	Fe_2O_3	Na_2O	灼烧
一级	≥98.6	≤0.02	≤0.03	≤0.55	≤0.8
二级	≥98.5	≤0.04	≤0.04	≤0.60	≤0.8
三级	≥98.4	≤0.06	≤0.04	≤0.65	≤0.8
四级	≥98.3	≤0.08	≤0.05	≤0.70	≤0.8
五级	≥98.2	≤0.10	≤0.05	≤0.70	≤1.0
六级	≥97.8	≤0.15	≤0.06	≤0.70	≤1.2

（2）氧化铝的物理性质

电解工艺对氧化铝物理性质的要求：粒度较粗且均匀，强度较高，比表面积大。另外，对安息角、堆积密度和流动性也都有一定要求。而砂状氧化铝很好地满足了这些物理性质的要求。表 11-4 给出了不同类型氧化铝的物理性质。我国生产的氧化铝，粒度介于面粉状和砂状之间，称为中间状氧化铝。

表 11-4 不同类型氧化铝的物理性质

物理性质	氧化铝类型		
	面粉状	砂状	中间状
≤44μm 的粒子质量分数/%	20～50	10	10～20
平均直径/μm	50	80～100	50～80
安息角/(°)	>45	30～35	30～40
比表面积/(g/cm³)	<5	>35	>35
密度/(g/cm³)	3.90	≤3.70	≤3.70
堆积密度/(g/cm³)	0.95	>0.85	>0.85

11.3 铝电解

11.3.1 铝电解质

铝电解质是铝电解槽的"血液"，它溶解氧化铝，并将其输送到电极表面，发生电化学反应，产生金属铝和 CO_2 气体。电流通过电解质产生热量用以维持适宜的电解温度，保证电解过程正常进行。因此，电解工艺技术指标与电解质的组成、性能和数量息息相关。

（1）电解质的组成

工业铝电解质通常含有冰晶石（Na_3AlF_6，86%～88%）、氟化铝（AlF_3，8%～10%）和氧化铝（约 4%）其中，冰晶石和氟化铝是熔剂，氧化铝是炼铝的原料，此外还含有少量的 CaF_2（1%～4%，钙离子是原料氧化铝带入电解质的）。

冰晶石由 NaF 和 AlF_3 合成。NaF-AlF_3 二元系、Na_3AlF_6-Al_2O_3 二元系和 Na_3AlF_6-AlF_3-Al_2O_3 三元系是铝电解质的基本体系。

在 NaF-AlF_3 二元系中，存在 3 种化合物：冰晶石（Na_3AlF_6）、亚冰晶石（$Na_5Al_3F_{14}$）和单冰晶石（$NaAlF_4$）。其中，单冰晶石存在的温度区间较小（680～710℃），在低温时发生分解，生成亚冰晶石和氟化铝。

冰晶石熔点 1009℃，在熔化时发生一定程度的热分解，其热分解率为 30%。冰晶石在固态下有三种变体：单斜晶系、立方晶系和六方晶系。其相变温度分别为 565℃和 880℃。亚冰晶石在 NaF-AlF_3 二元系中是由初晶体 Na_3AlF_6（固相）与液相发生包晶反应生成的，包晶点为 737℃。在 737℃以下，亚冰晶石是稳定的。在 737℃以上它熔化并分解成冰晶石和氟化铝，图 11-7 为 NaF-AlF_3 二元系相图。

从相图中可以看出，以冰晶石为基准可以分成两个分系：NaF-Na_3AlF_6 分系和 Na_3AlF_6-AlF_3 分系。前一个分系为简单共晶系，共晶点在 23% AlF_3 + 77% NaF 处，888℃。后一个分系尚未研究完全，只研究到 75% AlF_3 处，存在一个包晶反应在 734℃。

Na_3AlF_6-Al_2O_3 二元系被认为是简单共晶系，图 11-8 为 Na_3AlF_6-Al_2O_3 二元系相图。

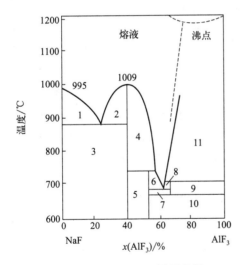

图 11-7　NaF-AlF_3 二元系相图

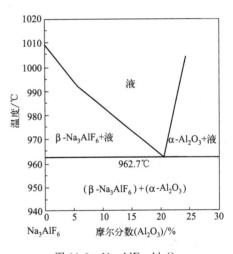

图 11-8　Na_3AlF_6-Al_2O_3
二元系相图

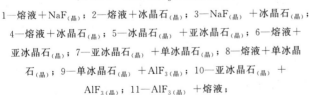

1—熔液＋$NaF_{(晶)}$；2—熔液＋冰晶石$_{(晶)}$；3—$NaF_{(晶)}$＋冰晶石$_{(晶)}$；4—熔液＋冰晶石$_{(晶)}$；5—冰晶石$_{(晶)}$＋亚冰晶石$_{(晶)}$；6—熔液＋亚冰晶石$_{(晶)}$；7—亚冰晶石$_{(晶)}$＋单冰晶石$_{(晶)}$；8—熔液＋单冰晶石$_{(晶)}$；9—单冰晶石$_{(晶)}$＋$AlF_{3(晶)}$；10—亚冰晶石$_{(晶)}$＋$AlF_{3(晶)}$；11—$AlF_{3(晶)}$＋熔液；

Na_3AlF_6-AlF_3-Al_2O_3 三元系的侧部二元系 Na_3AlF_6-AlF_3 存在不稳定的化合物亚冰晶石（$Na_2Al_3F_{14}$），而且 AlF_3 是一种挥发性较大，导致侧部二元系 AlF_3-Al_2O_3 系未能进行研究。

向冰晶石-氧化铝熔液中，添加某些能够改变它的物理化学性质以及提高电解生产指标的盐类，这种盐类称为添加剂。添加剂应满足下列各项要求：在铝电解过程中不分解，从而可以保证铝的质量和电流效率；能改善冰晶石-氧化铝熔液的物理化学性质，例如降低共熔点，或者提高其电导率，减小铝的溶解度，降低其蒸气压，而且对氧化铝在冰晶石熔液中的溶解度没有大的影响；来源广泛并且价格低廉。基本上满足上述要求的添加剂有氟化铝、氟化钙、氟化镁、氟化锂、氯化钠、氯化钡等几种。它们都具有降低电解质初晶点的优点，有的还能提高电解质的导电率，但是大多数具有减小氧化铝溶解度的缺点。迄今为止，还没有一种完全合乎理想的添加剂。

（2）工业铝电解质

工业电解质在应用过程中，电解槽型不同，电解工艺条件的选取也不同，往往电解质的组成和性能的选取也不同。表 11-5 中，传统电解质、弱酸性电解质和酸性电解质三者都已在工业上应用，低熔点电解质尚处于实验室试验阶段。

表 11-5　冰晶石-氧化铝电解质的组成

种类	酸度		添加剂	Al_2O_3 浓度/%	电解温度/℃
	过量氟化铝/%	NaF/AlF$_3$ 摩尔比			
传统电解质	3～7	2.5～2.8	CaF$_2$ 6%～9%	5	970
弱酸性电解质	2～4	2.8～2.7	CaF$_2$ 2%～3% MgF$_2$ 3%～5% LiF 2%～3%	3～4	960～970
酸性电解质	7～14	2.5～2.1	CaF$_2$ 2%～4%	2～4	950～960
低熔点电解质	15～40	2.1～1.1	CaF$_2$ 2%～3% MgF$_2$ 3%～5% LiF 1%～2%	2～4	800～900

因为电解质熔化温度较高，现代铝工业一般采取较高的电解温度。若采用低熔点电解质，则电解温度可明显降低，实现 800～900℃下的电解，制取液态铝。同时，电流效率明显提高，电能消耗量和炭阳极消耗量均明显减少，槽寿命亦可延长。此外，低温电解质与惰性阴极配合使用，则其经济效益愈加显著，这是铝工业的一个发展方向。

11.3.2　铝电解反应

（1）阴极反应

在工业铝电解质体系中，存在多种阳离子和阴离子。在铝电解质体系中，电流的迁移是由钠离子完成的，但在阴极放电的是铝离子。在 1000℃左右，冰晶石-氧化铝熔液中纯钠的平衡析出电位大约比纯铝的平衡析出电位负 250mV。由于阴极上离子放电不存在很大的过电位（析出铝的过电位是 10～100mV），所以在这样大的析出电位差之下，阴极上的反应主要是析出铝。在该反应中，铝氧氟络合离子小的 Al^{3+} 获得三个电子而放电：

$$Al^{3+}（络合的）+3e^- \longrightarrow Al \qquad\qquad (11-19)$$

这就是阴极一次反应。

但是，冰晶石-氧化铝熔液中纯钠和纯铝析出电位的差值，是随着电解质 NaF/AlF$_3$ 摩尔比增大、温度升高、Al_2O_3 浓度减少以及阴极电流密度（$d_阴$）的提高而减小。如果钠和铝的析出电位差值减小，则钠离子就会同铝离子一起放电，结果造成电流效率的重大损失。此外，随着电流密度增大，由扩散和对流引起的传质过程如果保持不变，则由阴极液中 Al^{3+} 浓度的迅速减小造成 Na^+ 的大量积聚，也将会引起铝离子和钠离子析出电位之间差值减小，直至倒转过来。

(2) 阳极反应

在适当的电流密度下，炭阳极上的气体产物几乎是纯 CO_2。氧离子（基本上是络合在铝氧氟离子中的离子）在炭阳极上放电，生成二氧化碳的反应是：

$$2O^{2-}（络合的）-4e^- + C \longrightarrow CO_2 \tag{11-20}$$

因此，铝电解的总反应式是：

$$Al_2O_3 + 1.5C \Longrightarrow 2Al + 1.5CO_2 \tag{11-21}$$

铝和二氧化碳都是电极上的一次产物。按此总反应式可求出氧化铝和碳的理论消耗量分别为 1.889kg 和 0.333kg（按每千克铝计算）。

铝电解中的阳极反应，包括以下几个步骤。

① 氧离子越过双电层在阳极上放电，并生成原子态氧：

$$O^{2-}（络合的）\longrightarrow O（吸附）+2e^- \tag{11-22}$$

② 吸附在阳极上的氧与炭阳极发生作用，生成碳氧化合物 C_xO：

$$O（吸附）+xC \longrightarrow C_xO \tag{11-23}$$

③ C_xO 分解出 CO_2，此 CO_2 吸附在炭阳极上：

$$C_xO \longrightarrow CO_2（吸附）+(2x-1)C \tag{11-24}$$

(3) 铝电解中两极副反应

铝电解中，阴极和阳极上除了发生主反应之外，还进行着多种副反应，例如，阳极效应、铝的溶解等。这些副反应会降低电流效率和提高电能消耗，所以铝工业须设法避免其发生。

① 阳极效应　阳极效应发生时，阳极上出现许多细小而明亮的电弧，槽电压升高到数十伏。在工业铝电解中，阳极效应通常是当电解质中氧化铝浓度减少到 1% 左右时发生。

由于阳极效应发生在阳极（固）-阳极（气体）-电解质（熔液）三相界面上，故从三相本身所起的变化以及相互关系的变化方面研究其机理，主要有湿润性学说、氟离子放电学说、静电引力学说。此三相界面的状态，如图 11-9 所示。

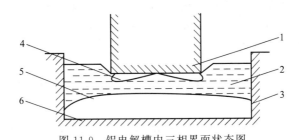

图 11-9　铝电解槽内三相界面状态图

1—炭阳极；2—冰晶石-氧化铝电解液；3—碳素材料侧壁；4—阳极气泡；5—铝液；6—炭素阳极

a. 湿润性学说　发生阳极效应是由于电解液对碳阳极温润湿性的改变。Al_2O_3 是一种表面活性物质，它能减小冰晶石溶液在碳素材料上的界面张力。当冰晶石熔液中 Al_2O_3 含量高时，熔液对炭阳极湿润良好，阳极气泡不能停留在阳极上，故不发生阳极效应；而当 Al_2O_3 含量低时，熔液对炭阳极湿润不良，阳极气泡便能够停留在阳极上，最终连成一片而发生阳极效应。

b. 氟离子放电学说　发生阳极效应是阳极过程从氧离子放电转变到氧离子与氟离子共同放电所致。这种学说认为当氟离子放电时，在炭阳极上生成氟碳化合物，这是一种表面能很小的化合物，它减弱电解质对炭阳极的湿润性，故引起阳极效应的发生。

c. 静电引力学说　阳极气泡所带的电荷的改变，是发生阳极效应的原因。当电解液中 Al_2O_3 浓度较高时，气泡带正电，故被阳极排斥；当 Al_2O_3 浓度低时，气泡带负电，故被阳极吸引住，于是发生阳极效应。

② 铝的溶解

铝在冰晶石-氧化铝熔液中的溶解度甚小，在 1000℃ 时仅为 0.05%～0.10%。铝在冰晶石-氧化铝溶液中的溶解，有以下四种方式：

a. 铝与冰晶石溶液发生化学反应，生成低价氟化铝：

$$2Al(l) + Na_3AlF_6(l) = 3NaF(l) + 3AlF(l) \tag{11-25}$$

b. 铝置换冰晶石中的钠，生成元素钠：

$$Al(l) + Na_3AlF_6(l) = Na(l) + 2AlF_3(l) \tag{11-26}$$

c. 铝以电化学溶解方式，生成低价铝离子，并放出电子：

$$Al(l) = Al^{3+}(l) + 2e^- \tag{11-27}$$

d. 物理溶解　铝以金属微粒的形态存在于冰晶石-氧化铝溶液中，密度略大于冰晶石-氧化铝溶液，具有还原性，可被阳极气体氧化。

11.3.3　铝电解生产与工艺

铝电解的生产过程分三个阶段，即焙烧、启动和正常生产阶段。其中，焙烧和启动经历几天或十几天，其余绝大部分时间用于正常生产阶段。

(1) 焙烧

铝电解槽焙烧的目的在于加热阳极、阴极和炉膛，以利于启动。在焙烧时利用阳极和阴极本身的电阻，以及焙烧介质（例如焦炭粒）的电阻发热，或者利用燃料发热。预焙阳极已经在槽外焙烧过，此时只需要加热。自焙阳极由阳极糊组成，它需要在槽内就地加热，在加热过程中，阳极糊发生一系列的热变。在 360℃ 至 400℃，沥青中析出焦油物质，沥青变得浓密而发生结构流变。在 500℃ 至 700℃ 焦油物质裂化并生成焦炭。此种焦炭称为结焦炭。结焦炭具有黏结能力，能够把骨料炭粒黏结起来，形成"烧结锥体"。析出来的碳氢化合物气体，在更高的温度下（700～900℃）分解，生成二次焦、甲烷和氢气。二次焦沉积在骨粒炭之间，使"烧结锥体"更加密实。

(2) 启动

铝电解槽的启动是指在电解槽内熔化电解质和铝，开始电解，然后逐步进入正常生产阶段。

在电解槽启动之前，在阳极周围铺放氟化钙，然后放冰晶石和氟化钠（或纯碱）混合物，在槽膛内壁边缘铺放固体电解质块。灌入液体电解质，同时迅速提升阳极，电压达到 8～10V，使槽内固体物料逐渐熔化，并陆续添加固体冰晶石，直至电解质水平达到 30～35cm 为止。熔料结束后，槽电压保持 8～10V。全部熔料时间为 6～8h。这种启动方法称为"无效应"启动法。

从开始电解到逐步进入正常生产的过渡时期，称为启动后期，大约需要 2 个月。在此期间，槽电压、电解质温度、NaF/AlF₃ 摩尔比及电解质水平逐渐降低，而铝液水平逐渐升高，并且在槽膛内壁上逐渐生长结壳，其组成为 60%～80% 大晶粒的刚玉（α-Al$_2$O$_3$）和 20%～30% 冰晶石。电解质中的氟化钙促进 γ-Al$_2$O$_3$ 向 α-Al$_2$O$_3$ 转变。随着电解槽热平衡的建立，结壳逐渐长厚，最终建立椭圆形的槽膛内形。

在启动后期，电解质液面上也逐渐形成结壳，起初沿着槽壁结晶出冰晶石，以后渐渐向阳极推移，最终形成一整片结壳，覆盖在电解质液面上。这层表面结壳对于电解生产是有益的：第一，它是存放原料氧化铝的基地，使氧化铝得到预热，并且脱去其中的部分水分；第二，结壳本身以及在其上面堆放的氧化铝是良好的保温层，可减少电解质的热损失量。

铝电解槽经过焙烧和启动两个阶段之后，便投入正常生产。在正常生产期间，各项技术条件已经保持稳定，建立了热平衡，并且取得良好的生产指标。

11.4 铝精炼

11.4.1 铝的纯度

按照纯度的不同，铝可以分为以下三种。

① 原铝　通常是指用电解法在工业电解槽内制取的铝，其纯度一般为 99.5%～99.85%。

② 精铝　一般来自三层液精炼电解槽。在精炼槽内，原铝和铜配成的合金作为阳极，冰晶石-氯化钡溶液作为电解质，析出在阴极上的精铝，其纯度通常在 99.99% 以上。

③ 高纯铝　主要用区域熔炼法制取。选用精铝作原料，得到杂质质量分数不超过 1×10^{-6} 的高纯铝。高纯铝还可以用有机铝化合物电解与区域熔炼相结合的方法制取。

除此之外，还有用凝固提纯法从原铝制取的接近精铝级的铝，以及熔炼废铝得到的"再生铝"。

原铝中的杂质主要来自原料（如氧化铝、冰晶石、氟化铝、炭阳极等），一部分来自电解槽的内衬结构材料（如炭阳极等），原铝中的主要杂质是铁和硅，此外还有镓、钛、钒、铜、钠、锰、镍、锌等少量杂质，它们的质量浓度通常比铁和硅小一个或两个数量级。精铝中的主要杂质仍然是铁和硅，但是锌、铜、镁、钠的含量也许会接近铁的含量，甚至会超过硅。但在由区域熔炼法所得的高纯铝中，杂质情况有很大不同。像铬、锰、钛、铁、钒之类的元素，在精炼过程中难以分离，趋向于富集在精炼产物中，因而成为主要杂质。

从电解槽中取出的铝液通常含有三类杂质。除了伴生金属杂质以外，还有非金属固态夹杂物和气态夹杂物。铝液中的非金属固态夹杂物有氧化铝、碳和碳化铝等。气态夹杂物有 H$_2$、CO$_2$、CO、CH$_4$ 和 N$_2$ 等几种，最主要的是 H$_2$。在 1000℃ 时，100g 工业原铝中溶解氢气 0.2～0.4cm^3。铝液中的氢有两种形态：原子氢和气态氢。前者溶解在铝液内，后者吸附在固态夹杂物（例如氧化铝）颗粒上。

11.4.2 铝液净化

向铝液中通入惰性气体（例如氮气）或活性气体（例如氯气），可使铝液中的固态夹杂物吸附在气泡上，并随气泡上升至铝液表面，最后在过滤层中分离。

将铝液在尽可能低的温度下（略高于其熔点）进行长时间的静置，可减少其中的氢含量。通入气体，加以搅动，能够更加有效地清除铝液中的氢。例如，把氮气通入铝液中并鼓泡而出时，气泡会把氢夹带出来，氢呈分子状态。通入氯气，立即与铝发生反应，生成非常细小且数目众多的氯化铝气泡，它充分地混合在铝液中。那些悬浮的、吸附着氢气泡的固态夹杂物便被氯化铝气泡捕集，并浮到铝液表面上。氯化铝还能起催化作用，促进氯化氢的生成。故氯气的净化作用比氮气更好。每吨铝的氯气用量为 $500\sim700g$。

现代铝工业采用混合气体来净化铝液，其作用是既分离气态和固态夹杂物，又清除某些金属杂质，例如锂和镁。混合气体组分的体积分数为 90％N_2＋10％Cl_2 或 50％N_2＋50％Cl_2。此时，氯气的污染可以减轻。气体净化铝液的一种新方案是把氩气从底部通入待净化的铝液，以提高净化效率。

对于电工用的铝，用含硼的合金来处理，以便清除严重降低铝的电导率的杂质元素，例如钛、钒、锆等。用于压延的铝，采用添加钛-硼-铝合金的办法，使板锭组织细微化，以防止在压延过程中产生裂纹。用于轻微腐蚀条件下的铝（如屋顶覆盖板、烹饪用具），通常添加少量铜，以增加其抗腐蚀性能。

11.4.3　高纯铝制备

(1) 三层液电解法制取精铝

工业上通常用三层液电解法制取精铝（纯度在 99.99％以上）。三层液电解精炼法因电解槽内有三层液体而得名。其下层液体是阳极合金，由质量分数 30％的 Cu 与 70％的 Al 组成，密度为 $3.4\sim3.7g/cm^3$。中层液体为电解质，采用纯氟化物体系或氯氟化物体系，其密度为 $2.7\sim2.8g/cm^3$。最上层是精炼出来的铝液，用作阴极，其密度为 $2.3g/cm^3$。因此，此三层液体依密度差别而上下分层。图 11-10 是三层液电解精炼槽的简图。

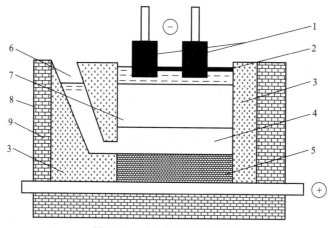

图 11-10　三层液电解精炼槽

1—阴极；2—精铝；3—镁砖；4—阳极合金；5—炭块；6—料室；7—电解质；8—槽壳；9—耐火砖

现代三层液铝精炼电解槽的电流达到 75kA，电流密度与电解槽容量有关，大容量电解槽的电流密度为 $0.50\sim0.60A/cm^2$。精铝电解槽阳极部分的结构与原铝电解槽的阴极相似，不同点在于：前者位于电解槽的上部，而后者位于电解槽的下部。在钢质外壳内安装炭块槽底，槽膛的侧部由镁砖砌成，镁砖侧壁是不导电的，以免阳极与阴极短路。阴极由直径 500mm、高 360mm 的圆柱石墨化电极构成，并在其侧壁和上部浇铸铝层保护，铝层厚 50mm，以防止石墨氧化，或者采用全部由精铝浇铸成的圆柱形阴极。阴极分两行排列，阴极的数目与电解槽容量有关。

（2）偏析法制取精铝

偏析法所用的原料是一般原铝。当原铝从熔融状态下徐缓冷却，到达其初晶点时，结晶析出纯度很高的铝粒，然后将铝粒跟剩余的铝液分离，便得到所求的偏析法产物，其中杂质含量均远小于原铝的杂质含量。工业生产结果也表明，可从99.8％的原铝中提取纯度为99.95％的铝，其提取率为5％～10％。

现在，世界各国为制取精铝，一般采用三层液电解法和偏析法。偏析法的优点是大幅度节省电能并降低精铝生产的成本。

（3）区域熔炼法制取高纯铝

在铝的凝固过程中，杂质在固相中的溶解度小于在熔融金属中的溶解度，因此，当金属凝固时，大部分杂质将汇集在熔区内。如果逐渐移动熔区，则杂质会跟着移动，最后富集在试样的尾部。在区域熔炼法中，分离杂质元素的效果主要取决于各元素的分配系数。所谓分配系数，是指杂质元素在固相中和在液相中的质量分数分配比。

 思考题

1. 通常从哪几方面评价铝土矿质量？
2. 拜耳法生产氧化铝的基本化学反应及主要工序有哪些？
3. 拜耳法生产氧化铝时铝土矿矿浆为什么要进行预脱硅？请简述其方法。
4. 简述赤泥分离和洗涤的目的及步骤。
5. 拜耳法铝酸钠溶液晶种分解的工艺要求是什么？
6. 铝电解过程中，电解质的组成是什么？
7. 铝电解过程中，阴极反应、阳极反应、总反应分别是什么？
8. 按照纯度的不同，铝可以分为哪3种？
9. 铝电解过程中，铝在冰晶石-氧化铝溶液中的溶解方式有哪些？
10. 高纯铝制备有哪些方法？

参考文献

[1] 吴树森，万里，安萍. 铝、镁合金熔炼与成形加工技术 [M]. 北京：机械工业出版社，2012.

[2] 刘鸣放，刘胜新. 金属材料力学性能手册 [M]. 北京：机械工业出版社，2011.

[3] 刘晓波. 铝及铝合金铸轧成形与裂纹扩展 [M]. 北京：机械工业出版社，2018.

[4] 曹阿林，李春焕. 复杂铝电解质体系研究 [M]. 重庆：重庆大学出版社，2022.

[5] Timelli G. Aluminium Alloys—Design and Development of Innovative Alloys，Manufacturing Processes and Applications [M]. Rijeka：IntechOpen，2023.

[6] Cooke O K. Aluminium Alloys and Composites [M]. Rijeka：IntechOpen，2020.

[7] Sivasankaran S. Aluminium Alloys—Recent Trends in Processing，Characterization，Mechanical behavior and Applications [M]. Rijeka：IntechOpen，2017.

[8] Toropova S L，Eskin G D，Kharakterova L M，et al. Advanced Aluminum Alloys Conta [M]. Uxbridge：Taylor and Francis，2017.

[9] Kvackaj T. Aluminium Alloys，Theory and Applications [M]. Rijeka：IntechOpen，2011.

[10] Eskin G D. Physical Metallurgy of Direct Chill Casting of Aluminum Alloys [M]. Boca Raton：CRC Press，2010.

[11] Michael V Glazoff，Alexandra Khvan，Vadim S Zolotorevsky，et al. Casting Aluminum Alloys [M]. Amsterdam：Elsevier Ltd.，2007.

［12］ Roger N Lumley. Fundamentals of Aluminium Metallurgy ［M］. Amsterdam： Elsevier Ltd. ，2011.

［13］ Georgantzia E，Gkantou M，Kamaris G S. Aluminium alloys as structural material：A review of research ［J］. Engineering Structures，2021，227，111372.

［14］ Rometsch P A，Zhu Y，Wu X，et al. Review of high-strength aluminium alloys for additive manufacturing by laser powder bed fusion ［J］. Materials & Design，2022，219：110779.

［15］ Weiss D. Development and casting of high cerium content aluminum alloys ［J］. Modern Casting，2017（125）：19-25.

［16］ Millogo M，Bernard S，Gillard P. Combustion characteristics of pure aluminum and aluminum alloys powders ［J］. Journal of Loss Prevention in the Process Industries，2020，68：104270.

［17］ Olakanmi E O，Cochrane R F，Dalgarno K W. A review on selective laser sintering/melting （SLS/SLM） of aluminium alloy powders：Processing，microstructure，and properties ［J］. Progress in Materials Science，2015，74：401-477.

［18］ Raabe D，Ponge D，Uggowitzer P J，et al. Making sustainable aluminum by recycling scrap：The science of "dirty" alloys ［J］. Progress in Materials Science，2022，128：100947.

［19］ Aboulkhair T N，Simonelli M，Parry L，et al. 3D printing of Aluminium alloys：Additive Manufacturing of Aluminium alloys using selective laser melting ［J］. Progress in Materials Science，2019，106：100578.

［20］ Sing S L，Yeong W Y. Laser powder bed fusion for metal additive manufacturing：Perspectives on recent developments ［J］. Virtual and Physical Prototyping，2020，15（3）：359-370.

［21］ Ferdian D，Pratesa Y，Togina I，et al. Development of Al-Zn-Cu alloy for low voltage aluminum sacrificial anode ［J］. Procedia Engineering，2017，184（5），418-422.

［22］ Wang S B，Ran Q，Yao R Q，et al. Lamella-nanostructured eutectic zinc-aluminum alloys as reversible and dendrite-free anodes for aqueous rechargeable batteries. ［J］. Nature Communications，2020，11（1）：1634.

12 镁冶金

本章要点

1. 镁的性质和用途；
2. 镁的生产方法；
3. 电解法炼镁的原理及工艺；
4. 热还原法制备金属镁的原理及工艺；
5. 镁的精炼方法。

金属镁是一种轻质银白色且具有延展性的金属，具有密度低、强度高和压铸性能好等特点，被广泛应用于航空、航天、汽车、冶金和化工等领域。同时，金属镁的电磁屏蔽性与减震性好，在电子技术、精密器材和生活领域也发挥着极其重要的作用。镁与铝、锌等形成合金，既可减轻目标合金重量，又可保持其力学、加工和焊接性能不变。因此，镁及其合金应用广泛，被称为"21世纪最具开发和应用潜力的绿色工程材料"。

12.1 概述

12.1.1 镁的性质

镁的相对密度为 $1.74g/cm^3$（5℃），是最轻的金属结构材料。熔点和沸点较低，分别为650℃和1107℃，通常采用电解法和热还原法冶炼金属镁。

金属镁化学性质活泼，但在室温下，干燥的空气中，因其表面生成氧化膜，而性质稳定。镁粉颗粒细小、活性高，在空气中极易燃烧，燃烧时会放出大量的热同时发出刺眼的白光。在冶金工业中，镁可作为一种强的还原剂，把金属化合物中化学活性小的金属置换出来，在钛、锆和铀等行业被用作还原剂还原对应金属的氧化物。

12.1.2 镁资源

(1) 金属镁的产量及分布

中国自1999年起就成为全球最大的镁锭供给国，2014—2023年我国金属镁的产量如图12-1所示。2021年原镁消费结构如图12-2所示。我国原镁消费主要集中在镁合金、铝合金添加剂、生产海绵钛、钢铁脱硫。

(2) 镁矿资源及分布

金属镁的生产主要有六种原料来源：菱镁矿、白云石、水氯镁石、光卤石、蛇纹石和海水。原料的化学式如表12-1所示。

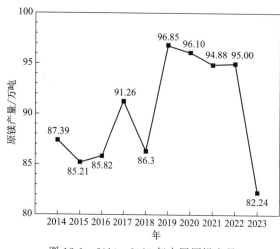

图 12-1　2014—2023 年中国原镁产量

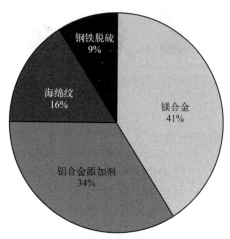

图 12-2　2021 年原镁消费结构图

表 12-1　镁原料的化学式

原料	化学式
菱镁矿(magnesite)	$MgCO_3$
白云石(dolomite)	$CaCO_3 \cdot MgCO_3$
水氯镁石(bichofite)	$MgCl_2 \cdot 6H_2O$
光卤石(carnallite)	$KCl \cdot MgCl_2 \cdot 6H_2O$
蛇纹石(serpentine)	$Mg_6 \cdot [Si_4O_{10}](OH)_8$
海水(sea water)	—

① 菱镁矿　菱镁矿主要由碳酸镁组成,杂质中含有低浓度的钙、铁和锰,属于方解石组,具有类似方解石的晶体结构,镁的质量浓度为 28.8%。菱镁矿在巴西、澳大利亚、希腊、俄罗斯、中国和斯洛伐克很常见。2023 年全球菱镁矿储量分布如图 12-3 所示。

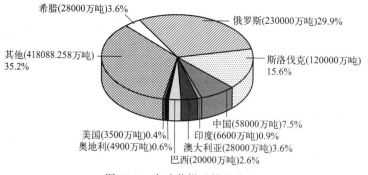

图 12-3　全球菱镁矿储量分布

② 白云石　白云石主要由碳酸镁盐和碳酸钙盐组成,杂质中含有低浓度的铁和锰,通常无色。英国、德国、巴西、挪威和墨西哥都有普通矿藏。我国已探明可开采储量超

过 200 亿吨，在山西、河北、宁夏、内蒙古、陕西、湖南、湖北、广西、江苏等地均有分布。

③ 水氯镁石　水氯镁石是碳酸钾生产过程的副产品，通常呈晶屑或晶体状的无色矿物，通过采矿和海上生产，可从盐水溶液中提取，例如海水和大盐湖的水，通过太阳蒸发将溶液中部分水除去，然后结晶得到。

④ 光卤石　光卤石中镁的质量分数为 8.75%。它由海水持续蒸发浓缩并在蒸发池的沉积物中产生，密度小，为 $1.6g/cm^2$，主要分布于墨西哥、美国、德国、俄罗斯、中国、伊朗和以色列。

⑤ 蛇纹石　蛇纹石主要由绿色的氢氧化镁硅酸盐组成，也是构成蛇纹岩的主要矿物，其中镁的质量分数约为 26.33%。蛇纹石的原材料开采地区主要有印度、俄罗斯和加拿大，其分布情况如图 12-4 所示。我国已探明蛇纹岩矿石储量近 120 亿吨，主要集中于西部地区，仅西北地区就占总矿石储量的 80%。

⑥ 海水　镁离子是海水中最常见的成分，形成的氢氧化镁和碳酸盐在海水中的溶解度很低，因此沉入海底成为珊瑚礁的基石。通过添加沉淀剂，如 $Ca(OH)_2$，形成的低溶解度盐可以被用作海水提镁的原料。

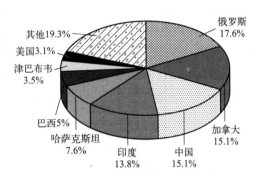

图 12-4　全球蛇纹石资源分布情况

12.1.3　镁的生产方法

目前，金属镁生产技术主要可分为两大类：电解法与热还原法。前者采用氯化镁作原料；后者采用煅烧后的氯化镁或白云石作原料，还原剂为 75% 硅铁或铝屑。在这两类生产方法中，因生产工艺基本参数的差异又可以细分为许多工艺方法。

12.2　电解法炼镁

电解法是采用氯化镁与氯化钠、氯化钾等混合熔盐进行电解从而制备金属镁的一种方法。在电解过程中，氯化镁必须进行脱水处理，因为水的分解电势低于氯化镁，在其分解前，水就会分解，将会造成能源的浪费和电解槽的损害。由于原料不同，制取无水氯化镁的方法有多种，包括菱镁矿或氧化镁氯化生产无水氯化镁、从氯化镁溶液制取低水氯化镁水合物和无水氯化镁。主要工序包括溶液净化、浓缩、干燥、脱水等。依据氯化镁原料准备方法，代表性的工艺有 DSM 工艺、Dow 工艺、Magnola 工艺、氢镁工艺、AMC 工艺。

12.2.1　原料准备

(1) DSM 工艺

DSM 工艺流程如图 12-5 所示。脱水过程分为两部分：首先是从海水中引入光卤石，此时的光卤石晶体含有 6 个水分子，将其放入流化床干燥器中。流化床干燥器中的物料经过几个加热阶段，温度在 403～473K，光卤石中大约 95% 的水被脱出，同时水解和释放出少量的酸，产物是干燥的光卤石，其中含有 3%～6% 的水和 1%～2% 的氧化镁。然后将干燥的光卤石和多种添加剂放入氯化器中，其工作温度为 973～1023K，主要用来熔化光卤石，去除剩余的水分，并减少氧化镁的含量。氯化器分为三个腔室。第一室为光卤石熔化室。第二室进行氯化反应，将氧化镁氯化生成氯化镁，发生的反应见式(12-1)：

$$MgO + C + Cl_2 \longrightarrow MgCl_2(l) + CO/CO_2(g) \tag{12-1}$$

此阶段的氯气来自电解池。第三室也称为沉淀室，氧化镁等不溶性物质沉淀到底部，而熔融的光卤石则进行电解生产金属镁。

（2）Dow 工艺

Dow 工艺以白云石与海水为原料，将白云石在回转窑中煅烧后产生的煅白与含有镁离子的海水混合反应，产生氢氧化镁，经过滤除杂等工序，再与 HCl 反应生成 MgCl₂ 和水，具体工艺流程如图 12-6 所示。在电解过程中，原料含有大量的水，约为 27%。含水的氯化镁溶液进入喷雾干燥器，直接接触燃气，主要为天然气，此阶段的产物为 MgCl₂·2H₂O。剩余的水在电解槽中脱除，通过电解槽中产生的氯气和石墨阳极快速消耗。

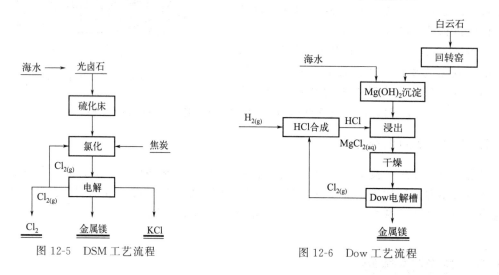

图 12-5　DSM 工艺流程　　　　图 12-6　Dow 工艺流程

（3）MagCorp 工艺

MagCorp 工艺通过蒸发浓缩盐湖卤水，然后对浓缩后的含氯化镁的溶液进行喷雾干燥得到粉末状氯化镁，其中还含有 4% 的氧化镁和 4% 的水。将干燥后的粉末置于熔融槽中，在氯气保护气氛下，使氯化镁脱水与净化，去除氧化镁、其他微量杂质和余留的水，获取较纯的无水氯化镁，继而电解可制备金属镁。其工艺流程如图 12-7 所示。MagCorp 氯化过程所需的氯的总量是 DSM 工艺的两倍，原因在于水氯镁石和光卤石的水解反应不同。

（4）Hydro 电解工艺

Hydro 电解工艺流程如图 12-8 所示。初步干燥过程中，氯化镁溶液在蒸发器中利用余热加热，直到获得含水量为 45%～50% 的几乎纯净的水氯镁石（MgCl₂·6H₂O）。为减少干燥过程中的烟尘量，将水氯镁石在造粒塔中造粒。下一阶段的干燥在流化床中进行，将六个水分子的水氯镁石通过热空气干燥至含有两个结晶水的水氯镁石。最后再用加热的 HCl 气体在大约 603K 的温度下进行干燥，通过此阶段，可降低氯化镁中氧化镁的含量，并且高温 HCl 气体可防止水解反应。

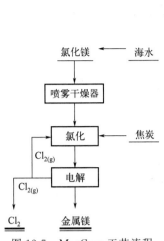

图 12-7　MagCorp 工艺流程

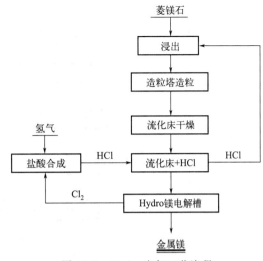

图 12-8　Hydro 电解工艺流程

(5) Magnola 工艺

Magnola 工艺利用蛇纹石中的氯化镁进行电解来生产镁。采用浓盐酸浸泡原料制备氯化镁溶液，通过调节 pH，采用离子交换技术生产浓度高的氯化镁溶液，然后进行脱水和电解，工艺流程如图 12-9 所示。此工艺水解比例较高，氧化镁的浓度高达 2%。氯化器的进料是干燥的气态 HCl，气态 HCl 由氢气与电解池产生的氯气制备。进料从氯化器顶棚进入，并在石墨混合器的协助下进行，以分散 HCl 提高混合效率。在电解池中，熔体中以及熔体上方的高浓度 HCl 阻止了水蒸气与氯化镁之间的水解反应。

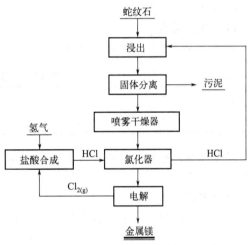

图 12-9　Magnola 工艺流程

(6) AMC 工艺

AMC 工艺也被称为氨法工艺，采用菱镁石为原料，与盐酸反应生成水合氯化镁，水合氯化镁与有机溶剂（乙二醇或者甲醇）形成氯化镁有机络合物，去除水合氯化镁与有机溶剂形成络合物时生成的游离水，有机络合物与氨作用生成六氨氯化镁沉淀，分离沉淀并将之加热得到无水氯化镁，有机溶剂和氨可以返回重新利用，化学反应见式(12-2)。此工艺不存在氯化镁低水合物水解和副反应，因此得到的无水氯化镁纯度极高，可使氧化镁的浓度低于 0.1%，其工艺流程如图 12-10 所示。

$$MgCl_2(aq) + 6NH_3(g) \Longrightarrow MgCl_2 + 6NH_{3(s)} \tag{12-2}$$

12.2.2 镁电解质的组成与性质

镁电解质的组成视原料来源而异。若是采用光卤石作原料，则电解质的组成通常为 $MgCl_2$ 5%～15%，KCl 70%～85%，NaCl 5%～15%，电解温度为 680～720℃。当用氧化镁作原料时，则电解质的组成通常为 $MgCl_2$ 12%～15%，NaCl 40%～45%，$CaCl_2$ 38%～42%，KCl 5%～7%，NaCl:KCl=6～7。电解温度为 690～720℃。

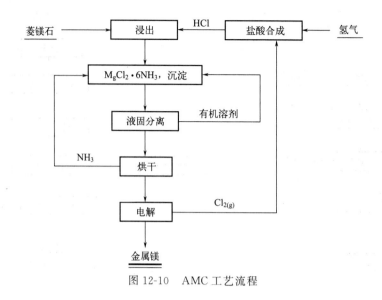

图 12-10　AMC 工艺流程

镁电解质性质如下。

（1）熔化温度

电解质成分的熔点如表 12-2 所示。

表 12-2　电解质成分熔点

成分	$MgCl_2$	KCl	NaCl	$CaCl_2$	$BaCl_2$	LiCl
熔点/℃	718	768	800	740	962	606

以光卤石为原料的电解质熔化温度为 600～650℃，以氧化镁为原料的电解质熔化温度为 570～640℃。

（2）密度

工业镁电解的一个重要特点是液体金属镁漂浮在熔融电解质之上。由于氯气也向上逸出，容易发生逆反应，所以在阴极和阳极之间需要用隔板隔离。

图 12-11 所示为镁液和电解液的密度随温度升高而变化的情况。

（3）黏度

理想的镁电解质，宜具有较小的黏度，以利于镁珠和渣与电解质分离：镁珠上浮而渣下沉。800℃左右时，KCl 和 NaCl 的黏度较小，$MgCl_2$ 较大，$CaCl_2$ 最大。

（4）电导率

镁电解质成分中，LiCl 的电导率最好，其次是 NaCl，$MgCl_2$ 最差。

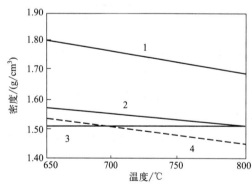

图 12-11　镁液与电解液的密度随温度变化的曲线
1—MgCl 10％＋CaCl 45％＋NaCl 40％＋KCl 5％；
2—KCl 90％＋MgCl 10％；3—KCl；4—Mg

（5）湿润性

镁对电解质和钢阴极的湿润性，涉及镁电解的电流效率。镁对钢阴极的湿润性改善时，则镁珠容易汇集，有利于提高电流效率。但是，当电解质对钢阴极表面的湿润性好时，则会妨害镁珠对钢阴极的湿润，从而会妨害镁珠的汇集并使电流效率降低。电解质成分对钢表面的湿润性增大的顺序是：$MgCl_2 \rightarrow CaCl_2 \rightarrow NaCl \rightarrow KCl$。

（6）分解电压

镁电解质成分的分解电压详见表 12-3。

表 12-3　镁电解质各成分的分解电压

物质	E_n/V	温度系数 α
LiCl	3.30	1.2×10^{-3}
KCl	3.37	1.7×10^{-3}
NaCl	3.22	1.4×10^{-3}
$MgCl_2$	2.51	0.8×10^{-3}
$CaCl_2$	3.23	1.7×10^{-3}
$BaCl_2$	3.47	4.1×10^{-3}

由表可见，$MgCl_2$ 的分解电压值在 800℃时为 2.51V，在诸成分中是最低的，所以它优先进行电解。因为影响因素较多，不同情况下电解过程中，$MgCl_2$ 浓度的下限是不同的，大多在 5%～10%。如果电解质中 $MgCl_2$ 浓度低于此界限，则碱金属和其他碱土金属氯化物有可能与 $MgCl_2$ 一起分解。温度也是一个重要因素。温度升高时，则分解电压减小：

$$E_t = E_{800} - \alpha(t - 800)$$

式中，t 为温度；E_t 为温度 t 时的分解电压；E_{800} 为 800℃时的分解电压；α 为温度系数。

$MgCl_2$ 与其他电解质比较，α 最小，当温度升高时，$MgCl_2$ 的分解电压在较小程度上减小，而其他电解质在较大程度上减小，因而造成两者的分解电压逐渐接近，其他电解质开始分解使镁不纯。因此，低温有利于镁电解。

（7）镁的溶解度

镁可溶于 $MgCl_2$ 熔液，溶解度（摩尔分数）可达 0.55%～1.28%，通过调整电解质成分可使金属镁的溶解度降至最低，如在 $MgCl_2$-NaCl-KCl-$CaCl_2$ 熔液中，镁的溶解度很小，一般为 0.004%～0.02%。

12.2.3　电解质中杂质对电解过程的影响

镁电解质中的杂质来自原料和电解槽的内衬（铝、硅）和铁的部件。杂质在电解时引起的一些不良反应造成镁的损失，氧化物氧化造成氯的损失，杂质电化学分解造成电能损失，主要杂质有水、硫、氯化铁、锰、氧化镁、硼和含量较低的铝、镍、铅等。

（1）水

水是有害杂质，它在电解过程中发生下列反应：

$$Mg + H_2O \Longrightarrow MgO + H_2 \tag{12-3}$$

$$MgCl_2 + H_2O \Longrightarrow Mg(OH)Cl + HCl\uparrow \tag{12-4}$$

$$Mg(OH)Cl \Longrightarrow MgO + HCl\uparrow \tag{12-5}$$

$$MgCl_2 + H_2O + C \Longrightarrow MgO + H_2\uparrow + Cl_2\uparrow \tag{12-6}$$

水的危害不仅在于电化学分解时的能量消耗，而且在阴极上与镁反应所形成的钝化膜，覆盖于阴极表面，使镁对阴极湿润性变坏，降低了电流效率。消除水分的有害影响，一是使原料彻底脱水，二是脱水原料密封运输、电解槽使用密闭槽盖。

（2）硫

硫以硫酸盐形式随 $MgCl_2$ 熔体进入电解质。在氯化物熔体中的硫酸盐可按如下反应同镁相互作用。

$$MgSO_4 + 3Mg = 4MgO + S \tag{12-7}$$

$$MgSO_4 + 4Mg = MgS + 4MgO \tag{12-8}$$

$$MgSO_4 + 4Mg = 2MgO + SO_2 \tag{12-9}$$

析出的单质硫漂浮在电解质表面，与空气中的氧反应。实践表明，电解质中含硫酸根 0.1％左右，电流效率明显降低，因此电解质中的硫酸根量必须小于 0.03％。

（3）氯化铁

氯化铁是最有害的杂质，铁离子可以是 Fe^{2+} 和 Fe^{3+}，在阴极上 Fe^{3+} 还原为 Fe^{2+}，而在阳极上 Fe^{2+} 氧化成 Fe^{3+}。Fe^{2+} 和 Fe^{3+} 在阳极与阴极上反复地氧化和还原，造成电流的无益消耗。铁离子也能与镁直接反应引起镁的损失。

锰对 $MgCl_2$ 电解的影响与铁的影响相似。

（4）硅化合物

硅化合物是由原料和电解槽内衬进入电解质的，Mg 与 SiO_2 作用生成 Mg_2Si，使槽内衬遭到破坏，其反应如下：

$$SiO_2 + 4Mg = Mg_2Si + 2MgO \tag{12-10}$$

生成的 Mg_2Si 又会分解生成硅烷（SiH_4），硅烷容易挥发，随阳极气体和阴极气体排出。

（5）硼化合物

当 $MgCl_2$ 原料中含 0.0016％～0.0020％硼时，电流效率下降 4％～5％，而当含硼量达 0.01％时，电流效率下降 15％～20％。电流效率下降的原因是阴极钝化，镁珠分散并氯化。在原料中硼的允许浓度为 0.002％。

（6）氧化镁

电解质中的 MgO 少部分来自原料，大部分是在电解过程中生成的。在电解过程中 MgO 吸附在阴极表面使阴极钝化，导致镁不能在阴极汇集而分散在电解质中，造成电流效率下降。

12.2.4 镁的电解

（1）镁电解的电流效率

在氯化镁（$MgCl_2$）熔盐电解中，遵照法拉第定律，阴极上析出的理论产镁量（$W_{理}$）与通过的电量 Q 成正比，即

$$W_{理} = kQ = \frac{M}{z} \times \frac{1}{F}Q = \frac{M}{z} \times \frac{1}{F}It \tag{12-11}$$

式中，k 为比例系数；M、z、F、I、t 分别为镁的原子量、镁的价态、法拉第常数（96500A·s）、电流强度、通电时间。

由式（12-11）可得出：

$$W_{理} = 0.453It \tag{12-12}$$

在工业生产上，通常把实际产镁量（$W_{实}$）与理论产镁量（$W_{理}$）的比值称为电流效率（η）。

$$\eta = \frac{W_{实}}{W_{理}} \times 100\% \tag{12-13}$$

（2）电流效率的影响因素

① 镁的再氯化反应，这是引起电流效率降低的主要原因。

② 电解质中杂质的影响。

③ 电流密度：生产率要求保持一定的电流密度，电流密度过高，增强了电解质循环，也会增加镁的损失。

④ 电解温度：电流效率与温度呈直线关系，温度每升高 10℃，电流效率大致降低 0.8%。电流效率随温度升高而降低，是由镁被氯气氯化的速度加快所致。

（3）电解槽

自从镁电解工业生产以来，电解槽的结构发生了较大的变化：简单的无隔板槽→带有隔板的底插阳极、旁插阳极到上插阳极的电解槽→20 世纪中期大电流强度的无隔板电解槽→20 世纪末双极电解槽。

① 上插阳极电解槽　上插阳极电解槽又称 IG 槽。IG 电解槽结构如图 12-12 所示。

② 无隔板电解槽　无隔板电解槽有两种类型。图 12-13 是一种借电解质循环运动使镁进入集镁室的无隔板电解槽。

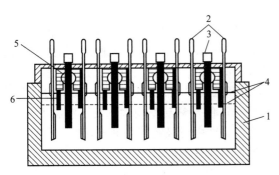

图 12-12　IG 电解槽结构

1—耐火炉衬；2—钢阴极；3—石墨阳极；4—电解液的
上、下限（虚线）高度；5—阳极盒；6—耐火隔板

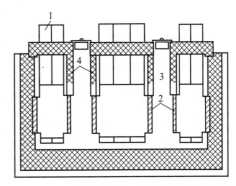

图 12-13　上插阳极框架式阴极无隔板电解槽

1—阳极；2—阴极；3—集镁室；4—隔板

③ 双极性电极的镁电解槽　夏马（Sharma）提出一种多室镁电解槽，见图 12-14。

12.2.5　镁电解工艺

（1）电解槽启动

按照加热制度，新砌筑的电解槽经烘烤、电解质加入、阴极接通交流电源继续加热，然后接到直流电路上。生产实践中，往往是当阴极埋入电解质中仅 $300\sim500mm$ 深度时，就将电极接到直流电路，迅速加热至 $993\sim1013K$，此后在 $4\sim5h$ 内将电解槽中的电解质水平调整到正常水平。

（2）电解工艺操作

电解工艺操作包括加料、出镁、排渣、排废电解质，温度、极距的测量与调整等。

① 加料　氯化镁分批按加料制度加入电解槽。如果加入电解槽中的 $MgCl_2$ 浓度较低，熔体中的 $NaCl$、$CaCl_2$ 等成分就会积累，既破坏了电解质的组成，又会使电解质水平增高，电解槽加不进料，因此电解槽应定期排除一部分电解质，一般在出镁后进行。

② 出镁　用真空抬包从电解槽中吸出熔融金属镁。抬包的工作原理是利用真空吸出熔

融镁，并利用熔融镁与电解质密度的不同进行分离。真空抬包如图 12-15 所示。

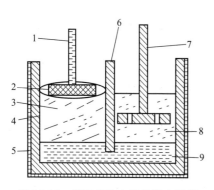

图 12-14　用双极性电极的镁电解槽

1—钢阴极；2—镁；3—电解质 A；4— 耐火砖内衬；

5—钢壳；6—耐火材料隔板；7—石墨阳极；

8—电解质 B；9—Mg-Al 合金液

图 12-15　出镁真空抬包

③ 排渣　加入电解槽中的 $MgCl_2$ 熔体中含有 MgO，以及 $MgCl_2$ 的水解、镁的氧化等，会生成大量的 MgO 渣，每吨镁产渣率为 0.2t，沉渣积于槽底，如不定期排出会引起电解槽短路，还会使阴极钝化。排渣采用人工方法或机械方法。

④ 温度、极距的测量与调整　镁电解过程中合理选择温度是获得高电流效率的一个重要条件。可按如下方法来调整电解温度：增大极距，可使发热功率增大，电解槽温度上升，故在电解槽温度降低时，就有必要增大极距。在生产实践中对极距的测量与调整，一般是用尺量距离或用毫伏计测量极间电压降，然后根据生产情况进行调整。

12.3　热还原法制备金属镁

热还原法制备金属镁的原料矿石主要为白云石和菱镁石。矿石在 973～1273K 温度下煅烧获得煅白（CaO·MgO）或者 MgO，通过还原剂进行还原生成金属镁。根据还原剂的不同，可分为硅热法、碳热法和铝热法。根据加热方式分为内热法和外热法，皮江法是典型的外热法，而波尔扎诺法、马格尼特法、MTMP 法、朱里阿尼法等属于内热法。虽然加热方式不同，但是其工艺原理相似，仅是具体的工艺参数不同。

12.3.1　硅热法

硅热法中典型的工艺也称皮江法，其工艺流程如图 12-16 所示。其原料为白云石，先将白云石煅烧，生产煅白（CaO·MgO），然后与硅铁、萤石混合造球，成型的球团装入耐热的合金管中，然后在 1423～1473K 的温度下真空还原，真空度为 10～20Pa，反应产生的镁蒸气在还原罐的冷凝区冷凝结晶，获得粗镁，经过精料除杂得到成品金属镁锭。皮江法的反应式见式（12-14）和式（12-15）。

$$CaCO_3 + MgCO_3 \Longrightarrow CaO + MgO + 2CO_2 \tag{12-14}$$

$$2(CaO + MgO) + Si(Fe) \Longrightarrow 2Mg + Ca_2SiO_4 + Fe \tag{12-15}$$

皮江法化学反应为固固反应，传热效率低，所以采用的还原罐通常长 2.7～3.3m，直径 28～35cm。还原罐容量约为 120kg。我国主要采用此方法进行金属镁生产，但是随着环保意识的增强，皮江法凸显出很多缺点，如能耗高、排放大等问题，1 吨镁需要 14～20 吨的煤才能生产，排放大量的 CO_2。

Magnètherm 法也是硅热法的一种，但是与皮江法不同，此工艺在还原过程中加入铝土矿，熔渣为液态形式，可实现半连续出渣，镁产量提升，可减小对环境的污染，但是此反应温度高，还原温度为 1773～1823K，生产的金属镁纯度低。其工艺流程如图 12-17 所示。

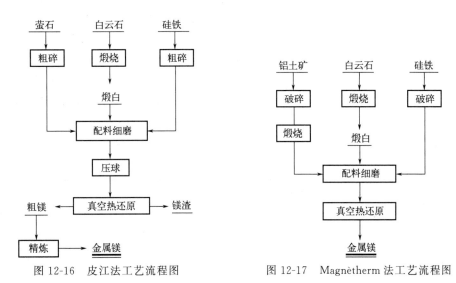

图 12-16　皮江法工艺流程图　　　　图 12-17　Magnètherm 法工艺流程图

12.3.2　碳热法

从热力学角度分析碳热法，氧化镁与碳反应需要很高的活化能，反应温度高，常压下反应温度为 2127K。另外，当镁被冷却时，会发生逆反应，因此需要对气体快速冷却，导致细镁粉产生，使生产困难。前苏联科学家斯特雷列兹等提出以下方法解决碳热法的缺陷：①反应产物中加入中性气体进行稀释；②将反应产物急剧冷却到实际逆反应不发生的温度；③还原反应在真空中进行；④用某种其他的熔融金属来吸收已被还原的金属蒸气。

对于可逆反应，美国和澳大利亚的研究者和企业通过采用拉瓦尔喷嘴对还原后的混合气体进行高速淬冷，使镁蒸气迅速冷凝来克服逆反应。我国采用真空法进行碳热还原，旨在解决碳热还原过程中的可逆反应。碳热真空炼镁的工艺流程如图 12-18 所示。

12.3.3　铝热法

铝热法是采用白云石或者菱镁石为原料，铝作为还原剂进行金属镁的制备。铝热法的工艺过程与碳热法相似，仅仅是还原剂不一样。该工艺的主要特点是反应可以在较低的反应温度下进行，但是铝的成本较高，因此未进行工业化生产。采用不同原料时产生的镁渣也不相同。采用菱镁矿为原料时，镁渣主要为镁铝尖晶

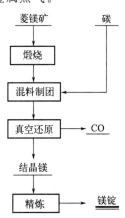

图 12-18　碳热法工艺流程

石，可作耐火材料的原料。采用白云石作原料时，渣中的物相比较复杂，根据原料中钙镁含量的不同，产生的渣中物相也不同，主要可能有 $MgO \cdot Al_2O_3$、$CaO \cdot Al_2O_3$、$12CaO \cdot 7Al_2O_3$、$5CaO \cdot 3Al_2O_3$。

12.4 镁的精炼及表面处理

金属镁因生产方法不同，其杂质也不同。电解法炼镁获得的粗镁，其氯化物杂质主要是电解质，如镁、钙、钠、钾、钡等的氯化物，还有电解过程中在阴极上由于电化学作用析出的钾、钠、铁、硅、锰等金属杂质，以及电解槽内衬材料及铁制部件的破损，使粗镁中含有铝和硅等。硅热法炼镁获得的粗镁中主要含有蒸气压较高的钾、钠、锌等金属杂质以及来自炉料的氧化物，如 MgO、CaO、Fe_2O_3、SiO_2、Al_2O_3 等。杂质降低镁的抗腐蚀性能及力学性能。硅热法炼镁获得的粗镁通常也称结晶镁，由于我国硅热法炼镁占总产量的 95%，所以下文的讨论中主要以结晶镁为对象。

我国镁锭质量标准及结晶镁的杂质质量分数见表 12-4、表 12-5。

表 12-4 镁锭质量标准

级别	牌号	化学成分/%									
		Mg	Fe	Si	Ni	Cu	Al	Cl	Mn	Ti	杂质总和
特级	Mg99.96	≥99.96	≤0.004	≤0.004	≤0.0002	≤0.002	≤0.006	≤0.003	≤0.003	—	≤0.04
一级	Mg99.95	≥99.95	≤0.004	≤0.005	≤0.0007	≤0.003	≤0.006	≤0.003	≤0.01	≤0.014	≤0.05
二级	Mg99.90	≥99.90	≤0.04	≤0.01	≤0.001	≤0.004	≤0.02	≤0.005	≤0.03	—	≤0.10
三级	Mg99.80	≥99.80	≤0.05	≤0.03	≤0.002	≤0.02	≤0.05	≤0.005	≤0.06	—	≤0.20

表 12-5 结晶镁的化学组成

品名	化学成分/%（质量分数）								
	Mg	Si	Fe	Al	Zn	Cu	Ni	Mn	其他
原始结晶镁	99.48	0.018	0.0088	0.009	0.002	0.002	0.001	0.02	0.45

12.4.1 粗镁精炼

粗镁精炼的工艺流程见图 12-19。粗镁经熔化后，加入一定组成的精炼熔剂，镁中的杂质与精炼熔剂作用（吸附或置换），从而达到净化镁液的目的。精炼熔剂的典型组成见表 12-6。氧化物杂质能被熔盐体系由物理或化学吸附而除去；金属杂质（K、Na）一般能在熔体中通过置换反应除去；Fe 是最有害的元素，在精炼时必须向熔剂中加入添加剂除铁。添加剂的种类有海绵钛、四氯化钛、锆、氧化锆、铍及硼和硼化物等。但是 Zn、Al、Cu、Ni、Mn 通过熔剂精炼不能除去。除去上述金属杂质可用深度精炼的方法。深度精炼就是在镁中加一些金属元素或氧化物，使它和金属杂质形成溶解度极小的金属氧化合物，并从镁中分离出去。还可以用升华精炼的方法提纯镁。其原理是根据镁和杂质蒸气压的不同，在一定的温度和真空条件下使镁蒸发，与杂质分离。结晶镁的精炼过程是在精炼炉中进行的，精炼炉有不同的结构，可以是电加热的，也可以是用煤气、重油或煤进行加热的。

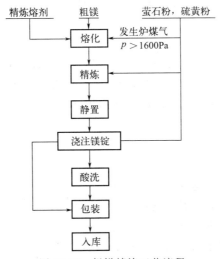

图 12-19　粗镁精炼工艺流程

表 12-6　结晶镁精炼熔剂的组成

熔剂	化学成分/%					
	$MgCl_2$	KCl	NaCl	$CaCl_2$	$BaCl_2$	MgO
钙熔剂	38±3	37±3	8±3	8±3	9±3	≤2
精炼熔剂	（90％～94％的钙熔剂）＋（6％～10％CaF_2）					
覆盖熔剂	（75％～80％的钙熔剂）＋（20％～25％S）					

12.4.2　镁锭的表面处理

镁的耐蚀性、耐磨性和装饰性较差，为了提高其使用性能，镁锭的表面处理技术主要有酸洗法、铬酸盐钝化法、镁锭的阳极氧化处理、有机膜包覆法等。

（1）酸洗法

对于即将使用的镁锭，在含 Na_2CO_3 为2％～5％的溶液中洗涤除去盐类，再在流动的冷水中及热的酸中进行洗涤即可。对于长期贮存的镁锭一般采用酸洗镀膜。具体做法：先用清水洗净表面的氧化物盐类；再在40％的 HNO_3 溶液中清洗并氧化；接着在酸性溶液中进行镀膜，镀膜后的镁锭再用水洗；最后用热风吹干或在真空干燥箱中，363～383K 下干燥15～20min。为防止镁锭腐蚀，须涂上一层熔融石蜡和凡士林混合物，然后用油纸包装。

（2）铬酸盐钝化法

此法为目前工业上应用的主要方法。对于杂质（Ni、Fe、Si、Cu 等）含量要求高的镁锭，主要采用铬酸盐钝化。所谓铬酸盐钝化是用铬酸、铬酸盐或重铬酸钾作为主要成分的溶液来处理镁锭，使镁锭表面形成由三价铬和六价铬及金属本身构成的化合物来组成膜层，这种膜层有抑制金属腐蚀和防护的作用。

（3）镁锭的阳极氧化处理

阳极氧化是一种通过电解反应来增加基体金属氧化膜厚度，提高膜层性能的表面处理方法。这种膜层具有很好的耐腐蚀和耐磨损性能。镁的阳极氧化可在碱性溶液中进行，也可以在酸性溶液中进行。阳极氧化处理镁锭表面是一种新工艺，经过阳极氧化处理的镁锭，其耐酸性腐蚀比用酸洗法处理提高 50 倍，如果再用环氧酚醛清漆封孔，镁锭不用油纸包装也可长期保存。

（4）有机膜包覆法

此方法是在镁锭上包覆一层有机质薄膜，以达到将镁锭与周围介质隔离，避免对镁发生腐蚀行为。镁锭于 333K 下浸渍到环氧树脂溶液中，取出后以热空气干燥，使附在表面上的液态膜中的溶剂挥发，再加热到适当温度，使树脂聚合。

思考题

1. 镁的原料来源及其纯形态的化学式有哪些？
2. 电解法炼镁过程中，氯化镁为何必须进行脱水处理？
3. 原料不同时，镁电解质的组成分别是什么？
4. 电解质中水对镁电解过程的影响是什么？如何解决？
5. 镁电解过程中电流效率的影响因素有哪些？
6. 热还原法制备金属镁的工艺及分类有哪些？
7. 何为皮江法？写出化学反应。
8. 镁锭的表面处理技术有哪几种？
9. 粗镁精炼过程中，如何去除杂质？
10. 镁电解工艺操作包括哪几部分？

参考文献

[1] 徐日瑶. 硅热法炼镁生产工艺学 [M]. 长沙：中南大学出版社，2003.

[2] 杨重愚. 轻金属冶金学 [M]. 北京：冶金工业出版社，1991.

[3] 孟树昆. 中国镁工业进展 [M]. 北京：冶金工业出版社，2012.

[4] 戴永年，杨斌. 有色金属材料的真空冶金 [M]. 北京：冶金工业出版社，2000.

[5] 谭天恩，窦梅，周明华，等. 化工原理 [M]. 北京：化学工业出版社，2012.

[6] 华一新. 冶金过程动力学导论 [M]. 北京：冶金工业出版社，2004.

[7] Pruncu I C. Magnesium Alloys：Advances in Research and Applications [M]. New York：Nova Science Publishers，2022.

[8] Dobrzanski A L，Bamberger M，Totten E G. Magnesium and its Alloys：Technology and Applications [M]. Boca Raton：CRC Press，2019.

[9] Carou D，Davim P J. Machining of Light Alloys：Aluminum，Titanium，and Magnesium [M]. Boca Raton：CRC Press，2018.

[10] Aal A K H. Magnesium：From Resources to Production [M]. Boca Raton：CRC Press，2018.

[11] Rokhlin L. Magnesium Alloys Containing Rare Earth Metals [M]. Moscow：Taylor and Francis，2014.

[12] Pekguleryuz Mihriban O，Kainer U Karl，Kaya A Arslan. Fundamentals of magnesium alloy metallurgy [M]. Oxford：Woodhead Publishing Limited，2013.

[13] Waldemar Alfredo Monteiro. New Features on Magnesium Alloys [M]. Norderstedt：[s. n.]，2012.

[14] Frank Czerwinski. Magnesium Alloys—Design，Processing and Properties [M]. Vienna：INTECH Open Access Publisher，2011.

[15] Sunkari S S. Current Trends in (Mg) Research [M]. Rijeka：IntechOpen，2023.

[16] Saji S V. Advances in Corrosion Control of Magnesium and its Alloys：Metal Matrix Composites and Protective Coatings [M]. Boca Raton：CRC Press，2023.

[17] Wang G G，Weiler J P. Recent developments in high-pressure die-cast magnesium alloys for automotive and future

applications [J]. Journal of Magnesium and Alloys, 2023, 11 (1): 78-87.

[18] Yin Z Z, Qi W C, Zeng R C, et al. Advances in coatings on biodegradable magnesium alloys [J]. Journal of Magnesium and Alloys, 2020, (01): 42-65.

[19] Atrens A, Shi Z M, Mehreen U S, et al. Review of Mg alloy corrosion rates [J]. Journal of Magnesium and Alloys, 2020, 8 (4): 989-998.

[20] Edalati K, Akiba E, Botta W J, et al. Impact of severe plastic deformation on kinetics and thermodynamics of hydrogen storage in magnesium and its alloys [J]. Journal of Materials Science & Technology, 2023, 146: 221-239.

[21] Zhou H, Liang B, Jiang H T, et al. Magnesium-based biomaterials as emerging agents for bone repair and regeneration: From mechanism to application [J]. Journal of Magnesium and Alloys, 2021, 9 (3): 779-804.

[22] Liu B, Yang J, Zhang X Y, et al. Development and application of magnesium alloy parts for automotive OEMs: A review [J]. Journal of Magnesium and Alloys, 2023, 11 (1): 15-47.

[23] Jin Z Z, Zha M, Wang S Q, et al. Alloying design and microstructural control strategies towards developing Mg alloys with enhanced ductility [J]. Journal of Magnesium and Alloys, 2022, 10 (5): 1191-1206.

13 钛冶金

 本章要点

1. 钛的性质和用途；
2. 钛的生产工艺流程；
3. 钛渣和人造金红石的生产方法；
4. 四氯化钛、海绵钛的制备原理及工艺；
5. 钛的精炼工艺；
6. 致密钛和钛白粉的生产。

钛是重要的稀有高熔点金属，呈银白色。钛广泛应用于航空、航天、舰船、兵器、氯碱、纯碱、制盐、海水淡化、冶金、电力、机械等领域。钛和钛合金是理想的高强度、低密度结构材料。在 $150\sim430℃$ 的范围，钛合金的强度基本不变，超过了不锈钢的强度。

13.1 概述

13.1.1 钛的性质

钛是一种化学性质非常活泼的金属，熔点高达 1670℃。常温下，钛在空气中稳定，可与氢作用生成固溶体和氢化物（TiH、TiH_2）。在高于 1000℃ 时，碳及含碳气体和钛作用，生成坚硬并难熔的碳化钛。卤素在 $100\sim200℃$ 时可与钛作用，生成易挥发的卤化物。钛的耐蚀性与不锈钢差不多，在冷水及沸水中均不受腐蚀，能溶解于氢氟酸。钛在浓度低于20%的碱液中稳定。

钛具有优良的力学性能。纯钛的拉伸强度为 $0.27\sim0.63GPa$（$27\sim63kg/mm^2$）。钛的抗压强度与其拉伸强度近似，而剪切强度一般为拉伸强度的 $60\%\sim70\%$，承压屈服强度为拉伸强度的 $1.2\sim2.0$ 倍。在大气中，经加工和退火的钛及钛合金的抗疲劳极限是拉伸强度的 $50\%\sim65\%$。高纯金属钛具有很低的强度和很高的塑性，其延伸率可达60%以上；断裂强度极限为 $0.22\sim0.26GPa$（$22\sim26kg/mm^2$）。

钛的主要价态是四价，也有三价和二价的化合物。主要化合物有二氧化钛、三氧化二钛、一氧化钛、钛酸、钛酸盐、硫酸钛、氯化钛、碘化钛、碳化钛和氮化钛等。

13.1.2 钛资源

钛在地壳中丰度为 0.56%，总蕴藏量约 7.6 亿吨，大部分处于分散状态。现已发现的 TiO_2 质量分数大于1%的钛矿物有 140 余种，目前具有开采价值的钛矿物主要有金红石和钛铁矿。

按钛矿的成因，可分为砂矿和岩矿两大类。钛砂矿床是次生矿，属沉积矿床。这类矿床的主要矿物是金红石、钛铁矿，其次是白钛石。岩矿系原生矿，属于岩浆分化矿床，结构致密，而且成分复杂，品位较低，一般 TiO_2 的质量分数为 $42\%\sim48\%$，这类矿床的主要矿物由含钛铁矿的钛磁铁矿和赤铁矿组成，并含有相当量的钒、钴、镍、铬等有价金属元素。

世界钛资源空间分布不平衡，部分国家钛资源储量如表 13-1 所示。

表 13-1　世界钛资源储量（以 TiO₂ 计）　　　　　　　　　单位：万吨

国别	钛矿（钛铁矿、金红石、锐钛矿）		金红石（锐钛矿）	
	基础储量	储量	基础储量	储量
南非	14600	7130	830	830
澳大利亚	19300	9800	4300	1700
巴西	10300	1800	8500	40
美国	7700	1370	180	70
印度	4600	3660	770	660
中国	4100	3000	—	—
挪威	4000	5770	1000	900
加拿大	3600	4000	—	—
马达加斯加	1900	—	—	—
斯里兰卡	1800	1300	480	480
乌克兰	1600	250	250	250
马来西亚	100	100	—	—
芬兰	140	40	—	—
埃及	170	—	—	—
意大利	220	—	880	—
塞拉利昂	—	—	310	—
其他	3700	11274		1284
总计	76230	49324	18000	6214

我国的钛资源储量十分丰富，约占世界钛储量的 48%，主要是钛铁矿资源，金红石类钛资源很少。在钛铁矿储量中，大部分为岩矿，少部分为砂矿。我国主要钛资源产区的储量情况见表 13-2。四川攀枝花—西昌地区钛资源十分丰富，主要以钒钛磁铁矿形式存在，重点分布在红格矿区、攀枝花矿区、白马矿区、太和矿区。矿石中的钛矿物主要为粒状钛铁矿、钛铁晶石和少量片状钛铁矿。

表 13-2　我国主要钛资源情况

地区	钛矿类型	储量/×10⁴t	比率/%	原矿品位/%	精矿品位/%
四川	钒钛磁铁矿	87349	86.36	5	≥47
河南	金红石岩矿	5000	4.94	2.02	≥90
海南	钛铁矿砂矿	2556	2.53	约7	≥54
河北	钒钛磁铁矿	2031	2.0	约8	≥47
云南	钛铁矿砂矿	1146	1.13	7～10	≥49
广西	钛铁矿砂矿	708	0.7	—	≥54
	金红石砂矿	0.3	—	约1.5	≥90
广东	钒钛磁铁矿	1062	1.77	—	≥47
	钛铁矿砂矿	629	—	—	≥54
	金红石砂矿	91.1	—	约1.5	≥90
	金红石砂矿	11	—	—	≥90
湖北	金红石砂矿	565	0.56	2.31	≥90

13.1.3 钛的生产方法

目前，在钛冶金工业中，主要是通过流态化氯化-镁热还原法生产纯金属钛，该工艺的流程如图13-1所示。采用金红石作原料生产四氯化钛，通过加碳沸腾氯化金红石矿的方法得到粗四氯化钛，将其精制后得到纯四氯化钛，然后制取海绵钛。对于钛铁矿来说，由于它是稳定的钛酸铁矿物，首先必须除去大部分铁，除铁也是钛的富集过程。当前工业上常采用还原熔炼法生产含磷低的生铁，同时使钛富集于高钛渣中。但须注意，含钙、镁高的矿石，高温氯化条件下生成 $CaCl_2$、$MgCl_2$，呈熔融状态黏附在炉料上，反应温度下比较稳定难以除去，严重时可使炉料结块，甚至使沸腾层遭到破坏。

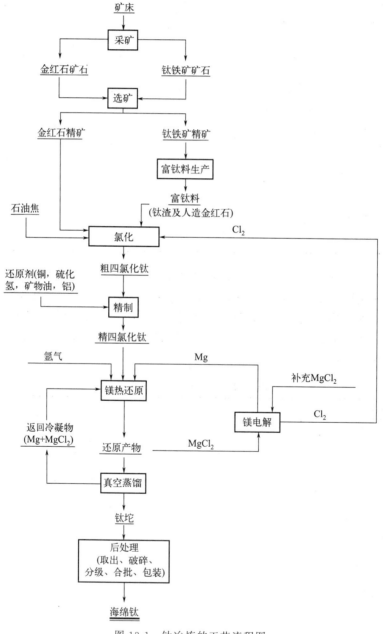

图 13-1 钛冶炼的工艺流程图

国外一些钛厂主要采用金红石生产四氯化钛，但天然金红石资源有限。因此，部分国家研究用钛铁矿生产人造金红石。

富钛料经流态化氯化-镁热还原工艺后得到的海绵钛，因其中含有 C、N、O 等杂质，硬度大，不易加工，因此一般不能直接利用，还需要进一步熔炼提纯生产致密金属钛并进一步加工成各种型材，如图 13-2 所示。

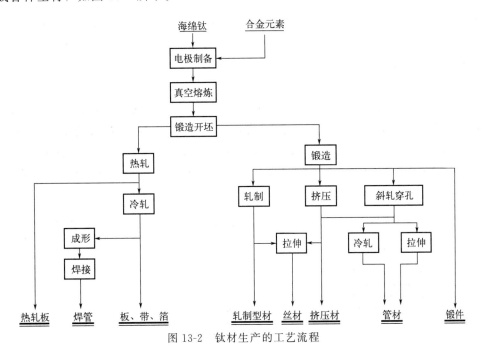

图 13-2　钛材生产的工艺流程

13.2　钛渣和人造金红石

钛铁矿精矿虽然可以直接用于制取金属钛和钛白，但因其品位低，直接氯化氯气消耗量大，造价太高，且使氯化过程复杂化，增加收尘、淋洗分离的难度，同时影响 $TiCl_4$ 的质量，有些矿石甚至难以直接氯化，因此经常先将钛铁矿经过富集处理获得高品位的富钛料（高钛渣或人造金红石），再进行氯化处理。

13.2.1　钛渣的生产

由于钛和铁对氧的亲和力不同，经过选择性的还原熔炼，可分别获得生铁和钛渣（90%～96% TiO_2）。富钛渣的熔化温度高（>1500℃），且黏度大，所以含钛量高的铁矿石不宜在高炉中冶炼。钛铁矿是一种以偏钛酸铁 $FeO \cdot TiO_2$ 晶格为基础的多组分复杂固溶体，可表示为 $m[(Fe,Mg,Mn)O \cdot TiO_2] \cdot n[(Fe,Al,Cr)_2O_3]$，$m+n=1$。碳还原偏钛酸铁可能发生如下反应：

$$FeTiO_3 + C \Longrightarrow TiO_2 + Fe + CO \qquad \Delta G_T^\ominus = 190900 - 161T\,(298\sim1700K) \qquad (13-1)$$

$$3/4FeTiO_3 + C \Longrightarrow 1/4Ti_3O_5 + 3/4Fe + CO \qquad \Delta G_T^\ominus = 200900 - 168T\,(298\sim1700K)$$
$$(13-2)$$

$$2/3FeTiO_3 + C \Longrightarrow 1/3Ti_2O_3 + 2/3Fe + CO \qquad \Delta G_T^\ominus = 213000 - 171T\,(298\sim1700K)$$
$$(13-3)$$

$$1/2FeTiO_3+C=\!\!=\!\!=1/2TiO+1/2Fe+CO \qquad \Delta G_T^{\ominus}=252600-177T(298\sim1700K)$$

$$(13-4)$$

$$2FeTiO_3+C=\!\!=\!\!=FeTi_2O_5+Fe+CO \qquad \Delta G_T^{\ominus}=185000-155T(298\sim1700K) \quad (13-5)$$

$$1/4FeTiO_3+C=\!\!=\!\!=1/4TiC+1/4Fe+3/4CO \qquad \Delta G_T^{\ominus}=182500-127T(298\sim1700K)$$

$$(13-6)$$

$$1/3FeTiO_3+C=\!\!=\!\!=1/3Ti+1/3Fe+CO \qquad \Delta G_T^{\ominus}=304600-173T(298\sim1700K)$$

$$(13-7)$$

钛铁矿中往往还有一定量的赤铁矿，它被碳还原的反应为：

$$1/3Fe_2O_3+C=\!\!=\!\!=2/3Fe+CO \qquad \Delta G_T^{\ominus}=164000-176T(298\sim1700K) \qquad (13-8)$$

工业生产中，还原熔炼作业是在约 2000K 的高温下进行的，以上反应在热力学上均是可行的，且随着温度的升高，反应的倾向均增大。但在同一温度下，反应进行的趋势为式(13-8)＞式(13-1)＞式(13-5)＞式(13-2)＞式(13-3)＞式(13-4)＞式(13-7)＞式(13-6)。钛的氧化物在还原熔炼过程中随着温度的升高按下列顺序依次发生：$TiO_2 \rightarrow Ti_3O_5 \rightarrow Ti_2O_3 \rightarrow TiO \rightarrow TiC \rightarrow Ti$。

电炉生产高钛渣的工艺流程如图 13-3 所示。

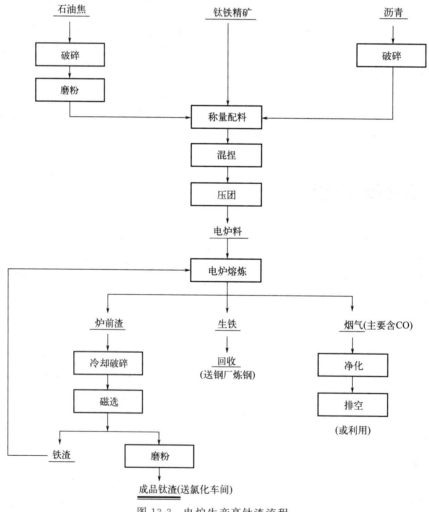

图 13-3　电炉生产高钛渣流程

在高温熔炼过程中，Ti_3O_5 和 Ti_2O_3 能溶解 FeO 和 $FeTiO_3$，并且它们与 TiO_2 和 TiO 能形成固溶体，主要是在 Ti_3O_5 晶格基础上所生成的黑钛石，其组成为 $m\{(Mg,Fe,Ti)O \cdot 2TiO_2\} \cdot n\{(Al,Fe,Ti)_2O_3 \cdot TiO_2\}$。在黑钛石组成中，钛以各种形态存在。除黑钛石、低价钛氧化物和 $FeTiO_3$ 在 Ti_2O_3 中形成的固溶体外，还有若干钛的碳、氮和氧等化合物的固溶体（TiC-TiN-TiO）。

钛铁矿精矿的还原熔炼，通常是在三相电弧炉中进行。电弧炉的容量由数百至几万千伏安，其熔池内部衬以氧化镁耐火砖、高铝质耐火砖或碳素材料等。用焦炭或无烟煤作还原剂还原熔炼钛铁矿精矿时，使用团料可以节省还原剂的用量，降低电耗，并减少粉尘。当钛渣中有 FeO 存在时，熔点很高的碳化钛与 FeO 作用而被消除，反应如下：

$$TiC + TiO + 3FeO =\!=\!= Ti_2O_3 + Fe + CO \tag{13-9}$$

开始阶段先熔炼含 $10\% \sim 20\%$ FeO 的低熔点钛渣，此时因熔体导电性差，采取埋弧熔炼的办法，使炉料全部熔化。炉料全部熔化后，开始提升电极进行熔炼，同时徐徐加入一定量的无烟煤，在熔融的钛渣中还原氧化铁，使其中 FeO 的质量分数降至 $3\% \sim 5\%$。造渣结束后，提高钛渣的温度并静置 $20 \sim 30min$，使渣与铁分离。在出铁口的钛渣温度一般为 $1570 \sim 1650℃$，铁水和钛渣在锭模分层凝固后能自然分离开。电炉熔炼高钛渣设备——圆形密闭电炉如图 13-4 所示。

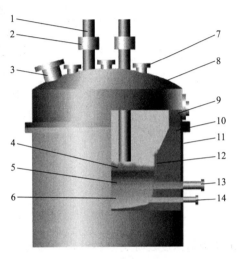

图 13-4　圆形密闭电炉

1—电极；2—电极夹；3—炉气出口；4—炉料；
5—钛渣；6—半钢；7—加料管；8—炉盖；
9—检测孔；10—筑炉衬料；11—炉壳；
12—结渣层；13—出渣口；14—出铁口

13.2.2　人造金红石的生产

迄今为止，经过研究或已获得工业应用的钛铁矿生产人造金红石的方法主要有电热法、选择性氯化法、还原-锈蚀法、稀硫酸浸出法、稀盐酸浸出法等。

（1）电热法

电热法是我国特有的生产人造金红石的方法，首先在电炉中还原熔炼钛铁矿获得高钛渣，然后在回转窑中氧化焙烧高钛渣生成人造金红石。高钛渣氧化焙烧有两方面的目的：一是将高钛渣中不同价态的钛氧化物经氧化焙烧转变成金红石型 TiO_2；二是脱去高钛渣中部分硫、磷、碳，使这些元素在产品中的含量达到电焊条涂料的要求。

（2）选择性氯化法

选择性氯化法生产人造金红石原则性流程如图 13-5 所示。钛铁矿精矿中各组分与氯的反应能力不同，在 $850 \sim 950℃$ 下有还原剂碳存在时，精矿中各组分与 Cl_2 作用的顺序依次为：CaO＞MnO＞FeO（转变为 $FeCl_2$）＞V_2O_5＞MgO＞Fe_2O_3（转变为 $FeCl_3$）＞TiO_2＞Al_2O_3＞SiO_2。因此通过控制配碳量或预氧化使 FeO 转变成 Fe_2O_3，氯化时可使位于 TiO_2 前的组分优先氯化，并使铁以 $FeCl_3$ 形式挥发出来；而钙、镁、锰等的氧化物则转变为相应的氯化物残留在不被氯化的 TiO_2 中，在下一步可通过水洗分离除去，从而得到人造金红石产品。

（3）还原-锈蚀法

该法是将含 $58\% \sim 63\%$ TiO_2 的钛铁精矿砂矿首先氧化焙烧，然后用无烟煤将矿中的氧

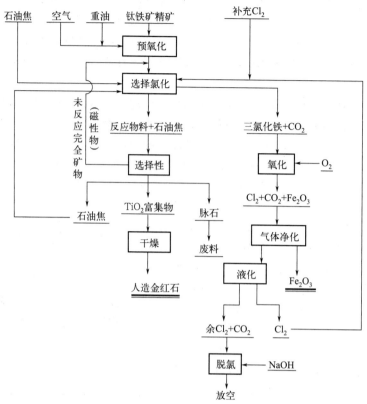

图 13-5 选择性氯化法生产人造金红石原则性工艺流程

化铁全部深度还原为金属铁,冷却后磁选分离出非磁性的焦煤返回利用,再在酸化水溶液中使铁锈蚀,而后用旋流器或摇床分离人造金红石和赤泥(氧化铁)。

预氧化时形成假板钛矿,使 Fe^{2+} 转变成 Fe^{3+}:

$$2FeO \cdot TiO_2 + 0.5O_2 \Longrightarrow TiO_2 + Fe_2O_3 \cdot TiO_2 \tag{13-10}$$

预氧化的作用是使原矿中的铁由低价转变成高价时得以活化,并可在下一步预还原时提高铁的还原速度和还原率,减少烧结现象的发生。预还原在回转窑中进行,用煤作燃料和还原剂。在窑炉中,还原过程分两步进行。

第一步是在 $1000 \sim 1200 ℃$ 下使假板钛矿重新转变为钛铁矿:

$$Fe_2O_3 \cdot TiO_2 + 2TiO_2 + 3CO \Longrightarrow 2FeTiO_3 + 3CO_2 \tag{13-11}$$

第二步在低于 $1100 ℃$ 下将钛铁矿还原成金属铁并游离出 TiO_2:

$$FeTiO_3 + CO \Longrightarrow Fe + TiO_2 + CO_2 \tag{13-12}$$

窑炉中要维持还原性气氛。落料区温度$≤1200℃$。还原后的物料在筒外壁喷淋冷却水的回转冷却筒中迅速冷却至室温。为避免空气进入引起金属铁被再氧化,冷却圆筒落料口应维持微正压。冷却料经双层回转筛筛选出$+16$目(粒径大于16目)的碳返回还原用,-16目(粒径小于16目)的料进磁选机,选出的非磁性部分为碳和灰分的细粉,磁性部分为还原钛铁矿去锈蚀处理。

还原料中的金属铁呈网状微孔结构,颗粒内部表面积很大。在含 $1.5\% \sim 2.0\%$ 的 NH_4Cl 溶液中充气搅拌浸出。此时,金属铁粒作为微电池的阳极发生电化学腐蚀:

$$2Fe \Longrightarrow 2Fe^{2+} + 4e^- \tag{13-13}$$

矿粒外部作为微电池的阴极区产生 OH^-：
$$O_2+2H_2O+4e^- \rightleftharpoons 4OH^- \tag{13-14}$$

锈蚀生成的 Fe^{2+} 从孔隙中扩散到颗粒表面，与 OH^- 总反应式为：
$$2Fe+O_2+2H_2O \rightleftharpoons 2Fe(OH)_2 \tag{13-15}$$

$Fe(OH)_2$ 又被氧化成水合三氧化二铁析出：
$$2Fe(OH)_2+0.5O_2 \rightleftharpoons Fe_2O_3 \cdot H_2O+H_2O \tag{13-16}$$

锈蚀温度可达 80℃（靠锈蚀反应放热维持），锈蚀时间 13～14h。锈蚀后，在四级旋流器中逆流分离并洗涤。分离出的人造金红石中铁氧化物＜0.2%，TiO_2 收得率为 98%～99.5%。经 2% 的稀硫酸溶液酸浸处理除去残留的铁和锰，干燥后得人造金红石。氧化铁部分经浓密机增稠后输送到尾矿坝（弃之不用），或干燥煅烧制成铁红副产品。

(4) 稀硫酸浸出法

稀硫酸浸出法的工艺：以石油焦为还原剂对钛精矿进行弱还原，在 900～1000℃ 下将矿中高价铁还原成低价铁（$Fe_2O_3 \rightarrow FeO$），还原率 90% 以上。在冷却窑中冷却至 80℃ 后，选出残焦。使用硫酸法钛白生产中产生的 22%～23% 浓度的废稀硫酸在 0.2MPa，120～130℃ 温度下热压浸出还原矿，加 TiO_2 水合胶体溶液作晶种，可以加速并提高脱铁率，防止产品粒度过细。酸浸反应为：
$$FeO \cdot TiO_2+H_2SO_4 \rightleftharpoons TiO_2 \downarrow +FeSO_4+H_2O \tag{13-17}$$

一次浸出不完全的矿物质，因其密度大于金红石，容易沉降分离出来返回还原或二次浸出，经固液分离（带式真空过滤）、洗涤、煅烧得产品（煅烧温度 900℃）。固液分离后的 $FeSO_4$ 滤液，用 NH_3 中和法进一步处理，得化肥硫铵、水合氧化铁（用作炼铁原料），反应为：
$$2FeSO_4+4NH_3+(n+2)H_2O+0.5O_2 \rightleftharpoons 2(NH_4)_2SO_4+Fe_2O_3 \cdot nH_2O \tag{13-18}$$

(5) 稀盐酸浸出法

稀盐酸浸出法（BCA 法）主要工序有还原、酸浸、过滤、煅烧和废酸再生。

将含 $TiO_2$58%～61%、$Fe_2O_3$30%、FeO3%、其他氧化物杂质 6% 的钛铁砂矿置于回转窑中，用 6$^{\#}$ 重油作还原剂（添加量为矿量的 3%～6%）进行还原焙烧，在 850℃ 下可将 90% 的 Fe_2O_3 还原成 FeO，还原率 80%～95%。加入矿重 2% 左右的硫可加速还原反应。还原物料成分：$TiO_2$58%～61%，Fe_2O_3 降至 4%，FeO 升至 26% 左右，其他氧化物杂质 9%。还原物料在压煮器中用 18%～20% 的再生稀盐酸进行二段浸出。待排出二次浸出液后，用水洗涤，排出洗液后，用水将矿浆从卸料孔冲入矿浆槽，再采用带式真空过滤机过滤洗涤。滤饼送入回转窑中喷重油在 870～980℃ 下干燥煅烧。煅烧尾气经旋风收尘、水洗后烟囱放空。洗水通过稀酸回收系统吸收 HCl。煅烧产品进入回转圆筒冷却至 65℃，入成品料仓。

13.3　氯化制取四氯化钛

工业生产金属钛采用氯化冶金的方法，因为只有以钛的氯化物为原料才能制取低氧含量的可煅金属钛。四氯化钛在常温下使液体容易精制、提纯以及还原制海绵钛；同时氯气在工艺中可循环使用。

目前在工业上生产 $TiCl_4$ 的方法有以下两种。

① 熔盐氯化　将富钛料和石油焦悬浮在熔盐介质中，通入 Cl_2 与其反应生成 $TiCl_4$。该方法能处理钙镁含量高、二氧化钛品位低的原料，但是大量的废熔盐难以回收处理，同时炉衬材料由于受高温熔盐的侵蚀寿命较短。

② 沸腾氯化　富钛料与石油焦的混合料在流化床内和 Cl_2 处于流态化的状态下进行氯化反应。Cl_2 既是流态化介质也是反应剂，由于固体和气体处于激烈的湍动状态，因此传质、传热良好，强化了生产，省去了制团、焦化工序，操作简单连续，自动化程度高。

13.3.1　氯化原理

富钛料的加碳氯化过程是多相反应过程，沸腾氯化为气-固-固相反应；熔盐氯化属于气-液-固多相反应。氯化反应过程可以归纳为由以下步骤连续不断地进行：氯化剂通过边界层的外扩散→颗粒表面的吸附→毛细微孔向颗粒内部的内扩散（对于有微细孔的物料而言）→化学反应→反应产物在颗粒内向表面的内扩散（对于有微细孔的物料而言）→产物的脱附→产物通过边界层的外扩散。氯化过程的控制步骤一般归结为化学反应控制步骤（又称为动力学区）、扩散控制步骤（又称扩散区）或混合控制步骤（混合控制区）。

对于氯化反应机理主要有以下四种观点。

① 还原反应机理　TiO_2 先被碳还原为低价钛氧化物，而后低价钛氧化物被氯化成 $TiCl_4$。但该机理无法解释氯化温度下 TiO_2 加碳氯化反应速率较快的事实。

② 降低分压机理　氯与 TiO_2 作用，新生成的氧与碳作用生成 CO_2，从而降低了生成物中氧的活度，使氯化反应得以进行下去。

③ 中间化合物机理　氯气与 CO 同时作用于 TiO_2 或者生成的 $COCl_2$ 再与 TiO_2 作用。反应可表示如下：

$$1/2TiO_2 + CO + Cl_2 \Longrightarrow 1/2TiCl_4 + CO_2 \tag{13-19}$$

$$CO_2 + C \Longrightarrow 2CO \tag{13-20}$$

或

$$CO + Cl_2 \Longrightarrow COCl_2 \tag{13-21}$$

$$COCl_2 + TiO_2 \Longrightarrow TiCl_4 + CO_2 \tag{13-22}$$

④ 催化机理　碳的作用有两个方面。使 CO_2 气化生成 CO，即 $CO_2 + C \Longrightarrow 2CO$；起催化作用，氯吸附于碳表面并被活化成原子态的氯，反应过程如下：

$$Cl_2 \Longrightarrow Cl_{2(吸附)} \Longrightarrow 2[Cl] \tag{13-23}$$

$$TiO_2 + 4[Cl] + 2CO \Longrightarrow TiCl_4 + 2CO_2 \tag{13-24}$$

$$CO_2 + C \Longrightarrow 2CO \tag{13-25}$$

13.3.2　氯化工艺

制取 $TiCl_4$ 有固定床氯化、流态化氯化和熔盐氯化三种氯化工艺。

固定床氯化是将原料制团并焦化后装入炉中氯化，由于其生产效率低，目前此法已被流态化氯化工艺所取代。

流态化氯化采用氯气为流体，将固体颗粒物料富钛渣和石油焦悬浮成流态化状态，在高温下进行化学反应制取 $TiCl_4$，该方法有利于增强传热、传质过程，因此能够强化生产。目前工业生产中有两种工艺：有筛板流态化氯化和无筛板流态化氯化。

熔盐氯化是将反应物料富钛料和石油焦放入熔盐（主要由 KCl、NaCl、$MgCl_2$、$CaCl_2$ 组成）介质中，通入氯气使富钛料氯化制取 $TiCl_4$。

流态化氯化与熔盐氯化工艺的比较如表 13-3 所示。

表 13-3　流态化氯化与熔盐氯化工艺比较

比较内容	流态化氯化	熔盐氯化
炉型结构	炉型结构较简单 （流态化氯化炉如图 13-6 所示）	炉结构复杂,需要供热系统,炉壁需冷却 （工业熔盐氯化炉如图 13-7 所示）
供热方式	自热	启动时需用电供热,反应过程需冷却
生产能力	产能大,25～40t/(m²·d),单台炉 ≥500t/d	产能小,15～20t/(m²·d), 单台炉 120～140t/d
适应原料	要求原料中 MgO 和 CaO≤1.5% （无筛板工艺≤2.5%）	对高钙镁含量的物料也适用
原料准备	对原料粒度要求严格	对原料粒度要求较流态化氯化宽些
工艺特征	反应在流化床中进行,操作条件要求 严格控制,否则流化床受到破坏	反应在熔盐介质中进行,操作工艺条件 可在较大范围内变化
原料消耗及回收率	碳耗量较高(碳矿比 25%～30%), 钛损失较少	碳耗量略低(碳矿比 21%～25%),钛损失较多
三废	废料较少	废料多,每吨 TiCl₄ 产生 240kg 废盐
劳动条件	较好	排废盐操作麻烦,安全性差,现场环境恶劣

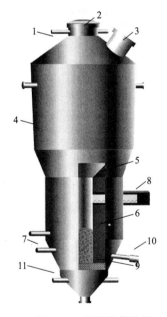

图 13-6　流态化氯化炉

1—炉盖进水管;2—水冷炉盖;3—炉气出口;
4—指水板;5—过渡段炉衬;6—反应段炉衬;
7—热电偶;8—加料器;9—气体分布板;10—
放渣口;11—氯气入口管（预分布器）

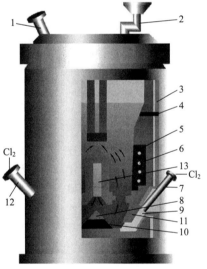

图 13-7　工业熔盐氯化炉简图

1—气体出口;2—加料器;3—炉壳;4—热电偶;
5—电极;6—水冷心管;7—通道;8—中间隔堵;
9—水冷填料箱;10—旁侧下部电板;11—石基
保护侧壁;12—进气管;13—分配用耐火砖

目前熔盐氯化炉的产能小,不适应大型氯化钛产业的发展,主要原因是 TiO₂ 颗粒在熔盐体系中含量低。根据富钛料中钙镁含量,选择不同的氯化工艺,如表 13-4 所示。

表 13-4　不同钙镁含量物料的氯化工艺选择

氯化方法	有筛板流态化氯化	无筛板流态化氯化	熔盐氯化
CaO	≤0.3%	（MgO+CaO）≤2.5~3%	无限制
MgO	≤1~1.5%		

13.3.3　四氯化钛的精制

各种方法生产的粗四氯化钛，其中都含有一定量的杂质。根据杂质在四氯化钛中的溶解情况，可分为不溶解的固体悬浮物和溶解于四氯化钛中的杂质，详见表 13-5。

表 13-5　粗四氯化钛中的杂质分类

	常温下为气体	H_2，O_2，HCl，CO，CO_2，$COCl_2$，COS
可溶于 $TiCl_4$ 的杂质	常温下为液体	S_2Cl_2，CCl_4，$VOCl_3$，$SiCl_4$，$CHCl_3$，CCl_3COCl，$SnCl_4$，CS_2 等
	常温下为固体	$AlCl_3$，$FeCl_3$，$NbCl_5$，$TaCl_5$，$MoCl_5$，C_6Cl_6，$TiOCl_2$，Si_2OCl_6 等
固体悬浮物		TiO_2，SiO_2，$MgCl_2$，$ZrCl_4$，$FeCl_2$，C，$FeCl_3$，$MnCl_2$，$CrCl_3$ 等

为提纯粗四氯化钛，工业上用如下方法：过滤除去固体悬浮物；用物理法（蒸馏或精馏）和化学法除去溶解在四氯化钛中的杂质。在粗四氯化钛中，质量分数大于 0.1% 的某些杂质的沸点及其在四氯化钛中的溶解度如表 13.6 所示。

表 13-6　杂质（质量分数大于 0.1%）的沸点和其在 $TiCl_4$ 中溶解度

物质	沸点/℃	在 $TiCl_4$ 各成分的质量分数/%	在 $TiCl_4$ 中溶解度/%
$VOCl_3$	127	0.1~0.3	无限
$TiOCl_2$	—	0.04~0.5	0.44(20℃)；2.4(120℃)
$SiCl_4$	57	0.1~1.0	无限
$AlCl_3$	180	0.01~0.5	0.26(18℃)；4.8(125℃)
$COCl_2$	8.2	0.0005~0.15	55(20℃)；2(80℃)

工业上采用精馏法，利用各种氯化物沸点的差异，可以除去粗四氯化钛中的大部分杂质。但杂质 $VOCl_3$ 的沸点与 $TiCl_4$ 的沸点（136℃）接近，用精馏法很难除去。因此采取在蒸馏之前用其他方法先将其中的钒除去。在工业生产中，除钒有三种方法，即铜或铝法、硫化氢法和碳氢化物法，都是利用四价钒化合物（$VOCl_2$）难溶于 $TiCl_4$ 的性质，故将五价的 $VOCl_3$ 还原成四价的 $VOCl_2$。

13.4　海绵钛生产

目前国内外工业生产海绵钛有两种方法：①镁热还原 $TiCl_4$ 生产钛（克劳尔法），即以金属镁为还原剂；②钠热还原 $TiCl_4$ 生产钛（亨特法），即以金属钠为还原剂。

13.4.1　镁热还原 $TiCl_4$ 生产钛

镁热还原法生产金属钛在密闭的钢制反应器中进行。将纯金属镁放入反应器中并充满惰性气体，加热使镁熔化，在 $800 \sim 900 ℃$ 下，以一定的流速注入 $TiCl_4$ 与熔融的镁反应。总反应式为

$$1/2TiCl_4 + Mg \Longrightarrow 1/2Ti + MgCl_2 \qquad \Delta G_T^{\ominus} = -231100 + 68T(987 \sim 1200K) \qquad (13\text{-}26)$$

在反应温度下，生成的 $MgCl_2$ 呈液态，可以及时排放出来。在 $900 \sim 1000 ℃$ 下，$MgCl_2$ 和过剩的镁有较高的蒸气压，可在一定真空度的条件下，将残留的 $MgCl_2$ 和 Mg 蒸馏出去，获得海绵状金属钛。

钛在还原过程中存在稳定的中间产物 $TiCl_2$ 和 $TiCl_3$。反应过程是分步还原逐次完成的。有如下一系列反应：

$$2TiCl_4 + Mg \Longrightarrow 2TiCl_3 + MgCl_2 \qquad (13\text{-}27)$$
$$2TiCl_3 + Mg \Longrightarrow 2TiCl_2 + MgCl_2 \qquad (13\text{-}28)$$
$$TiCl_4 + Mg \Longrightarrow TiCl_2 + MgCl_2 \qquad (13\text{-}29)$$
$$TiCl_2 + Mg \Longrightarrow Ti + MgCl_2 \qquad (13\text{-}30)$$
$$2TiCl_3 + 3Mg \Longrightarrow 2Ti + 3MgCl_2 \qquad (13\text{-}31)$$

还原过程中，在还原剂不足的情况下还可能发生如下反应：

$$3TiCl_4 + Ti \Longrightarrow 4TiCl_3 \qquad (13\text{-}32)$$
$$TiCl_4 + Ti \Longrightarrow 2TiCl_2 \qquad (13\text{-}33)$$
$$2TiCl_3 + Ti \Longrightarrow 3TiCl_2 \qquad (13\text{-}34)$$

在还原过程中，$TiCl_4$ 中的微量杂质，如 $AlCl_3$、$FeCl_3$、$SiCl_4$、$VOCl_3$ 等，均可被镁还原生成相应的金属，这些金属全部混杂在海绵钛中。镁中的杂质钾、钙、钠等，也是还原剂，它们分别将 $TiCl_4$ 还原并生成相应的杂质氯化物，杂质氯化物对产品质量会有影响。

(1) 还原

镁还原四氯化钛的过程是在 $TiCl_4\text{-}Mg\text{-}Ti\text{-}MgCl_2\text{-}TiCl_3\text{-}TiCl_2$ 的多元体系中进行的。在还原条件下，除化学变化外，还包括吸附、蒸发、冷凝、扩散、溶解和结晶等物理过程，镁还原四氧化钛的过程是复杂的多相反应过程。$TiCl_4$ 蒸气被吸附在反应新生成的固体金属钛的活性表面并使之活化，加快了反应速率。钛在活化点上结晶析出，并黏结在活化点上。激烈的放热反应导致烧结和再结晶，从而导致钛生长成海绵状结构。液态镁渗进海绵钛的孔隙中，并通过毛细管作用上升到活化点继续与 $TiCl_4$ 进行反应。

(2) 真空蒸馏

还原产物中含有 $55\% \sim 65\%$ Ti，$25\% \sim 35\%$ Mg，$9\% \sim 12\%$ $MgCl_2$。随后将其进行真空蒸馏，以便将海绵钛中镁和氯化镁分离除去。在 $900 \sim 1000 ℃$ 下镁和氯化镁的蒸气压较高，而此时钛的蒸气压是微不足道的（如表 13-7 所示）。

表 13-7　镁、氯化镁和钛在不同温度下的蒸气压

物质	蒸气压/mmHg			
	800℃	850℃	900℃	1000℃
Mg	25	45	80	250
$MgCl_2$	105	3.4	7.1	8.5
Ti	—	—	7.33×10^{-8}	2.27×10^{-7}

注：$1mmHg = 133.3224Pa$。

当温度为 $950 \sim 1000℃$、$3 \times 10^{-4} \sim 2 \times 10^{-3}$ mmHg 的真空条件下，连续加热还原产物时，镁和氯化镁蒸馏出来并凝结在冷凝器上。

真空蒸馏有两种方式：一种方式是不必从还原罐中取出还原产物，直接进行真空蒸馏；另一种方式是从还原罐中取出还原产物，放入专门的真空蒸馏设备中进行蒸馏，此法可以提高蒸馏设备的生产率、缩短蒸馏时间。

13.4.2　钠热还原 TiCl$_4$ 生产钛

钠还原四氯化钛的温度范围为：从高于 NaCl 的熔点（801℃）到低于钠的沸点（883℃）。在工业生产中，一般在 $801 \sim 883℃$ 的温度范围内进行还原操作，此时主要是气态的四氯化钛与液态钠进行反应，但也有部分的钠蒸气参与反应。

钠还原四氯化钛也是通过生成低价氯化钛的中间反应进行的，低价氯化钛能溶于 NaCl 中。反应生成的钛颗粒也能与四氯化钛作用生成低价氯化钛。低价氯化钛向 NaCl 熔盐中扩散，有可能发生歧化反应。

钠热还原 TiCl$_4$ 的工业生产方法有一段还原法和二段还原法两种。一段还原法，即 TiCl$_4$ 一次就还原成金属钛。二段还原法，还原过程分为两个阶段：先还原至 TiCl$_2$ 或 TiCl$_3$，然后再还原低价钛氯化物为金属钛。

13.4.3　金属热还原 TiO$_2$ 生产钛

(1) 钙热还原法

用 Ca 或 CaH$_2$ 作还原剂，可将 TiO$_2$ 还原，制得有一定氧含量的纯度不是很高的细钛粉，称为金属氢化物还原法（metal hydride reduction process）。其主要反应是

$$TiO_2 + 2Ca =\!=\!= Ti + 2CaO \tag{13-35}$$

$$TiO_2 + 2CaH_2 =\!=\!= Ti + 2CaO + 2H_2 \tag{13-36}$$

由于溶解在金属钛中的氧（即 Ti-O 固溶体）亲和力很强，即使还原剂钙过量，也很难得到含氧量低的金属钛，因此该方法很难应用于工业生产。

(2) 铝热还原法

即使在高温下，铝也不能把 TiO$_2$ 完全还原为金属钛，而只能还原成低价氧化钛或钛氧固溶体。因铝能与钛形成固溶体和金属间化合物，且发热量很大，还原反应不仅能自热进行，而且能生成 Ti-Al 合金。还原得到的 Ti-Al 合金可作为生产钛合金时的中间合金，也可作为电解精炼的原料。TiO$_2$ 的铝热还原与电解精炼相结合，是制取金属钛和钛合金的方法之一。

13.4.4　电解法生产钛

(1) TiO$_2$ 熔盐电解工艺（FFC 法）

FFC 电解工艺是将原料 TiO$_2$ 粉末与添加剂压制成型，烧结成阴极，以碳作阳极，在 CaCl$_2$ 熔盐介质中，阴极发生电化学还原析出金属钛，O^{2-} 进入熔盐中，在阳极与碳反应生成 CO$_2$ 和 CO。

(2) TiCl$_4$ 电解工艺

该方法采用的电解质体系是将 TiCl$_4$、TiCl$_2$、TiCl$_3$ 溶于碱金属或碱土金属氯化物组成的溶剂中。在该氯化物体系的熔融电解质中，钛离子和氯离子受电场作用，钛离子趋

向阴极，氯离子趋向阳极，形成离子导电，构成电解回路。用石墨棒作阳极，篮筐式丝网作阴极，电解开始后，阳极上放出氯气，阴极上不断产生金属钛。电极反应过程如下所示：

阴极电极过程：

$$Ti^{4+} + e^- \longrightarrow Ti^{3+} \tag{13-37}$$

$$Ti^{4+} + 2e^- \longrightarrow Ti^{2+} \tag{13-38}$$

$$Ti^{3+} + e^- \longrightarrow Ti^{2+} \tag{13-39}$$

$$Ti^{2+} + 2e^- \longrightarrow Ti \tag{13-40}$$

阳极电极过程：

$$2Cl^- - 2e^- \longrightarrow 2Cl(原子) \longrightarrow Cl_2 \tag{13-41}$$

(3) 其他电解方法

日本京都大学开发的 OS 法（日本 Kyoto 大学的两位学者 One 和 Suzuki 2002 年在钛协会年会上首次提出，以两位学者名字的首字母命名）、Suzuki 开发的 MSE 工艺 [在 OS 法基础上提出制取金属的 MSE 法（molten salt electrowinning）] 以及 Okabe 提出的 PRP 工艺（在直接气相还原 TiO_2 粉末的基础上提出的预成型气相钙热还原制备金属钛的改进方法，preform reduction process）等。

13.5　钛的精炼

13.5.1　电解精炼

钛电解精炼是将含杂质的粗钛压制成棒状阳极或者是放在阳极筐中，用钢制阴极，在 $NaCl-KCl-TiCl_2-TiCl_2$ 熔盐电解质中进行电解制取纯钛的过程。在电解过程中阳极发生溶解，钛以 Ti^{2+} 和部分的 Ti^{3+} 等形态转入熔盐中，在阴极上发生低价钛离子还原成金属钛的电化学反应。

钛在熔体中的离子浓度为 3%～6%，平均价态为 2.2～2.3。初始阴极电流密度 D_k 为 0.5～1.5A/cm²；阳极电流密度 $D_a \leqslant 0.5$A/cm²。电解在 800～850℃进行。精炼钛的电解槽如图 13-8 所示。

电解精炼是基于杂质元素与钛的析出电位不同，钛及其他更负电性元素优先从阳极上溶解，以离子态进入熔盐中，而比钛更正电性的杂质元素留在阳极泥中。因此钛在阴极上将优先析出而得到纯钛。在粗钛中，常见的杂质有铁、铬、锰、铝、钒、硅、镍、碳、氮、氧等，其中铁、镍等电位较正，它们留在阳极泥中。电解精炼除氧的效果好，但对钒、铬、铝等无能为力。电解精炼钛的纯度可达 99.6%～99.8%。

13.5.2　碘化法精炼

钛的碘化法精炼过程可用以下流程表示：

$$Ti_{固} + 2I_{2气} \xrightarrow{100～200℃} TiI_{4气} \xrightarrow{1300～1500℃} Ti_{固} + 2I_{2气}$$

钛在较低温度下即能与碘作用，生成碘化钛蒸气，然后在高温的金属丝上发生分解，释放出来的碘在较低温区重新与粗钛反应。如此循环作用，用碘将纯钛输送到金属丝上。碘化

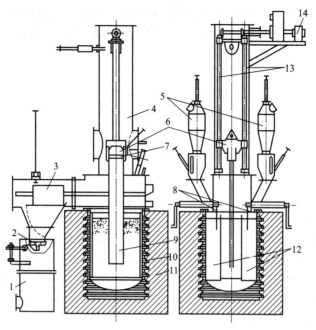

图 13-8 带散料阳极的电解槽

1—接收槽；2—气密阀门；3—小车；4—冷却室；5—加料槽；6—横梁；7—刀具；8—疏松器；9—阴极；
10—坩埚；11—加热炉；12—阳极容器；13—阴极升降螺杆；14—电动机

法精炼可以除去氧、氮等杂质。碘法钛具有良好的塑性和较低的硬度，杂质氧、氮、铁、锰、镁等比镁还原钛低一个数量级。

13.6 致密钛生产

只有将海绵钛或钛粉制成致密的可锻性金属，才能进行机械加工并使用。采用真空熔炼法或粉末冶金可生产致密钛。

13.6.1 真空电弧熔炼法

真空电弧熔炼法广泛应用于生产致密的稀有高熔点金属，是在真空条件下利用电弧使金属钛熔化和铸锭的过程。目前，工业广泛采用的是真空自耗电极电弧熔炼法，其将待熔炼的金属钛制成棒状阴极，以水冷铜坩埚作阳极，在阴、阳极之间高温的电弧作用下，钛阴极逐渐熔化并滴入水冷铜坩埚内凝固成锭。真空熔炼能将钛中的杂质氢降低到 $0.001\%\sim0.002\%$。一般熔炼钛是用直流电，因为在电子轰击的影响下，自耗电弧的能量约 2/3 是在阳极上放出，这有利于增大坩埚中熔融金属的体积，使钛锭成分均匀。真空熔炼必须有较大抽气能力的真空系统，以保证及时抽走电弧区产生的气体。对于直径为 350mm 的钛锭，当电压为 $25\sim30V$ 时，最佳电流强度为 $8\sim9kA$，此时熔化速度在 $3.7\sim4.5kg/min$ 之间，电耗为 $4.5\sim4.8kW\cdot h/kg$（以 Ti 计）。

真空电弧熔炼法存在缺点，如成本高、加工复杂、金属损失大、直收率低，限制了钛材的应用范围。

13.6.2　粉末冶金法

粉末冶金法是用钛粉作原料，生产各种所要求形状的致密钛件。流程较为简单，包括钛粉末混合、精密压制、烧结、整形精制部件（产品）等过程。目前生产钛粉的方法有海绵钛机械破碎法、氢化脱氢法、熔盐电解法、金属热还原法和离心雾化法。粉末冶金法制得的钛材，其力学性能与电弧熔炼的钛无明显区别。

13.7　钛白粉生产

钛白即二氧化钛，为白色粉末，具有三种晶型：金红石型、锐钛型、板钛型。作为白色颜料使用的钛白不是纯二氧化钛，一般要添加盐处理剂、分散剂、表面包膜剂等，因此其中的二氧化钛含量降低。世界上 90% 以上的钛矿用于生产钛白，钛白具有优异的颜料性能，是一种良好的白色颜料。钛白颜料主要应用于涂料、油墨、塑料、造纸、化纤和橡胶等工业。

目前，钛白的工业生产方法有两种：硫酸法和氯化法。硫酸法是我国生产钛白的主要方法，通过浓硫酸分解钛铁精矿或钛渣，使物料中的钛化合物转变成钛液，钛液经净化后水解生成水和二氧化钛，再经洗涤、煅烧和表面处理获得钛白。该方法的最主要缺点是产生的废料较多。氯化法是一种较先进的新方法，是以金红石、钛渣等为原料，经氯化和提纯得到精 $TiCl_4$，再经氧化制取钛白的方法。该法的主要优点是产生的废料少、氯可以循环使用，但氯化法技术难度较大，被国外几个公司垄断，国内有少数公司进行了技术引进。

思考题

1. 钛铁矿生产人造金红石的方法主要有哪些？
2. 电热法生产人造金红石过程中，高钛渣氧化焙烧的目的是什么？
3. 还原-锈蚀法生产人造金红石时，在窑炉中还原过程分为哪两步进行？
4. 为何工业生产金属钛采用氯化冶金的方法？
5. 目前，工业上生产 $TiCl_4$ 的主要方法是什么？
6. 富钛料的氯化过程通常可以归纳为哪些步骤？
7. 工业上采用精馏法除去粗四氯化钛中杂质，为何要先除钒？除钒的方法有哪些？
8. 目前，国内外工业生产海绵钛的方法是什么？
9. 简述钛白的工业生产方法及其优缺点。
10. 为何要生产致密钛？其主要方法是什么？

参考文献

[1] 李大成，刘恒，周大利．钛冶炼工艺 [M]．北京：化学工业出版社，2009.
[2] 邓国珠．钛冶金 [M]．北京：冶金工业出版社，2010.
[3] 王桂生．钛的应用技术 [M]．长沙：中南大学出版社，2008.

［4］ 孙康．钛提取冶金物理化学 ［M］．北京：冶金工业出版社，2001.

［5］ 曹谏非．钛矿资源及其开发利用 ［J］．化工矿产地质，1996（6）：127-134.

［6］ 《有色金属提取冶金手册》编辑委员会．有色金属提取冶金手册 ［M］．北京：冶金工业出版社，1999.

［7］ 马慧娟．钛冶金学 ［M］．沈阳：东北工学院，1982.

［8］ 蒲正浩．熔融含钛高炉渣电解制备钛及其合金的基础研究 ［D］．北京：北京科技大学，2022.

［9］ 朱小芳，李庆，张盈，等．热化学还原法制备金属钛的技术研究进展 ［J］．过程工程学报，2019，19（3）：456-464.

14 钼冶金

1. 钼的性质及用途；
2. 氧化钼的生产原理及主要工艺；
3. 钼铁冶炼原理及主要方法；
4. 钼湿法冶金典型工艺；
5. 钼粉及钼制品生产。

钼被誉为"工业味精"，广泛应用于钢铁、石油、化工、电气和电子技术、医药和农业等领域，现代工业的每一个进步几乎都与钼息息相关。结构钢、不锈钢、工具钢、高速钢、铸铁等钢铁产品是钼的主要应用领域，钢铁工业中消耗钼占钼总消耗量的 80%。钼在地壳中的平均含量为 0.00011%，全球钼资源储量约为 1100 万吨。

14.1 概述

14.1.1 钼的物化性质

钼是一种具有高沸点（4639℃）及高熔点（2622℃）的难熔金属，密度为 $10.2g/cm^3$。

在钼的化合物中，钼可以呈 0、+2、+3、+4、+5、+6 价，+5 和 +6 价是其最常见的价态。钼的低氧化态化合物呈碱性，而高氧化态化合物呈酸性。钼在干燥和潮湿的空气中只有在适中的温度下方能趋于稳定。未经保护的钼在高温下不能抗氧化是其主要弱点，钼在大约 400℃ 时开始轻微氧化，高于 600℃ 时钼在空气和氧化性气氛的作用下，氧化速度迅速增加，形成的三氧化物开始升华，促使氧化反应更加剧烈，这限制了钼在空气中和氧化性气氛下的应用。在高于 700℃ 时，钼被水蒸气迅速氧化成二氧化钼（$Mo+2H_2O \rightleftharpoons MoO_2+2H_2$）。

但在真空中则不一样，未被覆盖的钼使用寿命非常长。钼在纯氢、氩气和氦气中完全稳定。钼与氢气一直到它的熔化温度都不发生化学反应。但钼在氢气中加热时，能吸收一部分氢气生成固溶体。例如在 1000℃ 时，100g 金属钼中能溶解 $0.5cm^3$ 氢。

高于 1500℃，钼与氮发生化学反应生成氮化物。在二氧化碳、氨和氮气中，直至约 1100℃ 钼仍具有相当的惰性。在更高的温度下，在氨和氮气中钼的表面可能形成氮化物薄膜。在高于 1100℃ 时，钼能被含碳气体（如碳氢化合物和一氧化碳）碳化。

在含硫气氛中，钼的行为取决于含硫气氛的性质。在还原气氛下，甚至在高温下钼也能耐硫化氢的侵蚀。这时候在钼的表面上会形成黏附性好的硫化物薄层。但是在氧化性气氛下，含硫气氛能迅速腐蚀钼。硫蒸气需高于 440℃，硫化氢则需高于 800℃ 才能与钼发生化学反应生成二硫化钼。

暴露于卤素中的钼行为变化多端，在低于 800℃ 时能耐碘的腐蚀，低于 450℃ 时能耐溴的腐蚀，低于 200℃ 时能耐氯的腐蚀，而氟可以在室温下腐蚀钼。

在室温下钼能抗盐酸和硫酸的侵蚀。但在 80～100℃，钼在盐酸和硫酸中有一定数量的溶解。在冷态下钼能缓慢地溶于硝酸和王水中，在高温时溶解迅速。氢氟酸本身不腐蚀钼，但当氢氟酸与硝酸混合后，腐蚀相当迅速。5 体积硝酸、3 体积硫酸和 2 体积水的混合物，是钼的有效溶剂。钼在酸性介质中的行为还受其他化学试剂存在的影响。例如，三氯化铁可加速钼在盐酸中的溶解，二氯化铁却没有这种作用。因此，在氧化气氛下，对有钼存在的体系使用含铁的组分是不当的。

在室温下苛性碱的水溶液几乎不腐蚀钼，但在热态下会发生轻微腐蚀。在熔融的苛性碱中情况完全不同，特别是在有氧化剂存在时，金属钼迅速被腐蚀。熔融的氧化性盐类，如硝酸钾和碳酸钾，能强烈侵蚀钼。

钼对许多熔融金属具有很好的耐蚀性。在高熔点金属中，钼对熔融态的铋和钠的耐蚀性很强。钼不与汞作用，所以在水银开关中得到应用。在熔融金属中，对钼腐蚀严重的有锡、铜、镍、铁、钴。钼对熔融的锌具有适度的耐蚀能力，与钨合金化有助于提高其耐蚀能力。值得一提的是，钼对其他介质的耐腐蚀能力，钼与许多类型的玻璃、有色金属炉渣，以及在惰性气氛下与氧化钼、氧化锆、氧化铍、氧化镁和氧化钍兼容。

14.1.2 钼的用途

钼具有高强度、高熔点、耐腐蚀、耐磨研等优点，被广泛应用于钢铁、石油、化工、电气和电子技术、医药和农业等领域。同时，钼是影响人或植物的正常生长的必需的微量元素之一。图 14-1 是 2024 年国际钼协会公布的钼在各领域用量所占比例。图中显示，新生产出来的钼，大约 24% 用于制造含钼不锈钢；而工程钢、工具钢和铸件等使用钼共计约占 55%；剩余的 21% 用于升级产品，包括镍合金、化学品（钼化合物、润滑剂级 MoS_2 等）和钼金属。

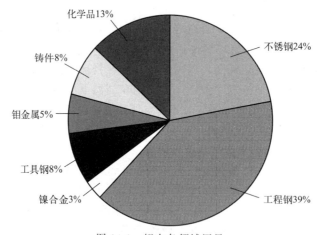

图 14-1 钼在各领域用量

（1）钼在钢铁工业中的应用

钢中添加钼可使钢具有均匀的微晶结构，降低共析分解温度，扩大热处理温度范围和淬透深度，还能提高钢铁的硬度和韧性、抗蠕变性能。铁中添加钼能使生铁合金化，可使铁晶粒细化，还可提高其高温性能、耐磨性能和耐酸性能。钢铁中添加钼之后，还能降低回火脆性、提高抗氢脆性、抗硫化物引起的应力开裂、改善高强度低合金钢的焊接性能、改善不锈钢的防腐性，特别是防氯化物点蚀。钼的添加方式多样，可以是钼铁、氧化钼压块、高纯三氧化钼、钼粉、纳米钼粉等。

（2）钼在石油及化学工业中的应用

钼具有优良的耐酸和耐其他金属腐蚀的性能，可用于制作真空管、热交换器、重蒸锅、油罐衬里、各种酸碱液容器、储罐等化工设备。

MoO_3、MoS_2 及有机钼等形式的化合物是石油化工和化学工业中一类非常重要的催化剂和催化活化剂。钼在石油裂化与重整中起着重要的作用，是一种理想的电子供体和载体。八钼酸铵与钼酸钙等钼化合物不但能阻燃而且能抑烟。钼的一些化合物如钼酸铅、钼酸锌、钼酸钙常用于颜料、染料、油漆和墨水的生产。

（3）纯钼与钼基复合材料的应用

钼板、带、箔、管、棒、线和型材等在电子管、电光源零件、线切割丝、金属加工工具及涡轮盘等部件中得到广泛应用。钼还是一种重要的热喷涂材料，广泛应用于汽车工业以提高活塞环、同步环、拨叉和其他受磨部件的性能，亦可用于修复磨损的曲轴、轧辊、轴杆先进机械部件。有色合金消耗的钼占钼总消耗量的 $5\%\sim8\%$，主要为钼基合金和具有特种性能的有色金属合金材料。

钼基合金是以钼为基体加入其他元素而构成的有色合金，钼基合金克服了纯钼的一些缺点，得到了广泛应用。如钛锆钼合金具有优异的高温强度及综合性能，是应用最广泛的钼合金，在航空、航天等领域得到广泛应用，如用作喷管材料、喷嘴材料、配气阀体、燃气管管道材料、电子管中的栅极材料，还可以制作 X 射线旋转阳极零件、压铸模具和挤压模具、高温炉中的发热体及隔热屏等。

（4）润滑领域的应用

二硫化钼是最常见的钼的自然形态，从矿石中提取净化后直接用作润滑剂。二硫化钼具有层状结构，润滑性能优异，在高温、高压、高旋转、超低温和高真空度条件下仍具有良好的润滑性能。一些有机钼化合物作为润滑油抗磨添加剂、发动机燃油添加剂具有比二硫化钼更优越的性能，得到了广泛的应用。钼的化合物和水溶性的硫化合物溶液混合后在切削液和金属成型材料中具有润滑性和缓蚀性。油溶性的钼硫化合物，如硫代磷酸盐和硫代氨基甲酸盐，能避免发动机的磨损、氧化和腐蚀。

（5）钼在医学领域的应用

钼与钛形成的微孔结构医用钛钼合金，具有生物相容性好、力学性能佳、与人体硬组织弹性模量相匹配等优点，是优良的硬组织修复和置换材料。在 X 射线检查中钼靶产生的 X 射线波长较长、穿透力较弱，大多被软组织吸收，能使人体软组织中的细微结构和小病灶清晰成像。钼靶 X 射线检查已成为诊断乳腺病变最有效、最可靠的手段之一。

中国是钼生产量大、消费量小的国家，约 2/3 的钼产量出口，占世界钼供应的 28% 左右。目前，中国钼产品结构中，各种钼产品的产量排列依次为钼铁、氧化钼、钼化工和钼金属。钼铁、氧化钼等初级产品所占比例过大，钼化工和钼金属产品在钼工业的整体布局上所占比例很小。从整个钼金属产品结构来看，技术含量较高的产品较少。钼化工、钼金属的原料和中间产品多，而终端产品较少。在金属材料工业中，丝材所占比例大，材料和型材所占比例小，纯钼所占比例大，钼合金所占比例小。在加工深度上，还只能做到"材"，很少做到"件"。

14.1.3 钼的矿物

自然界钼的含量很低，但分布较集中。钼是一种亲硫元素。辉钼矿是钼的主要存在状态，其次是钼与钨、铜、钒、铼、铌等元素共生的氧化物矿。已知的钼矿有 20 余种，其中最具工业价值的是辉钼矿，其次为钨相钙矿、铁铂矿、彩钼铅矿、铂铜矿等，以辉钼矿的工业价值为最高。

① 辉钼矿（MoS_2） 质软并带有金属光泽，外观与石墨相似，呈鳞片状或薄板状的晶体，具有层状六角形晶格，不导电。辉钼矿中常含有类质同象的铼，另外还常含锇、铂、钯、钌等铂族元素。辉钼矿是天然可浮选性极强的矿物，表面被氧化则可浮性降低。辉钼矿质软，在破碎、磨矿过程容易造成过粉碎，从而降低其精矿质量。辉钼矿在空气中加热到 400～500℃时，二硫化钼开始氧化生成三氧化钼，加热到 720℃左右时蒸气压达 0.08kPa。在隔绝空气的条件下，加热到 1300～1350℃，辉钼矿部分离解；加热到 1650～1700℃开始熔化分解。辉钼矿能被硝酸和王水分解。

② 钼酸钙矿（$CaMoO_4$） 莫氏硬度为 3.5，性脆，易溶于酸碱溶液，钼酸钙矿石中常混入类质同象的钨。

③ 彩钼铅矿（$PbMoO_4$） 有时还含有少量 CaO、CuO、MgO、WO_3 等混合物。若钨以类质同象取代钼则形成钨钼铅矿 $[Pb(MoW)O_4]$。彩钼铅矿密度为 6.5～7.0g/cm^3，莫氏硬度为 2.75～3，熔点为 1065℃，呈红色、橙色、灰色、白色等，并有金刚光泽或树脂光泽。系次生钼矿物，分布较广，但不具工业开采价值。

④ 铁钼华 $[Fe_2(MoO_4)_{3.8} \cdot H_2O]$ 密度为 2.99～4.5g/cm^3，莫氏硬度为 1.5，性脆易成粉末，亮黄色，丝绢光泽，易溶于酸、碱及氨水。铁钼华是辉钼矿在矿床富含铁矿物的氧化带中被氧化的产物，是最主要、最常见的次生钼矿物。

⑤ 钼华（MoO_3） 密度为 4.5～4.74g/cm^3，莫氏硬度为 1～2，熔点 790℃，沸点 1155℃，稻草黄色、条痕白色，微溶于水，易溶于氨水或碱液。钼华是辉钼矿热液蚀变产物，为钼矿床最常见的钼矿物。

14.2 氧化钼生产

钼精矿的主要成分为 MoS_2，其中包含 45%～58% 的钼及大约 37% 的硫，另含有水、油、SiO_2、铅、铜、磷及其他杂质，其中大多数杂质并不参与炉内的焙烧反应。钼精矿在高于 500℃ 的空气中剧烈氧化去除其中的硫，在焙烧反应中，硫被氧取代得到产品 MoO_3 并释放热量，硫与氧结合生成 SO_2，SO_2 可作为制酸厂的原料，得到的产品 MoO_3 中钼的质量分数为 50%～63%。

14.2.1 钼精矿氧化焙烧原理

将选钼厂、铜钼选厂产出的钼精矿，在 620～650℃ 下进行氧化焙烧，将硫化钼转化为焙烧钼精矿，焙烧钼精矿是制取纯三氧化钼、三氧化钼压块、钼铁、钼酸铵、钼酸盐和各种钼化合物的原料。

辉钼精矿氧化焙烧的任务是将钼的硫化物（MoS_2）氧化成氧化钼。辉钼矿在氧化焙烧过程中发生一系列的化学反应，主要反应分为以下四组：

① 辉钼矿氧化生成三氧化钼和其他钼的氧化物；
② 辉钼矿氧化产生的三氧化钼与辉钼矿之间发生的化学反应；
③ 辉钼矿中伴生的（铁、铜、铅等）硫化矿氧化生成氧化物和硫酸盐；

④ 三氧化钼与杂质氧化物（铜、铁、钙等氧化物、硫酸盐、碳酸盐）相互反应，生成各类钼酸盐。

14.2.2 回转窑法生产氧化钼

回转窑是生产氧化钼的重要设备，主要有外热式和内热式，其机械化程度高，操作方便，产品质量容易控制，气体便于收尘和环保治理。图 14-2 是氧化钼生产用回转窑。

图 14-2　氧化钼生产用回转窑

（1）外热式回转窑

外加热式回转窑由加料系统、传动系统、窑体、炉体保温几个部分组成。窑体是回转窑的躯干，是回转窑的主要组成部分，其直径和长度决定着生产能力。图 14-3 是回转窑窑体结构简图。窑体套装两个轮带，倾斜坐落在相应的托轮上。在窑体上装有大齿轮，由传动装置带动，在托轮上回转。其焙烧过程分为干燥预热区、自热燃烧区、外加加热反应区及固化冷却区四个区段。

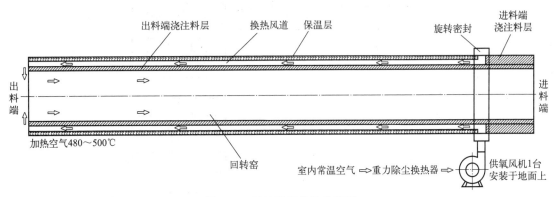

图 14-3　回转窑窑体结构简图

回转窑焙烧钼精矿的工艺如图 14-4 所示。钼精矿从回转窑的窑头由螺旋给料机均匀给入，由于窑体的转动，物料借摩擦力的作用，被带到一定的高度，直到物料斜面倾角等于或大于物料的自然休止角时，在重力作用下，沿斜面而滑动，随着窑体的旋转作用，物料沿窑的轴线方向向窑尾运动，除轴向运动外，还有径向运动，即料层断面上各点沿不同半径方向，按同心圆向前运动到料层表面。此外，料层里面物料粒度大小不一，又产生混合运动。窑内物料在窑的倾斜旋转作用下，由窑头（高端）向窑尾（低端）方向运动，辉钼矿在窑内发生一系列物理和化学反应。

一般回转窑分为四个区域。

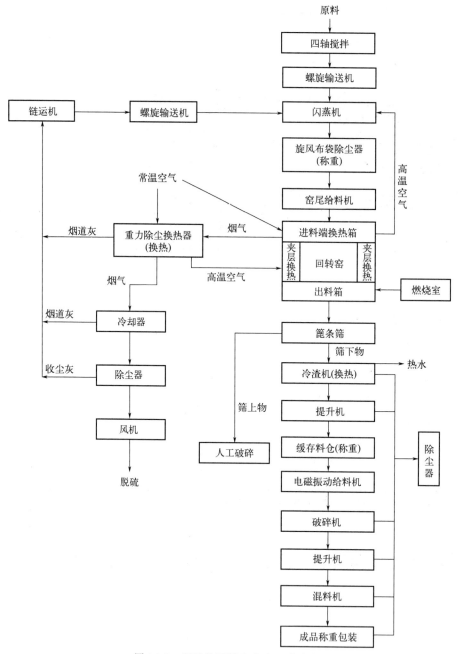

图 14-4 通用的回转窑生产工艺流程

① 干燥预热区 该区域物料的变化温度范围为常温至450℃，当温度由常温升至150℃时，钼精矿中附着的水蒸发，部分油类也挥发，即实现了钼精矿的干燥。

② 自热燃烧区 该区也称放热反应区，温度变化范围为450～680℃。炉温达到450℃时，即达到钼精矿的燃点，此时辉钼矿与氧发生如下反应：

$$MoS_2 + O_2 \longrightarrow MoO_3 + 2SO_2$$

$$MoS_2+6MoO_3 =\!=\!=\!= 7MoO_2+2SO_2$$

当达到辉钼矿的燃点后，反应释放的热量能使反应自然进行。

③ 外加热反应区 该区物料温度的变化范围是 680～780℃。由于物料残硫仅在 1.5%～3.5% 之间，自热反应逐渐减少或消失，700℃ 以下不可能将残硫除尽，如 S 含量≤0.07%。因此，必须外加热使温度达到 700℃ 以上，脱尽残硫。该区和自热燃烧区还发生下述反应：

$$MoO_2+0.5O_2 =\!=\!=\!= MoO_3$$

④ 固化冷却区 该区物料温度变化是从 780℃ 降至 250℃。主要是熟料三氧化钼逐渐冷却，并通过窑体上装设的分级筛筛出最终产品。

(2) 内热式回转窑

内热式回转窑采用热风炉供热或者采用天然气/煤气燃烧供热。采用热风炉供热时，原煤在热风炉内充分燃烧，经过净化室后纯净的热空气被送入回转窑内，温度在热风炉即可实现精确控制。

内加热式温度区域容易控制，按钼精矿氧化焙烧的需要，窑内有三个热工区段：加热段、固化段、烧成段（脱残硫段）。窑内的物料、窑衬、热源三者之间存在着温度梯度。

内加热式回转窑的温度控制方法如下。

① 调整加料量可以改变窑内温度。因为窑内的温度来源主要靠钼精矿燃烧放热，所以，调整钼精矿的加入量，可以实现窑内温度的改变。

② 改变窑内的空气流量，可以起到调节窑内温度的作用，排烟量越大，窑温越低。这是通过改变排烟系统的引风机转速来实现的。在调节时，要考虑排烟系统对风量的要求，风量太小时，烟气流速过低，容易使管道堵塞，造成停产。

③ 调整出料箱炉门的开启程度，对调节窑内温度也有一定的作用。

④ 热风炉的供热温度，对调节窑内温度有决定性作用；在正常焙烧的情况下，可控制在 650～680℃。

窑内各段空气温度的控制范围：物料加热段 300～600℃、固化段 600～700℃、烧成段（脱残硫段）550～650℃。

窑内各段的作用和钼精矿特征如下。

① 预热段 钼精矿在该段初期，主要是对物料起着干燥预热作用，其水分蒸发和油分挥发，在钼精矿入料端向窑前方向，钼精矿自室温逐步升至 350℃ 以内，在窑的长度段内完成。经过干燥的钼精矿随着窑体转动，逐渐向窑的高温区流动，并被不断加热，开始燃烧，料层为暗红色，并呈流动状态。取出矿样冷却后呈深褐色，该段的窑内气体温度 400～600℃。钼精矿强烈燃烧时呈鲜红色，流动性非常好，此时取出的矿样冷却后呈浅褐色，有强烈的二氧化硫气味。钼精矿并无粘接现象。

② 固化段 钼精矿氧化焙烧的固化阶段，前后有两个明显的区终，即固化预备段和分散段。观察固化期最明显的标志，是在钼精矿聚集成为小颗粒的时候。如果取出矿样，矿粒之间已经粘在一起，呈半熔融状态，此时含硫一般在 0.5%～0.9% 之间，料层呈暗红色。钼精矿 90% 以上的硫已经燃烧，放出大量的热，料层温度高于炉气温度。为了防止过早烧结，温度不宜过高。如果钼精矿中低熔点物质较多，如铜、铅、钾、钠等，钼精矿在高温时黏滞，固化段延长。

③ 烧成段 分散期的主要特征：固化后接近分散时，料层在窑内呈暗红色，取出的矿样，炙热时呈黄色，冷后呈黄绿色。这是硫化矿烧成三氧化钼的标志，用耙齿拨动炉料，已经不显黏滞状，固化时粘接的炉料此时分散成细小的颗粒，如米豆粒大小，可在耙齿间自由

滚动，这可以创造与空气良好的接触条件，使炉料进一步氧化，直至烧成。

钼精矿焙烧用多膛炉，一般为 8～16 层，其炉内由一根中轴，贯穿各层，各层内均有四根耙臂连接中轴，每根耙臂上均配有若干耙齿。在中轴的驱动下，耙臂带动耙齿对各炉层内的物料进行连续搅拌，使其与炉内的空气具有更好的接触条件。

在利用回转窑焙烧钼精矿的实际操作中，要根据窑况、钼精矿含杂质量的变化，对控制参数进行调整。严格地说，每一种钼精矿，在氧化焙烧过程中，只有一个工艺条件是最佳的。在焙烧过程中，窑的转速、温度、时间、排风量、物料在各段的反应状态等之间不是孤立的参数，是相互影响、相互制约的。

14.2.3 多膛炉法生产氧化钼

利用多膛炉生产氧化钼，其在产品质量、焙烧工艺自动化、技术经济指标等方面，相较于回转窑，具有更好的优越性。

目前国内常见的为节能型回转窑，其相较于内热式和外热式回转窑，最大的区别为，在内炉筒之外还有一条炉筒，在内外炉筒之间以同心圆的结构形成换热风道。另将窑头钼精矿入料处的窑头罩做成夹层，在其间引入室外空气，待空气于夹层处完成第一次换热后，将其引入窑体内换热风道，并由钼精矿进料端的窑头顺着风道鼓入产品出料口的窑尾端，进行第二次换热。鼓出的热空气，随着负压风机的开启，被吸入窑内，参与补偿窑内钼精矿氧化焙烧反应所需的氧和温度。

该节能型回转窑的特点是，对于钼精矿氧化反应时自发产生的热量，通过换热风道加热空气进行回收利用。其使用时，仅在初期烘炉时，需要使用天然气进行加热，待钼精矿入炉并引燃、氧化焙烧反应自发开始时，则可关闭天然气燃烧器，利用钼精矿持续反应所释放的热形成热平衡，相较于内热式与外热式回转窑，天然气单耗近乎为零。一般保证物料在炉内停留 10～12h，有充分的氧化脱硫时间。多膛炉每层均有下料口与下一层相通，下料口在奇数层和偶数层，分别设置在该层的中间和边缘。每层均设有操作门，便于日常清炉、更换层内耙臂、耙齿和观察层内情况。主要焙烧层还设置空气进气口及烟气排出口。为保证炉内温度，分别在各层设有 2～4 个燃烧器，采用煤气、油、丙烷或天然气加热。多膛炉焙烧的特点如下。其一，将一个焙烧过程分成许多段，每一段实行相应的温度、气氛控制，每一段产出的产物 SO_2 又会被及时带走，不会影响其他反应阶段。多膛炉在焙烧钼精矿时，各层炉料布料均匀，能得到充分搅拌，并且物料在下落过程中能与氧气充分接触，因此氧化反应十分充分。其二，熔融状态可及时降温，温度偏低也可及时升温。各层供热能实现准确控制，温度控制十分精确，料温稳定，炉况也相当稳定，炉料出现烧结、熔融现象极少。这样使焙烧理论要求的期望条件得以实现。因此，目前多膛炉是最适宜生产氧化钼的焙烧炉型。一般多膛炉焙烧钼精矿工艺流程见图 14-5。

利用多膛炉生产氧化钼时，钼精矿由顶层加入炉内，顶层为 1 层。以 12 层多膛炉

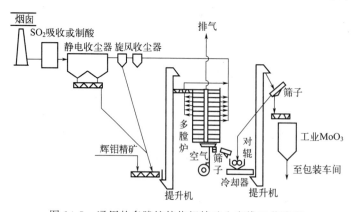

图 14-5　通用的多膛炉焙烧钼精矿生产线工艺流程

为例，在第 1、2 层及第 3 层的一部分，主要是挥发物料中的浮选剂和部分 MoS_2 的氧化，在第 3～5 层主要为钼精矿氧化成 MoO_3 及部分 MoO_2，部分 MoO_2 进一步氧化成 MoO_3，6～8 层主要是进行 MoO_2 氧化成 MoO_3，第 9 层以后则进一步脱硫，使含硫量由 1% 左右降至 0.1% 以下。为了更好地调节各层的温度，空气分别由各层进入，其作用是：一方面提供氧气；另一方面带走部分热量，以防止过热。在最底下几层，由于物料含硫量较少，发热量有限，要维持足够的温度就必须加热。

含有浮选油及水的钼精料，通过观察口及空气进气口通入空气，在多膛炉中进行焙烧。炉中主要反应如下：

$$2MoS_2 + 6O_2 \longrightarrow 2MoO_2 + 4SO_2 + 热$$

$$2MoO_2 + O_2 \longrightarrow 2MoO_3$$

$$2MoS_2 + 7O_2 \longrightarrow 2MoO_3 + 4SO_2$$

$$MoS_2 + 6MoO_3 \longrightarrow 7MoO_2 + 2SO_2$$

$$8MoO_2 + 3O_2 \longrightarrow 2Mo_4O_{11}$$

由于 MoS_2 至 MoO_3 的焙烧反应为放热反应，MoO_3 会于 700℃ 以下的某一温度升华，炉膛的温度控制极为重要。

多膛炉焙烧收尘一般为两级多管旋风收尘后接电除尘系统，收尘效率为 99% 以上。多管收尘器温度控制在 170～400℃ 之间。烟气中的二氧化硫可用来制酸，也可用水溶液淋洗后，含 SO_2 的水溶液与石灰石中和后排空。

天然气使用：在炉膛中使用天然气，以便点燃浮选油及加热钼精料。在最后的几个炉膛中（10～12 层），反应已接近完成，产生的反应热已不足以维持料膛温度，需使用天然气补热。另外，由于产物 MoO_3 较 MoO_2 热容更大，会使物料温度降低，所以需用天然气补热。

14.3 钼铁生产

钼铁生产一般采用硅铝热还原法，即炉外法，硅、铝还原三氧化钼反应进行得很彻底，铝比硅在还原三氧化钼时反应进行得强烈，反应中不需外部补充热量，一经点燃就能自热反应完全。图 14-6 是生产中的钼铁炉照片。

图 14-6　生产中的钼铁炉

14.3.1 生产用原料

冶炼用的原料有氧化物（焙烧钼精矿）、还原剂（硅铁和铝粉）、熔剂（氧化钙）、发热剂（硝石）以及钼铁合金品位调节物（钢屑）。

焙烧钼精矿（氧化钼）是生产钼铁的主要原料，是钼铁中钼的来源，除要求品位高以外，对杂质也有严格要求。其粒度 10～20mm 含量不得大于总量 20%。每批氧化钼均匀程度要高，以免引起粒度和品位偏差过大。

硅铁粉用于还原焙烧钼精矿、铁鳞等氧化物。硅铁粉在使用前必须有硅、碳、硫、磷含量分析，粒度要求 1.0mm 以下。粒度过大会造成钼铁含硅升高，使用含硅量高的硅铁粉效果比含硅量低的好。

铝粉要有精确的含铝量以作为配料计算的依据，其粒度要求在 3mm 以下。粒度过小，生产过程不安全；过大，则对冶炼反应不利。

铁鳞是轧钢、锻造时的氧化铁皮，是冶炼中的氧化剂及熔剂。铁鳞在使用前必须筛分去除杂物和加热干燥去除水分，杂质含量也有严格要求。

钢屑是合金中铁的主要来源，一般用碳素钢钢屑，粒度和水分有严格要求。

石灰粒度应在 3mm 以下，要求干燥去水分，$CaO \geqslant 90\%$。炉料中石灰的配加量取决于单位炉料发热值的大小。

硝石就是硝酸钠，当使用含钼低的氧化钼时，常由于氧量不足，而造成炉料发热量偏低，可用硝石作补热剂。

14.3.2 钼铁冶炼原理

钼铁冶炼主要的化学反应如下。

三氧化钼中含有的 SiO_2 形成渣的反应：

$$SiO_2(s) = SiO_2(slag)(slag 指炉渣)$$
$$CaO(s) + SiO_2(slag) = CaSiO_3(slag)$$

加入炉料的硅铁含硅 70% 与 Fe_3O_4、Fe_2O_3、MoO_2、MoO_3 反应：

$$Fe_3O_4(s) + 2Si(s) = 3Fe(metal) + 2SiO_2(slag)$$
$$2Fe_2O_3(s) + 3Si(s) = 4Fe(metal) + 3SiO_2(slag)$$
$$MoO_2(s) + Si(s) = Mo(metal) + SiO_2(slag)$$
$$2MoO_3(s) + 3Si(s) = 2Mo(metal) + 3SiO_2(slag)$$

MoO_3 与 Al、钢屑中的 Fe 及硅铁中的 Fe 反应：

$$MoO_3(s) + 2Al(s) = Mo + Al_2O_3$$
$$MoO_3(s) + 3Fe(s) = Mo + 3FeO$$

最后剩余的 Fe 熔融进入金属相，硅、铝、钙及少量的 MoO_3 进入渣相分离后，分别得到钼铁和钼铁渣。

14.3.3 钼铁生产工艺

钼铁冶炼工序主要包括原辅料的接收、配料、混料、冶炼、静置冷却、放渣、铁锭处理、破碎、包装等工艺。钼铁冶炼的核心是配料及冶炼部分，其工艺流程如图 14-7 所示。

主要工序说明如下。

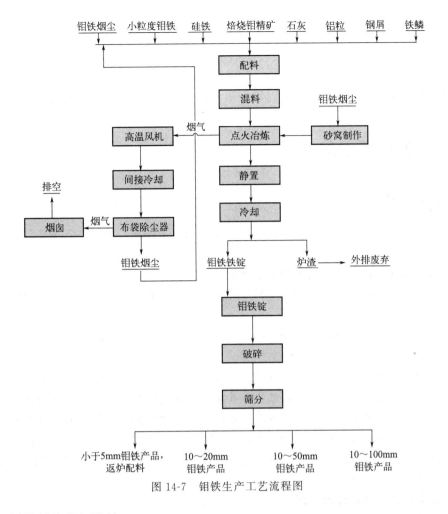

图 14-7　钼铁生产工艺流程图

（1）原辅料接收与配料

原辅料确保各物料单独存放，保证物料干净，并做好标识，防止相互污染。

物料一般采取地面上料的方式，通过叉车或装载机将熟钼矿、钢屑、铁鳞等原辅料加入到料斗内，通过螺旋输送机、斗式提升机分别加入各自料仓内。采用机械化、自动化较高的失重料斗进行配料，控制原辅料的给料量为一炉钼铁反应的量。通过皮带输送机运送至复检仓，经复检后放料至 V 型混料机进行混料，混匀的物料通过皮带运输至冶炼炉筒。

（2）钼铁冶炼

首先组装炉筒，经由吊车吊运炉筒放置在沙基上，炉筒与炉基接缝处须用陶瓷盘根封实，并用工器具夯实。放置内胆后进行加沙，放渣口外部用沙箱及钢板堵实。吊至平板车上进行接料。接好料后，拔出内胆并将点火剂洒至炉料的上方，开至烟气罩下，确认风机运行正常、烟罩吸力正常后开始点火，点火反应约 10min。反应结束后，静置 15min 后放渣，依次循环。

（3）破碎、水淬及包装

水淬冷却后的钼铁饼，人工去除表面钼铁渣后再进行吹扫，通过破碎锤将钼铁块粗碎成粒度 190mm 左右的钼铁块。随后，依据产品粒度要求进行精碎，从而得到粒度 50～100mm，10～50mm 和 10mm 以下三种产品，得到的钼铁块称量后，机械包装入库。

（4）钼铁渣处理

钼铁精整后的附着渣含有较高的钼铁颗粒，需要回收处理。钼铁渣通过破碎机粗碎、球磨机磨细至 2mm 以下，再经摇床水选得到的钼铁颗粒返回配料冶炼。

（5）烟气收尘系统

钼铁车间产生的含尘烟气，经过间接冷却、布袋除尘器后，经由风机排送至烟囱排放。

14.4 钼的湿法冶金

14.4.1 钼焙砂氨浸工艺

该工艺利用三氧化钼易溶于氨水的特性，生成钼酸铵溶液，然后将氨浸渣与钼酸铵溶液分离提纯。

（1）钼焙砂氨浸工艺原理及主要化学反应

浸出过程中，MoO_3 生成 $(NH_4)_2MoO_4$ 进入溶液，铜、锌、镍的钼酸盐和硫酸盐也分别被浸出，其反应如下：

$$MoO_3 + 2NH_4OH \Longrightarrow (NH_4)_2MoO_4 + H_2O$$
$$MeMoO_4 + 4NH_4OH \Longrightarrow [Me(NH_3)_4]MoO_4 + 4H_2O$$
$$MeSO_4 + 6NH_4OH \Longrightarrow [Me(NH_3)_4](OH)_2 + (NH_4)_2SO_4 + 4H_2O$$

钼酸铁溶于氨水时，只有少量的氧化亚铁生成铁的络合物进入溶液，而大部分铁以氢氧化亚铁形态存在，这种氢氧化亚铁呈胶态很难沉降，以薄膜的形式包裹着焙砂颗粒，阻碍着三氧化钼的溶解，若焙砂中的二价铁含量高，则浸出渣中的可溶解钼也会高。焙砂中的 MoS_2、MoO_2 不溶于氨水，进入残渣。氨浸过程一般在室温或 40～50℃进行，氨浓度为 8%～10%，固液比为 1∶3～4。

（2）非金属杂质磷和砷的分离

焙砂中若含 P、As 较高时，可将 $MgCl_2$ 加入氨浸溶液中，其反应过程是：

$$MeHPO_4 + MCl_2 + NH_4OH \Longrightarrow M(NH_4)PO_4 + MeCl_2 + H_2O$$

$MgCl_2$ 的加入量必须严格控制，量少时难达到除杂效果；量多时会引起产品中镁含量的增多，影响产品最终质量。

14.4.2 辉钼矿湿法冶金技术

氧化焙烧法适宜处理合格的辉钼精矿，其产出的焙砂可直接用于炼钢或净化提纯三氧化钼。但它对铼的总回收率低，且有 SO_2 污染。特别是处理低品位的辉钼精矿，其焙烧纯度差，不能直接用于炼钢，也不便湿法净化；由于杂质过多，在焙烧过程中物料容易烧结而不利于操作。

（1）酸性或碱性条件下氧压浸出

无论是酸性条件还是碱性条件下的氧压法都是在高压釜内使 MoS_2 氧化为可溶性钼酸盐。碱性条件下高压氧化浸出主要工艺条件为：温度 130～200℃，总压力 20～25MPa，反应时间 3～7h，NaOH 用量为理论量的 1.0～1.03 倍。

氧压煮法和硝酸氧化法主要消耗廉价的氧化剂空气或纯氧，但过程需要高温高压，对反应设备要求很高，反应条件苛刻，生产技术难度较大，浸出过程中的工艺条件也较难控制，且生产中存在一定的安全隐患。

（2）次氯酸钠法

在处理低品位钼矿物原料时，次氯酸钠是一个很有效的氧化浸出剂。在氧化浸出过程中，次氯酸钠本身也会缓慢分解析出氧，其他的一些金属硫化物也会被次氯酸钠氧化，这些金属的离子或氢氧化物又会与钼酸根生成钼酸盐沉淀，使进入溶液的钼又返回渣中。控制适当的浸出条件，可以减少其他金属硫化物的氧化浸出。反应式如下：

$$MoS_2 + 9OCl^- + 6OH^- \Longrightarrow MoO_4^{2-} + 9Cl^- + 2SO_4^{2-} + 3H_2O$$

次氯酸钠法尽管反应条件温和，生产易控制，对设备要求不高，设备投资成本低，但原料次氯酸钠消耗量大而造成生产成本过高，该法常用于低品位中矿、尾矿的浸出，其改进工艺氯碱法虽可适当降低药剂成本，但存在氯源供给限制及氯污染问题。

（3）电氧化法

电氧化法处理辉钼矿是由次氯酸钠法改进而来，即在电解槽中集 NaOCl 的生成和辉钼矿的氧化为一体。将已经浆化的辉钼矿物料加入装有氯化钠溶液的电解槽中，在电氧化过程中，电解槽两极电化学过程如下：

阳极电化学反应　　　　　　$2Cl^- \longrightarrow Cl_2 + 2e^-$

阴极电化学反应　　　　　　$2H_2O + 2e^- \longrightarrow 2OH^- + H_2$

阳极产物 Cl_2 与水反应，生成次氯酸根 OCl^-，OCl^- 再氧化矿物中的硫化钼，使钼以钼酸根形态进入溶液中。电化学方法可提供极强的氧化、还原能力，并能通过改变电化学因素，如电流密度、电极电位、电催化活性及选择性等，较为方便地控制、调节反应的方向、限度、速率。它继承了次氯酸钠法浸出率高、反应条件温和、无污染的特点。

为提高电氧化法的电流效率、降低能耗，过程中引入超声波强化浸出。超声场可显著减少电极表面的覆盖物，提高电解电流，促进 MoS_2 氧化分解同时在强酸介质中，媒介 Mn^{3+}/Mn^{2+} 氧化能力很强，能将 MoS_2 氧化分解为 MoO_3 和硫酸，且锰离子可以循环利用。以上方法提高了经济效益，降低了能耗，同时反应设备易解决、投资小，条件易控制，操作简单。但目前仍处于试验阶段，没有能够实现工业化。

全湿法工艺其浸出成本及设备问题是当前制约全湿法工艺发展的主要因素，因此目前全湿法工艺发展的趋势是寻找更为优良廉价的氧化剂，减少工艺流程，降低对生产设备的要求及生产成本，并与溶剂萃取法、离子交换法相结合发展计算机控制的智能化现代生产工艺。

14.5　钼金属制品

生产钼金属制品所使用的原料为钼粉。

钼金属制品主要分为四类：一是作为低端结构材料（高温炉配件、半导体基板）及炼钢添加剂所需原料（钼板坯）；二是作为喷涂、线切割钼丝及市场所需原料（钼棒与钼杆）；三是作为无缝钢管穿孔、玻璃熔炼市场所需产品（钼顶头与钼电极）；四是主要用于汽车零件涂层（喷涂丝）及电光源行业所需照明丝（喷涂钼丝和粗钼丝）。

14.5.1　钼粉的生产

钼粉的主要生产流程为：以高纯 MoO_3 为原料，使用马弗炉将高纯 MoO_3 用 H_2 一次

还原转化为 MoO_2，再由还原炉用 H_2 二次还原为钼粉，然后根据客户需求经过不同目数的筛分，最后使用混料机将钼粉按照不同标准混合均匀，包装并标识后得到钼粉产品。

14.5.2　钼金属制品的生产

钼金属制品的生产是通过钼粉原料的筛选、压型、烧结、包装等多个工序共同完成的，其工艺主要包括成型与烧结。

成型是粉末冶金的重要工序，是使金属粉末具有一定形状、尺寸、孔隙度和强度的工艺过程，其主要使用油压机和等静压机实现。例如小重量的钼板坯一般使用油压机，合金钼棒及大板坯等采用等静压成型工艺。

烧结是粉末冶金生产的另一道重要工序，烧结过程直接影响显微结构中晶粒尺寸和分布、气孔尺寸和分布以及晶界体积分数等，对制品的最终性能起着决定性作用。烧结的目的是把粉状物料转变为致密体，这种烧结致密体是一种多晶材料。

烧结过程一般分为低温烧结和高温烧结两个部分。

低温烧结：钢模压制的钼压坯强度和导电性能较差，需要进行低温烧结。低温烧结时钼压坯将发生吸附气体、水分和有机物的挥发；内应力的消除；颗粒氧化薄膜被还原、孔隙逐渐充填，压坯逐渐坚固的过程，该过程一般使用预烧结炉完成。

高温烧结：在高温烧结过程中，钼压坯的颗粒间接触面积逐渐扩大，颗粒聚集，颗粒中心距逼近，逐渐形成晶界。同时，气孔形状变化，体积缩小，从连通的气孔变成各自孤立的气孔并逐渐缩小，以致最后大部分甚至全部气孔从晶体中排出，该过程一般使用中频炉完成。

14.5.3　金属钼丝与钼杆的生产

金属钼丝的生产属于金属压力加工范畴，其工艺原理就是利用钼金属自身塑性，使其在一定温度下通过外力（锻造力、轧制力、拉伸力以及受到工具的约束力和摩擦力）作用，发生的长度延伸、直径减缩的形状变化，生产出客户需要的锻造钼棒、轧制钼杆、钼丝等产品。

目前，中国钼产品结构中，各种钼产品的产量排列依次为钼铁、氧化钼、钼化工和钼金属。钼铁、氧化钼等初级产品所占比例过大；钼化工和钼金属产品在钼工业的整体布局上所占比例很小。从整个钼金属产品结构来看，技术含量较高的产品较少；钼化工、钼金属的原料和中间产品多，终端产品较少。在金属材料工业中，丝材所占比例大，材料和型材所占比例小；纯钼所占比例大，钼合金所占比例小。在加工深度上，目前只能做到"材"，很少做到"件"。中国的钼生产企业虽已有一定的基础，但整体技术与装备仍比较落后，与国外先进厂家相比，还存在着一些明显的差距。

思考题

1. 钼的特性有哪些？钼的典型矿物有哪些？
2. 回转窑法和多膛炉法生产氧化钼的工艺有何异同，产品质量有何差异？
3. 钼铁生产原料是什么？主要的生产工艺如何？
4. 钼粉如何生产？
5. 典型的钼金属制品有哪些？如何生产？

参考文献

- [1] 武洲，孙院军. 神奇的金属——钼 [J]. 中国钼业，2009，20（4）：23-28.
- [2] 陈洁，李典军，刘大春，等. 辉钼矿冶炼技术研究进展 [J]. 甘肃冶金，2008，18（2）：5-8.
- [3] 程时定. 钼酸铵热分解的相变行为及动力学研究 [D]. 长沙：中南大学，2008.
- [4] 乌红绪. 影响外加热式回转窑炉龄探析 [J]. 中国钼业，2005，18（4）：26-28.
- [5] 曾理. 钼酸盐溶液的净化除杂研究 [D]. 长沙：中南大学，2006.
- [6] 高源，于新刚. 辉钼矿深加工技术及产业分析 [J]. 中国资源综合利用，2014，22（4）：16-18.
- [7] 康向文，尹孝刚，符新科，等. 多膛炉低温焙烧节能降耗技术研究 [J]. 中国钼业，2013，37（5）：33-35.
- [8] 牛荣梅. 退火处理对变形高纯钼棒显微组织和力学性能的影响 [D]. 西安：西安交通大学，2004.
- [9] 李超帅. 纯钼的高温热变形行为与交叉轧制研究 [D]. 沈阳：东北大学，2014.
- [10] 宫玉川，琚成新，张斌，等. 多膛炉无碳焙烧钼精矿工艺及装置：CN102747218A [P]. 2012-10-24.
- [11] 符剑刚. 采用软锰矿强化辉钼矿的氧化分解及联产钼酸铵与硫酸锰 [D]. 长沙：中南大学，2009.
- [12] 王增民. 钼钇合金棒丝材生产工艺的研究 [D]. 西安：西安建筑科技大学，2005.
- [13] 李渭军，乌红绪，张卓. 钼铁分层冶炼新工艺研究 [J]. 中国钼业，2022，46（5）：28-32.
- [14] 杨猛，李渭军，李珍. 多膛炉钼焙烧常见料脊现象的探究 [J]. 中国钼业，2022，47（2）：46-49.
- [15] 赵常泰，马力言，张卓，等. 焙烧钼精矿中 MoO_2 含量对钼铁冶炼的影响 [J]. 中国钼业，2022，46（2）：46-50.
- [16] 王璐，李梦超，阙标华，等. 辉钼精矿的氧化焙烧 [J]. 中国有色金属学报，2019，31（7）：16-20.
- [17] 张其东. 辉钼矿与滑石可浮性差异调控基础研究 [D]. 沈阳：东北大学，2016.
- [18] 康向文，尹孝刚，符新科，等. 氧化钼焙烧过程中块状物料返炉焙烧系统：CN202530135U [P]. 2012-11-24.
- [19] 杨洋. 新元古-古生代转折期古海洋化学演变：Mo，Li 同位素示踪 [D]. 北京：中国科学院大学，2020.
- [20] 姚力军，郭红波，潘杰，等. 一种烧结炉回火罐的防熄火装置及其应用：CN111496249A [P]. 2020-08-07.